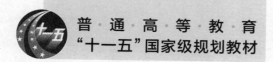普·通·高·等·教·育
"十一五"国家级规划教材

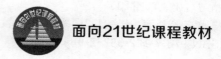面向21世纪课程教材

中国石油和化学工业优秀教材·一等奖

化工原理 下册
——化工传质与分离过程

（第三版）

贾绍义　柴诚敬　主编

微信扫描二维码，
获取本书配套数字资源，
正版验证码见后勒口

化学工业出版社

·北京·

图书在版编目(CIP)数据

化工原理.下册,化工传质与分离过程/贾绍义,
柴诚敬主编. —3版. —北京:化学工业出版社,
2020.7(2025.5重印)
普通高等教育"十一五"国家级规划教材
ISBN 978-7-122-36262-9

Ⅰ.①化⋯　Ⅱ.①贾⋯②柴⋯　Ⅲ.①化工原理-
高等学校-教材②传质-化工过程-高等学校-教材
③分离-化工过程-高等学校-教材　Ⅳ.①TQ02

中国版本图书馆 CIP 数据核字(2020)第030472号

责任编辑:徐雅妮　任睿婷　　　　　　装帧设计:关　飞
责任校对:栾尚元

出版发行:化学工业出版社(北京市东城区青年湖南街13号　邮政编码100011)
印　　装:河北延风印务有限公司
787mm×1092mm　1/16　印张24½　字数628千字　2025年5月北京第3版第4次印刷

购书咨询:010-64518888　　　　　　售后服务:010-64518899
网　　址:http://www.cip.com.cn
凡购买本书,如有缺损质量问题,本社销售中心负责调换。

定　　价:59.00元

前言

化工原理多学时教材《化工流体流动与传热》《化工传质与分离过程》第一版为面向 21 世纪课程教材，第二版为普通高等教育"十一五"国家级规划教材。本教材自 2000 年面世以来，得到界内同行的热情支持、鼓励和肯定，总体反映良好。本次修订在保持原书总体结构和特色风格的前提下，对部分内容进行了删减、调整、更新和充实。为便于对应高校课程名称，第三版教材书名变更为《化工原理》（上册）——化工流体流动与传热和《化工原理》（下册）——化工传质与分离过程。

第三版教材主要修订内容如下：

（1）紧密跟踪化工领域科技进展和最新研究成果，对部分内容进行充实与更新，强化了绿色化工、过程优化、节能环保、生产安全等内容，以体现教材的先进性；

（2）根据近年来教学实践的体验，对某些内容进行了删改与调整，进一步提高教材的可读性和科学性，以便于教和学；

（3）在每章前增加学习指导，以便于学生明确各章的学习目的、重点内容和学习中应注意的问题，提高学习效果；

（4）对部分例题做适当调整，结合工程实际，加强案例分析，提升学生分析问题、解决问题等能力，突出应用型人才与创新能力的培养；

（5）对部分习题做适当调整，力求体现工程背景与应用情景，适当补充综合性习题，按照"基础习题"和"综合习题"的顺序编排，书末附有习题答案；

（6）教材采用双色印刷，使各级标题、名词术语、重点公式，以及插图、表格等更加醒目，以突出重点，提高视觉效果。

教材修订工作由各章的原执笔人分别负责完成，根据工作需要适当补充了新的编者。具体分工如下：柴诚敬（绪论、蒸馏）；贾绍义（传质过程基础、气液传质设备及附录）；马红钦（气体吸收）；张凤宝、姜峰（液-液萃取）；夏清（固体物料的干燥）；张国亮（其他传质与分离过程）。本书由贾绍义、柴诚敬担任主编，负责审阅定稿。

在本书的修订过程中，得到天津大学化工学院有关教师的大力支持和帮助，在此表示衷心的感谢！

编者
2020 年 1 月

第一版前言

本书是与《化工流体流动与传热》配套的教材，本教材将各种传质分离过程中的传质原理汇集于一章，加强了传质理论的阐述，从而使气体吸收、蒸馏、液-液萃取、固体物料的干燥、结晶、吸收与离子交换等分离过程具有较雄厚的传质基础。

教材中除传统的传质单元操作外，增加了结晶、吸附与离子交换等操作，同时简要叙述了蒸馏中的节能途径、盐效应精馏、超临界流体萃取及化学萃取、膜分离等内容，反映了化工分离过程近代发展的新成果和新技术。

本教材保持了天津大学原《化工原理》和《化工传递过程基础》两本教材的优点，力求论述严谨、重点突出、实例丰富、层次清晰，可以启迪思维，便于自学。

本书中标有"★"号的节段各校可根据专业需要选择讲授。

本教材可作为化工类及相关专业（包括化工、石油、生物工程、制药、材料、冶金、环保、食品等）的教材，也可供有关部门的科研、设计、过程开发及生产单位科技人员参考。

本书主编贾绍义、柴诚敬。参加编写工作的有柴诚敬（绪论、蒸馏）、贾绍义（传质过程基础、气液传质设备）、马红钦（气体吸收）、张凤宝（液-液萃取）、夏清（固体物料的干燥）、张国亮（其他传质与分离过程）。本书编写过程中，化工系的有关老师给予了热情的关心、支持和帮助，在此表示感谢。

本书承蒙方图南、杨祖荣两位教授主审，他们提出了许多宝贵的意见，对此致以诚挚的谢意。

由于水平有限，书中不完善之处敬请同仁和读者指正，以使本教材日臻完善。

编者

2000 年 7 月于天津大学

第二版前言

《化工传质与分离过程》是与《化工流体流动与传热》配套的教材，本教材作为面向 21 世纪高等教育改革新体系教材，自 2001 年出版以来，得到界内同行的热情支持、鼓励和肯定，总体反映良好。本书的第二版被列为普通高等教育"十一五"国家级规划教材。本次修订在保持原书总框架体系的前提下，对部分内容进行了更新和调整。主要考虑以下两方面因素：

（1）紧密跟踪化工领域最新的科技成果，对部分内容进行充实和更新，以体现教材的先进性；

（2）根据近年来教学实践的体验，对某些内容进行了删改和调整，进一步提高教材的可读性和科学性，以便于教和学。

第二版教材主要修订内容如下：

（1）各章在内容上有局部调整，更充分体现工程方法论，有利于启迪学生的创新思维；

（2）基于课程总学时的考虑，对部分内容进行了删减；

（3）删掉第一版教材中有关节段的"★"号，各不同专业可根据需要取舍相关内容。

教材修订工作由各章的原执笔者分别负责完成，即柴诚敬（绪论、蒸馏）；贾绍义（传质过程基础、气液传质设备及附录）；马红钦（气体吸收）；张凤宝（液-液萃取）；夏清（固体物料的干燥）；张国亮（其他传质与分离过程）。全书由贾绍义、柴诚敬审阅定稿。在本书的修订过程中，得到天津大学化工学院有关教师的大力支持和帮助，在此表示衷心的感谢！

应予指出，一套新体系教材的成熟与完善，需要进行多次的调整与修订。为此，欢迎界内同行对本版教材提出宝贵意见。

编者

2007 年 6 月于天津大学

目录

0

绪　论

0.1　传质分离过程在工业中的应用

质量传递是自然界和工程技术领域普遍存在的现象，它与动量传递、热量传递并称为"三传过程"。敞口水杯中水向静止空气中蒸发、糖块在水中溶解、用吸收方法脱除烟气中的二氧化硫、从植物中提取药物、从矿石中提炼金属、催化反应中反应物向催化剂迁移等都是常见的质量传递过程。由于物质的传递过程系借助扩散作用（分子扩散和涡流扩散），故质量传递过程又称扩散过程。质量传递可以在一相内进行，也可在相际进行。质量传递的起因是系统内存在化学势的差异。化学势的差异可由浓度、温度、压力或外加电磁场引起。在化工、石油、生物、制药等工业中，质量传递是均相混合物分离的物理基础，同时也是反应过程中几种反应物互相接触及反应产物分离的基本依据。

分离过程是将含有多种组分的混合物分离成两种以上目的产品的操作过程。根据待分离组分在原料中含量的多少，可将分离过程划分为富集、浓缩、纯化、除杂等几类。原料或产品的成分分析也属于分离过程。

分离过程需要借助分离剂的作用。分离剂可以是物质（如吸收剂、萃取剂、吸附剂等），也可以是能量（如热能），或物质与能量的双重功效。

分离过程可在内场或外加场的作用下实现，如重力场、离心力场、电场、磁场、温度场及化学位等。

通常，实现分离过程需要消耗能量。完成同一分离任务，采用不同的分离方法需要消耗的能量可能相差很大。能耗大小是评价分离过程是否先进的重要指标，而产品回收率和分离精度则是评价分离过程性能优劣的重要指标。

在近代化学工业的发展中，传质分离过程起到了特别重要的作用。可以毫不夸张地说，几乎没有一个化工生产过程中，不包括对原料或反应产物的分离提纯操作。现代生活中，从航天飞机到核潜艇，从绿色食品到药品的生产，从生物化工到环境保护，从原油中分离出各种燃料油、润滑油和石油化工原料，都离不开对均相混合物的分离。分离技术的进步和创新，推动了化学加工工业的拓展和生产规模的日益大型化。

0.2　传质分离方法的分类

依据物理化学原理的不同，传质分离过程可分为平衡分离、速率分离和场分离三大类。

（1）平衡分离过程

平衡分离过程系借助分离媒介（如热能、溶剂、吸附剂等）使均相混合物系统变为两相体系，再以混合物中各组分在处于平衡的两相中分配关系的差异为依据而实现分离。根据两相状态的不同，平衡分离过程可分为如下几类。

① 气液传质过程，如吸收（或脱吸）、气体的增湿和减湿。

② 汽液传质过程，如液体的蒸馏和精馏。

③ 液液传质过程，如萃取。

④ 液固传质过程，如结晶（或溶解）、浸取、吸附（脱附）、离子交换、色层分离、参数泵分离等。

⑤ 气固传质过程，如固体干燥、吸附（脱附）等。

上述的固体干燥、气体的增湿与减湿、结晶等操作同时遵循热量传递和质量传递的规律，一般将其列入传质单元操作。

从工程目的来看，上述过程都可达到混合物分离的目的，故称为分离操作。

在平衡分离过程中，i 组分在两相中的组成关系常用分配系数（又称相平衡比）K_i 来表示，即

$$K_i = y_i / x_i \qquad\qquad (0-1)$$

式中，y_i、x_i 分别表示 i 组分在两相中的组成。习惯上 y_i 表示蒸馏、吸收中汽（气）相组成和萃取中萃取相的组成。K_i 值的大小取决于物系特性及操作条件（如温度和压力等）。组分 i 和 j 的分配系数 K_i 和 K_j 之比称为分离因子 α_{ij}，即

$$\alpha_{ij} = K_i / K_j \qquad\qquad (0-2)$$

通常将 K 值大的当作分子，故 α_{ij} 一般大于 1。当 α_{ij} 偏离 1 时，便可采用平衡分离过程使均相混合物得以分离，α_{ij} 越大越容易分离。在某些传质单元操作中，分离因子又有专用名称，如蒸馏中称作相对挥发度，萃取中称作选择性系数。

相际传质过程的进行，都以其达到相平衡为极限，而两相的平衡需要经过相当长的接触时间后才能建立。在实际的操作中，相际的接触时间一般是有限的，由一相迁移到另一相物质的量，决定传质过程的速率。因此，在研究传质过程时，一般都要涉及两个主要问题：其一是相平衡，决定物质传递过程进行的极限，并为选择合适的分离方法提供依据；其二是传递速率，决定在一定接触时间内传递物质的量，并为传质设备的设计提供依据。传递速率又由扩散体系偏离平衡的程度，处理剂、传递组分和载体的性质及两相的接触方式（即传质设备的结构）等诸多因素而决定。只有将相际平衡与传递速率二者统一考虑，才能获得最佳工程效益。

（2）速率分离过程

速率分离过程是指借助某种推动力（如压力差、温度差、电位差等）的作用，利用各组分扩散速率的差异而实现混合物分离的单元操作过程。膜分离即为常见的速率分离过程。该过程是利用在选择性透过膜中各组分扩散速率的不同而使得各组分得以分离。其主要包括超滤、反渗透、渗析和电渗析等。

（3）场分离过程

场分离过程是指借助外场（如电场、磁场、离心力场等）的作用，利用各组分在外场中所呈现的某种特殊差异而实现（或强化）混合物分离的单元操作过程。它主要包括电泳、高梯度磁场分离、微波场分离和离心力场（超重力场）分离等。

膜分离和场分离是一类新型的分离操作，由于其具有节约能耗、不破坏物料、不污染产

品和环境等突出优点,在稀溶液、生化产品及其他热敏性物料分离方面,有着广阔的应用前景。研究和开发新的分离方法和传质设备,优化传统传质分离设备的设计和操作,集成不同分离方法,实现化学反应和分离过程的有机耦合,都是值得重视的发展方向。

(4)分离方法的选择

面对一种均相混合物,往往有多种分离方法可供选择。如何根据具体条件,选择技术上先进、经济上合理、有利于可持续发展的最佳方案,是工程科技人员的根本任务。在进行分离方法选择时,应认真考虑被分离物系的相态(气态、液态和固态)和特性(热敏性、可燃性、毒性等),对分离产品的质量要求(纯度、外观等),经济程度(设备投资、操作费用、动力消耗等),当地环境条件及环境保护等因素,尤其要注意一些可变因素(如原料组成、温度、甚至物态和设备等)的影响,以便充分调动有利因素、因地制宜,取得最大的经济和社会效益。

0.3 传质设备

(1)对传质设备的性能要求

应用于平衡分离过程的设备,其功能是提供两相密切接触的条件,进行相际传质,从而达到组分分离的目的。性能优良的传质设备,一般应满足以下要求。

① 单位体积中,两相的接触面积应尽可能大,两相分布均匀,避免或抑制短路及返混。

② 流体的通量大,单位设备体积的处理量大。

③ 流动阻力小,运转时动力消耗低。

④ 操作弹性大,对物料的适应性强。

⑤ 结构简单,造价低廉,操作调节方便,运行可靠安全。

(2)传质设备分类

传质设备种类繁多,而且不断有新型设备问世,可按照不同方法进行分类。

按照所处理物系的相态可分为气(汽)液传质设备(用于蒸馏及吸收等)、液液传质设备(用于萃取等)、气固传质设备(用于干燥、吸附)、液固传质设备(用于吸附、浸取、离子交换等)。

按照两相的接触方式可分为分级接触设备(如各种板式塔、多级混合澄清槽、多层流化床吸附等)和微分接触设备(如填料塔、膜式塔、喷淋塔、移动床吸附柱等)。在级式接触设备中,两相组成呈阶梯式变化,而在微分接触设备中,两相组成沿设备高度连续变化。

按促使两相混合和实现两相密切接触的动力可分为两类。一类是依靠一种流体自身所具有的能量分散到另一相中去的设备,如大多数的板式塔、填料塔、流化床、移动床等;另一类是依靠外加能量促使两相密切接触的设备,如搅拌式混合澄清槽、转盘塔、脉冲填料塔、往复式筛板塔等。

此外,对于气固和液固传质设备,还可按固体的运动状态分为固定床、移动床、流化床和搅拌槽等。其中流化床传质设备采用流态化技术,将固体颗粒悬浮在流体中,使两相均匀接触,以实现强化传热、传质和化学反应的目的。

传质设备在化工、石油、轻工、冶金、食品、医药、环保等工业部门的整个生产设备中占很大比例,因此,合理选择设备、完善设备设计、优化设备操作,对于节省投资、减少能耗、降低成本、提高经济效益,有着十分重要的意义。

动态分离过程与相应的设备,如模拟移动床、参数泵、釜式蒸馏、间歇式多目标过程

（品种多、产量小的精细化工产品）等，目前也备受重视。在动态最优化条件下操作可能比在定态下操作获得更好的效果。

0.4 传质分离过程的研究重点

自 20 世纪 20 年代以来，经过近百年的研究和发展，传统的分离过程（如蒸馏、吸收、结晶及干燥等）在基础理论、设计方法、操作调节等方面都已经比较成熟，新的分离技术和设备取得飞速发展。但是直至今日，增大设备处理能力、提高分离效率、降低能耗、实现绿色环保和可持续发展，仍然是分离工程所关注的永恒热点。在高新科技的信息时代，传质分离过程研究的重点内容如下。

① 传质分离科学更深入、更完善的基础理论研究及现代分离科学理论（如质量迁移动力学、平衡分离的分子学、分离过程中的计量置换理论等）的研究。

② 基于新原理、新设计理念的分离设备的研究开发，如高效率、低压降、宽弹性、大通量的塔设备的研发。

③ 绿色分离技术的研究与开发，如高性能新型绿色分离剂的选择与研发、分离过程中节能减排措施等。

④ 分离过程的强化技术，如采取措施提高物系分离因子，在"外场"作用下分离过程和设备的研发，加强化学作用对分离过程的影响，集成化（分离-反应、分离-分离）化工过程开发，采用第二种分离剂等。

⑤ 传质分离过程的模拟和优化，以达到分离设备设计放大、操作参数的整体优化。

思考题

1. 举例说明传质分离过程在工业生产和日常生活中有何重要意义。评价分离过程性能优劣的主要指标是什么？
2. 平衡分离、速率分离和场分离各自依据的原理是什么？各有哪些主要类型？
3. 分离剂的类型和作用是什么？
4. 对传质分离设备的性能要求有哪些？
5. 传质分离过程目前研究的重点内容是什么？

第1章

传质过程基础

📝 学习指导

一、学习目的

通过本章学习，掌握传质与分离过程的基本概念、传质过程的描述与计算方法，为后面各章传质单元操作的学习奠定基础。

二、学习要点

1. 应重点掌握的内容

混合物组成的表示方法；传质的速度与通量；质量传递的基本方式；气体中的稳态扩散及扩散系数；对流传质的类型与机理；相际间的对流传质模型——双膜模型。

2. 应掌握的内容

传质微分方程；液体中的稳定扩散；固体中的稳态扩散；相际间的对流传质模型——溶质渗透模型和表面更新模型；动量、热量与质量传递之间的类比。

3. 一般了解的内容

对流传质问题的分析求解；对流传质系数经验公式。

三、学习方法

分子传质与导热、对流传质与对流传热具有类似性，在学习中应注意把握它们之间的类似性，以便于理解和记忆。

学习分子传质问题的求解时，不要机械地记忆各过程的求解结果，应注意把握求解的思路和应用背景。

在传质分离过程中，所涉及的物系均是由两个或两个以上组分构成的。当物系中的某组分存在浓度梯度时，将发生该组分由高浓度区向低浓度区的迁移过程，该过程即为质量传递。质量传递是自然界和工程领域中普遍存在的传递现象，它与动量传递、热量传递一起，构成化工上最基本的三种传递过程，简称为"三传"。

本章将对传质过程的基础理论进行论述，为传质单元操作过程的学习奠定基础。

1.1 传质概论与传质微分方程

传质微分方程是描述传质过程的最基本的数学模型。本节首先讨论传质的基本概念，在此基础上，重点讨论传质微分方程的建立过程。

1.1.1　传质过程概论

1. 混合物组成的表示方法

在多组分系统中，各组分的组成有不同的表示方法，化工计算中常用的有以下几种。

(1) 质量浓度

单位体积混合物中某组分的质量称为该组分的质量浓度，以符号 ρ 表示。组分 A 的质量浓度定义式为

$$\rho_A = \frac{m_A}{V} \qquad (1\text{-}1)$$

式中，ρ_A 为组分 A 的质量浓度，kg/m^3；m_A 为混合物中组分 A 的质量，kg；V 为混合物的体积，m^3。

设混合物由 N 个组分组成，则混合物的总质量浓度为

$$\rho = \sum_{i=1}^{N} \rho_i \qquad (1\text{-}2)$$

(2) 物质的量浓度

单位体积混合物中某组分的物质的量称为该组分的物质的量浓度，简称浓度，以符号 c 表示。组分 A 的物质的量浓度定义式为

$$c_A = \frac{n_A}{V} \qquad (1\text{-}3)$$

式中，c_A 为组分 A 的物质的量浓度，$kmol/m^3$；n_A 为混合物中组分 A 的物质的量，$kmol$。

设混合物由 N 个组分组成，则混合物的总物质的量浓度为

$$c = \sum_{i=1}^{N} c_i \qquad (1\text{-}4)$$

组分 A 的质量浓度与物质的量浓度的关系为

$$c_A = \frac{\rho_A}{M_A} \qquad (1\text{-}5)$$

式中，M_A 为组分 A 的摩尔质量，$kg/kmol$。

(3) 质量分数

混合物中某组分的质量与混合物总质量之比称为该组分的质量分数，以符号 w 表示。组分 A 的质量分数定义式为

$$w_A = \frac{m_A}{m} \qquad (1\text{-}6)$$

式中，w_A 为组分 A 的质量分数；m 为混合物的总质量，kg。

设混合物由 N 个组分组成，则有

$$\sum_{i=1}^{N} w_i = 1 \qquad (1\text{-}7)$$

(4) 摩尔分数

混合物中某组分的物质的量与混合物总物质的量之比称为该组分的摩尔分数，以符号 x 表示。组分 A 的摩尔分数定义式为

$$x_A = \frac{n_A}{n} \qquad (1\text{-}8)$$

式中，x_A 为组分 A 的摩尔分数；n 为混合物总物质的量，$kmol$。

设混合物由 N 个组分组成，则有

$$\sum_{i=1}^{N} x_i = 1 \tag{1-9}$$

应予指出，当混合物为气液两相体系时，常以 x 表示液相中的摩尔分数，y 表示气相中的摩尔分数。

组分 i 的质量分数与摩尔分数的互换关系为

$$x_i = \frac{w_i / M_i}{\sum\limits_{i=1}^{N} w_i / M_i} \tag{1-10}$$

$$w_i = \frac{x_i M_i}{\sum\limits_{i=1}^{N} x_i M_i} \tag{1-11}$$

前已述及，质量分数（或摩尔分数）是混合物中某组分的质量（或物质的量）占混合物总质量（或总物质的量）的分数，但在某些传质单元操作过程中，混合物的总质量（或物质的量）是变化的。如用水吸收混于空气中氨的过程，氨作为溶质可溶于水中，而空气与水不能互溶（称为惰性组分）。随着吸收过程的进行，混合气体及混合液体的质量（或物质的量）是变化的，而混合气体及混合液体中的惰性组分的质量（或物质的量）是不变的。此时，若用质量分数（或摩尔分数）表示气液相组成，计算很不方便。为此引入以惰性组分为基准的质量比（或摩尔比）来表示气液相的组成。

(5) 质量比

混合物中某组分质量与惰性组分质量的比值称为该组分的质量比，以符号 $\overline{X}$ 表示。若混合物中除组分 A 外，其余为惰性组分，则组分 A 的质量比定义式为

$$\overline{X}_A = \frac{m_A}{m - m_A} \tag{1-12}$$

式中，$\overline{X}_A$ 为组分 A 的质量比；$m - m_A$ 为混合物中惰性物质的质量，kg。

质量比与质量分数的关系为

$$\overline{X}_A = \frac{w_A}{1 - w_A} \tag{1-13}$$

(6) 摩尔比

混合物中某组分物质的量与惰性组分物质的量的比值称为该组分的**摩尔比**，以符号 X 表示。若混合物中除组分 A 外，其余为惰性组分，则组分 A 的摩尔比定义式为

$$X_A = \frac{n_A}{n - n_A} \tag{1-14}$$

式中，X_A 为组分 A 的摩尔比；$n - n_A$ 为混合物中惰性组分的物质的量，kmol。

摩尔比与摩尔分数的关系为

$$X_A = \frac{x_A}{1 - x_A} \tag{1-15}$$

同样，当混合物为气液两相体系时，常以 X 表示液相的摩尔比，Y 表示气相的摩尔比。

$$Y_A = \frac{y_A}{1 - y_A} \tag{1-16}$$

以上讨论了混合物组成的表示方法，应用中可根据计算方便的原则确定采用哪种表示方法。

【例 1-1】 在吸收塔中用水吸收混于空气中的氨。已知入塔混合气中氨含量为 5%（质量分数，下同），吸收后出塔气体中氨含量为 0.1%，试计算进、出塔气体中氨的摩尔比 Y_1、Y_2。

解 先计算进、出塔气体中氨的摩尔分数 y_1 和 y_2

$$y_1 = \frac{\dfrac{0.05}{17}}{\dfrac{0.05}{17}+\dfrac{0.95}{29}} = 0.0824, \quad y_2 = \frac{\dfrac{0.001}{17}}{\dfrac{0.001}{17}+\dfrac{0.999}{29}} = 0.0017$$

由式(1-16)得

$$Y_1 = \frac{0.0824}{1-0.0824} = 0.0898, \quad Y_2 = \frac{0.0017}{1-0.0017} = 0.0017$$

 由计算可知，当混合物中某组分的摩尔分数很小时，摩尔比近似等于摩尔分数。

2. 传质的速度与通量

(1)传质的速度

在多组分系统的传质过程中，各组分均以不同的速度运动。设系统由 A、B 两组分组成，组分 A、B 通过系统内任一静止平面的速度为 u_A、u_B，该二元混合物通过此平面的速度为 u 或 u_m（u 以质量为基准，u_m 以物质的量为基准），它们之间的差值为 u_A-u、u_B-u 或 u_A-u_m、u_B-u_m，如图 1-1 所示。

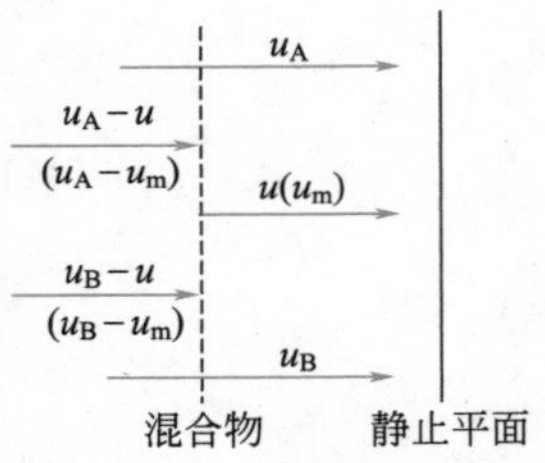

在上述的各速度中，u_A、u_B 代表组分 A、B 的实际移动速度，称为绝对速度；u 或 u_m 代表混合物的移动速度，称为主体流动速度或平均速度（其中 u 为质量平均速度，u_m 为摩尔平均速度）；而 u_A-u、u_B-u 或 u_A-u_m、u_B-u_m 代表相对于主体流动速度的移动速度，称为扩散速度。由于

$$u_A = u + (u_A - u)$$

或

$$u_A = u_m + (u_A - u_m)$$

图 1-1　传质的速度

因此可得，绝对速度＝主体流动速度＋扩散速度，该式表达了各传质速度之间的关系。

(2)传质的通量

单位时间通过垂直于传质方向上单位面积的物质量称为传质通量。传质通量等于传质速度与浓度的乘积，由于传质的速度表示方法不同，故传质的通量亦有不同的表达形式。

① 以绝对速度表示的质量通量　设二元混合物的总质量浓度为 ρ，组分 A、组分 B 的质量浓度分别为 ρ_A、ρ_B，则以绝对速度表示的质量通量为

$$n_A = \rho_A u_A \tag{1-17}$$

$$n_B = \rho_B u_B \tag{1-18}$$

混合物的总质量通量为

$$n = n_A + n_B = \rho_A u_A + \rho_B u_B = \rho u$$

因此得

$$u = \frac{1}{\rho}(\rho_A u_A + \rho_B u_B) \tag{1-19}$$

式中，n_A 为以绝对速度表示的组分 A 的质量通量，$kg/(m^2 \cdot s)$；n_B 为以绝对速度表示的组分 B 的质量通量，$kg/(m^2 \cdot s)$；n 为以绝对速度表示的混合物的总质量通量，$kg/(m^2 \cdot s)$。

式(1-19)为质量平均速度的定义式。同理，设二元混合物的总物质的量浓度为 c，组分 A、组分 B 的物质的量浓度分别为 c_A、c_B，则以绝对速度表示的摩尔通量为

$$N_A = c_A u_A \tag{1-20}$$

$$N_B = c_B u_B \tag{1-21}$$

混合物的总摩尔通量为

$$N = N_A + N_B = c_A u_A + c_B u_B = c u_m$$

因此得

$$u_m = \frac{1}{c}(c_A u_A + c_B u_B) \tag{1-22}$$

式中，N_A 为以绝对速度表示的组分 A 的摩尔通量，$kmol/(m^2 \cdot s)$；N_B 为以绝对速度表示的组分 B 的摩尔通量，$kmol/(m^2 \cdot s)$；N 为以绝对速度表示的混合物的总摩尔通量，$kmol/(m^2 \cdot s)$。

式(1-22)为摩尔平均速度的定义式。

② 以扩散速率表示的质量通量　扩散速率与浓度的乘积称为以扩散速率表示的质量通量，即

$$j_A = \rho_A(u_A - u) \tag{1-23}$$

$$j_B = \rho_B(u_B - u) \tag{1-24}$$

$$J_A = c_A(u_A - u_m) \tag{1-25}$$

$$J_B = c_B(u_B - u_m) \tag{1-26}$$

式中，j_A 为以扩散速率表示的组分 A 的质量通量，$kg/(m^2 \cdot s)$；j_B 为以扩散速率表示的组分 B 的质量通量，$kg/(m^2 \cdot s)$；J_A 为以扩散速率表示的组分 A 的摩尔通量，$kmol/(m^2 \cdot s)$；J_B 为以扩散速率表示的组分 B 的摩尔通量，$kmol/(m^2 \cdot s)$。
对于两组分系统，有

$$j = j_A + j_B \tag{1-27}$$

$$J = J_A + J_B \tag{1-28}$$

式中，j 为以扩散速率表示的混合物的总质量通量，$kg/(m^2 \cdot s)$；J 为以扩散速率表示的混合物的总摩尔通量，$kmol/(m^2 \cdot s)$。

③ 以主体流动速度表示的质量通量　主体流动速度与浓度的乘积称为以主体流动速度表示的质量通量，即

$$\rho_A u = \rho_A \left[\frac{1}{\rho}(\rho_A u_A + \rho_B u_B) \right] = w_A(n_A + n_B) \tag{1-29}$$

$$\rho_B u = w_B(n_A + n_B) \tag{1-30}$$

$$c_A u_m = c_A \left[\frac{1}{c}(c_A u_A + c_B u_B) \right] = x_A(N_A + N_B) \tag{1-31}$$

$$c_B u_m = x_B(N_A + N_B) \tag{1-32}$$

式中，$\rho_A u$ 为以主体流动速度表示的组分 A 的质量通量，$kg/(m^2 \cdot s)$；$\rho_B u$ 为以主体流动速度表示的组分 B 的质量通量，$kg/(m^2 \cdot s)$；$c_A u_m$ 为以主体流动速度表示的组分 A 的摩尔通量，$kmol/(m^2 \cdot s)$；$c_B u_m$ 为以主体流动速度表示的组分 B 的摩尔通量，$kmol/(m^2 \cdot s)$。

【例 1-2】 由 O_2(组分 A)和 CO_2(组分 B)构成的二元系统中发生一维稳态扩散。已知 $c_A = 0.0207kmol/m^3$，$c_B = 0.0622kmol/m^3$，$u_A = 0.0017m/s$，$u_B = 0.0003m/s$，试求：(1)u、u_m；(2)N_A、N_B、N；(3)n_A、n_B、n。

解 (1)$\rho_A = c_A M_A = 0.0207 \times 32 = 0.662kg/m^3$

$\rho_B = c_B M_B = 0.0622 \times 44 = 2.737kg/m^3$

$\rho = \rho_A + \rho_B = 0.662 + 2.737 = 3.399kg/m^3$

$c = c_A + c_B = 0.0207 + 0.0622 = 0.0829kmol/m^3$

$$u = \frac{1}{\rho}(\rho_A u_A + \rho_B u_B) = \frac{1}{3.399}(0.662 \times 0.0017 + 2.737 \times 0.0003)$$

$$= 5.727 \times 10^{-4} m/s$$

$$u_m = \frac{1}{c}(c_A u_A + c_B u_B) = \frac{1}{0.0829}(0.0207 \times 0.0017 + 0.0622 \times 0.0003)$$

$$= 6.496 \times 10^{-4} m/s$$

(2)$N_A = c_A u_A = 0.0207 \times 0.0017 = 3.519 \times 10^{-5} kmol/(m^2 \cdot s)$

$N_B = c_B u_B = 0.0622 \times 0.0003 = 1.866 \times 10^{-5} kmol/(m^2 \cdot s)$

$N = N_A + N_B = 3.519 \times 10^{-5} + 1.866 \times 10^{-5}$

$$= 5.385 \times 10^{-5} kmol/(m^2 \cdot s)$$

(3)$n_A = \rho_A u_A = 0.662 \times 0.0017 = 1.125 \times 10^{-3} kg/(m^2 \cdot s)$

$n_B = \rho_B u_B = 2.737 \times 0.0003 = 8.211 \times 10^{-4} kg/(m^2 \cdot s)$

$n = n_A + n_B = 1.125 \times 10^{-3} + 8.211 \times 10^{-4} = 1.946 \times 10^{-3} kg/(m^2 \cdot s)$

3. 质量传递的基本方式

与热量传递中的导热和对流传热类似，质量传递的方式亦分为分子传质和对流传质两类。

(1)分子传质

① **分子扩散现象** 分子传质又称为分子扩散，简称为扩散，它是由于分子的无规则热

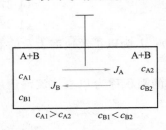

运动而形成的物质传递现象。如图 1-2 所示，用一块隔板将容器分为左右两室，两室中分别充入温度及压力相同，而浓度不同的 A、B 两种气体。设在左室中，组分 A 的浓度高于右室，而组分 B 的浓度低于右室。当隔板抽出后，由于气体分子的无规则热运动，左室中的 A、B 分子会窜入右室，同时，右室中的 A、B 分子亦会窜入左室。左右两室交换的分子数虽相等，但因左室 A 的浓度高于右室，故在同一时间内 A 分子进入右室较多而返回左室较少。同理，B 分子进入左室较多返回

图 1-2 分子扩散现象

右室较少，其净结果必然是物质 A 自左向右传递，而物质 B 自右向左传递，即两种物质各自沿其浓度降低的方向传递。

上述扩散过程将一直进行到整个容器中 A、B 两种物质的浓度完全均匀为止，此时，通过任一截面物质 A、B 的净的扩散通量为零，但扩散仍在进行，只是左、右两方向物质的扩散通量相等，系统处于扩散的动态平衡中。

② **费克(Fick)第一定律** 描述分子扩散的通量或速率的方程为费克第一定律，其数学表达式为

$$j_A = -D_{AB}\frac{d\rho_A}{dz} \qquad (1\text{-}33)$$

及

$$j_B = -D_{BA}\frac{d\rho_B}{dz} \qquad (1\text{-}33a)$$

式中，j_A、j_B 为组分 A、B 的质量扩散通量，$kg/(m^2 \cdot s)$；$\dfrac{d\rho_A}{dz}$、$\dfrac{d\rho_B}{dz}$ 为组分 A、B 在扩散方向的质量浓度梯度，$(kg/m^3)/m$；D_{AB} 为组分 A 在组分 B 中的扩散系数，m^2/s；D_{BA} 为组分 B 在组分 A 中的扩散系数，m^2/s。

式(1-33)、式(1-33a)表示在总质量浓度 ρ 不变的情况下，由于组分 A、B 的质量浓度梯度 $\dfrac{d\rho_A}{dz}$、$\dfrac{d\rho_B}{dz}$ 所引起的分子传质通量，负号表明扩散方向与梯度方向相反，即分子扩散朝着浓度降低的方向进行。

式(1-33)、式(1-33a)是以质量为基准的费克第一定律表达式，若以物质的量(摩尔)为基准，则可表达成以下形式

$$J_A = -D_{AB}\frac{dc_A}{dz} \qquad (1\text{-}34)$$

及

$$J_B = -D_{BA}\frac{dc_B}{dz} \qquad (1\text{-}34a)$$

式中，J_A、J_B 为组分 A、B 的摩尔扩散通量，$kmol/(m^2 \cdot s)$；$\dfrac{dc_A}{dz}$、$\dfrac{dc_B}{dz}$ 为组分 A、B 在扩散方向的浓度梯度，$(kmol/m^3)/m$。

对于两组分扩散系统，净的扩散通量为零，由式(1-28)得

$$J_A = -J_B$$

在总物质的量浓度不变的情况下，可得出

$$D_{AB} = D_{BA} \qquad (1\text{-}35)$$

式(1-35)表明，在两组分扩散系统中，组分 A 在组分 B 中的扩散系数等于组分 B 在组分 A 中的扩散系数，故后面对两组分系统，其扩散系数均简写为 D。

应予指出，费克第一定律只适用于由于分子无规则热运动而引起的扩散过程，其传递的速度即为扩散速度 $u_A - u$(或 $u_A - u_m$)。实际上，在分子扩散的同时经常伴有流体的主体流动，如用液体吸收气体混合物中溶质组分的过程。设由 A、B 组成的二元气体混合物，其中 A 为溶质，可溶解于液体中，而 B 不能在液体中溶解。这样，组分 A 可以通过气液相界面进入液相，而组分 B 不能进入液相。由于 A 分子不断通过相界面进入液相，在相界面的气相一侧会留下"空穴"，根据流体连续性原则，混合气体便会自动地向界面递补，这样就发生了 A、B 两种分子并行向相界面递补的运动，这种递补运动就形成了混合物的主体流动。很显然，通过气液相界面组分 A 的通量应等于由于分子扩散所形成的组分 A 的通量与由于主体流动所形成的组分 A 的通量的和。此时，由于组分 B 不能通过相界面，当组分 B 随主体流动运动到相界面后，又以分子扩散形式返回气相主体中，该过程如图 1-3 所示。

若在扩散的同时伴有混合物的主体流动，则物质实际传递的通量除分子扩散通量外，还应考虑由于主体流动而形成的通量。

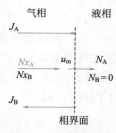

图 1-3 吸收过程各通量的关系

由式(1-23)及式(1-33)

$$j_A = \rho_A(u_A - u) = -D \frac{d\rho_A}{dz}$$

$$\rho_A u_A = -D \frac{d\rho_A}{dz} + \rho_A u$$

因此，得

$$n_A = -D \frac{d\rho_A}{dz} + w_A(n_A + n_B) \tag{1-36}$$

同理

$$N_A = -D \frac{dc_A}{dz} + x_A(N_A + N_B) \tag{1-37}$$

式(1-36)、式(1-37)为费克第一定律的普遍表达形式，由此可得出以下结论

组分的实际传质通量＝分子扩散通量＋主体流动通量

(2)对流传质

① **涡流扩散**　分子扩散只有在固体、静止或层流流动的流体内才会单独发生。在湍流流体中，由于存在大大小小的旋涡运动，引起各部位流体间的剧烈混合，在有浓度差存在的条件下，物质便朝着浓度降低的方向进行传递。这种凭借流体质点的湍动和旋涡来传递物质的现象，称为涡流扩散。

很显然，在湍流流体中，虽然有强烈的涡流扩散，但分子扩散是时刻存在的。由于涡流扩散的通量远大于分子扩散的通量，一般可忽略分子扩散的影响。

对于涡流扩散，其扩散通量表达式为

$$j_A^e = -\epsilon_M \frac{d\rho_A}{dz} \tag{1-38}$$

或

$$J_A^e = -\epsilon_M \frac{dc_A}{dz} \tag{1-38a}$$

式中，j_A^e 为涡流质量通量，$kg/(m^2 \cdot s)$；J_A^e 为涡流摩尔通量，$kmol/(m^2 \cdot s)$；ϵ_M 为涡流扩散系数，m^2/s。

需要注意的是：分子扩散系数 D 是物质的物理性质，它仅与温度、压力及组成等因素有关；而涡流扩散系数 ϵ_M 则与流体的性质无关，它与湍动的强度、流道中的位置、壁粗糙度等因素有关。因此，涡流扩散系数较难确定。

② **对流传质**　对流传质是指壁面与运动流体之间，或两个有限互溶的运动流体之间的质量传递。化工传质单元操作多发生在流体湍流的情况下，此时的对流传质就是湍流主体与相界面之间的涡流扩散与分子扩散两种传质作用的总和。

描述对流传质的基本方程，与描述对流传热的基本方程，即牛顿冷却定律类似，可采用下式表述

$$N_A = k_c \Delta c_A \tag{1-39}$$

式中，N_A 为对流传质的摩尔通量，$kmol/(m^2 \cdot s)$；Δc_A 为组分 A 在界面处的浓度与流体主体浓度之差，$kmol/m^3$；k_c 为对流传质系数，$kmol/[m^2 \cdot s \cdot (kmol/m^3)]$或 m/s。

式(1-39)称为对流传质速率方程。由于组成有不同的表达方式，故对流传质速率方程亦有不同的表达形式，有关内容将在 1.3 节中讨论。

1.1.2　传质微分方程

在多组分系统中，当进行多维、非稳态、伴有化学反应的传质时，必须采用传质微分方

程才能全面描述此情况下的传质过程。多组分传质微分方程的推导原则与单组分连续性方程的推导相同，即进行微分质量衡算，故多组分系统的传质微分方程，亦称为多组分系统的连续性方程。

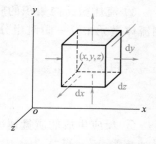

图 1-4 微分质量衡算

1. 传质微分方程的推导

下面以双组分系统为例，对传质微分方程进行推导。

(1)质量守恒定律表达式

根据欧拉(Euler)观点，在流体中取一边长为 dx、dy、dz 的流体微元，该流体微元的体积为 $dxdydz$，如图 1-4 所示。以该流体微元为物系，周围流体作为环境，进行微分质量衡算。衡算所依据的基本定律为质量守恒定律。根据质量守恒定律，可得出以下衡算式。

输入流体微元的质量速率＋反应生成的质量速率
＝输出流体微元的质量速率＋流体微元内累积的质量速率

或

（输出－输入）＋累积－生成＝0

上述关系即为质量守恒定律表达式，若把表达式中各项质量速率分析清楚，即可得出传质微分方程。

(2)各项质量速率的分析

① 输出与输入流体微元的质量流率差　设在点$(x、y、z)$处，流体速度为 u（质量平均速度），它在直角坐标系中的分量为 u_x、u_y、u_z，则在三个坐标方向上，组分 A 因流动所形成的质量通量为 $\rho_A u_x$、$\rho_A u_y$、$\rho_A u_z$。令组分 A 在三个坐标方向上的扩散质量通量为 j_{Ax}、j_{Ay}、j_{Az}。由此可得组分 A 沿 x 方向输入流体微元的总质量流率为

$$(\rho_A u_x + j_{Ax})dydz$$

而由 x 方向输出流体微元的质量流率为

$$(\rho_A u_x + j_{Ax})dydz + \frac{\partial\left[(\rho_A u_x + j_{Ax})dydz\right]}{\partial x}dx$$

$$= \left[(\rho_A u_x + j_{Ax}) + \frac{\partial(\rho_A u_x + j_{Ax})}{\partial x}dx\right]dydz$$

于是可得，组分 A 沿 x 方向输出与输入流体微元的质量流率差为

$$（输出－输入）_x = \left[(\rho_A u_x + j_{Ax}) + \frac{\partial(\rho_A u_x + j_{Ax})}{\partial x}dx\right]dydz - (\rho_A u_x + j_{Ax})dydz$$

$$= \left[\frac{\partial(\rho_A u_x)}{\partial x} + \frac{\partial j_{Ax}}{\partial x}\right]dxdydz$$

同理，组分 A 沿 y 方向输出与输入流体微元的质量流率差为

$$（输出－输入）_y = \left[\frac{\partial(\rho_A u_y)}{\partial y} + \frac{\partial j_{Ay}}{\partial y}\right]dxdydz$$

及组分 A 沿 z 方向输出与输入流体微元的质量流率差为

$$（输出－输入）_z = \left[\frac{\partial(\rho_A u_z)}{\partial z} + \frac{\partial j_{Az}}{\partial z}\right]dxdydz$$

在三个方向上输出与输入流体微元的总质量流率差为

$$（输出－输入）= \left[\frac{\partial(\rho_A u_x)}{\partial x} + \frac{\partial(\rho_A u_y)}{\partial y} + \frac{\partial(\rho_A u_z)}{\partial z} + \frac{\partial j_{Ax}}{\partial x} + \frac{\partial j_{Ay}}{\partial y} + \frac{\partial j_{Az}}{\partial z}\right]dxdydz$$

$$(1-40)$$

② **流体微元内累积的质量速率** 设组分 A 的质量浓度为 ρ_A，且 $\rho_A = f(x, y, z, \theta)$，则流体微元中任一瞬时组分 A 的质量为

$$m_A = \rho_A \mathrm{d}x\mathrm{d}y\mathrm{d}z$$

质量累积速率为

$$\frac{\partial m_A}{\partial \theta} = \frac{\partial \rho_A}{\partial \theta}\mathrm{d}x\mathrm{d}y\mathrm{d}z \tag{1-41}$$

③ **反应生成的质量速率** 设系统内有化学反应发生，单位体积流体中组分 A 的生成质量速率为 r_A，当 A 为生成物时，r_A 为正，当 A 为反应物时，r_A 则为负。由此可得，流体微元内由于化学反应生成的组分 A 的质量速率为

$$\text{反应生成的质量速率} = r_A \mathrm{d}x\mathrm{d}y\mathrm{d}z \tag{1-42}$$

(3) 传质微分方程

将式(1-40)~式(1-42)代入质量守恒定律表达式中，得

$$\frac{\partial(\rho_A u_x)}{\partial x} + \frac{\partial(\rho_A u_y)}{\partial y} + \frac{\partial(\rho_A u_z)}{\partial z} + \frac{\partial j_{Ax}}{\partial x} + \frac{\partial j_{Ay}}{\partial y} + \frac{\partial j_{Az}}{\partial z} + \frac{\partial \rho_A}{\partial \theta} - r_A = 0$$

展开可得

$$\rho_A\left(\frac{\partial u_x}{\partial x} + \frac{\partial u_y}{\partial y} + \frac{\partial u_z}{\partial z}\right) + u_x\frac{\partial \rho_A}{\partial x} + u_y\frac{\partial \rho_A}{\partial y} + u_z\frac{\partial \rho_A}{\partial z} +$$

$$\frac{\partial \rho_A}{\partial \theta} + \frac{\partial j_{Ax}}{\partial x} + \frac{\partial j_{Ay}}{\partial y} + \frac{\partial j_{Az}}{\partial z} - r_A = 0$$

由随体导数的定义式

$$\frac{\mathrm{D}\rho_A}{\mathrm{D}\theta} = \frac{\partial \rho_A}{\partial \theta} + u_x\frac{\partial \rho_A}{\partial x} + u_y\frac{\partial \rho_A}{\partial y} + u_z\frac{\partial \rho_A}{\partial z}$$

因此，得

$$\rho_A\left(\frac{\partial u_x}{\partial x} + \frac{\partial u_y}{\partial y} + \frac{\partial u_z}{\partial z}\right) + \frac{\mathrm{D}\rho_A}{\mathrm{D}\theta} + \frac{\partial j_{Ax}}{\partial x} + \frac{\partial j_{Ay}}{\partial y} + \frac{\partial j_{Az}}{\partial z} - r_A = 0 \tag{1-43}$$

式中的扩散质量通量可由费克第一定律给出，即

$$j_{Ax} = -D\frac{\partial \rho_A}{\partial x}, \quad j_{Ay} = -D\frac{\partial \rho_A}{\partial y}, \quad j_{Az} = -D\frac{\partial \rho_A}{\partial z}$$

将其代入式(1-43)中，可得

$$\rho_A\left(\frac{\partial u_x}{\partial x} + \frac{\partial u_y}{\partial y} + \frac{\partial u_z}{\partial z}\right) + \frac{\mathrm{D}\rho_A}{\mathrm{D}\theta} = D\left(\frac{\partial^2 \rho_A}{\partial x^2} + \frac{\partial^2 \rho_A}{\partial y^2} + \frac{\partial^2 \rho_A}{\partial z^2}\right) + r_A \tag{1-44}$$

写成向量形式

$$\rho_A(\nabla \cdot \boldsymbol{u}) + \frac{\mathrm{D}\rho_A}{\mathrm{D}\theta} = D\nabla^2\rho_A + r_A \tag{1-44a}$$

式(1-44)即为通用的传质微分方程。该式是以质量为基准推导的，若以物质的量为基准推导，同样可得

$$c_A\left(\frac{\partial u_{mx}}{\partial x} + \frac{\partial u_{my}}{\partial y} + \frac{\partial u_{mz}}{\partial z}\right) + \frac{\mathrm{D}c_A}{\mathrm{D}\theta} = D\left(\frac{\partial^2 c_A}{\partial x^2} + \frac{\partial^2 c_A}{\partial y^2} + \frac{\partial^2 c_A}{\partial z^2}\right) + \dot{R}_A \tag{1-45}$$

写成向量形式

$$c_A(\nabla \cdot \boldsymbol{u}_m) + \frac{\mathrm{D}c_A}{\mathrm{D}\theta} = D\nabla^2 c_A + \dot{R}_A \tag{1-45a}$$

式中，u_{mx}、u_{my}、u_{mz} 为摩尔平均速度 $\boldsymbol{u}_m$ 在 x、y、z 三个方向上的分量，m/s；$\dot{R}_A$ 为单位体积流体中组分 A 的摩尔生成速率，$kmol/(m^3 \cdot s)$。

式(1-45)为通用的传质微分方程的另一表达形式。

2. 传质微分方程的特定形式

在实际传质过程中，可根据具体情况将传质微分方程简化。

(1)不可压缩流体的传质微分方程

对于不可压缩流体，混合物总质量浓度 ρ 恒定，由连续性方程 $\nabla \cdot \boldsymbol{u} = 0$，式(1-44)即简化为

$$\frac{D\rho_A}{D\theta} = D\left(\frac{\partial^2 \rho_A}{\partial x^2} + \frac{\partial^2 \rho_A}{\partial y^2} + \frac{\partial^2 \rho_A}{\partial z^2}\right) + r_A \tag{1-46}$$

写成向量形式

$$\frac{D\rho_A}{D\theta} = D\nabla^2\rho_A + r_A \tag{1-46a}$$

同样，若混合物总浓度 c 恒定，则式(1-45)即可简化为

$$\frac{Dc_A}{D\theta} = D\left(\frac{\partial^2 c_A}{\partial x^2} + \frac{\partial^2 c_A}{\partial y^2} + \frac{\partial^2 c_A}{\partial z^2}\right) + \dot{R}_A \tag{1-47}$$

写成向量形式

$$\frac{Dc_A}{D\theta} = D\nabla^2 c_A + \dot{R}_A \tag{1-47a}$$

式(1-46)、式(1-47)即为双组分系统不可压缩流体的传质微分方程，或称对流扩散方程。该式适用于总浓度为常数，有分子扩散并伴有化学反应的非稳态三维对流传质过程。

(2)分子传质微分方程

对于固体或停滞流体的分子扩散过程，由于 $\boldsymbol{u}$（或 $\boldsymbol{u}_m$）为零，则式(1-46)及式(1-47)可进一步简化为

$$\frac{\partial \rho_A}{\partial \theta} = D\left(\frac{\partial^2 \rho_A}{\partial x^2} + \frac{\partial^2 \rho_A}{\partial y^2} + \frac{\partial^2 \rho_A}{\partial z^2}\right) + r_A$$

$$\frac{\partial c_A}{\partial \theta} = D\left(\frac{\partial^2 c_A}{\partial x^2} + \frac{\partial^2 c_A}{\partial y^2} + \frac{\partial^2 c_A}{\partial z^2}\right) + \dot{R}_A$$

若系统内不发生化学反应，$r_A = 0$ 及 $\dot{R}_A = 0$，则有

$$\frac{\partial \rho_A}{\partial \theta} = D\left(\frac{\partial^2 \rho_A}{\partial x^2} + \frac{\partial^2 \rho_A}{\partial y^2} + \frac{\partial^2 \rho_A}{\partial z^2}\right) \tag{1-48}$$

$$\frac{\partial c_A}{\partial \theta} = D\left(\frac{\partial^2 c_A}{\partial x^2} + \frac{\partial^2 c_A}{\partial y^2} + \frac{\partial^2 c_A}{\partial z^2}\right) \tag{1-49}$$

式(1-48)及式(1-49)为无化学反应时的分子传质微分方程，又称为费克第二定律，它们适用于总质量浓度 ρ（或总物质的量浓度 c）不变时，在固体或停滞流体中进行分子传质的场合。

3. 柱坐标系与球坐标系的传质微分方程

在某些实际场合，应用柱坐标系或球坐标系来表达传质微分方程要比直角坐标系简便。例如在研究圆管内的传质时，应用柱坐标系传质微分方程较为简便；而研究沿球面的传质时，用球坐标系传质微分方程较为简便。

柱坐标系和球坐标系传质微分方程的推导，原则上与直角坐标系类似，其详细的推导过程可参阅有关书籍。下面以对流扩散方程式(1-46a)为例，写出与之对应的柱坐标系与球坐标系的方程。

(1)柱坐标系的对流扩散方程

柱坐标系的对流扩散方程为

$$\frac{\partial \rho_A}{\partial \theta'} + u_r \frac{\partial \rho_A}{\partial r} + \frac{u_\theta}{r} \frac{\partial \rho_A}{\partial \theta} + u_z \frac{\partial \rho_A}{\partial z}$$

$$= D \left[\frac{1}{r} \frac{\partial}{\partial r} \left(r \frac{\partial \rho_A}{\partial r} \right) + \frac{1}{r^2} \frac{\partial^2 \rho_A}{\partial \theta^2} + \frac{\partial^2 \rho_A}{\partial z^2} \right] + r_A \tag{1-50}$$

式中，θ' 为时间；r 为径向坐标；z 为轴向坐标；θ 为方位角；u_r、u_θ 和 u_z 分别为流体的质量平均速度 $\boldsymbol{u}$ 在柱坐标系 (r, θ, z) 三个方向上的分量。

(2)球坐标系的对流扩散方程

球坐标系的对流扩散方程为

$$\frac{\partial \rho_A}{\partial \theta'} + u_r \frac{\partial \rho_A}{\partial r} + \frac{u_\theta}{r} \frac{\partial \rho_A}{\partial \theta} + \frac{u_\phi}{r \sin\theta} \frac{\partial \rho_A}{\partial \phi}$$

$$= D \left[\frac{1}{r^2} \frac{\partial}{\partial r} \left(r^2 \frac{\partial \rho_A}{\partial r} \right) + \frac{1}{r^2 \sin\theta} \frac{\partial}{\partial \theta} \left(\sin\theta \frac{\partial \rho_A}{\partial \theta} \right) + \frac{1}{r^2 \sin^2\theta} \frac{\partial^2 \rho_A}{\partial \phi^2} \right] + r_A \tag{1-51}$$

式中，θ' 为时间；r 为矢径；θ 为余纬度；ϕ 为方位角；u_r、u_ϕ 和 u_θ 为流体的质量平均速度 $\boldsymbol{u}$ 在球坐标系 (r, ϕ, θ) 三个方向上的分量。

【例 1-3】 有一含有可裂变物质的圆柱形核燃料棒，其内部中子生成的速率正比于中子的浓度，试写出描述该情况的传质微分方程。

解 由柱坐标系的传质微分方程：

$$\frac{\partial c_A}{\partial \theta'} + u_{mr} \frac{\partial c_A}{\partial r} + \frac{u_{m\theta}}{r} \frac{\partial c_A}{\partial \theta} + u_{mz} \frac{\partial c_A}{\partial z} = D \left[\frac{1}{r} \frac{\partial}{\partial r} \left(r \frac{\partial c_A}{\partial r} \right) + \frac{1}{r^2} \frac{\partial^2 c_A}{\partial \theta^2} + \frac{\partial^2 c_A}{\partial z^2} \right] + \dot{R}_A$$

固体中传质 $u_{mr} = u_{m\theta} = u_{mz} = 0$

圆棒细长 $\frac{\partial c_A}{\partial z} \ll \frac{\partial c_A}{\partial r}$，即 $\frac{\partial^2 c_A}{\partial z^2} \approx 0$

圆柱体轴对称 $\frac{\partial c_A}{\partial \theta} = 0$，因此，$\frac{\partial^2 c_A}{\partial \theta^2} = 0$

摩尔生成速率 $\dot{R}_A = k c_A$（k 为比例常数）

所以，方程简化为

$$\frac{\partial c_A}{\partial \theta'} = D \left[\frac{1}{r} \frac{\partial}{\partial r} \left(r \frac{\partial c_A}{\partial r} \right) \right] + k c_A$$

解题要点：①对于圆棒内的传质问题，应选用柱坐标系的传质微分方程求解，且传质沿轴心对称，任一物理量不随方位角 θ 变化，即 $\frac{\partial c_A}{\partial \theta} = 0$；②对于细长圆棒内的传质，由于 $r \ll z$，则在径向上的浓度梯度远远大于轴向上的浓度梯度，即 $\frac{\partial c_A}{\partial r} \gg \frac{\partial c_A}{\partial z}$。

1.2　分子传质（扩散）

本节将讨论由于分子扩散所引起的质量传递问题。分子扩散按扩散介质的不同，可分为气体中的扩散、液体中的扩散及固体中的扩散几种类型，下面分别予以讨论，重点讨论气体中的稳态扩散过程。

1.2.1　气体中的稳态扩散

在化工传质单元操作过程中，分子扩散有两种形式，即双向扩散（反方向扩散）和单向扩散（一组分通过另一停滞组分的扩散）。

1. 等分子反方向扩散

设由 A、B 两组分组成的二元混合物中，组分 A、B 进行反方向扩散，若二者扩散的通量相等，则称为等分子反方向扩散。等分子反方向扩散的情况多在两组分的摩尔潜热相等的蒸馏操作中遇到，此时在气相中，通过与扩散方向垂直的平面，若有 1mol 的难挥发组分向气液界面方向扩散，同时必有 1mol 的易挥发组分由界面向气相主体方向扩散。

（1）扩散通量方程

由式（1-37）得

$$N_A = -D\frac{dc_A}{dz} + x_A(N_A + N_B)$$

对于等分子反方向扩散，$N_A = -N_B$，因此得

$$N_A = J_A = -D\frac{dc_A}{dz} \tag{1-52}$$

在系统中取 z_1 和 z_2 两个平面，设组分 A、B 在平面 z_1 处的浓度为 c_{A1} 和 c_{B1}，z_2 处的浓度为 c_{A2} 和 c_{B2}，且 $c_{A1} > c_{A2}$、$c_{B1} < c_{B2}$，系统的总浓度 c 恒定。

式（1-52）经分离变量并积分

$$N_A \int_{z_1}^{z_2} dz = -D\int_{c_{A1}}^{c_{A2}} dc_A$$

得

$$N_A = \frac{D}{\Delta z}(c_{A1} - c_{A2}) \tag{1-53}$$

$$\Delta z = z_2 - z_1$$

当扩散系统处于低压时，气相可按理想气体混合物处理，即 $c = \dfrac{p}{RT}$，于是

$$c_A = \frac{p_A}{RT}$$

将上述关系代入式（1-53）中，得

$$N_A = J_A = \frac{D}{RT\Delta z}(p_{A1} - p_{A2}) \tag{1-54}$$

式（1-53）、式（1-54）即为 A、B 两组分作等分子反方向稳态扩散时的扩散通量表达式，依此式可计算出组分 A 的扩散通量。

（2）浓度分布方程

等分子反方向扩散下的浓度分布方程，可通过传质微分方程简化并积分得出。由式（1-47）

$$\frac{Dc_A}{D\theta} = D\left(\frac{\partial^2 c_A}{\partial x^2} + \frac{\partial^2 c_A}{\partial y^2} + \frac{\partial^2 c_A}{\partial z^2}\right) + \dot{R}_A$$

展开得

$$\frac{\partial c_A}{\partial \theta} + u_{mx}\frac{\partial c_A}{\partial x} + u_{my}\frac{\partial c_A}{\partial y} + u_{mz}\frac{\partial c_A}{\partial z} = D\left(\frac{\partial^2 c_A}{\partial x^2} + \frac{\partial^2 c_A}{\partial y^2} + \frac{\partial^2 c_A}{\partial z^2}\right) + \dot{R}_A$$

稳态传质，$\dfrac{\partial c_A}{\partial \theta} = 0$；无主体流动，$u_{mx} = u_{my} = u_{mz} = 0$；无化学反应，$\dot{R}_A = 0$，且为一维扩散，于是方程简化为

$$D\frac{\partial^2 c_A}{\partial z^2} = 0$$

即

$$\frac{d^2 c_A}{dz^2} = 0$$

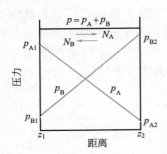

图 1-5　等分子反方向扩散的浓度分布

积分两次，得 $c_A = c_1 z + c_2$。

积分常数 c_1、c_2 可由以下边界条件定出：① $z = z_1$ 时，$c_A = c_{A1}$；② $z = z_2$ 时，$c_A = c_{A2}$。最后求出浓度分布方程为

$$\frac{c_A - c_{A1}}{c_{A1} - c_{A2}} = \frac{z - z_1}{z_1 - z_2} \tag{1-55}$$

或

$$\frac{p_A - p_{A1}}{p_{A1} - p_{A2}} = \frac{z - z_1}{z_1 - z_2} \tag{1-56}$$

等分子反方向扩散的浓度分布如图 1-5 所示。组分 A 和组分 B 的浓度分布均为直线，在扩散距离上的任一点处，p_A 与 p_B 之和为系统的总压力 p。

2. 组分 A 通过停滞组分 B 的扩散

设由 A、B 两组分组成的二元混合物中，组分 A 为扩散组分，组分 B 为不扩散组分（称为停滞组分），组分 A 通过停滞组分 B 进行扩散。该扩散过程多在吸收操作中遇到，例如用水吸收空气中氨的过程，气相中氨（组分 A）通过不扩散的空气（组分 B）扩散至气液相界面，然后溶于水中，而空气在水中可认为是不溶解的，故它并不能通过气液相界面，而是"停滞"不动的。

(1) 扩散通量方程

由式(1-37) $N_A = -D\dfrac{dc_A}{dz} + x_A(N_A + N_B)$，其中组分 B 为不扩散组分，$N_B = 0$，因此得

$$N_A = -D\frac{dc_A}{dz} + x_A N_A = -D\frac{dc_A}{dz} + \frac{c_A}{c}N_A$$

整理得

$$N_A = -\frac{Dc}{c - c_A}\frac{dc_A}{dz} \tag{1-57}$$

在系统中取 z_1 和 z_2 两个平面，设组分 A、B 在平面 z_1 处的浓度为 c_{A1} 和 c_{B1}，z_2 处的浓度为 c_{A2} 和 c_{B2}，且 $c_{A1} > c_{A2}$、$c_{B1} < c_{B2}$，系统的总浓度 c 恒定。

式(1-57)经分离变量并积分

$$N_A\int_{z_1}^{z_2} dz = -Dc\int_{c_{A1}}^{c_{A2}} \frac{dc_A}{c - c_A}$$

得
$$N_A = \frac{Dc}{\Delta z} \ln \frac{c - c_{A2}}{c - c_{A1}} \qquad (1-58)$$

或
$$N_A = \frac{Dp}{RT \Delta z} \ln \frac{p - p_{A2}}{p - p_{A1}} \qquad (1-59)$$

式(1-58)、式(1-59)即为组分 A 通过停滞组分 B 的稳态扩散时的扩散通量表达式，依此可计算组分 A 的扩散通量。

式(1-59)可变形如下，由于扩散过程中总压 p 不变，故得
$$p_{B2} = p - p_{A2}, \quad p_{B1} = p - p_{A1}$$

因此
$$p_{B2} - p_{B1} = p_{A1} - p_{A2}$$

于是
$$N_A = \frac{Dp}{RT \Delta z} \times \frac{p_{A1} - p_{A2}}{p_{B2} - p_{B1}} \ln \frac{p_{B2}}{p_{B1}}$$

令 $p_{BM} = \dfrac{p_{B2} - p_{B1}}{\ln \dfrac{p_{B2}}{p_{B1}}}$，$p_{BM}$ 称为组分 B 的对数平均分压。据此得

$$N_A = \frac{Dp}{RT \Delta z p_{BM}} (p_{A1} - p_{A2}) \qquad (1-60)$$

比较式(1-60)与式(1-54)可得

$$N_A = J_A \frac{p}{p_{BM}}$$

p / p_{BM} 反映了主体流动对传质速率的影响，定义为"漂流因数"。因 $p > p_{BM}$，所以漂流因数 $p / p_{BM} > 1$，这表明由于有主体流动而使物质 A 的传递速率较之单纯的分子扩散要大一些。当混合气体中组分 A 的浓度很低时，$p_{BM} \approx p$，因而 $p / p_{BM} \approx 1$，式(1-60)即可简化为式(1-54)。

(2)浓度分布方程

由于扩散为稳态扩散，且扩散面积不变，则 $N_A =$ 常数，即

$$\frac{dN_A}{dz} = 0 \qquad (1-61)$$

对气体而言，式(1-37)可写成以下形式

$$N_A = -Dc \frac{dy_A}{dz} + y_A (N_A + N_B)$$

又 $N_B = 0$，代入上式并整理得

$$N_A = -\frac{cD}{1 - y_A} \frac{dy_A}{dz}$$

代入式(1-61)，得

$$\frac{d}{dz} \left(-\frac{cD}{1 - y_A} \frac{dy_A}{dz} \right) = 0$$

设组分在等温、等压下进行扩散，D 及 c 均为常数，于是上式简化为

$$\frac{d}{dz} \left(\frac{1}{1 - y_A} \frac{dy_A}{dz} \right) = 0$$

上式经两次积分得

$$-\ln(1 - y_A) = c_1 z + c_2$$

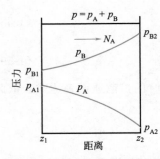

图 1-6　组分 A 通过停滞组分 B
扩散的浓度分布

积分常数 c_1、c_2 可由以下边界条件定出：$z = z_1$ 时，$y_A = y_{A1} = \dfrac{p_{A1}}{p}$；$z = z_2$ 时，$y_A = y_{A2} = \dfrac{p_{A2}}{p}$。最后求出浓度分布方程为

$$\frac{1 - y_A}{1 - y_{A1}} = \left(\frac{1 - y_{A2}}{1 - y_{A1}} \right)^{\left(\frac{z - z_1}{z_2 - z_1} \right)} \tag{1-62}$$

或

$$\frac{p - p_A}{p - p_{A1}} = \left(\frac{p - p_{A2}}{p - p_{A1}} \right)^{\left(\frac{z - z_1}{z_2 - z_1} \right)} \tag{1-62a}$$

式(1-62)、式(1-62a)表明，组分 A 通过停滞组分 B 扩散时，浓度分布为对数型，在扩散距离上的任一点处，p_A 与 p_B 之和为系统的总压力 p。组分 A 通过停滞组分 B 扩散的浓度分布如图 1-6 所示。

【例 1-4】　如附图所示，直径为 10mm 的萘球在空气中进行稳态扩散。空气的压力为 101.3kPa，温度为 318K，萘球表面温度亦维持在 318K。在此条件下，萘在空气中的扩散系数为 6.92×10^{-6} m²/s，萘的饱和蒸气压为 0.074kPa。试计算萘球表面的扩散通量 N_A。

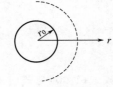

例 1-4 附图

解　该扩散为组分 A 通过停滞组分 B 的扩散过程。由

$$N_A = -D \frac{dc_A}{dr} + y_A (N_A + N_B), \quad N_B = 0$$

得

$$N_A = -D \frac{dc_A}{dr} + y_A N_A$$

因为 $c_A = \dfrac{p_A}{RT}$，$y_A = \dfrac{p_A}{p}$，所以

$$N_A = -\frac{D}{RT} \frac{dp_A}{dr} + \frac{p_A}{p} N_A$$

整理得

$$N_A = -\frac{Dp}{RT(p - p_A)} \frac{dp_A}{dr}$$

依题意，该扩散过程虽为稳态扩散，但扩散面积是变化的，故扩散通量为变量，此时扩散速率（kmol/s）为常量。扩散速率为 $G_A = N_A A_r =$ 常数，扩散面积为 $A_r = 4\pi r^2$，从而

$$\frac{G_A}{4\pi r^2} = -\frac{Dp}{RT(p - p_A)} \frac{dp_A}{dr}$$

分离变量，并积分

$$\frac{G_A RT}{4\pi Dp} \int_{r_0}^{\infty} \frac{dr}{r^2} = -\int_{p_{As}}^{0} \frac{dp_A}{p - p_A}$$

得

$$G_A = -\frac{Dp 4\pi r_0}{RT} \ln \frac{p - p_{As}}{p}$$

$$N_A \Big|_{r = r_0} = \frac{G_A}{4\pi r_0^2} = -\frac{Dp}{RT r_0} \ln \frac{p - p_{As}}{p} = -\frac{6.92 \times 10^{-6} \times 101.3}{8.314 \times 318 \times 0.005} \ln \frac{101.3 - 0.074}{101.3}$$

$$= 3.88 \times 10^{-8} \text{kmol/(m}^2 \cdot \text{s)}$$

【例 1-5】 在某一直立的细管的底部装有水，水在恒定温度298K下向空气中蒸发。空气的总压力为101.33kPa，温度为298K。初始时水面至细管顶部（管口）的距离为20cm。试计算：(1)水蒸气的摩尔通量；(2)在距离管口10cm处水蒸气的分压。

解 (1)水蒸气的摩尔通量

设水为组分A，空气为组分B，该过程为组分A通过停滞组分B的扩散。由于液面逐渐下降，该扩散过程应属于非稳态扩散。但由于水面下降的极慢，可以视为稳态扩散，故水蒸气的摩尔通量可由式(1-60)计算，即

$$N_A = \frac{Dp}{RT\Delta z p_{BM}}(p_{A1} - p_{A2})$$

查附录得，水在298K下的饱和蒸气压为23.76mmHg；在298K和101.33kPa下，水蒸气在空气中的扩散系数为 $0.260 \times 10^{-4}\,m^2/s$。

在水面($z = z_1 = 0$)处，p_{A1} 为水的饱和蒸气压，即

$$p_{A1} = \frac{23.76 \times 101.33}{760} = 3.17\,kPa$$

在管口($z = z_2 = 0.02$)处，由于水蒸气的分压很低，可视为零，即 $p_{A2} \approx 0$，故

$$p_{B1} = p - p_{A1} = 101.33 - 3.17 = 98.16\,kPa$$

$$p_{B2} = p - p_{A2} = 101.33 - 0 = 101.33\,kPa$$

$$p_{BM} = \frac{p_{B2} - p_{B1}}{\ln\dfrac{p_{B2}}{p_{B1}}} = \frac{101.33 - 98.16}{\ln\dfrac{101.33}{98.16}} = 99.74\,kPa$$

$$N_A = \frac{0.260 \times 10^{-4} \times 101.33 \times 10^3}{8.314 \times 298 \times 0.02 \times 99.74 \times 10^3}(3.17 \times 10^3 - 0) = 1.69 \times 10^{-6}\,kmol/(m^2 \cdot s)$$

(2)在距离管口10cm处水蒸气的分压

水蒸气的分压由式(1-62a)计算，即

$$\frac{p - p_A}{p - p_{A1}} = \left(\frac{p - p_{A2}}{p - p_{A1}}\right)^{\left(\frac{z - z_1}{z_2 - z_1}\right)}$$

$$\frac{101.33 - p_A}{101.33 - 3.17} = \left(\frac{101.33 - 0}{101.33 - 3.17}\right)^{\left(\frac{0.01 - 0}{0.02 - 0}\right)}$$

解得

$$p_{A1} = 1.6\,kPa$$

 解题要点：判断该过程属于组分A通过停滞组分B的拟稳态扩散过程。

1.2.2 液体中的稳态扩散

液体中的分子扩散速率远远低于气体中的分子扩散速率，其原因是液体分子之间的距离较近，扩散物质A的分子运动时很容易与邻近液体B的分子碰撞，使本身的扩散速率减慢。

1. 液体中的扩散通量方程

组分A在液体中的扩散通量仍可用费克第一定律来描述，当含有主体流动时，方程为式(1-37)

$$N_A = -D\frac{dc_A}{dz} + \frac{c_A}{c}(N_A + N_B)$$

与气体中的扩散不同的是，在稳态扩散时，气体的扩散系数 D 及总浓度 c 均为常数，故式(1-37)求解很方便；而液体中的扩散则不然，组分 A 的扩散系数随浓度而变，且总浓度在整个液相中也并非到处保持一致。因此，式(1-37)求解非常困难。由于目前液体中的扩散理论还不够成熟，仍需用费克第一定律进行求解，但在使用过程中需做以下处理：式(1-37)中的扩散系数应以平均扩散系数、总浓度应以平均总浓度代替。因此，有

$$N_A = -D \frac{dc_A}{dz} + \frac{c_A}{c_{av}}(N_A + N_B) \tag{1-63}$$

其中

$$c_{av} = \left(\frac{\rho}{M}\right)_{av} = \frac{1}{2}\left(\frac{\rho_1}{M_1} + \frac{\rho_2}{M_2}\right) \tag{1-64}$$

$$D = \frac{1}{2}(D_1 + D_2) \tag{1-65}$$

式中，c_{av} 为混合物的总平均物质的量浓度，$kmol/m^3$；D 为组分 A 在溶剂 B 中的平均扩散系数，m^2/s；ρ_1、ρ_2 为溶液在点 1 及点 2 处的平均密度，kg/m^3；M_1、M_2 为溶液在点 1 及点 2 处的平均摩尔质量，$kg/kmol$；D_1、D_2 为在点 1 及点 2 处组分 A 在溶剂 B 中的扩散系数，m^2/s；ρ 为溶液的总密度，kg/m^3；M 为溶液的总平均摩尔质量，$kg/kmol$。

式(1-63)为液体中组分 A 在组分 B 中进行稳态扩散时扩散通量方程的一般形式。与气体扩散情况一样，液体扩散也有常见的两种情况，即组分 A 与组分 B 的等分子反方向扩散及组分 A 通过停滞组分 B 的扩散，下面分别予以讨论。

2. 等分子反方向扩散

液体中的等分子反方向扩散发生在摩尔潜热相等的二元混合物蒸馏时的液相中，此时，易挥发组分 A 向气-液相界面方向扩散，而难挥发组分 B 则向液相主体的方向扩散。与气体中的等分子反方向扩散求解过程类似，可解出液体中进行等分子反方向扩散时的扩散通量方程及浓度分布方程如下。

扩散通量方程

$$N_A = J_A = \frac{D}{\Delta z}(c_{A1} - c_{A2}) \tag{1-66}$$

浓度分布方程

$$\frac{c_A - c_{A1}}{c_A - c_{A2}} = \frac{z - z_1}{z_1 - z_2} \tag{1-67}$$

3. 组分 A 通过停滞组分 B 的扩散

溶质 A 在停滞的溶剂 B 中的扩散是液体扩散中最重要的方式，在吸收和萃取等操作中都会遇到。例如，苯甲酸的水溶液与苯接触时，苯甲酸(A)会通过水(B)向相界面扩散，再越过相界面进入苯相中去，在相界面处，水不扩散，故 $N_B = 0$。与气体中的组分 A 通过停滞组分 B 的扩散求解过程类似，可解出液体中组分 A 通过停滞组分 B 的扩散通量方程及浓度分布方程如下。

扩散通量方程为

$$N_A = \frac{D}{\Delta z} c_{av} \ln \frac{c_{av} - c_{A2}}{c_{av} - c_{A1}} \tag{1-68}$$

或

$$N_A = \frac{D}{\Delta z \, c_{BM}} c_{av}(c_{A1} - c_{A2}) \tag{1-69}$$

式中，c_{BM} 为停滞组分 B 的对数平均浓度，由下式定义

$$c_{BM} = (c_{B2} - c_{B1})/\ln(c_{B2}/c_{B1})$$

当液体为稀溶液时，$c_{av}/c_{BM} \approx 1$，于是式(1-68)可简化为

$$N_A = \frac{D}{\Delta z}(c_{A1} - c_{A2})$$

浓度分布方程为
$$\frac{c_{av}-c_A}{c_{av}-c_{A1}}=\left(\frac{c_{av}-c_{A2}}{c_{av}-c_{A1}}\right)^{\left(\frac{z-z_1}{z_2-z_1}\right)} \tag{1-70}$$

或
$$\frac{1-x_A}{1-x_{A1}}=\left(\frac{1-x_{A2}}{1-x_{A1}}\right)^{\left(\frac{z-z_1}{z_2-z_1}\right)} \tag{1-70a}$$

【例 1-6】 在 293K 下用某种有机溶剂萃取乙醇（A）-水（B）中的乙醇，水不溶于有机溶剂，而乙醇能溶于该有机溶剂。设乙醇在水相中通过 3mm 厚的停滞膜扩散，在膜的一侧（点 1）处，溶液的密度为 972.8kg/m³，乙醇质量分数为 0.168；在膜的另一侧（点 2）处，溶液的密度为 988.1kg/m³，乙醇的质量分数为 0.068，乙醇-水的平均扩散系数为 0.74×10^{-9} m²/s。试求：（1）乙醇的扩散通量；（2）在 1/2 膜厚度处乙醇的摩尔分数。

解 （1）此题为组分 A（乙醇）通过停滞组分 B（水）的稳态扩散问题。以 100kg 乙醇-水溶液为基准，计算出

$$x_{A1}=\frac{\frac{16.8}{46}}{\frac{16.8}{46}+\frac{83.2}{18}}=0.0732, \quad x_{A2}=\frac{\frac{6.8}{46}}{\frac{6.8}{46}+\frac{93.2}{18}}=0.0278$$

$$x_{B1}=1-x_{A1}=1-0.0732=0.9268, \quad x_{B2}=1-x_{A2}=1-0.0278=0.9722$$

$$M_1=0.0732\times46+0.9268\times18=20.05, \quad M_2=0.0278\times46+0.9722\times18=18.78$$

$$c_{av}=\frac{1}{2}\left(\frac{\rho_1}{M_1}+\frac{\rho_2}{M_2}\right)=\frac{1}{2}\left(\frac{972.8}{20.05}+\frac{988.1}{18.78}\right)=50.57\text{kmol/m}^3$$

$$x_{BM}=\frac{x_{B2}-x_{B1}}{\ln\frac{x_{B2}}{x_{B1}}}=\frac{0.9722-0.9268}{\ln\frac{0.9722}{0.9268}}=0.9493$$

$$N_A=\frac{D}{\Delta z\,c_{BM}}c_{av}(c_{A1}-c_{A2})=\frac{D}{\Delta z\,x_{BM}}c_{av}(x_{A1}-x_{A2})$$

$$=\frac{0.74\times10^{-9}}{0.003\times0.9493}\times50.57\times(0.0732-0.0278)$$

$$=5.97\times10^{-7}\text{kmol/(m}^2\cdot\text{s)}$$

（2）$z=\dfrac{0.003}{2}=0.0015$m，代入 $\dfrac{1-x_A}{1-x_{A1}}=\left(\dfrac{1-x_{A2}}{1-x_{A1}}\right)^{\left(\frac{z-z_1}{z_2-z_1}\right)}$ 得

$$\frac{1-x_A}{1-0.0732}=\left(\frac{1-0.0278}{1-0.0732}\right)^{\left(\frac{0.0015-0}{0.003-0}\right)}$$

解得
$$x_A=0.0508$$

1.2.3 固体中的稳态扩散

固体中的扩散，包括气体、液体和固体在固体内的分子扩散。固体中的扩散在化工传质单元操作中经常遇到，例如固-液浸取、固体物料的干燥、固体催化剂的吸附、固体膜片分离流体的膜分离等过程，均属固体中的扩散。

一般说来，固体中的扩散分为两种类型，一种是与固体内部结构基本无关的扩散；另一种是与固体内部结构有关的多孔介质中的扩散。下面分别介绍这两种扩散。

1. 与固体内部结构无关的稳态扩散

当流体或扩散溶质溶解于固体中，并形成均匀的溶液时，此种扩散即为与固体内部结构无关的扩散。例如在浸出过程中，固体含有大量水分，溶质通过水溶液进行的扩散；又如氢气或氧气透过橡胶的扩散等，这类扩散过程的机理较为复杂，并且因物系而异，但其扩散方式与物质在流体内的扩散方式类似，仍遵循费克第一定律，其通用的表达形式为式(1-37)。

$$N_A = -D\frac{dc_A}{dz} + \frac{c_A}{c}(N_A + N_B)$$

由于固体扩散中，组分 A 的浓度一般都很低，c_A/c 很小可忽略，则式(1-37)变为式(1-52)，即

$$N_A = J_A = -D\frac{dc_A}{dz}$$

溶质 A 在距离为 $(z_2 - z_1)$ 的两个固体平面之间进行稳态扩散时，积分式(1-52)可得

$$N_A = \frac{D}{z_2 - z_1}(c_{A1} - c_{A2}) \tag{1-71}$$

式(1-71)只适用于扩散面积相等的平行平面间的稳态扩散，若扩散面积不等时，如组分 A 通过柱形面或球形面的扩散，沿径向上的表面积是不相等的，在此种情况下，可采用平均截面积作为传质面积。通过固体截面的分子传质速率 G_A 可写成

$$G_A = N_A A_{av} = \frac{DA_{av}}{\Delta z}(c_{A1} - c_{A2}) \tag{1-72}$$

式中，A_{av} 为平均扩散面积，m^2。

当扩散沿着如图 1-7 所示的圆筒的径向进行时，其平均扩散面积为

$$A_{av} = \frac{2\pi L(r_2 - r_1)}{\ln\dfrac{r_2}{r_1}}$$

式中，r_1、r_2 为圆筒的内、外半径，m；L 为圆筒的长度，m。

当扩散沿着如图 1-8 所示的球面的径向进行时，其平均扩散面积为

$$A_{av} = 4\pi r_1 r_2$$

式中，r_1、r_2 为球体的内、外半径，m。

应予指出，当气体在固体中扩散时，溶质的浓度常用溶解度 S 表示。其定义为，单位体积固体、单位溶质分压所能溶解的溶质 A 的体积，单位为 m^3（溶质 A）(STP)/[kPa·m^3（固体）]，(STP)表示标准状态，即 273K 及 101.3kPa。溶解度 S 与浓度 c_A 的关系为

$$c_A = \frac{S}{22.4}p_A \tag{1-73}$$

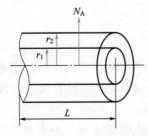

图 1-7　沿圆筒径向的扩散

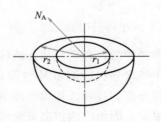

图 1-8　沿球面径向的扩散

2. 与固体内部结构有关的多孔固体中的稳态扩散

前面讨论与固体内部结构无关的扩散时，将固体按均匀物质处理，没有涉及实际固体内部的结构。现在讨论多孔固体中的扩散问题。在多孔固体中充满了空隙或孔道，当扩散物质在孔道内进行扩散时，其扩散通量除与扩散物质本身的性质有关外，还与孔道的尺寸密切相关。因此，按扩散物质分子运动的平均自由程 λ 与孔道直径 d 的关系，常将多孔固体中的扩散分为费克型扩散、纽特逊扩散及过渡区扩散等几种类型，下面分别予以讨论。

(1) 费克型扩散

如图 1-9 所示，当固体内部孔道的直径 d 远大于流体分子运动的平均自由程 λ 时，一般 $d \geqslant 100\lambda$，则扩散时分子之间的碰撞机会远大于分子与壁面之间的碰撞，扩散仍遵循费克定律，故称此种多孔固体中的扩散为费克型扩散。

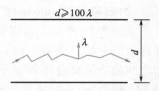

图 1-9　多孔固体中的费克型扩散

分子运动的平均自由程 λ 表示分子运动时与另一分子碰撞以前所走过的平均距离。根据分子运动学说，平均自由程可用下式计算，即

$$\lambda = \frac{3.2\mu}{p}\left(\frac{RT}{2\pi M}\right)^{1/2} \tag{1-74}$$

式中，λ 为分子平均自由程，m；μ 为黏度，Pa·s；p 为压力，Pa；T 为热力学温度，K；M 为摩尔质量，kg/kmol；R 为气体常数，8.314×10^3 N·m/(kmol·K)。

由式(1-74)可知，压力越高(密度越大)，λ 值越小。高压下的气体和常压下的液体，由于其密度较大，因而 λ 很小，故密度大的气体和液体在多孔固体中扩散时，一般发生费克型扩散。

多孔固体中费克型扩散的扩散通量方程可用下式表达

$$N_A = \frac{D_p}{z_2 - z_1}(c_{A1} - c_{A2}) \tag{1-75}$$

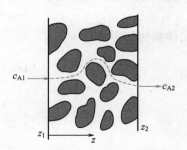

图 1-10　多孔固体示意图

与一般固体中的扩散不同的是二者扩散系数表达方式不同。D_p 称为"有效扩散系数"，它与一般双组分中组分 A 的扩散系数 D 不等，若仍使用 D 描述多孔固体内部的分子扩散，需要对 D 进行校正。图 1-10 为典型多孔固体示意图。假设在固体空隙中充满食盐水溶液，在边界 1 处水中食盐的浓度为 c_{A1}，边界 2 处水中食盐的浓度为 c_{A2}，且 $c_{A1} > c_{A2}$，因而食盐分子将由边界 1 通过水向边界 2 处扩散。与一般固体中的扩散不同的是，在扩散过程中，食盐分子必须通过曲折路径，该路径大于 $z_1 - z_2$。假定曲折路径为 $z_1 - z_2$ 的 τ 倍，τ 称为曲折因数，式(1-75)中的 $z_1 - z_2$ 应以 $\tau(z_1 - z_2)$ 来代替；另一方面，组分在多孔固体内部扩散时，扩散的面积为孔道的截面积而非固体介质的总截面积，设固体的空隙率为 ε，则需采用空隙率 ε 校正扩散面积的影响。于是可得 D 与 D_p 的关系如下

$$D_p = \frac{\varepsilon D}{\tau} \tag{1-76}$$

式中，ε 为多孔固体的空隙率或自由截面积，m^3/m^3；τ 为曲折因数；D_p 为有效扩散系数，m^2/s。

将式(1-76)代入式(1-75)得

$$N_A = \frac{D\varepsilon}{\tau(z_2 - z_1)}(c_{A1} - c_{A2}) \tag{1-77}$$

式(1-77)即为多孔固体中进行费克型扩散的扩散通量方程。

曲折因数 τ 的值，不仅与曲折路径长度有关，而且与固体内部毛细孔道的结构有关，其值一般由实验确定。对于惰性固体，τ 值大约在 $1.5\sim5$ 的范围内；对于某些松散的多孔介质床层，如玻璃球床、沙床、盐床等，在不同的 ε 下，曲折因数 τ 的近似值可分别取为：$\varepsilon=0.2$，$\tau=2.0$；$\varepsilon=0.4$，$\tau=1.75$；$\varepsilon=0.6$，$\tau=1.65$。

(2) 纽特逊(Kundsen)扩散

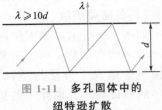

图 1-11　多孔固体中的
纽特逊扩散

如图 1-11 所示，当固体内部孔道的直径 d 小于流体分子运动的平均自由程 λ 时，一般 $\lambda \geqslant 10d$，则分子与孔道壁面之间的碰撞机会将多于分子与分子之间的碰撞，在此种情况下，扩散物质 A 通过孔道的扩散阻力将主要取决于分子与壁面的碰撞阻力，而分子之间的碰撞阻力可忽略不计。此种扩散现象称为纽特逊扩散。很明显，纽特逊扩散不遵循费克定律。

根据分子运动学说，纽特逊扩散的通量可采用下式描述

$$N_A = -\frac{2}{3}\bar{r}\,\bar{u}_A\frac{dc_A}{dz} \tag{1-78}$$

式中，$\bar{r}$ 为孔道的平均半径，m；$\bar{u}_A$ 为组分 A 的分子平均速度，m/s。
又依分子运动学说，分子平均速度为

$$\bar{u}_A = \left(\frac{8RT}{\pi M_A}\right)^{1/2} \tag{1-79}$$

将式(1-79)代入式(1-78)可得

$$N_A = -97.0\,\bar{r}\left(\frac{T}{M_A}\right)^{1/2}\frac{dc_A}{dz} \tag{1-80}$$

式(1-80)称为纽特逊扩散通量方程。

令

$$D_{KA} = -97.0\,\bar{r}\left(\frac{T}{M_A}\right)^{1/2}$$

D_{KA} 称为纽特逊扩散系数，于是式(1-80)可写成与费克第一定律相同的形式

$$N_A = D_{KA}\frac{dc_A}{dz} \tag{1-81}$$

在 $z=z_1$，$c_A=c_{A1}$ 及 $z=z_2$，$c_A=c_{A2}$ 范围内积分，得

$$N_A = \frac{D_{KA}}{z_2 - z_1}(c_{A1} - c_{A2}) \tag{1-82}$$

或

$$N_A = \frac{D_{KA}}{RT(z_2 - z_1)}(p_{A1} - p_{A2}) \tag{1-83}$$

由式(1-74)可知，气体在低压下，λ 值较大。故处于低压下的气体在多孔固体中扩散时，一般发生纽特逊扩散。气体在多孔固体内是否为纽特逊扩散，可采用纽特逊数 K_n 判断，K_n 的定义为

$$K_n = \frac{\lambda}{2\bar{r}} \tag{1-84}$$

当 $K_n \geqslant 10$ 时，扩散主要为纽特逊扩散，此时用式(1-82)计算扩散通量，误差在 10% 以内。

(3)过渡区扩散

如图 1-12 所示，当固体内部孔道的直径 d 与流体分子运动的平均自由程 λ 相差不大时，则分子间的碰撞以及分子与孔道壁面之间的碰撞同时存在，此时既有费克型扩散，也有纽特逊扩散，两种扩散的影响同样重要，此种扩散称为过渡区扩散。

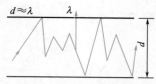

图 1-12 多孔固体中的过渡区扩散

过渡区扩散的通量方程可根据推动力叠加的原则进行推导，详细的推导过程可参考有关书籍。推导可得

$$N_A = -D_{NA}\frac{dc_A}{dz} \tag{1-85}$$

或

$$N_A = -D_{NA}\frac{p}{RT}\frac{dx_A}{dz}$$

其中

$$D_{NA} = \cfrac{1}{\cfrac{1-\alpha x_A}{D}} + \cfrac{1}{D_{KA}} \tag{1-86}$$

$$\alpha = \frac{N_A + N_B}{N_A} \tag{1-87}$$

式(1-85)即为过渡区扩散的通量方程，D_{NA} 称为过渡区扩散系数。

在 $z = z_1$，$x_A = x_{A1}$ 及 $z = z_2$，$x_A = x_{A2}$ 范围内积分

$$\frac{N_A RT}{p}\int_{z_1}^{z_2} dz = -\int_{x_{A1}}^{x_{A2}} \cfrac{dx_A}{\cfrac{(1-\alpha x_A)}{D} + \cfrac{1}{D_{KA}}}$$

得

$$N_A = \frac{Dp}{\alpha RT(z_2 - z_1)}\ln\frac{1 - \alpha x_{A2} + \cfrac{D}{D_{KA}}}{1 - \alpha x_{A1} + \cfrac{D}{D_{KA}}} \tag{1-88}$$

式(1-88)即为求算过渡区扩散通量的方程，当 $0.01 \leqslant K_n \leqslant 10$，为过渡区扩散，此时可用式(1-88)计算组分 A 的扩散通量。

【例 1-7】 在总压力为 10.13kPa、温度为 298K 的条件下，由 $N_2(A)$ 和 $He(B)$ 组成的气体混合物通过长为 0.02m、平均直径为 5×10^{-6} m 的毛细管进行扩散。已知其一端的摩尔分数为 0.8，另一端的摩尔分数为 0.2，该系统的通量比 $N_A/N_B = -\sqrt{M_B/M_A}$。在扩散条件下，$N_2$ 的平均扩散系数 $D = 6.98\times10^{-5}$ m²/s，黏度为 1.8×10^{-5} Pa·s。试计算 N_2 的扩散通量 N_A。

解 先判断扩散的类型，$K_n = \dfrac{\lambda}{2\bar{r}}$，由 $\bar{r} = \dfrac{5\times10^{-6}}{2} = 2.5\times10^{-6}$ m

$$\lambda = \frac{3.2\mu}{p}\left(\frac{RT}{2\pi M}\right)^{1/2} = \frac{3.2\times1.8\times10^{-5}}{10.13\times10^{3}}\left(\frac{8.314\times10^{3}\times298}{2\times\pi\times28}\right)^{1/2} = 6.75\times10^{-7} \text{ m}$$

得

$$K_n = \frac{6.75\times10^{-7}}{2\times2.5\times10^{-6}} = 0.135 \quad (0.01 \leqslant K_n \leqslant 10,\text{为过渡区扩散})$$

$$D_{KA} = 97.0\bar{r}\left(\frac{T}{M_A}\right)^{1/2} = 97.0\times2.5\times10^{-6}\left(\frac{298}{28}\right)^{1/2} = 7.91\times10^{-4} \text{ m}^2/\text{s}$$

$$\alpha = \frac{N_A + N_B}{N_A} = 1 + \frac{N_B}{N_A} = 1 - \sqrt{\frac{M_A}{M_B}} = 1 - \sqrt{\frac{28}{4}} = -1.646$$

$$N_A = \frac{Dp}{\alpha RT(z_2 - z_1)} \ln \frac{1 - \alpha x_{A2} + \dfrac{D}{D_{KA}}}{1 - \alpha x_{A1} + \dfrac{D}{D_{KA}}}$$

$$= \frac{6.98 \times 10^{-5} \times 10.13 \times 10^3}{-1.646 \times 8314 \times 298 \times 0.02} \ln \frac{1 + 1.646 \times 0.2 + \dfrac{6.98 \times 10^{-5}}{7.91 \times 10^{-4}}}{1 + 1.646 \times 0.8 + \dfrac{6.98 \times 10^{-5}}{7.91 \times 10^{-4}}}$$

$$= 4.58 \times 10^{-6} \, \text{kmol/(m}^2 \cdot \text{s)}$$

1.2.4 扩散系数

分子扩散系数简称扩散系数，它是物质的特性常数之一。由扩散通量方程可知，无论是哪种类型的扩散，其扩散通量均可表示为

$$（扩散通量）= -（扩散系数）（浓度梯度）$$

由此可见，扩散系数是计算分子扩散通量的关键。物质的扩散系数可由实验测得，或从有关资料中查得，有时也可由一些经验公式估算。

1. 气体中的扩散系数

一般来说，扩散系数与系统的温度、压力、浓度以及物质的性质有关。对于双组分气体混合物，组分的扩散系数在低压下与浓度无关，只是温度及压力的函数。

(1)气体扩散系数的实验数据

可从有关资料中查得，某些双组分气体混合物的扩散系数实验数据列于附录一中。因扩散系数数据是在一定的实验条件下测定的，故使用这些实验数据时应注意条件。气体中的扩散系数，其值一般在 $1 \times 10^{-5} \sim 1 \times 10^{-4} \, \text{m}^2/\text{s}$ 范围内。

(2)气体扩散系数的测定

测定二元气体扩散系数的方法有许多种，常用的方法有蒸发管法、双容积法、液滴蒸发法等，此处介绍较为简便易行的蒸发管法，侧重讨论用该方法测定气体扩散系数的原理。

图 1-13 所示为蒸发管法测定气体扩散系数的装置。装置的主体为一细长的圆管，该圆管置于恒温、恒压的系统内。测定时，将液体 A 注入圆管的底部，使气体 B 徐徐地流过管口。于是，液体 A 汽化并通过气体 B 进行扩散。组分 A 扩散到管口处，即被气体 B 带走，使得管口处的浓度很低，可认为 $p_{A2} \approx 0$，而液面处组分 A 的分压 p_{A1} 为在测定条件下组分 A 的饱和蒸气压。

在扩散过程中，由于液体 A 不断消耗，液面随时间不断下降，扩散距离 z 随时间而变，故该过程为非稳态过程。但是由于液体 A 的汽化和扩散速率很慢，以致在很长时间内，液面下降的距离与整个扩散距离相比很小，于是可将该过程当作稳态过程来处理，此种过程称为拟稳态过程。

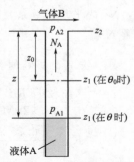

图 1-13　蒸发管法测定气体扩散系数

若在扩散过程中，气体 B 不能溶解于液体 A 中，则该过程为组分 A 通过停滞组分 B 的拟稳态扩散过程，其扩散通量方程为

$$N_A = \frac{Dp}{RT \Delta z p_{BM}} (p_{A1} - p_{A2})$$

另一方面，组分 A 的扩散通量 N_A 亦可通过物料衡算得到。设在 $d\theta$ 时间内，液面下降 dz，则 $\rho_{AL} S dz = N_A S M_A d\theta$，整理得

$$N_A = \frac{\rho_{AL}}{M_A} \frac{dz}{d\theta}$$

式中，ρ_{AL} 为组分 A 的密度，kg/m^3；M_A 为组分 A 的摩尔质量，$kg/kmol$；S 为圆管的横截面积，m^2。

联立以上两式，得

$$\frac{Dp}{RT p_{BM} \Delta z} (p_{A1} - p_{A2}) = \frac{\rho_{AL}}{M_A} \frac{dz}{d\theta} \tag{1-89}$$

设在时刻 θ，扩散距离为 z，$z = z_1 - z_2 = \Delta z$。对式(1-89)分离变量，并积分

$$\int_0^\theta d\theta = \frac{\rho_{AL} RT p_{BM}}{Dp M_A (p_{A1} - p_{A2})} \int_{z_0}^z z dz$$

得

$$\theta = \frac{\rho_{AL} RT p_{BM}}{Dp M_A (p_{A1} - p_{A2})} \frac{(z^2 - z_0^2)}{2} \tag{1-90}$$

或

$$D = \frac{RT p_{BM} \rho_{AL} (z^2 - z_0^2)}{2p M_A \theta (p_{A1} - p_{A2})} \tag{1-91}$$

测定时，可记录一系列时间间隔与 z 的对应关系，由式(1-91)即可计算出扩散系数 D。此方法比较简便易行，精确度较高，许多实验数据都是用此方法获得的。

【例 1-8】 用蒸发管法测定丙酮在 293K、98.68kPa 下在空气中的扩散系数。已知经历 5h 后，液面由距离顶部的 0.011m 下降至 0.021m。在实验条件下丙酮的密度为 $790kg/m^3$，饱和蒸气压为 23.98kPa。

解 由于空气在丙酮中不溶解，$N_B = 0$，该过程为丙酮通过停滞空气的扩散。

$$p_{B1} = p - p_{A1} = 98.68 - 23.98 = 74.7 \text{kPa}$$

$$p_{B2} = p - p_{A2} = 98.68 - 0 = 98.68 \text{kPa}$$

$$p_{BM} = \frac{p_{B2} - p_{B1}}{\ln \frac{p_{B2}}{p_{B1}}} = \frac{98.68 - 74.7}{\ln \frac{98.68}{74.7}} = 86.13 \text{kPa}$$

$$D = \frac{RT p_{BM} \rho_{AL} (z^2 - z_0^2)}{2p M_A \theta (p_{A1} - p_{A2})}$$

$$= \frac{8.314 \times 293 \times 86.13 \times 790 \times (0.021^2 - 0.011^2)}{2 \times 98.68 \times 58 \times 5 \times 3600 \times (23.98 - 0)}$$

$$= 1.07 \times 10^{-5} \text{m}^2/\text{s}$$

(3) 气体扩散系数的计算公式

气体扩散系数的实验值是在特定条件下测定的，目前已发表的实验数据数量有限，在许多情况下，要通过计算求得所需的扩散系数值。

① 气体扩散系数的理论公式 双组分混合气体在低压下的扩散系数公式，可应用经典气体分子运动论导出。赫虚范特(Hirschfelder)等导出的用于计算低压下二元气体混合物相互扩散系数的理论方程为

$$D = \frac{1.8825 \times 10^{-7} T^{3/2}}{p \sigma_{AB}^2 \Omega_D} \left(\frac{1}{M_A} + \frac{1}{M_B} \right)^{1/2} \tag{1-92}$$

其中
$$\sigma_{AB} = \frac{1}{2}(\sigma_A + \sigma_B) \tag{1-93}$$

$$\Omega_D = f\left(\frac{kT}{\varepsilon_{AB}} \right) \tag{1-94}$$

$$\frac{\varepsilon_{AB}}{k} = \left(\frac{\varepsilon_A}{k} \cdot \frac{\varepsilon_B}{k} \right)^{1/2} \tag{1-95}$$

式中，M_A、M_B 为组分 A、B 的摩尔质量，kg/kmol；p 为总压力，kPa；T 为热力学温度，K；σ_{AB} 为平均碰撞直径，nm；σ_A、σ_B 为组分 A、B 的碰撞直径，nm；Ω_D 为分子扩散的碰撞积分；k 为波尔茨曼(Boltzmann)常数($=1.3806 \times 10^{-13}$J/K)；ε_{AB} 为组分 A、B 分子间作用的能量，J；ε_A、ε_B 为 A、B 分子的势常数，J。

碰撞积分 Ω_D 的含意是，将分子间具有相互作用的气体视为弹性刚球时所产生的偏差，对于分子间无相互作用的气体，其值为 1.0。Ω_D 与 kT/ε_{AB} 之间的关系，由附录二查得。σ_{AB}、ε_{AB} 称为伦纳德(Lennard)-琼斯(Jones)势参数，其值可根据式(1-93)及式(1-95)相应纯物质的 σ_i、ε_i 值求出，某些纯物质的 ε_i/k 及 σ_i 值由附录三查得。

式(1-92)被认为是目前用来计算非极性二元气体混合物扩散系数最好的公式。经与 50 种二元气体系统的扩散系数实验值验证，其偏差在 6% 以内。但对于含有极性组分的二元扩散系统，使用式(1-92)计算扩散系数时，需要对碰撞积分 Ω_D 进行修正。

【例 1-9】 用式(1-92)计算 101.3kPa、298K 下乙醇(A)在甲烷(B)中的扩散系数 D。

解 查附录三得，$\sigma_A = 0.453$nm；$\varepsilon_A/k = 362.6$K；$\sigma_B = 0.3758$nm；$\varepsilon_B/k = 148.6$K

$$\sigma_{AB} = \frac{1}{2}(\sigma_A + \sigma_B) = \frac{1}{2}(0.453 + 0.3758) = 0.4144\text{nm}$$

$$\frac{\varepsilon_{AB}}{k} = \left(\frac{\varepsilon_A}{k} \cdot \frac{\varepsilon_B}{k} \right)^{1/2} = (362.6 \times 148.6)^{1/2} = 232.1\text{K}$$

$$\frac{kT}{\varepsilon_{AB}} = \frac{298}{232.1} = 1.284$$

查附录二得，$\Omega_D = 1.282$

$$D = \frac{1.8825 \times 10^{-7} T^{3/2}}{p \sigma_{AB}^2 \Omega_D} \left(\frac{1}{M_A} + \frac{1}{M_B} \right)^{1/2}$$

$$= \frac{1.8825 \times 10^{-7} \times 298^{3/2}}{101.3 \times 0.4144^2 \times 1.282} \left(\frac{1}{46} + \frac{1}{16} \right)^{1/2} = 1.26 \times 10^{-5} \text{m}^2/\text{s}$$

② **气体扩散系数的半经验公式** 二元气体混合物的相互扩散系数可用半经验公式计算，这些公式大多以式(1-92)的形式，由实验数据关联而得。兹介绍几种半经验公式。

a. **吉利兰(Gilliland)公式** 吉利兰最早给出二元气体扩散系数的半经验公式，即

$$D = \frac{4.3559 \times 10^{-5} T^{3/2}}{p (V_{bA}^{1/3} + V_{bB}^{1/3})^2} \left(\frac{M_A + M_B}{M_A M_B} \right)^{1/2} \tag{1-96}$$

式中，T 为热力学温度，K；p 为总压力，kPa；V_{bA}、V_{bB} 为组分 A、B 在正常沸点下的分子体积，cm³/mol。

对于某些常见的物质，其在正常沸点下的分子体积参见表 1-1；对于其他物质，则根据其分子式中所含原子的种类和数目，由原子体积加和而得，某些物质在正常沸点下的原子体积参见表 1-2。

表 1-1　某些物质在正常沸点下的分子体积

物质	分子体积/(cm³/mol)	物质	分子体积/(cm³/mol)	物质	分子体积/(cm³/mol)
空气	29.9	Cl_2	48.4	NH_3	25.8
H_2	14.3	CO	30.7	NO	23.6
O_2	25.6	CO_2	34.0	N_2O	36.4
N_2	31.2	H_2O	18.9	SO_2	44.8
Br_2	53.2	H_2S	32.9	I_2	71.5

表 1-2　某些物质在正常沸点下的原子体积

物质	原子体积/(cm³/mol)	物质	原子体积/(cm³/mol)	物质	原子体积/(cm³/mol)
碳	14.8	氮		环　三节环(如在环氧乙烷中)	−6
氢		有双键的	15.6	四节环	−8.5
在氢分子中	7.15	在伯胺中(RNH_2)	10.5	五节环	−11.5
在化合物中	3.7	在仲胺中	12.0	六节环	−15
氧(下述者除外)	7.4	氟	8.7	萘环	−30
成羰基的	7.4	氯		蒽环	−47.5
当与其他两种元素连接时		在 R—Cl 中(尾部)	21.6		
在醛、酮中	7.4	在 R—Cl—R′ 中	24.6		
在甲醚中	9.9	溴	27.0		
在甲酯中	9.1	碘	37.0		
在乙醚中	9.9	硫	25.6		
在乙酯中	9.9	磷	27.0		
在较高级酯和醚中	11.0	砷	30.5		
在酸类中(—OH)	12.0	硅	32.5		
与 S、P、N 相连	8.3	矽	32.0		

b. 福勒(Fuller)-斯凯勒(Schettler)-吉丁斯(Giddings)公式　福勒等使用了 153 种二元气体系统的 340 个实验数据，通过回归分析得出下式

$$D = \frac{1.013 \times 10^{-5} T^{1.75} \left(\dfrac{1}{M_A} + \dfrac{1}{M_B} \right)^{1/2}}{p \left[(\sum v_A)^{1/3} + (\sum v_B)^{1/3} \right]^2} \tag{1-97}$$

式中，T 为热力学温度，K；p 为总压力，kPa；$\sum v_A$、$\sum v_B$ 为组分 A、B 的分子扩散体积，cm³/mol。

式(1-97)中的分子扩散体积 $\sum v_A$、$\sum v_B$ 计算方法为：对一些简单的物质(如氧、氢、空气等)可直接采用分子扩散体积的值；对一般有机化合物的蒸气可按其分子式由相应的原子扩散体积相加而得。某些简单物质的分子扩散体积和某些元素的原子扩散体积列于表 1-3 及表 1-4 中。

表 1-3　简单物质的分子扩散体积

物质	H_2	D_2	He	N_2	O_2	空气	Ar
$\sum v$/(cm³/mol)	7.07	6.70	2.88	17.90	16.60	20.10	16.10
物质	CO	CO_2	N_2O	NH_3	H_2O	(CCl_2F_2)	(SF_6)
$\sum v$/(cm³/mol)	18.90	26.90	35.90	14.90	12.70	114.80	69.70

表 1-4　某些元素的原子扩散体积

元素	C	H	O	(N)	(Cl)	(S)	芳香环	杂环
原子扩散体积/(cm³/mol)	16.50	1.98	5.48	5.69	19.5	17.0	—20.2	—20.2

注：表中括号内的物质，只根据很少实验数据所得。

应予指出，式(1-97)用于非极性气体混合物或极性-非极性气体混合物效果较好，用于极性气体混合物误差很大。

【例 1-10】 试用式(1-96)、式(1-97)计算 101.3kPa、298K 下，乙醇（A）在甲烷（B）中的扩散系数 D_{AB}。

解　(1)由吉利兰公式查表 1-2 计算出

$$V_{bA} = 14.8 \times 2 + 3.7 \times 6 + 7.4 = 59.2 \text{cm}^3/\text{mol}$$

$$V_{bB} = 14.8 + 3.7 \times 4 = 29.6 \text{cm}^3/\text{mol}$$

则

$$D = \frac{4.3559 \times 10^{-5} T^{3/2}}{p(V_{bA}^{1/3} + V_{bB}^{1/3})^2} \left(\frac{M_A + M_B}{M_A M_B}\right)^{1/2}$$

$$= \frac{4.3559 \times 10^{-5} \times 298^{3/2}}{101.3 \times (59.2^{1/3} + 29.6^{1/3})^2} \left(\frac{46 + 16}{46 \times 16}\right)^{1/2} = 1.31 \times 10^{-5} \text{m}^2/\text{s}$$

(2)由福勒-斯凯勒-吉丁斯公式查表 1-4，计算出

$$\sum v_A = 16.5 \times 2 + 1.98 \times 6 + 5.48 = 50.36 \text{cm}^3/\text{mol}$$

$$\sum v_B = 16.5 + 1.98 \times 4 = 24.42 \text{cm}^3/\text{mol}$$

则

$$D = \frac{1.013 \times 10^{-5} T^{1.75} \left(\frac{1}{M_A} + \frac{1}{M_B}\right)^{1/2}}{p[(\sum v_A)^{1/3} + (\sum v_B)^{1/3}]^2}$$

$$= \frac{1.013 \times 10^{-5} \times 298^{1.75} \left(\frac{1}{46} + \frac{1}{16}\right)^{1/2}}{101.3 \times (50.36^{1/3} + 24.42^{1/3})^2} = 1.43 \times 10^{-5} \text{m}^2/\text{s}$$

(4)温度和压力对扩散系数的影响

在中、低压(约为 2532.5kPa 以下)范围内，气体的扩散系数与温度、压力有关而与浓度无关。由式(1-92)可得

$$D_2 = D_1 \left(\frac{p_1}{p_2}\right) \left(\frac{T_2}{T_1}\right)^{3/2} \tag{1-98}$$

式中，D_2 是温度为 T_2、压力为 p_2 下的扩散系数，m^2/s；D_1 是温度为 T_1、压力为 p_1 下的扩散系数，m^2/s。由式(1-98)可由已知温度 T_1、压力 p_1 下的分子扩散系数计算另一温度 T_2、压力 p_2 下的扩散系数。

若以 $D°$ 表示 101.3kPa、273K 条件下的扩散系数，则任意温度 T 和压力 p 时的扩散系数可由下式计算

$$D = D° \frac{1}{p} \left(\frac{T}{273}\right)^n \tag{1-99}$$

式中，n 称为温度指数，它取决于系统内气体的性质和温度范围。某些气体间的扩散系数 $D°$ 和 $p = 101.3$kPa 时的温度指数 n 及适用温度范围列于附录四。

2. 液体中的扩散系数

液体中溶质的扩散系数不仅与物系的种类、温度有关，而且随溶质的浓度而变。液体中的扩散系数可从有关资料中查得。某些低浓度下的二组元液体混合物的扩散系数列于附录一中。液体中的扩散系数一般在 $10^{-10}\sim10^{-9}\,m^2/s$ 范围内。

液体中的扩散系数亦可通过实验测定或采用公式估算，详细介绍可参考有关书籍。本节介绍常用的威尔基(Wilke)等提出的公式，即

$$D=7.4\times10^{-15}(\Phi M_B)^{1/2}\frac{T}{\mu_B V_{bA}^{0.6}} \tag{1-100}$$

式中，M_B 为溶剂 B 的摩尔质量，kg/kmol；μ_B 为溶剂 B 的黏度，Pa·s；T 为热力学温度，K；Φ 为溶剂 B 的缔合因子，常见溶剂的缔合因子见表 1-5；V_{bA} 为溶质 A 在正常沸点下的分子体积，cm^3/mol。

表 1-5　常见溶剂的缔合因子

溶剂	水	甲醇	乙醇	苯	非缔合溶剂
缔合因子	2.6	1.9	1.5	1.0	1.0

【例 1-11】 试采用威尔基公式计算 283K 下乙醇(A)在稀水溶液中的扩散系数。

解 283K 时水(B)的黏度 $\mu_B=1.308\times10^{-3}\,Pa\cdot s$，$M_B=18.02$，$V_{bA}=2\times14.8+6\times3.7+7.4=59.2\,cm^3/mol$，$\Phi=2.6$，则

$$D=7.4\times10^{-15}(\Phi M_B)^{1/2}\frac{T}{\mu_B V_{bA}^{0.6}}=7.4\times10^{-15}(2.6\times18.02)^{1/2}\frac{283}{1.308\times10^{-3}\times59.2^{0.6}}$$

$$=9.47\times10^{-10}\,m^2/s$$

3. 固体中的扩散系数

气体、液体及固体在固体中的扩散系数，目前还不能精确计算，这是由于有关固体中扩散的理论研究得还不够充分。因此，目前在工程实际中多采用 D 的实验数据，若缺乏实验数据，则由实验进行测定。固体中的扩散系数实验数据可从有关资料中查得，一些常见气体、液体和固体在固体中的扩散系数 D 值列于附录一中。

1.3　对流传质

上节讨论了由于浓度梯度引起的分子传质问题。在化工分离过程中，流体多处于运动状态，当运动着的流体与壁面之间或两个有限互溶的运动流体之间发生传质时，习惯统称为对流传质。很显然，在对流传质过程中，一方面由于浓度梯度的存在，物质以分子扩散的方式进行传递，另一方面，流体在运动过程中，也必然将物质从一处传递向另一处。所以，对流传质的速率除了受到分子传递的影响外，还受到流体流动的影响。本节将讨论对流传质的基本规律，重点讨论对流传质速率的计算问题。

1.3.1　对流传质的类型与机理

1. 对流传质的类型

与对流传热相似，对流传质根据流体的流动发生原因不同，可分为强制对流传质和自然

对流传质两类。化工上的传质单元操作过程，譬如蒸馏、吸收、萃取等，流体均是在强制状态下流动，故均属于强制对流传质。强制对流传质包括强制层流传质和强制湍流传质两类。工程上为了强化传质速率，多采用强制湍流传质过程。

对流传质按流体的作用方式又可分两类，一类是流体作用于固体壁面，即流体与固体壁面间的传质，譬如水流过可溶性固体壁面，溶质自固体壁面向水中传递；另一类是一种流体作用于另一种流体，两流体通过相界面进行传质，即相际间的传质，譬如用水吸收混于空气中的氨气，氨向水中的传递。

本节侧重讨论相际间的强制对流传质过程。

2. 对流传质的机理

研究对流传质速率需首先弄清对流传质的机理。在实际工程中，以湍流传质最为常见，下面以流体强制湍流流过固体壁面时的传质过程为例，探讨对流传质的机理，对于有固定相界面的相际间的传质，其传质机理与之相似。

当流体以湍流流过固体壁面时，在壁面附近形成湍流边界层。在湍流边界层中，与壁面垂直的方向上，分为层流内层、缓冲层和湍流主体三部分。流体与壁面进行传质时，其传质机理差别很大。

在层流内层中，流体沿着壁面平行流动，在与流向相垂直的方向上，只有分子的无规则热运动，故壁面与流体之间的质量传递是以分子扩散形式进行的。在缓冲层中，流体既有沿壁面方向的层流流动，又有一些旋涡运动，故该层内的质量传递既有分子扩散，也有涡流扩散，二者的作用同样重要，必须同时考虑它们的影响。在湍流主体中，发生强烈的旋涡运动，在此层中，虽然分子扩散与涡流扩散同时存在，但涡流扩散远远大于分子扩散，故分子扩散的影响可忽略不计。

由此可知，当湍流流体与固体壁面进行传质时，在各层内的传质机理是不同的。在层流内层，由于仅依靠分子扩散进行传质，故其中的浓度梯度很大，浓度分布曲线很陡，为一直线，此时可用费克第一定律进行求解，求解较为方便；在湍流中心，由于旋涡进行强烈的混合，其中浓度梯度必然很小，浓度分布曲线较为平坦；而在缓冲层内，既有分子传质，又有涡流传质，其浓度梯度介于层流内层与湍流中心之间，浓度分布曲线也介于二者之间。典型的浓度分布曲线如图 1-14 所示。

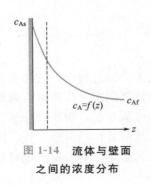

图 1-14　流体与壁面之间的浓度分布

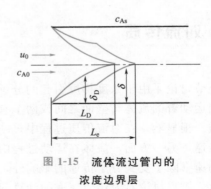

图 1-15　流体流过管内的浓度边界层

1.3.2　浓度边界层与对流传质系数

1. 浓度边界层

当流体流过固体壁面时，若流体与固体壁面间存在浓度差，受壁面浓度的影响，在与壁面垂直方向上的流体内部将建立起浓度梯度，该浓度梯度自壁面向流体主体逐渐减小。通常将壁面附近具有较大浓度梯度的区域称为**浓度边界层**或**传质边界层**。

如图 1-15 所示，流体最初以均匀速度 u_0 和均匀浓度 c_{A0} 进入圆管内，因流体受壁面浓度的影响，浓度边界层厚度由进口的零值逐渐增厚，经过一段距离 L_D 后，在管中心汇合，汇合后浓度边界层厚度等于圆管的半径。从管进口前缘至汇合点之间的距离 L_D 称为传质进口段长度，处于进口段内的传质称为**进口段传质**，处于进口段后的传质称为**充分发展的传质**。

2. 对流传质系数

根据对流传质速率方程，固体壁面与流体之间的对流传质速率为

$$G_A = N_A S = k_c S(c_{As} - c_{Ab}) \tag{1-101}$$

式中，G_A 为对流传质速率，kmol/s；S 为传质面积，m^2；c_{As} 为壁面浓度，$kmol/m^3$；c_{Ab} 为流体的主体浓度或称为平均浓度，$kmol/m^3$。

式(1-101)即为**对流传质系数的定义式**。由此可见，求算对流传质速率 G_A 的关键在于确定对流传质系数 k_c，但 k_c 的确定是一项复杂的问题，它与流体的性质、壁面的几何形状和粗糙度、流体的速度等因素有关，一般很难确定。

与对流传热系数求解方法类似，对流传质系数可通过以下方法求得：当流体与固体壁面之间进行对流传质时，在紧贴壁面处，由于流体具有黏性，必然有一层流体贴附在壁面上，其速度为零。当组分 A 进行传递时，首先以分子传质的方式通过该静止流层，然后再向流体主体对流传质。在稳态传质下，组分 A 通过静止流层的传质速率应等于对流传质速率，因此，有

$$G_A = -DS\frac{dc_A}{dy}\bigg|_{y=0} = k_c S(c_{Ab} - c_{As})$$

整理得

$$k_c = \frac{D}{c_{As} - c_{Ab}}\frac{dc_A}{dy}\bigg|_{y=0} \tag{1-102}$$

采用式(1-102)求解对流传质系数时，关键在于壁面浓度梯度 $\dfrac{dc_A}{dy}\bigg|_{y=0}$ 的计算，而要求得浓度梯度，必须先求解传质微分方程。在传质微分方程中，包括速度分布，这又要求解运动方程和连续性方程。由此可知，用式(1-102)求解对流传质系数的步骤如下：

① 求解运动方程和连续性方程，得出速度分布；

② 求解传质微分方程，得出浓度分布；

③ 由浓度分布，得出浓度梯度；

④ 由壁面处的浓度梯度，求得对流传质系数。

应予指出，上述求解步骤只是一个原则。实际上，由于各方程(组)的非线性特点及边界条件的复杂性，利用该方法仅能求解一些较为简单的问题，如层流传质问题，而对实际工程中常见的湍流传质问题，尚不能用此方法进行求解。

1.3.3 相际间的对流传质模型

前已述及，计算对流传质速率的关键是确定对流传质系数，而对流传质系数的确定往往是非常复杂的。为使问题简化，可先对对流传质过程作一定的假定，然后，根据假定建立描述对流传质的数学模型，此模型即为**对流传质模型**。求解对流传质模型，即可得出对流传质

系的计算式。迄今为止，研究者们已提出了一些对流传质模型，其中最具代表性的是双膜模型、溶质渗透模型和表面更新模型。

1. 双膜模型

双膜模型又称停滞膜模型，由惠特曼（Whiteman）于 1923 年提出，是最早提出的一种传质模型。

(1) 双膜模型的设想

双膜模型把两流体间的对流传质过程描述成如图 1-16 所示的模式，其基本设想如下。

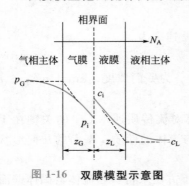

图 1-16　双膜模型示意图

① 当气液两相相互接触时，在气液两相间存在着稳定的相界面，界面两侧各有一个很薄的停滞膜，溶质 A 经过两膜层的传质方式为分子扩散。

② 在气液相界面处，气液两相处于平衡状态。

③ 在两个停滞膜以外的气液两相主体中，由于流体的强烈湍动，各处浓度均匀一致。

双膜模型把复杂的相际传质过程归结为两种流体停滞膜层的分子扩散过程，依此模型，在相界面处及两相主体中均无传质阻力存在。这样，整个相际传质过程的阻力便全部集中在两个停滞膜层内。因此，双膜模型又称为双阻力模型。

(2) 对流传质系数的确定

根据双膜模型的设想，在停滞膜层内进行分子传质，由于分子传质的方式不同，故对流传质系数的表达形式也不同。

① 等分子反方向扩散　设在停滞膜层内 A、B 两组分作等分子反方向扩散，组分 A 通过气膜的扩散通量方程可参照式(1-54)写出，即

$$N_A = \frac{D}{RTz_G}(p_{Ab} - p_{Ai})$$

又

$$N_A = k_G^\circ (p_{Ab} - p_{Ai}) \tag{1-103}$$

则

$$k_G^\circ = \frac{D}{RTz_G} \tag{1-104}$$

式中，k_G° 称为气相对流传质系数，上标"°"表示在气膜内进行等分子反方向扩散。式(1-104)即为用双膜模型导出的对流传质系数计算式，由该式可见，对流传质系数 k_G° 可通过分子扩散系数 D 和气膜厚度 z_G 计算，气膜厚度 z_G 即为模型参数。

同理，组分 A 通过液膜的扩散通量方程可参照式(1-66)写出，即

$$N_A = \frac{D}{z_L}(c_{Ai} - c_{Ab})$$

又

$$N_A = k_L^\circ (c_{Ai} - c_{Ab}) \tag{1-105}$$

则

$$k_L^\circ = \frac{D}{z_L} \tag{1-106}$$

式中，k_L° 称为液相对流传质系数，上标"°"表示在液膜内进行等分子反方向扩散。液膜厚度 z_L 亦为模型参数。

② 组分 A 通过停滞组分 B 的扩散　设在停滞膜层内组分 A 通过停滞组分 B 扩散，组分 A 通过气膜的扩散通量方程可参照式(1-60)写出，即

$$N_A = \frac{Dp}{RT z_G p_{BM}}(p_{Ab} - p_{Ai})$$

又

$$N_A = k_G(p_{Ab} - p_{Ai}) \tag{1-107}$$

则

$$k_G = \frac{Dp}{RT z_G p_{BM}} \tag{1-108}$$

式中，k_G 为气膜内进行组分 A 通过停滞组分 B 扩散时的对流传质系数。

同理，组分 A 通过液膜的扩散通量方程可参照式(1-69)写出，即

$$N_A = \frac{D}{z_L c_{BM}} c_{av}(c_{Ai} - c_{Ab})$$

又

$$N_A = k_L(c_{Ai} - c_{Ab}) \tag{1-109}$$

则

$$k_L = \frac{D c_{av}}{z_L c_{BM}} \tag{1-110}$$

式中，k_L 为液膜内进行组分 A 通过停滞组分 B 扩散时的对流传质系数。

由式(1-103)、式(1-105)、式(1-107)及式(1-109)可看出，对流传质速率方程可以写成如下通用形式

对流传质通量＝对流传质系数×浓度差

因表示物质的组成有不同的方法，故对流传质速率方程具有不同的形式，与之相适应，对流传质系数亦有多种形式，现将其列于表 1-6 中。

表 1-6　对流传质速率方程和对流传质系数

气相传质速率方程与传质系数	
等分子反方向扩散	组分 A 通过停滞组分 B 的扩散
$N_A = k^\circ_G \Delta p_A$	$N_A = k_G \Delta p_A$
$N_A = k^\circ_y \Delta y_A$	$N_A = k_y \Delta y_A$
$N_A = k^\circ_c \Delta c_A$	$N_A = k_c \Delta c_A$
气相传质系数的转换关系	
$k^\circ_c c = k^\circ_c \dfrac{p}{RT} = k_c \dfrac{p_{BM}}{RT} = k^\circ_G p = k_G p_{BM} = k_y y_{BM} = k^\circ_y = k_c y_{BM} c = k_G y_{BM} p$	
液相传质速率方程与传质系数	
等分子反方向扩散	组分 A 通过停滞组分 B 的扩散
$N_A = k^\circ_L \Delta c_A$	$N_A = k_L \Delta c_A$
$N_A = k^\circ_x \Delta x_A$	$N_A = k_x \Delta x_A$
液相传质系数的转换关系	
$k^\circ_L c_{av} = k_L x_{BM} c_{av} = k^\circ_x = k_x x_{BM} = k^\circ_L \dfrac{\rho}{M}$	

【例 1-12】　试导出如下转换公式：(1)将 k°_G 转换成 k_c；(2)将 k_x 转换为 k_L。

解　(1)由 $N_A = k^\circ_G(p_{A1} - p_{A2})$ 及 $N_A = \dfrac{D}{RT \Delta z}(p_{A1} - p_{A2})$ 比较得

$$k^\circ_G = \frac{D}{RT \Delta z}$$

由 $N_A = k_c(c_{A1} - c_{A2})$ 及 $N_A = \dfrac{Dp}{RT \Delta z p_{BM}}(p_{A1} - p_{A2}) = \dfrac{D}{\Delta z}\dfrac{1}{y_{BM}}(c_{A1} - c_{A2})$ 比较得

$$k_c = \frac{D}{\Delta z} \frac{1}{y_{BM}}$$

因此

$$\frac{k_G^\circ}{RT} = k_c y_{BM} \quad \text{或} \quad k_G^\circ p = k_c y_{BM} c$$

（2）由 $N_A = k_x(x_{A1} - x_{A2})$ 及 $N_A = \dfrac{Dc_{av}}{\Delta z x_{BM}}(x_{A1} - x_{A2})$ 比较得

$$k_x = \frac{Dc_{av}}{\Delta z x_{BM}}$$

由 $N_A = k_L(c_{A1} - c_{A2})$ 及 $N_A = \dfrac{D}{\Delta z x_{BM}}(c_{A1} - c_{A2})$ 比较得

$$k_L = \frac{D}{\Delta z x_{BM}}$$

因此

$$\frac{k_x}{c_{av}} = k_L$$

根据双膜模型，推导出对流传质系数与扩散系数的一次方成正比，即 $k_c \propto D$。双膜模型为传质模型奠定了初步的基础，用该模型描述具有固定相界面的系统及速度不高的两流体间的传质过程，与实际情况大体符合，按此模型所确定的传质速率关系，至今仍是传质设备设计的主要依据。但是，该模型对传质机理假定过于简单，因此对许多传质设备，特别是不存在固定相界面的传质设备，双膜模型并不能反映出传质的真实情况，譬如对填料塔这样具有较高传质效率的传质设备而言，k_c 并不与 D 的一次方成正比。

2. 溶质渗透模型

在许多实际传质设备中，由于气液两相在高度湍动状况下互相接触，此时不可能存在一个稳定的相界面，因而也不会存在两个稳定的停滞膜层。为了更准确地描述相际传质过程的机理，希格比（Higbie）于 1935 年提出了**溶质渗透模型**，该模型为非稳态模型。

(1) 溶质渗透模型的设想

希格比认为在液膜内进行稳态扩散是不可能的，他认为在鼓泡塔、喷洒塔和填料塔这样的工业传质设备中，气液两相的接触时间很短，故应根据不稳态扩散模型来处理这类问题。溶质渗透模型把两流体间的对流传质描述成图 1-17 所示的模式，其基本设想如下。

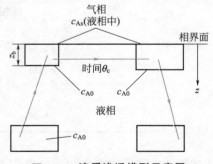

图 1-17　溶质渗透模型示意图

① 液面是由无数微小的流体单元构成的，当气液两相处于湍流状态相互接触时，液相主体中的某些流体单元运动至界面便停滞下来。在气液未接触前（$\theta \leqslant 0$），流体单元中溶质的浓度和液相主体的浓度相等（$c_A = c_{A0}$）。接触开始后（$\theta > 0$），相界面处（$z = 0$）立即达到与气相的平衡状态（$c_A = c_{Ai}$）。随着接触时间的延长，溶质 A 通过不稳态扩散方式不断地向流体单元中渗透，时间越长，渗透越深。但由于流体单元在界面处暴露的时间是有限的，经过 θ_c 时间后，旧的流体单元即被新的流体单元所置换而回到液相主体中去，故在流体单元深处（$z = z_b$），仍保持原来的主体浓度（$c_A = c_{A0}$）。

② 流体单元不断进行交换，每批流体单元在界面暴露的时间 θ_c 都是一样的。

（2）对流传质系数的确定

按照溶质渗透模型，溶质 A 在流体单元内进行的是一维不稳态扩散过程。设系统内无化学反应，则分子传质微分方程（费克第二定律）可化简成

$$\frac{\partial c_A}{\partial \theta} = D \frac{\partial^2 c_A}{\partial z^2} \tag{1-111}$$

式(1-111)为溶质渗透模型的数学表达式，其定解条件为：① $\theta = 0$ 时，$c_A = c_{A0}$（对 $z \geqslant 0$）；② $z = 0$ 时，$c_A = c_{Ai}$（对 $\theta > 0$）；③ $z \to \infty$ 时，$c_A = c_{A0}$（对 $\theta \geqslant 0$）。

用以上定解条件求解式(1-111)可得

$$\frac{c_{Ai} - c_A}{c_{Ai} - c_{A0}} = \text{erf}(\eta) = \frac{2}{\sqrt{\pi}} \int_0^\eta e^{-\eta^2} d\eta \tag{1-112}$$

式中

$$\eta = \frac{z}{\sqrt{4D\theta}} \tag{1-113}$$

式(1-112)即为浓度分布方程，由此式可求出任意 z、θ 时的浓度 c_A。$\text{erf}(\eta)$ 称为误差函数，其值可由数学手册中查得。

设某瞬时扩散组分 A 通过界面的传质通量为 $N_{A\theta}$，根据费克第一定律

$$N_{A\theta} = -D \frac{\partial c_A}{\partial z}\bigg|_{z=0} \tag{1-114}$$

而

$$\frac{\partial c_A}{\partial z}\bigg|_{z=0} = \left(\frac{\partial c_A}{\partial \eta} \frac{\partial \eta}{\partial z}\right)_{z=0}$$

对式(1-112)、式(1-113)求导，代入上式并整理得

$$\frac{\partial c_A}{\partial z}\bigg|_{z=0} = -(c_{Ai} - c_{A0}) \frac{1}{\sqrt{\pi D\theta}} \tag{1-115}$$

将式(1-115)代入式(1-114)得

$$N_{A\theta} = (c_{Ai} - c_{A0}) \sqrt{\frac{D}{\pi\theta}} \tag{1-116}$$

式(1-116)表示任一瞬时通过界面组分 A 的扩散通量，由此式可得出任一瞬时的传质系数为

$$k_{c\theta} = \sqrt{\frac{D}{\pi\theta}} \tag{1-117}$$

在暴露时间 θ_c 内，扩散组分 A 的总传质量（以单位面积计）为

$$\int_0^\theta N_{A\theta} d\theta = (c_{Ai} - c_{A0}) \sqrt{\frac{D}{\pi}} \int_0^{\theta_c} \frac{d\theta}{\sqrt{\theta}} = 2(c_{Ai} - c_{A0}) \sqrt{\frac{D\theta_c}{\pi}}$$

单位时间的平均传质通量 N_{Am} 为

$$N_{Am} = \frac{2(c_{Ai} - c_{A0}) \sqrt{\dfrac{D\theta_c}{\pi}}}{\theta_c} = 2(c_{Ai} - c_{A0}) \sqrt{\frac{D}{\pi\theta_c}}$$

则平均传质系数为

$$k_{cm} = 2\sqrt{\frac{D}{\pi\theta_c}} \tag{1-118}$$

式(1-118)即为用溶质渗透模型导出的对流传质系数计算式。由该式可看出，对流传质系数 k_{cm} 可通过分子扩散系数 D 和暴露时间 θ_c 计算，暴露时间 θ_c 即为模型参数。

由式(1-118)还可看出，传质系数 k_{cm} 与分子扩散系数 D 的平方根成正比，该结论已由舍伍德等在填料塔及短湿壁塔中的实验数据所证实。

应予指出，溶质渗透模型更能准确地描述气液间的对流传质过程，但该模型的模型参数 θ_c 求算较为困难，使其应用受到一定的限制。

【例 1-13】 在填料塔中用水吸收氨。操作压力为 101.3kPa，温度为 298K。假设填料表面处液体暴露于气体的有效暴露时间为 0.01s，试应用溶质渗透模型求算平均传质系数 k_{cm}。已知操作条件下氨在水中的扩散系数 $D=1.77\times10^{-9}\,\mathrm{m^2/s}$。

解 $\theta_c = 0.01\mathrm{s}$

$$k_{cm} = 2\sqrt{\frac{D}{\pi\theta_c}} = 2\sqrt{\frac{1.77\times10^{-9}}{\pi\times0.01}} = 4.75\times10^{-4}\,\mathrm{m/s}$$

3. 表面更新模型

丹克沃茨(Danckwerts)于 1951 年对希格比的溶质渗透模型进行了研究与修正，形成所谓的表面更新模型，又称为渗透-表面更新模型。

(1)表面更新模型的设想

该模型同样认为溶质向液相内部的传质为非稳态分子扩散过程，但它否定表面上的流体单元有相同的暴露时间，而认为液体表面是由具有不同暴露时间(或称"年龄")的液面单元构成的。为此，丹克沃茨提出了年龄分布的概念，即界面上各种不同年龄的液面单元都存在，只是年龄越大者，占据的比例越小。针对液面单元的年龄分布，丹克沃茨假定了一个表面年龄分布函数 $\phi(\theta)$，其定义为：年龄由 θ 至 $(\theta+\mathrm{d}\theta)$ 这段时间的液面单元所覆盖的界面积占液面总面积的分率为 $\phi(\theta)\mathrm{d}\theta$，若液面总面积以 1 单位面积为基准，则年龄由 θ 至 $(\theta+\mathrm{d}\theta)$ 液面单元占的表面积即为 $\phi(\theta)\mathrm{d}\theta$，对所有年龄的液面单元加和，可得

$$\int_0^\infty \phi(\theta)\mathrm{d}\theta = 1 \tag{1-119}$$

同时，丹克沃茨还假定，不论界面上液面单元暴露多长时间，被置换的概率是均等的，即更新频率与年龄无关。单位时间内表面被置换的分率称为表面更新率，用符号 S 表示，则任何年龄的液面单元在 $\mathrm{d}\theta$ 时间内被置换的分率均为 $S\mathrm{d}\theta$。

(2)对流传质系数的确定

首先来建立年龄分布函数与表面更新率之间的关系。根据年龄分布函数的定义，若总的表面积为 1 时，年龄在 θ 至 $(\theta+\mathrm{d}\theta)$ 间的液面单元的表面积为 $\phi(\theta)\mathrm{d}\theta$，再经过 $\mathrm{d}\theta$ 时间，被更新的表面为 $\phi(\theta)\mathrm{d}\theta\cdot S\mathrm{d}\theta$，而未被更新的表面积为 $\phi(\theta)\mathrm{d}\theta(1-S\mathrm{d}\theta)$，在此时刻，液面的表面亦可用 $\phi(\theta+\mathrm{d}\theta)\mathrm{d}\theta$ 表示，故得

$$\phi(\theta+\mathrm{d}\theta)\mathrm{d}\theta = \phi(\theta)\mathrm{d}\theta(1-S\mathrm{d}\theta)$$

或

$$\frac{\phi(\theta+\mathrm{d}\theta)-\phi(\theta)}{\mathrm{d}\theta} = -S\phi(\theta)$$

上式可近似写成

$$\frac{\mathrm{d}\phi(\theta)}{\mathrm{d}\theta} = -S\phi(\theta)$$

积分得 $\phi(\theta)=Ce^{-S\theta}$。式中 C 为积分常数，通过式(1-119)确定

$$1 = \int_0^\infty \phi(\theta)\mathrm{d}\theta = C\int_0^\infty e^{-S\theta}\mathrm{d}\theta = \frac{C}{S}$$

由此得年龄分布函数 $\phi(\theta)$ 与表面更新率 S 之间的关系为

$$\phi(\theta) = S\mathrm{e}^{-S\theta} \tag{1-120}$$

现在由表面更新模型，建立对流传质系数与分子扩散系数的关系。设在某瞬时 θ，具有年龄 θ 的那一部分表面积的瞬间传质通量为 $N_{A\theta}$，则单位液体表面上的平均传质通量 N_{Am} 为

$$N_{Am} = \int_0^\infty N_{A\theta}\phi(\theta)\mathrm{d}\theta = \int_0^\infty (c_{Ai} - c_{A0})\sqrt{\frac{D}{\pi\theta}}\phi(\theta)\mathrm{d}\theta$$

将式(1-120)代入上式，得

$$N_{Am} = (c_{Ai} - c_{A0})\sqrt{\frac{D}{\pi}} \int_0^\infty S\mathrm{e}^{-S\theta}\frac{1}{\sqrt{\theta}}\mathrm{d}\theta$$

经积分得

$$N_{Am} = (c_{Ai} - c_{A0})\sqrt{DS}$$

则平均传质系数为

$$k_{cm} = \sqrt{DS} \tag{1-121}$$

式(1-121)即为用表面更新模型导出的对流传质系数计算式。由该式可见，对流传质系数 k_{cm} 可通过分子扩散系数 D 和表面更新率 S 计算，表面更新率 S 即为模型参数。显然，由表面更新模型得出的传质系数与扩散系数之间的关系与溶质渗透模型是一致的，即 $k_c \propto \sqrt{D}$。

表面更新模型比溶质渗透模型前进了一步，首先是没有规定固定不变的停留时间，另外渗透模型中的模型参数 θ_c 难以测定，而表面更新模型参数 S 可通过一定的方法测得，它与流体动力学条件及系统的几何形状有关。

应予指出，对流传质模型的建立，不仅使对流传质系数的确定得以简化，还可据此对传质过程及设备进行分析，确定适宜的操作条件，并对设备的强化、新型高效设备的开发等作出指导。但是由于工程上应用的传质设备类型繁多，传质机理又极其复杂，所以至今尚未建立一种普遍化的比较完善的传质模型。

1.3.4　对流传质问题的分析求解

前已述及，对于层流传质，在简单的边界条件下，其传质系数可由式(1-102)求取，本节将以平壁降落液膜内的层流传质和圆管内层流传质为例，讨论对流传质系数的分析求解方法。

1. 沿平壁降落液膜内的稳态传质

在倾斜的或垂直的表面上借重力作用而下落的液膜往往被应用在传质装置中，以湿壁塔中气体的吸收最为典型。

如图 1-18 所示，当降落液膜与气体混合物接触时，气相中的溶质组分 A 即向液相中溶解。一般来说，由于液膜仅靠重力作用下降，故其流速很低，流型属于层流。在顶端（$y=0$），液膜中溶质 A 的浓度 $c_A = c_{A0}$，并保持均匀一致；在气液相界面处，液相中溶质 A 的浓度 $c_A = c_{Ai}$，该浓度与气相中组分 A 的分压成平衡。由于 $c_{Ai} > c_{A0}$，所以气体中组分 A 向液膜中扩散。现采用分析方法求解该传质过程的对流传质系数 k_L。

用分析方法求解对流传质系数需求得浓度分布，而求浓度分布需解以下几个方程，即

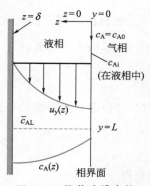

图 1-18　降落液膜内的稳态传质

连续性方程

$$\frac{\partial u_x}{\partial x} + \frac{\partial u_y}{\partial y} + \frac{\partial u_z}{\partial z} = 0$$

运动方程（y 分量式）

$$\frac{\partial u_y}{\partial \theta} + u_x \frac{\partial u_y}{\partial x} + u_y \frac{\partial u_y}{\partial y} + u_z \frac{\partial u_y}{\partial z} = Y - \frac{1}{\rho} \frac{\partial p}{\partial y} + v \left(\frac{\partial^2 u_y}{\partial x^2} + \frac{\partial^2 u_y}{\partial y^2} + \frac{\partial^2 u_y}{\partial z^2} \right)$$

对流扩散方程

$$\frac{\partial c_A}{\partial \theta} + u_x \frac{\partial c_A}{\partial x} + u_y \frac{\partial c_A}{\partial y} + u_z \frac{\partial c_A}{\partial z} = D \left(\frac{\partial^2 c_A}{\partial x^2} + \frac{\partial^2 c_A}{\partial y^2} + \frac{\partial^2 c_A}{\partial z^2} \right) + \dot{R}_A$$

将以上三式应用于降落液膜内的稳态传质，可根据以下条件进行化简：

① 过程为稳态，故 $\dfrac{\partial u_y}{\partial \theta} = 0$，$\dfrac{\partial c_A}{\partial \theta} = 0$；

② 流动为一维流动，且由于气体吸收时的传质速率较小，不致在壁面法线方向上有明显的速度，故 $u_x = u_z = 0$；

③ 液膜靠重力作用下降，故 $Y = g$；

④ 液膜暴露在气体中，故 $\dfrac{\partial p}{\partial y} = 0$；

⑤ 假定板面很宽，故 $\dfrac{\partial u_y}{\partial x} = 0 \left(\dfrac{\partial^2 u_y}{\partial x^2} = 0 \right)$，$\dfrac{\partial c_A}{\partial x} = 0 \left(\dfrac{\partial^2 c_A}{\partial x^2} = 0 \right)$；

⑥ 组分 A 沿 y 方向的扩散较其随液膜的运动可以忽略不计，故 $D \dfrac{\partial^2 c_A}{\partial y^2} = 0$；

⑦ 无化学反应，$\dot{R}_A = 0$。

连续性方程与运动方程化简结果为

$$\mu \frac{\mathrm{d}^2 u_y}{\mathrm{d}z^2} + \rho g = 0 \tag{1-122}$$

对流扩散方程化简结果为

$$u_y \frac{\partial c_A}{\partial y} = D \frac{\partial^2 c_A}{\partial z^2} \tag{1-123}$$

先对式(1-122)进行求解，该式的边界条件为：$z = \delta$ 时，$u_y = 0$（壁面上液体不滑脱）；$z = 0$ 时，$\dfrac{\mathrm{d}u_y}{\mathrm{d}z} = 0$（自由表面，$\tau = 0$）。

求解式(1-122)并代入上述边界条件，可得

$$u_y = \frac{\rho g \delta^2}{2\mu} \left[1 - \left(\frac{z}{\delta} \right)^2 \right] \tag{1-124}$$

式(1-124)即为液膜内的速度分布方程。液膜内任一截面处的平均流速 u_b 为

$$u_b = \frac{1}{\delta} \int_0^\delta u_y \mathrm{d}z = \frac{1}{\delta} \int_0^\delta \frac{\rho g \delta^2}{2\mu} \left[1 - \left(\frac{z}{\delta} \right)^2 \right] \mathrm{d}z$$

积分得

$$u_b = \frac{\rho g \delta^2}{3\mu} \tag{1-125}$$

由此可得 u_y 与 u_b 的关系为

$$u_y = \frac{3}{2} u_b \left[1 - \left(\frac{z}{\delta} \right)^2 \right] \qquad (1\text{-}126)$$

由式(1-126)亦可得液膜厚度 δ 与平均流速 u_b 的关系为

$$\delta = \left(\frac{3 u_b \mu}{\rho g} \right)^{1/2} \qquad (1\text{-}127)$$

定义 Γ 为单位液膜宽度的质量流率，即

$$\Gamma = \rho u_b (\delta)(1) = \rho u_b \delta$$

则

$$\delta = \left(\frac{3 \mu \Gamma}{\rho^2 g} \right)^{1/3} \qquad (1\text{-}128)$$

求出速度分布后，将其代入式(1-123)，得

$$\frac{3}{2} u_b \left[1 - \left(\frac{z}{\delta} \right)^2 \right] \frac{\partial c_A}{\partial y} = D \frac{\partial^2 c_A}{\partial z^2} \qquad (1\text{-}129)$$

上式的边界条件如下：

$z = 0$ 时，$c_A = c_{Ai}$（对于任意 y）；

$z = \delta$ 时，$\dfrac{\partial c_A}{\partial z} = 0$（固体壁面无扩散，对于任意 y）；

$y = 0$ 时，$c_A = c_{A0}$（对于任意 z）。

式(1-129)中 c_A 为 y、z 的函数，当 $y = L$ 时，c_A 可表示为 $c_A(z)$。此时，主体平均浓度 $\overline{c}_{AL}$ 可定义为

$$\overline{c}_{AL} = \frac{1}{\delta} \int_0^\delta c_A(z) \mathrm{d}z$$

求解式(1-129)并代入上述边界条件，可得

$$\frac{c_{Ai} - \overline{c}_{AL}}{c_{Ai} - c_{A0}} = 0.7857 \mathrm{e}^{-5.1213\eta} + 0.1001 \mathrm{e}^{-39.318\eta} + 0.035 \mathrm{e}^{-105.64\eta} + \cdots \qquad (1\text{-}130)$$

式中

$$\eta = \frac{2DL}{3\delta^2 u_b} \qquad (1\text{-}131)$$

式(1-130)即为液膜内的浓度分布方程。若由该式求出壁面处的浓度梯度 $\left(\dfrac{\partial c_A}{\partial z} \right)_{z=0}$，即可求出对流传质系数 k_L。然而，由于式(1-130)为级数形式，在 $z = 0$ 处的导数 $\left(\dfrac{\partial c_A}{\partial z} \right)_{z=0}$ 是不确定的。为此，常常使用整个气液界面的平均传质系数。

设在任意 y 位置处，经过 $\mathrm{d}y$ 距离时（宽度为一单位）组分 A 的浓度变化为 $\mathrm{d}\overline{c}_A$，于是吸收速率可表达为

$$\mathrm{d}q_A = u_b \delta \mathrm{d}\overline{c}_A = k_L (c_{Ai} - \overline{c}_A) \mathrm{d}y$$

故

$$u_b \delta \int_{c_{A0}}^{\overline{c}_{AL}} \frac{\mathrm{d}c_A}{c_{Ai} - \overline{c}_A} = \int_0^L k_L \mathrm{d}y = k_{Lm} \int_0^L \mathrm{d}y$$

从而得

$$k_{Lm} = \frac{u_b \delta}{L} \ln \frac{c_{Ai} - c_{A0}}{c_{Ai} - \overline{c}_{AL}} \qquad (1\text{-}132)$$

式(1-132)即为平均对流传质系数的表达式。得到平均对流传质系数 k_{Lm} 后，即可计算 L 膜长的总吸收速率。设单位液膜宽度气液相界面上的平均传质通量为 N_{Am}，N_{Am} 可采用平均对流传质系数 k_{Lm} 和平均浓度 $(c_{Ai} - \overline{c}_A)_m$ 来表述，即

$$N_{Am} = k_{Lm}(c_{Ai} - \bar{c}_A)_m \tag{1-133}$$

以单位液膜宽度计的总传质速率 q_A 为

$$q_A = N_{Am}L = u_b\delta(\bar{c}_{AL} - c_{A0}) \tag{1-134}$$

将式(1-132)代入式(1-133)，并利用式(1-134)得

$$(c_{Ai} - \bar{c}_A)_m = \frac{(c_{Ai} - c_{A0}) - (c_{Ai} - \bar{c}_{AL})}{\ln\left(\dfrac{c_{Ai} - c_{A0}}{c_{Ai} - \bar{c}_{AL}}\right)} \tag{1-135}$$

由式(1-135)可见，平均浓度差 $(c_{Ai} - \bar{c}_A)_m$ 是液膜顶处和底处的对数平均浓度差。

应予指出，当液膜内的流速较小或气液接触时间较长时，液膜雷诺数 $Re_f(Re_f = 4\Gamma/\mu)$ 较低，若 $Re_f < 100$ 时，式(1-130)中右侧的级数可只取第一项，然后与式(1-132)联立，从而解出

$$k_{Lm} = \frac{u_b\delta}{L}\ln\frac{e^{5.1213\eta}}{0.7857} = \frac{u_b\delta}{L}(0.241 + 5.1213\eta)$$

代入式(1-131)得

$$k_{Lm} = 0.241\frac{u_b\delta}{L} + 3.41\frac{D}{\delta} \tag{1-136}$$

由于液膜内流速较小，故 $u_b\delta$ 亦很小，上式右侧的第一项与第二项相比可以忽略，于是有

$$k_{Lm} = 3.41\frac{D}{\delta} \tag{1-137}$$

或写成

$$Sh_m = \frac{k_{Lm}\delta}{D} = 3.41 \tag{1-138}$$

【例 1-14】 293K 的水膜沿 0.6m 长的垂直壁面下流，并从气相中吸收 CO 气体。已知单位宽度水膜流量为 0.02kg/(m·s)；气相为纯 CO，其压力为 101.3kPa，温度为 273K，进口水中不含 CO。试求算以单位膜宽度计的总吸收速率。已知：在 293K 及 101.3kPa 下，CO 在水中的溶解度 $c_{Ai} = 0.00104\text{kmol/m}^3$，CO 在水中的扩散系数为 $D = 2.19 \times 10^{-10}\text{ m}^2/\text{s}$，水的密度 $\rho = 998.2\text{kg/m}^3$，黏度 $\mu = 1.005 \times 10^{-3}$ Pa·s。

解 $\quad \delta = \left(\dfrac{3\mu\Gamma}{\rho^2 g}\right)^{1/3} = \left(\dfrac{3 \times 1.005 \times 10^{-3} \times 0.02}{998.2^2 \times 9.81}\right)^{1/3} = 1.83 \times 10^{-4}\text{ m}$

$$Re_f = \frac{4\Gamma}{\mu} = \frac{4 \times 0.02}{1.005 \times 10^{-3}} = 79.6 < 100$$

$$k_{Lm} = 3.41\frac{D}{\delta} = 3.41 \times \frac{2.19 \times 10^{-10}}{1.83 \times 10^{-4}} = 4.08 \times 10^{-6}\text{ m/s}$$

$$u_b = \frac{\Gamma}{\rho\delta} = \frac{0.02}{998.2 \times 1.83 \times 10^{-4}} = 0.109\text{ m/s}$$

$$N_{Am} = k_{Lm}(c_{Ai} - \bar{c}_A)_m = k_{Lm}\frac{(c_{Ai} - c_{A0}) - (c_{Ai} - \bar{c}_{AL})}{\ln\left(\dfrac{c_{Ai} - c_{A0}}{c_{Ai} - \bar{c}_{AL}}\right)}$$

$$= 4.08 \times 10^{-6} \times \frac{(0.00104 - 0) - (0.00104 - \bar{c}_{AL})}{\ln\left(\dfrac{0.00104 - 0}{0.00104 - \bar{c}_{AL}}\right)}$$

$$N_{Am} = \frac{u_b \delta}{L}(\bar{c}_{AL} - c_{A0}) = \frac{0.109 \times 1.83 \times 10^{-4}}{0.6}(\bar{c}_{AL} - 0)$$

联立求得 $\bar{c}_{AL} = 1.2 \times 10^{-4} \text{kmol/m}^3$。

以单位膜宽度计的总吸收速率为

$$q_A = u_b \delta(\bar{c}_{AL} - c_{A0}) = 0.109 \times 1.83 \times 10^{-4} \times (1.2 \times 10^{-4} - 0)$$

$$= 2.4 \times 10^{-9} \text{kmol/(m·s)}$$

2. 圆管内的稳态层流传质

管内流动的流体与管壁之间的传质问题在工程技术领域是经常遇到的。若流体的流速较慢、黏性较大或管道直径较小时，流动呈层流状态，这种情况下的传质即为管内层流传质。

流体与管壁之间进行对流传质时，可能有以下两种情况：

① 流体一进入管中便立即进行传质，在管进口段距离内，速度分布和浓度分布都在发展，如图 1-19(a) 所示。

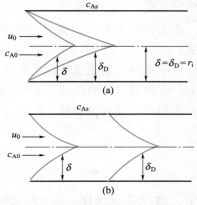

图 1-19　圆管内的稳态传质

② 流体进管后，先不进行传质，待速度分布充分发展后，才进行传质，如图 1-19(b)所示。

对于第一种情况，进口段的动量传递和质量传递规律都比较复杂，问题的求解较为困难。后一种情况则较为简单，研究得也比较充分。下面主要讨论后一种情况的求解。

管内层流传质可用柱坐标系的对流扩散方程来描述。设流体在管内沿轴向作一维稳态层流流动，且组分 A 沿径向进行轴对称的稳态传质，忽略组分 A 的轴向扩散，在所研究的范畴内速度边界层和浓度边界层均达到充分发展。由方程

$$\frac{\partial c_A}{\partial \theta'} + u_r \frac{\partial c_A}{\partial r} + \frac{u_\theta}{r}\frac{\partial c_A}{\partial \theta} + u_z \frac{\partial c_A}{\partial z} = D\left[\frac{1}{r}\frac{\partial}{\partial r}\left(r \frac{\partial c_A}{\partial r}\right) + \frac{1}{r^2}\frac{\partial^2 c_A}{\partial \theta^2} + \frac{\partial^2 c_A}{\partial z^2}\right]$$

简化可得

$$u_z \frac{\partial c_A}{\partial z} = D\left[\frac{1}{r}\frac{\partial}{\partial r}\left(r \frac{\partial c_A}{\partial r}\right)\right] \tag{1-139}$$

由于速度分布已充分发展，则 u_z 和 r 的关系为

$$u_z = 2u_b\left[1 - \left(\frac{r}{r_i}\right)^2\right]$$

将此式代入式(1-139)中，即可得表述速度分布已充分发展后的层流传质方程

$$\frac{\partial c_A}{\partial z} = \frac{D}{2u_b[1-(r/r_i)^2]}\left[\frac{1}{r}\frac{\partial}{\partial r}\left(r\frac{\partial c_A}{\partial r}\right)\right] \tag{1-140}$$

式(1-140)的边界条件可分为以下两类：

① 组分 A 在管壁处的传质通量 N_{As} 维持恒定。如多孔性管壁，组分 A 以恒定速率通过整个管壁进入流体中。

② 组分 A 在管壁处的浓度 c_{As} 维持恒定。例如管壁覆盖着某种可溶性物质时。

显而易见，满足上述两类边界条件，式(1-140)的解是不同的。因求解过程比较复杂，

此处不做赘述，直接给出求解结果，详细的求解过程可参考有关书籍。

对于恒定管壁传质通量，即 N_{As}＝常数时，求解结果为

$$k_c = 2.18 \frac{D}{r_i} \tag{1-141}$$

管内的舍伍德数 Sh 为

$$Sh = \frac{k_c d}{D} = \frac{2r_i k_c}{D} = 4.36 \tag{1-142}$$

对于恒定管壁处浓度，即 c_{As}＝常数时，求解结果为

$$k_c = 1.83 \frac{D}{r_i} \tag{1-143}$$

管内的舍伍德数 Sh 为

$$Sh = \frac{k_c d}{D} = \frac{2r_i k_c}{D} = 3.66 \tag{1-144}$$

由上述结果可知，恒管壁传质通量和恒壁面浓度这两种传质情况下舍伍德数值差别较大。

应予指出，上述结果均是在速度边界层和浓度边界层业已充分发展的情况下求出的。实际上，流体进口段的局部舍伍德数 Sh 并非常数，工程计算中，为了计入进口段对传质的影响，采用以下公式进行修正，即

$$Sh = Sh_\infty + \frac{k_1\left(\dfrac{d}{x}ReSc\right)}{1 + k_2\left(\dfrac{d}{x}ReSc\right)^n} \tag{1-145}$$

式中，Sh 为不同条件下的平均或局部舍伍德数；Sh_∞ 为流过很长距离后的舍伍德数；Sc 为流体的施密特数，$Sc = \dfrac{\mu}{\rho D}$；d 为管道内径，m；x 为传质段长度，m；k_1、k_2、n 为常数，其值由表 1-7 查出。

表 1-7　式（1-145）中的各有关参数值

管壁条件	速度分布	Sc	Sh	Sh_∞	k_1	k_2	n
c_{As} 为常数	抛物线	任意	平均	3.66	0.0668	0.04	2/3
c_{As} 为常数	正在发展	0.7	平均	3.66	0.104	0.016	0.8
N_{As} 为常数	抛物线	任意	局部	4.36	0.023	0.0012	1.0
N_{As} 为常数	正在发展	0.7	局部	4.36	0.036	0.0011	1.0

使用式（1-145）计算 Sh 时，需先判断速度边界层和浓度边界层是否已充分发展，故需估算流动进口段长度 L_e 和传质进口段长度 L_D，其估算公式为

$$\frac{L_e}{d} = 0.05Re \tag{1-146}$$

$$\frac{L_D}{d} = 0.05ReSc \tag{1-147}$$

在进行管内层流传质的计算过程中，所用公式中各物理量的定性温度和定性浓度采用流体的主体温度和主体浓度（进出口值的算术平均值），即

$$t_b = \frac{t_i + t_o}{2}$$

$$c_{Ab} = \frac{c_{Ai} + c_{Ao}}{2}$$

式中，下标 i、o 分别表示进、出口状态。

【例 1-15】 常压下 298K 的水以 0.1m/s 的流速先通过直径为 15mm、长度为 2m 的金属管道，然后进入与该管道连接的具有相同直径的苯甲酸圆管，苯甲酸管的长度为 2m。已知苯甲酸在水中的扩散系数为 1.24×10^{-9} m²/s，在水中的饱和溶解度为 0.028kmol/m³。试求算平均传质系数 k_{cm}、出口浓度及全管的传质速率。

例 1-15 附图

解 298K 水的物性，$\rho = 997$ kg/m³，$\mu = 9.03 \times 10^{-4}$ Pa·s。

$$Sc = \frac{\mu}{\rho D} = \frac{9.03 \times 10^{-4}}{997 \times 1.24 \times 10^{-9}} = 730.4$$

$$Re = \frac{d u_b \rho}{\mu} = \frac{0.015 \times 0.1 \times 997}{9.03 \times 10^{-4}} = 1656 (< 2000 \text{ 流型为层流})$$

$$L_e = 0.05 Red = 0.05 \times 1656 \times 0.015 = 1.242 \text{m} < 2\text{m}$$

故水进入苯甲酸管前，流动已充分发展。

$$L_D = 0.05 RedSc = 0.05 \times 1656 \times 0.015 \times 730.4 = 907.2 \text{ m} (\gg 2\text{m})$$

由

$$Sh = Sh_\infty + \frac{k_1 \left(\frac{d}{x} ReSc \right)}{1 + k_2 \left(\frac{d}{x} ReSc \right)^n}$$

该过程为壁面浓度维持恒定的传质过程，查表 1-7 的有关参数，并代入上式得

$$Sh_m = 3.66 + \frac{0.0668 \left(\frac{0.015}{2} \times 1656 \times 730.4 \right)}{1 + 0.04 \left(\frac{0.015}{2} \times 1656 \times 730.4 \right)^{2/3}} = 36.6$$

$$k_{cm} = \frac{Sh_m D}{d} = \frac{36.6 \times 1.24 \times 10^{-9}}{0.015} = 3.03 \times 10^{-6} \text{ m/s}$$

计算苯甲酸的浓度需通过质量衡算（参见附图）。

$$dG_A = \frac{\pi}{4} d^2 u_b dc_A = k_{cm} \pi d \, dL (c_{As} - c_A)$$

$$\int_{c_{A1}}^{c_{A2}} \frac{dc_A}{c_{As} - c_A} = \frac{4 k_{cm}}{u_b d} \int_0^L dL, \quad \ln \frac{c_{As} - c_{A1}}{c_{As} - c_{A2}} = \frac{4 k_{cm} L}{u_b d}$$

$$\ln \frac{0.028 - 0}{0.028 - c_{A2}} = \frac{4 \times 3.03 \times 10^{-6} \times 2}{0.1 \times 0.015}$$

解得 $c_{A2} = 4.5 \times 10^{-4}$ kmol/m³。

全管传质速率为

$$G_A = \frac{\pi}{4} d^2 u_b (c_{A2} - c_{A1}) = 0.785 \times 0.015^2 \times 0.1 (4.5 \times 10^{-4} - 0) = 7.95 \times 10^{-9} \text{ kmol/s}$$

1.3.5 动量、热量与质量传递之间的类比

上节讨论了对流传质问题的分析求解方法，该方法只能用于具有简单边界条件的层流传

质过程。然而，层流传质问题并不多见，为了强化传质过程，在工业传质设备中多采用湍流操作。对于湍流传质问题，由于其机理的复杂性，尚不能用分析方法求解，一般用类比的方法或由经验公式计算对流传质系数。本节将讨论运用质量传递与动量传递、热量传递的类似性，求解湍流传质系数的方法。

1. 三传类比的基本概念

动量、热量和质量三种传递过程之间存在许多类似之处，如：传递机理类似；传递的数学模型（包括数学表达式及边界条件）类似；数学模型的求解方法及求解结果类似等。根据三传的类似性，对三种传递过程进行类比和分析，建立一些物理量间的定量关系，该过程即为三传类比。探讨三传类比，不仅在理论上有意义，而且具有一定的实用价值。它一方面将有利于进一步了解三传的机理，另一方面在缺乏传热和传质数据时，只要满足一定的条件，可以用流体力学实验来代替传热或传质实验，也可由一已知传递过程的系数求其他传递过程的系数。

当然，由于动量、热量和质量传递还存在各自的特性，所以类比方法具有局限性，一般需满足以下条件：①物性参数可视为常数或取平均值；②无内热源；③无辐射传热；④无边界层分离，无形体阻力；⑤传质速率很低，速度场不受传质的影响。

现将与三传类比有关的物理量或公式列于表 1-8 中，以便于对照。

表 1-8　三传类比有关的物理量或公式对照

物理量或公式	动量传递	热量传递	质量传递
分子传递的通量	$\tau = -v\dfrac{\mathrm{d}(\rho u_x)}{\mathrm{d}y}$	$\dfrac{Q}{S} = -\alpha\dfrac{\mathrm{d}(\rho c_p t)}{\mathrm{d}y}$	$J_A = -D\dfrac{\mathrm{d}c_A}{\mathrm{d}y}$
分子扩散系数	v	α	D
涡流传递的通量	$\tau^\tau = -\in\dfrac{\mathrm{d}(\rho u_x)}{\mathrm{d}y}$	$\left(\dfrac{Q}{S}\right)^e = -\in_H\dfrac{\mathrm{d}(\rho c_p t)}{\mathrm{d}y}$	$J_A^e = -\in_M\dfrac{\mathrm{d}c_A}{\mathrm{d}y}$
涡流扩散系数	$\in$	$\in_H$	$\in_M$
浓度梯度	$\dfrac{\mathrm{d}(\rho u_x)}{\mathrm{d}y}$	$\dfrac{\mathrm{d}(\rho c_p t)}{\mathrm{d}y}$	$\dfrac{\mathrm{d}c_A}{\mathrm{d}y}$
通过壁面的速率方程	$\tau_s = \dfrac{f}{2}u_b(\rho u_b - \rho u_s)$	$\left(\dfrac{Q}{S}\right)_s = \dfrac{\alpha}{\rho c_p}(\rho c_p t_b - \rho c_p t_s)$	$J_{As} = k_c^\circ(c_{Ab} - c_{As})$
浓度差	$\rho u_b - \rho u_s$	$\rho c_p t_b - \rho c_p t_s$	$c_{Ab} - c_{As}$
传递系数	$\dfrac{f}{2}u_b$	$\dfrac{\alpha}{\rho c_p}$	k_c°

2. 三传类比表达式

（1）雷诺类比

1874 年，雷诺通过理论分析，首先提出了三传类比概念。图 1-20 所示为雷诺类比的模型图。雷诺认为，当湍流流体与壁面间进行动量、热量和质量传递时，湍流中心一直延伸到壁面，故雷诺类比为单层模型。

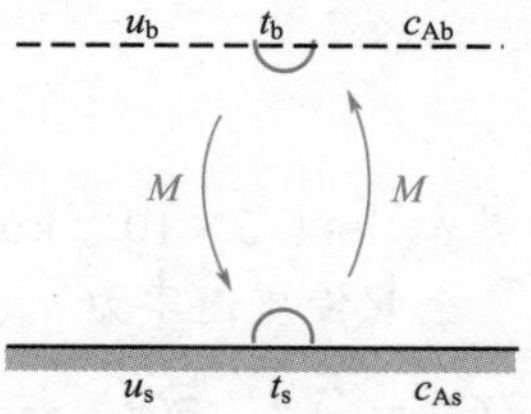

图 1-20　雷诺类比模型图

设单位时间单位面积上，流体与壁面间所交换的质量为 M，若湍流中心处流体的速度、温度和浓度分别为 u_b、t_b 和 c_{Ab}，壁面上的速度、温度和浓度分别为 u_s、t_s 和 c_{As}，则单位时间单位面积上交换的动量为

$$\tau_s = M(u_b - u_s) = \frac{f}{2} u_b (\rho u_b - \rho u_s) = \frac{f}{2} \rho u_b^2$$

即

$$M = \frac{f}{2} \rho u_b$$

交换的热量为

$$\left(\frac{Q}{S}\right)_s = M c_p (t_b - t_s) = \frac{\alpha}{\rho c_p} (\rho c_p t_b - \rho c_p t_s) = \alpha (t_b - t_s)$$

即

$$M = \frac{\alpha}{c_p}$$

组分 A 交换质量为

$$J_{As} = \frac{M}{\rho} (c_{Ab} - c_{As}) = k_c^\circ (c_{Ab} - c_{As})$$

即

$$M = \rho k_c^\circ$$

由于单位时间单位面积上所交换的质量相同，联立以上三式得

$$M = \frac{f}{2} \rho u_b = \frac{\alpha}{c_p} = \rho k_c^\circ$$

或写成

$$\frac{f}{2} = \frac{\alpha}{\rho c_p u_b} = \frac{k_c^\circ}{u_b} \tag{1-148}$$

即

$$\frac{f}{2} = St = St' \tag{1-149}$$

式中，St' 称为**传质的斯坦顿数**，它与传热的斯坦顿数 St 相对应。式(1-148)和式(1-149)即为湍流情况下，动量、热量和质量传递的**雷诺类比**表达式。

应予指出，雷诺类比把整个边界层作为湍流区处理，但根据边界层理论，在湍流边界层中，紧贴壁面总有一层流内层存在，在层流内层进行分子传递，只有在湍流中心才进行涡流传递，故雷诺类比有一定的局限性，现在考察雷诺类比的适用条件。

在层流内层进行分子传递时，有

$$\tau = -\mu \frac{\mathrm{d}u}{\mathrm{d}y}, \quad \frac{Q}{S} = -k \frac{\mathrm{d}t}{\mathrm{d}y}, \quad J_A = -D \frac{\mathrm{d}c_A}{\mathrm{d}y}$$

于是有

$$\frac{\frac{Q}{S}}{\tau} = \frac{k}{\mu} \frac{\mathrm{d}t}{\mathrm{d}u}, \quad \frac{J_A}{\tau} = \frac{D}{\mu} \frac{\mathrm{d}c_A}{\mathrm{d}u}$$

在湍流中心任取两层流体，设流层 1 的速度、温度和浓度分别为 u_1、t_1 和 c_{A1}，流层 2 的速度、温度和浓度分别为 u_2、t_2 和 c_{A2}。两层流体单位时间单位面积上交换的质量为 M，则

$$\tau^t = M(u_2 - u_1) = M \mathrm{d}u$$

$$\left(\frac{Q}{S}\right)^t = M c_p (t_2 - t_1) = M c_p \mathrm{d}t$$

$$J_A^t = \frac{M}{\rho} (c_{A2} - c_{A1}) = \frac{M}{\rho} \mathrm{d}c_A$$

有

$$\frac{\left(\frac{Q}{S}\right)^t}{\tau^t} = c_p \frac{\mathrm{d}t}{\mathrm{d}u}, \quad \frac{J_A^t}{\tau^t} = \frac{1}{\rho} \frac{\mathrm{d}c_A}{\mathrm{d}u}$$

比较可知，当 $Pr = \mu c_p / k = 1$ 及 $Sc = \mu / \rho D = 1$ 时，可用同样的规律去描述层流内层和湍流中心的动量传递和热量传递及动量传递和质量传递之间的关系，亦即只有当 $Pr = 1$ 及 $Sc = 1$ 时，才可把湍流区一直延伸到壁面，用简化的单层模型来描述整个边界层。

（2）普朗特（Prandtl）-泰勒（Taylor）类比

前已述及，雷诺类比只在 $Pr=1$ 和 $Sc=1$ 的条件下适用，然而许多工程上常用物质的 Pr 和 Sc 明显地偏离 1，尤其是液体，其 Pr 和 Sc 往往比 1 大得多，这样，雷诺类比的使用就受到了很大的局限。为此，普朗特-泰勒对雷诺类比进行了修正，提出了两层模型，即湍流边界层由湍流主体和层流内层组成。根据两层模型，普朗特-泰勒导出以下类比关系式

动量和热量传递类比

$$\alpha = \frac{(f/2)\rho c_p u_b}{1+5\sqrt{f/2}\,(Pr-1)} \tag{1-150}$$

或

$$St = \frac{\alpha}{\rho c_p u_b} = \frac{f/2}{1+5\sqrt{f/2}\,(Pr-1)} \tag{1-151}$$

动量和质量传递类比

$$k_c^\circ = \frac{(f/2)u_b}{1+5\sqrt{f/2}\,(Sc-1)} \tag{1-152}$$

或

$$St' = \frac{k_c^\circ}{u_b} = \frac{f/2}{1+5\sqrt{f/2}\,(Sc-1)} \tag{1-153}$$

式中，u_b 为圆管的主体流速。由式(1-151)和式(1-153)可看出，当 $Pr=Sc=1$ 时，两式可简化为式(1-149)，回到雷诺类比。对于 $Pr=Sc=0.5\sim2.0$ 的介质而言，普朗特-泰勒类比与实验结果相当吻合。

（3）冯·卡门（Von Kármán）类比

普朗特-泰勒类比虽考虑了层流内层的影响，对雷诺类比进行了修正，但由于未考虑湍流边界层中缓冲层的影响，故与实际不十分吻合。卡门认为，湍流边界层由湍流主体、缓冲层、层流内层组成，提出了三层模型。根据三层模型，卡门导出以下类比关系式

动量和热量传递类比

$$\alpha = \frac{(f/2)\rho c_p u_b}{1+5\sqrt{f/2}\,\{(Pr-1)+\ln[(1+5Pr)/6]\}} \tag{1-154}$$

或

$$St = \frac{\alpha}{\rho c_p u_b} = \frac{f/2}{1+5\sqrt{f/2}\,\{(Pr-1)+\ln[(1+5Pr)/6]\}} \tag{1-155}$$

动量和质量传递类比

$$k_c^\circ = \frac{(f/2)u_b}{1+5\sqrt{f/2}\,\{(Sc-1)+\ln[(1+5Sc)/6]\}} \tag{1-156}$$

$$St' = \frac{k_c^\circ}{u_b} = \frac{f/2}{1+5\sqrt{f/2}\,\{(Sc-1)+\ln[(1+5Sc)/6]\}} \tag{1-157}$$

卡门类比在推导过程中所根据的是光滑管的速度侧型方程，但它也适用于粗糙管，对于后者仅需将式中的摩擦系数 f 用粗糙管的 f 代替即可。但对于 Pr、Sc 极小的流体，如液态金属，该式不适用。

（4）契尔顿（Chilton）-柯尔本（Colburn）类比

契尔顿-柯尔本采用实验方法，关联了对流传热系数与范宁摩擦因子、对流传质系数与范宁摩擦因子之间的关系，得到了以实验为基础的类比关系式，又称为 j 因数类比法。

动量传递与热量传递类比

流体在管内湍流传热时，柯尔本提出下述经验公式

$$Nu = 0.023 Re^{0.8} Pr^{1/3}$$

又
$$f = 0.046 Re^{-0.2}$$

两式相除，得
$$\frac{Nu}{f} = \frac{1}{2} Re Pr^{1/3}$$

所以
$$\frac{Nu}{Re Pr^{1/3}} = \frac{f}{2} \qquad (1\text{-}158)$$

式(1-158)还可以写成如下形式

$$\frac{Nu}{Re Pr^{1/3}} = \frac{Nu}{Re Pr} Pr^{2/3} = St Pr^{2/3} = j_H$$

所以
$$j_H = \frac{f}{2} \qquad (1\text{-}159)$$

式中，j_H 称为传热 j 因数。

动量传递与质量传递类比

与式(1-159)相似，流体在管内湍流传质时，有如下关系成立

$$\frac{Sh}{Re Sc^{1/3}} = \frac{f}{2} \qquad (1\text{-}160)$$

而
$$\frac{Sh}{Re Sc^{1/3}} = \frac{Sh}{Re Sc} Sc^{2/3} = St' Sc^{2/3} = j_D$$

故有
$$j_D = \frac{f}{2} \qquad (1\text{-}161)$$

式中，j_D 称为传质 j 因数。联系式(1-159)和式(1-161)即得动量、热量和质量传递的契尔顿-柯尔本的广义类比式为

$$j_H = j_D = \frac{f}{2} \qquad (1\text{-}162)$$

式(1-162)的适用范围为：$0.6 < Pr < 100$，$0.6 < Sc < 2500$。当 $Pr = 1 (Sc = 1)$ 时，契尔顿-柯尔本类比式就变为雷诺类比式。

应予指出，式(1-162)是在无形体阻力条件下得出的，如果系统内有形体阻力存在，则 $j_H = j_D \neq f/2$，具体推导可参考有关文献。

【例 1-16】 温度为 280K 的水以 1.5m/s 的流速在内壁面上涂有玉桂酸的圆管内流动，管内径为 50mm。已知玉桂酸溶于水时的 $Sc = 2920$，试分别用雷诺、普朗特-泰勒、卡门和柯尔本类比关系式求算充分发展后的对流传质系数。

解 280K 水的物性：$\rho = 1000 \text{kg/m}^3$，$\mu = 1.45 \times 10^{-3} \text{Pa·s}$

$$Re = \frac{d u_b \rho}{\mu} = \frac{0.05 \times 1.5 \times 1000}{1.45 \times 10^{-3}} = 5.17 \times 10^4 \quad (> 1 \times 10^4，\text{管内流动为湍流})$$

$$f = 0.079 Re^{-1/4} = 0.079 \times (5.17 \times 10^4)^{-1/4} = 5.24 \times 10^{-3}$$

雷诺类比
$$St' = \frac{k_c^\circ}{u_b} = \frac{f}{2}$$

$$k_c^\circ = \frac{f}{2} u_b = \frac{5.24 \times 10^{-3}}{2} \times 1.5 = 3.93 \times 10^{-3} \text{m/s}$$

普朗特-泰勒类比 $St' = \dfrac{f/2}{1 + 5\sqrt{f/2}(Sc - 1)} = \dfrac{5.24 \times 10^{-3}/2}{1 + 5\sqrt{\dfrac{5.24 \times 10^{-3}}{2}}(2920 - 1)} = 3.5 \times 10^{-6}$

$$k_c^\circ = St'u_b = 3.5 \times 10^{-6} \times 1.5 = 5.25 \times 10^{-6} \ \text{m/s}$$

卡门类比
$$St' = \frac{f/2}{1 + 5\sqrt{f/2}\{(Sc-1) + \ln[(1+5Sc)/6]\}}$$

$$= \frac{5.24 \times 10^{-3}/2}{1 + 5\sqrt{\dfrac{5.24 \times 10^{-3}}{2}}\left\{(2920-1) + \ln\left[\dfrac{1+5\times 2920}{6}\right]\right\}} = 3.49 \times 10^{-6}$$

$$k_c^\circ = St'u_b = 3.49 \times 10^{-6} \times 1.5 = 5.24 \times 10^{-6} \ \text{m/s}$$

柯尔本类比
$$j_D = St'Sc^{2/3} = \frac{f}{2} = \frac{k_c^\circ}{u_b}Sc^{2/3}$$

$$k_c^\circ = \frac{f}{2}u_b Sc^{-2/3} = \frac{5.24 \times 10^{-3}}{2} \times 1.5 \times 2920^{-2/3} = 1.92 \times 10^{-5} \ \text{m/s}$$

比较以上计算结果可看出，用不同的类比式计算差别较大。在上述各式中，以用柯尔本类比计算的结果最为精确，因本题条件与该式的适用条件基本相同，只要在适用条件内，柯尔本类比的计算结果足够精确；以用雷诺类比计算的结果最差，因 $Sc \neq 1$；用卡门类比计算较用普朗特-泰勒类比计算的结果略精确些。

1.3.6 对流传质系数经验公式

前面所讨论的对流传质系数的分析解法和类比解法，仅适用于一些较为简单的传质问题。由于传质设备的结构各式各样，传质机理，尤其是湍流下的传质机理又极不完善，所以目前设计上还要靠经验方法，即通过实验整理出来的对流传质系数关联式来计算对流传质系数。本节介绍一些用于典型几何体中求算对流传质系数的经验公式，见表1-9。

表 1-9　对流传质系数的经验公式

流动状况		条件	经验公式	备注
圆管内流动		$Re=4000\sim60000$ $Sc=0.6\sim3000$	$j_D=0.023Re^{-0.17}$ $Sh=0.023Re^{0.83}Sc^{1/3}$	$Re=\dfrac{du_b\rho}{\mu}$ d—圆管直径, m u_b—主体流速, m/s
		$Re=10000\sim400000$ $Sc>100$	$j_D=0.0149Re^{-0.12}$ $Sh=0.0149Re^{0.88}Sc^{1/3}$	
流体平行流过平板		$Re<8000\quad Sc=0.6\sim2500$ $Pr=0.6\sim100$	$j_D=0.664Re^{-0.5}$ $Sh=0.664Re^{0.5}Sc^{1/3}$	$Re=\dfrac{Lu_0\rho}{\mu}$ L—板长, m u_0—边界层外流速, m/s
		$Re>5\times10^5\quad Sc=0.6\sim2500$ $Pr=0.6\sim100$	$j_D=0.036Re^{-0.2}$ $Sh=0.036Re^{0.8}Sc^{1/3}$	
流体流过单个圆球	气体流过单个圆球	$Re=1\sim48000$ $Sc=0.6\sim2.7$	$Sh=2+0.552Re^{0.53}Sc^{1/3}$	$Re=\dfrac{d_pu_0\rho}{\mu}$ d_p—球形粒子的直径, m u_0—远离粒子表面流体的速度, m/s
	液体流过单个圆球	$Re=2\sim2000$	$Sh=2+0.95Re^{0.5}Sc^{1/3}$	
		$Re=2000\sim17000$	$Sh=0.347Re^{0.62}Sc^{1/3}$	
	流体与颗粒间作爬流流动	$Pe=ReSc<10000$	$Sh=(4.0+1.21Pe^{2/3})^{1/2}$	
		$Pe=ReSc>10000$	$Sh=1.0Pe^{1/3}$	
流体垂直流过单一圆柱体		$Re=400\sim25000$ $Sc=0.6\sim2.6$	$\dfrac{k_G p}{G_m}=0.281Re^{-0.4}Sc^{-0.56}$ G_m 为摩尔流速, kmol/(m²·s)	$Re=\dfrac{d_cu_0\rho}{\mu}$ d_c—圆柱体直径, m u_0—远离圆柱体表面流体的速度, m/s

流动状况		条件	经验公式	备注
流体流过固定床	气体流过球形粒子固定床	$Re=90\sim4000$ $Sc=0.6$	$j_D=j_H=\dfrac{2.06}{\varepsilon}Re^{-0.576}$	$Re=\dfrac{d_p u_e \rho}{\mu}$ d_p—颗粒直径,m u_e—空塔流速,m/s $\varepsilon=(V_b-V_p)/V_b$ V_b—总体积,m^3 V_p—颗粒体积,m^3
		$Re=5000\sim10300$ $Sc=0.6$	$j_D=0.95j_H=\dfrac{2.04}{\varepsilon}Re^{-0.815}$	
	液体流过球形粒子固定床	$Re=0.0016\sim55$ $\varepsilon=0.35\sim0.75$ $Sc=165\sim70600$	$j_D=\dfrac{1.09}{\varepsilon}Re^{-2/3}$	
		$Re=55\sim1500$ $\varepsilon=0.35\sim0.75$ $Sc=165\sim10690$	$j_D=\dfrac{0.250}{\varepsilon}Re^{-0.31}$	
流体流过球形颗粒流化床		$Re=20\sim3000$	$j_D=0.01+\dfrac{0.863}{Re^{0.58}-0.483}$	$Re=\dfrac{d_p u_e \rho}{\mu}$ d_p—颗粒直径,m u_e—空塔流速,m/s

注：此表全部是相界面上溶质浓度为定值时的平均传质系数，流体的物性一般用相界面和主流的平均状态参数计算。

【例 1-17】 令 293K 的水流过苯甲酸球形粒子固定床，球粒直径为 4mm，水的空塔速度为 0.25m/s。若进口处苯甲酸浓度 $c_{A1}=0$，出口处苯甲酸浓度 $c_{A2}=0.8c_{Ai}$（c_{Ai} 为苯甲酸在水中的饱和浓度），试计算所需床层的高度。

已知 293K 时苯甲酸溶液的黏度和密度分别为 1×10^{-3} Pa·s 和 $1000kg/m^3$，苯甲酸在水中的扩散系数为 $0.77\times10^{-9}\,m^2/s$，床层的空隙率为 $\varepsilon=0.45$。

解　该题为液体通过球形颗粒固定床层的流动传质问题。

$$Re=\frac{d_p u_e \rho}{\mu}=\frac{4\times10^{-3}\times0.25\times1000}{1\times10^{-3}}=1000$$

$$Sc=\frac{\mu}{\rho D}=\frac{1\times10^{-3}}{1000\times0.77\times10^{-9}}=1299$$

$$j_D=\frac{0.25}{\varepsilon}Re^{-0.31}=\frac{0.250}{0.45}\times1000^{-0.31}=0.065$$

$$k_c=k_c^\circ=j_D u_e Sc^{-2/3}=0.065\times0.25\times1299^{-2/3}=1.36\times10^{-4}\,m/s$$

计算床层的比表面积

$$a=\frac{A}{V_b}=\frac{A}{V_p}(1-\varepsilon)=\frac{\pi d_p^2}{\frac{\pi}{6}d_p^3}(1-\varepsilon)$$

$$=\frac{6}{d_p}(1-\varepsilon)=\frac{6}{4\times10^{-3}}(1-0.45)=825m^2/m^3$$

微分床层高度 dz 引起的传质通量为

$$u_e dc_A=k_c a(c_{Ai}-c_A)dz$$

式中，c_{Ai} 为水与苯甲酸接触表面处的浓度（即饱和浓度），$kmol/m^3$；c_A 为水在床层高度 z 处的浓度，$kmol/m^3$；z 为距水进口处的高度，m。

在水进出口处积分

$$\int_{c_{A1}}^{c_{A2}} \frac{dc_A}{c_{Ai} - c_A} = \frac{k_c a}{u_e} \int_0^z dz$$

得

$$z = \frac{u_e}{k_c a} \ln \frac{c_{Ai} - c_{A1}}{c_{Ai} - c_{A2}}$$

由 $c_{A1} = 0$，$c_{A2} = 0.8 c_{Ai}$，代入得

$$z = \frac{u_e}{k_c a} \ln \frac{c_{Ai} - 0}{c_{Ai} - 0.8 c_{Ai}} = \frac{u_e}{k_c a} \ln \frac{1}{0.2} = \frac{0.25}{825 \times 1.36 \times 10^{-4}} \ln \frac{1}{0.2} = 3.59 \text{m}$$

本章符号说明

英文

A —— 流体的截面积，m^2；

c —— 混合物的总物质的量浓度，kmol/m^3；

c_{av} —— 混合物的总平均物质的量浓度，kmol/m^3；

c_i —— 混合物中 i 组分的物质的量浓度，kmol/m^3；

D —— 扩散系数，m^2/s；

D_{AB} —— 组分 A 在组分 B 中的扩散系数，m^2/s；

D_{KA} —— 纽特逊扩散系数，m^2/s；

D_{NA} —— 过渡区扩散系数，m^2/s；

D_p —— 有效扩散系数，m^2/s；

g —— 重力加速度（$=9.81\text{m/s}^2$）；

j —— 以扩散速率表示的混合物的质量通量，$\text{kg/(m}^2 \cdot \text{s)}$；

j_A —— 以扩散速率表示的组分 A 的质量通量，$\text{kg/(m}^2 \cdot \text{s)}$；

j_B —— 以扩散速率表示的组分 B 的质量通量，$\text{kg/(m}^2 \cdot \text{s)}$；

J —— 以扩散速率表示的混合物的摩尔通量，$\text{kmol/(m}^2 \cdot \text{s)}$；

J_A —— 以扩散速率表示的组分 A 的摩尔通量，$\text{kmol/(m}^2 \cdot \text{s)}$；

J_B —— 以扩散速率表示的组分 B 的摩尔通量，$\text{kmol/(m}^2 \cdot \text{s)}$；

k —— 波尔茨曼常数，（$=1.3806 \times 10^{-6}\text{erg/K}$）；

k_c°、k_c —— 气相对流传质系数，$\text{kmol/[m}^2 \cdot \text{s} \cdot (\text{kmol/m}^3)]$ 或 m/s；

k_G°、k_G —— 气相对流传质系数，$\text{kmol/(m}^2 \cdot \text{s} \cdot \text{kPa)}$；

k_L°、k_L —— 液相对流传质系数，$\text{kmol/[m}^2 \cdot \text{s} \cdot (\text{kmol/m}^3)]$ 或 m/s；

k_x°、k_x —— 液相对流传质系数，$\text{kmol/(m}^2 \cdot \text{s)}$；

k_y°、k_y —— 气相对流传质系数，$\text{kmol/(m}^2 \cdot \text{s)}$；

m —— 混合物的总质量，kg；

n —— 以绝对速度表示的混合物的质量通量，$\text{kg/(m}^2 \cdot \text{s)}$；

n_A —— 以绝对速度表示的组分 A 的质量通量，$\text{kg/(m}^2 \cdot \text{s)}$；

n_B —— 以绝对速度表示的组分 B 的质量通量，$\text{kg/(m}^2 \cdot \text{s)}$；

N —— 以绝对速度表示的混合物的摩尔通量，$\text{kmol/(m}^2 \cdot \text{s)}$；

N_A —— 以绝对速度表示的组分 A 的摩尔通量，$\text{kmol/(m}^2 \cdot \text{s)}$；

N_B —— 以绝对速度表示的组分 B 的摩尔通量，$\text{kmol/(m}^2 \cdot \text{s)}$；

p —— 系统总压力，kPa；

p_A —— 组分 A 分压，kPa；

p_B —— 组分 B 分压，kPa；

p_{BM} —— 组分 B 的对数平均分压，kPa；

r_A —— 单位体积流体中组分 A 的质量生成速率，$\text{kg/(m}^3 \cdot \text{s)}$；

$\bar{r}$ —— 孔道的平均半径，m；

$\dot{R}_A$ —— 单位体积流体中组分 A 的摩尔生成速率，$\text{kmol/(m}^3 \cdot \text{s)}$；

S —— 表面更新率；传热面积，m^2；

t —— 温度，℃；

T —— 热力学温度，K；

u —— 质量平均速度，m/s；

u_m —— 摩尔平均速度，m/s；

$\sum v_A$ —— 组分 A 的分子扩散体积，cm^3/mol；

$\sum v_B$ —— 组分 B 的分子扩散体积，cm^3/mol；

V_b——物质在正常沸点下的分子体积，　　　　希文

cm³/mol；

w——混合物中某组分的质量分数；

x——混合物中某组分的摩尔分数；

X——混合物中某组分的摩尔比；

$\overline{X}$——混合物中某组分的质量比；

y——混合物中某组分的摩尔分数；

Y——混合物中某组分的摩尔比；

$\overline{Y}$——混合物中某组分的质量比；

z——扩散距离，m；

z_G——气膜厚度，m；

z_L——液膜厚度，m。

β——容器常数，m⁻²；

Γ——单位液膜宽度的质量流率，kg/(m·s)；

δ_D——浓度边界层厚度，m；

ε——多孔固体的空隙率，m³/m³；

ε_{AB}——组分 A、B 分子间作用的能量，erg；

$\in$——涡流扩散系数，m²/s；

$\in_H$——涡流热量扩散系数，m²/s；

$\in_M$——涡流质量扩散系数，m²/s；

λ——分子平均自由程，m；

σ_{AB}——平均碰撞直径，nm；

τ——曲折因数；

Φ——溶剂的缔合因子；

Ω_D——分子扩散的碰撞积分。

习 题

基础习题

1. 用洗油吸收焦炉气中的芳烃。已知入塔焦炉气中所含芳烃的摩尔分数为 0.02，要求芳烃回收率不低于 95%(回收率 $\varphi_A = \dfrac{Y_1 - Y_2}{Y_1} \times 100\%$)，试计算出塔焦炉气中芳烃的摩尔比 Y_2。

2. 试证明由组分 A 和 B 组成的双组分混合物系统，下列关系式成立：

$(1)\, dw_A = \dfrac{M_A M_B dx_A}{(x_A M_A + x_B M_B)^2}$；$(2)\, dx_A = \dfrac{dw_A}{M_A M_B \left(\dfrac{w_A}{M_A} + \dfrac{w_B}{M_B}\right)^2}$

3. 在 101.3kPa、52K 条件下，某混合气体的摩尔分数为：CO_2 0.080；O_2 0.035；H_2O 0.160；N_2 0.725。各组分在 z 方向的绝对速度分别为：2.44m/s；3.66m/s；5.49m/s；3.96m/s。试计算：(1)混合气体的质量平均速度 u；(2)混合气体的摩尔平均速度 u_m；(3)组分 CO_2 的质量通量 j_{CO_2}；(4)组分 CO_2 的摩尔通量 J_{CO_2}。

4. 试证明组分 A、B 组成的双组分系统中，在一般情况下(有主体流动，$N_A \neq N_B$)进行分子扩散时，在总浓度 c 恒定条件下，$D_{AB} = D_{BA}$。

5. 根据费克第一定律，利用欧拉(Euler)观点，推导组分 A 在停滞组分 B 内部无化学反应时的三维不稳态扩散方程。

6. 在直径为 0.01m、长度为 0.30m 的圆管中 CO_2 气体通过 N_2 进行稳态分子扩散。管内 N_2 的温度为 298K，总压为 101.3kPa，管两端 CO_2 的分压分别为 60.8kPa 和 6.8kPa。试计算 CO_2 的扩散通量。

7. 气体混合物 A 和 B 在两个相距 0.15m 的平面内进行稳态扩散。已知总压为 101.3kPa，温度为 273K，两平面上的分压分别为 $p_{A1} = 20kPa$ 和 $p_{A2} = 6.7kPa$，混合物的扩散系数为 $1.85 \times 10^{-5} m^2/s$，计算 A 和 B 的摩尔通量 N_A 和 N_B。

若：(1)B 不能穿过平面 1；(2)A、B 都能穿过两个平面；(3)组分 A 扩散到平面 z 与固体 C 发生化学反应：$\dfrac{1}{2}A + C_{(s)} \longrightarrow B$。

8. 在总压为 101.3kPa、温度为 273K 下，组分 A 自气相主体通过厚度为 0.015m 的气膜扩散到催化剂表面，发生瞬态化学反应 $A \longrightarrow 3B$。生成的气体 B 离开催化剂表面通过气膜向气相主体扩散。已知气膜的气相主体一侧组分 A 的分压为 22.5kPa，组分 A 在组分 B 中的扩散系数为 $1.85 \times 10^{-5} m^2/s$。计算组分 A 和组分 B 的传质通量 N_A 和 N_B。

9. 在外径为 30mm、厚度为 5mm、长度为 6m 的硫化氯丁橡胶管中,有压力为 2atm、温度为 290K 的纯氢气流动。已知在 273K 和 1atm 下,氢在硫化氯丁橡胶管中的溶解度 $S=0.051cm^3/(cm^3$ 橡胶·atm),试求氢气通过橡胶管壁扩散而漏失的速率。设胶管外表面氢气分压为零,并忽略胶管外部的传质阻力。

10. 在温度为 288K 的条件下,令 NH_3(组分 A)-水(组分 B)溶液与一种和水不互溶的有机液体接触,两相均不流动。NH_3 自水相向有机相扩散。在两相界面处,水相中的 NH_3 维持平衡组成,其值为 0.015(摩尔分数,下同),该处溶液的密度为 $\rho_1=998.95kg/m^3$,在离界面 3mm 的水相中,NH_3 的组成为 0.08,该处溶液的密度为 $\rho_2=997.12kg/m^3$。288K 时 NH_3 在水中的扩散系数 $D=1.77\times10^{-9}m^2/s$,试计算稳态扩散下 NH_3 的扩散通量。

11. 总压为 101.3kPa、温度为 273K 的氢气(组分 A)和空气(组分 B)的混合物通过直径为 5nm、长度为 0.3m 的毛细管进行扩散。已知毛细管两端处氢气的分压分别为 $p_{A1}=2.6kPa$ 和 $p_{A2}=1.3kPa$,扩散条件下氢气的黏度为 $0.845\times10^{-5}Pa\cdot s$。试:(1)判断毛细管中氢气的扩散类型;(2)计算氢气的扩散通量 N_A。

12. 在一试管的底部装有温度为 298K 的甲醇,液面与试管顶部之间的距离为 80mm,在试管顶部有 298K、101.3kPa 的空气缓缓吹过。已知 298K 下甲醇的饱和蒸气压为 16.8kPa,甲醇在空气中的扩散系数为 $1.53\times10^{-5}m^2/s$。试计算液面下降 2mm 所需的时间。

13. 试分别用吉利兰、福勒公式计算 101.3kPa、298K 下氢气(A)在甲烷(B)中的扩散系数,并与实验值($D=7.26\times10^{-5}m^2/s$)进行比较。

14. 试用威尔基公式计算在 283K 时醋酸在稀水溶液中的扩散系数。

15. 试利用传质速率方程和扩散通量方程,对下列各传质系数进行转换:(1)将 k_G° 转换成 k_y;(2)将 k_x 转换成 k_L°。

16. 298K 的水膜沿 0.8m 长的垂直壁面下流,该水膜暴露在压力为 101.3kPa 的纯 CO_2 气体中,水膜由环境吸收 CO_2。已知单位宽度水膜流量为 $0.02kg/(m\cdot s)$,起始水中无 CO_2,计算水对 CO_2 的吸收率 $[kmol/(m\cdot s)]$。

已知 298K、101.3kPa 下,CO_2 在水中的浓度为 0.0336kmol/m³(溶液),CO_2 在水中的扩散系数为 $1.96\times10^{-9}m^2/s$,溶液的密度为 998kg/m³,黏度为 $8.94\times10^{-4}Pa\cdot s$。

17. 293K 的水以 1.2m/s 的主体流速流过内径为 20mm 的萘管,已知萘溶于水时的施密特数 $Sc=2330$,试分别用雷诺、普朗特-泰勒、卡门和柯尔本类比关系式求算充分发展后的对流传质系数。

18. 常压下 318K 的空气以 10m/s 的速度在下述不同条件下流经萘表面,试计算以下条件萘蒸气的传质系数。(1)空气流过长度为 1.0m 的萘平板;(2)空气流过直径为 12mm 的单个萘球。已知 101.3kPa、318K 下萘在空气中的扩散系数为 $6.87\times10^{-6}m^2/s$。

综合习题

19. 在压力 260kPa、温度 293K 下,甲烷通过停滞组分 N_2 进行稳态分子扩散。测得在扩散场中相距 0.2m 的两个平面处,甲烷的分压分别为 75kPa 和 15kPa。试计算:(1)甲烷在 N_2 中的扩散系数;(2)甲烷的扩散通量;(3)在两个平面的中点处甲烷的分压;(4)扩散温度升高到 400K,其他条件维持不变,此时甲烷的扩散通量。

20. 当圆管内进行稳态层流传质时,对于活塞流的速度分布(即 $u_z=u_0$),试导出在恒管壁传质通量情况下的对流传质系数 k_c 和施伍德数 Sh 的表达式。

21. 温度为 318K 的空气在常压下以 0.8m/s 的速度先流过内径为 20mm、长度为 1.2m 的金属管道,然后进入与该金属管道连接的具有相同直径、长度为 1.6m 的萘管,于是萘由管壁向空气中扩散。已知 318K、101.3kPa 下萘在空气中的扩散系数为 $6.87\times10^{-6}m^2/s$,萘的饱和浓度为 $2.80\times10^{-5}kmol/m^3$,固体萘的密度为 1145kg/m³。试计算:(1)平均传质系数 k_{cm};(2)出口气体中萘的浓度;(3)萘管壁厚减薄 1mm 所需的时间。

1. 质量比与质量分数、物质的量比与摩尔分数有何不同，它们之间的关系如何？

2. 某组分的绝对速度、扩散速率和平均速度各表示什么意义？

3. 传质的速度与通量为何有不同的表达方式，各种表达方式有何联系？

4. 分子传质（扩散）与分子传热（导热）有何异同？

5. 在进行分子传质时，主体流动是如何形成的，主体流动对分子传质通量有何影响？

6. 气体中扩散系数、液体中扩散系数和固体中扩散系数各与哪些因素有关？

7. 对流传质与对流传热有何异同？

8. 提出对流传质模型的意义是什么？

9. 双膜模型、溶质渗透模型和表面更新模型的要点是什么，各模型求得的传质系数与扩散系数有何关系，其模型参数是什么？

10. 何为湍流传质的一层模型、两层模型和三层模型，各模型分别用哪一个类比关系式来表达？

11. 三传类比具有哪些理论意义和实际意义？

12. 对流传质系数有哪几种求解方法，其适用情况如何？

第2章 气体吸收

一、学习目的

通过本章学习，掌握气体吸收的基本概念(包括气体吸收的原理与流程、吸收过程的平衡关系和速率关系等)、低组成气体吸收的计算(包括物料衡算及操作线方程、吸收剂用量的确定、吸收塔高及塔径的计算等)。

二、学习要点

1. 应重点掌握的内容

气体吸收过程的平衡关系；气体吸收过程的速率关系；低组成气体吸收的计算。

2. 应掌握的内容

吸收系数；解吸。

3. 一般了解的内容

高组成气体的吸收和化学吸收。

三、学习方法

表示气体吸收过程的平衡关系为亨利定律，应注意亨利定律的应用条件；亨利定律有多种表达形式，还应注意把握不同表达式之间的关系；

表示吸收过程的速率关系为吸收速率方程，包括膜速率方程和总速率方程，其均具有多种表达形式，学习中应注意各表达式之间的关系及吸收系数与吸收推动力之间的对应关系；

在学习低组成气体吸收的计算时，吸收塔的有效高度有多种计算方法，应注意它们的应用条件及背景。

2.1 概述

2.1.1 气体吸收过程

根据混合气体中各组分在某液体溶剂中的溶解度(或化学反应活性)不同而将气体混合物分离的操作称为气体吸收。吸收操作所用的液体溶剂称为吸收剂，以 S 表示；混合气体中，能够显著溶解的组分称为**吸收物质**或**溶质**，以 **A** 表示；而几乎不被溶解的组分统称为**惰性组分**(也称为**惰气**或**载气**)，以 **B** 表示；吸收操作所得到的溶液称为**吸收液**或溶液，它是溶质 A 在溶剂 S 中的溶液；被吸收后排出吸收塔的气体称为**吸收尾气**，其主要成分为惰性气体 B，但仍含有少量未被吸收的溶质 A。

吸收过程是溶质由气相转移至液相的**相际传质**过程，通常在**吸收塔**中进行，图 2-1 所示为洗油脱除煤气中粗苯的吸收流程简图。图中虚线左侧为吸收部分，含苯约为 $35g/m^3$ 的常温常压煤气由吸收塔底部引入，洗油从吸收塔顶部喷淋而下与气体呈逆流流动。在煤气与洗油逆流接触中，苯系化合物蒸气便溶解于洗油中，吸收了粗苯的洗油(又称富油)由吸收塔底排出。被吸收后的煤气由吸收塔顶排出，其苯含量可降至允许值(譬如 $2g/m^3$)以下，从而得以净化。

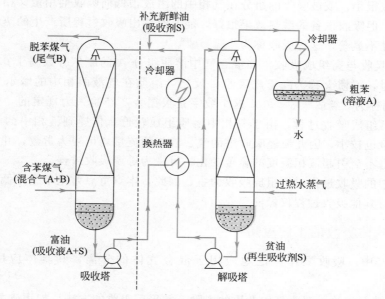

图 2-1 洗油脱除煤气中粗苯的吸收流程简图

吸收过程只是使混合气中的溶质溶解于吸收剂中而得到一种溶液，但就溶质的存在形态而言，仍然是一种混合物，并没有得到纯度较高的气体溶质。在工业生产中，除以制取溶液产品为目的的吸收(如用水吸收 NO_2 制取硝酸、用水吸收 HCl 气制取盐酸等)之外，大都要将吸收液进行**解吸**，以便得到纯净的溶质或使吸收剂再生后循环使用。解吸也称为**脱吸**，是吸收过程的逆过程，它是使溶质从吸收液中释放出来的过程。解吸一般在**解吸塔**中进行，如图 2-1 中虚线右侧所示为解吸过程。从吸收塔排出的富油首先经热交换器被加热后，由解吸塔顶引入，在与解吸塔底部通入的过热蒸汽逆流接触过程中，粗苯由液相释放出来，并被水蒸气带出，再经冷凝分层后即可获得粗苯产品。解吸出粗苯的洗油(也称为贫油)经冷却后再送回吸收塔循环使用。

2.1.2 气体吸收的分类

① **物理吸收与化学吸收** 在吸收过程中，如果溶质与溶剂之间不发生显著的化学反应，可以把吸收过程看成是气体溶质单纯地溶解于液相溶剂的物理过程，则称为**物理吸收**。如用水吸收二氧化碳、用洗油吸收煤气中的粗苯等过程都属于物理吸收过程。相反，如果在吸收

过程中气体溶质与溶剂(或其中的活泼组分)发生显著的化学反应，则称为化学吸收。如用硫酸吸收氨、用碱液吸收二氧化碳等就属于化学吸收。

② **单组分吸收与多组分吸收** 吸收过程按被吸收组分数目的不同，可分为单组分吸收和多组分吸收。若混合气体中只有一个组分进入液相，其余组分可认为不溶于吸收剂，这种吸收过程称为单组分吸收，如用水吸收氯化氢气体制取盐酸、用碳酸丙烯酯吸收合成气(含有 N_2、H_2、CO、CO_2 等)中的 CO_2 等。若在吸收过程中，混合气中进入液相的气体溶质不止一个，这样的吸收称为多组分吸收。如用洗油处理焦炉气时，气体中的苯、甲苯、二甲苯等几种组分在洗油中都有显著的溶解，则属于多组分吸收。

③ **等温吸收与非等温吸收** 气体溶质溶解于液体时，常常伴随有热效应，当发生化学反应时还会有反应热，其结果是使液相的温度逐渐升高，这样的吸收称为非等温吸收。若吸收过程的热效应很小，或被吸收的组分在气相中的组成很低而吸收剂用量又相对较大，或虽然热效应较大，但吸收设备的散热效果很好，能及时移出吸收过程所产生的热量等，此时液相的温度变化并不显著，这种吸收称为等温吸收。

④ **低组成吸收与高组成吸收** 当混合气中溶质组分 A 的摩尔分数高于 0.1，且被吸收的数量又较多时，习惯上称为高组成吸收；反之，溶质在气液两相中的摩尔分数均不超过 0.1 的吸收，则称为低组成吸收。0.1 这个数字是根据生产经验人为规定的，并非一个严格的界限。对于低组成吸收过程，由于气相中溶质组成较低，传递到液相中的溶质量相对于气、液相的流量也较小，因此流经吸收塔的气、液相的流量均可视为常数，并且由溶解热而产生的热效应也不会引起液相温度的显著变化，可视为等温吸收过程。

工业生产中的吸收过程以低组成吸收为主，因此，本章重点讨论单组分低组成的等温物理吸收过程，对其他吸收过程仅做简要介绍。

2.1.3 气体吸收的工业应用

在化工生产中，吸收操作广泛地应用于混合气体的分离，其具体应用大致有以下几种。

① **净化或精制气体** 混合气中杂质的去除，常采用吸收的方法。如用碳酸丙烯酯(或碳酸钾水溶液)脱除合成气中的二氧化碳；用丙酮脱除石油裂解气中的乙炔等。

② **制取某种气体的液态产品** 如用水吸收二氧化氮以制取硝酸，用水吸收氯化氢气体以制取盐酸，用水吸收甲醛以制取福尔马林等。

③ **分离混合气体以回收所需组分** 如用洗油处理焦炉气以回收其中的芳烃，用液态烃处理石油裂解气以回收其中的乙烯、丙烯等。

④ **工业废气的治理** 在工业生产所排放的废气中常含有 SO_2、NO、NO_2、HF 等有害成分，其组成一般都很低，但若直接排入大气，则对人体和自然环境的危害都很大。因此，在排放之前必须加以治理，选用碱性吸收剂吸收这些有害的酸性气体是环保工程中常采用的方法之一。

2.1.4 吸收剂的选择

吸收过程是依靠气体溶质在吸收剂中的溶解来实现的，因此，吸收剂性能的优劣，往往是决定吸收操作效果的关键。在选择吸收剂时，应注意以下几个问题。

① **溶解度** 吸收剂对溶质组分的溶解度要大，这样可以提高吸收速率并减少吸收剂的耗用量。当吸收剂(或其中的活泼组分)与溶质组分发生化学反应时，溶解度可以大大提高，

但若要使吸收剂循环使用，则化学反应必须是可逆的；对于物理吸收也要选择随操作条件的变化溶解度有显著变化的吸收剂，以便回收。

② **选择性**　吸收剂对溶质组分要有良好的吸收能力，而对混合气体中的其他组分无吸收或吸收甚微，否则不能直接实现有效的分离。

③ **挥发度**　操作温度下吸收剂的蒸气压要低，因为吸收尾气往往为吸收剂蒸气所饱和，吸收剂的挥发度越高，其损失量便越大。

④ **黏度**　吸收剂在操作温度下的黏度越低，其在塔内的流动性越好，这有助于传质速率和传热速率的提高。

⑤ **其他**　所选用的吸收剂还应尽可能满足无毒性、无腐蚀性、不易燃易爆、不发泡、冰点低、价廉易得以及化学性质稳定等要求。

2.2　气体吸收的平衡关系

2.2.1　气体在液体中的溶解度

在一定的温度和压力下，使一定量的吸收剂与混合气体接触，气相中的溶质便向液相溶剂中转移，直至液相中溶质组成达到饱和为止。此时并非没有溶质分子进入液相，只是在任何时刻进入液相中的溶质分子数与从液相逸出的溶质分子数恰好相等，从表面上看过程就像停止了一样。这种状态称为相际动平衡，简称相平衡或平衡。平衡状态下气相中的溶质分压称为平衡分压或饱和分压，液相中的溶质组成称为平衡组成或饱和组成。气体在液体中的溶解度，就是指气体在液体中的饱和组成。

气体在液体中的溶解度大小表明了一定条件下吸收过程可能达到的极限程度。要确定吸收设备内任意位置上气液实际组成与其平衡组成的差距，从而计算过程进行的速率，需要知道系统的平衡关系。任何平衡状态都是有条件的。一般而言，气体溶质在一定液体中的溶解度与整个物系的温度、压力及该溶质在气体中的组成密切相关。单组分的物理吸收涉及 A、B、S 三个组分构成的气液两相物系，由相律可知其自由度 $f=$ 组分数(C)－相数(P)$+2=3-2+2=3$。这表明在系统温度、压力、气相组成和液相组成四个变量中，有三个是自由度，余下的一个是它们的函数。所以，在一定的温度和总压下，气体溶质在液相中的溶解度(组成)只取决于它在气相中的组成。但在总压不很高时，可认为气体在液体中的溶解度只取决于该气体的分压而与总压无关。

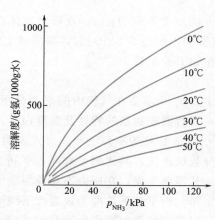

图 2-2　氨在水中的溶解度

不同气体在同一溶剂中的溶解度有很大差异。图 2-2、图 2-3 和图 2-4 分别为总压不很高时氨、二氧化硫和氧在水中的溶解度与其在气相中的分压之间的关系。图中的关系曲线称为溶解度(或相平衡)曲线。从图中可看出，当温度为 20℃、溶质分压为 20kPa 时，每 1000kg 水中所能溶解的氨、二氧化硫和氧的质量分别为 170kg、22kg 和 0.009kg。这表明氨易溶于水，氧难溶于水，而二氧化硫则居中。从图中也可看出，在 20℃ 时，若分别有

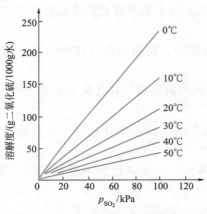

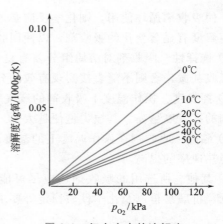

图 2-3　二氧化硫在水中的溶解度　　　　　　图 2-4　氧在水中的溶解度

100kg 的氨和 100kg 的二氧化硫各溶于 1000kg 的水中，则氨在其溶液上方的分压仅为 9.3kPa，而二氧化硫在其溶液上方的分压为 93.0kPa。至于氧，即使在 1000kg 水中溶解 0.1kg 时，其溶液上方氧的分压也已超过 220kPa。显然，对于同样组成的溶液，易溶气体溶液上方的分压较低，而难溶气体溶液上方分压较高。换言之，欲得到同样组成的溶液，易溶气体所需的分压较低，而难溶气体所需的分压则较高。从图中还可看出，每种溶质在水中的溶解度均随分压的增加而增大，随温度的升高而减小，这反映了气体在液体中的溶解度随温度和压力变化的一般规律。

由溶解度曲线所表现出的规律性可得知，加压和降温有利于吸收操作，因为加压和降温可提高气体溶质的溶解度。反之，减压和升温有利于解吸操作。

2.2.2　亨利定律

1803 年亨利（Henry）在研究气体在液体中的溶解度时发现，在一定温度下，当总压不很高（譬如不超过 500kPa 时），稀溶液上方气体溶质的平衡分压与该溶质在液相中的组成之间存在如下的关系

$$p_e = Ex \qquad\qquad (2-1)$$

式中，p_e 为溶质在气相中的平衡分压，kPa；x 为溶质在液相中的摩尔分数；E 为亨利系数，其数值随物系的特性及温度而异，单位与压力的单位一致。

式（2-1）称为亨利定律。该式表明：稀溶液上方溶质的平衡分压与该溶质在液相中的摩尔分数成正比，其比例系数即为亨利系数。

凡理想溶液，在压力不高及温度恒定的条件下，p_e-x 关系在整个组成范围内都符合亨利定律，而亨利系数即为该温度下纯溶质的饱和蒸气压，此时亨利定律与拉乌尔定律是一致的。但实际的吸收操作所涉及的系统多为非理想溶液，此时亨利系数不等于纯溶质的饱和蒸气压，且只在液相溶质组成很低时才是常数。在同一种溶剂中，不同气体维持其亨利系数恒定的组成范围是不同的。对于某些较难溶解的气体来说，当溶质分压不超过 100kPa 时，在恒定的温度下 E 值可视为常数。但当分压超过 100kPa 后，E 值不仅随温度而变，而且随溶质在气相中的分压而变。

常见物系的亨利系数可从有关手册中查得，也可由试验测定。在恒定的温度下，对指定的物系进行试验，测得一系列平衡状态下液相溶质组成 x 与相应的气相溶质平衡分压 p_e，将测得的数值在直角坐标纸上进行标绘，据此求出组成趋近于零时的 p_e/x 值，即为系统在该温度下的亨利系数 E。表 2-1 列出了某些气体水溶液的亨利系数，可供参考。

表 2-1　某些气体水溶液的亨利系数

气体种类	温度/℃															
	0	5	10	15	20	25	30	35	40	45	50	60	70	80	90	100
$E\times10^{-6}$/kPa																
H_2	5.87	6.16	6.44	6.70	6.92	7.16	7.39	7.52	7.61	7.70	7.75	7.75	7.71	7.65	7.61	7.55
N_2	5.35	6.05	6.77	7.48	8.15	8.76	9.36	9.98	10.5	11.0	11.4	12.2	12.7	12.8	12.8	12.8
空气	4.38	4.94	5.56	6.15	6.73	7.30	7.81	8.34	8.82	9.23	9.59	10.2	10.6	10.8	10.9	10.8
CO	3.57	4.01	4.48	4.95	5.43	5.88	6.28	6.68	7.05	7.39	7.71	8.32	8.57	8.57	8.57	
O_2	2.58	2.95	3.31	3.69	4.06	4.44	4.81	5.14	5.42	5.70	5.96	6.37	6.72	6.96	7.08	7.10
CH_4	2.27	2.62	3.01	3.41	3.81	4.18	4.55	4.92	5.27	5.58	5.85	6.34	6.75	6.91	7.01	7.10
NO	1.71	1.96	2.21	2.45	2.67	2.91	3.14	3.35	3.57	3.77	3.95	4.24	4.44	4.45	4.58	4.60
C_2H_6	1.28	1.57	1.92	2.90	2.66	3.06	3.47	3.88	4.29	4.69	5.07	5.72	6.31	6.70	6.96	7.01
$E\times10^{-5}$/kPa																
C_2H_4	5.59	6.62	7.78	9.07	10.3	11.6	12.9	—	—	—	—	—	—	—	—	—
N_2O	—	1.19	1.43	1.68	2.01	2.28	2.62	3.06								
CO_2	0.378	0.888	1.05	1.24	1.44	1.66	1.88	2.12	2.36	2.60	2.87	3.46				
C_2H_2	0.73	0.85	0.97	1.09	1.23	1.35	1.48									
Cl_2	0.272	0.334	0.399	0.461	0.537	0.604	0.669	0.74	0.80	0.86	0.90	0.97	0.99	0.97	0.96	
H_2S	0.272	0.319	0.372	0.418	0.489	0.552	0.617	0.686	0.755	0.825	0.689	1.04	1.21	1.37	1.46	1.50
$E\times10^{-4}$/kPa																
SO_2	0.167	0.203	0.245	0.294	0.355	0.413	0.485	0.567	0.661	0.763	0.871	1.11	1.39	1.70	2.01	—

对于一定的气体溶质和溶剂，亨利系数随温度而变化。一般说来，温度升高则 E 值增大，这体现了气体的溶解度随温度升高而减小的变化趋势。在同一溶剂中，难溶气体的 E 值较大，而易溶气体的 E 值则较小。

在应用亨利定律时，除要求溶液是理想溶液或稀溶液外，还要求溶质在气相和液相中的分子状态必须相同。如：把 HCl 溶解在苯、氯仿、甲苯或四氯化碳中，溶质在气相和液相中都是 HCl 分子，此时可应用亨利定律。但当把 HCl 气体溶解在水中时，就不能应用亨利定律，因为溶质在液相中是 H^+ 和 Cl^- 离子，而在气相中是 HCl 分子。在 SO_2 或 NH_3 的水溶液中，应用亨利定律时，只能用溶解态的 SO_2 分子或 NH_3 分子的组成。

若将亨利定律表示成溶质在液相中的浓度 c 与其在气相中的平衡分压 p_e 之间的关系，则可表示成如下的形式，即

$$p_e = \frac{c}{H} \tag{2-2}$$

式中，c 为溶液中溶质的物质的量浓度（或称浓度），$kmol/m^3$；p_e 为气相中溶质的平衡分压，kPa；H 为溶解度系数，$kmol/(m^3 \cdot kPa)$。

溶解度系数 H 也是温度的函数。对于一定的溶质和溶剂，H 值随温度升高而减小。易溶气体的 H 值较大，而难溶气体的 H 值则较小。

若溶质在液相和气相中的组成分别用摩尔分数 x 和 y 表示时，亨利定律可表示成如下的形式，即

$$y_e = mx \tag{2-3}$$

式中，x 为液相中溶质的摩尔分数；y_e 为与液相成平衡的气相中溶质的摩尔分数；m 为相平衡常数，或称为分配系数。

对于一定的物系，相平衡常数 m 是温度和压力的函数，其数值可由试验测得。易溶气体的 m 值较小，而难溶气体的 m 值较大。

在吸收计算时常认为惰性组分不进入液相，溶剂也没有显著的汽化现象，因而在吸收塔的各个横截面上，气相中惰性组分 B 的摩尔流量和液相中溶剂 S 的摩尔流量都不变。若以 B 和 S 的量作为基准分别表示溶质 A 在气液两相中的组成，对吸收过程的计算将会带来一些方便。为此，常采用摩尔比 Y 和 X 分别表示气、液两相的组成。由第 1 章摩尔比的定义可知

$$X = \frac{\text{液相中溶质的摩尔分数}}{\text{液相中溶剂的摩尔分数}} = \frac{x}{1-x} \tag{2-4}$$

$$Y = \frac{\text{气相中溶质的摩尔分数}}{\text{气相中惰性组分的摩尔分数}} = \frac{y}{1-y} \tag{2-5}$$

上述二式也可变换为

$$x = \frac{X}{1+X} \tag{2-4a}$$

$$y = \frac{Y}{1+Y} \tag{2-5a}$$

将式(2-4a)和式(2-5a)代入式(2-3)可得

$$\frac{Y_e}{1+Y_e} = m\frac{X}{1+X}$$

整理得

$$Y_e = \frac{mX}{1+(1-m)X} \tag{2-6}$$

式(2-6)在 Y-X 坐标系中的图形总是曲线，但当溶液组成很低时，$(1-m)X \ll 1$，则式(2-6)等号右端分母趋近于 1，于是可简化为

$$Y_e = mX \tag{2-6a}$$

式(2-6a)是亨利定律的又一种表达形式，它表明当液相中溶质组成足够低时，平衡关系在 Y-X 图中可近似地表示成一条通过原点的直线，其斜率为 m。

亨利定律的各种表达式所描述的都是互成平衡的气液两相组成之间的关系，它们既可用来根据液相组成计算与之平衡的气相组成，也可用来根据气相组成计算与之平衡的液相组成。从这种意义上讲，上述亨利定律的几种表达形式也可改写为

$$x_e = \frac{p}{E}, \quad c_e = Hp, \quad x_e = \frac{y}{m}, \quad X_e = \frac{Y}{m}$$

亨利定律不同表达式中的系数，可通过一定的关系进行换算。

(1) m-E 之间的关系

若系统总压为 p，则由理想气体分压定律可知溶质组分 i 在气相中的分压为 $p_i = py$，同理 $p_e = py_e$，将上式代入式(2-1)可得

$$py_e = Ex, \quad y_e = \frac{E}{p}x$$

将此式与式(2-3)比较可得

$$m = \frac{E}{p} \tag{2-7}$$

由式(2-7)可看出，温度升高，总压下降，则 m 增大，不利于物理吸收操作的进行。

(2) H-E 之间的关系

设溶液的体积为 V，单位为 m^3；组成为 c_A，单位为 $kmol/m^3$；密度为 ρ，单位为

kg/m³；则溶质 A 的总量为 $c_A V$ kmol，溶剂 S 的总量为 $\dfrac{\rho V - c_A V M_A}{M_S}$ kmol（M_A 及 M_S 分别为溶质 A 和溶剂 S 的摩尔质量），于是溶质 A 在液相中的摩尔分数为

$$x_A = \frac{c_A V}{c_A V + \dfrac{\rho V - c_A V M_A}{M_S}} = \frac{c_A M_S}{\rho + c_A (M_S - M_A)} \tag{2-8}$$

将式(2-8)代入式(2-1)可得

$$p_e = E \frac{c_A M_S}{\rho + c_A (M_S - M_A)}$$

将此式与式(2-2)比较可得

$$\frac{1}{H} = E \frac{M_S}{\rho + c_A (M_S - M_A)}$$

对稀溶液来说，c_A 值很小，则上式 $c_A (M_S - M_A)$ 与 ρ 相比可以忽略，故上式可简化为

$$H = \frac{\rho}{E M_S} \tag{2-9}$$

(3) $H\text{-}m$ 之间的关系

将式(2-7)代入式(2-9)，即可得 $H\text{-}m$ 的关系为

$$H = \frac{\rho}{p M_S} \frac{1}{m} \tag{2-10}$$

【例 2-1】 C_2H_2 体积分数为 0.2 的某种混合气体与水充分接触，系统温度为 25℃，总压为 101.3kPa。试求液相中 C_2H_2 的平衡组成 c_e 为多少（kmol/m³）。

解 混合气体按理想气体处理，则由理想气体分压定律可知，C_2H_2 在气相中的分压为

$$p_{(C_2H_2)} = py = 101.3 \times 0.2 = 20.26 \text{kPa}$$

C_2H_2 为难溶于水的气体，其水溶液的组成很低，故气液平衡关系符合亨利定律，并且溶液的密度可按纯水的密度计算。

$$c_e = H p_{(C_2H_2)}, \quad H = \frac{\rho}{E M_S}$$

故

$$c_e = \frac{\rho p_{(C_2H_2)}}{E M_S}$$

查表 2-1 可知，25℃时 C_2H_2 在水中的亨利系数 $E = 1.35 \times 10^5$ kPa。

故

$$c_e = \frac{1000 \times 20.26}{1.35 \times 10^5 \times 18} = 8.34 \times 10^{-3} \text{ kmol/m}^3$$

当总压不高时，气体可按理想气体处理，若气体在溶剂中的溶解度较小，则气液平衡关系可用亨利定律进行描述。

【例 2-2】 在 101.3kPa 总压及 20℃的温度下，氨在水中的溶解度为 2.5g（NH_3）/100g（H_2O）。若氨水的气液平衡关系符合亨利定律，相平衡常数为 0.76，试求：(1)以 x 及 X 表示的液相组成；(2)溶液的亨利系数及溶解度系数；(3)以 y 及 Y 表示的气相组成。

解 (1)液相组成

$$x = \frac{\dfrac{2.5}{17}}{\dfrac{2.5}{17} + \dfrac{100}{18}} = 0.0258$$

$$X = \frac{x}{1-x} = \frac{0.0258}{1-0.0258} = 0.0265$$

(2)E 及 H

由于氨的组成较低，氨溶液的密度可按同条件下纯水的密度计算。

$$E = mp = 0.76 \times 101.3 = 76.99\text{kPa}$$

$$H = \frac{\rho}{EM_S} = \frac{1000}{76.99 \times 18} = 0.7216\text{kmol}/(\text{m}^3 \cdot \text{kPa})$$

(3)气相组成

$$y = mx = 0.76 \times 0.0258 = 0.0196$$

$$Y = \frac{y}{1-y} = \frac{0.0196}{1-0.0196} = 0.0200$$

注意气液相组成的表示方法，特别是摩尔分数与摩尔比之间的关系，在吸收计算中经常进行两者之间的换算。

2.2.3 相平衡关系在吸收过程中的应用

相平衡关系描述的是气液两相接触传质的极限状态。根据气液两相的实际组成与相应条件下平衡组成的比较，可以判断传质进行的方向，确定传质推动力的大小，并可指明传质过程所能达到的极限。

1. 判断传质进行的方向

若气液相平衡关系为 $y_e = mx$ 或 $x_e = y/m$，如果气相中溶质的实际组成 y 大于与液相溶质组成相平衡的气相溶质组成 y_e，即 $y > y_e$（或液相的实际组成 x 小于与气相组成 y 相平衡的液相组成 x_e，即 $x < x_e$），说明溶液还没有达到饱和状态，此时气相中的溶质必然要继续溶解，传质的方向由气相到液相，即进行吸收；反之，传质方向则由液相到气相，即发生解吸(或脱吸)。

【例 2-3】 在总压为 101.3kPa，温度为 30℃的条件下，SO_2 组成为 $y=0.100$ 的混合空气与 SO_2 组成为 $x=0.002$ 的水溶液接触，试判断 SO_2 的传递方向。已知操作条件下气液相平衡关系为 $y_e = 47.9x$。

解 从气相分析

$$y_e = 47.9x = 47.9 \times 0.002 = 0.0958 < y = 0.100$$

故 SO_2 必由气相传递到液相，进行吸收。

从液相分析

$$x_e = \frac{y}{47.9} = \frac{0.100}{47.9} = 0.0021 > x = 0.002$$

通过比较实际组成与平衡组成的大小，可以判断气液两相接触时溶质传递的方向。

若该例中液相的组成 $x=0.003$，此时 $x > x_e$，则 SO_2 传递的方向相反，即发生 SO_2 的解吸。

总之，一切偏离平衡的气液系统都是不稳定的，溶质必由一相传递到另一相，其结果是使气液两相逐渐趋于平衡，溶质传递的方向就是使系统趋于平衡的方向。

2. 确定传质的推动力

传质过程的推动力通常用一相的实际组成与其平衡组成的偏离程度表示。

如图 2-5(a)在吸收塔内某截面 $A\text{-}A$ 处，溶质在气、液两相中的组成分别为 y、x，若在操作条件下气液平衡关系为 $y_e = mx$，则在 $x\text{-}y$ 坐标上可标绘出平衡线 OE 和 $A\text{-}A$ 截面上的操作点 A，如图 2-5(b)所示。从图中可看出，以气相组成差表示的推动力为 $\Delta y = y - y_e$，以液相组成差表示的推动力为 $\Delta x = x_e - x$。

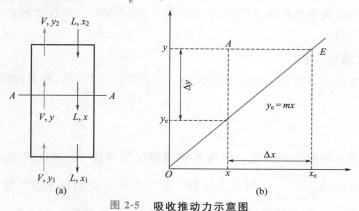

图 2-5　吸收推动力示意图

同理，若气、液组成分别以 p、c 表示，并且相平衡方程为 $p_e = \dfrac{c}{H}$ 或 $c_e = Hp$，则以气相分压差表示的推动力为 $\Delta p = p - p_e$，以液相组成差表示的推动力为 $\Delta c = c_e - c$。

实际组成偏离平衡组成的程度越大，过程的推动力就越大，其传质速率也将越大。

3. 指明传质过程进行的极限

平衡状态是传质过程进行的极限。对于以净化气体为目的的逆流吸收过程，无论气体流量有多小，吸收剂流量有多大，吸收塔有多高，而出塔净化气中溶质的组成 y_2 最低不会低于与入塔吸收剂组成 x_2 相平衡的气相溶质组成 y_{e2}，即

$$y_{2\min} \geqslant y_{e2} = mx_2$$

同样，对以制取液相产品为目的的逆流吸收，出塔吸收液的组成 x_1 都不可能大于与入塔气相组成 y_1 相平衡的液相组成 x_{e1}，即

$$x_{1\max} \leqslant x_{e1} = \frac{y_1}{m}$$

由此可见，相平衡关系限定了被净化气体离塔时的最低组成和吸收液离塔时的最高组成。一切相平衡状态都是有条件的，通过改变平衡条件可以得到有利于传质过程所需的新的相平衡关系。

2.3　气体吸收速率方程

要确定完成指定的吸收任务所需设备的尺寸，或核算混合气体通过指定设备所能达到的吸收程度，都需要知道吸收速率。所谓吸收速率是指单位相际传质面积上在单位时间内所吸收溶质的量。描述吸收速率与吸收推动力之间关系的数学表达式即为吸收速率方程。

与传热等其他传递过程一样，吸收过程的速率关系也遵循"过程速率＝过程推动力/过程阻力"的一般关系式，其中的推动力是指组成差等，吸收阻力的倒数称为吸收系数。因此，吸收速率关系又可表示成"吸收速率＝吸收系数×推动力"的形式。

2.3.1 膜吸收速率方程

在稳态操作吸收设备内的任一部位上，相界面两侧的气液膜层中的传质速率应是相等的（否则会在相界面处有溶质积累）。因此，其中任何一侧有效膜中的传质速率都能代表该部位上的吸收速率。单独根据气膜或液膜的推动力及阻力写出的速率关系式称为气膜或液膜吸收速率方程，相应的吸收系数称为膜系数或分系数，用 k 表示。吸收中的膜系数 k 类似于传热中的对流传热系数 α。

1. 气膜吸收速率方程

第 1 章中已介绍了由气相主体到相界面的对流传质速率方程，即气相层流膜层内的传质速率方程，即

$$N_A = \frac{Dp}{RTz_G p_{BM}}(p_G - p_i)$$

上式中存在着不易解决的问题，即气相层流膜层的厚度 z_G 难以测量。但经分析得知，在一定条件下上式中的 $\dfrac{Dp}{RTz_G p_{BM}}$ 可视为常数，因为对于一定的物系及一定的操作条件规定了 T、p 及 D 的值，一定的流动状况及传质条件规定了 z_G 的值。故可令

$$k_G = \frac{Dp}{RTz_G p_{BM}} \tag{2-11}$$

则上式可改写为

$$N_A = k_G(p_G - p_i) \tag{2-12}$$

式中，k_G 为气膜吸收系数，kmol/(m² · s · kPa)。其他符号的意义同前。

式(2-12)称为气膜吸收速率方程。该式也可写成如下的形式，即

$$N_A = \frac{p_G - p_i}{\dfrac{1}{k_G}} \tag{2-12a}$$

气膜吸收系数的倒数 $\dfrac{1}{k_G}$ 即表示吸收质通过气膜的传递阻力，其表达形式是与气膜推动力 $(p_G - p_i)$ 相对应的。

当气相组成以摩尔分数表示时，相应的气膜吸收速率方程为

$$N_A = k_y(y - y_i) \tag{2-13}$$

式中，y 为溶质 A 在气相主体中的摩尔分数；y_i 为溶质 A 在相界面处的摩尔分数。

当气相总压不很高时，根据分压定律可知

$$p_G = py \quad \text{及} \quad p_i = py_i$$

将此式代入式(2-12)，并与式(2-13)比较可得

$$k_y = pk_G \tag{2-14}$$

k_y 也称为气膜吸收系数，其单位与吸收速率的单位相同，即为 kmol/(m² · s)。其倒数 $\dfrac{1}{k_y}$ 是与气膜推动力 $(y - y_i)$ 相对应的气膜阻力。

2. 液膜吸收速率方程

第 1 章中已介绍了由相界面到液相主体的对流传质速率方程,即液相层流膜层内的传质速率方程

$$N_A = \frac{Dc}{z_L c_{BM}}(c_i - c_L)$$

令

$$k_L = \frac{Dc}{z_L c_{BM}} \tag{2-15}$$

则上式可改写为

$$N_A = k_L(c_i - c_L) \tag{2-16}$$

或

$$N_A = \frac{c_i - c_L}{\frac{1}{k_L}} \tag{2-16a}$$

式中,k_L 为液膜吸收系数,$kmol/(m^2 \cdot s \cdot kmol/m^3)$ 或 m/s。其他符号的意义和单位同前。

式(2-16)称为液膜吸收速率方程。液膜吸收系数的倒数 $\frac{1}{k_L}$ 表示吸收质通过液膜的传质阻力,其表达形式是与液膜推动力$(c_i - c_L)$相对应的。

当液相组成以摩尔分数表示时,相应的液膜吸收速率方程为

$$N_A = k_x(x_i - x) \tag{2-17}$$

因为 $c_i = cx_i$,$c_L = cx$,将其代入式(2-16),并与式(2-17)比较可得

$$k_x = ck_L \tag{2-18}$$

k_x 也称为液膜吸收系数,其单位与传质速率的单位相同,即为 $kmol/(m^2 \cdot s)$。其倒数 $\frac{1}{k_x}$ 是与液膜推动力$(x_i - x)$相对应的液膜阻力。

3. 界面组成

膜吸收速率方程中的推动力,都是某一相主体组成与界面组成之差。要使用膜吸收速率方程,就必须解决如何确定界面组成的问题。

由双膜理论的假设可知,界面处的气液组成符合平衡关系。同时,在稳态下,气液两膜中的传质速率应相等。因此,在两相主体组成(譬如 p、c)及两膜吸收系数(譬如 k_G、k_L)已知的情况下,可依据界面处的平衡关系及两膜中传质速率相等的关系来确定界面处的气液组成,进而确定传质过程的速率。

因为

$$N_A = k_G(p_G - p_i) = k_L(c_i - c_L)$$

所以

$$\frac{p_G - p_i}{c_L - c_i} = -\frac{k_L}{k_G} \tag{2-19}$$

式(2-19)表明,在直角坐标系中 p_i-c_i 关系是一条通过定点 (c_L, p_G) 而斜率为 $-\frac{k_L}{k_G}$ 的直线,其与平衡线 $p_e = f(c)$ 的交点坐标便是界面上的液相溶质组成和气相溶质分压。如图 2-6 所示,图中 A 点代表稳态操作的吸收设备内某一位置上的液相主体组成 c_L 与气相主体分压 p_G,直线 AI 的斜率为 $-\frac{k_L}{k_G}$,则 AI 与平衡线 OE 的交点 I 的纵、横坐标分别为 p_i 和 c_i。

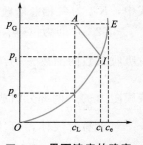

图 2-6 界面浓度的确定

2.3.2 总吸收速率方程

一般而言，界面组成是难以测定的，为避开这一难题，可以采用类似于间壁传热中的处理方法。在研究间壁传热的速率时，为了避开难以测定的壁面温度，引入了总传热速率、总传热系数、总传热推动力等概念。对于吸收过程，同样可以用两相主体组成的某种差值来表示总推动力，从而写出相应的**总吸收速率方程**。总吸收速率方程中的吸收系数，称为**总吸收系数**，以 K 表示。其倒数 $1/K$ 即为**总吸收阻力**，总阻力应是气膜阻力和液膜阻力之和。应当注意，气液两相的组成有不同的表示方法（譬如气相组成以分压表示，而液相组成以摩尔分数表示），因此，吸收过程的总推动力不能直接用两相组成的差值表示，即使两相组成的表示方法相同（譬如都以摩尔分数表示），其差值也不能代表吸收过程的推动力，这一点与传热过程是不同的。

吸收过程之所以能自发地进行，就是因为两相主体组成尚未达到平衡，一旦任何一相主体组成与另一相主体组成达到了平衡，推动力便等于零。因此，吸收过程的总推动力应该用任何一相的主体组成与其平衡组成的差值来表示。

1. 以 $(p_G - p_e)$ 表示总推动力的吸收速率方程

令 p_e 为与液相主体组成 c_L 成平衡的气相分压，p_G 为溶质在气相主体中的分压，若吸收系统服从亨利定律（或平衡关系在过程所涉及的组成范围内为直线），则

$$p_e = \frac{c_L}{H}$$

根据双膜理论，相界面上两相互成平衡，则

$$p_i = \frac{c_i}{H}$$

将以上两式代入式(2-16)得

$$N_A = k_L H(p_i - p_e) \quad 或 \quad \frac{N_A}{k_L H} = p_i - p_e$$

式(2-12)也可写成

$$\frac{N_A}{k_G} = p_G - p_i$$

上两式相加可得

$$N_A \left(\frac{1}{H k_L} + \frac{1}{k_G} \right) = p_G - p_e \tag{2-20}$$

令

$$\frac{1}{K_G} = \frac{1}{H k_L} + \frac{1}{k_G} \tag{2-20a}$$

则

$$N_A = K_G(p_G - p_e) \tag{2-21}$$

式中，K_G 为**气相总吸收系数**，$kmol/(m^2 \cdot s \cdot kPa)$。

式(2-21)即为以 $(p_G - p_e)$ 为总推动力的吸收速率方程，也可称为气相总吸收速率方程。总吸收系数的倒数 $\frac{1}{K_G}$ 为吸收总阻力。由式(2-20a)可以看出，此总阻力是由气膜阻力 $\frac{1}{k_G}$ 和液膜阻力 $\frac{1}{H k_L}$ 两部分组成。

对于易溶气体，H 值很大，在 k_G 与 k_L 数量级相同或接近的情况下存在如下的关系，即

$$\frac{1}{Hk_L} \ll \frac{1}{k_G}$$

此时传质总阻力的绝大部分存在于气膜之中，液膜阻力可忽略，因此式(2-20a)可简化为

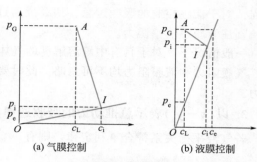

$$\frac{1}{K_G} \approx \frac{1}{k_G} \quad 或 \quad K_G \approx k_G$$

该式表明气膜阻力控制着整个吸收过程的速率，吸收的总推动力主要用来克服气膜阻力，由图 2-7(a)可看出

(a) 气膜控制   (b) 液膜控制

图 2-7 气膜控制和液膜控制示意图

$$p_G - p_e \approx p_G - p_i$$

这种情况称为"气膜控制"。用水吸收氨、氯化氢以及用浓硫酸吸收气相中的水蒸气等过程，通常都被视为气膜控制的吸收过程。显然，对于气膜控制的吸收过程，如要提高其吸收速率，在选择设备类型及确定操作条件时应特别注意减小气膜阻力。

2. 以$(c_e - c_L)$表示总推动力的吸收速率方程

令 c_e 为与气相分压 p_G 成平衡的液相组成，若吸收系统服从亨利定律，或平衡关系在吸收过程所涉及的组成范围内为直线，则

$$p_G = \frac{c_e}{H}, \quad p_e = \frac{c_L}{H}$$

若将它们代入式(2-20)，并且两端均乘以 H，可得

$$N_A \left(\frac{1}{k_L} + \frac{H}{k_G} \right) = c_e - c_L \tag{2-22}$$

令

$$\frac{1}{K_L} = \frac{1}{k_L} + \frac{H}{k_G} \tag{2-22a}$$

则

$$N_A = K_L (c_e - c_L) \tag{2-23}$$

式中，K_L 为液相总吸收系数，$kmol/(m^2 \cdot s \cdot kmol/m^3)$，即 m/s。

式(2-23)即为以$(c_e - c_L)$为总推动力的吸收速率方程，也可称为液相总吸收速率方程。

总吸收系数的倒数$\frac{1}{K_L}$为吸收总阻力，由式(2-22a)可看出，此总阻力由气膜阻力$\frac{H}{k_G}$和液膜阻力$\frac{1}{k_L}$两部分构成。

对于难溶气体，H 值很小，在 k_G 与 k_L 数量级相同或接近的情况下存在如下的关系，即

$$\frac{H}{k_G} \ll \frac{1}{k_L}$$

此时传质阻力的绝大部分存在于液膜之中，气膜阻力可以忽略，因此式(2-22a)可简化为

$$\frac{1}{K_L} \approx \frac{1}{k_L} \quad 或 \quad K_L \approx k_L$$

该式表明液膜阻力控制着整个吸收过程的速率，吸收总推动力的绝大部分用于克服液膜阻力。由图 2-7(b)可以看出

$$c_e - c_L \approx c_i - c_L$$

这种情况称为"液膜控制"。用水吸收氧、氢或二氧化碳等气体的过程，都是液膜控制的吸收

过程。对于液膜控制的吸收过程，如要提高过程速率，在选择设备类型及确定操作条件时，应特别注意减小液膜阻力。

一般情况下，对于具有中等溶解度的气体吸收过程，气膜和液膜共同控制着整个吸收过程，气膜阻力和液膜阻力均不可忽略。此时要提高过程速率，必须同时降低气膜阻力和液膜阻力。

3. 以 $(y-y_e)$ 表示总推动力的吸收速率方程

若气液平衡关系符合亨利定律，则有

$$x=\frac{y_e}{m}$$

根据双膜模型，可得

$$x_i=\frac{y_i}{m}$$

将上述二式代入式(2-17)可得

$$N_A=\frac{k_x}{m}(y_i-y_e)$$

此式也可改写为

$$N_A\frac{m}{k_x}=y_i-y_e$$

将式(2-13)两端同除以 k_y 并与上式相加可得

$$N_A\left(\frac{m}{k_x}+\frac{1}{k_y}\right)=y-y_e \tag{2-24}$$

若令

$$\frac{1}{K_y}=\frac{m}{k_x}+\frac{1}{k_y} \tag{2-24a}$$

则

$$N_A=K_y(y-y_e) \tag{2-25}$$

式中，K_y 为以 $(y-y_e)$ 为总推动力的气相总吸收系数，$kmol/(m^2 \cdot s)$。

式(2-25)即为以 $(y-y_e)$ 为总推动力的吸收速率方程，它也属于气相总吸收速率方程。式中总吸收系数的倒数 $\frac{1}{K_y}$ 为吸收总阻力，即两膜阻力之和。

4. 以 (x_e-x) 表示总推动力的吸收速率方程

采用类似的方法可导出以 (x_e-x) 表示总推动力的吸收速率方程为

$$N_A=K_x(x_e-x) \tag{2-26}$$

其中

$$\frac{1}{K_x}=\frac{1}{k_x}+\frac{1}{mk_y} \tag{2-27}$$

式中，K_x 为以 (x_e-x) 为总推动力的液相总吸收系数，$kmol/(m^2 \cdot s)$。

将式(2-24a)两端同除以 m 并与式(2-27)相减可得 $\frac{1}{mK_y}=\frac{1}{K_x}$，即

$$K_x=mK_y \tag{2-28}$$

5. 以 $(Y-Y_e)$ 表示总推动力的吸收速率方程

在吸收计算中，当溶质含量较低时，通常采用摩尔比表示组成较为方便，故常用到以 $(Y-Y_e)$ 或 (X_e-X) 表示总推动力的吸收速率方程。

若操作总压力为 p，根据道尔顿分压定律可知吸收质在气相中的分压为 $p_G=py$，又知 $y=\frac{Y}{1+Y}$，故

$$p_G = p\frac{Y}{1+Y}$$

同理
$$p_e = p\frac{Y_e}{1+Y_e}$$

式中，Y_e 为与液相组成 X 成平衡的气相组成。将上二式代入式(2-21)可得

$$N_A = K_G\left(p\frac{Y}{1+Y} - p\frac{Y_e}{1+Y_e}\right)$$

整理得
$$N_A = \frac{K_G p}{(1+Y)(1+Y_e)}(Y-Y_e) \tag{2-29}$$

若令
$$K_Y = \frac{K_G p}{(1+Y)(1+Y_e)} \tag{2-30}$$

则
$$N_A = K_Y(Y-Y_e) \tag{2-31}$$

式中，K_Y 为以 $(Y-Y_e)$ 为总推动力的气相总吸收系数，$kmol/(m^2 \cdot s)$。

式(2-31)即为以 $(Y-Y_e)$ 表示总推动力的吸收速率方程，它也属于气相总吸收速率方程。式中总吸收系数的倒数 $\frac{1}{K_Y}$ 为吸收总阻力。

当吸收质在气相中的组成很低时，Y 和 Y_e 都很小，式(2-30)右端的分母接近于1，于是

$$K_Y \approx K_G p \tag{2-30a}$$

6. 以 $(X_e - X)$ 表示总推动力的吸收速率方程

采用类似的方法可导出以 (X_e-X) 表示总推动力的吸收速率方程为

$$N_A = K_X(X_e-X) \tag{2-32}$$

其中
$$K_X = \frac{K_L c}{(1+X_e)(1+X)} \tag{2-33}$$

式中，K_X 为以 (X_e-X) 为总推动力的液相总吸收系数，$kmol/(m^2 \cdot s)$。

式(2-32)即为以 (X_e-X) 表示总推动力的吸收速率方程，它也属于液相总吸收速率方程，式中总吸收系数的倒数 $\frac{1}{K_X}$ 为吸收总阻力。

当溶质在液相中的组成很低时，X_e 和 X 都很小，式(2-33)右端的分母接近于1，于是有

$$K_X \approx K_L c \tag{2-33a}$$

2.3.3 吸收速率方程及吸收系数小结

基于不同形式的推动力，可以写出相应的吸收速率方程。常用的吸收速率方程列于表2-2中，各种吸收速率方程是等效的。一般可将吸收速率方程分为两类：一类是与膜系数相对应的速率方程，采用一相主体与界面处的组成之差表示推动力，如表中前4个方程。另一类是与总吸收系数相对应的速率方程，采用任一相主体组成与另一相溶质组成相对应的平衡组成之差表示推动力，如表中后6个速率方程。

任何吸收系数的单位都是 $kmol/(m^2 \cdot s \cdot 单位推动力)$。当推动力以摩尔分数或摩尔比表示时，吸收系数的单位简化为 $kmol/(m^2 \cdot s)$，即与吸收速率的单位相同。

必须注意：各速率方程中的吸收系数与吸收推动力的正确搭配及其单位的一致性。吸收系数的倒数即表示吸收过程的阻力，阻力的表达形式也必须与推动力的表达形式相对应。

表 2-2　吸收速率方程一览表

吸收速率方程	推动力		吸收系数	
	表达式	单位	符号	单位
$N_A = k_G(p_G - p_i)$	$(p_G - p_i)$	kPa	k_G	$kmol/(m^2 \cdot s \cdot kPa)$
$N_A = k_L(c_i - c_L)$	$(c_i - c_L)$	$kmol/m^3$	k_L	$kmol/[m^2 \cdot s \cdot (kmol/m^3)]$ 或 m/s
$N_A = k_x(x_i - x)$	$(x_i - x)$		k_x	$kmol/(m^2 \cdot s)$
$N_A = k_y(y - y_i)$	$(y - y_i)$		k_y	$kmol/(m^2 \cdot s)$
$N_A = K_L(c_e - c_L)$	$(c_e - c_L)$	$kmol/m^3$	K_L	$kmol/[m^2 \cdot s \cdot (kmol/m^3)]$ 或 m/s
$N_A = K_G(p_G - p_e)$	$(p_G - p_e)$	kPa	K_G	$kmol/(m^2 \cdot s \cdot kPa)$
$N_A = K_x(x_e - x)$	$(x_e - x)$		K_x	$kmol/(m^2 \cdot s)$
$N_A = K_y(y - y_e)$	$(y - y_e)$		K_y	$kmol/(m^2 \cdot s)$
$N_A = K_X(X_e - X)$	$(X_e - X)$		K_X	$kmol/(m^2 \cdot s)$
$N_A = K_Y(Y - Y_e)$	$(Y - Y_e)$		K_Y	$kmol/(m^2 \cdot s)$

上述所介绍的吸收速率方程，都是以气液组成保持不变为前提的，因此只适合于描述稳态操作的吸收塔内任一横截面上的速率关系，而不能直接用来描述全塔的吸收速率。在塔内不同横截面上的气液组成各不相同，其吸收速率也不相同。

还应当注意，在使用与总吸收系数相对应的吸收速率方程时，在整个过程所涉及的组成范围内，平衡关系应为直线。在式(2-20a)及式(2-22a)中，H 值应为常数，否则，即使膜系数(如 k_G、k_L)为常数，总吸收系数仍随组成而变化，这将不便于吸收塔的计算。

总吸收系数与液膜和气膜吸收系数是有机联系在一起的。各吸收系数间的换算关系列于表 2-3。

表 2-3　吸收系数的表达式及吸收系数的换算

总吸收系数表达式	$\dfrac{1}{K_G} = \dfrac{1}{k_G} + \dfrac{1}{Hk_L}$		$\dfrac{1}{K_y} = \dfrac{1}{k_y} + \dfrac{m}{k_x}$	
	$\dfrac{1}{K_L} = \dfrac{H}{k_G} + \dfrac{1}{k_L}$		$\dfrac{1}{K_x} = \dfrac{1}{mk_y} + \dfrac{1}{k_x}$	
吸收膜系数换算关系	$k_x = ck_L$		$k_y = pk_G$	
总吸收系数的换算	$K_Y \approx K_y = pK_G$	$K_x \approx mK_y$	$K_X \approx K_x = cK_L$	$K_G = HK_L$

【例 2-4】　在 110kPa 的总压下用清水在填料塔内吸收混于空气中的氨气。在塔的某一截面上氨的气、液相组成分别为 $y = 0.03$，$c_L = 1kmol/m^3$。若气膜吸收系数 $k_G = 5 \times 10^{-6}$ $kmol/(m^2 \cdot s \cdot kPa)$，液膜吸收系数 $k_L = 1.5 \times 10^{-4} m/s$。假设操作条件下平衡关系服从亨利定律，溶解度系数 $H = 0.73 kmol/(m^3 \cdot kPa)$。试求：(1)以 Δp_G、Δc_L 表示的吸收总推动力及相应的总吸收系数。(2)该截面处的吸收速率及以 Δy 为总推动力的气相总吸收系数。(3)分析该吸收过程的控制因素。

解　(1)以气相分压差表示的总推动力为

$$\Delta p_G = p_G - p_e = py - \frac{c_L}{H} = 110 \times 0.03 - \frac{1}{0.73} = 1.93 kPa$$

其对应的总吸收系数为

$$\frac{1}{K_G} = \frac{1}{Hk_L} + \frac{1}{k_G} = \frac{1}{0.73 \times 1.5 \times 10^{-4}} + \frac{1}{5 \times 10^{-6}}$$

$$= 9.132 \times 10^3 + 2 \times 10^5 = 2.09 \times 10^5 (m^2 \cdot s \cdot kPa)/kmol$$

$$K_G = 4.78 \times 10^{-6} \, \text{kmol}/(\text{m}^2 \cdot \text{s} \cdot \text{kPa})$$

以液相浓度差表示的总推动力为

$$\Delta c_L = c_e - c_L = p_G H - c_L = 110 \times 0.03 \times 0.73 - 1 = 1.41 \, \text{kmol}/\text{m}^3$$

其对应的总吸收系数为

$$K_L = \frac{K_G}{H} = \frac{4.78 \times 10^{-6}}{0.73} = 6.55 \times 10^{-6} \, \text{m/s}$$

或

$$K_L = \frac{1}{\dfrac{1}{k_L} + \dfrac{H}{k_G}} = \frac{1}{\dfrac{1}{1.5 \times 10^{-4}} + \dfrac{0.73}{5 \times 10^{-6}}} = 6.55 \times 10^{-6} \, \text{m/s}$$

(2)该截面处的吸收速率为

$$N_A = K_G(p_G - p_e) = 4.78 \times 10^{-6} \times 1.93 = 9.23 \times 10^{-6} \, \text{kmol}/(\text{m}^2 \cdot \text{s})$$

或

$$N_A = K_L \Delta c_L = 6.55 \times 10^{-6} \times 1.41 = 9.24 \times 10^{-6} \, \text{kmol}/(\text{m}^2 \cdot \text{s})$$

以 Δy 为总推动力的气相总吸收系数为

$$K_y = p K_G = 110 \times 4.78 \times 10^{-6} = 5.26 \times 10^{-4} \, \text{kmol}/(\text{m}^2 \cdot \text{s})$$

(3)吸收过程的控制因素

由计算过程可知,吸收过程的总阻力为 $2.09 \times 10^5 \, (\text{m}^2 \cdot \text{s} \cdot \text{kPa})/\text{kmol}$,气膜阻力为 $2 \times 10^5 \, (\text{m}^2 \cdot \text{s} \cdot \text{kPa})/\text{kmol}$,气膜阻力占总阻力的分率为 $\dfrac{2 \times 10^5}{2.09 \times 10^5} \times 100\% = 95.6\%$,气膜阻力占总阻力的绝大部分,该吸收过程为气膜控制。

> 吸收推动力的表示方法具有多样性,相应的吸收系数也有多种表示方法,应注意各种吸收系数与推动力之间的对应关系;氨气对于清水溶剂属于易溶气体,由过程控制因素分析可知,易溶气体的吸收过程为气膜控制。

2.4 低组成气体吸收的计算

本节将以低组成气体吸收过程为对象,讲述吸收过程的分析与计算,关于高组成气体吸收过程将在 2.6 节中讲述。

在工业生产中吸收操作多采用塔式设备,既可采用气液两相在塔内 逐级接触的 板式塔,也可采用气液两相在塔内 连续接触的 填料塔。本章中对于吸收操作的分析和讨论将主要结合填料塔进行。

对于填料塔,塔内的气液两相流动方式原则上可分为逆流和并流。通常塔内液相即溶剂作为 分散相,依靠重力的作用自上而下流动;而含有溶质的混合气体则靠压力差的作用通过填料层。在逆流操作时,气体自塔底进入而从塔顶排出,而并流操作时则相反。在一般情况下多采用逆流操作,与传热过程相似,在对等的条件下,逆流操作方式可获得最大的平均推动力,因而能提高吸收过程的速率,获得较大的分离效率。换言之,逆流操作时,降至塔底的液体恰与刚进塔的混合气体接触,有利于提高出塔吸收液的组成,从而减小吸收剂的用量;而升至塔顶的气体也恰与刚进入塔的吸收剂相接触,有利于降低出塔气体的组成,从而提高溶质的吸收率。

2.4.1 物料衡算与操作线方程

1. 物料衡算

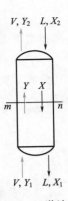

图 2-8 所示为一个处于稳态操作下的逆流吸收塔。塔底截面以下标"1"表示，塔顶截面以下标"2"表示，而 m-n 代表塔的任一截面。图中各符号的意义如下：

V——单位时间通过吸收塔的惰性气体量，kmol(B)/s；

L——单位时间通过吸收塔的溶剂量，kmol(S)/s；

Y_1、Y_2——分别为进塔和出塔气体中溶质组分的摩尔比，kmol(A)/kmol(B)；

X_1、X_2——分别为出塔和进塔液体中溶质组分的摩尔比，kmol(A)/kmol(S)。

图 2-8 逆流吸收塔的物料衡算

在稳态操作的情况下，对单位时间内进出吸收塔的溶质 A 作物料衡算，可得

$$VY_1 + LX_2 = VY_2 + LX_1$$

或

$$V(Y_1 - Y_2) = L(X_1 - X_2) \tag{2-34}$$

式(2-34)表明了逆流吸收塔中气液两相流量 V、L 和塔底、塔顶两端的气液两相组成 Y_1、X_1 与 Y_2、X_2 之间的关系。一般情况下，进塔混合气的组成与流量是由吸收任务规定的，而吸收剂的初始组成和流量往往根据生产工艺要求确定，故 V、Y_1、L 及 X_2 均为已知数，如果吸收任务又规定了溶质回收率 φ_A，则气体出塔时的组成 Y_2 为

$$Y_2 = Y_1(1 - \varphi_A) \tag{2-35}$$

式中，φ_A 为混合气体中溶质 A 被吸收的百分率，称为吸收率或回收率。

由此，V、Y_1、L、X_2 及 Y_2 均为已知，再通过全塔物料衡算式(2-34)便可求得塔底排出吸收液的组成 X_1。

2. 吸收塔的操作线方程与操作线

在逆流操作的吸收塔内，气体自下而上，其组成由 Y_1 逐渐降至 Y_2；液体自上而下，其组成由 X_2 逐渐增至 X_1。在稳态操作的情况下，塔中各个横截面上的气液组成 Y 与 X 之间关系的确定，仍需在填料层中的任一横截面与塔的任一端面之间对组分 A 进行物料衡算。譬如，在图 2-8 中的任一截面 m-n 与塔底端面之间对组分 A 进行衡算，可得

$$VY + LX_1 = VY_1 + LX$$

或

$$Y = \frac{L}{V}X + \left(Y_1 - \frac{L}{V}X_1\right) \tag{2-36}$$

同理，亦可在 m-n 截面与塔顶端面之间作组分 A 的衡算，得

$$Y = \frac{L}{V}X + \left(Y_2 - \frac{L}{V}X_2\right) \tag{2-36a}$$

式(2-34)经变换可得

$$Y_1 - \frac{L}{V}X_1 = Y_2 - \frac{L}{V}X_2$$

该式说明：式(2-36)中的括号项与式(2-36a)中的括号项相等，即式(2-36)与式(2-36a)是等效的，皆可称为逆流吸收塔的操作线方程。它表明塔内任一横截面上的气相组成 Y 与液相组成 X 之间成线性关系，直线的斜率为 L/V，且此直线通过点 $B(X_1, Y_1)$ 及点 $T(X_2, Y_2)$。如图 2-9 所示，直线 BT 即为逆流吸收塔的操作线。操作线 BT 上任一点 A 的坐标(X，Y)代表塔内相应截面上液、气组成 X、Y，端点 B 代表填料层底部端面，即塔底的情况，端

点 T 代表填料层顶部端面，即塔顶的情况。在逆流吸收塔中，截面 1 处（即塔底）具有最大的气液组成，故称之为"浓端"；截面 2 处（即塔顶）具有最小的气液组成，故称之为"稀端"。

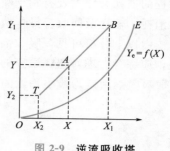

图 2-9　逆流吸收塔
中的操作线

图 2-9 中的曲线 OE 为相平衡曲线 $Y_e = f(X)$。当进行吸收操作时，在塔内任一截面上，溶质在气相中的实际组成 Y 总是高于与其相接触的液相平衡组成 Y_e，所以吸收操作线 BT 总是位于平衡线 OE 的上方。反之，如果操作线位于相平衡曲线的下方，则应进行脱吸过程。

以上的讨论都是针对逆流操作而言的。对于气、液并流操作的情况，吸收塔的操作线方程及操作线可采用同样的办法求得。应予指出，无论是逆流操作还是并流操作的吸收塔，其操作线方程及操作线都是由物料衡算求得的，与吸收系统的平衡关系、操作条件以及设备的结构型式等均无任何牵连。

2.4.2　吸收剂用量的确定

在设计吸收塔时，通常处理的气体流量及气体的初、终组成已由设计任务所规定，而液体吸收剂的入塔组成常由生产工艺决定或由设计者选定，因此 V、Y_1、Y_2 及 X_2 均为已知。确定吸收剂的用量是吸收塔设计计算的首要任务。

如图 2-10(a) 所示，在 V、Y_1、Y_2 及 X_2 已知的情况下，操作线的端点 T 已固定，另一端点 B 则可在 $Y = Y_1$ 的水平线上移动。B 点的横坐标将取决于操作线的斜率 L/V，若 V 值一定，则取决于吸收剂流量 L 的大小。

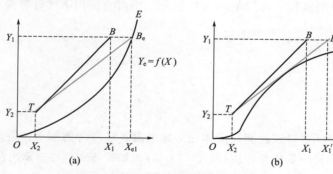

图 2-10　吸收塔的最小液气比

操作线斜率 L/V 称为液气比，它是溶剂与惰性气体摩尔流量的比值。它反映单位气体处理量的溶剂消耗量的大小。在 V 值一定的情况下，吸收剂用量 L 减小，操作线斜率也将变小，点 B 便沿水平线 $Y = Y_1$ 向右移动，其结果是使出塔吸收液的组成增大，但此时吸收推动力也相应减小。当吸收剂用量减小到恰使点 B 移至水平线 $Y = Y_1$ 与平衡线 OE 的交点 B_e 时，$X_1 = X_{e1}$，即塔底流出液组成与刚进塔的混合气组成达到平衡。这是理论上吸收液所能达到的最高组成，但此时吸收过程的推动力已变为零，因而需要无限大的相际接触面积，即吸收塔需要无限高的填料层。这在实际上是办不到的，只能用来表示一种极限的情况，此种状况下吸收操作线 $B_e T$ 的斜率称为最小液气比，以 $(L/V)_{min}$ 表示；相应的吸收剂用量即为最小吸收剂用量，以 L_{min} 表示。

反之，若增大吸收剂用量，则点 B 将沿水平线向左移动，使操作线远离平衡线，吸收过程的推动力增大，有利于吸收操作。但超过一定限度后，这方面的效果便不明显，而溶剂的消耗、输送及回收等操作费用急剧增加，这将是不经济的。

由以上分析可见，吸收剂用量的大小，从设备费与操作费两方面影响到吸收过程的经济性，应综合考虑，选择适宜的液气比，使两种费用之和最小。根据生产实践经验，一般情况下取吸收剂用量为最小用量的 1.1～2.0 倍是比较适宜的，即

$$\frac{L}{V} = (1.1 \sim 2.0)\left(\frac{L}{V}\right)_{min} \tag{2-37}$$

或
$$L = (1.1 \sim 2.0)L_{min} \tag{2-37a}$$

最小液气比可用图解法求得。如果平衡曲线符合图 2-10(a)所示的情况，则需找到水平线 $Y = Y_1$ 与平衡线的交点 B_e，从而读出 X_{e1} 的数值，然后用下式计算最小液气比，即

$$\left(\frac{L}{V}\right)_{min} = \frac{Y_1 - Y_2}{X_{e1} - X_2} \tag{2-38}$$

或
$$L_{min} = \frac{Y_1 - Y_2}{X_{e1} - X_2}V \tag{2-38a}$$

如果平衡曲线呈现如图 2-10(b)所示的形状，则应过点 T 作平衡曲线的切线，找到水平线 $Y = Y_1$ 与此切线的交点 B'，从而读出点 B' 的横坐标 X_1' 的数值，然后按下式计算最小液气比，即

$$\left(\frac{L}{V}\right)_{min} = \frac{Y_1 - Y_2}{X_1' - X_2} \tag{2-39}$$

或
$$L_{min} = \frac{Y_1 - Y_2}{X_1' - X_2}V \tag{2-39a}$$

若平衡关系符合亨利定律，可用 $Y_e = mX$ 表示，则可直接用下式计算最小液气比，即

$$\left(\frac{L}{V}\right)_{min} = \frac{Y_1 - Y_2}{\dfrac{Y_1}{m} - X_2} \tag{2-40}$$

或
$$L_{min} = \frac{Y_1 - Y_2}{\dfrac{Y_1}{m} - X_2}V \tag{2-40a}$$

必须指出，为了保证填料表面能被液体充分地润湿，还应考虑到单位塔截面上单位时间流下的液体量不得小于某一最低允许值（参见 4.2 节）。如果按式(2-37)算出的吸收剂用量不能满足充分润湿填料的基本要求，则应采用更大的液气比。

对板式塔而言，确定液气比的原则与填料塔相同，但确定了 L/V 以后，无需再校验吸收剂用量是否能保证足够的喷淋密度。

【例 2-5】 用洗油吸收焦炉气中的芳烃。吸收塔内的操作温度为 27℃，操作压力为 101.3kPa。焦炉气的流量为 1000m³/h，其中所含芳烃的摩尔分数为 0.025，要求芳烃的回收率不低于 94%。进入吸收塔顶的洗油中所含芳烃的摩尔分数为 0.005。若取吸收剂用量为理论最小用量的 2.0 倍，求洗油流量 L（或 L'）及塔底流出吸收液的组成 X_1。

设操作条件下的平衡关系可用下式表示，即

$$Y_e = \frac{0.125X}{1 + 0.875X}$$

解 进入吸收塔惰性气体的摩尔流量为

$$V = \frac{1000}{22.4} \times \frac{273}{273+27} \times \frac{101.3}{101.3} \times (1-0.025) = 39.61 \text{kmol/h}$$

进塔气体中芳烃的组成为

$$Y_1 = \frac{y_1}{1-y_1} = \frac{0.025}{1-0.025} = 0.0256$$

出塔气体中芳烃的组成为

$$Y_2 = Y_1(1-\varphi_A) = 0.0256 \times (1-0.94) = 0.001536$$

进塔洗油中芳烃的组成为

$$X_2 = \frac{x_2}{1-x_2} = \frac{0.005}{1-0.005} = 0.00503$$

由平衡关系 $Y_e = \frac{0.125X}{1+0.875X}$ 可得 $\frac{dY_e}{dX} = \frac{0.125}{(1+0.875X)^2}$。当 $X \in (0,1)$ 时为减函数,因此可通过求解过塔顶端点 (X_2, Y_2) 的平衡曲线 $Y_e = \frac{0.125X}{1+0.875X}$ 的切线来确定最小液气比 $(L/V)_{min}$,从而可求得洗油流量 L。求解过程可采用几何图解法,也可采用解析法。几何图解法比较直观,但作图较麻烦,并且读图时也易带来误差;解析法有利于实现电算,结果也较准确。本例采用解析法求解最小液气比,具体步骤如下。

设切点坐标为 (X_0, Y_0),则切线斜率为

$$\tan\alpha = \frac{dY_e}{dX} = \frac{0.125}{(1+0.875X_0)^2}$$

所以切线方程可表示为

$$Y - Y_0 = \frac{0.125}{(1+0.875X_0)^2}(X - X_0)$$

将 $Y_0 = \frac{0.125X_0}{1+0.875X_0}$ 及塔顶端点坐标值(0.00503,0.001536)代入上式可得

$$0.001536 - \frac{0.125X_0}{1+0.875X_0} = \frac{0.125}{(1+0.875X_0)^2}(0.00503 - X_0)$$

解得

$$X_0 = 0.1050$$

所以切线斜率为

$$\tan\alpha = \frac{dY_e}{dX} = \frac{0.125}{(1+0.875X_0)^2} = \frac{0.125}{(1+0.875 \times 0.1050)^2} = 0.1048$$

即

$$\left(\frac{L}{V}\right)_{min} = 0.1048$$

所以

$$L = 2.0L_{min} = 2.0 \times 0.1048 \times 39.61 = 8.302 \text{kmol/h}$$

L 是每小时送入吸收塔顶的纯溶剂量。考虑到入塔洗油中含有芳烃,则每小时送入吸收塔顶的洗油量应为

$$L' = 8.302 \times \frac{1}{1-0.005} = 8.344 \text{kmol/h}$$

吸收液组成可根据全塔物料衡算式求出,即

$$X_1 = X_2 + \frac{V(Y_1 - Y_2)}{L} = 0.00503 + \frac{39.61 \times (0.0256 - 0.001536)}{8.302} = 0.120$$

本题的气液平衡关系不符合亨利定律，为非线性关系，可以采用几何作图法求解 $\left(\dfrac{L}{V}\right)_{\min}$，也可以采用解析法求解 $\left(\dfrac{L}{V}\right)_{\min}$，在求解析解时，判断平衡函数关系一阶导数的增减性是解题的关键。

2.4.3 塔径的计算

吸收塔直径可根据圆形管道内的流量公式计算，即

$$\frac{\pi}{4}D^2 u = V_s$$

或

$$D = \sqrt{\frac{4V_s}{\pi u}} \tag{2-41}$$

式中，D 为吸收塔的直径，m；V_s 为操作条件下混合气体的体积流量，m^3/s；u 为空塔气速，即按空塔截面计算的混合气体的线速度，m/s。

在吸收过程中，由于吸收质不断进入液相，故混合气体流量由塔底至塔顶逐渐减小。在计算塔径时，一般应以塔底的气量为依据。

计算塔径的关键在于确定适宜的空塔气速 u。如何确定适宜的空塔气速，是气液传质设备内的流体力学问题，将在第 4 章中讨论。

2.4.4 填料层高度的计算

填料层高度的计算有传质单元数法和等板高度法，现分别予以介绍。

1. 传质单元数法

传质单元数法又称传质速率模型法，该方法是依据传质速率方程来计算填料层高度。

(1)基本计算式

就基本关系而论，填料层高度等于所需的填料体积除以填料塔的截面积。塔截面积已由塔径确定，填料层体积则取决于完成规定任务所需的总传质面积和每立方米填料所能提供的气液有效接触面积。上述总传质面积应等于塔的吸收负荷(单位时间内的传质量，kmol/s)与塔内传质速率[单位时间内单位气液接触面积上的传质量，$kmol/(m^2 \cdot s)$]的比值。计算塔的吸收负荷要依据物料衡算式，计算传质速率要依据吸收速率方程式，而吸收速率方程式中的推动力总是实际组成与某种平衡组成的差值，因此又要知道相平衡关系。所以，填料层高度的计算将要涉及物料衡算、传质速率和相平衡这三种关系式的应用。

填料塔是一种连续接触式设备，随吸收的进行，沿填料层高度气液两相的组成均不断变化，传质推动力也相应地改变，塔内各截面上的吸收速率并不相同。因此，2.3 节所讲的吸收速率方程，都只适用于塔内任一截面，而不能直接应用于全塔。

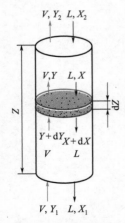

图 2-11 微元填料层的物料衡算

如图 2-11 所示，为解决填料层高度的计算问题，首先在填料吸收塔中任意位置上选取微元填料层高度 dZ 来进行研究。在此微元

填料层内对组分 A 作物料衡算可知，单位时间内由气相转入液相的物质 A 的量为

$$\mathrm{d}G_A = -V\mathrm{d}Y = -L\mathrm{d}X \tag{2-42}$$

式中的负号表示随填料层高度的增加，气液相组成均不断降低。

在微元填料层内，因气液组成变化很小，故可认为吸收速率 N_A 为定值，则

$$\mathrm{d}G_A = N_A\mathrm{d}A = N_A(a\Omega\mathrm{d}Z) \tag{2-43}$$

式中，$\mathrm{d}A$ 为微元填料层内的传质面积，m^2；a 为单位体积填料层所提供的有效传质面积，$\mathrm{m}^2/\mathrm{m}^3$；$\Omega$ 为吸收塔截面积，m^2。

微元填料层内的吸收速率方程可表示为

$$N_A = K_Y(Y - Y_e) = K_X(X_e - X)$$

将此式代入式(2-43)可得

$$\mathrm{d}G_A = K_Y(Y - Y_e)(a\Omega\mathrm{d}Z)$$

及

$$\mathrm{d}G_A = K_X(X_e - X)(a\Omega\mathrm{d}Z)$$

再将式(2-42)代入以上二式，可得

$$-V\mathrm{d}Y = K_Y(Y - Y_e)(a\Omega\mathrm{d}Z)$$

及

$$-L\mathrm{d}X = K_X(X_e - X)(a\Omega\mathrm{d}Z)$$

整理以上二式，分别得

$$\frac{-\mathrm{d}Y}{Y - Y_e} = \frac{K_Y a\Omega}{V}\mathrm{d}Z \tag{2-44}$$

及

$$\frac{-\mathrm{d}X}{X_e - X} = \frac{K_X a\Omega}{L}\mathrm{d}Z \tag{2-45}$$

对于稳态操作的吸收塔，当溶质在气、液两相中的含量不高时，L、V、a 以及 Ω 皆不随时间而变化，且不随截面位置而改变。通常 K_Y 及 K_X 也可视为常数（气体溶质具有中等以上的溶解度且平衡关系不为直线的情况除外）。于是，对式(2-44)和式(2-45)在全塔范围内积分如下

$$\int_{Y_1}^{Y_2} \frac{-\mathrm{d}Y}{Y - Y_e} = \frac{K_Y a\Omega}{V}\int_0^Z \mathrm{d}Z$$

及

$$\int_{X_1}^{X_2} \frac{-\mathrm{d}X}{X_e - X} = \frac{K_X a\Omega}{L}\int_0^Z \mathrm{d}Z$$

由此可得到低组成气体吸收时计算填料层高度的基本关系式为

$$Z = \frac{V}{K_Y a\Omega}\int_{Y_2}^{Y_1} \frac{\mathrm{d}Y}{Y - Y_e} \tag{2-46}$$

及

$$Z = \frac{L}{K_X a\Omega}\int_{X_2}^{X_1} \frac{\mathrm{d}X}{X_e - X} \tag{2-47}$$

上述二式中的 a（也称为有效比表面积）总要小于单位体积填料层中的固体表面积（也称为比表面积）。这是因为，只有那些被流动的液体膜层所润湿覆盖的填料表面，才能提供气液接触的有效面积。所以，a 值不仅与填料的形状、尺寸及填充状况有关，而且受流体物性及流动状况的影响。a 的数值很难直接测量，因此常将其与吸收系数的乘积视为一体，作为一个完整的物理量来看待，这个乘积称为"体积吸收系数"。譬如 $K_Y a$ 及 $K_X a$ 分别称为气相总体积吸收系数及液相总体积吸收系数，其单位均为 $\mathrm{kmol}/(\mathrm{m}^3\cdot\mathrm{s})$。体积吸收系数的物理意义为：在推动力为一个单位的情况下，单位时间单位体积填料层内所吸收溶质的量。

(2)传质单元高度与传质单元数

式(2-46)和式(2-47)是根据总吸收系数 K_Y、K_X 与相应的吸收推动力计算填料层高度

的关系式。填料层高度还可根据膜吸收系数与相应的推动力来计算。但式(2-46)及式(2-47)反映了所有此类填料层高度计算式的共同点，现以式(2-46)为例分析如下。

$$Z = \frac{V}{K_Y a \Omega} \int_{Y_2}^{Y_1} \frac{\mathrm{d}Y}{Y - Y_e}$$

等式右端中因式 $\dfrac{V}{K_Y a \Omega}$ 的单位为 $\dfrac{(\mathrm{kmol/s})}{[\mathrm{kmol/(m^3 \cdot s)}](\mathrm{m^2})} = (\mathrm{m})$，而 m 是高度的单位，因此可将 $\dfrac{V}{K_Y a \Omega}$ 理解为由过程条件所决定的某种单元高度，此单元高度称为"气相总传质单元高度"，以 H_{OG} 表示，即

$$H_{OG} = \frac{V}{K_Y a \Omega} \tag{2-48}$$

积分项 $\displaystyle\int_{Y_2}^{Y_1} \frac{\mathrm{d}Y}{Y - Y_e}$ 中的分子与分母具有相同的单位，因而整个积分必然得到一个量纲为 1 的数值，它代表所需填料层总高度 Z 相当于气相总传质单元高度 H_{OG} 的倍数，此倍数称为"气相总传质单元数"，以 N_{OG} 表示，即

$$N_{OG} = \int_{Y_2}^{Y_1} \frac{\mathrm{d}Y}{Y - Y_e} \tag{2-49}$$

于是，式(2-46)可改写为

$$Z = H_{OG} N_{OG} \tag{2-46a}$$

同理，式(2-47)可写成如下的形式，即

$$Z = H_{OL} N_{OL} \tag{2-47a}$$

式中，H_{OL} 为液相总传质单元高度，m；N_{OL} 为液相总传质单元数，量纲为 1。

H_{OL} 及 N_{OL} 的计算式分别为

$$H_{OL} = \frac{L}{K_X a \Omega} \tag{2-50}$$

$$N_{OL} = \int_{X_2}^{X_1} \frac{\mathrm{d}X}{X_e - X} \tag{2-51}$$

当式(2-46)及式(2-47)中的总吸收系数与总推动力分别用膜系数及其相应的推动力代替时，则可分别写成

$$Z = H_G N_G \quad 及 \quad Z = H_L N_L$$

其中 $\quad H_G = \dfrac{V'}{k_y a \Omega}, \quad N_G = \displaystyle\int_{y_2}^{y_1} \frac{\mathrm{d}y}{y - y_i}, \quad H_L = \dfrac{L'}{k_x a \Omega}, \quad N_L = \displaystyle\int_{x_2}^{x_1} \frac{\mathrm{d}x}{x_i - x}$

式中，H_G、H_L 分别为气相传质单元高度和液相传质单元高度，m；N_G、N_L 分别为气相传质单元数和液相传质单元数，量纲为 1。V'、L' 分别为气相和液相总摩尔流量，kmol/s。

由此，可写出填料层高度计算的通式为

$$填料层高度 = 传质单元数 \times 传质单元高度$$

下面以气相总传质单元高度 H_{OG} 为例，分析传质单元高度的物理意义。

如图 2-12(a)所示，假定某吸收过程所需的填料层高度恰等于一个气相总传质单元高度，即

$$Z = H_{OG}$$

由式(2-46a)可知，在此情况下有

$$N_{OG} = \int_{Y_2}^{Y_1} \frac{\mathrm{d}Y}{Y - Y_e} = 1$$

在整个填料层内，吸收推动力$(Y-Y_e)$虽是变化的，但总可以找到某一个平均值$(Y-Y_e)_m$来代替$(Y-Y_e)$，并使积分值保持不变，即

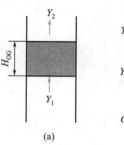
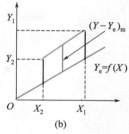

图 2-12　气相总传质单元高度

$$\int_{Y_2}^{Y_1} \frac{\mathrm{d}Y}{Y - Y_e} = \int_{Y_2}^{Y_1} \frac{\mathrm{d}Y}{(Y - Y_e)_m} = 1$$

可将平均值$(Y-Y_e)_m$作为常数提到积分号之外，于是可得

$$N_{OG} = \frac{1}{(Y - Y_e)_m} \int_{Y_2}^{Y_1} \mathrm{d}Y = \frac{Y_1 - Y_2}{(Y - Y_e)_m} = 1$$

即

$$(Y - Y_e)_m = Y_1 - Y_2$$

由此可见，如果气体流经一段填料层前后的组成变化(Y_1-Y_2)恰好等于此段填料层内以气相组成差表示的总推动力的平均值$(Y-Y_e)_m$，如图 2-12(b)所示，则这段填料层的高度就是一个气相总传质单元高度。

传质单元高度的大小是由过程的条件所决定的。由式(2-48)可知

$$H_{OG} = \frac{\dfrac{V}{\Omega}}{K_Y a}$$

上式中除去单位塔截面上惰性气体的摩尔流量(V/Ω)之外，就是气相总体积吸收系数$K_Y a$。因此，传质单元高度反映了传质阻力的大小、填料性能的优劣以及润湿情况的好坏。吸收过程的传质阻力越大，填料层有效比表面积越小，则每个传质单元所相当的填料层高度就越大。

传质单元高度和体积吸收系数都是表示填料层传质特性的动力学参数，两者在数值上可以相互转换。但是，工程上多采用传质单元高度，这是因为：第一，传质单元高度随流体流量的变化远比体积传质系数小。对于各种填料塔而言，总传质单元高度数值的变化范围约为 **0.2～1.5m**。变化范围小，便于工程上的估算和记忆。第二，传质单元高度的单位为米，简单直观，也容易理解。

传质单元数反映吸收过程进行的难易程度。生产任务所要求的气体组成变化越大，吸收过程的平均推动力越小，则意味着过程的难度越大，此时所需的传质单元数也就越大。

(3)传质单元数的求法

计算填料层高度时，必须先计算出传质单元数，即计算式(2-49)及式(2-51)中定积分的值。下面介绍几种计算传质单元数常用的方法。

① 解析法

a. 脱吸因数法　若平衡关系在吸收过程所涉及的组成范围内为直线$Y_e = mX + b$，便可根据传质单元数的定义式导出N_{OG}的计算式。仍以气相总传质单元数N_{OG}为例。依定义式(2-49)得

$$N_{OG} = \int_{Y_2}^{Y_1} \frac{\mathrm{d}Y}{Y - Y_e} = \int_{Y_2}^{Y_1} \frac{\mathrm{d}Y}{Y - (mX + b)}$$

由逆流吸收塔的操作线方程(2-36)可知

$$X = X_2 + \frac{V}{L}(Y - Y_2)$$

代入上式得

$$N_{OG} = \int_{Y_2}^{Y_1} \frac{dY}{Y - m\left[\dfrac{V}{L}(Y - Y_2) + X_2\right] - b}$$

$$= \int_{Y_2}^{Y_1} \frac{dY}{\left(1 - \dfrac{mV}{L}\right)Y + \left[\dfrac{mV}{L}Y_2 - (mX_2 + b)\right]}$$

令 $S = \dfrac{mV}{L}$，则

$$N_{OG} = \int_{Y_2}^{Y_1} \frac{dY}{(1-S)Y + (SY_2 - Y_{e2})}$$

积分上式并化简,可得

$$N_{OG} = \frac{1}{1-S}\ln\left[(1-S)\frac{Y_1 - Y_{e2}}{Y_2 - Y_{e2}} + S\right] \tag{2-52}$$

式中, $S = \dfrac{mV}{L}$ 称为**脱吸因数**, 是平衡线斜率与操作线斜率的比值, 量纲为1。

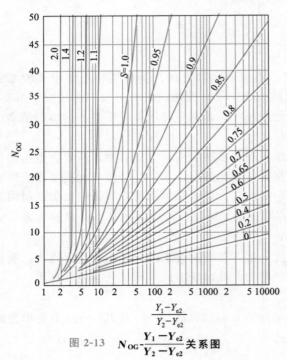

图 2-13 $\quad N_{OG}\text{-}\dfrac{Y_1 - Y_{e2}}{Y_2 - Y_{e2}}$ 关系图

由式(2-52)可以看出, N_{OG} 的数值取决于 S 与 $\dfrac{Y_1 - Y_{e2}}{Y_2 - Y_{e2}}$ 这两个因素。当 S 值一定时, N_{OG} 与 $\dfrac{Y_1 - Y_{e2}}{Y_2 - Y_{e2}}$ 之间具有一一对应关系。为方便计算, 在半对数坐标上以 S 为参数按式(2-52)标绘出 $N_{OG}\text{-}\dfrac{Y_1 - Y_{e2}}{Y_2 - Y_{e2}}$ 的函数关系, 得到如图2-13所示的一组曲线。若已知 V、L、Y_1、Y_2、X_2 及平衡线斜率 m, 便可求出 S 及 $\dfrac{Y_1 - Y_{e2}}{Y_2 - Y_{e2}}$ 的值, 进而可从图中读出 N_{OG} 的数值。

在图 2-13 中, 横坐标 $\dfrac{Y_1 - Y_{e2}}{Y_2 - Y_{e2}}$ 值的大小, 反映溶质吸收率的高低。在气液进塔组成一定的情况下, 要求的吸收率越高, Y_2 便越小, 横坐标的数值便越大, 对应于同一个 S 值的 N_{OG} 值也就越大。

参数 S 反映吸收推动力的大小。在气液进塔组成及溶质吸收率已知的条件下, 横坐标 $\dfrac{Y_1 - Y_{e2}}{Y_2 - Y_{e2}}$ 的值便已确定, 此时若增大 S 值就意味着减小液气比, 其结果是使溶液出塔组成提高而塔内吸收推动力变小, N_{OG} 值必然增大。反之, 若参数 S 值减小, 则 N_{OG} 值变小。

对于以分离为目的的吸收过程, 若要获得最高的吸收率, 必然力求使出塔气相与进塔液相趋近平衡, 这就必然要求采用较大的液体流量, 使操作线斜率大于平衡线斜率, 即 $S < 1$。

反之，若要获得最高组成的吸收液，必然力求使出塔液相与进塔气相趋近平衡，这就要求采用较小的液体流量，使操作线斜率小于平衡线斜率，即 $S>1$。一般吸收操作都注重于溶质的吸收率，故 S 值常小于1。有时为了增大液气比，或为达到其他目的，还采用液体循环的操作方式，这样能有效地降低 S 值，但在一定程度上丧失了逆流操作的某些优点。一般认为取 $S=0.7\sim0.8$ 是经济合适的。

图 2-13 用于 N_{OG} 的求取及其他有关吸收过程的分析估算十分方便。但需指出，只有在 $\dfrac{Y_1-Y_{e2}}{Y_2-Y_{e2}}>20$ 及 $S\leqslant0.75$ 的范围内使用该图时，读数才较准确，否则误差较大。必要时仍可直接根据式(2-52)计算。

考虑平衡关系 $Y_e=mX+b$ 及全塔物料衡算式 $L(X_1-X_2)=V(Y_1-Y_2)$，式(2-52)还可进一步化简为

$$N_{OG}=\frac{1}{1-S}\ln\frac{Y_1-Y_{e1}}{Y_2-Y_{e2}}=\frac{1}{1-S}\ln\frac{\Delta Y_1}{\Delta Y_2} \tag{2-52a}$$

同理，当 $Y_e=mX+b$ 时，从式(2-51)出发可导出液相总传质单元数 N_{OL} 的计算式如下，即

$$N_{OL}=\frac{1}{1-\dfrac{L}{mV}}\ln\left[\left(1-\frac{L}{mV}\right)\frac{Y_1-Y_{e2}}{Y_1-Y_{e1}}+\frac{L}{mV}\right]$$

$$=\frac{1}{1-A}\ln\left[(1-A)\frac{Y_1-Y_{e2}}{Y_1-Y_{e1}}+A\right] \tag{2-53}$$

式中，$A=\dfrac{L}{mV}$，即为脱吸因数 S 的倒数，称为吸收因数，它是操作线斜率与平衡线斜率的比值，量纲为1。式(2-53)多用于解吸操作的计算。

考虑平衡关系 $Y_e=mX+b$ 及全塔物料衡算式 $L(X_1-X_2)=V(Y_1-Y_2)$，式(2-53)还可表达为更简单的形式，即

$$N_{OL}=\frac{1}{1-A}\ln\frac{Y_2-Y_{e2}}{Y_1-Y_{e1}}=\frac{1}{1-A}\ln\frac{\Delta Y_2}{\Delta Y_1} \tag{2-53a}$$

比较式(2-52a)和式(2-53a)可得

$$N_{OG}=AN_{OL}$$

将式(2-53)与式(2-52)做一比较便可看出，二者具有同样的函数形式，只是式(2-52)中的 N_{OG}、$\dfrac{Y_1-Y_{e2}}{Y_2-Y_{e2}}$ 及 S 在式(2-53)中分别换成了 N_{OL}、$\dfrac{Y_1-Y_{e2}}{Y_1-Y_{e1}}$ 及 A。由此可知，若将图 2-13 用来表示 N_{OL}-$\dfrac{Y_1-Y_{e2}}{Y_1-Y_{e1}}$ 的关系(以 A 为参数)，将完全适用。

b. 对数平均推动力法　对上述条件下得到的解析式(2-52)再加以分析，便可获得由吸收塔塔顶、塔底两端面上的吸收推动力计算传质单元数的另一种解析式。

因为

$$S=m\left(\frac{V}{L}\right)=\frac{Y_{e1}-Y_{e2}}{X_1-X_2}\left(\frac{X_1-X_2}{Y_1-Y_2}\right)=\frac{Y_{e1}-Y_{e2}}{Y_1-Y_2}$$

所以

$$1-S=\frac{(Y_1-Y_{e1})-(Y_2-Y_{e2})}{Y_1-Y_2}=\frac{\Delta Y_1-\Delta Y_2}{Y_1-Y_2}$$

将此式代入式(2-52a) 得

$$N_{OG}=\frac{Y_1-Y_2}{\Delta Y_1-\Delta Y_2}\ln\frac{\Delta Y_1}{\Delta Y_2}$$

或写成
$$N_{OG} = \frac{Y_1 - Y_2}{\dfrac{\Delta Y_1 - \Delta Y_2}{\ln \dfrac{\Delta Y_1}{\Delta Y_2}}} = \frac{Y_1 - Y_2}{\Delta Y_m} \tag{2-54}$$

式中
$$\Delta Y_m = \frac{\Delta Y_1 - \Delta Y_2}{\ln \dfrac{\Delta Y_1}{\Delta Y_2}} = \frac{(Y_1 - Y_{e1}) - (Y_2 - Y_{e2})}{\ln \dfrac{Y_1 - Y_{e1}}{Y_2 - Y_{e2}}} \tag{2-54a}$$

ΔY_m 是塔顶与塔底两截面上吸收推动力 ΔY_1 与 ΔY_2 的对数平均值，称为对数平均推动力。

同理，当 $Y_e = mX + b$ 时，从式(2-53)出发可导出液相总传质单元数 N_{OL} 的计算式

$$N_{OL} = \frac{X_1 - X_2}{\Delta X_m} \tag{2-55}$$

式中
$$\Delta X_m = \frac{\Delta X_1 - \Delta X_2}{\ln \dfrac{\Delta X_1}{\Delta X_2}} = \frac{(X_{e1} - X_1) - (X_{e2} - X_2)}{\ln \dfrac{X_{e1} - X_1}{X_{e2} - X_2}} \tag{2-56}$$

由式(2-54)及式(2-55)可知，传质单元数是全塔范围内某相组成的变化与按该相组成差值计算的对数平均推动力的比值。

当 $\dfrac{1}{2} < \dfrac{\Delta Y_1}{\Delta Y_2} < 2$ 或 $\dfrac{1}{2} < \dfrac{\Delta X_1}{\Delta X_2} < 2$ 时，相应的对数平均推动力也可用算术平均推动力代替而不会带来较大的误差。

【例 2-6】 用组成为 $X_2 = 0.00113$ 的二氧化硫水溶液吸收某混合气中的二氧化硫。吸收剂(H_2O)流量为 2100kmol/h，混合气流量为 100kmol/h，其中二氧化硫的摩尔分数为 0.1，要求二氧化硫的吸收率为 85%，求气相总传质单元数 N_{OG}(操作条件下的平衡关系为 $Y_e = 17.80X - 0.008$)。

解　气相进塔组成　$Y_1 = \dfrac{y_1}{1 - y_2} = \dfrac{0.1}{1 - 0.1} = 0.1111$

气相出塔组成　$Y_2 = Y_1(1 - \varphi_A) = 0.1111 \times (1 - 0.85) = 0.01667$

进塔惰气流量　$V = V'(1 - y_1) = 100 \times (1 - 0.1) = 90 \text{kmol/h}$

出塔液相组成　$X_1 = \dfrac{V(Y_1 - Y_2)}{L} + X_2 = \dfrac{90 \times (0.1111 - 0.01667)}{2100} + 0.00113$

$\qquad\qquad\qquad = 5.177 \times 10^{-3}$

依式(2-54)计算 N_{OG}

$\qquad Y_{e1} = 17.80X_1 - 0.008 = 17.80 \times 5.177 \times 10^{-3} - 0.008 = 0.08415$

$\qquad Y_{e2} = 17.80X_2 - 0.008 = 17.80 \times 0.00113 - 0.008 = 0.01211$

$\qquad \Delta Y_1 = Y_1 - Y_{e1} = 0.1111 - 0.08415 = 0.02695$

$\qquad \Delta Y_2 = Y_2 - Y_{e2} = 0.01667 - 0.01211 = 0.004556$

$\qquad \Delta Y_m = \dfrac{\Delta Y_1 - \Delta Y_2}{\ln \dfrac{\Delta Y_1}{\Delta Y_2}} = \dfrac{0.02695 - 0.004556}{\ln \dfrac{0.02695}{0.004556}} = 0.01260$

$\qquad N_{OG} = \dfrac{Y_1 - Y_2}{\Delta Y_m} = \dfrac{0.1111 - 0.01667}{0.01260} = 7.494$

依式(2-52a)计算 N_{OG}

$$S = \frac{mV}{L} = \frac{17.80 \times 90}{2100} = 0.7629$$

$$N_{OG} = \frac{1}{1-S} \ln \frac{\Delta Y_1}{\Delta Y_2} = \frac{1}{1-0.7629} \ln \frac{0.02695}{0.004556} = 7.497$$

对于低组成气体吸收的计算，无论是组成还是推动力都是较小的数值，计算过程应注意保留足够的有效数字，否则会给最终计算结果带来较大的偏差。

② **梯级图解法** 若平衡关系在吸收过程所涉及的组成范围内为直线或弯曲程度不大的曲线时，采用下述的**梯级图解法**估算总传质单元数比较简便。这种梯级图解法是直接根据传质单元的物理意义引出的一种近似方法，又称**贝克(Baker)法**。

如前所述，如果气体流经一段填料层前后的溶质组成变化(Y_1-Y_2)恰好等于此段填料层内气相总推动力的平均值$(Y-Y_e)_m$，那么该段填料层就可视为一个气相总传质单元。

如图 2-14 所示，OE 为平衡线，BT 为操作线，此二线段间的竖直线段 BB_e、AA_e、TT_e 等表示塔内各相应横截面上的气相总推动力$(Y-Y_e)$，各竖直线段中点的连线为曲线 MN。

从代表塔顶的端点 T 出发，作水平线交 MN 于点 F，延长 TF 至 F'，使 $FF'=TF$，过点 F' 作竖直线交 BT 于点 A。再从点 A 出发作水平线交 MN 于点 S，延长 AS 至点 S'，使 $SS'=AS$，过点 S' 作竖直线交 BT 于点 D。再从点 D 出发……如此

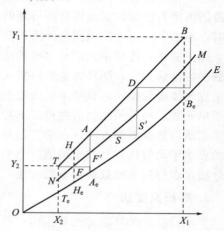

图 2-14　梯级图解法求 N_{OG}

进行下去，直至达到或超过操作线上代表塔底的端点 B 为止，所画出的梯级数即为气相总传质单元数。

不难证明，按上述方法所作的每一个梯级都代表一个气相总传质单元。

令在操作线与平衡线之间通过 F 及 F' 两点的竖直线分别为 HH_e 及 AA_e。因为 $FF'=FT$，所以

$$F'A = 2FH = HH_e$$

只要平衡线的 A_eT_e 段可近似地视为直线，就可写出如下关系

$$HH_e = (TT_e + AA_e)/2$$

亦即 HH_e 代表此段内气相总推动力$(Y-Y_e)$的算术平均值。$F'A$ 表示此段内气相组成的变化(Y_A-Y_T)，因为 $F'A=HH_e$，故图 2-14 中的三角形 $TF'A$ 即可表示一个气相总传质单元。

同理，三角形 $AS'D$ 可表示另一个气相总传质单元。依此类推。

利用操作线 BT 与平衡线 OE 之间的水平线段中点轨迹线，可求得液相总传质单元数，其步骤与上述求 N_{OG} 的步骤基本相同。

③ **数值积分法** 在实际计算时，定积分 N_{OG} 的数值亦可通过**数值积分**求得，以便利用当今发达的电算技术。例如，可利用定步长的**辛普森(Simpson)数值积分公式**求解，即

$$N_{OG} = \int_{Y_0}^{Y_n} f(Y)\mathrm{d}Y$$

$$\approx \frac{\Delta Y}{3}\{f(Y_0) + f(Y_n) + 4[f(Y_1) + f(Y_3) + \cdots + f(Y_{n-1})]$$

$$+ 2[f(Y_2) + f(Y_4) + \cdots + f(Y_{n-2})]\}$$

其中 $\quad \Delta Y = \dfrac{Y_n - Y_0}{n}, \quad f(Y) = \dfrac{1}{Y - Y_e}$

式中，Y_0 为出塔气相组成；Y_n 为入塔气相组成；n 为在 Y_0 与 Y_n 间划分的区间数目，可取为任意偶数，n 值越大则计算结果越准确；ΔY 为把 (Y_0, Y_n) 分成 n 个相等的小区间，每一个小区间的步长。

至于相平衡关系，如果没有形式简单的相平衡方程来表达，也可用根据过程所涉及的组成范围内所有已知数据点拟合而得到的相应曲线方程来表示。按此处理，当平衡关系不为直线时，不必经过烦琐的画图来计算积分面积，而可借助于电算。

综上所述，传质单元数有多种求法，各有其特点及适用场合。解析法包括脱吸因数法和对数平均推动力法，两种方法的解析式实质上是相同的，在应用条件上并无任何差别。对于低组成气体吸收操作，只要平衡线在吸收过程所涉及的组成范围内为直线，便可用解析法求传质单元数。当平衡线的弯曲程度不甚显著时，可采用梯级图解法求传质单元数的近似值，此法之所以是近似的方法，在于它把每一梯级内的平衡线都视为一段直线，并且用吸收推动力的算术平均值代替对数平均值。当平衡线为曲线时，则应采用数值积分法求传质单元数。积分法是求传质单元数最基本的方法，它适用于各种条件下气体吸收的计算。

2. 等板高度法

等板高度法又称理论级模型法，该方法是依据理论级的概念来计算填料层高度。

(1)基本计算式

图 2-15(a)为逆流吸收理论级模型示意图。设填料层由 N 级组成，吸收剂从塔顶进入第 I 级，逐级向下流动，最后从塔底第 N 级流出；原料气则从塔底进入第 N 级，逐级向上流动，最后从塔顶第 I 级排出。在每一级上，气液两相密切接触，溶质组分由气相向液相转移。若离开某一级时，气液两相的组成达到平衡，则称该级为一个理论级，或称为一层理论板。

设完成指定的分离任务所需的理论级为 N_T，也即需要 N_T 层理论板，则所需的填料层高度可按下式计算，即

$$Z = N_T \cdot HETP \tag{2-57}$$

式中，N_T 为理论级数或理论板数；$HETP$ 为等板高度，m。

所谓等板高度 $HETP$ 是指分离效果与一个理论级(或一层理论板)的作用相当的填料层高度，又称当量高度。等板高度与分离物系的物性、操作条件及填料的结构参数有关，一般由实验测定或由经验公式计算，详细内容将在第 4 章中介绍。

(2)理论级数的确定

由式(2-57)可知，当等板高度 $HETP$ 确定后，计算填料层高度的关键是确定完成指定分离任务所需的理论级数。理论级数的确定有不同的方法，现分别予以介绍。

① 梯级图解法 用梯级图解法求理论级数的具体步骤是：首先在直角坐标系中标绘出操作线及平衡关系曲线，如图 2-15(b)所示，图中 BT 为操作线，OE 为平衡线。然后，在操作线与平衡线之间，从塔顶(或塔底)开始逐次画阶梯直至与塔底(或塔顶)的组成相等或超过此组成为止。如此所画出的阶梯数，就是吸收塔所需的理论级数。

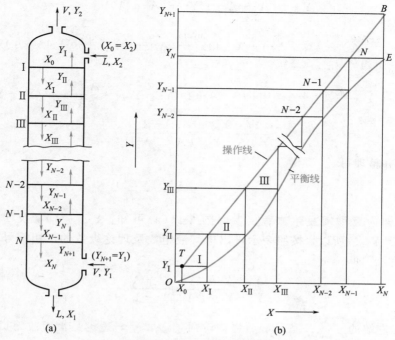

图 2-15　吸收塔的理论级数

　　梯级图解法用于求理论级数不受任何限制，气、液组成的表示方法既可为摩尔比 Y、X，也可为摩尔分数 y、x，或者用气相分压 p 与液相浓度 c；而且，此法既可用于低组成气体吸收的计算，也可用于高组成气体吸收或脱吸过程的计算。

　　② **解析法**　对于低组成气体吸收，当平衡关系在过程所涉及的组成范围内为直线（$Y_e = mX + b$）时，可采用克列姆塞尔（Kremser A.）等提出的解析方法求理论级数。

　　仍参阅图 2-15(a)，在 I、II 两级间任一横截面到塔顶范围内作组分 A 的衡算，得

$$Y_{II} = \frac{L}{V}(X_I - X_0) + Y_I$$

若相平衡关系可用 $Y_e = mX + b$ 表示，则

$$X_I = \frac{Y_I - b}{m}, \quad X_0 = \frac{Y_{e0} - b}{m}$$

将此二式代入物料衡算式，得

$$Y_{II} = \frac{L}{V}\left(\frac{Y_I - Y_{e0}}{m}\right) + Y_I$$

式中，$Y_{e0} = mX_0 + b$，即与刚进塔的液相（X_0）成平衡的气相组成。

　　根据吸收因数的定义式 $A = \dfrac{L}{mV}$，上式则可改写为

$$Y_{II} = A(Y_I - Y_{e0}) + Y_I$$

即
$$Y_{II} = (A+1)Y_I - AY_{e0} \tag{2-58}$$

同样在 II、III 两级间任一横截面到塔顶范围内作组分 A 的衡算，得

$$Y_{III} = \frac{L}{V}(X_{II} - X_0) + Y_I = \frac{L}{V}\left(\frac{Y_{II} - Y_{e0}}{m}\right) + Y_I = A(Y_{II} - Y_{e0}) + Y_I$$

将式（2-58）代入上式，并整理得

$$Y_{\mathrm{III}}=(A^2+A+1)Y_{\mathrm{I}}-(A^2+A)Y_{e0} \tag{2-58a}$$

同理可推得

$$Y_{N+1}=(A^N+A^{N-1}+\cdots+A+1)Y_{\mathrm{I}}-(A^N+A^{N-1}+\cdots+A^2+A)Y_{e0} \tag{2-58b}$$

两端同减去 Y_{e0} 可得

$$Y_{N+1}-Y_{e0}=(A^N+A^{N-1}+\cdots+A+1)(Y_{\mathrm{I}}-Y_{e0})=\frac{A^{N+1}-1}{A-1}(Y_{\mathrm{I}}-Y_{e0})$$

所以

$$\frac{Y_{\mathrm{I}}-Y_{e0}}{Y_{N+1}-Y_{e0}}=\frac{A-1}{A^{N+1}-1}$$

两端同减去 1 并整理得

$$\frac{Y_{N+1}-Y_{\mathrm{I}}}{Y_{N+1}-Y_{e0}}=\frac{A^{N+1}-A}{A^{N+1}-1} \tag{2-59}$$

式(2-59)即为克列姆塞尔方程。参照图 2-15(a)可知: $Y_{N+1}=Y_1$ 及 $Y_{\mathrm{I}}=Y_2$,又知 $Y_{e0}=mX_2+b=Y_{e2}$。所以,按照表示进出塔气液组成及理论级数的习用符号,式(2-59)应写成如下的形式,即

$$\frac{Y_1-Y_2}{Y_1-Y_{e2}}=\frac{A^{N_T+1}-A}{A^{N_T+1}-1} \tag{2-59a}$$

式(2-59a)左端的 $\dfrac{Y_1-Y_2}{Y_1-Y_{e2}}$ 表示吸收塔内溶质的吸收率与理论最大吸收率(即在塔顶达到气液平衡时的吸收率)的比值,可称为相对吸收率,以 φ 表示(当进塔液相为纯溶剂时,$\varphi=\dfrac{Y_1-Y_2}{Y_1}$ 即等于溶质的吸收率 φ_A)。

于是,式(2-59a)又可写成如下的形式

$$\varphi=\frac{A^{N_T+1}-A}{A^{N_T+1}-1} \tag{2-59b}$$

及

$$N_T=\frac{\ln\dfrac{A-\varphi}{1-\varphi}}{\ln A}-1 \tag{2-59c}$$

为便于计算,已将式(2-59b)中的 φ、N_T 与 A 三者之间的函数关系绘成如图 2-16 所示的一组曲线(以 N_T 为参数),此图称为克列姆塞尔算图。

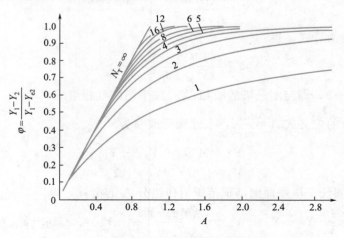

图 2-16　克列姆塞尔算图

又由式(2-59b)可整理得

$$A^{N_T+1} = \frac{A-\varphi}{1-\varphi} = \frac{A - \dfrac{Y_1-Y_2}{Y_1-Y_{e2}}}{1 - \dfrac{Y_1-Y_2}{Y_1-Y_{e2}}} = \frac{A(Y_1-Y_{e2})-(Y_1-Y_2)}{(Y_1-Y_{e2})-(Y_1-Y_2)} = (A-1)\frac{Y_1-Y_{e2}}{Y_2-Y_{e2}}+1$$

于是

$$N_T = \frac{1}{\ln A}\ln\left[(A-1)\frac{Y_1-Y_{e2}}{Y_2-Y_{e2}}+1\right]-1$$

整理得

$$N_T = \frac{1}{\ln A}\ln\left[\left(1-\frac{1}{A}\right)\frac{Y_1-Y_{e2}}{Y_2-Y_{e2}}+\frac{1}{A}\right] \tag{2-59d}$$

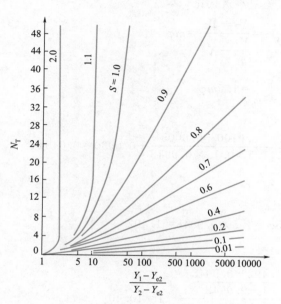

图 2-17 N_T-$\dfrac{Y_1-Y_{e2}}{Y_2-Y_{e2}}$ 关系图

如图 2-17 所示, 依式(2-59d)可在半对数坐标纸上标绘理论级数 N_T 与 $\dfrac{Y_1-Y_{e2}}{Y_2-Y_{e2}}$ 的关系(以脱吸因数 S 为参数), 得到一组曲线, 此图形状与解析法求 N_{OG} 的线图相仿, 其实是克列姆塞尔算图的另一形态。

克列姆塞尔方程还可写成更为简明的形式。若从式(2-59d)出发可导出

$$A^{N_T} = \frac{\Delta Y_1}{\Delta Y_2} \quad 或 \quad A^{N_T} = \frac{\Delta X_1}{\Delta X_2} \tag{2-59e}$$

上式也可写成

$$N_T = \frac{\ln\dfrac{\Delta Y_1}{\Delta Y_2}}{\ln A} \quad 或 \quad N_T = \frac{\ln\dfrac{\Delta X_1}{\Delta X_2}}{\ln A} \tag{2-59f}$$

从式(2-59)至式(2-59f)都是克列姆塞尔方程的变形, 其中以式(2-59f)的结构最为简单, 也便于记忆和使用。

将式(2-59f)与式(2-52a)及式(2-53a)加以比较, 很容易得出

$$\frac{N_{OG}}{N_T} = \frac{\ln S}{S-1} \quad 及 \quad \frac{N_{OL}}{N_T} = \frac{\ln A}{A-1}$$

求理论级数的解析法及其相应的算图既可用于单组分吸收的计算, 也可用于多组分吸收的计算。

当平衡曲线与直线稍有偏差, 或因塔内各截面温度不同而使 m 值略有变化时, 可取塔顶与塔底两端面上吸收因数 A 的几何均值来计算 N_T 或查图求 N_T。

【例 2-7】 在填料塔中用洗油逆流吸收焦炉气中的苯蒸气, 进、出塔气相中苯的摩尔分数分别为 0.0099、0.0005, 循环洗油中苯的摩尔分数为 0.00299。在操作条件下, 气液平衡关系为 $Y_e=0.15X$, 吸收剂用量为理论最小用量的 1.5 倍。试求: (1)吸收液组成 X_1; (2)理论级数 N_T; (3)气、液相总传质单元数 N_{OG}、N_{OL}。

解 (1)吸收液的组成
进塔气相的摩尔比为

$$Y_1 = \frac{y_1}{1-y_1} = \frac{0.0099}{1-0.0099} = 0.0100$$

出塔气相的摩尔比为
$$Y_2 = \frac{y_2}{1-y_2} \approx y_2 = 0.0005$$

循环洗油的摩尔比为
$$X_2 = \frac{x_2}{1-x_2} = \frac{0.00299}{1-0.00299} = 0.0030$$

相对吸收率
$$\varphi = \frac{Y_1-Y_2}{Y_1-Y_{e2}} = \frac{0.0100-0.0005}{0.0100-0.15\times0.0030} = 0.9948$$

本例中平衡线为直线，应根据式(2-40)确定理论最小液气比，即

$$\left(\frac{L}{V}\right)_{min} = \frac{Y_1-Y_2}{X_{e1}-X_2} = \frac{Y_1-Y_2}{\dfrac{Y_1}{m}-X_2} = m\varphi$$

所以操作液气比为
$$\frac{L}{V} = 1.5\left(\frac{L}{V}\right)_{min} = 1.5m\varphi$$

由全塔物料衡算式可知，吸收液的组成为

$$X_1 = \frac{V(Y_1-Y_2)}{L}+X_2 = \frac{Y_1-Y_2}{1.5m\varphi}+X_2 = \frac{0.0100-0.0005}{1.5\times0.15\times0.9948}+0.0030 = 0.04544$$

（2）理论级数 N_T

由以上计算可知，吸收因数为

$$A = \frac{L}{mV} = \frac{1.5m\varphi}{m} = 1.5\varphi = 1.5\times0.9948 = 1.492$$

依式(2-59c) 计算 N_T

$$N_T = \frac{\ln\dfrac{A-\varphi}{1-\varphi}}{\ln A}-1 = \frac{\ln\dfrac{1.492-0.9948}{1-0.9948}}{\ln 1.492}-1 = 10.40$$

（3）求 N_{OG} 和 N_{OL}

依式(2-54)求 N_{OG}

$$\Delta Y_1 = Y_1-Y_{e1} = Y_1-mX_1 = 0.0100-0.15\times0.04544 = 3.184\times10^{-3}$$

$$\Delta Y_2 = Y_2-Y_{e2} = Y_2-mX_2 = 0.0005-0.15\times0.0030 = 5\times10^{-5}$$

$$\Delta X_1 = X_{e1}-X_1 = \frac{Y_1}{m}-X_1 = \frac{0.0100}{0.15}-0.04544 = 0.02123$$

$$\Delta X_2 = X_{e2}-X_2 = \frac{Y_2}{m}-X_2 = \frac{0.0005}{0.15}-0.0030 = 3.333\times10^{-4}$$

$$\Delta Y_m = \frac{\Delta Y_1-\Delta Y_2}{\ln\dfrac{\Delta Y_1}{\Delta Y_2}} = \frac{3.184\times10^{-3}-5\times10^{-5}}{\ln\dfrac{3.184\times10^{-3}}{5\times10^{-5}}} = 7.545\times10^{-4}$$

$$N_{OG} = \frac{Y_1-Y_2}{\Delta Y_m} = \frac{0.0100-0.0005}{7.545\times10^{-4}} = 12.59$$

依式(2-55)求 N_{OL}

$$\Delta X_m = \frac{\Delta X_1-\Delta X_2}{\ln\dfrac{\Delta X_1}{\Delta X_2}} = \frac{0.02123-3.333\times10^{-4}}{\ln\dfrac{0.02123}{3.333\times10^{-4}}} = 5.030\times10^{-3}$$

$$N_{OL} = \frac{X_1 - X_2}{\Delta X_m} = \frac{0.04544 - 0.0030}{5.030 \times 10^{-3}} = 8.44$$

计算时注意组成及推动力有效数字的保留；当气液平衡关系可用亨利定律描述时，注意 $\left(\dfrac{L}{V}\right)_{min} = m\varphi$ 关系式的应用。

【例 2-8】 在 20℃ 及 101.3kPa 下用清水于填料塔中逆流吸收混于空气中的丙酮，操作的液气比为 1.8，丙酮的回收率为 95%。操作条件下气液平衡关系为 $Y_e = 1.18X$，吸收过程为气膜控制且 $K_Y a$ 与气体流量的 0.8 次方成正比。(1)若操作的气体流量增加 15%，而其他条件不变，试求吸收负荷提高的倍数及丙酮的回收率；(2)若要求丙酮的回收率由 95% 提高到 98%，其他条件不变，试求吸收剂用量应提高到原来的多少倍。

解 本例为在填料塔一定的情况下，根据操作条件计算吸收效果，或由所要求的吸收效果确定操作条件，属于操作型计算问题，一般采用脱吸因数法计算较为方便。

首先计算操作条件变化前的气相总传质单元数。

$$S = \frac{mV}{L} = \frac{m}{\dfrac{L}{V}} = \frac{1.18}{1.8} = 0.6556$$

因为采用清水吸收，故 $X_2 = 0$。所以

$$\frac{Y_1 - Y_{e2}}{Y_2 - Y_{e2}} = \frac{Y_1}{Y_2} = \frac{Y_1}{(1 - \varphi_A)Y_1} = \frac{1}{1 - \varphi_A} = \frac{1}{1 - 0.95} = 20$$

$$N_{OG} = \frac{1}{1-S} \ln\left[(1-S)\frac{Y_1 - Y_{e2}}{Y_2 - Y_{e2}} + S\right]$$

$$= \frac{1}{1 - 0.6556} \ln[(1 - 0.6556) \times 20 + 0.6556] = 5.867$$

(1)因为 $H_{OG} = \dfrac{V}{K_Y a \Omega}$，$K_Y a \propto V^{0.8}$，所以 $H_{OG} \propto \dfrac{V}{V^{0.8}} = V^{0.2}$，故 $\dfrac{H_{OG1}}{H_{OG2}} = \left(\dfrac{V_1}{V_2}\right)^{0.2}$。

当气体流量增加 15% 时，填料层高度并没有发生变化，所以

$$N_{OG2} = \frac{H_{OG1}}{H_{OG2}} N_{OG1} = \left(\frac{V_1}{V_2}\right)^{0.2} N_{OG1} = \left(\frac{1}{1.15}\right)^{0.2} \times 5.867 = 5.705$$

当吸收剂流量不变时，$\dfrac{S_2}{S_1} = \dfrac{V_2}{V_1}$，即

$$S_2 = \frac{V_2}{V_1} S_1 = 1.15 \times 0.6556 = 0.7539$$

将各已知值代入式(2-52)，得

$$5.705 = \frac{1}{1 - 0.7539} \ln\left[(1 - 0.7539)\frac{1}{1 - \varphi_{A2}} + 0.7539\right]$$

解得 $\varphi_{A2} = 92.55\%$。

$$\frac{G_{A2}}{G_{A1}} = \frac{V_2(Y_1 - Y_2')}{V_1(Y_1 - Y_2)} = \frac{1.15[Y_1 - Y_1(1 - \varphi_{A2})]}{Y_1 - Y_1(1 - \varphi_{A1})} = \frac{1.15\varphi_{A2}}{\varphi_{A1}} = \frac{1.15 \times 0.9255}{0.95} = 1.12$$

即吸收负荷提高了 12%。

（2）对于气膜控制的吸收过程，当气体流量不变时，H_{OG} 也不变；再当填料塔一定即填料层高度一定时，则 N_{OG} 也不发生变化，即 $N_{OG3} = N_{OG1} = 5.867$。将 N_{OG} 及 $\varphi_{A3} = 98\%$ 代入式（2-52），得

$$5.867 = \frac{1}{1-S_3} \ln\left[(1-S_3)\frac{1}{1-0.98} + S_3 \right]$$

即

$$S_3 = 1 - 0.17044\ln(50 - 49S_3)$$

解得

$$S_3 = 0.4250$$

$$\frac{S_1}{S_3} = \frac{L_3}{L_1} = \frac{0.6556}{0.4250} = 1.543$$

吸收剂流量应提高到原来的 1.543 倍。

> 由计算结果可看出，对于气膜控制的吸收过程，当气体流量增加即流速增加时，气膜减薄，气膜阻力减小，从而导致总吸收阻力显著减小，吸收负荷随气体流量增加而显著增加。

2.5 吸收系数

吸收速率方程中的吸收系数与传热速率方程中的传热系数地位相当，因此，吸收系数对于吸收计算正如传热系数对于传热计算一样，具有十分重要的意义。若没有准确可靠的吸收系数数据，则上述所有涉及吸收速率的计算公式与方法都将失去其实际价值。

传质过程的影响因素较传热过程复杂得多，传质系数不仅与物性、设备类型、填料的形状和规格等有关，而且还与塔内流体的流动状况、操作条件密切相关。因此，迄今尚无通用的计算公式和方法。目前，在进行吸收设备的计算时，获取吸收系数的途径有三条：一是实验测定；二是选用适当的经验公式进行计算；三是选用适当的量纲为 1 数群关联式进行计算。

2.5.1 吸收系数的测定

实验测定是获得吸收系数的根本途径。在中间实验设备上或在条件相似的生产装置上测得的总吸收系数，用于设计计算具有一定的可靠性。吸收系数的测定一般在已知内径和填料层高度的填料塔中进行。在稳态操作状况下测得进出口处气液流量及组成，根据物料衡算及平衡关系算出吸收负荷 G_A 及平均推动力 ΔY_m。再依具体设备的尺寸算出填料层体积 V_P 后，便可按下式计算总体积吸收系数 $K_Y a$，即

$$K_Y a = \frac{V(Y_1 - Y_2)}{\Omega Z \Delta Y_m} = \frac{G_A}{V_P \Delta Y_m}$$

式中，G_A 为塔的吸收负荷，即单位时间在塔内吸收的溶质量，kmol/s；V_P 为填料层体积，m^3；ΔY_m 为塔内平均气相总推动力，量纲为 1。

测定工作可针对全塔进行，也可针对任一塔段进行，测定值代表所测范围内的总吸收系数的平均值。

测定气膜或液膜吸收系数时，总是设法在另一相的阻力可被忽略或可以推算的条件下进行试验。如可采用如下的方法求得用水吸收低含量氨气时的气膜体积吸收系数 $k_G a$：

首先测定总体积吸收系数 $K_G a$，然后依下式计算气膜体积吸收系数 $k_G a$ 的数值，即

$$\frac{1}{k_G a} = \frac{1}{K_G a} - \frac{1}{H k_L a}$$

式中液膜体积吸收系数 $k_L a$，可根据相同条件下用水吸收氧气时的液膜体积吸收系数来推算，即

$$(k_L a)_{\mathrm{NH_3}} = (k_L a)_{\mathrm{O_2}} \left(\frac{D'_{\mathrm{NH_3}}}{D'_{\mathrm{O_2}}}\right)^{0.5}$$

因为氧气在水中的溶解度甚微，故当用水吸收氧气时，气膜阻力可以忽略，所测得的 $K_L a$ 即等于 $k_L a$。

2.5.2　吸收系数的经验公式

吸收系数的经验公式是由特定系统及特定条件下的实验数据关联得出的，由于受实验条件的限制，其适用范围较窄，只有在规定条件下使用才能得到可靠的计算结果。

下面介绍几个计算体积吸收系数的经验公式。

1. 用水吸收氨

用水吸收氨属于易溶气体的吸收，一般而言，此种吸收的主要阻力在气膜中，但液膜阻力仍占相当的比例，譬如 10% 或更多一些。计算气膜体积吸收系数的经验公式为

$$k_G a = 6.07 \times 10^{-4} G^{0.9} W^{0.39} \tag{2-60}$$

式中，$k_G a$ 为气膜体积吸收系数，$\mathrm{kmol/(m^3 \cdot h \cdot kPa)}$；$G$ 为气相空塔质量速度，$\mathrm{kg/(m^2 \cdot h)}$；$W$ 为液相空塔质量速度，$\mathrm{kg/(m^2 \cdot h)}$。

式(2-60)的适用条件为：用直径为 12.5mm 的陶瓷环形填料在塔中用水吸收氨。

2. 常压下用水吸收二氧化碳

用水吸收二氧化碳属于难溶气体的吸收，吸收阻力主要集中在液膜中。计算液膜体积吸收系数的经验公式为

$$k_L a = 2.57 U^{0.96} \tag{2-61}$$

式中，$k_L a$ 为液膜体积吸收系数，$\mathrm{kmol/(m^3 \cdot h \cdot kmol/m^3)}$；$U$ 为液体喷淋密度，即单位时间单位塔截面上喷淋的液体体积，$\mathrm{m^3/(m^2 \cdot h)}$。

式(2-61)的适用条件为：常压下在填料塔中用水吸收二氧化碳；填料为直径 10~32mm 的陶瓷环；喷淋密度为 3~20$\mathrm{m^3/(m^2 \cdot h)}$；气相的空塔质量速度为 130~580$\mathrm{kg/(m^2 \cdot h)}$；温度为 21~27℃。

3. 用水吸收二氧化硫

用水吸收二氧化硫属于中等溶解度的气体吸收，气膜阻力和液膜阻力在总阻力中都占有相当的比例。计算体积吸收系数的经验公式为

$$k_G a = 9.81 \times 10^{-4} G^{0.7} W^{0.25} \tag{2-62}$$

$$k_L a = \alpha W^{0.82} \tag{2-63}$$

式中，$k_G a$ 为气膜体积吸收系数，$\mathrm{kmol/(m^3 \cdot h \cdot kPa)}$；$k_L a$ 为液膜体积吸收系数，$\mathrm{kmol/(m^3 \cdot h \cdot kmol/m^3)}$；$G$ 为气相空塔质量速度，$\mathrm{kg/(m^2 \cdot h)}$；$W$ 为液相空塔质量速度，$\mathrm{kg/(m^2 \cdot h)}$；$\alpha$ 为常数，其数值列于表 2-4 中。

表 2-4　式(2-63)中 α 的取值

温度/℃	10	15	20	25	30
α	0.0093	0.0102	0.0116	0.0128	0.0143

式(2-62)及式(2-63)的适用条件为：气、液相的空塔质量速度分别为 $G=320\sim4150$ kg/$(m^2 \cdot h)$、$W=4400\sim58500$ kg/$(m^2 \cdot h)$；所用填料为直径 25mm 的环形填料。

2.5.3 吸收系数的量纲为 1 数群关联式

前已述及，吸收系数的经验公式只有在特定的条件下使用才能得到可靠的结果，故有很大的局限性。若将较为广泛的物系、设备及操作条件下所取得的实验数据，整理出若干个量纲为 1 的数群之间的关联式，以此来描述各种影响因素与吸收系数之间的关系，这种量纲为 1 数群关联式则具有较好的概括性，适用范围广，但计算结果的准确性较差。

1. 计算气膜吸收系数的量纲为 1 数群关联式

计算气膜吸收系数的量纲为 1 数群关联式可整理成如下形式

$$Sh_G = \alpha (Re_G)^\beta (Sc_G)^\gamma \tag{2-64}$$

或

$$k_G = \alpha \frac{pD}{RTp_{BM}l}(Re_G)^\beta (Sc_G)^\gamma \tag{2-64a}$$

式中，Sh_G 为气相的舍伍德数，量纲为 1；Re_G 为气相的雷诺数，量纲为 1；Sc_G 为气相的施密特数，量纲为 1。

式(2-64)是在湿壁塔中实验得到的，适用范围为：$Re_G=2\times10^3\sim3.5\times10^4$、$Sc_G=0.6\sim2.5$、$p=10.1\sim303$ kPa(绝压)。式中 $\alpha=0.023$、$\beta=0.83$、$\gamma=0.44$，特征尺寸 l 为湿壁塔塔径。当此式应用于采用拉西环的填料塔时，$\alpha=0.066$、$\beta=0.8$、$\gamma=0.33$，特征尺寸 l 为单个拉西环填料的外径。

气相的舍伍德数为

$$Sh_G = k_G \frac{RTp_{BM}}{p} \frac{l}{D} \tag{2-65}$$

式中，l 为特征尺寸，m；D 为溶质在气相中的分子扩散系数，m^2/s；k_G 为气膜吸收系数，kmol/$(m^2 \cdot s \cdot kPa)$；R 为通用气体常数，kJ/$(kmol \cdot K)$；T 为热力学温度，K；p_{BM} 为相界面处与气相主体的惰性组分分压的对数平均值，kPa；p 为总压，kPa。

气体通过填料层时的雷诺数为

$$Re_G = \frac{d_e u_0 \rho}{\mu}$$

式中，d_e 为填料层的当量直径，即填料层中流体通道的当量直径，m；u_0 为流体通过填料层的实际流速，m/s；其他符号的意义与单位同前。

填料层的当量直径为

$$d_e = 4\frac{\varepsilon}{\sigma} \tag{2-66}$$

式中，ε 为填料层的空隙率，即单位体积填料层内的空隙体积的数值，m^3/m^3；σ 为填料层的比表面积，即单位体积填料层内的填料表面积数值，m^2/m^3。

将式(2-66)代入雷诺数表达式中，可得

$$Re_G = \frac{4\varepsilon u_0 \rho}{\sigma\mu} = \frac{4\varepsilon \left(\dfrac{u}{\varepsilon}\right)\rho}{\sigma\mu} = \frac{4u\rho}{\sigma\mu} = \frac{4G}{\sigma\mu} \tag{2-67}$$

式中，u 为空塔气速，m/s；G 为气相的空塔质量流速，kg/$(m^2 \cdot s)$；其他符号的意义与单位同前。

气相的施密特数为

$$Sc_G = \frac{\mu}{\rho D}$$ 　　(2-68)

式中，μ 为混合气体的黏度，Pa·s；ρ 为混合气体的密度，kg/m^3；D 为溶质在气相中的分子扩散系数，m^2/s。

2. 计算液膜吸收系数的量纲为 1 数群关联式

计算填料塔内液膜吸收系数的量纲为 1 数群关联式为

$$Sh_L = 0.00595(Re_L)^{\frac{2}{3}}(Sc_L)^{\frac{1}{3}}(Ga)^{\frac{1}{3}}$$ 　　(2-69)

或

$$k_L = 0.00595\frac{cD}{c_{BM}l}(Re_L)^{\frac{2}{3}}(Sc_L)^{\frac{1}{3}}(Ga)^{\frac{1}{3}}$$ 　　(2-69a)

式中，Sh_L 为液相的舍伍德数，量纲为 1；Re_L 为液相的雷诺数，量纲为 1；Sc_L 为液相的施密特数，量纲为 1；Ga 为伽利略数，量纲为 1；l 为特征尺寸，在此为填料的直径，m。

液相的舍伍德数为

$$Sh_L = k_L\frac{c_{BM}}{c}\frac{l}{D}$$ 　　(2-70)

式中，k_L 为液膜吸收系数，m/s；D 为溶质在液相中的分子扩散系数，m^2/s；c_{BM} 为相界面处及液相主体中溶剂浓度的对数平均值，kmol/m^3；c 为溶液的总浓度，kmol/m^3；l 为特征尺寸，m。

液体通过填料层的雷诺数为

$$Re_L = \frac{4W}{\sigma\mu_L}$$ 　　(2-71)

式中，W 为液体的空塔质量速度，kg/(m^2·s)；μ_L 为液体的黏度，Pa·s；其他符号的意义与单位同前。

伽利略数 Ga 反映液体在重力作用下沿填料表面向下流动时，所受重力与黏滞力的相对关系，其表达式为

$$Ga = \frac{gl^3\rho_L^2}{\mu_L^2}$$ 　　(2-72)

式中，g 为重力加速度，m/s^2；ρ_L 为液体的密度，kg/m^3。

3. 计算气相及液相传质单元高度的关联式

在溶质含量较低的情况下，计算气相传质单元高度可采用如下的关联式，即

$$H_G = \alpha G^\beta W^\gamma (Sc_G)^{0.5}$$ 　　(2-73)

式中，H_G 为气相传质单元高度，m；G 为气相空塔质量流速，kg/(m^2·s)；W 为液相空塔质量流速，kg/(m^2·s)；Sc_G 为气相的施密特数，量纲为 1；α、β、γ 为与填料的类型和尺寸有关的常数，其值列于表 2-5 中。

当溶质含量及气速均较低时，计算液相传质单元高度可采用如下的关联式，即

$$H_L = \alpha\left(\frac{W}{\mu_L}\right)^\beta (Sc_L)^{0.5}$$ 　　(2-74)

式中，H_L 为液相传质单元高度，m；W 为液体质量流速，kg/(m^2·s)；Sc_L 为液体的施密特数，量纲为 1；α、β 为与填料的类型及尺寸有关的常数，其数值列于表 2-6 中。

表 2-5　式(2-73)中的常数值

填料		常数			质量流速范围	
类型	尺寸/mm	α	β	γ	气相 $G/[\mathrm{kg/(m^2 \cdot s)}]$	液相 $W/[\mathrm{kg/(m^2 \cdot s)}]$
弧鞍	13	0.541	0.30	−0.47	0.271～0.950	0.678～2.034
	13	0.367	0.30	−0.24	0.271～0.950	2.034～6.10
	25	0.461	0.36	−0.40	0.271～1.085	0.542～6.10
	38	0.652	0.32	−0.45	0.271～1.356	0.542～6.10
拉西环	9.5	0.620	0.45	−0.47	0.271～0.678	0.678～2.034
	25	0.557	0.32	−0.51	0.271～0.814	0.678～6.10
	38	0.830	0.38	−0.66	0.271～0.950	0.678～2.034
	38	0.689	0.38	−0.40	0.271～0.950	2.034～6.10
	50	0.894	0.41	−0.45	0.271～1.085	0.678～6.10

表 2-6　式(2-74)中的常数值

填料		常数		液相质量速度范围
类型	尺寸/mm	$\alpha \times 10^4$	β	$W/[\mathrm{kg/(m^2 \cdot s)}]$
拉西环	9.5	3.21	0.46	0.542～20.34
	13	7.18	0.35	0.542～20.34
	25	23.6	0.22	0.542～20.34
	38	26.1	0.22	0.542～20.34
	50	29.3	0.22	0.542～20.34
弧鞍	13	14.56	0.28	0.542～20.34
	25	12.85	0.28	0.542～20.34
	38	13.66	0.28	0.542～20.34

由式(2-73)及式(2-74)可以看出，在填料类型及尺寸和气液质量速度相同的情况下，对于两种溶质 A 与 A′ 的吸收过程，其传质单元高度与施密特数的 0.5 次方成正比。因此

$$\frac{(H_L)_{A'}}{(H_L)_A} = \left[\frac{(Sc_L)_{A'}}{(Sc_L)_A}\right]^{0.5}$$

或

$$(H_L)_{A'} = (H_L)_A \left[\frac{(Sc_L)_{A'}}{(Sc_L)_A}\right]^{0.5} \tag{2-75}$$

若已知溶质 A 的液相传质单元高度 H_L 或液膜体积吸收系数 $k_L a$，则可依式(2-75)推算相同吸收条件下另一溶质 A′ 的液相传质单元高度 H_L 或液膜体积吸收系数 $k_L a$。另外，由式(2-73)、式(2-74)及传质单元高度的定义式还可以得知，膜吸收系数与溶质扩散系数的 0.5 次方成正比。

应当指出，无论是吸收系数的经验公式，还是吸收系数的量纲为 1 数群关联式，都有其特定的适用条件和范围，在选用时应特别注意。

【例 2-9】　在 30℃、101.3kPa 下用填料塔吸收混于空气中的氨气，所用填料为比表面积 $\sigma = 300\mathrm{m^2/m^3}$、直径为 15mm 的乱堆瓷环。已知混合气中氨的平均分压为 6.0kPa，气体

的空塔质量速度 $G=3.0\text{kg/(m}^2\cdot\text{s)}$；操作条件下氨在空气中的扩散系数为 $1.98\times10^{-5}\text{m}^2/\text{s}$，气体的黏度为 $1.86\times10^{-5}\text{Pa}\cdot\text{s}$、密度为 1.14kg/m^3。试计算气膜吸收系数 k_G。

解 根据题中所给条件，可选用式(2-64a)计算气膜吸收系数，即

$$k_G=\alpha\frac{pD}{RTp_{BM}l}(Re_G)^\beta(Sc_G)^\gamma$$

其中 $\alpha=0.066$、$\beta=0.8$、$\gamma=0.33$。氨为易溶气体，故可认为界面处氨气的分压近似为零。

所以

$$p_{BM}\approx\frac{1}{2}\left[p+(p-p_A)\right]=\frac{1}{2}\left[101.3+(101.3-6.0)\right]=98.3\text{kPa}$$

$$Re_G=\frac{4G}{\sigma\mu}=\frac{4\times3.0}{300\times1.86\times10^{-5}}=2150$$

$$Sc_G=\frac{\mu}{\rho D}=\frac{1.86\times10^{-5}}{1.14\times1.98\times10^{-5}}=0.824$$

$$k_G=0.066\times\frac{101.3\times1.98\times10^{-5}}{8.315\times303\times98.3\times0.015}\times2150^{0.8}\times0.824^{0.33}$$

$$=1.55\times10^{-5}\text{kmol/(m}^2\cdot\text{s}\cdot\text{kPa)}$$

 注意吸收系数关联式的应用条件和正确选用。

【**例 2-10**】 在 20℃ 及 101.3kPa 下，用清水于装填有 25mm 拉西环的填料塔中吸收空气中低含量的氨。操作时，气、液相的质量速度分别为 $0.4\text{kg/(m}^2\cdot\text{s)}$、$3.0\text{kg/(m}^2\cdot\text{s)}$，平衡关系为 $Y_e=1.2X$。已知：0℃ 及 101.3kPa 时氨在空气中的扩散系数为 $D_{G0}=1.70\times10^{-5}\text{m}^2/\text{s}$，20℃ 氨在水中的扩散系数为 $D_L=1.76\times10^{-9}\text{m}^2/\text{s}$。试估算传质单元高度 H_G、H_L 及气相总体积吸收系数 K_Ya。

解 查手册得：20℃ 及 101.3kPa 下空气的黏度为 $1.81\times10^{-5}\text{Pa}\cdot\text{s}$、密度为 1.205kg/m^3，水的密度为 998kg/m^3、黏度为 $100.4\times10^{-5}\text{Pa}\cdot\text{s}$。

20℃ 及 101.3kPa 下氨在空气中的扩散系数可依下式计算，即

$$D_G=D_{G0}\left(\frac{p_0}{p}\right)\left(\frac{T}{T_0}\right)^{\frac{3}{2}}=1.70\times10^{-5}\times\left(\frac{101.3}{101.3}\right)\times\left(\frac{293}{273}\right)^{\frac{3}{2}}=1.89\times10^{-5}\text{m}^2/\text{s}$$

所以

$$Sc_G=\frac{\mu}{\rho D_G}=\frac{1.81\times10^{-5}}{1.205\times1.89\times10^{-5}}=0.795$$

将从表 2-5 中查出的常数值及各已知值代入式(2-73)，得

$$H_G=\alpha G^\beta W^\gamma(Sc_G)^{0.5}=0.557\times0.4^{0.32}\times3.0^{-0.51}\times0.795^{0.5}=0.212\text{m}$$

$$k_ya=\frac{V'}{H_G\Omega}=\frac{\dfrac{0.4}{29}}{0.212}=0.065\text{kmol/(m}^3\cdot\text{s)}$$

$$Sc_L=\frac{\mu_L}{\rho_L D_L}=\frac{100.4\times10^{-5}}{998\times1.76\times10^{-9}}=572$$

从表 2-6 中查出各常数值，连同各已知值代入式(2-74)，得

$$H_L=\alpha\left(\frac{W}{\mu_L}\right)^\beta(Sc_L)^{0.5}=2.36\times10^{-3}\times\left(\frac{3.0}{100.4\times10^{-5}}\right)^{0.22}\times572^{0.5}=0.328\text{m}$$

则

$$k_xa=\frac{L'}{H_L\Omega}=\frac{\dfrac{3.0}{18}}{0.328}=0.508\text{kmol/(m}^3\cdot\text{s)}$$

根据总吸收系数与膜系数的关系可知

$$\frac{1}{K_y a}=\frac{1}{k_y a}+\frac{m}{k_x a}=\frac{1}{0.065}+\frac{1.2}{0.508}=15.38+2.362=17.747(\mathrm{m}^3\cdot\mathrm{s})/\mathrm{kmol}$$

$$K_y a=0.0563\mathrm{kmol}/(\mathrm{m}^3\cdot\mathrm{s})$$

本例为低组成气体的吸收，所以

$$K_Y a\approx K_y a=0.0563\mathrm{kmol}/(\mathrm{m}^3\cdot\mathrm{s})$$

从计算过程可以看出，气膜阻力占总阻力的百分数为 $\dfrac{15.385}{17.747}\times100\%=86.7\%$，所以本例的吸收过程为气膜控制。

 氨极易溶于水，用水吸收氨的过程为气膜控制，与计算结果一致。

2.6 其他吸收与解吸

2.6.1 高组成气体吸收

1. 过程分析

对于高组成气体吸收，溶质在气液两相中的含量均较高，并且在吸收过程中溶质从气相向液相的转移量也较大，因此高组成气体吸收有自己的特点。

① **气液两相的摩尔流量沿塔高有较大的变化** 在高组成气体吸收过程中，由于溶质从气相转移到液相中的数量较大，气相摩尔流量和液相摩尔流量沿塔高都有显著的变化，不能再视为常数。但是，惰性气体摩尔流量沿塔高基本不变；若不考虑吸收剂的汽化，纯吸收剂的摩尔流量亦为常数。

② **吸收过程有显著的热效应** 吸收过程总是伴有热效应的。对于物理吸收，当溶质与吸收剂形成理想溶液时，吸收热即为溶质的汽化潜热；当溶质与吸收剂形成非理想溶液时，吸收热等于溶质的汽化潜热及溶质与吸收剂的混合热之和。对于有化学反应的吸收过程，吸收热还应包括化学反应热。

对于高组成气体吸收，由于溶质被吸收的量较大，产生的总热量也较多。若吸收过程的液气比较小或者吸收塔的散热效果不好，将会使吸收液温度明显地升高，这时气体吸收为非等温吸收。但若溶质的溶解热不大、吸收的液气比较大或吸收塔的散热效果较好，此时吸收仍可视为等温吸收。

③ **吸收系数沿塔高不再为常数** 吸收系数受气速和漂流因子的影响，由塔底至塔顶是逐渐减小的，不能视为常数。根据停滞膜模型

$$k_\mathrm{G}=\frac{D}{RTz_\mathrm{G}}\times\frac{p}{p_\mathrm{BM}}=k_\mathrm{G}^\circ\frac{p}{p_\mathrm{BM}}$$

因为 $k_y=pk_\mathrm{G}$，故

$$k_y=\frac{Dp}{RTz_\mathrm{G}}\times\frac{p}{p_\mathrm{BM}}=k_y^\circ\frac{p}{p_\mathrm{BM}}=k_y^\circ\frac{1}{(1-y)_\mathrm{m}} \tag{2-76}$$

式中，k_G°、k_y° 为按等分子反方向扩散计的传质系数；$\dfrac{p}{p_\mathrm{BM}}=\dfrac{1}{(1-y)_\mathrm{m}}$ 为气相漂流因子，沿塔

高而变化；$(1-y)_m$ 为塔内任一截面上气相主体中惰气组成 $(1-y)$ 与界面处惰性气体组成 $(1-y_i)$ 的对数平均值。

由塔底至塔顶随气相流速的减小，k_y° 不断降低；又因气相中溶质组成不断降低，致使漂流因子值亦在减小。因此，高组成气体吸收过程中气膜吸收系数 k_y（或 k_G）由塔底至塔顶是逐渐减小的，计算时必须加以考虑。

同理，液膜吸收系数亦随液相摩尔流量和组成的变化而变化，但其变化甚小，一般可将 k_x（或 k_L）视为常数处理。

至于总吸收系数 K_y（或 K_x）不但不为常数，且比 k_y（或 k_x）更为复杂。因此，在高组成气体吸收计算时，往往以气膜或液膜计算吸收速率。

2. 等温高组成气体吸收的计算

若将高组成气体吸收视为等温过程，在吸收塔的计算时则不必进行热量衡算。但由于混合气中溶质组成较高，吸收过程中溶质发生相的转移量较大，致使塔的不同截面上气相总流量和液相总流量以及总吸收系数都有较大的变化，并且对吸收速率、相平衡关系等都有显著的影响。因此，在计算等温高组成吸收时，这些因素必须加以考虑，以确定相平衡关系、操作线方程及吸收速率方程等。

(1)相平衡关系

当溶质在气液两相中的组成以摩尔分数 y 及 x 表示时，对于高组成气体吸收，其平衡线 $y_e = f(x)$ 一般不再为直线而是曲线。

(2)操作线方程

将 $Y = \dfrac{y}{1-y}$ 及 $X = \dfrac{x}{1-x}$ 代入逆流吸收的操作线方程可得

$$\frac{y}{1-y} = \frac{L}{V}\,\frac{x}{1-x} + \left(\frac{y_1}{1-y_1} - \frac{L}{V}\,\frac{x_1}{1-x_1}\right) \tag{2-77}$$

式(2-77)即为高组成气体吸收过程的操作线方程，其在 x-y 直角坐标系中不再为直线。

(3)填料层高度的计算

① 填料层高度的计算通式　取塔内任一微分填料层高度 dZ 作组分 A 的衡算，单位时间在此微分段内由气相传递到液相的组分 A 的物质的量(mol)为

$$dG_A = -d(V'y) = -d(L'x)$$

式中，V' 为气相总摩尔流量，kmol/s；L' 为液相总摩尔流量，kmol/s。

因为 $V' = \dfrac{V}{1-y}$，所以

$$dG_A = -d(V'y) = -Vd\left(\frac{y}{1-y}\right) = V\frac{-dy}{(1-y)^2} = V'\frac{-dy}{1-y} \tag{2-78}$$

同理

$$dG_A = L'\frac{-dx}{1-x} \tag{2-79}$$

根据吸收速率方程式(2-13)和式(2-17)知 $N_A = k_y(y-y_i) = k_x(x_i-x)$，所以

$$dG_A = N_A dA = k_y(y-y_i)a\Omega dZ = k_x(x_i-x)a\Omega dZ \tag{2-80}$$

将式(2-78)及式(2-79)代入式(2-80)可得

$$V'\frac{-dy}{1-y} = k_y(y-y_i)a\Omega dZ \tag{2-81}$$

及

$$L'\frac{-dx}{1-x} = k_x(x_i-x)a\Omega dZ \tag{2-82}$$

将此二式变量分离并积分得

$$Z = \int_0^Z \mathrm{d}Z = \int_{y_1}^{y_2} \frac{-V'\mathrm{d}y}{k_y a \Omega (1-y)(y-y_i)} = \int_{y_2}^{y_1} \frac{V'\mathrm{d}y}{k_y a \Omega (1-y)(y-y_i)} \tag{2-83}$$

及

$$Z = \int_0^Z \mathrm{d}Z = \int_{x_1}^{x_2} \frac{-L'\mathrm{d}x}{k_x a \Omega (1-x)(x_i-x)} = \int_{x_2}^{x_1} \frac{L'\mathrm{d}x}{k_x a \Omega (1-x)(x_i-x)} \tag{2-84}$$

同理可得

$$Z = \int_{y_2}^{y_1} \frac{V'\mathrm{d}y}{K_y a \Omega (1-y)(y-y_e)} \tag{2-85}$$

$$Z = \int_{x_2}^{x_1} \frac{L'\mathrm{d}x}{K_x a \Omega (1-x)(x_e-x)} \tag{2-86}$$

式(2-83)～式(2-86)是计算完成指定吸收任务所需填料层高度的通用公式。根据吸收过程的具体条件，选用其中之一进行图解积分或数值积分，即可求得所需填料层高度的数值。

② **填料层高度的计算步骤**　以式(2-83)为例说明高组成气体吸收时填料层高度的计算步骤如下。

a. 将气相组成的变化范围(y_2, y_1)等分成n个小区间，则$\Delta y = \dfrac{y_1 - y_2}{n}$，得到相应的$n+1$个$y$值。

b. 根据已知条件求出操作线方程，再据此求出$n+1$个y值下相应的$n+1$个x值。

c. 由吸收剂流量L、惰性气体流量V和$n+1$个x、y值，由下式求出相应的$n+1$个液、气相流量L'、V'的值，即

$$L' = \frac{L}{1-x} \quad 及 \quad V' = \frac{V}{1-y}$$

由气液相流量即可求出$n+1$个相应塔截面处气液相的质量流速G和W。

d. 根据气液相质量流速与吸收系数的关联式，可求出相应$n+1$个塔截面处的体积吸收系数$k_y a$的数值。

e. 根据平衡关系，由$n+1$个x值可求出$n+1$个界面组成y_i的值。

f. 由以上所求各个量的值，便可计算被积函数$f(y) = \dfrac{V'}{k_y a \Omega (1-y)(y-y_i)}$相应的$n+1$值。

g. 在直角坐标系中标绘$f(y)$-y曲线，曲线下面的积分面积即为填料层高度Z的值。

③ **填料层高度的近似计算**　由以上计算步骤可看出，采用通用计算式求解填料层高度的过程非常复杂，在实际的计算中，常采用下述的简化计算方法。仍以式(2-83)为例加以说明。

将式(2-76)代入式(2-83)可得

$$Z = \int_{y_2}^{y_1} \frac{V'(1-y)_m \mathrm{d}y}{k_y^\circ a \Omega (1-y)(y-y_i)}$$

对于高组成气体吸收，吸收系数k_y°和V'都随塔截面的位置而有较大的变化，但比值$(V'/k_y^\circ a)$却变化很小。因此，可取吸收塔两端的平均值代替整塔的情况，并将其作为常数处理。所以上式可表达为

$$Z = \frac{V'}{k_y^\circ a \Omega} \int_{y_2}^{y_1} \frac{(1-y)_m \mathrm{d}y}{(1-y)(y-y_i)} = H_G N_G \tag{2-87}$$

式中

$$H_G = \frac{V'}{k_y^\circ a \Omega} \tag{2-88}$$

$$N_G = \int_{y_2}^{y_1} \frac{(1-y)_m \mathrm{d}y}{(1-y)(y-y_i)} \tag{2-89}$$

当气相组成不很高时,可用算术平均值代替上式中的$(1-y)_m$,即

$$(1-y)_m = \frac{(1-y)+(1-y_i)}{2} = (1-y) + \frac{y-y_i}{2}$$

将上式代入式(2-89)可得

$$N_G = \frac{1}{2}\ln\frac{1-y_2}{1-y_1} + \int_{y_2}^{y_1} \frac{\mathrm{d}y}{y-y_i} \tag{2-90}$$

式(2-90)中的第一项代表高组成吸收时漂流因子的影响,其数值可用进出塔的气相组成直接计算;第二项为低组成吸收时的传质单元数,可采用数值积分法求得。

当气相组成更低时,譬如溶质的摩尔分数在 0.1 以下,则$\frac{1-y_2}{1-y_1} \approx 1$,于是式(2-90)可简化为

$$N_G = \int_{y_2}^{y_1} \frac{\mathrm{d}y}{y-y_i} \tag{2-90a}$$

式(2-90a)即为低组成吸收时传质单元数的表达式,此时填料层高度的计算转化为低组成吸收时的情况。

2.6.2　非等温吸收

1. 温度升高对吸收过程的影响

(1)改变气液平衡关系

气相的平衡组成不仅是液相组成的函数,而且也是温度的函数。若系统温度升高,则平衡分压也将升高,从而导致吸收过程的推动力减小。当平衡分压等于或高于气相溶质的分压时,吸收过程将停止或转为脱吸过程。因此,对溶解热很大的吸收过程,譬如用水吸收氯化氢等,就必须采取措施移出热量,以控制系统温度。工业生产中常采用的措施如下。

① 吸收塔内设置冷却元件　如在板式塔的塔板上安装冷却蛇管或在板间设置冷却器。

② 将液相引至塔外冷却　对于填料塔则不宜在塔内设置冷却元件,一般将温度升高的液相在中途引出塔外,冷却后再送入塔内继续进行吸收。

③ 采用边吸收边冷却的吸收装置　例如氯化氢的吸收,常采用类似于管壳式换热器的吸收装置,吸收过程在管内进行,同时在壳方通入冷却剂以移出大量的溶解热。

④ 加大液相的喷淋密度　吸收时,采用大的喷淋密度操作,可使吸收过程释放的热量以显热的形式被大量的吸收剂带走。

(2)改变吸收速率

吸收系统温度的升高,对气膜吸收系数和液膜吸收系数的影响程度是不同的,因此,温度变化对不同吸收过程吸收速率的影响也是不同的。一般而言,温度升高使气膜吸收系数下降,故对某些由气膜控制的吸收过程,应尽可能在较低的温度下操作。而对于液膜控制的吸收过程,温度的升高将有利于吸收过程的进行。因为,温度升高将使液膜吸收系数增大,并增大溶质组分在液相中的扩散系数,而且一般说来,温度对液膜吸收系数的影响程度要比气膜吸收系数大得多。对于伴有化学反应的吸收过程,温度升高还可大大提高吸收剂中活泼组分与溶质组分的化学反应速率。所以,对于某些由液膜控制的吸收过程,适当提高吸收系统的温度,对吸收速率的提高是有利的。

2. 吸收塔的热量计算

非等温吸收热量衡算的目的，在于根据吸收过程所放出的热量求出塔内液相温度的变化，以便确定实际的平衡线。

吸收过程所放出的热量，既用于加热液体，也用于加热气体。因此，欲准确算出塔内气液相的温度变化，不仅需要热量衡算，同时还要考虑气液两相间的传热速率关系以及塔器的散热和少量吸收剂汽化所吸收的热量等，使问题复杂化。但由于液体的热容比气体的大得多，故工业上一般采用近似处理方法，即假定吸收过程所放出的热量全部用于加热液体，而忽略气相的温度变化以及气液两相间的热量传递，同时塔器的散热量及吸收剂汽化所吸收的热量在整个平衡中所占比例不大，亦可忽略。据此，即可推算出液体组成与温度的对应关系，从而可得到变温情况下的平衡曲线。当然，上述的近似处理会导致对液体温升的估算偏高，因而算出的填料层高度也稍大些。

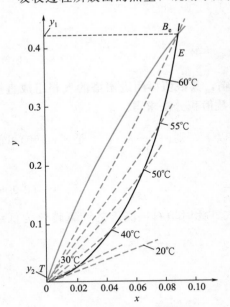

图 2-18　非等温吸收的平衡线及
最小液气比时的操作线

3. 实际平衡线的确定

图 2-18 所示为用水绝热吸收氨气时由于系统温度升高而使平衡曲线位置逐渐变化的情况。水在进入塔顶时温度为 20℃，在沿填料表面下降的过程中不断吸收氨气，其组成和温度互相对应地逐渐升高。由氨在水中的溶解热数据便可确定某液相组成下的液相温度，进而可确定该条件下的平衡点，再将各点连接起来即可得到变温情况下的平衡曲线，如图 2-18 中曲线 OE 所示。

4. 传质单元数的计算

对于非等温吸收，其传质单元数或理论级数等的计算与等温吸收并无原则区别。所不同之处在于非等温吸收操作时，首先需根据吸收热效应求出塔内液相组成与液相温度的关系，再按不同温度确定气液两相的实际平衡曲线，然后再据此决定吸收剂的最小用量及实际用量，并确定吸收过程的操作线。气液两相的实际平衡曲线及操作线一旦确定，其他求传质单元数、理论级数等有关的设计计算与前述等温吸收塔的计算方法完全相同。

2.6.3　多组分吸收

对于多组分吸收，由于其他组分的存在使得各溶质组分的气液平衡关系有所改变，所以多组分吸收的计算远较单组分复杂，但对于多组分低组成吸收仍可做某些简化处理。当用大量吸收剂来吸收组成不高的溶质时，所得的稀溶液平衡关系可认为服从亨利定律，即 $y_{eA} = m_A x_A$，并且

$$x_A = \frac{X_A}{1 + \sum X_i}, \quad y_A = \frac{Y_A}{1 + \sum Y_i}$$

式中，$\sum X_i$ 为液相中所有溶质组分与溶剂摩尔比的总和；$\sum Y_i$ 为气相中所有溶质组分与惰性气体摩尔比的总和。所以

$$Y_{eA} = m_A X_A \frac{1 + \sum Y_i}{1 + \sum X_i} \tag{2-91}$$

当用大量吸收剂吸收低组成气体时，$\sum X_i$ 和 $\sum Y_i$ 都很小，故可忽略。则上式简化为

$$Y_{eA} = m_A X_A \tag{2-92}$$

此时各组分的平衡关系互不影响，可单独考虑，即

$$Y_{ei} = m_i X_i \tag{2-92a}$$

式中，X_i 为液相中溶质组分 i 与吸收剂的摩尔比；Y_{ei} 为与液相成平衡的气相中 i 组分与惰性气体的摩尔比；m_i 为溶质组分 i 的相平衡常数，量纲为 1。

在同一条件下，溶质的种类不同，其相平衡常数 m_i 也不相同，即在多组分吸收中，每一个溶质组分都有自己的平衡曲线。同时，各溶质组分在进出塔两相中的组成也不相同，因此每一个溶质组分都有自己的操作线方程和操作线。与单组分吸收相同，可根据物料衡算建立某溶质组分 i 的操作线方程，即

$$Y_i = \frac{L}{V} X_i + \left(Y_{i2} - \frac{L}{V} X_{i2} \right) \tag{2-93}$$

式(2-93)表明：不同溶质组分的操作线斜率均为吸收操作时的液气比(L/V)，亦即各溶质组分的操作线互相平行。

在多组分吸收计算时，首先需要确定"关键组分"，即在吸收操作中必须首先保证其吸收率达到预定指标的组分，然后根据关键组分确定最小液气比和操作液气比，进而可计算吸收所需理论级数，最后再由理论级数核算其他组分的吸收率及出塔组成等。

图 2-19 所示为由 H、K 和 L 三个组分构成的某低组成气体吸收过程的操作线和平衡线。直线 OE_H、OE_K 和 OE_L 分别为 H、K 和 L 组分的平衡线，平行线段 $B_H T_H$、$B_K T_K$ 及 $B_L T_L$ 分别为三个组分的操作线(各组分在进塔液相中的含量均为零)。从图中可看出，三个组分的相平衡常数的关系为：$m_L > m_K > m_H$。在相同的条件下，组分 H 的溶解度最大，称为重组分；组分 L 的溶解度最小，称为轻组分。若 K 组分是关键组分，采用梯级图解法求理论级数的步骤为：根据 K 组分的平衡关系和进出塔的组成确定最小液气比，继而确定操作时的液气比，然后根据 K 组分在塔

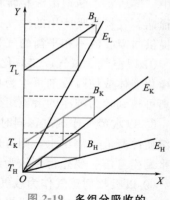

图 2-19　多组分吸收的
平衡线和操作线

顶的组成及操作液气比作出 K 组分的操作线 $B_K T_K$。由操作线的一端开始在组分 K 的平衡线 OE_K 和操作线 $B_K T_K$ 之间画梯级，便可求出达到 K 组分的分离指标所需的理论级数 N_T（图中所示 $N_T = 2$）。

最后可根据理论级数采用试差法推算出 L 和 H 组分的吸收率及出塔组成。

2.6.4　化学吸收

对于化学吸收，溶质从气相主体到气液界面的传质机理与物理吸收完全相同，其复杂之处在于液相内的传质。溶质在由界面向液相主体扩散的过程中，将与吸收剂或液相中的其他活泼组分发生化学反应。因此，溶质的组成沿扩散途径的变化不仅与其自身的扩散速率有关，而且与液相中活泼组分的反向扩散速率、化学反应速率以及反应产物的扩散速率等因素有关。由于溶质在液相内发生化学反应，溶质在液相中以物理溶解态和化合态两种方式存

在，而溶质的平衡分压仅与液相中物理溶解态的溶质有关。因此，化学反应将使溶质气体的有效溶解度显著地增加，从而增大了吸收过程的推动力；同时，由于部分溶质在液膜内扩散的途中即被化学反应所消耗，从而使传质阻力减小，吸收系数增大。所以，发生化学反应总会使吸收速率得到不同程度的提高。

当液相中活泼组分的组成足够大，而且发生的是快速不可逆反应时，若溶质组分进入液相后立即发生反应而被消耗掉，则界面上的溶质分压为零，此时吸收过程为气膜中的扩散阻力所控制，可按气膜控制的物理吸收计算。如硫酸吸收氨的过程即属此种情况。

当反应速率较低致使化学反应主要在液相主体中进行时，吸收过程中气液两膜的扩散阻力均未有变化，仅在液相主体中因化学反应而使溶质组成降低，过程的总推动力较单纯物理吸收为大。用碳酸钠水溶液吸收二氧化碳的过程即属此种情况。

当介于上述两种情况之间时，目前还没有可靠的计算方法，设计时往往依靠实测的数据。

2.6.5 解吸

1. 解吸方法

(1) 气提解吸

也称为载气解吸法，其过程类似于逆流吸收，只是解吸时溶质由液相传递到气相。吸收液从解吸塔的塔顶喷淋而下，载气从解吸塔底通入自下而上流动，气液两相在逆流接触的过程中，溶质将不断地由液相转移到气相。与逆流吸收塔相比，解吸塔的塔顶为浓端，而塔底为稀端。气提解吸所用的载气一般为不含(或含极少)溶质的惰性气体或溶剂蒸气，其作用在于提供与吸收液不相平衡的气相。根据分离工艺的特性和具体要求，可选用不同的载气。

① 以空气、氮气、二氧化碳作载气，又称为惰性气体气提 该法适用于脱除少量溶质以净化液体或使吸收剂再生为目的的解吸。有时也用于溶质为可凝性气体的情况，通过冷凝分离可得到较为纯净的溶质组分。

② 以水蒸气作载气，同时又兼作加热热源的解吸常称为汽提 若溶质为不凝性气体，或溶质冷凝液不溶于水，则可通过蒸汽冷凝的方法获得纯度较高的溶质组分；若溶质冷凝液与水发生互溶，要想得到较为纯净的溶质组分，还应采用其他的分离方法，如精馏等。

③ 以吸收剂蒸气作为载气的解吸 这种解吸法与精馏塔提馏段的操作相同，因此也称提馏。解吸后的贫液被解吸塔底部的再沸器加热产生溶剂蒸气(作为解吸载气)，其在上升的过程中与沿塔而下的吸收液逆流接触，液相中的溶质将不断地被解吸出来。该法多用于以水为溶剂的解吸。

(2) 减压解吸

对于在加压情况下获得的吸收液，可采用一次或多次减压的方法，使溶质从吸收液中释放出来。溶质被解吸的程度取决于解吸操作的最终压力和温度。

(3) 加热解吸

一般而言，气体溶质的溶解度随温度的升高而降低，若将吸收液的温度升高，则必然有部分溶质从液相中释放出来。如采用"热力脱氧"法处理锅炉用水，就是通过加热使溶解氧从水中逸出。

(4) 加热-减压解吸

将吸收液加热升温之后再减压，加热和减压的结合，能显著提高解吸推动力和溶质被解吸的程度。

应予指出，在工程上很少采用单一的解吸方法，往往是先升温再减压至常压，最后再采用气提法解吸。

2. 气提解吸的计算

从原理上讲，气提解吸与逆流吸收是相同的，只是在解吸中传质的方向与吸收相反，即两者的推动力互为负值。从 X-Y 图上看，吸收过程的操作线在平衡线的上方，而解吸过程的操作线则在平衡线的下方。因此，吸收过程的分析方法和计算方法均适用于解吸过程，只是在解吸计算时要将吸收计算式中表示推动力的项前面加上负号。

在解吸计算中，一般待解吸的吸收液流量 L 及其进出塔组成 X_2、X_1 均由工艺规定，入塔载气组成 Y_1 也由工艺规定（通常为零），待求的量为：载气流量 V、填料层高度 Z 等。

(1)最小气液比和载气流量的确定

对于解吸塔，仍用下标 1 表示塔底（此时为稀端），下标 2 表示塔顶（此时为浓端），由物料衡算可得解吸的操作线方程为

$$Y = \frac{L}{V}(X - X_2) + Y_2 \quad \text{或} \quad Y = \frac{L}{V}(X - X_1) + Y_1$$

上式表明解吸过程的操作线是斜率为 L/V 并且通过点 $(X_1，Y_1)$ 和点 $(X_2，Y_2)$ 的直线，如图 2-20 中 BT 所示。若解吸过程的平衡关系符合亨利定律，则平衡线也为直线，如图 2-20 中的 OE。解吸过程的最大液气比为直线 BT_e 的斜率，即

$$\left(\frac{L}{V}\right)_{max} = \frac{Y_{e2} - Y_1}{X_2 - X_1} \tag{2-94}$$

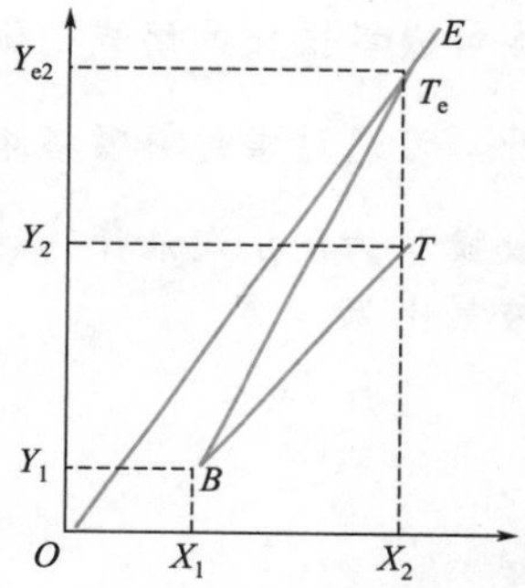

所以，最小气液比为

$$\left(\frac{V}{L}\right)_{min} = \frac{1}{\left(\dfrac{L}{V}\right)_{max}} = \frac{X_2 - X_1}{Y_{e2} - Y_1} = \frac{X_2 - X_1}{mX_2 - Y_1}$$

图 2-20 解吸操作线及最小气液比的确定

通常取

$$\frac{V}{L} = (1.2 \sim 2.0)\left(\frac{V}{L}\right)_{min} \tag{2-95}$$

或

$$V = (1.2 \sim 2.0)V_{min} \tag{2-95a}$$

当以空气为载气时，载气的流量可取得更大些。

(2)传质单元数和理论级数的计算

若解吸的平衡线及操作线均为直线，则可由 $N_{OL} = \displaystyle\int_{X_1}^{X_2} \frac{\mathrm{d}X}{X - X_e}$ 推出液相总传质单元数的计算式为

$$N_{OL} = \frac{1}{1-A} \ln\left[(1-A)\frac{X_2 - X_{e1}}{X_1 - X_{e1}} + A\right] \tag{2-96}$$

或

$$N_{OL} = \frac{1}{1-A} \ln\left[(1-A)\frac{Y_1 - Y_{e2}}{Y_1 - Y_{e1}} + A\right] \tag{2-96a}$$

相应的理论级数的计算式为

$$N_T = \frac{1}{\ln\dfrac{1}{A}} \ln\left[(1-A)\frac{X_2 - X_{e1}}{X_1 - X_{e1}} + A\right] \tag{2-97}$$

> 计算吸收过程理论级数的梯级图解法，对于气提解吸过程也同样适用。

【例 2-11】 欲将例 2-5 中所得的吸收液，加热至 120℃后送入常压逆流解吸塔中进行解吸，解吸后再冷却至 27℃并送回吸收塔，以实现洗油的循环利用。若解吸所用载气为 120℃、101.3kPa 的过热蒸汽，实际用量为理论最小用量的 1.5 倍，操作条件下的平衡关系为 $Y_e = \dfrac{3.16X}{1-2.16X}$，试求：(1)解吸塔的蒸汽用量；(2)理论级数。

解 由例 2-5 中的条件及计算结果可知，解吸塔液相的进塔(塔顶)组成为 $X_2 = 0.120$，若实现吸收剂的循环利用，则解吸塔出塔(塔底)的液相组成为 $X_1 = 0.005$，溶剂流量 L 为 8.302kmol/h。

(1)吸塔的蒸汽用量

由解吸条件下的平衡关系可知

$$\frac{\mathrm{d}Y_e}{\mathrm{d}X} = \frac{3.16}{(1-2.16X)^2}$$

其在解吸塔操作的组成范围 $X \in (0.005, 0.120)$ 内为增函数，所以平衡线为向上弯的曲线。因此，可通过求过解吸塔塔底端点 $(0.005, 0)$ 的平衡线 $Y_e = \dfrac{3.16X}{1-2.16X}$ 的切线斜率，来确定解吸操作的最小汽液比。仿照例 2-5 的方法，所求切线斜率为 $\tan\alpha = 3.526$，解吸操作的最大液气比为

$$\left(\frac{L}{V}\right)_{\max} = 3.526$$

所以

$$\left(\frac{V}{L}\right)_{\min} = \frac{1}{\left(\dfrac{L}{V}\right)_{\max}} = \frac{1}{3.526} = 0.2836$$

解吸操作时的蒸汽用量为

$$V = 1.5V_{\min} = 1.5L\left(\frac{V}{L}\right)_{\min} = 1.5 \times 8.302 \times 0.2836 = 3.532\text{kmol/h}$$

(2)求理论级数

解吸的操作线方程为

$$Y = \frac{L}{V}(X-X_1) + Y_1 = \frac{8.302}{3.532}(X-0.005) + 0 = 2.351X - 0.01175$$

塔顶气相组成为

$$Y_2 = 2.351X_2 - 0.01175 = 2.351 \times 0.120 - 0.01175 = 0.2704$$

当已知平衡关系和操作线方程时，可采用逐板计算法求理论级数，具体做法如下。

将操作线方程变形为

$$X = \frac{Y+0.01175}{2.351}$$

将其代入平衡关系式得

$$Y_e = \frac{3.16\dfrac{Y+0.01175}{2.351}}{1-2.16\dfrac{Y+0.01175}{2.351}} = \frac{3.16Y+0.03713}{2.326-2.16Y}$$

将上式表达为
$$a_{j+1}=\frac{3.16a_j+0.03713}{2.326-2.16a_j}$$

上式即为逐板计算时的迭代关系式。以解吸塔塔底气相组成作为初值进行迭代，即 $a_0=Y_1=0$，直至 a_{j+1} 大于或等于塔顶气相组成为止，即 $a_{j+1}\geqslant Y_2$，则理论级数为

$$N_T=j+\frac{Y_2-a_j}{a_{j+1}-a_j}$$

迭代计算结果为
$$a_0=Y_1=0$$
$$a_1=0.01596$$
$$\vdots$$
$$a_5=0.2004$$
$$a_6=0.3540>Y_2=0.2704$$

所以
$$N_T=j+\frac{Y_2-a_j}{a_{j+1}-a_j}=5+\frac{0.2704-0.2004}{0.3540-0.2004}=5.46$$

本题在求理论级数时，也可以采用几何作图图解计算，但迭代计算结果较准确，也有利于电算，迭代计算的关键是迭代关系的建立。

本章符号说明

英文

a——填料层的有效比表面积，m^2/m^3；

A——吸收因数，量纲为1；

c——总浓度，$kmol/m^3$；

c_i——组分 i 的物质的量浓度或浓度，$kmol/m^3$；

d——直径，m；

d_e——填料层的当量直径，m；

D——扩散系数，m^2/s；
塔径，m；

E——亨利系数，kPa；

g——重力加速度，m/s^2；

G——气相空塔质量速度，$kg/(m^2 \cdot s)$；

Ga——伽利略数，量纲为1；

H——溶解度系数，$kmol/(m^3 \cdot kPa)$；

H_G——气相传质单元高度，m；

H_L——液相传质单元高度，m；

H_{OG}——气相总传质单元高度，m；

H_{OL}——液相总传质单元高度，m；

k_G——以 Δp 为推动力的气膜吸收系数，$kmol/(m^2 \cdot s \cdot kPa)$；

k_L——以 Δc 为推动力的液膜吸收系数，$kmol/(m^2 \cdot s \cdot kmol/m^3)$ 或 m/s；

k_x——以 Δx 为推动力的液膜吸收系数，$kmol/(m^2 \cdot s)$；

k_y——以 Δy 为推动力的气膜吸收系数，$kmol/(m^2 \cdot s)$；

K_G——以 Δp 为总推动力的气相总吸收系数，$kmol/(m^2 \cdot s \cdot kPa)$；

K_L——以 Δc 为总推动力的液相总吸收系数，$kmol/(m^2 \cdot s \cdot kmol/m^3)$ 或 m/s；

K_x——以 Δx 为总推动力的液相总吸收系数，$kmol/(m^2 \cdot s)$；

K_X——以 ΔX 为总推动力的液相总吸收系数，$kmol/(m^2 \cdot s)$；

K_y——以 Δy 为总推动力的气相总吸收系数，$kmol/(m^2 \cdot s)$；

K_Y——以 ΔY 为总推动力的气相总吸收系数，$kmol/(m^2 \cdot s)$；

l——特征尺寸，m；

L——吸收剂用量，kmol/s；

m——相平衡常数，量纲为1；

N_A——组分 A 的传质通量，$kmol/(m^2 \cdot s)$；

N_G——气相传质单元数，量纲为1；

N_L——液相传质单元数，量纲为1；

N_{OG}——气相总传质单元数，量纲为1；

N_{OL}——液相总传质单元数，量纲为 1；

N_T——理论级数，量纲为 1；

p——总压，kPa；

p_i——组分 i 分压，kPa；

R——通用气体常数，kJ/(kmol·K)；

Re——雷诺数，量纲为 1；

Sc——施密特数，量纲为 1；

Sh——舍伍德数，量纲为 1；

T——热力学温度，K；

u——气体的空塔速度，m/s；

u_0——气体通过填料空隙的平均速度，m/s；

U——液体喷淋密度，$m^3/(m^2 \cdot s)$；

V——惰性气体的摩尔流量，kmol/s；

V_P——填料层体积，m^3；

V_s——混合气体的体积流量，m^3/s；

W——液相空塔质量速度，$kg/(m^2 \cdot s)$；

x——组分在液相中的摩尔分数；

X——组分在液相中的摩尔比；

y——组分在气相中的摩尔分数；

Y——组分在气相中的摩尔比；

z_G——气膜厚度，m；

z_L——液膜厚度，m；

Z——填料层高度，m。

希文

α、β、γ——常数；

ε——填料层的空隙率；

μ——黏度，Pa·s；

ρ——密度，kg/m^3；

φ——相对吸收率；

φ_A——吸收率或回收率；

Ω——塔截面积，m^2。

下标

A——组分 A 的；

B——组分 B 的；

D——分子扩散的；

e——平衡的或当量的；

G——气相的；

i，i——组分 i 的；相界面的；

L——液相的；

m——对数平均的；

N——第 N 层板的；

P——填料的；

max——最大的；

min——最小的；

1——塔底的或截面 1 的；

2——塔顶的或截面 2 的。

习 题

基础习题

1. 在 25℃ 及总压为 101.3kPa 的条件下，氨水溶液的相平衡关系为 $p_e = 93.90x$ kPa。试求：(1)100g 水中溶解 1g 氨时溶液上方氨气的平衡分压和溶解度系数 H；(2)相平衡常数 m。

2. 在 10℃ 和 101.3kPa 下，O_2-H_2O 物系的亨利系数为 3.31×10^6 kPa，已知相平衡关系符合亨利定律。求在此温度和压力下与空气充分接触后水中 O_2 的平衡浓度 c_e、x_e、X_e 和物系的相平衡常数 m 及溶解度系数 H。

3. 已知 30℃ 时 CO_2 在水中的亨利系数为 1.88×10^5 kPa，现采用填料塔用清水逆流吸收混于空气中的 CO_2，空气中 CO_2 的体积分数为 0.08。操作条件为 30℃、506.6kPa，吸收液中 CO_2 的组成为 $x_1 = 1.5 \times 10^{-4}$。试求塔底处吸收总推动力 Δy、Δx、Δp_G、Δc_L、ΔX 和 ΔY。

4. 用填料塔在 101.3kPa 及 20℃ 下用清水吸收混于空气中的甲醇蒸气。若在操作条件下平衡关系符合亨利定律，甲醇在水中的溶解度系数 $H = 1.995$ kmol/($m^3 \cdot$ kPa)。塔内某截面处甲醇的气相分压为 5kPa，液相组成为 2.11kmol/m^3，液膜吸收系数 $k_L = 2.08 \times 10^{-5}$ m/s，气相总吸收系数 $K_G = 1.122 \times 10^{-5}$ kmol/($m^2 \cdot s \cdot$ kPa)。求该截面处(1) 膜吸收系数 k_G、k_y 及 k_x；(2) 总吸收系数 K_L、K_X 及 K_Y；(3) 气膜阻力占总阻力的百分率；(4) 吸收速率。

5. 在总压为 101.3kPa、温度为 20℃ 的条件下，在填料塔内用水吸收混于空气中的二氧化硫，塔内某一截面处的液相组成为 $x = 0.00065$，气相组成为 $y = 0.03$，气膜吸收系数为 $k_G = 1.0 \times 10^{-6}$ kmol/($m^2 \cdot$ kPa)，液膜吸收系数为 $k_L = 8.0 \times 10^{-6}$ m/s。若 20℃ 时二氧化硫水溶液的亨利系数为 $E = 3.54 \times 10^3$ kPa。试求：(1)该截面处总推动力 Δp_G、Δc_L、Δx、Δy 及相应的总吸收系数；(2)该截面处的吸收速率；(3)通过计算说明该吸收过程的控制因素；(4)若操作压力提高到 1013kPa，计算吸收速率提高的倍数。

6. 在101.3kPa、25℃下用清水在填料塔中逆流吸收某混合气中的硫化氢，混合气进塔和出塔的组成分别为 $y_1=0.03$、$y_2=0.001$。操作条件下系统的平衡关系为 $p_e=5.52\times10^4 x$ kPa，操作时吸收剂用量为最小用量的1.5倍。求：(1)吸收液的组成 x_1；(2)若操作压力提高到1013kPa而其他条件不变，吸收液组成 x_1'。

7. 在101.3kPa、20℃下用清水在填料塔内逆流吸收空气中所含的二氧化硫气体。混合气的摩尔流速 (V'/Ω) 为 0.02 kmol/(m²·s)，二氧化硫的体积分数为0.03。操作条件下气液平衡常数 m 为34.9，$K_Y a$ 为 0.056kmol/(m³·s)。若吸收液中二氧化硫的组成为饱和组成的75%，要求回收率为98%。求吸收剂的摩尔流速及填料层高度。

8. 在101.3kPa及27℃下，在板式塔内用清水吸收混于空气中的丙酮蒸气。混合气流量为30kmol/h，丙酮的体积分数为0.01，吸收剂流量为100kmol/h。若要求丙酮的回收率不低于95%，求所需理论级数（操作条件下气液平衡关系为 $Y_e=2.53X$）。

9. 用清水在塔中逆流吸收混于空气中的二氧化硫，混合气中二氧化硫的体积分数为0.10，操作条件下物系的相平衡常数 m 为26.7，载气的流量为230kmol/h。若吸收剂用量为最小用量的1.5倍，要求二氧化硫的回收率为90%，试求所需理论级数。

10. 溶质组成为 $y_1=0.60$ 的某混合气体，通过化学吸收后溶质组成降至 $y_2=0.02$。在吸收剂用量足够大时，溶质的平衡分压为零。试分别按高组成吸收和低组成吸收计算气相总传质单元数。

11. 用填料塔解吸某二氧化碳的碳酸丙烯酯吸收液，进、出塔液相组成分别为 $X_2=0.00849$、$X_1=0.00283$。解吸所用载气为35℃下的空气($Y_1=0.0005$)，操作条件为35℃、101.3kPa，此时平衡关系为 $Y_e=106.03X$。若操作气液比为最小气液比的1.4倍，试求：(1)载气出塔时二氧化碳的组成 Y_2；(2)液相总传质单元数。

综合习题

12. 在101.3kPa及20℃下用清水在填料塔内等温逆流吸收混于空气中的氨气。混合气质量流速 G 为 600kg/(m²·h)，气相进、出塔的摩尔分数分别为0.05、0.000526，水的质量流速 W 为800kg/(m²·h)，填料层高度为3m。已知操作条件下平衡关系为 $Y_e=0.9X$，$K_G a$ 正比于 $G^{0.8}$ 而与 W 无关。若(1)操作压力提高一倍，(2)气体流量增加一倍，(3)液体流量增加一倍，试分别计算填料层高度应如何变化，才能保持尾气组成不变。

13. 在常温常压下，用清水在一填料塔内逆流吸收某混合气中的溶质A，混合气中溶质A的摩尔分数为0.05。一定流量的混合气引入吸收塔，当操作液气比为1.2时，测得吸收液的组成为0.03652(摩尔比)。若保持混合气入塔组成、填料高度、吸收剂用量等条件不变，试求：将混合气流量提高20%后溶质A的吸收率。假设：操作中气液平衡关系为 $Y=1.2X$(X、Y 均为摩尔比)；气相总体积吸收系数 $K_Y a$ 正比于气体流量的0.8次方而与吸收剂流量无关；气体流量的变化在填料塔的正常操作范围之内。

14. 在一逆流操作的吸收塔内用清水吸收尾气中的有害组分A，吸收塔的填料层高度为3.5m，测得进塔气相中溶质A的摩尔比组成为 $Y_1=0.03$，要求吸收率达到95%，吸收剂用量为最小用量的1.5倍，操作条件下平衡关系为 $Y=0.8X$(X、Y 均为摩尔比组成)。吸收过程的气膜和液膜体积吸收系数分别为 $k_Y a=0.06$kmol/(m³·s)、$k_X a=0.04$kmol/(m³·s)。

(1)试求单位塔截面积上的吸收剂用量，kmol/(m²·s)；

(2)生产中发现夏季有时出塔组成不达标，分析认为是夏季气温高造成的，重新测定了夏季最高气温下平衡关系为 $Y=X$，若按照夏季最高气温设计，气体处理量和入塔组成不变，为使吸收率仍然能够达到95%，考虑将吸收剂用量增加30%，试核算该塔能否完成吸收任务。（注：忽略流量变化对气膜和液膜体积吸收系数的影响。）

15. 在30℃和101.33kPa下用直径为0.8m的填料塔逆流吸收二元混合气体中的溶质A，混合气流量为800m³/h(标准状况)。进塔混合气中A的摩尔比为0.04，要求溶质回收率为90%。吸收剂为纯溶剂，其流量为最小吸收剂用量的1.4倍。操作条件下的平衡关系为 $Y=1.2X$。气相总传质单元高度为0.4m。假设气相总体积吸收系数 $K_Y a$ 正比于吸收剂流量的0.8次方而与气体流量无关。

(1)试求吸收塔所需填料层高度和气相总体积吸收系数；

(2)工厂考虑成本、环保等因素，将现有工艺改为吸收剂循环使用，在现有吸收塔后加装解吸塔，吸收塔出塔液相经解吸塔解吸后，溶质 A 的摩尔比组成降为 0.0008，此液相循环回吸收塔作为吸收剂使用。若吸收剂用量仍然为最小用量的 1.4 倍，试求此时溶质 A 的回收率。

思 考 题

1. 试推导以 $(x_e - x)$ 为总推动力时吸收系数的计算式。

2. 试分析气体或液体的流动情况如何影响吸收速率。

3. 试写出吸收塔并流操作时的操作线方程，并在 X-Y 坐标图上示意地画出相应的操作线。

4. 试说明解析法、对数平均推动力法和积分法求传质单元数的应用场合。

5. 若吸收过程的操作线和平衡线均为直线。

(1)试推导 $N_{OG} = \dfrac{1}{1-S} \ln \dfrac{\Delta Y_1}{\Delta Y_2}$

(2)试证明传质单元数与理论级数的关系为 $\dfrac{N_T}{N_{OG}} = \dfrac{S-1}{\ln S}$

(3)说明 $N_T = N_{OG}$ 成立的条件

(4)试证明 $\dfrac{\Delta Y_1}{\Delta Y_2} = \dfrac{\Delta X_1}{\Delta X_2}$

6. 若吸收过程为低组成气体吸收，试推导

(1) $H_{OG} = H_G + \dfrac{1}{A} H_L$

(2) $N_{OL} = \dfrac{1}{A} N_{OG}$

7. 根据附图所示双塔吸收的三种流程，示意地画出与各流程相对应的平衡线和操作线，并用图中表示组成的符号标明各操作线的端点坐标。

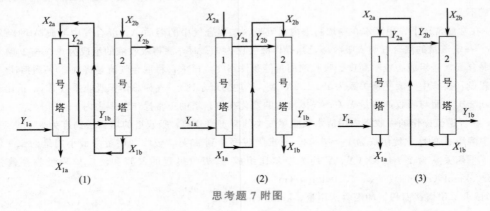

思考题 7 附图

第3章

蒸　馏

📝 **学习指导**

一、学习目的

通过本章学习，应掌握蒸馏（精馏）原理、精馏过程的计算和优化，操作和节能。

二、学习要点

1. 应重点掌握的内容

汽液平衡关系的表达与应用；两组分连续精馏过程的计算与优化，包括物料衡算和操作关系的确定、过程参数（如进料热状况参数 q 与操作回流比 R）的确定、理论板层数及塔板效率的计算、热量衡算及节能措施；影响精馏过程的因素分析与操作调节。

2. 应掌握的内容

其他蒸馏过程，如单级蒸馏、间歇精馏、特殊精馏及其他几种特殊类型精馏过程的特点及适用场合。

3. 一般了解的内容

多组分精馏流程选择及计算的简化思路。

三、学习方法

精馏操作可在板式塔中，也可在填料塔中进行。本章以板式塔为重点进行讨论。对于确定的分离任务，确定理论板层数是本章的核心。确定理论板层数的基本方程是平衡方程和操作线方程。由于影响因素的复杂性，本章以两组分理想溶液为对象，并引入"恒摩尔流"假设和"理论板"概念。求得理论板层数后，由总板效率便可求得实际板层数，从而可求得塔的有效高度。要理解简化假设的成立条件及意义，并掌握还原到实际的方法。

在掌握影响精馏过程因素分析的基础上，能够预测精馏操作调节中可能出现的问题并提出对策。

对于其他蒸馏操作，通过和两组分连续精馏的对比来掌握其特点及适用场合。

3.1　蒸馏过程概述

3.1.1　蒸馏原理

蒸馏是最早实现工业化的分离液体混合物的典型单元操作，广泛地应用于化工、石油、医药、食品、冶金及环保等领域。

蒸馏分离的依据是通过加热液体混合物建立两相体系，利用溶液中各组分挥发度的差异实现组分的分离或提纯。其中，较易挥发的组分称为易挥发组分或轻组分；较难挥发的组分称为难挥发组分或重组分。例如，在容器中将苯和甲苯的混合液加热使之部分汽化，由于苯的挥发性高，气相中苯的组成必较原来溶液高；相反，液相中甲苯的组成比原来溶液为高。这样，溶液就得到了一定程度的分离。同时多次进行部分汽化和冷凝过程，便可获得高纯度的苯和甲苯产品。同理，将原油蒸馏可得到汽油、煤油、柴油及重油；将混合芳烃蒸馏可获得较纯的苯、甲苯及二甲苯等；将液态空气进行蒸馏能得到较纯的液氧和液氮等。随着化学工业的飞速发展，蒸馏技术、设备及理论都有很大发展。

3.1.2 蒸馏过程的分类

工业蒸馏过程有多种分类方法。

① **按蒸馏方式分类** 可分为平衡(闪急)蒸馏、简单蒸馏、精馏和特殊精馏。平衡蒸馏和简单蒸馏常用于混合物中各组分的挥发度相差较大，对分离要求又不高的场合；精馏是借助回流技术来实现高纯度和高回收率的分离操作，它是应用最广泛的蒸馏方式。如果混合物中各组分的挥发度相差很小(相对挥发度接近于1)或形成共沸液时，则应采用特殊精馏，其中包括萃取精馏、共沸精馏、盐效应精馏等。

若精馏时混合液组分间发生化学反应，称为反应精馏，这是将化学反应与分离操作耦合的新型操作过程。

对于含有高沸点杂质的混合液，若它与水不互溶，可采用水蒸气蒸馏，从而降低操作温度。对于热敏性混合液，则可采用高真空下操作的分子蒸馏。

② **按操作压力分类** 可分为加压、常压和真空蒸馏。常压下为气态(如空气、石油气)或常压下泡点为室温的混合物，常采用加压蒸馏；常压下，泡点在室温至150℃之间的混合液，一般采用常压蒸馏；对于常压下泡点较高或热敏性混合物(高温下易发生分解、聚合等变质现象)，宜采用真空蒸馏，以降低操作温度。

③ **按被分离混合物中组分的数目分类** 可分为两组分精馏和多组分精馏。工业生产中，绝大多数为多组分精馏，但两组分精馏的原理及计算原则同样适用于多组分精馏，只是在处理多组分精馏过程时更为复杂些，因此常以两组分精馏为基础。

④ **按操作流程分类** 可分为间歇蒸馏和连续蒸馏。间歇操作主要应用于小规模、多品种或某些有特殊要求的场合，工业中以连续蒸馏为主。间歇蒸馏为非稳态操作，连续蒸馏一般为稳态操作。

3.1.3 蒸馏分离的特点

蒸馏是目前应用最广的一类液体混合物分离方法，应用历史悠久、技术比较成熟，此外，蒸馏分离还具有以下特点。

① 通过蒸馏操作，可以直接获得所需要的产品，不像吸收、萃取等分离方法，还需要外加吸收剂或萃取剂，并需进一步使所提取的组分与外加组分分离，因而蒸馏操作流程通常较为简单。

② 蒸馏分离的适用范围广泛，它不仅可以分离液体混合物，而且可以通过改变操作压力使常温常压下呈气态或固态的混合物在液化后得以分离。例如，可将空气加压液化，再用精馏方法获得氧、氮等产品；再如，脂肪酸的混合物，可用加热使其熔化，并在减压下建立汽液两相系统，用蒸馏方法进行分离。蒸馏也适用各种组成混合物的分离，而吸收、萃取等

操作，只有当被提取组分含量较低时才比较经济。对于挥发度相等或相近的混合物，可采用特殊精馏方法分离。

③ 蒸馏是通过加热混合液建立气液两相体系的，气相还需要再冷凝液化，因此需要消耗大量的能量（包括加热介质和冷却介质）。另外，加压或减压，将消耗额外的能量。蒸馏过程中的节能是个值得重视的问题。

本章重点讨论两组分物系连续精馏的原理及计算方法。

3.2 两组分溶液的汽液平衡

溶液的汽液平衡是蒸馏过程的热力学基础，是精馏操作分析和过程计算的重要依据。

3.2.1 两组分理想物系的汽液平衡

根据溶液中同分子间与异分子间作用力的差异，可将溶液分为理想溶液和非理想溶液。所谓理想物系是指液相和气相应符合以下条件：

① 液相为理想溶液，遵循拉乌尔定律；

② 气相为理想气体，遵循道尔顿分压定律，当总压不太高（一般不高于 10^4 kPa）时气相可视为理想气体。

理想物系的相平衡是相平衡关系中最简单的模型。严格地讲，理想溶液并不存在，但对于化学结构相似、性质极相近的组分组成的物系，如苯-甲苯、甲醇-乙醇、常压及 150℃ 以下的各种轻烃的混合物，可近似按理想体系处理。

1. 相律

相律是描述相平衡的基本规律，它表示平衡体系中的自由度数、相数及独立组分数的关系，即

$$F = C - \phi + 2 \tag{3-1}$$

式中，F 为自由度数；C 为独立组分数；ϕ 为相数。

式（3-1）中的数字 2 表示可以影响物系平衡状态的外界因素只有温度和压力这两个条件。

对于两组分的汽液平衡，其中组分数为 2，相数为 2，则由式（3-1）可知该平衡物系的自由度数为 2。在汽液平衡中可以变化的参数有四个，即压力 p、温度 t、一组分在液相及气相中的组成 x 和 y（另一组分的组成不独立），任意规定其中两个变量，此平衡物系的状态也就被唯一地确定了。假若再固定某个变量（例如压力），则该物系仅有一个独立变量，其他变量都是它的函数。例如，在一定压力下，当液相组成指定后，其泡点及气相组成均可被确定。所以，两组分的汽液平衡可以用一定压力下的 t-$x(y)$ 及 x-y 函数关系或相图表示。

2. 汽液平衡的函数关系

(1) 利用饱和蒸气压计算汽液平衡关系

根据拉乌尔定律，平衡时理想溶液上方的分压为

$$p_A = p_A^\circ x_A \tag{3-2}$$

$$p_B = p_B^\circ x_B = p_B^\circ (1 - x_A) \tag{3-2a}$$

式中，x_A、x_B 为溶液中组分 A、B 的摩尔分数；p_A°、p_B° 为在溶液温度下纯组分 A、B 的饱

和蒸气压，Pa。p_A° 与 p_B° 均为温度的函数，即 $p_A^\circ = f_A(t)$，$p_B^\circ = f_B(t)$，下标 A 表示易挥发组分，B 表示难挥发组分。

在指定压力下，溶液沸腾的条件是

$$p = p_A + p_B \tag{3-3}$$

或

$$p = p_A^\circ x_A + p_B^\circ (1 - x_A) \tag{3-3a}$$

整理上式得到

$$x_A = \frac{p - p_B^\circ}{p_A^\circ - p_B^\circ} \tag{3-4}$$

式(3-4)表示汽液平衡时液相组成与平衡温度之间的关系，称为泡点方程。平衡的气相遵循道尔顿分压定律，即

$$y_A = \frac{p_A}{p} \tag{3-5}$$

或

$$y_A = \frac{p_A^\circ}{p} x_A = \frac{p_A^\circ}{p} \cdot \frac{p - p_B^\circ}{p_A^\circ - p_B^\circ} \tag{3-5a}$$

式(3-5a)表示平衡时气相组成与平衡温度之间的关系，称为露点方程。

纯组分的饱和蒸气压 p° 和温度的关系通常可用安托尼(Antoine)方程表示，即

$$\lg p^\circ = A - \frac{B}{t + C} \tag{3-6}$$

式中，A、B、C 为组分的安托尼常数，可由有关手册查得。其值随 p°、t 的单位而异。

(2) 用相对挥发度表示的汽液平衡关系

前已指出，蒸馏的基本依据是混合液中各组分挥发度的差异。通常纯组分的挥发度是指液体在一定温度下的饱和蒸气压。而溶液中各组分的挥发度可用它在蒸气中的分压和与之平衡的液相中的摩尔分数之比来表示，即

$$\upsilon_A = \frac{p_A}{x_A} \tag{3-7}$$

及

$$\upsilon_B = \frac{p_B}{x_B} \tag{3-7a}$$

式中，υ_A 和 υ_B 分别为溶液中 A、B 两组分的挥发度。

对于理想溶液，因符合拉乌尔定律，则有 $\upsilon_A = p_A^\circ$，$\upsilon_B = p_B^\circ$。显然，溶液中组分的挥发度随温度而变，在使用上不太方便，故引出相对挥发度的概念。习惯上将易挥发组分的挥发度与难挥发组分的挥发度之比称为相对挥发度，以 α 表示，即

$$\alpha = \frac{\upsilon_A}{\upsilon_B} = \frac{p_A / x_A}{p_B / x_B} \tag{3-8}$$

对于理想物系，气相遵循道尔顿分压定律，则上式可改写为

$$\alpha = \frac{p(y_A / x_A)}{p(y_B / x_B)} = \frac{y_A x_B}{y_B x_A} \tag{3-9}$$

通常将式(3-9)称为相对挥发度的定义式。对理想溶液，则有

$$\alpha = \frac{p_A^\circ}{p_B^\circ} \tag{3-10}$$

由于 p_A° 与 p_B° 随温度沿着相同方向变化，因而两者的比值变化不大，计算时一般可将 α 取作常数或取操作温度范围内的平均值。

对于两组分溶液，当总压不高时，由式(3-9)可得

$$\frac{y_A}{y_B}=\alpha\frac{x_A}{x_B} \quad \text{或} \quad \frac{y_A}{1-y_A}=\alpha\frac{x_A}{1-x_A}$$

为了简单起见，常略去上式表示相组成的下标，习惯上以 x 和 y 分别表示易挥发组分在液相和气相中的摩尔分数，以 $(1-x)$ 和 $(1-y)$ 分别表示难挥发组分的摩尔分数。经整理可得

$$y=\frac{\alpha x}{1+(\alpha-1)x} \tag{3-11}$$

若 α 为已知，利用式(3-11)可求得 x-y 关系，故式(3-11)称为**汽液平衡方程**。在蒸馏的分析和计算中，应用式(3-11)来表示汽液平衡关系更为简便。

利用相对挥发度 α 值的大小可判断某混合液是否能用一般蒸馏方法加以分离及分离的难易程度。

若 $\alpha>1$，表示组分 A 较 B 容易挥发，α 值偏离 1 的程度愈大，挥发度差异愈大，分离愈容易。

若 $\alpha=1$，由式(3-11)可知 $y=x$，即气相组成与液相组成相同，此时不能用普通蒸馏方法加以分离，需要采用特殊精馏或其他分离方法。

对任一两组分的理想溶液，若已知总压和某一温度下的组分饱和蒸气压数据，即可求得平衡的气相和液相组成。反之，若已知总压和某个相的组成，也可求得与之平衡的另一相组成及平衡温度，但通常需试差计算。

【例 3-1】 正戊烷(C_5H_{12})和正己烷(C_6H_{14})的饱和蒸气压数据列于本例附表 1，试用饱和蒸气压和相对挥发度法计算总压 $p=13.3kPa$ 下该溶液的汽液平衡数据。假设该物系为理想溶液。

例 3-1 附表 1

温度 T/K	C_5H_{12}	223.1	233.0	244.0	251.0	260.6	275.1	291.7	309.3
	C_6H_{14}	248.2	259.1	276.9	279.0	289.0	304.8	322.8	341.9
饱和蒸气压 $p°$/kPa		1.3	2.6	5.3	8.0	13.3	26.6	53.2	101.3

解 该题求解的关键是确定平衡温度范围内各个温度对应的组分饱和蒸气压。由本例附表 1 可知，平衡温度应在 260.6K 及 289K 之间。通过 T-$p°$ 曲线(本例中未绘出)在上述两个温度之间选取若干个温度(本例取 5 个)，查取每个温度对应的两个组分饱和蒸气压 $p_A°$ 与 $p_B°$ 值列于本例附表 2 中，然后代入相应公式计算汽液平衡数据。

(1)利用饱和蒸气压数据计算 x-y 值

由式(3-4)及式(3-5)计算平衡的气液相组成，即

$$x=\frac{p-p_B°}{p_A°-p_B°}, \quad y=\frac{p_A°}{p}x$$

以 275K 为例，代入数据计算得到

$$x=\frac{13.3-6.5}{26.5-6.5}=0.340, \quad y=\frac{26.5}{13.3}\times0.34=0.677$$

各个平衡温度下对应的 x、y 值列于本例附表 2 中。

T/K	260.6	265	270	275	280	285	289
p_A°/kPa	13.3	16.3	21.0	26.5	33.5	40.0	47.5
p_B°/kPa	2.9	3.7	5.0	6.5	8.6	11.0	13.3
$x=\dfrac{p-p_B^\circ}{p_A^\circ-p_B^\circ}$	1.0	0.762	0.519	0.340	0.189	0.079	0
$y=\dfrac{p_A^\circ}{p}x$	1.0	0.934	0.819	0.677	0.475	0.239	0
$\alpha=p_A^\circ/p_B^\circ$	4.59	4.41	4.20	4.08	3.90	3.64	3.57
$y=\dfrac{\alpha x}{1+(\alpha-1)x}$	1.0	0.929	0.814	0.677	0.486	0.258	0

(2)利用相对挥发度 α 计算 x-y 值

对于理想物系，相对挥发度 α 由式(3-10)计算，即

$$\alpha=p_A^\circ/p_B^\circ$$

汽液平衡数据由式(3-11)计算，即

$$y=\frac{\alpha x}{1+(\alpha-1)x}$$

将不同温度下的饱和蒸气压数据代入式(3-10)计算 α 值(见本例附表2)，其平均值为

$$\bar{\alpha}=\frac{1}{7}(4.59+4.41+4.20+4.08+3.9+3.64+3.57)=4.06$$

将平均相对挥发度 $\bar{\alpha}$ 值代入式(3-11)计算 y 值(仍以 275K 为例)，即

$$y=\frac{4.06\times0.34}{1+(4.06-1)\times0.34}=0.677$$

各温度下的 y 值列于本例附表2中。

比较本例附表2中的 y 值可看出，两种方法计算结果基本一致。对于两组分溶液，利用平均相对挥发度表示汽液平衡关系比较简便。

从例 3-1 附表 2 中的 α 值可看出，随温度升高，相对挥发度变小。对于同一物系，蒸馏压力愈高，平衡温度随之升高，分离变得更困难。因此，在可能条件下，降低操作压力，对蒸馏分离有利。

【例 3-2】 某精馏塔再沸器的操作压力为 106.7kPa，釜液中含苯 0.2(摩尔分数)，其余为甲苯。苯与甲苯的安托尼常数列于本例附表中，安托尼方程中温度的单位为℃，压力单位为 kPa。本物系可视作理想溶液。求此溶液的泡点及其平衡气相组成。

例 3-2 附表

常数		A	B	C
组分	苯	6.023	1206.35	220.24
	甲苯	6.078	1343.94	219.58

解 已知总压和液相组成，求算与之平衡的气相组成与泡点，需采用试差法。先假设泡点，代入安托尼方程求算组分的饱和蒸气压 p_A° 与 p_B°，由泡点方程核算假设的泡点，然后

采用相应公式计算平衡气相组成。

假设泡点 $t=103.8℃$，则纯组分的饱和蒸气压为

苯
$$\lg p_A^° = 6.023 - \frac{1206.35}{t+220.24} = 6.023 - \frac{1206.35}{103.8+220.24} = 2.300$$

则
$$p_A^° = 199.6\text{kPa}$$

甲苯
$$\lg p_B^° = 6.078 - \frac{1343.94}{t+219.58} = 6.078 - \frac{1343.94}{103.8+219.58} = 1.922$$

则
$$p_B^° = 83.56\text{kPa}$$

将 p、$p_A^°$ 及 $p_B^°$ 代入式(3-4)，得到

$$x = \frac{p-p_B^°}{p_A^°-p_B^°} = \frac{106.7-83.58}{199.6-83.58} = 0.1993$$

与 $x=0.2$ 十分接近，故设泡点 $t=103.8℃$ 正确。

由式(3-5)计算平衡的气相组成为

$$y = \frac{p_A^°}{p}x = \frac{199.6}{106.7} \times 0.1993 = 0.3728$$

用相对挥发度 α 计算的汽液平衡关系得到相同的结果。

(3) 用相平衡常数表示汽液平衡关系

在多组元精馏计算中常采用相平衡常数表示汽液平衡关系，其表达式为

$$y_A = K_A x_A \tag{3-12}$$

对于理想物系，比较式(3-12)与式(3-5)可看出，相平衡常数 K_A 可表达为

$$K_A = \frac{p_A^°}{p} \tag{3-12a}$$

由式(3-12a)可知，在蒸馏过程中，K 值并非常数。当总压恒定时，K 随温度而变，也随混合液组成而变。

3. 两组分理想溶液的汽液平衡相图

用相图来表达汽液平衡关系比较直观、清晰，而且影响蒸馏的因素可在相图上直接反映出来，对于两组分蒸馏过程分析和计算非常方便。蒸馏中常用的相图为恒压下的温度-组成图及气相-液相组成图。

(1) 温度-组成 (t-x-y) 图

在恒定的总压下，溶液的平衡温度随组成而变，温度与液(气)相的组成关系可表示成图3-1 所示的曲线，称之为温度-组成图或 t-x-y 图。该图是在总压为 101.3kPa 下测得的苯-甲苯混合液的平衡温度-组成图。图中以 x(或 y) 为横坐标，以 t 为纵坐标。图中的上曲线(EHF) 为 t-y 线，表示混合物的平衡温度 t 与气相组成 y 之间的关系，称为饱和蒸气线或露点线，下曲线(EJF) 为 t-x 线，表示混合物的平衡温度 t 与液相组成 x 之间的关系，称为饱和液体线或泡点线。上述的两条曲线将 t-x-y 图分成三个区域。饱和液体线以下的区域代表未沸腾的液体，称为液相区；饱和蒸气线上方的区域代表过热蒸气，称为过热蒸气区；两曲线包围的区域表示气液两相同时存在，称为气液共存区。点 E 和点 F 分别代表甲苯和苯纯组分的沸点。

在恒定的总压下，组成为 x、温度为 t_1(图中的点 A) 的混合液升温至 t_2(点 J) 时达到该溶液的泡点，产生的第一个气泡组成为 y_1(点 C)，因此饱和液体线又称泡点线。同样，组

成为 y、温度为 t_4（点 B）的过热蒸气冷却至温度 t_3（点 H）时达到混合气的露点，凝结出第一个液滴的组成为 x_1（点 Q），因此饱和蒸气线又称露点线。当某混合物系的总组成与温度位于点 K 时，则此物系被分成互呈平衡的气液两相，其液相和气相组成分别用 L、G 两点表示。两相的量由杠杆规则确定。

由图 3-1 可见，当气液两相达平衡状态时，气液两相的温度相同，但气相中苯的组成（易挥发组分）大于液相组成，若气液两相组成相同时，气相露点总是大于液相的泡点。

恒压下的温度-组成图是分析蒸馏原理的理论基础。

(2)气相-液相组成图(x-y 图)

图 3-2 是在 $101.3kPa$ 的总压下，苯-甲苯混合物系的 x-y 图，它表示不同温度下互成平衡的气液两相组成 y 与 x 的关系。图中对角线 $x=y$ 的直线供查图时参考用。对于理想物系，气相组成 y 恒大于液相组成 x，故平衡线位于对角线上方。平衡线偏离对角线愈远，表示该溶液愈易分离。

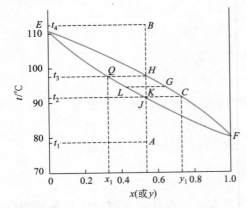

图 3-1　苯-甲苯混合液的 t-x-y 图

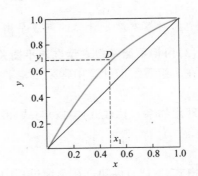

图 3-2　苯-甲苯混合液的 x-y 图

应予指出，x-y 曲线是在恒定压力下测得的，但实验也表明，在总压变化范围为20%～30%下，x-y 曲线变动不超过 2%。因此，在总压变化不大时，外压对 x-y 曲线的影响可忽略。还应注意，在 x-y 曲线上各点对应的温度是不同的。

x-y 图可通过 t-x-y 图作出。常见两组分物系常压下的平衡数据，可从物理化学或化工手册中查得。

在两组分蒸馏的图解计算中，应用一定总压下的 x-y 图非常方便快捷。

3.2.2　两组分非理想物系的汽液平衡

实际生产中所遇到的大多数物系为非理想物系。非理想物系可能有 3 种情况。①液相为非理想溶液，气相为理想气体；②液相为理想溶液，气相为非理想气体；③液相为非理想溶液，气相为非理想气体。

本节简要介绍第①种情况的汽液平衡关系。

溶液非理想性的根源在于不同种类分子之间的作用力不同于同种分子之间的作用力，其表现是溶液中各组分的平衡分压与拉乌尔定律发生偏差，此偏差可正可负，分别称为正偏差溶液和负偏差溶液。实际溶液中以正偏差居多。

非理想溶液的平衡分压可用修正的拉乌尔定律表示，即

$$p_A = p_A^{\circ} x_A \gamma_A \qquad (3\text{-}13)$$

$$p_B = p_B^{\circ} x_B \gamma_B \qquad (3\text{-}13a)$$

式中，γ 为组分的活度系数，各组分的活度系数值和其组成有关，一般可通过实验数据求取或用热力学公式计算。

当总压不太高，气相为理想气体时，其平衡气相组成为

$$y_A = \frac{p_A^{\circ} x_A \gamma_A}{p} \qquad (3\text{-}14)$$

各种实际溶液与理想溶液的偏差程度各不相同，例如乙醇-水、苯-乙醇等物系是具有很大正偏差的例子，表现为溶液在某一组成时其两组分的饱和蒸气压之和出现最大值。与此对应的溶液泡点比两纯组分的沸点都低，为具有最低共沸点的溶液。图 3-3 和图 3-4 分别为乙醇-水溶液的 t-x-y 图及 x-y 图。图中点 M 代表气液两相组成相等。常压下共沸组成为 0.894，最低共沸点为 78.15℃，在该点溶液的相对挥发度 $\alpha = 1$。与之相反，氯仿-丙酮溶液和硝酸-水物系为具有很大负偏差的例子。图 3-5 和图 3-6 分别为硝酸-水溶液的 t-x-y 图和 x-y 图，常压下其最高共沸点为 121.9℃，对应的共沸组成为 0.383，在图中的点 N 溶液的相对挥发度 $\alpha = 1$。

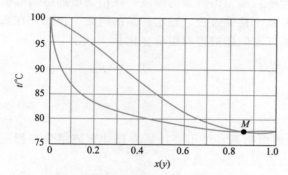

图 3-3　常压下乙醇-水溶液的 t-x-y 图

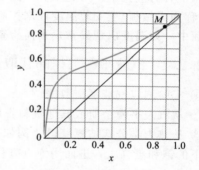

图 3-4　常压下乙醇-水溶液的 x-y 图

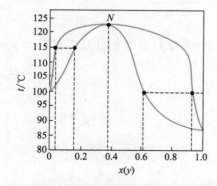

图 3-5　常压下硝酸-水溶液的 t-x-y 图

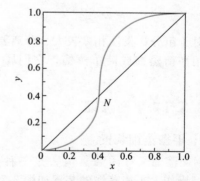

图 3-6　常压下硝酸-水溶液的 x-y 图

同一种溶液的共沸组成随总压而变化。表 3-1 列举了乙醇-水溶液的共沸组成随压力的变化情况。由表中数据可见，理论上可以用改变压力的方法来分离共沸液，但在实际应用时，要做技术经济分析。

表 3-1　乙醇-水溶液的共沸组成随压力变化情况

压力/kPa	共沸点/℃	共沸液中乙醇的摩尔分数	压力/kPa	共沸点/℃	共沸液中乙醇的摩尔分数
13.33	34.2	0.992	101.33	78.15	0.894
20.0	42.0	0.962	146.6	87.5	0.893
26.66	47.8	0.938	193.3	95.3	0.890
53.32	62.8	0.914			

3.2.3　相平衡关系的应用

溶液的汽液平衡关系在蒸馏过程中有多方面的应用。

① 计算平衡的气相与液相组成，确定泡点和露点。

② 用 $t-x(y)$ 相图解释精馏原理。

③ 选择物系的分离方法。例如 α 等于或接近于 1 的物系，宜采用特殊精馏或萃取方法分离；α 数值较大、分离精度要求不高时，可采用单级蒸馏。

④ 汽液平衡方程是蒸馏过程的特征方程，是计算理论板层数的基本方程之一。

⑤ 利用汽液平衡关系，可分析、判断蒸馏操作中的实际问题。例如，由于温度和组成在恒压下有对应关系，可利用易于测量的温度来判断难以测量的组成；在精馏塔的适当部位（通常称为灵敏板）上安装温度计来控制、调节整个精馏过程，稳定产品的组成。再如，在真空精馏中，如温度出现异常，则需检查系统的气密问题或进料组成变化。

3.2.4　汽液平衡数据的获取途径

① 实验测定汽液平衡数据。

② 从汽液平衡手册或其他资料查取。

③ 从热力学公式估算获得。例如，对于理想物系，可用安托尼方程计算纯组分在指定温度下的饱和蒸气压，进而用泡点方程及露点方程求得 x 及 y 值。

3.3　平衡蒸馏与简单蒸馏

对于组分挥发度相差较大、分离要求不高的场合（如原料液的粗分或多组分初步分离），可采用平衡蒸馏或简单蒸馏，它们属于单级蒸馏操作过程。

3.3.1　平衡蒸馏

1. 平衡蒸馏装置

平衡蒸馏又称闪急蒸馏，是一种连续、稳态的单级蒸馏操作。平衡蒸馏的装置如图 3-7 所示。被分离的混合液先经加热器升温，使其温度高于分离器压力下料液的泡点，然后通过节流阀降低压力至规定值，过热的液体混合物在分离器中部分汽化，平衡的气液两相及时被分离。通常分离器又称闪蒸塔(罐)。

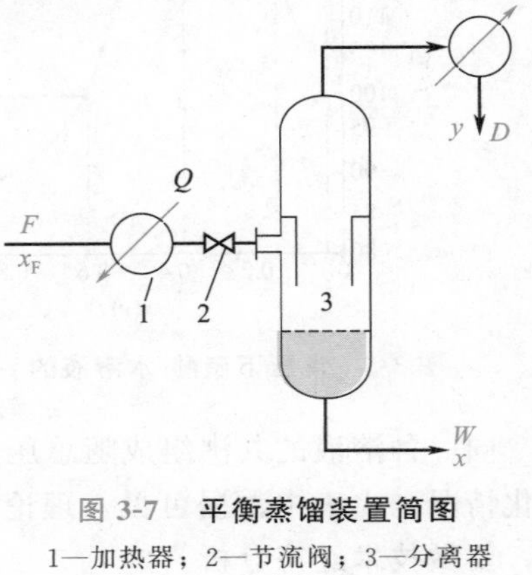

图 3-7　平衡蒸馏装置简图
1—加热器；2—节流阀；3—分离器

2. 平衡蒸馏过程计算

平衡蒸馏计算所应用的基本关系是物料衡算、热量衡算及汽液平衡关系。以两组分的平衡蒸馏为例分述如下。

(1)物料衡算

对图 3-7 所示的平衡蒸馏装置作物料衡算，得

总物料衡算 $\qquad\qquad\qquad\qquad F=D+W$ $\qquad\qquad\qquad\qquad$ (3-15)

易挥发组分衡算 $\qquad\qquad\qquad Fx_F=Dy+Wx$ $\qquad\qquad\qquad$ (3-16)

式中，F、D、W 分别为原料液、气相和液相产品流量，kmol/h 或 kmol/s；x_F、y、x 分别为原料液、气相和液相产品中易挥发组分的摩尔分数。

若各流股的组成已知，则可解得气相产品的流量为

$$D=F\frac{x_F-x}{y-x}$$ （3-17）

令液相产品 W 占总加料量的分率为 $W/F=q$，q 称为液化率，则汽化率 $D/F=1-q$，代入式(3-17)并整理，可得

$$y=\frac{q}{q-1}x-\frac{x_F}{q-1}$$ （3-18）

式(3-18)表示平衡蒸馏中气液相组成的关系。当 q 为规定值时，该式为直线方程。在 x-y 图上，其代表通过点 $f(x_F,x_F)$、斜率为 $q/(q-1)$ 的直线，如图 3-8 所示。

(2)热量衡算

若图 3-7 中加热器的热损失可忽略，则加热物料所需热量为

$$Q=Fc_p(T-t)$$ （3-19）

式中，Q 为加热器的热负荷，kJ/h 或 kW；F 为料液流量，kmol/h 或 kmol/s；c_p 为料液的平均摩尔定压热容，kJ/(kmol·℃)；T 为通过加料器后料液的温度，℃；t 为料液的温度，℃。

原料液经节流阀进入分离器后，物料汽化所需的潜热由原料液本身的显热提供，因此过程完成后系统的温度下降。

$$Fc_p(T-t_e)=(1-q)Fr$$ （3-20）

式中，t_e 为分离器中的平衡温度，℃；r 为平均摩尔汽化热，kJ/kmol。

原料液离开加热器的温度为

$$T=t_e+(1-q)\frac{r}{c_p}$$ （3-21）

(3)汽液平衡关系

平衡蒸馏中，气液两相处于平衡状态，即两相温度相等，组成互为平衡。因此，x 和 y 应满足平衡关系。对于符合汽液平衡方程式(3-11)的物系，则有

$$y=\frac{\alpha x}{1+(\alpha-1)x}$$ （3-11）

及 $\qquad\qquad\qquad\qquad\qquad t_e=f(x)$ $\qquad\qquad\qquad\qquad\qquad$ （3-22）

应用上述三类基本关系，可计算平衡蒸馏中气液相的平衡组成及平衡温度。平衡蒸馏的图解计算示于图 3-8 中。

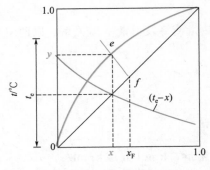

图 3-8 平衡蒸馏的图解

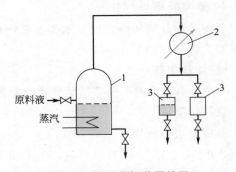

图 3-9 简单蒸馏装置简图
1—蒸馏釜；2—冷凝器；3—接收器

3.3.2 简单蒸馏

1. 简单蒸馏装置

简单蒸馏又称微分蒸馏，是一种间歇、单级蒸馏操作，其装置如图 3-9 所示。原料液分批加到蒸馏釜 1 中，通过间接加热使之部分汽化，产生的蒸气随即进入冷凝器 2 中冷凝，冷凝液作为馏出液产品排入接收器 3 中。随着蒸馏过程的进行，釜液中易挥发组分的含量不断降低，与之平衡的气相组成（即馏出液组成）也随之下降，釜中液体的泡点则逐渐升高。当馏出液平均组成或釜液组成降低至某规定值后，即停止蒸馏操作。通常，馏出液按组成分段收集，而釜残液一次排放。

2. 简单蒸馏的计算

简单蒸馏计算的主要内容是根据原料液的量和组成，确定馏出液与釜残液的量和组成间的关系。由于简单蒸馏为非稳态过程，虽然瞬间形成的蒸气与液相可视为互相平衡，但气相的总组成并不与剩余的釜液成平衡。因此，简单蒸馏的计算应该进行微分衡算。

假设某瞬间釜液量为 L kmol、组成为 x，经微分时间 $d\tau$ 后，釜液量变为 $L-dL$、组成为 $x-dx$，蒸出的气相量为 dD、组成为 y，y 与 x 呈平衡关系。作 $d\tau$ 时间内的物料衡算，得

总物料衡算 $\qquad\qquad dL=dD$

易挥发组分衡算 $\qquad\quad Lx=(L-dL)(x-dx)+ydD$

联立上两式，并略去 $dLdx$ 二阶无穷小量，得

$$\frac{dL}{L}=\frac{dx}{y-x}$$

上式的积分上、下限为：$L=F$，$x=x_F$；$L=W$，$x=x_2$。则积分结果为

$$\ln\frac{F}{W}=\int_{x_2}^{x_F}\frac{dx}{y-x} \qquad\qquad (3\text{-}23)$$

当已知汽液平衡关系时，则可求出上式等号右侧的积分值，从而可求得 F、W、x_F 及 x_2 之间的关系。

若汽液平衡关系可用式（3-11）表示，则代入式（3-23）并积分，可得

$$\ln\frac{F}{W}=\frac{1}{\alpha-1}\left[\ln\frac{x_F}{x_2}+\alpha\ln\frac{1-x_2}{1-x_F}\right] \qquad\qquad (3\text{-}24)$$

馏出液的平均组成 $\bar{y}$（或 x_D）可通过一批操作的物料衡算求得，即

$$D=F-W \qquad\qquad (3\text{-}25)$$

$$\overline{y}=\frac{Fx_F-Wx_2}{F-W}=x_F+\frac{W}{D}(x_F-x_2)\qquad(3\text{-}25a)$$

【例 3-3】 常压下对含苯 0.5(摩尔分数)的苯-甲苯混合液进行蒸馏分离,原料处理量为 100kmol。物系的平均相对挥发度为 2.5,汽化率为 0.4,试计算:(1)平衡蒸馏的气液相组成;(2)简单蒸馏的馏出液量及其平均组成。

解 (1)平衡蒸馏

由题意知,液化率为

$$q=1-0.4=0.6$$

物料衡算式为

$$y=\frac{q}{q-1}x-\frac{x_F}{q-1}=\frac{0.6}{0.6-1}x-\frac{0.5}{0.6-1}=1.25-1.5x\qquad(1)$$

相平衡方程式为

$$y=\frac{\alpha x}{1+(\alpha-1)x}=\frac{2.5x}{1+1.5x}\qquad(2)$$

联立式(1)及式(2),得平衡的气液相组成为

$$x=0.41,\quad y=0.635$$

(2)简单蒸馏

由题意知,馏出液的量为 $D=0.4F=0.4\times100=40$kmol,则

$$W=F-D=100-40=60\text{kmol}$$

将有关数据代入式(3-24),便可求得釜残液组成,即

$$\ln\frac{F}{W}=\frac{1}{\alpha-1}\left(\ln\frac{x_F}{x_2}+\alpha\ln\frac{1-x_2}{1-x_F}\right)$$

解得 $x_2=0.387$。

由式(3-25a)计算馏出液的平均组成,即

$$\overline{y}=x_F+\frac{W}{D}(x_F-x_2)=0.5+\frac{60}{40}(0.5-0.387)=0.6695$$

由上面计算结果看出,在相同汽化率条件下,简单蒸馏较平衡蒸馏可获得更好的分离效果,而平衡蒸馏的优点是连续操作。

3.4 精馏原理和流程

精馏是利用组分挥发度差异、借助"回流"技术实现混合液高纯度分离的多级分离操作,即同时进行多次部分汽化和部分冷凝的过程。实现精馏操作的主体设备是精馏塔。

3.4.1 精馏原理

精馏原理可利用图 3-10 所示物系的 $t\text{-}x\text{-}y$ 图来说明。将组成为 x_F 的混合液升温至泡点使其部分汽化,并将气相和液相分开,两相的组成分别为 y_1 和 x_1,此时 $y_1>x_F>x_1$,气液两相流量由杠杆规则确定。若将组成为 x_1 的液相继续进行部分

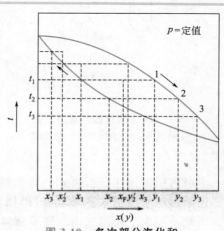

图 3-10 多次部分汽化和冷凝的 $t\text{-}x\text{-}y$ 图

汽化，则可得到组成分别为 y_2' 和 x_2' 的气相及液相（图中未标出），如此将液体混合物进行多次部分汽化，在液相中可获得高纯度的难挥发组分。同时，将组成为 y_1 的气相混合物进行部分冷凝，则可得到组成为 y_2 的气相和组成为 x_2 的液相。继续将组成为 y_2 的气相进行部分冷凝，又可得到组成为 y_3 的气相和组成为 x_3 的液相，显然 $y_3 > y_2 > y_1$。由此可见，气相混合物经多次部分冷凝后，在气相中可获得高纯度的易挥发组分。

上述分别进行的液相多次部分汽化和气相多次部分冷凝过程，原理上可获得两组分高纯度的分离，但是因产生大量中间馏分而使所得产品量极少，收率很低，且设备庞大。工业上的精馏过程是在精馏塔内将部分汽化和部分冷凝过程有机耦合而进行操作的。

图 3-11 为连续精馏装置流程示意图。原料液自塔的中部适当位置连续加入塔内，塔顶冷凝器将上升的蒸气冷凝成液体，其中一部分作为塔顶产品（馏出液）取出，另一部分引入塔顶作为"回流液"。回流液通过溢流管降至相邻下层塔板上。在加料口以上的各层塔板上，气相与液相密切接触，在浓度差和温度差的存在下（即传热、传质推动力），气相进行部分冷凝，使其中部分难挥发组分转入液相中；在气相冷凝时释放的冷凝潜热传给液相，使液相部分汽化，其中部分易挥发组分转入气相中。经过每层塔板后，净的结果是气相中易挥发组分的含量增高，液相中难挥发组分的含量升高。在塔的加料口以上，只要有足够多的塔板层数，则离开塔顶的气相中易挥发组分即可达到指定的纯度。塔的底部装有再沸器（塔釜），加热液体产生蒸气回到塔底。蒸气沿塔上升，同样在每层塔板上气液两相进行热质交换。同理，只要加料口以下有足够多的塔板层数，在塔底可得到高纯度的难挥发组分产品。每层塔板为一个气液接触单元，若离开某层塔板的气液两相在组成上达到平衡，则将这种塔板称为理论板。

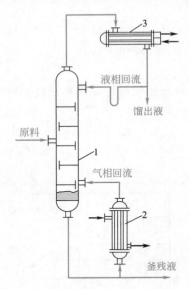

图 3-11　连续精馏装置示意图

1—精馏塔；2—再沸器；3—冷凝器

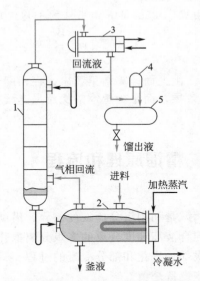

图 3-12　间歇精馏操作流程

1—精馏塔；2—再沸器；3—全凝器；
4—观察罩；5—贮槽

由塔内精馏操作分析可知，为实现精馏分离操作，除了具有足够层数塔板的精馏塔以外，还必须从塔顶引入下降液流（即回流液）和从塔底产生上升蒸气流，以建立气液两相体系。因此，塔底上升蒸气流和塔顶液体回流是精馏过程连续进行的必要条件。回流是精馏与普通蒸馏的本质区别。

3.4.2 精馏操作流程

精馏分离过程可连续操作，也可间歇操作。精馏装置系统一般都应由精馏塔、塔顶冷凝器、塔底再沸器等相关设备组成，有时还要配原料预热器、产品冷却器、回流用泵等辅助设备。

图 3-11 所示为典型的连续精馏装置流程。通常，将原料液加入的那层板称为加料板。在加料板以上的塔段，上升气相中难挥发组分向液相中传递，易挥发组分的含量逐渐增高，最终达到了上升气相的精制，因而称为精馏段。塔顶产品称为馏出液。加料板以下的塔段（包括加料板），完成了下降液体中易挥发组分的提出，从而提高塔顶易挥发组分的收率，同时获得高含量的难挥发组分塔底产品，因而将之称为提馏段。从再沸器排出的液体称为塔底产品或釜残液。

图 3-12 所示为间歇精馏操作流程。与连续精馏不同的是：原料液一次加入塔釜中，因而间歇精馏塔只有精馏段而无提馏段；同时，间歇精馏釜液组成不断变化，在塔底上升汽量和塔顶回流液量恒定的条件下，馏出液的组成也逐渐降低。当釜液达到规定组成后，精馏操作即被停止，并排出釜残液。

应予指出，有时在塔底安装蛇管以代替再沸器，塔顶回流液也可依靠重力作用直接流入塔内而省去回流液泵。

3.5 两组分连续精馏的计算

精馏过程的计算包括设计型和操作型两类。本节重点讨论板式精馏塔的设计型计算。

连续精馏塔的工艺设计型计算，通常规定原料液的组成、流量及分离要求，需要确定和计算的内容有：①确定产品的流量或组成；②选定操作压力和进料热状态；③计算精馏塔的塔板层数和适宜的加料位置；④选择塔板类型，确定塔高、塔径、塔板结构尺寸，并进行流体力学验算；⑤计算冷凝器，再沸器的热负荷，并确定两者的类型和尺寸。

其中第④项将在本书第 4 章中详细介绍。

3.5.1 理论板的概念及恒摩尔流假定

1. 理论板的概念

所谓理论板是指离开这种板的气液两相组成上互成平衡，温度相等的理想化塔板。其前提条件是气液两相皆充分混合、各自组成均匀、塔板上不存在传热传质过程的阻力。这是对塔板上传质过程的简化。实际上，由于塔板上气液间的接触面积和接触时间是有限的，因而在通常的塔板上气液两相都难以达到平衡状况，也就是说难以达到理论板的传质分离效果。理论板仅作为衡量实际板分离效率的依据和标准。在工程设计中，先求得理论板层数，用塔板效率予以校正，即可求得实际塔板层数。总之，引入理论板的概念，可用泡点方程和相平衡方程描述塔板上的传递过程，对精馏过程的分析和计算是十分有用的。例如，若已知某物系的汽液平衡关系，则离开理论板的气液两相组成 y_n 与 x_n 之间的关系即已确定。若能再知道由该板下降的液体组成 x_n 与由它的下一层塔板上升的气相组成 y_{n+1} 之间的关系，塔内各板的气液相组成可逐板确定，从而便可求得在指定分离要求下的理论板层数。y_{n+1} 与 x_n 之间的关系是由精馏操作条件所决定的，称之为操作关系，将在下小节介绍。

2. 恒摩尔流假定

为了简化精馏计算，通常引入塔内恒摩尔流动的假定。

(1) 恒摩尔气流

恒摩尔气流是指在精馏塔内，从精馏段或提馏段每层塔板上升的气相摩尔流量各自相等，即

精馏段　　$V_1 = V_2 = V_3 = \cdots = V = $ 常数

提馏段　　$V_1' = V_2' = V_3' = \cdots = V' = $ 常数

但两段上升的气相摩尔流量不一定相等。

下标表示塔板序号（下同）。

(2) 恒摩尔液流

恒摩尔液流是指在精馏塔内，从精馏段或提馏段每层塔板下降的液相摩尔流量分别相等，即

精馏段　　$L_1 = L_2 = L_3 = \cdots = L = $ 常数

提馏段　　$L_1' = L_2' = L_3' = \cdots = L' = $ 常数

但两段下降的液相摩尔流量不一定相等。

在精馏塔的塔板上气液两相接触时，若有 n kmol 的蒸气冷凝，相应有 n kmol 的液体汽化，恒摩尔流动的假定才能成立。这一简化假定的主要条件是两组分的摩尔汽化热相等，同时还需满足：①气液接触时因温度不同而交换的显热可以忽略；②塔设备保温良好，热损失可以忽略。

恒摩尔流动虽是一项简化假设，但某些物系能基本上符合上述条件，以后介绍的精馏计算均是以恒摩尔流为前提的。在少数情况下，如果物系中两组分的摩尔汽化热相差较远而每千克质量的汽化热相近，则 $V(V')$ 和 $L(L')$ 应取质量流，称为恒质量流动。

3.5.2 物料衡算和操作线方程

1. 全塔物料衡算

连续精馏过程的馏出液和釜残液的流量、组成与进料的流量和组成有关。通过全塔物料衡算，可求得它们之间的定量关系。

现对图 3-13 所示的连续精馏塔（塔顶全凝器，塔釜间接蒸汽加热）作全塔物料衡算，并以单位时间为基准，即

总物料衡算

$$F = D + W \tag{3-26}$$

易挥发组分衡算

$$Fx_F = Dx_D + Wx_W \tag{3-26a}$$

式中，F 为原料液流量，kmol/h 或 kmol/s；D 为塔顶馏出液流量，kmol/h 或 kmol/s；W 为塔底釜残液流量，kmol/h 或 kmol/s；x_F 为原料液中易挥发组分的摩尔分数；x_D 为馏出液中易挥发组分的摩尔分数；x_W 为釜残液中易挥发组分的摩尔分数。

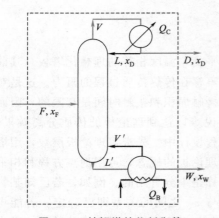

图 3-13　精馏塔的物料衡算

从而可解得馏出液的采出率

$$\frac{D}{F}=\frac{x_F-x_W}{x_D-x_W}$$ (3-27)

塔顶易挥发组分的回收率为

$$\eta_A=\frac{Dx_D}{Fx_F}\times100\%$$ (3-28)

或

$$\eta_A=\frac{Fx_F-Wx_W}{Fx_F}\times100\%$$ (3-28a)

应予指出,通常原料液的流量与组成是给定的,在规定分离要求时,应满足全塔总物料衡算的约束条件,即 $Dx_D\leqslant Fx_F$ 或 $D/F\leqslant x_F/x_D$。

【例 3-4】 在连续精馏塔中分离苯-甲苯混合液。原料液的流量为 12000kg/h,其中苯的质量分数为 0.46,要求馏出液中苯的回收率为 97.0%,釜残液中甲苯的回收率不低于 98%。试求馏出液和釜残液的流量与组成,以摩尔流量和摩尔分数表示。

解 苯和甲苯的摩尔质量分别为 78kg/kmol 和 92kg/kmol。进料组成

$$x_F=\frac{0.46/78}{0.46/78+0.54/92}=0.501$$

进料平均摩尔质量 $M_m=x_F M_A+(1-x_F)M_B=0.501\times78+(1-0.501)\times92=85\text{kg/mol}$

则

$$F=\frac{12000}{85}=141.2\text{kmol/h}$$

由题意知

$$\frac{Dx_D}{Fx_F}=0.97$$

或

$$Dx_D=0.97Fx_F=0.97\times141.2\times0.501=68.62\text{kmol/h}$$ (1)

同理

$$\frac{W(1-x_W)}{F(1-x_F)}=0.98$$

或

$$W(1-x_W)=0.98\times141.2(1-0.501)=69.05\text{kmol/h}$$ (2)

全塔物料衡算,得

$$D+W=F=141.2\text{kmol/h}$$ (3)

$$Dx_D+Wx_W=Fx_F=141.2\times0.501=70.74\text{kmol/h}$$ (4)

联解式(1)～式(4),得到:$D=70.01\text{kmol/h}$,$W=71.19\text{kmol/h}$,$x_D=0.98$,$x_W=0.03$。

 计算表明,产品的流量和组成受全塔总物料平衡的限制。

2. 操作线方程

表达由任意板下降液相组成 x_n 及由其下一层板上升的蒸气组成 y_{n+1} 之间关系的方程称为**操作线方程**。在连续精馏塔中,因原料液不断从塔的中部加入,致使精馏段和提馏段具有不同的操作关系,应分别予以讨论。

(1)精馏段操作线方程
对图 3-14 中虚线范围(包括精馏段的第 $n+1$ 层板

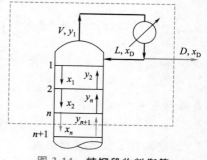

图 3-14 精馏段物料衡算

以上塔段及冷凝器)作物料衡算，以单位时间为基准，即

总物料衡算 $\qquad\qquad\qquad\qquad V=L+D$ （3-29）

易挥发组分衡算 $\qquad\qquad\qquad Vy_{n+1}=Lx_n+Dx_D$ （3-29a）

式中，x_n 为精馏段中第 n 层板下降液相中易挥发组分的摩尔分数；y_{n+1} 为精馏段第 $n+1$ 层板上升蒸气中易挥发组分的摩尔分数。

将式(3-29)代入式(3-29a)，并整理得

$$y_{n+1}=\frac{L}{V}x_n+\frac{D}{V}x_D$$ （3-30）

或

$$y_{n+1}=\frac{L}{L+D}x_n+\frac{D}{L+D}x_D$$ （3-30a）

令 $R=\dfrac{L}{D}$，代入上式得

$$y_{n+1}=\frac{R}{R+1}x_n+\frac{1}{R+1}x_D$$ （3-31）

式中，R 为回流比。根据恒摩尔流假定，L 为定值，且在稳态操作时，D 及 x_D 为定值，故 R 也是常量，其值一般由设计者选定。R 值的确定将在后面讨论。

式(3-30)或式(3-30a)与式(3-31)均称为精馏段操作线方程式。其表示在一定操作条件下，精馏段内自任意第 n 层板下降的液相组成 x_n 与其相邻的下一层板(第 $n+1$ 层板)上升气相组成 y_{n+1} 之间的关系。该式在 x-y 直角坐标图上为直线，其斜率为 $R/(R+1)$，截距为 $x_D/(R+1)$。

【例 3-5】 在板式精馏塔的精馏段测得：操作气液比为 1.25，进入第 i 层理论板的气相组成 $y_{i+1}=0.712$，离开第 i 板的液相组成 $x_i=0.65$，物系的平均相对挥发度 $\alpha=1.8$。试求：(1)操作回流比 R 及馏出液组成 x_D；(2)进入第 i 板的液相组成 x_{i-1}。

解 本例旨在熟悉精馏段操作线方程及其应用。

(1)操作回流比及馏出液组成

由操作气液比便可求得操作回流比，即

$$\frac{V}{L}=\frac{R+1}{R}=1.25$$

解得 $\qquad\qquad\qquad\qquad R=4$

精馏段操作线方程的一般表达式为

$$y_{n+1}=\frac{R}{R+1}x_n+\frac{x_D}{R+1}$$

将 $y_{i+1}=0.712$，$x_i=0.65$ 及 $R=4$ 代入上式并整理得

$$0.712=0.8\times0.65+\frac{x_D}{4+1}$$

则 $\qquad\qquad\qquad\qquad x_D=0.96$

于是精馏段操作线方程为

$$y_{n+1}=0.8x_n+0.192$$

(2)进入第 i 板的液相组成

由精馏段操作线方程得

$$x_{i-1} = \frac{y_i - 0.192}{0.8}$$

式中

$$y_i = \frac{\alpha x_i}{1 + (\alpha - 1)x_i} = \frac{1.8 \times 0.65}{1 + 0.8 \times 0.65} = 0.7697$$

于是

$$x_{i-1} = 0.7221$$

 解题要点：明确操作关系和平衡关系。

(2) 提馏段操作线方程

按图 3-15 虚线范围（包括提馏段第 m 层板以下塔段及再沸器）作物料衡算，以单位时间为基准，即

总物料衡算　　　$L' = V' + W$　　　　　　(3-32)

易挥发组分衡算　$L'x'_m = V'y'_{m+1} + Wx_W$　(3-32a)

式中，x'_m 为提馏段第 m 层板下降液相中易挥发组分的摩尔分数；y'_{m+1} 为提馏段第 $m+1$ 层板上升蒸气中易挥发组分的摩尔分数。

将式（3-32）代入式（3-32a），经整理得

$$y'_{m+1} = \frac{L'}{V'}x'_m - \frac{W}{V'}x_W \qquad (3-33)$$

或

$$y'_{m+1} = \frac{L'}{L'-W}x'_m - \frac{W}{L'-W}x_W \qquad (3-33a)$$

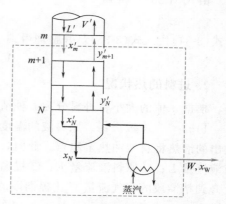

图 3-15　提馏段物料衡算

式（3-33）或式（3-33a）称为提馏段操作线方程式。其表示在一定操作条件下，提馏段内自第 m 层板下降的液相组成 x'_m 与其相邻的下层板（第 $m+1$ 层）上升蒸气组成 y'_{m+1} 之间的关系。根据恒摩尔流假设，L' 为定值，稳态操作时，W 与 x_W 也为定值，因此式（3-33）或式（3-33a）在 x-y 相图上为直线。但式中的 L' 受加料量及进料热状况所影响。

3.5.3　进料热状况的影响

1. 加料板的物料及热量衡算

为了分析进料的流量及其热状况对于精馏操作的影响，可对图 3-16 所示的加料板作物料及热量衡算，以单位时间为基准，即

总物料衡算　　　$$F + V' + L = V + L' \qquad (3-34)$$

热量衡算　　　　$$FI_F + V'I_{V'} + LI_L = VI_V + L'I_{L'} \qquad (3-35)$$

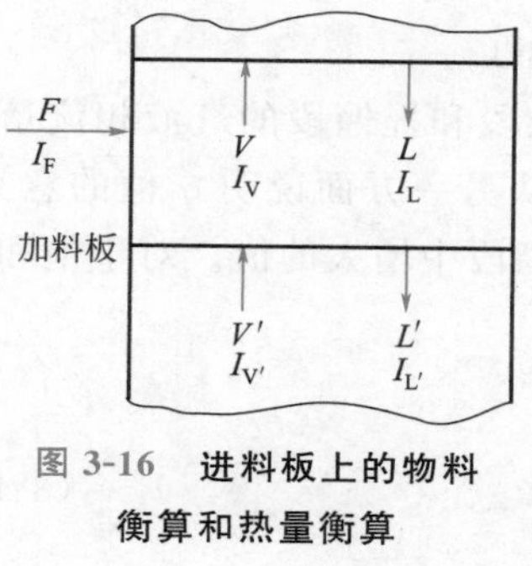

式中，I_F 为原料液的焓，kJ/kmol；I_V、$I_{V'}$ 分别为进料板上、下处饱和蒸气的焓，kJ/kmol；I_L、$I_{L'}$ 分别为进料板上、下处饱和液体的焓，kJ/kmol。

根据恒摩尔流假定，如下关系成立，即

$$I_V = I_{V'} \quad 及 \quad I_L = I_{L'}$$

于是式（3-35）可改写为

$$FI_F + V'I_V + LI_L = VI_V + L'I_L$$

或

$$(V - V')I_V = FI_F - (L' - L)I_L$$

图 3-16　进料板上的物料
衡算和热量衡算

将式(3-35)代入上式，可得

$$\frac{I_V - I_F}{I_V - I_L} = \frac{L' - L}{F} \tag{3-36}$$

令

$$q = \frac{I_V - I_F}{I_V - I_L} = \frac{\text{将 1kmol 进料变为饱和蒸气所需热量}}{\text{1kmol 原料液的汽化潜热}} \tag{3-37}$$

q 值称为进料的热状况参数。从 q 值的大小可判断加料的状态及温度，并对提馏段的操作状况产生明显的影响。

由式(3-36)可得到

$$L' = L + qF \tag{3-38}$$

将式(3-34)代入式(3-38)，并整理得到

$$V = V' + (1-q)F \tag{3-39}$$

2. 进料的热状况

根据 q 值的大小将进料分为五种情况。

1)$q > 1$，冷液进料。原料液的温度低于泡点，入塔后由提馏段上升的蒸气有部分冷凝，放出的潜热将料液加热至泡点。此时，提馏段下降液体流量 L' 由三部分组成：①精馏段回流液流量 L；②原料液流量 F；③提馏段蒸气冷凝液流量。由于部分上升蒸气的冷凝，致使上升到精馏段的蒸气流量 V 比提馏段的 V' 要少，其差额即为蒸气冷凝量。由此可见

$$L' > L + F, \quad V' > V$$

2)$q = 1$，饱和液体进料。此时，加入塔内的原料液全部作为提馏段的回流液，而两段上升的蒸气流量相等，即

$$L' = L + F, \quad V' = V$$

3)$0 < q < 1$，气液混合物进料。进料中液相部分成为 L' 的一部分，而其中蒸气部分成为 V 的一部分，即

$$L < L' < L + F, \quad V' < V$$

4)$q = 0$，饱和蒸气进料。整个进料变为 V 的一部分，而两段的回流液流量则相等，即

$$L' = L, \quad V = V' + F$$

5)$q < 0$，过热蒸气加料。过热蒸气入塔后放出显热成为饱和蒸气，此显热使加料板上的液体部分汽化。此情况下，进入精馏段的上升蒸气流量包括三部分：①提馏段上升蒸气流量 V'；②原料的流量 F；③加料板上部分汽化的蒸气流量。由于这部分液体的汽化，下降到提馏段的液体流量将比精馏段的 L 要少，其差额即为汽化的液体量。由此可见

$$L' < L, \quad V > V' + F$$

在实际生产中，以接近泡点的冷进料和泡点进料居多。

五种可能的进料热状况对进料板上下各流股的影响示于图 3-17。

由上面分析可知，式(3-38)和式(3-39)表达了精馏塔内精馏段和提馏段的气液相流量与进料流量及其热状态参数之间的基本关系。同时，由式(3-38)从另一方面说明 q 值的意义，即以 1kmol/h 进料为基准时，q 值即提馏段中的液体流量较精馏段中增大的值。对于饱和液体、气液混合物进料而言，q 值即等于进料中的液相分率。

将式(3-38)代入式(3-33a)，则提馏段操作线方程可写为

$$y'_{m+1} = \frac{L + qF}{L + qF - W} x'_m - \frac{W}{L + qF - W} x_W \tag{3-40}$$

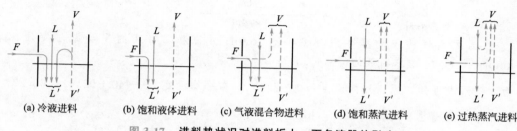

| | (a) 冷液进料 | (b) 饱和液体进料 | (c) 气液混合物进料 | (d) 饱和蒸汽进料 | (e) 过热蒸汽进料 |

图 3-17　进料热状况对进料板上、下各流股的影响

【例 3-6】 分离例 3-4 中苯-甲苯的连续精馏塔，塔顶饱和液体回流，操作回流比为 2.5。试计算：(1)精馏段的气液相流量及操作线方程；(2)泡点进料与 40℃进料时提馏段的气液两相流量及操作线方程。

操作条件下的汽液平衡组成及对应的平衡温度列于本例附表中。

例 3-6 附表

$t/℃$	80.1	85	90	95	100	105	110.6
x	1.00	0.780	0.581	0.412	0.258	0.130	0
y	1.00	0.897	0.773	0.633	0.461	0.269	0

解　例 3-4 的计算结果为

原料液　$F=141.2\text{kmol/h}$，$x_F=0.501$，$M_m=85\text{kg/kmol}$

馏出液　$D=70.01\text{kmol/h}$，$x_D=0.98$

釜残液　$W=71.19\text{kmol/h}$，$x_W=0.03$

(1)精馏段的气液相流量及操作线方程

精馏段的气液相流量由馏出液流量及回流比决定，即

$$V=(R+1)D=(2.5+1)\times70.01=245.0\text{kmol/h}$$
$$L=RD=2.5\times70.01=175.0\text{kmol/h}$$

精馏段操作线方程由式(3-31)计算，即

$$y_{n+1}=\frac{R}{R+1}x_n+\frac{x_D}{R+1}=\frac{2.5}{2.5+1}x_n+\frac{0.98}{2.5+1}=0.714x_n+0.28$$

(2)提馏段的气液相流量及操作线方程

在其他操作参数一定的前提下，提馏段的气液相流量及操作线方程受加料热状况参数的影响。为此，需先求得不同进料温度下的 q 值，然后用式(3-38)及式(3-39)计算 L' 及 V'，并用式(3-40)计算提馏段操作线方程。

① 泡点进料 $q=1$，则

$$L'=L+qF=175.0+1\times141.2=316.2\text{kmol/h}$$
$$V'=V=245.0\text{kmol/h}$$

$$\begin{aligned}y'_{m+1}&=\frac{L+qF}{L+qF-W}x'_m-\frac{W}{L+qF-W}x_W\\&=\frac{316.2}{316.2-71.19}x'_m-\frac{71.19}{316.2-71.19}\times0.03=1.29x'_m-0.0087\end{aligned}$$

② 40℃冷液进料　q 值可由定义式(3-37)计算，即

$$q=\frac{r_{\mathrm{m}}+c_{p\mathrm{m}}(t_{\mathrm{b}}-t_{\mathrm{F}})}{r_{\mathrm{m}}} \tag{1}$$

式中，r_{m} 为原料液的平均摩尔汽化热，kJ/kmol；$c_{p\mathrm{m}}$ 为原料液的平均摩尔定压热容，kJ/(kmol·℃)；t_{b} 为原料液的泡点，℃；t_{F} 为进料温度，℃。

由本例附表可知，原料液的泡点约为 92.4℃，在平均温度为 $\frac{1}{2}(40+92.4)=66.2$℃下，查得苯和甲苯的比热容均为 1.83kJ/(kg·℃)，则

$$c_{p\mathrm{m}}=c_{p\mathrm{A}}M_{\mathrm{m}}=1.83\times85=155.6\mathrm{kJ/(kmol\cdot℃)}$$

泡点温度 92.4℃下，苯和甲苯的汽化热分别为 390kJ/kg 及 360kJ/kg，二者的摩尔质量分别为 78kg/kmol 及 92 kg/kmol，则

$$r_{\mathrm{m}}=0.501\times78\times390+0.499\times92\times360=3.1770\times10^{4}\mathrm{kJ/kmol}$$

将有关数据代入式(1)，即

$$q=\frac{3.1770\times10^{4}+155.6\times(92.4-40)}{3.1770\times10^{4}}=1.257$$

于是 $\quad L'=L+qF=175.0+1.257\times141.2=352.5\mathrm{kmol/h}$

$V'=V-(1-q)F=245.0-(1-1.257)\times141.2=281.3\mathrm{kmol/h}$

$$y'_{m+1}=\frac{L+qF}{L+qF-W}x'_{m}-\frac{W}{L+qF-W}x_{\mathrm{W}}$$

$$=\frac{352.5}{352.5-71.19}x'_{m}-\frac{71.19}{352.5-71.19}\times0.03=1.253x'_{m}-0.0076$$

从上面数据看出，进料热状况明显影响着提馏段操作线方程式。随着 q 值加大，提馏段操作线方程的斜率和截距的绝对值变小。

同时还要注意，精馏段操作线的斜率小于或等于 1，截距为正；提馏段操作线的斜率等于或大于 1，截距为负。

3.5.4 理论板层数的计算

连续精馏塔设计型计算的基本步骤是在规定分离要求后(如 D、x_{D} 或 η_{A})，确定操作条件(选定操作压力、进料热状态 q 及回流比 R 等)，利用平衡关系和操作关系计算所需要的理论板层数。通常，**计算理论板层数有逐板计算法、图解法和简捷法**。

1. 逐板计算法

图 3-18 所示为一连续精馏塔，泡点加料，塔釜间接蒸汽加热，从塔顶最上一层塔板(序号为 1)上升的蒸气在全凝器全部冷凝成饱和温度下的液体，因此馏出液和回流液的组成均为 y_1，即 $y_1=x_{\mathrm{D}}$。

根据理论板的概念，自第一层板下降的液相组成 x_1 与 y_1 应互成平衡，故可利用相平衡方程由 y_1 求得 x_1，即

$$x_1=\frac{y_1}{y_1+\alpha(1-y_1)}$$

从第二层塔板上升的蒸气组成 y_2 与 x_1 符合精馏段操作关系，故可用精馏段操作线方程由 x_1 求得 y_2，即

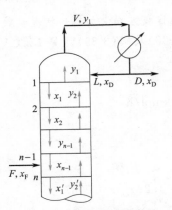

图 3-18　逐板计算法示意图

$$y_2 = \frac{R}{R+1}x_1 + \frac{x_D}{R+1}$$

同理，y_2 与 x_2 为平衡关系，可用平衡方程由 y_2 求得 x_2，再用精馏段操作线方程由 x_2 计算 y_3。如此交替地利用平衡方程及精馏段操作线方程进行逐板计算，直至求得的 $x_n \leqslant x_F$（泡点进料）时，则第 n 层理论板便为加料板。按惯例，加料板算在提馏段，因此精馏段所需理论板层数为 $(n-1)$。应予注意，对于其他进料热状态，应计算到 $x_n \leqslant x_q$ 为止（x_q 为两操作线交点坐标值）。

从此开始，改用提馏段操作线方程由 x_n（将其序号改为1，记为 x_1'）求得 y_2'，再利用平衡方程由 y_2' 求算 x_2'，如此重复计算，直至计算到 $x_m' \leqslant x_W$ 为止。对于间接蒸汽加热，再沸器内气液两相可视为平衡，再沸器相当于一层理论板，故提馏段所需理论板层数为 $(m-1)$。

在计算过程中，每使用一次平衡关系，便对应一层理论板。

逐板计算法是求解理论板层数的基本方法，概念清晰，计算结果准确，且同时可得到各层塔板上的气液相组成及其对应的平衡温度。目前，计算机应用技术的普及，使得逐板计算法变得快捷明了。

2. 图解法

以逐板计算法的基本原理为基础，在 x-y 相图上，用平衡曲线和操作线代替平衡方程和操作方程，用简便的图解法求解理论板层数，在两组元精馏计算中得到广泛应用。图解法的基本步骤如下。

(1) 在 x-y 坐标上作出平衡曲线和对角线

(2) 在 x-y 相图上作出操作线

精馏段和提馏段操作线方程在 x-y 图上均为直线。实际作图时，分别找出两直线上的固定点，如操作线与对角线的交点及两操作线的交点等，然后分别作出两条操作线。

① **精馏段操作线的作法** 若略去精馏段操作线方程中变量的下标，则该式变为

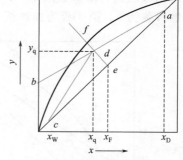

图 3-19　操作线的作法

$$y = \frac{R}{R+1}x + \frac{x_D}{R+1}$$

该线在 y 轴上的截距 $x_D/(R+1)$ 如图3-19中的点 b 所示。上式与对角线方程 $y=x$ 联解，可得到精馏段操作线与对角线的交点，其坐标为 $x=x_D$、$y=x_D$，如图 3-19 中的点 a 所示。连接 a、b 两点的直线即为精馏段操作线。当然，也可从点 a 作斜率为 $R/(R+1)$ 的直线 ab，得到精馏段操作线。

② **提馏段操作线的作法** 略去提馏段操作线方程中变量的上、下标，则该方程式可写为

$$y = \frac{L+qF}{L+qF-W}x - \frac{W}{L+qF-W}x_W$$

上式与对角线方程式联解，得到提馏段操作线与对角线的交点坐标为 $x=x_W$、$y=x_W$，如图 3-19 上的点 c 所示。为了反映加料热状况的影响，通常是推导出提馏段操作线与精馏段操作线的交点轨迹方程，确定两操作线的交点，将点 c 与此交点相连即得提馏段操作线。两操作线交点的轨迹方程由联解两操作线方程而得到。

因在交点处精馏段操作线方程与提馏段操作线方程中的变量相同，故可略去式(3-30)及式(3-33)中有关变量的上下标，即

$$Vy = Lx + Dx_D, \quad V'y = L'x - Wx_W$$

将式(3-26a)、式(3-38)及式(3-39)代入并整理，得

$$y = \frac{q}{q-1}x - \frac{x_F}{q-1} \tag{3-41}$$

式(3-41)即为代表两操作线交点轨迹的方程，又称 q 线方程或进料方程。该式也是直线方程。

式(3-41)与对角线方程联立，解得交点坐标为 $x = x_F$，$y = x_F$，如图 3-19 上的点 e 所示。过点 e 作斜率为 $q/(q-1)$ 的直线，与精馏段操作线交于点 d，连接 cd 即得提馏段操作线。

③ 进料热状况对 q 线及操作线的影响 进料热状况参数 q 值不同，q 线的斜率也就不同，q 线与精馏段操作线的交点随之而变动，从而影响提馏段操作线的位置。

当进料组成 x_F、操作回流比 R 及两产品相组成 x_D、x_W 一定时，五种不同进料热状况对 q 线及操作线的影响示于图 3-20 中。

(3)图解法求理论板层数

理论板层数的图解方法如图 3-21 所示。自对角线上的点 a 开始，在精馏段操作线与平衡线之间作由水平线和铅垂线构成的阶梯，即从点 a 作水平线与平衡线交于点 1，该点即代表离开第一层理论板的气液相平衡组成(x_1, y_1)，故由点 1 可确定 x_1。由点 1 作铅垂线与精馏段操作线的交点 $1'$ 可确定 y_2。再由点 $1'$ 作水平线与平衡线交于点 2，由此点定出 x_2。如此，重复在平衡线与精馏段操作线之间作阶梯。当阶梯跨过两操作线的交点 d 时，改在提馏段操作线与平衡线之间绘阶梯，直至阶梯的垂线达到或跨过点 $c(x_W, x_W)$ 为止。平衡线上每个阶梯的顶点即代表一层理论板。跨过点 d 的阶梯为进料板，最后一个阶梯为再沸器。总理论板层数为阶梯数减 1。图 3-21 中的图解结果为：所需理论板层数为 6，其中精馏段与提馏段各为 3，第 4 板为加料板。

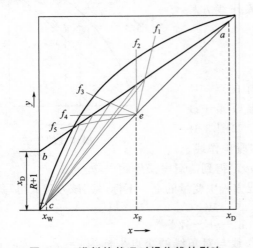

图 3-20　进料热状况对操作线的影响

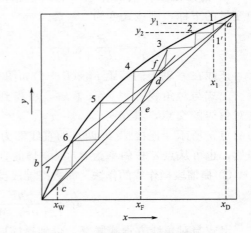

图 3-21　求理论板层数的图解法

若从塔底点 c 开始作阶梯，将得到基本一致的结果。

上述图解理论板层数的方法称为麦卡布-蒂利(McCabe-Thiele)法，简称 M-T 法。

(4)确定最优进料位置

最优的进料位置一般应在塔内液相或气相组成与进料组成相近或相同的塔板上。当采用

图解法计算理论板层数时，**适宜进料位置应为跨过两操作线交点所对应的阶梯**。对于一定的分离任务，如此作图所需理论板数为最少，跨过两操作线交点后继续在精馏段操作线与平衡线之间作阶梯，或没有跨过交点过早更换操作线，都会使所需理论板层数增加。

对于已有的精馏装置，在适宜进料位置进料，可获得最佳分离效果。在实际操作中，如果进料位置不当，将会使馏出液和釜残液均不能达到预期的组成。

有的精馏装置上，于塔顶安装分凝器与全凝器，使从塔顶出来的蒸气先在分凝器中部分冷凝，冷凝液作为回流，未冷凝的蒸气再在全凝器中冷凝，冷凝液作为塔顶产品。离开分凝器的气液两相可视为互相平衡，即分凝器起到一层理论板的作用，故精馏段的理论板层数应比相应的阶梯数减少一个。另外，对于某些水溶液的精馏分离，塔底采用直接蒸汽加热。此时，塔釜不能当作一层理论板看待。

应予指出，上述求算理论板层数的方法(逐板计算法和图解法)都是以塔内恒摩尔流为前提的。这个假设能够成立的主要条件是混合液中各组分的摩尔汽化热相近或相等。对偏离这个条件较远的物系，需要对摩尔汽化热进行校正(称为摩尔汽化热校正法)或采用焓浓图等其他方法求解理论板层数。

【例 3-7】 在常压连续板式精馏塔中分离例 3-4 的苯-甲苯混合液。塔顶全凝器，泡点回流，操作回流比为 4；塔釜间接蒸汽加热；原料液于 40℃ 下加入塔内。操作条件下，物系的平均相对挥发度为 2.5，试分别用逐板计算法和图解法求所需的理论板层数，并确定适宜的加料位置。

解 例 3-4 的计算结果为：$x_F = 0.501$，$x_D = 0.98$，$x_W = 0.03$，$F = 141.2 \text{kmol/h}$，$D = 70.01 \text{kmol/h}$，$W = 71.19 \text{kmol/h}$。由例 3-6 知，40℃ 进料的热状况参数 $q = 1.257$。

(1)逐板计算法

精馏段操作线方程为

$$y = \frac{R}{R+1}x + \frac{x_D}{R+1} = \frac{4}{4+1}x + \frac{0.98}{4+1} = 0.8x + 0.196 \tag{1}$$

q 线方程为

$$y = \frac{q}{q-1}x - \frac{x_F}{q-1} = \frac{1.257}{1.257-1}x - \frac{0.501}{1.257-1} = 4.891x - 1.95 \tag{2}$$

提馏段操作方程为

$$
\begin{aligned}
y &= \frac{RD+qF}{RD+qF-W}x - \frac{W}{RD+qF-W}x_W \\
&= \frac{4 \times 70.01 + 1.257 \times 141.2}{4 \times 70.01 + 1.257 \times 141.2 - 71.19}x - \frac{71.19 \times 0.03}{4 \times 70.01 + 1.257 \times 141.2 - 71.19} \\
&= 1.184x - 0.0055
\end{aligned}
\tag{3}
$$

相平衡方程为

$$x = \frac{y}{y + \alpha(1-y)} = \frac{y}{y + 2.5(1-y)} \tag{4}$$

计算中，先用精馏段操作线方程与 q 线方程联立，即式(1)与式(2)联立，求解 40℃ 进料时加料板上的气液相组成，即

$$x_q = 0.5246, \quad y_q = 0.6158$$

下面用相平衡方程和精馏段操作线方程进行逐板计算，直到 $x_n \leqslant x_q$ 时，改用提馏段操作线方程与相平衡方程继续逐板计算，直至 $x_m \leqslant x_W$ 为止。

因为塔顶全凝器 $y_1 = x_D = 0.98$。x_1 由相平衡方程(4)计算，即

$$x_1 = \frac{0.98}{0.98 + 2.5(1-0.98)} = 0.9515$$

y_2 由精馏段操作线方程求得，即

$$y_2 = 0.8 \times 0.9515 + 0.196 = 0.9572$$

继续用相平衡方程(4)和精馏段操作线方程(1)逐板计算，当求得 $x_6 = 0.4052 < 0.5246$（加料板）时，改用提馏段操作线方程，当 $x_{11} = 0.0283 < x_W = 0.03$ 时，第 11 平衡级为再沸器。即塔内安装 10 层理论板即可满足分离要求。计算结果列于本例附表 1。

例 3-7 附表 1

序号	y	x	备注	序号	y	x	备注
1	0.98	0.9515		7	0.4742	0.3608	改用提馏段操作
2	0.9572	0.8995		8	0.4217	0.2258	线方程(3)
3	0.9156	0.8144		9	0.2619	0.1242	
4	0.8475	0.6897		10	0.1416	0.0619	
5	0.7478	0.5425		11	0.0678	$0.0283 < x_W$	再沸器
6	0.6300	0.4052	进料板				

（2）图解法

① 利用相平衡方程计算相平衡数据，如本例附表 2 所示。

例 3-7 附表 2

x	0	0.1	0.2	0.3	0.4	0.5	0.6	0.7	0.8	0.9	1.0
y	0	0.2174	0.3846	0.5172	0.6250	0.7143	0.7895	0.8537	0.9091	0.9575	1.0

依据相平衡数据在直角坐标上绘制平衡曲线，并作出对角线，如本例附图所示。

② 在对角线上定出点 $a(0.98, 0.98)$，在 y 轴上定出截距的点 $b(0, 0.196)$，连接 ab 即为精馏段操作线。

③ 在对角线上定出点 $e(0.501, 0.501)$，过点 e 作斜率为 4.891 的直线 ef，此直线即为 q 线。q 线与精馏段操作线交于点 d。

④ 在对角线上定出点 $c(0.03, 0.03)$，连接 cd 即为提馏段操作线。

⑤ 从点 a 开始在平衡线与精馏段操作线之间作由水平线和铅垂线构成的阶梯，从第 6 个阶梯开始更换提馏段操作线，直至 $x_{11} = 0.026 < x_W$ 时为止。

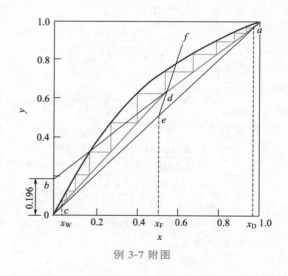

例 3-7 附图

图解结果为：所需理论板数为 10（不包括再沸器），从塔顶算起第 6 层理论板为加料板。

逐板计算法和图解法的结果非常吻合。

 通过图解法求理论板数可证明，随着 q 值下降，在其他参数保持不变的条件下，所需理论板层数将增加。

3.5.5　回流比的影响及其选择

前已述及，塔顶回流是保证精馏塔连续稳态操作的必要条件之一，且回流比是影响精馏分离设备投资费用和操作费用的重要因素；同时，对于现有精馏塔，回流比影响着分离效果。对于一定的分离任务（即 F、x_F、D 及 q）而言，应选择适宜的回流比。

回流比有全回流（即没有产品取出）及最小回流比两个极限，操作回流比为介于两个极限之间的某个适宜值。

1. 全回流和最小理论板层数

上升至塔顶的蒸气冷凝后全部回到塔内的操作方式称为全回流。全回流下操作的精馏塔具有如下特点：

① 塔顶产品 D 为零，一般 F 和 W 也均为零，即不向塔内进料，也不从塔内取出产品。

② 全塔没有精馏段和提馏段之分，两段的操作线合二为一，即

$$y_{n+1} = x_n \tag{3-42}$$

在 x-y 图上，操作线与对角线重合，此时，操作线和平衡线的距离最远。

③ 达到规定分离程度所需理论板层数最少，以 $N_{\min}$ 表示。$N_{\min}$ 可在 x-y 图上的平衡线与对角线之间直接作阶梯图解，也可用平衡方程与对角线方程逐板计算得到，或从逐板计算法推得的芬斯克（Fenske）方程式计算得到。

全回流时，芬斯克方程式可由汽液平衡方程和操作线方程导出。汽液平衡关系可表示为

$$\left(\frac{y_A}{y_B}\right)_n = \alpha_n \left(\frac{x_A}{x_B}\right)_n$$

操作线方程用式（3-42）表示，即

$$y_{n+1} = x_n$$

对于塔顶全凝器，则有

$$y_1 = x_D \quad \text{或} \quad \left(\frac{y_A}{y_B}\right)_1 = \left(\frac{x_A}{x_B}\right)_D$$

第 1 层理论板的汽液平衡关系为

$$\left(\frac{y_A}{y_B}\right)_1 = \alpha_1 \left(\frac{x_A}{x_B}\right)_1 = \left(\frac{x_A}{x_B}\right)_D$$

在第 1 层和第 2 层理论板之间的操作关系为

$$\left(\frac{y_A}{y_B}\right)_2 = \left(\frac{x_A}{x_B}\right)_1$$

所以

$$\left(\frac{x_A}{x_B}\right)_D = \alpha_1 \left(\frac{y_A}{y_B}\right)_2$$

同理，第 2 层理论板的汽液平衡关系为

$$\left(\frac{y_A}{y_B}\right)_2 = \alpha_2 \left(\frac{x_A}{x_B}\right)_2$$

则

$$\left(\frac{x_A}{x_B}\right)_D = \alpha_1 \alpha_2 \left(\frac{x_A}{x_B}\right)_2$$

重复上述的计算过程，直至塔釜（塔釜视作第 $N+1$ 层理论板）为止，可得

$$\left(\frac{x_A}{x_B}\right)_D = \alpha_1 \alpha_2 \cdots \alpha_{N+1} \left(\frac{x_A}{x_B}\right)_W$$

若令 $\alpha_m = \sqrt[N+1]{\alpha_1\alpha_2\cdots\alpha_{N+1}}$，则上式可写为

$$\left(\frac{x_A}{x_B}\right)_D = \alpha_m^{N+1}\left(\frac{x_A}{x_B}\right)_W$$

对于全回流操作，以 N_{min} 代替上式中的 N，并对等式两边取对数，经整理得

$$N_{min} = \frac{\lg\left[\left(\frac{x_A}{x_B}\right)_D\left(\frac{x_B}{x_A}\right)_W\right]}{\lg\alpha_m} - 1 \tag{3-43}$$

对两组分物系，上式可略去下标 A、B 而写为

$$N_{min} = \frac{\lg\left[\left(\frac{x_D}{1-x_D}\right)\left(\frac{1-x_W}{x_W}\right)\right]}{\lg\alpha_m} - 1 \tag{3-43a}$$

式中，N_{min} 为全回流时的最小理论板层数(不含再沸器)；α_m 为全塔平均相对挥发度，当 α 变化不大时，可取塔顶的 α_D 和塔底的 α_W 的几何平均值。

式(3-43)及式(3-43a)称为芬斯克方程式，用以计算全回流下的最少理论板层数。其适用条件是在全塔操作范围内，α 可取平均值，塔顶全凝器，塔釜间接蒸汽加热。若将式中的 x_W 换为 x_F，α 取塔顶和进料板间的平均值，则该式便可用来计算精馏段的最少理论板层数。

应予指出，全回流操作时，装置的生产能力为零，因此对正常生产并无实际意义。但在精馏的开工阶段或实验研究时，采用全回流操作可缩短稳定时间并便于过程控制。

2. 最小回流比

对于一定的分离任务，如减小操作回流比，精馏段操作线的斜率变小，截距变大，两操作线向平衡线靠近，表示气液两相间的传质推动力减小，达到指定分离程度(x_D、x_W)所需理论板层数增多。当回流比减小到某一数值时，两操作线的交点 d 落到平衡线上，如图 3-22 所示。此时，若在平衡线与操作线之间绘阶梯，将需要无穷多阶梯才能到达点 d。相应的回流比即为最小回流比，以 R_{min} 表示。在点 d 前后(通常为进料板上下区域)各板之间的气液两相组成基本上不发生变化，即没有增浓作用，故点 d 称为夹紧点，这个区域称为夹紧区(恒浓区)。最小回流比是回流的下限。当回流比较 R_{min} 还要低时，操作线和 q 线的交点 d' 就落在平衡线之外，精馏操作无法达到指定的分离程度。

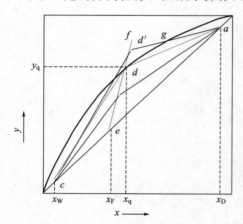

图 3-22　最小回流比的确定

最小回流比有两种计算方法。

(1)作图法

依据平衡曲线形状不同，作图方法有所不同。

对于正常的平衡线(如图 3-22 中的平衡曲线)，由精馏段操作线斜率可得

$$\frac{R_{min}}{R_{min}+1} = \frac{x_D - y_q}{x_D - x_q} \tag{3-44}$$

经整理，得

$$R_{\min} = \frac{x_D - y_q}{y_q - x_q}$$ (3-44a)

式中，x_q、y_q 为 q 线与平衡线的交点坐标，由图中读得。

对于不正常的平衡曲线（平衡线有下凹部分），如图 3-23 所示，此种情况下的夹紧点可能在两操作线与平衡线交点前出现，如图 3-23(a)的夹紧点 g 先出现在精馏段操作线与平衡线相切的位置，而图 3-23(b)中的夹紧点 g 先出现在提馏段操作线与平衡线相切的位置，这两种情况都应根据精馏段操作线的斜率求得 $R_{\min}$。

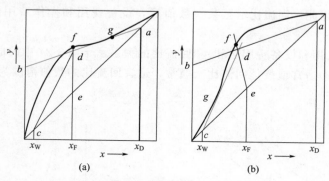

图 3-23　不正常平衡曲线的 $R_{\min}$ 的确定

（2）解析法

对于相对挥发度 α 为常量（或取平均值）的物系，x_q 与 y_q 的关系可用相平衡方程确定，并直接用式（3-44a）计算 $R_{\min}$。

对于某些进料热状态，可直接推导出相应的 $R_{\min}$ 计算式，如泡点进料时，$x_q = x_F$，则有

$$R_{\min} = \frac{1}{\alpha - 1}\left[\frac{x_D}{x_F} - \frac{\alpha(1 - x_D)}{1 - x_F}\right]$$ (3-45)

饱和蒸气进料时，$y_q = y_F$，则有

$$R_{\min} = \frac{1}{\alpha - 1}\left(\frac{\alpha x_D}{y_F} - \frac{1 - x_D}{1 - y_F}\right) - 1$$ (3-46)

式中，y_F 为饱和蒸气进料中易挥发组分的摩尔分数。

应予指出，最小回流比 $R_{\min}$ 的值，对于一定的原料液与规定的分离程度（x_D，x_W）有关，同时还和物系的相平衡性质有关。对于指定的物系，$R_{\min}$ 只取决于分离要求，这是设计型计算中达到一定分离程度所需回流比的最小值。实际操作回流比应大于最小回流比。对于现有精馏塔的操作来说，因塔板数固定，不同回流比下将达到不同的分离程度，此时也就不存在 $R_{\min}$ 的问题了。

3. 适宜回流比的选择

适宜回流比或称最佳回流比是指操作费用和设备费用之和为最低时的回流比，需通过经济衡算来确定。

精馏过程的操作费用主要决定于再沸器中加热介质（饱和蒸气及其他加热介质）消耗量、塔顶冷凝器中冷却介质消耗量及动力消耗等费用，这些消耗又取决于塔内上升的蒸气量，即

$$V = (R+1)D \quad 及 \quad V' = (R+1)D + (q-1)F$$

因而当 F、q 及 D 一定时，V 和 V' 均随 R 而变。当 R 加大时，加热介质及冷却介质用

量均随之增加，即精馏操作费用增加。操作费用和回流比的大致关系如图 3-24 中的曲线 1 所示。

精馏装置的设备费用主要是指精馏塔、再沸器、冷凝器及其他辅助设备的购置费用。当设备类型和材质被选定后，此项费用主要取决于设备的尺寸。最小回流比对应无穷多层理论板，故设备费用为无穷大。增大回流比，起初显著降低所需塔板层数，设备费明显下降。再加大回流比，虽然塔板层数仍可继续减少，但下降非常缓慢，如图 3-25 所示。与此同时，随着回流比的加大，塔内上升蒸气量也随之增加，致使塔径、塔板面积、再沸器、冷凝器等的尺寸相应增大。因此，回流比增至某一数值后，设备费用和操作费用同时上升，如图 3-24 中的曲线 2 所示。

总费用(操作费用和设备费用之和)和回流比的关系示于图 3-24 中的曲线 3。总费用最低时所对应的回流比即适宜或最佳回流比。通常，适宜回流比的数值范围为

$$R = (1.1 \sim 2.0) R_{\min}$$

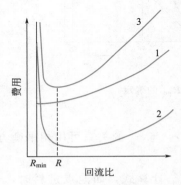

图 3-24 适宜回流比的确定

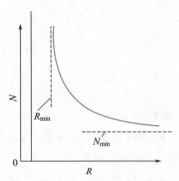

图 3-25 N 和 R 的关系

在精馏设计中，实际回流比的选取还应考虑一些具体情况。例如，对于难分离的物系，宜选用较大的回流比，而在能源紧张地区，为减少加热蒸汽消耗量，就应采用较小的回流比。

【例 3-8】 试计算例 3-7 中操作回流比为最小回流比的多少倍。按 40℃进料和饱和蒸气进料分别计算。

解 由式(3-44a)计算最小回流比，即

$$R_{\min} = \frac{x_D - y_q}{y_q - x_q}$$

由例 3-7 知，$x_D = 0.98$，y_q 与 x_q 视进料热状况分别确定。

(1)40℃进料的 $R/R_{\min}$

由于在最小回流比下，操作线与 q 线的交点落在平衡线上，故可由 q 线方程与平衡方程联立求解 x_q 与 y_q。

由例 3-7 得到，q 线方程为

$$y = 4.891x - 1.95 \tag{1}$$

平衡方程为

$$y = \frac{2.5x}{1 + 1.5x} \tag{2}$$

联立式(1)与式(2)，解得 $x_q = 0.5532$ 及 $y_q = 0.7557$。由例 3-7 附图也读得相近数据。则

$$R_{\min}=\frac{0.98-0.7557}{0.7557-0.5532}=1.108$$

实际操作回流比 $R=4$，则

$$\frac{R}{R_{\min}}=\frac{4}{1.108}=3.61$$

（2）饱和蒸气进料的 $R/R_{\min}$

对于饱和蒸气进料，$y_q=x_F=0.501$，x_q 由平衡方程求得，即

$$x_q=\frac{y_q}{y_q+\alpha(1-y_q)}=\frac{0.501}{0.501+2.5(1-0.501)}=0.2865$$

则

$$R_{\min}=\frac{0.98-0.501}{0.501-0.2865}=2.233$$

于是

$$\frac{R}{R_{\min}}=\frac{4}{2.233}=1.791$$

饱和蒸气进料的 $R_{\min}$ 也可直接由式(3-46)计算，结果一致。

由上面计算结果可看出，进料热状态不同，$R_{\min}$ 也就不同。一般随进料热状况参数 q 值的下降，$R_{\min}$ 值加大。在本例条件下，40℃进料时实际回流比为最小回流比的 3.6 倍，所取倍数稍大。而饱和蒸气进料时，$R/R_{\min}$ 为 1.791，通常视为适宜。

【例 3-9】 在连续精馏塔内分离某二元理想溶液，已知进料组成为 0.4（易挥发组分摩尔分数，下同）。塔顶采用分凝器和全凝器，塔顶上升蒸气经分凝器部分冷凝后，液相作为塔顶回流液，其组成为 0.95，气相再经全凝器冷凝，作为塔顶产品。操作条件下精馏塔的操作线方程为 $y=1.36x-0.00653$，$y=0.798x+0.197$。试求：（1）塔顶易挥发组分的回收率 η_D；（2）进料（q 线）方程，并说明进料热状况；（3）物系的相对挥发度（假设全塔相对挥发度不变）；（4）操作回流比与最小回流比的比值。

解 本例为综合性计算题，各项计算如下。

（1）易挥发组分在馏出液中的回收率

$$\eta_D=\frac{Dx_D}{Fx_F}\times100\%=\frac{(x_F-x_W)x_D}{(x_D-x_W)x_F}\times100\%$$

$y=0.798x+0.197$ 与 $y=x$ 联解，得 $x_D=0.9752$

$y=1.36x-0.00653$ 与 $y=x$ 联解，得 $x_W=0.01814$

则

$$\eta_D=\frac{(0.4-0.01814)\times0.9752}{(0.9752-0.01814)\times0.40}\times100\%=97.27\%$$

本题也取 $F=100$kmol/h，求得 $D=39.90$kmol/h。

（2）q 线方程和进料热状况

q 线方程的一般表达式为

$$y=\frac{q}{q-1}x-\frac{x_F}{q-1}$$

由两操作线交点坐标 x、y 值及 x_F 值便可求得 q 值

$$y=0.798x+0.197$$
$$y=1.36x-0.00653$$

解得 $x=0.3622$，$y=0.4860$。

于是
$$0.4860 = \frac{q}{q-1} \times 0.3622 - \frac{0.4}{q-1}$$

$$q = 0.6947 (0 < q < 1) 为气液混合进料$$

q 线方程为
$$y = 1.310 - 2.275x$$

（3）物系的相对挥发度 α

由分凝器的一组平衡数据计算 α

$$x_D = \frac{\alpha x_L}{1+(\alpha-1)x_L}$$

即
$$0.9752 = \frac{0.95\alpha}{1+0.95(\alpha-1)}$$

求得 $\alpha = 2.07$。

（4）操作回流比与最小回流比的比值

$$0.798 = \frac{R}{R+1}$$

解得 $R = 3.95$。

$$R_{min} = \frac{x_D - y_q}{y_q - x_q}$$

x_q 与 y_q 值由进料衡算及平衡方程求算。取 1kmol 进料，则

$$0.4 = qx_q + (1-q)y_q = 0.6947x_q + 0.3053y_q \tag{1}$$

$$y_q = \frac{\alpha x_q}{1+(\alpha-1)x_q} = \frac{2.07x_q}{1+1.07x_q} \tag{2}$$

联解式（1）及式（2），得到 $x_q = 0.3460$，$y_q = 0.5227$，则

$$R_{min} = \frac{0.9752 - 0.5227}{0.5227 - 0.3460} = 2.561$$

$$\frac{R}{R_{min}} = \frac{3.95}{2.561} = 1.542$$

本例涉及精馏塔的总物料衡算、操作线方程的综合应用、q 值及进料方程的推导、平衡方程的运算、R 及 R_{min} 的计算，塔顶分凝器的一组数据能够求得 α 值。分凝器起到一层理论板的功能。计算过程中要恰当选用相应关系式。

3.5.6 简捷法求理论板层数

在精馏的设计计算中，当需对指定分离程度所需理论板层数进行估算，或进行技术经济分析，寻求理论板层数与回流比之间的关系，以确定适宜回流比时，可采用图 3-26 所示的吉利兰图进行简捷计算。

吉利兰关联图为双对数坐标图，它关联了 R_{min}、R、N_{min} 及 N 四个变量。横坐标为 $(R-R_{min})/(R+1)$，纵坐标为 $(N-N_{min})/(N+2)$。其中，N 和 N_{min} 分别代表全塔的理论板层数及最小理论板层数（均不含再沸器）。由图可见，曲线左端延长线表示在最小回流比下的操作情况，此时，$(R-R_{min})/(R+1)$ 接近于零，而 $(N-N_{min})/(N+2)$ 接近于 1，即 $N = \infty$；而曲线右端表示在全回流下的操作状况，此时 $(R-R_{min})/(R+1)$ 接近 1（即 $R = \infty$），$(N-N_{min})/(N+2)$ 接近零，即 $N = N_{min}$。

吉利兰图绘制的依据是用八种物系在广泛的精馏条件下，由逐板计算得出的结果：组分数目为 2～11；进料热状况包括冷料至过热蒸气等五种情况；R_{min} 为 0.53～7.0；组分间相对挥发度为 1.26～4.05；理论板层数为 2.4～43.1。

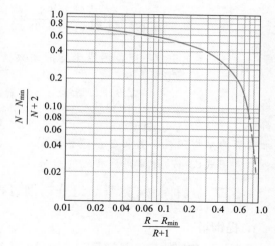

图 3-26　吉利兰图

吉利兰图可用于两组分和多组分精馏的计算，对甲醇-水一类非理想物系也适用，但其条件应尽量与上述条件相似。

为了便于用计算机计算，图中的曲线在 $0.01 < (R-R_{min})/(R+1) < 0.9$ 的范围内，可用下式表达，即

$$Y = 0.545827 - 0.591422X + 0.002743/X \tag{3-47}$$

式中　　$X = \dfrac{R - R_{min}}{R+1}, \quad Y = \dfrac{N - N_{min}}{N+2}$

简捷法求理论板层数的步骤是，先按设计条件求出最小回流比 R_{min} 及全回流下的最少理论板层数 N_{min}，选择操作回流比 R，然后利用图 3-26 或式（3-47）计算全塔理论板层数 N。

用精馏段的最小理论板层数 N_{min1} 代替全塔的 N_{min}，可确定适宜的加料板位置。

【例 3-10】　用简捷法计算例 3-7 中泡点进料时的理论板层数 N 和加料板位置。已知精馏段的平均相对挥发度 $\alpha_1 = 2.52$。

解　由例 3-7 已知：$x_F = 0.501$，$x_D = 0.98$，$x_W = 0.03$ 及 $R = 4$，全塔平均相对挥发度为 2.50。

（1）最小回流比 R_{min}

对于泡点进料，由式（3-45）计算 R_{min}，即

$$R_{min} = \frac{1}{\alpha - 1}\left[\frac{x_D}{x_F} - \frac{\alpha(1-x_D)}{1-x_F}\right] = \frac{1}{2.5-1}\left[\frac{0.98}{0.501} - \frac{2.5(1-0.98)}{1-0.501}\right] = 1.237$$

（2）全塔理论板层数

由芬斯克方程计算 N_{min}，即

$$N_{min} = \frac{\lg\left[\left(\dfrac{x_D}{1-x_D}\right)\left(\dfrac{1-x_W}{x_W}\right)\right]}{\lg\alpha} - 1 = \frac{\lg\left[\left(\dfrac{0.98}{1-0.98}\right)\left(\dfrac{1-0.03}{0.03}\right)\right]}{\lg 2.5} - 1 = 7.041$$

且

$$\frac{R - R_{min}}{R+1} = \frac{4 - 1.237}{4+1} = 0.553$$

由吉利兰图查得 $\dfrac{N - N_{min}}{N+2} = 0.225$，即 $\dfrac{N - 7.041}{N+2} = 0.225$，解得

$$N = 9.67（不包括再沸器）$$

（3）精馏段理论板层数

将 $x_F = 0.501$ 及 $\alpha_1 = 2.52$ 代入芬斯克方程，便可求得精馏段所需最小理论板层数，即

$$N_{min1} = \frac{1}{\lg\alpha_1}\lg\left[\left(\frac{x_D}{1-x_D}\right)\left(\frac{1-x_F}{x_F}\right)\right] - 1$$

$$= \frac{1}{\lg 2.52} \lg \left[\left(\frac{0.98}{1-0.98} \right) \left(\frac{1-0.501}{0.501} \right) \right] - 1 = 3.206$$

由于 $\frac{R-R_{\min}}{R+1} = 0.553$ 不变，则纵坐标的读数也不变，即

$$\frac{N_1 - N_{\min 1}}{N_1 + 2} = 0.225 \quad 或 \quad \frac{N_1 - 3.206}{N_1 + 2} = 0.225$$

解得
$$N_1 = 4.71$$

故加料板为从塔顶往下数第 5 层理论板。

本例用式(3-47)计算得到相近的结果。

3.5.7　几种特殊类型双组分精馏过程理论板层数的求法

1. 提馏塔

提馏塔又称回收塔，是指只有提馏段而没有精馏段的塔。这种塔主要用于物系在低组成下的相对挥发度较大，不要精馏段也可达到所希望的馏出液组成，或用于回收稀溶液中的轻组分而对馏出液组成要求不高的场合。

图 3-27 所示为一般提馏塔装置简图。原料液从塔顶加入塔内，逐板下流提供塔内的液相，塔顶蒸气冷凝后全部作为馏出液产品，塔釜用间接蒸汽加热。

在设计型计算时，给定原料液流量 F、组成 x_F 及加料热状况参数 q，规定塔顶轻组分回收率 η_A 及釜残液组成 x_W，则馏出液组成 x_D 及其流量 D，由全塔物料衡算确定。此情况下的操作线方程与一般精馏塔的提馏段操作线方程相同，即

$$y_{m+1} = \frac{L'}{V'} x - \frac{W}{V'} x_W$$

式中
$$L' = qF, \ V' = D + (q-1)F \quad 或 \quad V' = L' - W$$

此操作线的下端为 x-y 图的点 $b(x_W, x_W)$，上端由 q 线与 $y = x_D$ 的交点坐标 d 来确定，如图 3-28 所示。然后在操作线与平衡线之间绘阶梯确定理论板层数。

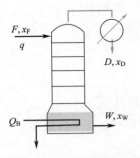

图 3-27　提馏塔装置示意图

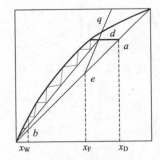

图 3-28　提馏塔的理论板

当泡点进料时，$L' = F$，$V' = D$，则操作线方程变为

$$y_{m+1} = \frac{F}{D} x_m - \frac{W}{D} x_W$$

2. 直接蒸汽加热

若待分离的物系为某种轻组分的水溶液，即馏出液中主要为非水组分，而釜残液近于纯水时，可采用直接蒸汽加热，以省掉再沸器并提高加热蒸汽的利用程度。

为便于计算，通常设加热介质为饱和蒸汽，且按恒摩尔流对待，即塔底蒸发量与通入的蒸汽量相等。

直接蒸汽加热时理论板层数的求法原则上与上述方法相同。精馏段的操作情况与常规塔的没有区别，故其操作线不变。q 线的作法也与常规塔的作法相同。但由于塔底增加了一股蒸汽，故提馏段操作线方程应予修正。

对图 3-29 所示的虚线范围内作物料衡算，即

总物料衡算 $\qquad L' + V_0 = V' + W$

易挥发组分衡算 $\qquad L'x_m' + V_0 y_0 = V'y_{m+1}' + Wx_W$

式中，V_0 为直接加热蒸汽的流量，kmol/h；y_0 为加热蒸汽中易挥发组分的摩尔分数，一般 $y_0 = 0$。

由于塔内恒摩尔流动仍能适用，即 $V' = V_0$，$L' = W$，则上式可改写为

$$Wx_m' = V_0 y_{m+1}' + Wx_W$$

或

$$y_{m+1}' = \frac{W}{V_0} x_m' - \frac{W}{V_0} x_W \qquad (3-48)$$

式(3-48)即为直接蒸汽加热时的提馏段操作线方程。与间接蒸汽加热时提馏段操作线不同之处是它与 x-y 图上对角线的交点不在点(x_W，x_W)上。由式(3-48)可知，当 $y_{m+1}' = 0$ 时，$x_m' = x_W$，即通过横轴上的 $x = x_W$ 点，如图 3-30 上的 g 点所示。此线与精馏段操作线的交点轨迹仍然是 q 线，如图 3-30 上的点 d。连接点 dg 即为直接蒸汽加热时的提馏段操作线。此后，从点 a 开始绘阶梯求解理论板层数，直至 $x_m' \leqslant x_W$ 为止。

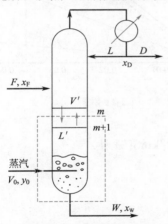

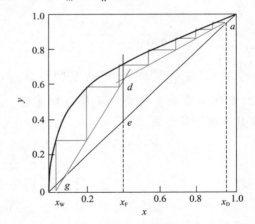

图 3-29　直接蒸汽加热时提馏
段操作线方程的推导

图 3-30　直接蒸汽加热时理论
板层数的图解法

和间接蒸汽加热相比较可看出，在相同的 x_F、x_D 及 x_W 条件下，由于直接蒸汽加热时冷凝水作为塔釜产品的一部分，它要带走少量轻组分而使轻组分的收率降低；如果欲保持轻组分的收率(即 Dx_D/Fx_F)不变，釜液组成 x_W 必定比间接蒸汽加热时低，从而使直接蒸汽加热时所需要的理论板层数将略有增加。直接蒸汽加热时，塔釜不能起到一层理论板的作用。

【例 3-11】　在常压连续提馏塔中分离含乙醇 0.036(摩尔分数)的乙醇-水混合液。饱和液体进料，直接蒸汽加热。若要求塔顶产品中乙醇回收率为 98%，试求：(1)在理论板层数为无限多时，每 1kmol 进料所需蒸汽量；(2)若蒸汽量取为最小蒸汽量的 2 倍时，所需理论

板层数及两产品的组成。

假设塔内气液相为恒摩尔流动。常压下汽液平衡数据列于本题附表中。

例 3-11 附表

x	0	0.0080	0.020	0.0296	0.033	0.036
y	0	0.0750	0.175	0.250	0.270	0.288

解 本例为直接蒸汽加热的提馏塔。由于泡点进料,根据恒摩尔流假定,则有

$$L' = F = W, \quad V_0 = V' = D$$

全塔物料衡算 $\qquad\qquad F + V_0 = D + W \qquad\qquad\qquad\qquad (1)$

乙醇组分衡算 $\qquad\qquad Fx_F = Dx_D + Wx_W \qquad\qquad\qquad\qquad (2)$

将 $\eta_A = Dx_D / Fx_F = 0.98$ 代入式(2),得

$$Fx_F = 0.98Fx_F + Wx_W$$

以 1kmol 进料为基准,则有 $\qquad 0.036 = x_W + 0.98 \times 0.036$

得 $\qquad\qquad x_W = 0.00072$

(1)1kmol 进料所需最小蒸汽量

当理论板为无穷多时,操作线的上端在 $y_F = 0.288$ 的平衡线上(对应的 $x = x_F = 0.036$),如本例附图上的点 a 所示,操作线的斜率为

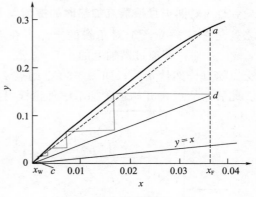

例 3-11 附图

$$\frac{W}{V_{0\min}} = \frac{y_F}{x_F - x_W} = \frac{0.288}{0.036 - 0.00072} = 8.16$$

得 $V_{0\min} = \dfrac{F}{8.16} = \dfrac{1}{8.16} = 0.1225\text{kmol/kmol 进料}$

(2)蒸汽量为最小用量的两倍时所需理论板层数及两产品组成

$$V_0 = 2V_{0\min} = 2 \times 0.1225 = 0.245\text{kmol/kmol 进料}$$

由于 $\qquad\qquad\qquad \dfrac{Dx_D}{Fx_F} = \dfrac{0.245x_D}{1 \times 0.036} = 0.98$

解得 $\qquad\qquad\qquad x_D = 0.144$

釜残液组成仍为

$$x_W = 0.00072$$

操作线斜率为

$$\frac{F}{V_0} = \frac{1}{0.245} = 4.08$$

过点 c(0.00072,0)作斜率为 4.08 的直线交 q 线于点 d,连接点 cd 即为操作线。自点 d 开始在平衡线与操作线之间绘阶梯,至跨过点 c 为止,需理论板层数为 4.6。

 本例为直接蒸汽加热,操作线的下端点 c 在 x 轴上而不在对角线上。为了准确起见,可将 x 轴数值放大后作图。

3. 多侧线的精馏塔

在工业生产中，有时为分离组分相同而含量不同的原料液，在不同塔板位置上设置相应的进料口；有时为了获得不同规格的精馏产品，则可根据所要求的产品组成在塔的不同位置上（精馏段或提馏段）开设侧线出口。这两种情况均构成多侧线的塔。若精馏塔上共有 i 个侧线（包括进料口），则全塔被分成 $(i+1)$ 段，每段都可写出相应的操作线方程式。图解理论板的方法与常规精馏塔相同。

(1) 多股加料

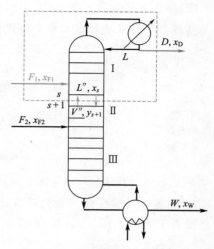

图 3-31　两股进料精馏塔

如图 3-31 所示，两股不同组成的料液分别进到塔的相应位置，此塔被分成三段，每段均可用物料衡算推出其操作线方程。第Ⅰ段为精馏段，第Ⅲ段为提馏段，其操作线方程与单股加料的常规塔相同。两股进料板之间塔段的操作线方程，可在图中虚线范围内作物料衡算求得，即

总物料衡算
$$V'' + F_1 = L'' + D \tag{3-49}$$

易挥发组分衡算
$$V'' y_{s+1} + F_1 x_{F1} = L'' x_s + D x_D \tag{3-49a}$$

式中，V'' 为两股进料之间各层板的上升蒸气流量，kmol/h；L'' 为两股进料之间各层板的下降液体流量，kmol/h；下标 s、$s+1$ 为两股进料之间各层板的序号。

由式（3-49a）可得

$$y_{s+1} = \frac{L''}{V''} x_s + \frac{D x_D - F_1 x_{F1}}{V''} \tag{3-50}$$

当进料为饱和液体时，$V'' = V = (R+1)D$，$L'' = L + F_1$，则

$$y_{s+1} = \frac{L + F_1}{(R+1)D} x_s + \frac{D x_D - F_1 x_{F1}}{(R+1)D} \tag{3-50a}$$

式（3-50）及式（3-50a）为两股进料之间塔段的操作线方程，也是直线方程式，它在 y 轴上的截距为 $(D x_D - F_1 x_{F1})/(R+1)D$。其中 D 可由物料衡算求得。

各股进料的 q 线方程与单股加料时相同。

对于双加料口的精馏塔，夹紧点可能在Ⅰ-Ⅱ两段操作线的交点，也可能出现在Ⅱ-Ⅲ段两操作线的交点。设计计算时，求出两个最小回流比后，取其中较大者作为设计依据。对于不正常的平衡曲线，夹紧点也可能出现在塔的某个中间位置。

【例 3-12】　有两股苯与甲苯的混合物，其组成分别为 0.5 与 0.3（苯的摩尔分数，下同），流量均为 50kmol/h，在同一板式精馏塔内进行分离。第一股物料在泡点下加入塔内，第二股为饱和蒸气加料。要求馏出液组成为 0.95，釜液组成为 0.04。操作回流比 R 为最小回流比的 1.8 倍，物系的平均相对挥发度 α 可取作 2.5，试求所需要的理论板层数及加料板位置。

解　（1）全塔的物料衡算

总物料衡算　　　　　　$F_1 + F_2 = D + W = 100 \text{kmol/h}$

苯的物料衡算　　　　　$F_1 x_{F1} + F_2 x_{F2} = D x_D + W x_W$

或　　　　　　　　　　$50 \times 0.5 + 50 \times 0.3 = 0.95D + 0.04W$

联立上两式，解得 $D = 39.56 \text{kmol/h}$，$W = 60.44 \text{kmol/h}$。

（2）操作回流比

对两个加料口分别求出最小回流比。

对于第一股进料
$$R_{\min 1}=\frac{x_D-y_q}{y_q-x_q}$$

$q=1$，$x_q=x_F$，而 y_q 由汽液平衡方程计算，即
$$y_q=\frac{\alpha x_q}{1+(\alpha-1)x_q}=\frac{2.5\times0.5}{1+1.5\times0.5}=0.7143$$

则
$$R_{\min 1}=\frac{0.95-0.7143}{0.7143-0.5}=1.1$$

第二加料口的 $R_{\min 2}$ 可用两种方法计算。

① 由提馏段操作线的最大斜率计算　假设第Ⅲ段操作线在第二进料口与平衡线相交（如本例附图1的点 k 所示），则 ck 线的斜率为
$$\frac{L'}{V'}=\frac{y_{F2}-x_W}{x_{q2}-x_W} \tag{1}$$

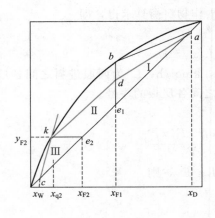

例 3-12 附图 1

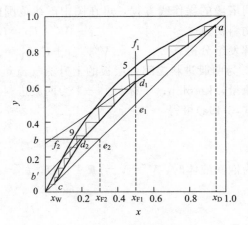

例 3-12 附图 2

式中
$$L'=R_{\min}D+F_1=39.56R_{\min}+50$$
$$V'=(R_{\min}+1)D-F_2=39.56(R_{\min}+1)-50$$
$$x_{q2}=\frac{y_{F2}}{y_{F2}+\alpha(1-y_{F2})}=\frac{0.3}{0.3+2.5\times0.7}=0.1463$$

将有关数据代入式（1）
$$\frac{39.56R_{\min}+50}{39.56(R_{\min}+1)-50}=\frac{0.3-0.04}{0.1463-0.04}=2.446$$

解得
$$R_{\min}=1.32$$

② 由两侧口间的操作线方程与第二加料口的平衡方程联立求解 $R_{\min 2}$
$$y_{s+1}=\frac{L''}{V''}x_s+\frac{Dx_D-F_1x_{F1}}{V''}$$

或
$$y_{s+1}=\frac{39.56R_{\min}+50}{39.56(R_{\min}+1)}x_s+\frac{39.56\times0.95-50\times0.5}{39.56(R_{\min}+1)}$$

将 $y_{s+1}=0.3$ 及 $x_s=0.1463$ 代入上式，解得

$$R_{min2}=1.32$$

操作回流比为
$$R=1.8R_{min}=1.8\times1.32=2.376$$

（3）图解法求理论板层数并确定适宜加料口位置

精馏段操作线方程为

$$y_{n+1}=\frac{R}{R+1}x_n+\frac{x_D}{R+1}=\frac{2.376}{2.376+1}x_n+\frac{0.95}{2.376+1}=0.704x_n+0.281$$

该操作线在 y 轴上的截距为 0.281。

同理，两侧口之间的操作线方程为

$$y_{s+1}=\frac{L''}{V''}x_s+\frac{Dx_D-F_1x'_{F1}}{V''}=1.078x_s+0.094$$

该操作线在 y 轴上的截距为 0.094。

在 $x\text{-}y$ 直角坐标图上绘制平衡线和对角线，如本例附图 2 所示。依 $x_D=0.95$，$x_{F2}=0.3$，$x_W=0.04$，$q_1=1$，$q_2=0$ 及上面操作线的截距作出三段操作线，然后在各段操作线与平衡线之间绘阶梯，共得理论板层数为 13（不包括再沸器），第一股料液从塔顶往下数的第 5 层塔板加入，而第 9 层塔板为第二加料板。

(2) 侧线出料

图 3-32(a) 所示为有一个侧线产品抽出的多侧线精馏装置。侧线产品可为泡点液或饱和蒸气。

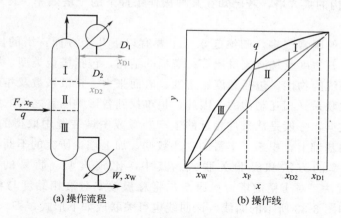

(a) 操作流程　　(b) 操作线

图 3-32　侧线出料的操作线

与两股进料的精馏塔类似，塔内的三段分别对应着精馏段操作线方程、两侧口间（第二取料板与加料板之间）的操作线方程及提馏段操作线方程。当侧线产品为泡点液体时，可推得两侧口间的操作线方程为

$$y_{s+1}=\frac{L-D_2}{L+D_1}x_s+\frac{D_1x_{D1}+D_2x_{D2}}{L+D_1} \tag{3-51}$$

或

$$y_{s+1}=\frac{RD_1-D_2}{(R+1)D_1}x_s+\frac{D_1x_{D1}+D_2x_{D2}}{(R+1)D_1} \tag{3-51a}$$

式中，D_1 为塔顶馏出液流量，kmol/h；D_2 为侧线产品流量，kmol/h。

泡点侧线产品抽出时的三段操作线示于图 3-32(b) 中。当减小回流比时，夹紧点一般出现在 Ⅱ、Ⅲ 段操作线的交点处。

3.5.8 塔高和塔径的计算

1. 塔高的计算

(1)板式塔有效高度的计算

① **基本计算公式**　对于板式塔，通过板效率将理论板层数换算为实际板层数，再选择合适的板间距(指相邻两层实际板之间的距离，选择方法见第4章)，由实际塔板层数和板间距即可计算塔的有效高度

$$Z=(N_p-1)H_T \tag{3-52}$$

式中，Z 为板式塔的有效高度(安装塔板部分的高度)，m；N_p 为实际塔板层数；H_T 为板间距，m。

② **塔板效率**　塔板效率反映了实际塔板的气液两相传质的完善程度。塔板效率有不同的表示方法，即全塔效率、单板效率和点效率。

a. 全塔效率 E　全塔效率又称总板效率，用 E_T 表示，其定义为

$$E_T=\frac{N_T}{N_p}\times100\% \tag{3-53}$$

式中，E_T 为全塔效率，%；N_T 为理论板层数。

全塔效率反映塔中各层塔板的平均效率，因此它是理论板层数的一个校正系数，其值恒小于1。对一定结构的板式塔，若已知在某种操作条件下的全塔效率，便可由式(3-53)求得实际板层数。

影响全塔效率的因素很多，归纳起来，主要有以下几个方面：塔的操作条件，包括温度、压力、气体上升速度及气液流量比等；塔板的结构，包括塔板类型、塔径、板间距、堰高及开孔率等；系统的物性，包括黏度、密度、表面张力、扩散系数及相对挥发度等。上述诸影响因素是彼此联系又相互制约的，因此，很难找到各影响因素之间的定量关系。设计中所用的全塔效率数据，一般是从条件相近的生产装置或中试装置中取得的经验数据。此外，人们在长期实践的基础上，积累了丰富的生产数据，加上理论研究的不断深入，逐渐总结出一些估算全塔效率的方法和经验关联式。其中，比较典型、简易的方法是奥康奈尔(O'connell)的关联法。对于精馏塔，奥康奈尔将总板效率对液相黏度与相对挥发度的乘积进行关联，得到如图3-33所示的曲线，该曲线也可关联成如下形式，即

$$E_T=0.49(\alpha\mu_L)^{-0.245} \tag{3-54}$$

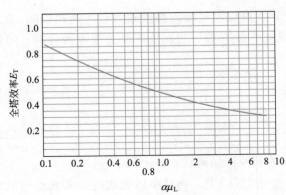

图 3-33　**精馏塔效率关联曲线**

式中，α 为塔顶与塔底平均温度下的相对挥发度；μ_L 为塔顶与塔底平均温度下的液相黏度，mPa·s。

应予指出，图3-33及式(3-54)是根据若干老式的工业塔及试验塔的总板效率关联的，因此，对于新型高效的精馏塔，总板效率要适当提高。除此之外，近年来还有一些其他的总板效率的关联式被提出，详细内容可参考有关专业书籍。

b. 单板效率 E_M　单板效率又称默弗里(Murphree)效率，它是以混合物经过实际板的组成变化与经过理论板的组成变化之比表示的。对任意的第 n 层塔板，单板效率可分别按气相组成或液相组成来计算，即

$$E_{MV} = \frac{y_n - y_{n+1}}{y_n^* - y_{n+1}} \tag{3-55}$$

$$E_{ML} = \frac{x_{n-1} - x_n}{x_{n-1} - x_n^*} \tag{3-55a}$$

式中，E_{MV} 为气相单板效率；E_{ML} 为液相单板效率；y_n^* 为与 x_n 成平衡的气相组成(摩尔分数)；x_n^* 为与 y_n 成平衡的液相组成(摩尔分数)。

一般说来，同一层塔板的 E_{MV} 与 E_{ML} 的数值并不相等。

应予指出，单板效率可直接反映该层塔板的传质效果，但各层塔板的单板效率通常不相等。即使塔内各板效率相等，全塔效率在数值上也不等于单板效率。这是因为两者定义的基准不同，全塔效率是基于所需理论板数的概念，而单板效率基于该板理论增浓程度的概念。

还应指出，单板效率的数值有可能超过 100%。

c. 点效率 E_O　点效率是指塔板上各点的局部效率。以气相点效率 E_{OV} 为例，其表达式为

$$E_{OV} = \frac{y - y_{n+1}}{y^* - y_{n+1}} \tag{3-56}$$

式中，y 为与流经塔板某点的液相组成 x 相接触后而离去的气相组成(摩尔分数)；y_{n+1} 为由下层塔板进入该板某点的气相组成(摩尔分数)；y^* 为与液相组成 x 成平衡的气相组成(摩尔分数)。

点效率与单板效率的区别在于，点效率中的 y 为离开塔板某点的气相组成，y^* 为与塔板上某点液体组成 x 相平衡的气相组成；而单板效率中的 y_n 是离开塔板气相的平均组成，y_n^* 为与离开塔板液体平均组成 x_n 相平衡的气相组成。只有当板上液体完全混合或塔径很小时，点效率 E_{OV} 与板效率 E_{MV} 才具有相同的数值。

(2)塔板间距 H_T 的确定

塔板间距 H_T 的选取与塔径、物系性质、分离效率、操作弹性、塔的安装、检修等诸多因素有关。设计时通常根据塔径大小，由表 3-2 列出的塔板间距经验数值选取。

表 3-2　塔板间距与塔径关系

塔径 D/m	0.3~0.5	0.5~0.8	0.8~1.6	1.6~2.0	2.0~2.4	>2.4
板间距 H_T/mm	200~300	300~350	350~450	450~600	500~800	>800

塔板间距的数值要按系列标准选取。

(3)填料塔填料层高度的计算

当精馏分离过程在填料塔内进行时，上升蒸气和回流液体在塔内填料表面上进行连续逆流接触，因此两相在塔内的组成是连续变化的。填料层高度可按下式计算，即

$$Z = N_T(HETP) \tag{3-57}$$

式中，$HETP$ 为填料的理论板当量高度或等板高度，m。

理论板当量高度是指相当于一层理论板分离作用的填料层高度，即通过这一填料层高度

后，上升蒸气与下降液体互成平衡。与板效率一样，等板高度通常由实验测定，在缺乏实验数据时，可用经验公式估算。($HETP$)值越小，填料的传质性能越好。

2. 塔径的计算

精馏塔的直径，可由塔内上升蒸气的体积流量及其通过塔横截面的空塔线速度求得，即

$$V_s = \frac{\pi}{4} D_i^2 u$$

或

$$D_i = \sqrt{\frac{4V_s}{\pi u}} \tag{3-58}$$

式中，D_i 为精馏塔内径，m；u 为空塔速度，m/s；V_s 为塔内上升蒸气的体积流量，m³/s。

空塔速度是影响精馏操作的重要因素，适宜空塔速度的确定将在第4章中讨论。

由于精馏段和提馏段内的上升蒸气体积流量 V_s 可能不同，因此两段的 V_s 及直径应分别计算。

① **精馏段 V_s 的计算** 若已知精馏段的摩尔流量 V，则可按下式换算为体积流量，即

$$V_s = \frac{VM_m}{3600\rho_V} \tag{3-59}$$

式中，V 为精馏段气相摩尔流量，kmol/h；ρ_V 为在精馏段平均操作压力和温度下的气相密度，kg/m³；M_m 为平均摩尔质量，kg/kmol。

若精馏操作压力较低时，气相可视为理想气体混合物，则

$$V_s = \frac{22.4V}{3600} \frac{Tp^\ominus}{T^\ominus p} \tag{3-59a}$$

式中，T、$T^\ominus$ 分别为精馏段操作的平均温度和标准状况下的热力学温度，K；p、$p^\ominus$ 分别为精馏段操作的平均压力和标准状况下的压力，Pa。

② **提馏段 V_s' 的计算** 若已知提馏段的气相摩尔流量 V' 和平均温度 T' 及平均压力 p'，则可按式(3-59)或式(3-59a)的方法计算提馏段的体积流量 V_s'。

由于进料热状况及操作条件的不同，两段的上升蒸气体积流量可能不同，故塔径也不相同。但若两段的上升蒸气体积流量或塔径相差不太大时，为使塔的结构简化，两段宜采用相同的塔径，设计时通常选取两者中较大者，并经圆整后作为精馏塔的塔径。

3.5.9 连续精馏装置的热量衡算和节能途径

通过精馏装置的热量衡算，可求得冷凝器和再沸器的热负荷以及冷却介质和加热介质的消耗量，并为设计这些换热设备提供基本数据。

1. 再沸器的热负荷及加热介质消耗量

精馏的加热方式分为直接蒸汽加热与间接蒸汽加热两种方式。直接蒸汽加热时加热蒸汽的消耗量可通过精馏塔的物料衡算求得，而间接蒸汽加热时加热蒸汽消耗量可通过全塔或再沸器的热量衡算求得。

对图3-13所示的再沸器作热量衡算，以单位时间为基准，则

$$Q_B = V'I_{VW} + WI_{LW} - L'I_{Lm} + Q_L \tag{3-60}$$

式中，Q_B 为再沸器的热负荷，kJ/h；Q_L 为再沸器的热损失，kJ/h；I_{VW} 为再沸器中上升蒸气的焓，kJ/kmol；I_{LW} 为釜残液的焓，kJ/kmol；I_{Lm} 为提馏段底层塔板下降液体的焓，kJ/kmol。

若近似取 $I_{Lw} = I_{Lm}$，且因 $V' = L' - W$，则

$$Q_B = V'(I_{VW} - I_{Lw}) + Q_L \qquad (3-60a)$$

加热介质消耗量可用下式计算，即

$$W_h = \frac{Q_B}{I_{B1} - I_{B2}} \qquad (3-61)$$

式中，W_h 为加热介质消耗量，kg/h；I_{B1}、I_{B2} 分别为加热介质进出再沸器的焓，kJ/kg。

若用饱和蒸汽加热，且冷凝液在饱和温度下排出，则加热蒸汽消耗量可按下式计算，即

$$W_h = \frac{Q_B}{r} \qquad (3-61a)$$

式中，r 为加热蒸汽的汽化热，kJ/kg。

2. 冷凝器的热负荷及冷却介质消耗量

精馏塔的冷凝方式有全凝器冷凝和分凝器-全凝器冷凝两种。工业上采用前者为多。对图 3-13 所示的全凝器作热量衡算，以单位时间为基准，并忽略热损失，则

$$Q_C = VI_{VD} - (LI_{LD} + DI_{LD})$$

因 $V = L + D = (R+1)D$，代入上式并整理得

$$Q_C = (R+1)D(I_{VD} - I_{LD}) \qquad (3-62)$$

式中，Q_C 为全凝器的热负荷，kJ/h；I_{VD} 为塔顶上升蒸气的焓，kJ/kmol；I_{LD} 为塔顶馏出液的焓，kJ/kmol。

冷却介质消耗量可按下式计算，即

$$W_c = \frac{Q_C}{c_{pc}(t_2 - t_1)} \qquad (3-63)$$

式中，W_c 为冷却介质消耗量，kg/h；c_{pc} 为冷却介质的比热容，kJ/(kg·℃)；t_1、t_2 分别为冷却介质在冷凝器的进、出口处的温度，℃。

3. 全塔的总热量衡算

对于特定的工艺条件和分离任务，加入全塔的总热量为定值，即

$$\sum Q = Q_F + Q_B = Q_C + Q_D + Q_W = 常量 \qquad (3-64)$$

式中，Q_F 为原料中的热量，kJ/h；Q_D 及 Q_W 分别为塔顶馏出液及釜残液带走的热量，kJ/h。

热量可由原料和再沸器加入，但从热力学角度来考虑，泡点进料应为首选，再沸器加入的热量应在全塔发挥作用。

4. 精馏过程的节能途径

精馏过程是能量消耗很大的单元操作之一。据统计，在一个典型石油化工厂中，精馏的能耗约占全厂总能耗的 40％左右；精馏过程中，进入再沸器的 95％热量需要在塔顶冷凝器中取走。如何降低精馏过程的能耗，是一个重要课题。由精馏过程的热力学分析知，提高分离因子、减少有效能损失，是精馏过程节能的基本途径。

(1)提高分离因子

这是蒸馏过程最有效的节能技术。向难分离混合液中加入第二种分离剂(适当的盐类、萃取剂、螯合剂、夹带剂等)、加大化学作用对蒸馏过程的影响(如反应精馏)，采用外力场(如高强度磁场作用下的磁力精馏)的作用，降低操作压力等，都可有效地改变组分间的相对挥发度，有利于精馏分离，节能效果显著。

(2)降低向再沸器提供的热量(热节减型)

① 精馏的核心在于回流,而回流必然消耗大量能量,因而选择经济合理的回流比是精馏过程节能的首要因素。一些新型板式塔和高效填料塔的应用,有可能使回流比大为降低。

② 减小再沸器与冷凝器的温度差,可减少向再沸器提供的热量,从而提高有效能效率。如果塔底和塔顶的温度差较大,则在精馏段中间设置冷凝器,在提馏段中间设置再沸器,可降低精馏的操作费用。这是因为精馏过程的热能费用取决于传热量和所用热载体的温位。在传热量一定的条件下,在塔内设置中间冷凝器,可用温位较高、价格较便宜的冷却剂,使上升蒸气部分冷凝,以减少塔顶低温冷却剂用量。同理,中间再沸器可用温位较低的加热剂,使下降液体部分汽化,从而减少塔底再沸器高温位加热剂的用量。另外,采用压降低的塔设备,也有利于减小再沸器与冷凝器的温度差。

(3)热泵精馏

采用图 3-34 所示的热泵精馏流程,可大大减少向再沸器提供额外的热能。将塔顶蒸气绝热压缩后升温,重新作为再沸器的热源,把再沸器中的液体部分汽化。而压缩气体本身冷凝成液体,经节流阀后一部分作为塔顶产品抽出,另一部分作为塔顶回流液。这样,除开工阶段以外,可基本上不向再沸器提供另外的热源,同时省去了塔顶冷凝器及冷却介质的消耗,节能效果十分显著。应用此法虽然要增加热泵系统的设备费,但一般两年内可用节能省下的费用收回增加的投资。

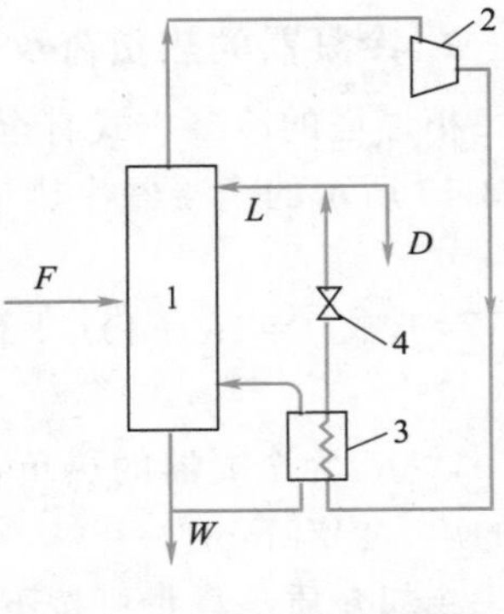

图 3-34　热泵精馏
1—精馏塔;2—压缩机;
3—再沸器;4—节流阀

(4)多效精馏

多效精馏,其原理如多效蒸发,即采用压力依次降低的若干个精馏塔串联,前一精馏塔塔顶蒸气用作后一精馏塔再沸器的加热介质。这样,除两端精馏塔外,中间精馏装置可不必从外界引入加热剂和冷却剂。

(5)热能的综合利用(热回收型)

回收精馏装置的余热,用于本系统或其他装置的加热热源,也是精馏操作节能的有效途径。其中包括用塔顶蒸气的潜热直接预热原料或将其用作其他热源;回收馏出液和釜残液的显热用作其他热源等。

对精馏装置进行优化控制,使其在最佳工况下运作,减小操作裕度,确保过程的能耗最低。多组分精馏中,设备的良好保温,也可达到降低能耗的目的。

【例 3-13】　对例 3-6 中 40℃进料的连续精馏装置,试计算:(1)再沸器的热负荷及加热蒸汽消耗量;(2)塔顶全凝器的热负荷及冷却水的消耗量。

已知数据①加热蒸汽的温度为 125℃,汽化热为 2193kJ/kg,冷凝水在饱和温度下排出。②冷却水进出全凝器的温度分别为 20℃及 35℃,其平均比热容 $c_p = 4.176$kJ/(kg·℃)。③再沸器的热损失为其有效传热量的 10%;全凝器的热损失忽略不计。

解　由例 3-6 知:$x_D = 0.98$,$x_W = 0.03$;操作条件下苯、甲苯纯组分的汽化热分别为 $r_A = 390$kJ/kg,$r_B = 360$kJ/kg,摩尔质量分别为 $M_A = 78$kg/kmol 及 $M_B = 92$kg/kmol;40℃进料下精馏段和提馏段的蒸气流量分别为 $V = 245.0$kmol/h 及 $V' = 281.3$kmol/h。

(1)再沸器的热负荷 Q_B 及加热蒸汽消耗量 W_h

由于釜残液中苯的含量很低，为简化起见，其焓按纯甲苯进行计算。再沸器的热负荷为

$$Q_B = V'(I_{VW} - I_{LW}) = V'r'_m = 281.3 \times 360 \times 92 = 9.32 \times 10^6 \, kJ/h$$

加热蒸汽的理论消耗量为

$$W'_h = \frac{Q_B}{r} = \frac{9.32 \times 10^6}{2193} = 4250 \, kg/h$$

考虑再沸器的热损失，加热蒸汽实际消耗量为

$$W_h = 4250(1 + 0.1) = 4675 \, kg/h$$

（2）全凝器的热负荷 Q_C 及冷却水消耗量 W_c

同理，由于馏出液中几乎为纯苯，为简化起见，其焓按纯苯进行计算。全凝器的热负荷为

$$Q_C = V(I_{VD} - I_{LD}) = Vr_m = 245.0 \times 390 \times 78 = 7.45 \times 10^6 \, kJ/h$$

冷却水的消耗量为

$$W_c = \frac{Q_C}{c_p(t_2 - t_1)} = \frac{7.45 \times 10^6}{4.176(35 - 20)} = 1.19 \times 10^5 \, kg/h$$

应予指出，上述的计算是在恒摩尔流简化假设下进行的。

3.5.10 精馏过程的操作型计算和调节

1. 影响精馏操作的主要因素

对于现有的精馏装置和特定的物系，精馏操作的基本要求是使设备具有尽可能大的生产能力（即更多的原料处理量），达到预期的分离效果（规定的 x_D、x_W 或组分回收率），操作费用最低（在允许范围内，采用较小的回流比）。影响精馏装置稳态、高效操作的主要因素包括操作压力、进料组成和热状况、塔顶回流、全塔的物料平衡和稳定、冷凝器和再沸器的传热性能、设备散热情况等。以下对主要影响因素做简要分析。

（1）物料平衡的影响和制约

根据精馏塔的总物料衡算可知，对于一定的原料液流量 F 和组成 x_F，只要确定了分离程度 x_D 和 x_W，馏出液流量 D 和釜残液流量 W 也就被确定了。而 x_D 和 x_W 决定于汽液平衡关系、x_F、q、R 和理论板数 N_T（适宜的进料位置），因此 D 和 W 或采出率 $\frac{D}{F}$ 与 $\frac{W}{F}$ 只能根据 x_D 和 x_W 确定，而不能任意增减，否则进、出塔的两个组分的量不平衡，必然导致塔内组成变化，操作波动，使操作不能达到预期的分离要求。

在采出率 $\frac{D}{F}$ 一定的条件下，馏出液组成 x_D 受以下限制：

① 受精馏塔理论板层数的限制，因对一定的板数，即使 R 增到无穷大（全回流），x_D 有一最大极限值。

② 受全塔物料平衡的限制，其极限值为 $x_D = \frac{Fx_F}{D}$。

保持精馏装置的物料平衡是精馏塔稳态操作的必要条件。

（2）塔顶回流的影响

回流比和回流液的热状态均影响塔的操作。

回流比是影响精馏塔分离效果的主要因素，生产中经常用回流比来调节、控制产品的质

量。例如当回流比增大时，精馏段操作线斜率$\dfrac{L}{V}$变大，该段内传质推动力增加，因此在一定的精馏段理论板数下馏出液组成变大。同时回流比增大，提馏段操作线斜率$\dfrac{L'}{V'}$变小，该段的传质推动力增加，因此在一定的提馏段理论板数下，釜残液组成变小。反之，当回流比减小时，x_D减小而x_W增大，使分离效果变差。

回流液的温度变化会引起塔内蒸气实际循环量的变化。例如，从泡点回流改为低于泡点的冷回流时，上升到塔顶第一层板的蒸气有一部分被冷凝，其冷凝潜热将回流液加热到该板上的泡点。这部分冷凝液成为塔内回流液的一部分，称之为内回流，这样使塔内第一层板以下的实际回流液量较RD要大一些。与此对应的，上升到塔顶第一层板的蒸气量也要比按$(R+1)D$计算的量大一些。内回流增加了塔内实际的气液两相流量，使分离效果提高，同时，能量消耗加大。

回流比增加，使塔内上升蒸气量及下降液体量均增加，若塔内气液负荷超过允许值，则可能引起塔板效率下降，此时应减小原料液流量。回流比变化时再沸器和冷凝器的传热量也应相应发生变化。

(3)进料组成和进料热状况的影响

当进料状况(x_F和q)发生变化时，应适当改变进料位置，并及时调节回流比R。一般精馏塔常设几个进料位置，以适应生产中进料状况，保证在精馏塔的适宜位置进料。如进料状况改变而进料位置不变，必然引起馏出液和釜残液组成的变化。

对特定的精馏塔，若x_F减小，则将使x_D和x_W均减小，欲保持x_D不变，则应增大回流比。

2. 精馏过程的操作型计算

以上对精馏过程的主要影响因素进行了定性分析，若需要定量计算(或估算)时，则所用的计算基本方程与前述的设计计算的完全相同，不同之处仅是操作型的计算更为繁杂，这是由于众多变量之间呈非线性关系，一般都要用试差计算或试差作图方法求得计算结果。有些情况下，利用吉利兰图可避免试差计算。

操作型计算的内容是在现有设备(已知全塔理论板层数及精馏段理论板层数)条件下，由指定的操作条件预测精馏操作结果，或由某些操作参数(如R、F、x_F、q)的改变预测其他操作参数的变化。

【例3-14】 用一连续操作的板式精馏塔分离乙苯-苯乙烯混合液，塔顶全凝器，塔釜间接蒸汽加热。塔内共有44层实际塔板，从塔顶往下数第21层和第23层实际板设置两个加料口，塔板总效率为0.6。料液中乙苯的摩尔分数(下同)为0.6，要求馏出液组成为0.95，泡点进料，塔顶泡点回流。塔釜中最大汽化量为75kmol/h，操作条件下，精馏段的平均相对挥发度$\alpha_1=1.45$，全塔平均相对挥发度$\alpha=1.43$，试求馏出液的最大产量D_{max}和乙苯的收率。

解 (1)馏出液的最大产量D_{max}

在规定x_F、x_D、q和V'的前提下，精馏段理论板层数增加，要求的回流比便可减小，得到的馏出液流量D便较大。关键是选择加料口位置并确定操作回流比R。

选第23层实际塔板为进料口，精馏段的实际板层数为22，则

$$N_{T1}=E_T N_{p1}=0.6\times22=13.2$$

为避免试差，利用吉利兰图确定回流比 R。由于泡点进料

$$x_q = x_F = 0.6$$

$$y_q = \frac{\alpha x_F}{1+(\alpha-1)x_F} = \frac{1.43 \times 0.6}{1+0.43 \times 0.6} = 0.682$$

$$R_{min} = \frac{x_D - y_q}{y_q - x_q} = \frac{0.95 - 0.682}{0.682 - 0.6} = 3.268$$

精馏段所需最小理论板层数为

$$N_{min1} = \frac{\lg\left[\left(\frac{x_D}{1-x_D}\right)\left(\frac{1-x_F}{x_F}\right)\right]}{\lg\alpha} - 1 = \frac{\lg\left[\left(\frac{0.95}{1-0.95}\right)\left(\frac{1-0.6}{0.6}\right)\right]}{\lg 1.43} - 1 = 5.833$$

则

$$\frac{N_1 - N_{min1}}{N_1 + 2} = \frac{13.2 - 5.833}{13.2 + 2} = 0.485$$

查吉利兰图，得到

$$\frac{R - R_{min}}{R+1} = \frac{R - 3.268}{R+1} = 0.14$$

解得

$$R = 3.963$$

于是

$$D_{max} = \frac{V'}{R+1} = \frac{75}{4.963} = 15.11 \text{kmol/h}$$

(2) 乙苯的收率

欲求 η_A 需要求得 x_W。而 x_W 需由全塔的理论板层数 N、操作回流比 R 及最小回流比 R_{min} 来计算。

对全塔来说，$(R - R_{min})/(R+1) = 0.14$ 及 $(N - N_{min})/(N+2) = 0.485$ 均不变。全塔的理论板层数为

$$N = E_T N_P = 0.6 \times 44 = 26.4$$

则

$$\frac{N - N_{min}}{N+2} = \frac{26.4 - N_{min}}{26.4 + 2} = 0.485$$

解得

$$N_{min} = 12.63$$

又由

$$N_{min} = \frac{\lg\left[\left(\frac{x_D}{1-x_D}\right)\left(\frac{1-x_W}{x_W}\right)\right]}{\lg\alpha} - 1 = \frac{\lg\left[\left(\frac{0.95}{1-0.95}\right)\left(\frac{1-x_W}{x_W}\right)\right]}{\lg 1.43} - 1 = 12.63$$

解得

$$x_W = 0.1267$$

所以

$$\eta_A = \frac{Dx_D}{Fx_F} \times 100\% = \frac{(x_F - x_W)x_D}{(x_D - x_W)x_F} \times 100\% = \frac{(0.6 - 0.1267) \times 0.95}{(0.95 - 0.1267) \times 0.6} \times 100\% = 91.02\%$$

本例在确定操作回流比时，采用式(3-47)计算，查图得到相近的结果（$R = 3.944$，$D_{max} = 15.17 \text{kmol/h}$，$\eta_A = 91.4\%$）。

3. 精馏产品的质量控制和调节

一个正常操作的精馏塔，能够保证馏出液及釜残液组成达到规定值。生产中某一因素的干扰（如 x_F、q 或传热量）将会影响产品的质量，因此应及时予以调节控制。

在一定的压力下，混合物的泡点和露点都取决于混合物的组成，因此可以用容易测

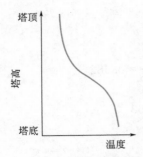

图 3-35　高纯度分离时沿
塔高的温度分布

量的温度来预示塔内组成的变化。通常可用塔顶温度反映馏出液组成，用塔底温度反映釜残液组成。但对高纯度分离时，在塔顶（或塔底）相当一段高度内，温度变化极小，典型的温度分布如图 3-35 所示。因此当塔顶（或塔底）温度有可觉察的变化时，产品的组成可能已明显改变，再设法调节就很难了。可见分离高纯度组分时，一般不能单纯用测量塔顶温度来控制塔顶组成。

　　分析塔内沿塔高的温度分布可以看到，在精馏段或提馏段的某塔板上温度变化最显著，也就是说这些塔板的温度对于外界因素的干扰反应最为灵敏，通常将它称之为灵敏板。因此生产上常用测量和控制灵敏板的温度来保证产品的质量，灵敏板一般靠近进料口。

3.6　间歇精馏

　　间歇精馏又称分批精馏，其流程如前述的图 3-12 所示。间歇精馏操作开始时，被处理物料加入精馏釜中，再逐渐加热汽化，自塔顶引出的蒸气经冷凝后，一部分作为馏出液产品，另一部分作为回流送回塔内，待釜液组成降到规定值后，将其一次排出，然后进行下一批的精馏操作。因此，间歇精馏与连续精馏相比，具有以下特点。

　　① 间歇精馏为非稳态过程。由于釜中液相的组成随精馏过程的进行而不断降低，因此塔内操作参数（如温度、组成）不仅随位置而变，也随时间而变化。

　　② 间歇精馏塔只有精馏段，设备的生产强度较低。

　　③ 塔内存液量对精馏过程、产品的产量和质量都有显著影响。采用填料塔可减少塔内存液量。

　　间歇精馏有两种基本操作方式：其一是用不断加大回流比来保持馏出液组成恒定；其二是回流比保持恒定，馏出液组成逐渐减小。实际生产中，往往采用联合操作方式，即某一阶段（如操作初期）采用恒馏出液组成的操作，另一阶段（如操作后期）采用恒回流比的操作。联合的方式可视具体情况而定。

　　应指出，化工生产中虽然以连续精馏为主，但是在某些场合却宜采用间歇精馏操作。例如：精馏的原料液是分批生产得到的，这时分离过程也要分批进行；在实验室或科研室的精馏操作一般处理量较少，且原料的品种、组成及分离程度经常变化，采用间歇精馏更为灵活方便；多组分混合液的初步分离，要求获得不同馏分（组成范围）的产品，这时也可采用间歇精馏。

　　间歇精馏的计算方法是：首先选取基准状态（一般为操作的始态或终态）作设计型计算，求出理论板层数，然后作操作型计算，求取有关参数，如每批操作的时间、汽化总量、馏出液组成等。计算时均忽略塔板上持液的影响。

3.6.1　回流比恒定时的间歇精馏

　　在回流比恒定的间歇精馏过程中，釜液组成 x_W 和馏出液组成 x_D 同时降低，因此操作初期的馏出液组成必须高出平均组成，以保证馏出液的平均组成符合质量要求。通常，当釜液组成降低到规定值后，即停止精馏操作。

　　恒回流比下间歇精馏的主要计算内容如下。

1. 确定理论板层数

间歇精馏理论板层数的确定原则与连续精馏的完全相同。通常，计算中已知原料液组成 x_F、馏出液平均组成 x_{Dm} 或最终釜液组成 x_{We}，选择适宜的回流比后，即可确定理论板层数。

① **计算最小回流比 R_{min} 和确定适宜回流比 R**　恒回流比间歇精馏时，馏出液组成和釜液组成具有对应的关系，计算中以操作初态为基准，此时釜液组成为 x_F，最初的馏出液组成为 x_{D1}（此值高于馏出液平均组成，由设计者假定）。根据最小回流比的定义，由 x_{D1}、x_F 及汽液平衡关系可求出 R_{min}，即

$$R_{min} = \frac{x_{D1} - y_F}{y_F - x_F} \tag{3-65}$$

式中，y_F 为与 x_F 成平衡的气相组成，摩尔分数。

操作回流比可取为最小回流比的某一倍数，即 $R = (1.1 \sim 2)R_{min}$。

② **图解法求理论板层数**　在 x-y 图上，由 x_{D1}、x_F 和 R 即可图解求得理论板层数，图解步骤与前述相同，如图 3-36 所示。图中表示需要 3 层理论板。

2. 确定操作参数

对具有一定理论板层数的精馏塔，用操作型计算确定如下操作参数。

(1)确定操作过程中各瞬间的 x_D 和 x_W 的关系

由于间歇精馏操作过程中回流比不变，因此各个操作瞬间的操作线斜率 $R/(R+1)$ 都相同，各操作线为彼此平行的直线。若在馏出液的初始和终了组成的范围内，任意选定若干 x_{Di} 值，通过各点 (x_{Di}, x_{Di}) 作一系列斜率为 $R/(R+1)$ 的平行线，这些直线分别为对应于某 x_{Di} 的瞬间操作线。然后，在每条操作线和平衡线间绘梯级，使其等于所规定的理论板层数，最后一个梯级所达到的液相组成，就是与 x_{Di} 相对应的 x_{Wi} 值，如图 3-37 所示。

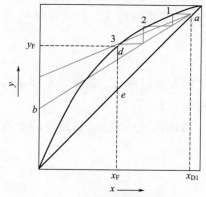

图 3-36　恒回流比间歇精馏时理论板层数的确定

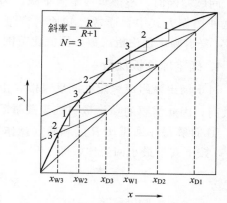

图 3-37　恒回流比间歇精馏时 x_D 和 x_W 的关系

(2)确定操作过程中 x_D（或 x_W）与釜液量 W、馏出液量 D 间的关系

恒回流比间歇精馏时，x_D（或 x_W）与 W、D 间的关系应通过微分物料衡算得到。这一衡算结果与简单蒸馏时导出的式(3-23)相似，此时需将式(3-23)中的 y 和 x 用瞬时的 x_D 和 x_W 来代替，即

$$\ln \frac{F}{W_e} = \int_{x_{We}}^{x_F} \frac{dx_W}{x_D - x_W} \tag{3-66}$$

式中，W_e 为与釜液组成 x_{We} 相对应的釜液量，kmol。

式(3-66)等号右边积分项中 x_D 和 x_W 均为变量，它们间的关系可用上述的第二项作图法求出，积分值则可用图解积分法或数值积分法求得，从而由该式可求出与任一 x_W 相对应的釜液量 W。

(3)馏出液平均组成 x_{Dm} 的核算

前面第一项计算中所假设的 x_{D1} 是否适合，应以整个精馏过程中所得的 x_{Dm} 是否满足分离要求为准。当按一批操作物料衡算求得 x_{Dm} 等于或稍大于规定值时，则上述计算正确。

间歇精馏时一批操作的物料衡算与连续精馏的相似，即

总物料衡算 $\qquad\qquad\qquad\qquad\qquad D=F-W$

易发挥组分衡算 $\qquad\qquad\qquad\qquad Dx_{Dm}=Fx_F-Wx_W$

联立上二式，解得

$$x_{Dm}=\frac{Fx_F-Wx_W}{F-W} \qquad\qquad (3\text{-}67)$$

(4)每批精馏所需时间

由于间歇精馏过程中回流比恒定，故一批操作的汽化量 V 可按下式计算，即

$$V=(R+1)D$$

则每批精馏所需操作时间为 $\qquad\qquad\qquad \tau=\frac{V}{V_h} \qquad\qquad (3\text{-}68)$

式中，V_h 为汽化速率，kmol/h；τ 为每批精馏所需操作时间，h。

汽化速率可通过塔釜的传热速率及混合液的汽化热计算。

3.6.2 馏出液组成恒定时的间歇精馏

间歇精馏时，釜液组成不断下降，为保持恒定的馏出液组成，回流比必须不断地变化。在这种操作方式中，通常已知原料液量 F 和组成 x_F、馏出液组成 x_D 及最终的釜液组成 x_{We}，要求确定理论板层数、回流比范围和汽化量等。

1. 确定理论板层数

对于馏出液组成恒定的间歇精馏，由于操作终了时釜液组成 x_{We} 最低，所要求的分离程度最高，因此需要的理论板层数应按精馏最终阶段进行计算。

① **计算最小回流比 R_{min} 和确定操作回流比 R** 由馏出液组成 x_D 和最终的釜残液组成 x_{We}，按下式求最小回流比，即

$$R_{min}=\frac{x_D-y_{We}}{y_{We}-x_{We}} \qquad\qquad (3\text{-}65a)$$

式中，y_{We} 为与 x_{We} 平衡的气相组成的摩尔分数。

同样，由 $R=(1.1\sim2)R_{min}$ 的关系确定精馏最后阶段的操作回流比 R_e。

② **图解法求理论板层数**

在 $x\text{-}y$ 图上，由 x_D、x_{We} 和 R_e 即可图解求得理论板层数。图解方法如图 3-38 所示。图中表示需要 4 层理论板。

2. 确定有关操作参数

(1)确定 x_W 和 R 的关系

由于操作开始时，釜液组成为原料液组成，易挥发组分含量较高，因而操作初期可采用较小的回流比。

若已知精馏过程某一时刻下釜液组成 x_{W1}，对应的 R 可采用试差作图的方法求得，即先假设一 R 值，然后在 x-y 图上图解求理论板层数。若梯级数与给定的理论板层数相等，则 R 即为所求，否则重设 R 值，直至满足要求为止，如图 3-39 所示。

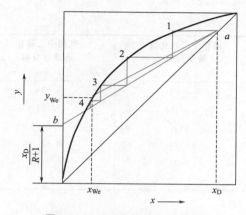

图 3-38　恒馏出液组成时间歇
精馏理论板层数的确定

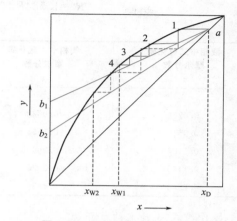

图 3-39　恒馏出液组成下间歇
精馏的 R 和 x_W 的关系

(2) 每批精馏所需时间

设在 $d\tau$ 时间内，溶液的汽化量为 dV，馏出液量为 dD，瞬间的回流比为 R，根据恒摩尔流则有

$$dV = (R+1)dD \tag{3-69}$$

一批操作中任一瞬间馏出液量 D 可由物料衡算得到（忽略塔内持液量），即

$$D = F\frac{x_F - x_W}{x_D - x_W} \tag{3-70}$$

微分式(3-70)得

$$dD = F\frac{x_F - x_D}{(x_D - x_W)^2}dx_W$$

将上式代入式(3-69)得

$$dV = F(x_F - x_D)\frac{R+1}{(x_D - x_W)^2}dx_W$$

积分上式得到对应釜液组成 x_W 时的汽化总量为

$$V = \int_0^V dV = F(x_D - x_F)\int_{x_{We}}^{x_F}\frac{R+1}{(x_D - x_W)^2}dx_W \tag{3-71}$$

每批精馏所需时间仍可用式(3-68)计算。

【例 3-15】　将二硫化碳和四氯化碳的混合液在常压操作的板式塔内进行间歇精馏分离。原料液的组成为 0.4(二硫化碳的摩尔分数，下同)，每批处理量为 50kmol。要求馏出液的组成为 0.9，当釜液组成降至 0.092 时停止操作。塔釜的汽化速率为 18kmol/h，试计算如下两种操作方式每批精馏所需时间：(1)恒馏出液组成的间歇精馏，最终回流比为最小回流比的 1.534 倍；(2)在本例(1)的精馏塔内进行恒回流比的间歇精馏。

操作条件下物系的平衡数据列于本例附表 1 中。

解　(1)恒馏出液组成的间歇精馏

① 理论板层数。依本例附表 1 所列平衡数据在 x-y 图上绘出平衡线和对角线，如本例附

图 1 所示。由图上读得：当 $x_{We}=0.092$ 时，$y_{We}=0.222$，则

$$R_{min} = \frac{x_D - y_{We}}{y_{We} - x_{We}} = \frac{0.9 - 0.222}{0.222 - 0.092} = 5.215$$

$$R = 1.534 R_{min} = 1.534 \times 5.215 = 8.0$$

例 3-15 附表 1

液相中二硫化碳 摩尔分数 x	气相中二硫化碳 摩尔分数 y	液相中二硫化碳 摩尔分数 x	气相中二硫化 碳摩尔分数 y
0	0	0.3908	0.6340
0.0296	0.0823	0.5318	0.7470
0.0615	0.1555	0.6630	0.8290
0.1106	0.2660	0.7574	0.8790
0.1435	0.3325	0.8604	0.9320
0.2580	0.4950	1.0	1.0

操作线在 y 轴上的截距为

$$\frac{x_D}{R+1} = \frac{0.90}{8.0+1} = 0.10$$

连接点 $a(x=0.9, y=0.9)$ 及点 $b(x=0, y=0.10)$ 便得操作线。从点 a 开始在操作线和平衡线之间绘阶梯，6 层理论板（包括塔釜）便可满足要求。

② 一批操作所需时间。一批操作的汽化总量由式（3-71）计算，即

$$V = F(x_D - x_F) \int_{x_{We}}^{x_F} \frac{R+1}{(x_D - x_W)^2} dx$$

以 $x_D/(R+1)$ 为截距在 x-y 图上作操作线，然后从点 a 开始绘 6 个阶梯，最后一级对应的液相组成为 x_W。取若干组的绘图结果及 $(R+1)/(x_D - x_W)^2$ 的计算值列于本例附表 2。

例 3-15 附表 2

$x_D/(R+1)$	R	x_W	$(R+1)/(x_D-x_W)^2$	备注
0.10	8.0	0.092	13.8	$x_{W1}=0.40$
0.15	5.0	0.120	9.86	$x_{W2}=0.092$
0.20	3.5	0.165	8.33	$n=6$
0.25	2.6	0.210	7.56	$\Delta x_W = 0.0513$
0.30	2.0	0.27	7.56	
0.35	1.57	0.36	8.81	
0.40	1.25	0.40	9.0	

依辛普森数值积分法，得

$$\int_{0.092}^{0.40} \frac{R+1}{(x_D - x_W)^2} dx = \frac{0.0513}{3}$$

$$[13.8 + 9.0 + 4(9.86 + 7.56 + 8.81) + 2(8.33 + 7.56)] = 2.73$$

于是

$$V = 50(0.9 - 0.4) \times 2.73 = 68.25 \text{kmol}$$

一批精馏的时间为

$$\tau = \frac{V}{V_h} = \frac{68.25}{18} = 3.79 \text{h}$$

（2）恒回流比的间歇精馏

在已知理论板层数的精馏塔内进行恒回流比的间歇精馏,计算方法是先设一个大于平均馏出液组成的 x_{D1},试差确定操作回流比 R,然后再核算 x_{Dm} 并计算每批的操作时间。

① 确定回流比 R。操作最初取馏出液组成为 0.96,并初选回流比 $R=3$,则操作线在 y 轴上的截距为

$$\frac{x_{D1}}{R+1}=\frac{0.96}{3+1}=0.24$$

在 x-y 图上绘出平衡线和对角线,并定出点 $a(x=0.96,y=0.96)$ 及点 $b(x=0,y=0.24)$,作出操作线。从点 a 开始在操作线与平衡线之间绘阶梯,第 6 个阶梯对应的釜液组成正好为 0.4,说明初选回流比正确,如本例附图 2 所示,以后操作即保持此回流比不变。

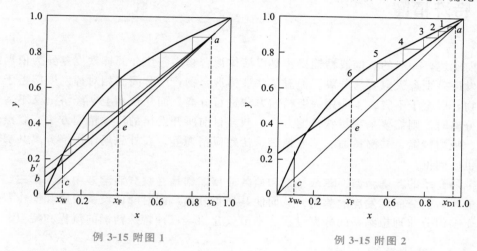

例 3-15 附图 1　　　　　　　　　　例 3-15 附图 2

② 核算馏出液平均组成 x_{Dm}。假设一系列 x_{Di},用作图法求出各自对应的 x_W 值,计算各组 $1/(x_{Di}-x_{Wi})$ 值,结果列于本例附表 3。

数值积分结果为

$$\ln\frac{F}{W}=\int_{0.092}^{0.40}\frac{1}{x_{Di}-x_W}\mathrm{d}x_W=0.4742$$

解得

$$W=F/1.607=50/1.607=31.1\mathrm{kmol}$$

$$D=F-W=50-31.1=18.9\mathrm{kmol}$$

所以

$$x_{Dm}=\frac{Fx_F-Wx_W}{D}=\frac{50\times0.4-31.1\times0.092}{18.9}=0.9068$$

计算数据表明,初设的 x_{D1} 及初选的回流比 R 正确。

例 3-15 附表 3($N=6,R=3$)

馏出液组成 x_{Di}	釜液组成 x_{Wi}	$1/(x_{Di}-x_{Wi})$	备注
0.96	0.40(=x_F)	1.79	$x_{W1}=0.40$
0.92	0.26	1.51	$x_{W2}=0.092$
0.90	0.20	1.43	$n=8$
0.86	0.16	1.43	$\Delta x_W=0.0385$
0.82	0.14	1.47	
0.80	0.125	1.47	
0.76	0.11	1.56	
0.70	0.10	1.67	
0.60	0.092	1.96	

③ 一批精馏所需时间　恒回流比下操作的汽化总量为
$$V=(R+1)D=(3+1)\times18.9=75.6\text{kmol}$$
则
$$\tau=\frac{V}{V_h}=\frac{75.6}{18}=4.2\text{h}$$

比较两种操作方式的计算结果可看出，获得相同的分离效果，馏出液组成恒定的间歇精馏比较经济省时。

3.7　特殊精馏

如前所述，一般的蒸馏或精馏操作是以液体混合物中各组分的挥发度差异为依据的。组分间挥发度差别愈大愈容易分离。但对某些液体混合物，组分间的相对挥发度接近于 1 或形成共沸物，以至于不宜或不能用一般精馏方法进行分离。而从技术上、经济上又不适于用其他方法分离时，则需要采用特殊精馏方法。截至目前所开发出的特殊精馏方法有膜蒸馏、催化精馏、吸附精馏、共沸精馏、萃取精馏、盐效应精馏等。在外磁场作用下分离共沸物的工业装置也已问世。

本节所介绍的共沸精馏、萃取精馏和盐效应精馏都是在被分离溶液中加入第三组分以加大原溶液中各组分间挥发度的差别，从而使其易于分离，同时降低设备投资和操作费用。它们均属于多组分非理想物系的分离过程。本节仅介绍这三种特殊精馏的流程和特点。

3.7.1　共沸精馏

若在两组分共沸液中加入第三组分(称为夹带剂)，该组分能与原料液中的一个或两个组分形成新的共沸液(该共沸物可以是两组分的，也可以是三组分的；可以是最低共沸点的塔顶产品，也可以是难挥发的塔底产品)，从而使原料液能用普通精馏方法予以分离，这种精馏操作称为共沸精馏。共沸精馏可分离具有最低共沸点的溶液、具有最高共沸点的溶液以及挥发度相近的物系。共沸精馏的流程取决于夹带剂与原有组分所形成的共沸液的性质。

1. 共沸精馏的流程举例

图 3-40 为分离乙醇-水混合液的共沸精馏流程示意图。在原料液中加入适量的夹带剂苯，苯与原料液形成新的三元非均相共沸液(相应的共沸点为 64.85℃，共沸摩尔分数组成为苯 0.539、乙醇 0.228、水 0.233)。苯的加入量要使原料液中的水全部转入到三组分共沸液中。

由于常压下此三组分共沸液的共沸点为 64.85℃，故其由塔顶蒸出，塔底产品为近于纯态的乙醇。塔顶蒸气进入冷凝器 4 中冷凝后，部分液相回流到塔 1，其余

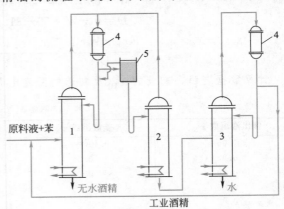

图 3-40　共沸精馏流程示意图
1—共沸精馏塔；2—苯回收塔；3—乙醇回收塔；
4—冷凝器；5—分层器

的进入分层器5，在器内分为轻重两层液体。轻相返回塔1作为补充回流。重相送入苯回收塔2，以回收其中的苯。塔2的蒸气由塔顶引出也进入冷凝器4中，塔2底部的产品为稀乙醇，被送到乙醇回收塔3中。塔3中塔顶产品为乙醇-水共沸液，送回塔1作为原料，塔底产品几乎为纯水。在操作中苯是循环使用的，但因有损耗，故隔一段时间后需补充一定量的苯。

2. 共沸精馏夹带剂的选择

在共沸精馏中，需选择适宜的夹带剂。对夹带剂的要求是：①夹带剂应能与被分离组分形成新的共沸液，最好其共沸点比纯组分的沸点低，一般两者沸点差不小于10℃；②新共沸液所含夹带剂的量愈少愈好，以便减少夹带剂用量及汽化、回收时所需的能量；③新共沸液最好为非均相混合物，便于用分层法分离；④无毒性、无腐蚀性，热稳定性好；⑤来源广泛，价格低廉。

3.7.2 萃取精馏

萃取精馏和共沸精馏相似，也是向原料液中加入第三组分（称为萃取剂或溶剂），以改变原有组分间的相对挥发度而达到分离要求的特殊精馏方法。但不同的是要求萃取剂的沸点较原料液中各组分的沸点高得多，且不与组分形成共沸液，容易回收。萃取精馏常用于分离各组分挥发度差别很小的溶液。例如，在常压下苯的沸点为80.1℃，环己烷的沸点为80.73℃，若在苯-环己烷溶液中加入萃取剂糠醛，则溶液的相对挥发度发生显著的变化，且相对挥发度随萃取剂量加大而增高，如表3-3所示。

表 3-3　苯-环己烷溶液加入糠醛后 α 的变化

溶液中糠醛的摩尔分数	0	0.2	0.4	0.5	0.6	0.7
相对挥发度 α	0.98	1.38	1.86	2.07	2.36	2.7

1. 萃取精馏的流程举例

图3-41为分离苯-环己烷溶液的萃取精馏流程示意图。原料液进入萃取精馏塔1中，萃取剂（糠醛）由塔1顶部加入，以便在每层板上都与苯相结合。塔顶蒸出的为环己烷蒸气。为回收微量的糠醛蒸气，在塔1上部设置回收段2（若萃取剂沸点很高，也可以不设回收段）。塔底釜液为苯-糠醛混合液，再将其送入苯回收塔3中。由于常压下苯沸点为80.1℃，糠醛的沸点为161.7℃，故两者很容易分离。塔3中釜液为糠醛，可循环使用。在精馏过程中，萃取剂基本上不被汽化，也不与原料液形成共沸液，这些都是有异于共沸精馏的。

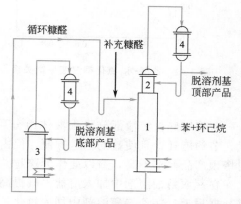

图 3-41　苯-环己烷萃取精馏流程示意图

1—萃取精馏塔；2—萃取剂回收段；
3—苯回收塔；4—冷凝器

2. 萃取精馏中萃取剂的选择

选择适宜萃取剂时，主要应考虑：①萃取剂应使原组分间相对挥发度发生显著的变化；②萃取剂的挥发性应低些，即其沸点应较原混合液中纯组分的为高，且不与原组分形成共沸液；③无毒性、无腐蚀性，热稳定性好；④来源方便，价格低廉。

萃取精馏中萃取剂的加入量一般较多，以保证各层塔板上足够的添加剂浓度，而且萃取精馏塔往往采用饱和蒸气加料，以使精馏段和提馏段的添加剂浓度基本相同。

3.7.3　盐效应精馏

用可溶性盐代替萃取剂作为萃取精馏的分离剂，可得到比普通萃取精馏更好的分离效果，此种精馏方法称为盐效应精馏，又称溶盐萃取精馏。早在 13 世纪，此种精馏方法在硝酸工业及从发酵液中制备乙醇方面得到有效应用。

盐效应精馏的首要条件是盐应溶于待分离混合液，除低级醇和酸外，盐在有机液体中的溶解度往往不大，所以目前的研究开发工作大多以醇-水物系为重点。作为应用例子，在乙醇-水体系中加入 $CaCl_2$ 或 $CuCl_2$，均能使乙醇对水的相对挥发度提高。实测的乙醇-水-氯化铜汽液平衡关系示于图 3-42 中。

目前，用于工业生产的盐效应精馏装置流程之一如图 3-43 所示。与溶剂萃取精馏相似，将固体盐从塔顶加入(或将盐溶于回流液中)，塔内每层塔板的液相都是含盐的三组分体系，因而都能起到盐效应精馏的效果。由于盐的不挥发性，塔顶可以得高纯度的产品，塔底则为盐溶液。盐的回收大多采用蒸发或干燥方法除去液体组分。

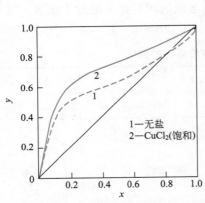

图 3-42　乙醇-水-氯化铜汽液平衡关系

1—无盐
2—CuCl₂(饱和)

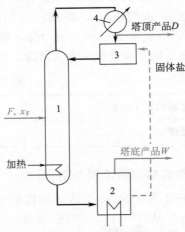

图 3-43　盐效应精馏流程示意图
1—精馏塔；2—蒸发器；
3—固盐溶化器；4—冷凝器

若将塔底盐溶液部分除去液体组分后和回流液混合加入塔顶，虽然可减少溶液的蒸发量，节约能耗，且使盐的输送方便，但由于盐溶液是塔底产品，致使塔顶产品纯度下降。在对塔顶产品要求不高，或以此作为跨越共沸点的初步精馏时，可用此流程。

在萃取精馏溶剂中加入溶盐，既提高了溶剂的选择性，也克服了固体盐循环、回收的困难。据报道，在乙二醇溶剂中加入氯化钙或乙酸钾等盐类形成混合萃取剂制备无水乙醇，取得了非常可喜的工业效果。

3.7.4　几种特殊精馏方法的比较

共沸精馏、萃取精馏、盐效应精馏都是通过添加某种分离剂以提高被分离组分间的相对挥发度，这是它们的共性。但是，又各有其特点，应根据具体情况，作出科学合理的选择。

萃取精馏与共沸精馏的特点比较如下：①萃取剂比夹带剂易于选择；②萃取剂在精馏过程中基本上不汽化，故萃取精馏的耗能量较共沸精馏的为少；③萃取精馏中，萃取剂加入量的变动范围较大，而在共沸精馏中，适宜的夹带剂量多为一定，故萃取精馏的操作较灵活，易控制；④萃取精馏不宜采用间歇操作，而共沸精馏则可采用间歇操作方式；⑤共沸精馏操作温度较萃取精馏要低，故共沸精馏较适用于分离热敏性溶液。

盐效应精馏可以看作是萃取精馏的特殊方法，选择合适的溶盐，可用少量盐取得较大的效果。盐的不挥发性，使得气相中不夹带盐组分，可得到高纯度的塔顶产品。盐效应精馏改进了普通萃取精馏溶剂用量大、液相负荷大、塔板效率低等缺点。

盐效应精馏和溶剂萃取精馏相结合的综合方法，是一种很值得重视的分离技术。

3.8 多组分精馏

前已述及，化工厂中的精馏操作大多是分离多组分溶液。虽然多组分精馏与两组分精馏在基本原理上是相同的，但因多组分精馏中溶液的组分数目增多，故影响精馏操作的因素也增多，计算过程就更为复杂。随着计算机应用技术的普及和发展，目前，对于多组分精馏计算大都有软件包可供使用。

本节重点讨论多组分精馏的流程、汽液平衡关系及理论板层数简化的计算方法。

3.8.1 流程方案的选择

(1)精馏塔的数目

若用普通精馏塔(指仅分别有一个进料口、塔顶和塔底出料口的塔)以连续精馏的方式将多组分溶液分离为纯组分，则需多个精馏塔。分离三组分溶液时需要两个塔，四组分溶液时需要三个塔，……，n 组分溶液时需要 $n-1$ 个塔。若不要求将全部组分都分离为纯组分，或原料液中某些组分的性质及数量差异较大时，可以采用具有侧线出料口的塔，此时塔数可减少。此外，若分离少量的多组分溶液，可采用间歇精馏，塔数也可减少。

(2)流程方案的选择

对于多组分精馏，首先要确定流程方案，然后才能进行计算。一般较佳的方案应满足：

① 能保证产品质量，满足工艺要求，生产能力大；

② 流程短，设备投资费用少；

③ 耗能量低，收率高，操作费用低；

④ 操作管理方便。

在实际生产中还应考虑如下两个因素。

① 多组分溶液的性质。许多有机化合物在加热过程中易分解或聚合，因此除了在操作压力、温度及设备结构等方面予以考虑外，还应在流程安排上减少这种组分的受热次数，尽早将它分离出来。

② 产品的质量要求。某些产品如高分子单体及有特殊用途的物质，要求有非常高的纯度，由于固体杂质易存留在塔釜中，故不希望从塔底得到这种产品。

应予指出，多组分精馏流程方案的确定是比较困难的，通常设计时可初选几个方案，通过计算、分析比较后，再从中择优选定。

3.8.2 多组分物系的汽液平衡

与两组分精馏一样，汽液平衡是多组分精馏计算的理论基础。由相律可知，对 n 个组分的物系，共有 n 个自由度，除了压力恒定外，还需知道 $n-1$ 个其他变量，才能确定此平衡物系。

1. 理想系统的汽液平衡

多组分溶液的汽液平衡关系，一般采用平衡常数法和相对挥发度法表示。

(1) 平衡常数法

当系统的气液两相在指定的压力和温度下达到平衡时，气相中某组分 i 的组成 y_i 与该组分在液相中的平衡组成 x_i 的比值，称为组分 i 在此温度、压力下的平衡常数，通常表示为

$$K_i = \frac{y_i}{x_i} \tag{3-72}$$

式中，K_i 为平衡常数；下标 i 表示溶液中任意组分。

式(3-72)是表示汽液平衡关系的通式，它既适用于理想系统，也适用于非理想系统。对于理想物系，相平衡常数可表示为

$$K_i = \frac{y_i}{x_i} = \frac{p_i^\circ}{p} \tag{3-73}$$

由该式可以看出，理想物系中任意组分 i 的相平衡常数 K_i 只与总压 p 及该组分的饱和蒸气压 p_i° 有关，而 p_i° 又直接由物系的温度所决定，故 K_i 随组分性质、总压及温度而定。

(2) 相对挥发度法

在精馏塔中，由于各层板上的温度不相等，因此平衡常数也是变量，而相对挥发度随温度变化较小，全塔可取定值或平均值，故采用相对挥发度法表示平衡关系可使计算大为简化。

用相对挥发度法表示多组分溶液的平衡关系时，一般取较难挥发的组分 j 作为基准组分，根据相对挥发度定义，可写出任一组分和基准组分的相对挥发度为

$$\alpha_{ij} = \frac{y_i/x_i}{y_j/x_j} = \frac{K_i}{K_j} = \frac{p_i^\circ}{p_j^\circ} \tag{3-74}$$

汽液平衡组成与相对挥发度的关系可推导如下，因为

$$y_i = K_i x_i = \frac{p_i^\circ}{p} x_i$$

而

$$p = p_1^\circ x_1 + p_2^\circ x_2 + \cdots + p_n^\circ x_n$$

所以

$$y_i = \frac{p_i^\circ x_i}{p_1^\circ x_1 + p_2^\circ x_2 + \cdots + p_n^\circ x_n}$$

上式等号右边的分子与分母同除以 p_j°，并将式(3-74)代入，可得

$$y_i = \frac{\alpha_{ij} x_i}{\alpha_{1j} x_1 + \alpha_{2j} x_2 + \cdots + \alpha_{nj} x_n} = \frac{\alpha_{ij} x_i}{\sum\limits_{i=1}^{n} \alpha_{ij} x_i} \tag{3-75}$$

同理可得

$$x_i = \frac{y_i}{\alpha_{ij}} \left/ \sum_{i=1}^{n} \frac{y_i}{\alpha_{ij}} \right. \tag{3-76}$$

式(3-75)及式(3-76)为用相对挥发度法表示的汽液平衡关系。显然，只要求出各组分对基准组分的相对挥发度，就可利用上二式计算平衡时的气相或液相组成。

上述两种汽液平衡表示法，没有本质的差别。一般，若精馏塔中相对挥发度变化不大，则用相对挥发度法计算平衡关系较为简便；若相对挥发度变化较大，则用平衡常数法计算较为准确。

2. 烃类系统的汽液平衡——p-T-K 列线图

对于由烷烃、烯烃所构成的混合液，经过实验测定和理论推算，得到了如图 3-44 所示的 p-T-K 列线图。该图左侧为压力标尺，右侧为温度标尺，中间各曲线为烃类的 K 值标尺。使用时只要在图上找出代表平衡压力和温度的点，然后连成直线，由此直线与某烃类曲线的交点，即可读得 K 值。应予指出，由于 p-T-K 列线图仅涉及压力和温度对 K 的影响，而忽略了各组分之间的相互影响，故由此求得的 K 值与实验值有一定的偏差。

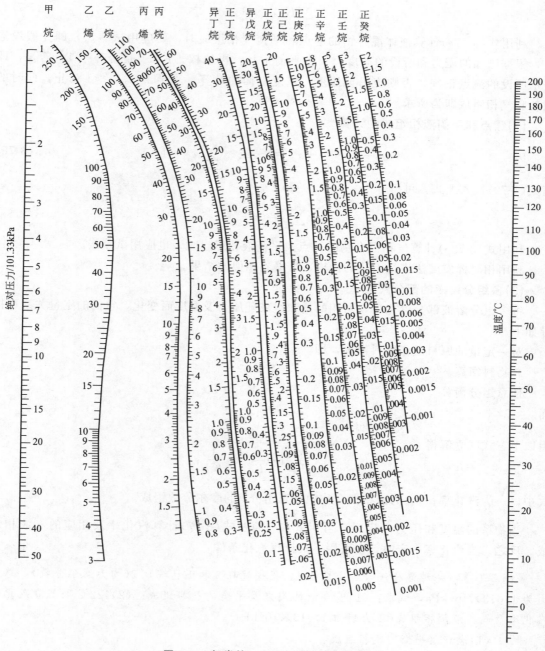

图 3-44　烃类的 p-T-K 列线图(高温段)

3. 相平衡关系的应用

在多组分精馏的计算中，相平衡常数可用来计算泡点、露点和汽化率等。

(1)泡点及平衡气相组成的计算

因

$$y_1 + y_2 + \cdots + y_n = 1 \quad \text{或} \quad \sum_{i=1}^{n} y_i = 1 \qquad (3\text{-}77)$$

将式(3-72)代入上式，可得

$$\sum_{i=1}^{n} K_i x_i = 1 \qquad (3\text{-}77a)$$

利用式(3-77a)计算液体混合物的泡点和平衡气相组成时，要应用试差法，即先假设泡点，根据已知的压力和所设的温度，求出平衡常数，再校核 $\sum K_i x_i$ 是否等于1。若是，即表示所设的泡点正确，否则应另设温度，重复上面的计算，直至 $\sum K_i x_i \approx 1$ 为止，此时的温度和气相组成即为所求。

(2)露点和平衡液相组成的计算

因

$$x_1 + x_2 + \cdots + x_n = 1 \quad \text{或} \quad \sum_{i=1}^{n} x_i = 1 \qquad (3\text{-}78)$$

将式(3-72)代入上式，可得

$$\sum_{i=1}^{n} \frac{y_i}{K_i} = 1 \qquad (3\text{-}78a)$$

利用式(3-78a)计算气相混合物的露点及平衡液相组成时，也应用试差法。

利用相对挥发度法进行上述的计算，可得到相似的结果。

(3)多组分溶液的部分汽化

将多组分溶液部分汽化后，两相的量和组成随压力及温度而变化，它们的定量关系可推导如下。

对一定量的原料液作物料衡算，即

总物料衡算 $\qquad\qquad\qquad F = V + L$

任意组分衡算 $\qquad\qquad\quad F x_{Fi} = V y_i + L x_i$

而 $\qquad\qquad\qquad\qquad\quad y_i = K_i x_i$

由以上三式联立解得

$$y_i = \frac{x_{Fi}}{\dfrac{V}{F}\left(1 - \dfrac{1}{K_i}\right) + \dfrac{1}{K_i}} \qquad (3\text{-}79)$$

式中，$\dfrac{V}{F}$ 为汽化率；x_{Fi} 为液相混合物中任意组分 i 的摩尔分数组成。

当物系的温度和压力一定时，可用式(3-79)及式(3-77)计算汽化率及相应的气液相组成。反之，当汽化率一定时，也可用上式计算汽化条件。

【例 3-16】 一种混合液含正丁烷0.4、正戊烷0.3和正己烷0.3(均为摩尔分数)，总压力为 1.013×10^3 kPa，试求：(1)混合液的泡点及平衡的气相组成；(2)122℃下部分汽化的汽化率及气、液两相组成(压力仍为 1.013×10^3 kPa)。

解 (1)泡点及平衡的气相组成

计算泡点需试差。假设混合液的泡点为116℃，由图3-44查得在 1.013×10^3 kPa 下各组分的平衡常数为：正丁烷 $K_1 = 1.61$、正戊烷 $K_2 = 0.79$、正己烷 $K_3 = 0.39$。则

$$\Sigma y_i = K_1 x_1 + K_2 x_2 + K_3 x_3 = 1.61 \times 0.4 + 0.79 \times 0.3 + 0.39 \times 0.3 = 0.998 \approx 1$$

所设泡点 116℃ 可接受。

平衡的气相组成为

正丁烷　　$y_1 = K_1 x_1 = 1.61 \times 0.4 = 0.644$

正戊烷　　$y_2 = K_2 x_2 = 0.79 \times 0.3 = 0.237$

正己烷　　$y_3 = K_3 x_3 = 0.39 \times 0.3 = 0.117$

本例用式(3-74)及式(3-75)计算得到一致的结果。

(2)汽化率及两相组成

由图 3-44 查出在 $1.013 \times 10^3 \, kPa$ 及 122℃下各组分的平衡常数为：正丁烷 $K_1 = 1.72$、正戊烷 $K_2 = 0.86$、正己烷 $K_3 = 0.44$。

假设汽化率 $V/F = 0.27$，代入式(3-79)，可得

$$y_1 = \frac{x_{F1}}{\dfrac{V}{F}\left(1 - \dfrac{1}{K_1}\right) + \dfrac{1}{K_1}} = \frac{0.4}{0.27\left(1 - \dfrac{1}{1.72}\right) + \dfrac{1}{1.72}} = 0.5760$$

$$y_2 = \frac{0.3}{0.27\left(1 - \dfrac{1}{0.86}\right) + \dfrac{1}{0.86}} = 0.2681$$

$$y_3 = \frac{0.3}{0.27\left(1 - \dfrac{1}{0.44}\right) + \dfrac{1}{0.44}} = 0.1555$$

$$\Sigma y_j = 0.5760 + 0.2681 + 0.1555 = 0.9996$$

计算结果表明所设汽化率符合要求。再由式(3-72)计算平衡液相组成，即

$$x_1 = \frac{y_1}{K_1} = \frac{0.5760}{1.72} = 0.3349$$

$$x_2 = \frac{0.2681}{0.86} = 0.3117$$

$$x_3 = \frac{0.1555}{0.44} = 0.3534$$

$$\Sigma x_j = 0.3349 + 0.3117 + 0.3534 = 1.0$$

 本例试差计算过程实际经过反复试算，但为简明起见，略去了中间试算过程。

3.8.3　关键组分的概念及全塔物料衡算

与两组分精馏一样，为求精馏塔的理论板层数，需要知道塔顶和塔底产品的组成。在多组分精馏中，对两产品的组成，一般只能规定馏出液中某组分的含量不能高于某一限值，釜液中另一组分不能高于另一限值，两产品中其他组分的含量都不能任意规定。为了简化计算，引入关键组分的概念。

1. 关键组分

在待分离的多组分溶液中，选取工艺中最关心的两个组分(一般是选择挥发度相邻的两个组分)，规定它们在塔顶和塔底产品中的组成或回收率(即分离要求)，那么在一定的分离

条件下，所需的理论板层数和其他组分的组成也随之而定。由于所选定的两个组分对多组分溶液的分离起控制作用，故称它们为关键组分，其中挥发度高的那个组分称为轻关键组分，挥发度低的称为重关键组分。

所谓轻关键组分，是指在进料中比其还要轻的组分(即挥发度更高的组分)及其自身的绝大部分进入馏出液中，它在釜液中的含量则加以限制。所谓重关键组分，是指进料中比其还要重的组分(即挥发度更低的组分)及其自身的绝大部分进入釜液中，而它在馏出液的含量应加以限制。例如，分离由组分 A、B、C、D 和 E(按挥发度降低的顺序排列)所组成的混合液，根据分离要求，规定 B 为轻关键组分，C 为重关键组分。因此，在馏出液中有组分 A、B 及限量的 C，而比 C 还要重的组分(D 和 E)在馏出液中，只有极微量或完全不出现。同样，在釜液中有组分 E、D、C 及限量的 B，比 B 还轻的组分 A 在釜液中含量极微或不出现。

选择的流程方案不同，同样的进料，关键组分可能不同。

2. 全塔物料衡算

在多组分精馏中，一般先规定关键组分在塔顶和塔底产品中的组成或回收率，其他组分的分配应通过物料衡算或近似估算得到。待求出理论板层数后，再核算塔顶和塔底产品的组成。

n 组分精馏的全塔物料衡算方程有 n 个，即

总物料衡算 $\qquad\qquad\qquad F=D+W$ (3-80)

i 组分物料衡算 $\qquad\qquad Fx_{Fi}=Dx_{Di}+Wx_{Wi}$ (3-81)

及归一方程 $\qquad\qquad \sum x_{Fi}=1;\ \sum x_{Di}=1;\ \sum x_{Wi}=1$

根据各组分间挥发度的差异，可按以下两种情况进行组分在产品中的预分配。

(1)清晰分割的情况

若两关键组分的挥发度相差较大，且两者为相邻组分，此时可认为比重关键组分还重的组分全部在塔底产品中，比轻关键组分还轻的组分全部在塔顶产品中，这种情况称为清晰分割。

清晰分割时，非关键组分在两产品中的分配可以通过物料衡算求得，计算过程见例 3-17。

(2)非清晰分割的情况

若两关键组分不是相邻组分，则塔顶和塔底产品中必有中间组分；或者，若进料中非关键组分的相对挥发度与关键组分的相差不大，则塔顶产品中就含有比重关键组分还重的组分，塔底产品中就会含有比轻关键组分还轻的组分。上述二种情况称为非清晰分割。

非清晰分割时，各组分在塔顶和塔底产品中的分配情况不能用上述的物料衡算求得，但可用芬斯克全回流公式进行估算。这种分配方法称为亨斯特别克(Hengstebeck)法，计算中需作以下假设：

① 在任何回流比下操作时，各组分在塔顶和塔底产品中的分配情况与全回流操作时的相同；

② 估算非关键组分在产品中的分配情况与关键组分的方法相同。

多组分精馏时，全回流操作下芬斯克方程式可表示为

$$N_{min}+1=\frac{\lg\left[\left(\dfrac{x_l}{x_h}\right)_D\left(\dfrac{x_h}{x_l}\right)_W\right]}{\lg\alpha_{lh}}$$ (3-82)

式中，下标 l 表示轻关键组分，h 表示重关键组分。

因
$$\left(\frac{x_l}{x_h}\right)_D = \frac{D_l}{D_h}, \quad \left(\frac{x_h}{x_l}\right)_W = \frac{W_h}{W_l}$$

式中，D_l、D_h 分别为馏出液中轻、重关键组分的流量，kmol/h；W_l、W_h 分别为釜液中轻、重关键组分的流量，kmol/h。

将上二式代入式(3-82)得

$$N_{min} + 1 = \frac{\lg\left[\left(\frac{D_l}{D_h}\right)\left(\frac{W_h}{W_l}\right)\right]}{\lg\alpha_{lh}} = \frac{\lg\left[\left(\frac{D}{W}\right)_l\left(\frac{W}{D}\right)_h\right]}{\lg\alpha_{lh}} \tag{3-83}$$

式(3-83)表示全回流下轻、重关键组分在塔顶和塔底产品中的分配关系，根据前述的假设，它也适用任意组分 i 和重关键组分之间的分配，即

$$N_{min} + 1 = \frac{\lg\left[\left(\frac{D}{W}\right)_i\left(\frac{W}{D}\right)_h\right]}{\lg\alpha_{ih}} \tag{3-84}$$

由式(3-83)及式(3-84)可得

$$\frac{\lg\left[\left(\frac{D}{W}\right)_l\left(\frac{W}{D}\right)_h\right]}{\lg\alpha_{lh}} = \frac{\lg\left[\left(\frac{D}{W}\right)_i\left(\frac{W}{D}\right)_h\right]}{\lg\alpha_{ih}} \tag{3-85}$$

因 $\alpha_{hh} = 1$，$\lg\alpha_{hh} = 0$，故上式可改写为

$$\frac{\lg\left(\frac{D}{W}\right)_l - \lg\left(\frac{D}{W}\right)_h}{\lg\alpha_{lh} - \lg\alpha_{hh}} = \frac{\lg\left(\frac{D}{W}\right)_i - \lg\left(\frac{D}{W}\right)_h}{\lg\alpha_{ih} - \lg\alpha_{hh}} \tag{3-86}$$

式(3-86)表示全回流下任意组分在两产品中的分配关系，根据前述的假设，同样也可用于估算任何回流比下各组分在两产品中的分配。

亨斯特别克法估算各组分在塔顶和塔底产品中的分配过程见例 3-17。

【例 3-17】 在连续精馏塔中，分离本例附表 1 所示的液体混合物。操作压力为 2780.0kPa，加料量为 100kmol/h。若要求馏出液中回收进料中 91.1% 乙烷，釜液中回收进料中 93.7% 的丙烯，试分别用清晰分割与非清晰分割方法估算馏出液流量及各组分在两产品中的组成。

原料液的组成及平均操作条件下各组分对重关键组分的相对挥发度列于本例附表 1。

例 3-17 附表 1

序号	1	2	3	4	5	6
组分	甲烷	乙烷	丙烯	丙烷	异丁烷	正丁烷
摩尔分数 x_{Fi}	0.05	0.35	0.15	0.20	0.10	0.15
平均相对挥发度 α_{ih}	10.95	2.59	1	0.884	0.422	0.296

解 在下面解题过程中，以序号代表组分。根据题意，2 号组分(乙烷)为轻关键组分，3 号(丙烯)为重关键组分。

塔顶产品中乙烷(l)流量为

$$D_l = 100 \times 0.35 \times 0.911 = 31.89 \text{kmol/h}$$

塔底产品中乙烷(l)流量为

$$W_l = F_l - D_l = 100 \times 0.35 - 31.89 = 3.11 \text{kmol/h}$$

塔底产品中丙烯(h)流量为

$$W_h = 100 \times 0.15 \times 0.937 = 14.06 \text{kmol/h}$$

塔顶产品中丙烯(h)流量为

$$D_h = F_h - W_h = 100 \times 0.15 - 14.06 = 0.94 \text{kmol/h}$$

(1)清晰分割的馏出液流量及各组分在两产品中的组成

对于清晰分割,即比重关键组分还重的组分在塔顶产品中不出现,比轻关键组分还轻的组分在塔底产品中不出现,故对全塔作各组分的物料衡算,即

$$F_i = D_i + W_i$$

各组分在两产品中的组成分别为

$$x_{Di} = \frac{D_i}{D}, \quad x_{Wi} = \frac{W_i}{W}$$

计算结果列于本例附表 2 中。

例 3-17 附表 2

组分	1	2	3	4	5	6	Σ
F_i/(kmol/h)	5	35	15	20	10	15	100
D_i/(kmol/h)	5	31.89	0.94	0	0	0	37.83
x_{Di}	0.132	0.843	0.025	0	0	0	1.00
W_i/(kmol/h)	0	3.11	14.06	20	10	15	62.17
x_{Wi}	0	0.052	0.226	0.322	0.161	0.241	1.002

(2)非清晰分割的馏出液流量及各组分在两产品中的组成

由上面计算可得

$$\left(\frac{D}{W}\right)_l = \frac{31.89}{3.11} = 10.25$$

及

$$\left(\frac{D}{W}\right)_h = \frac{0.94}{14.06} = 0.067$$

将有关数据代入式(3-86),得

$$\frac{\lg\left(\frac{D}{W}\right)_l - \lg\left(\frac{D}{W}\right)_h}{\lg\alpha_{lh} - \lg\alpha_{hh}} = \frac{\lg10.25 - \lg0.067}{\lg2.59 - \lg1} = 5.286$$

对组分 1(甲烷)可求得

$$\lg\left(\frac{D}{W}\right)_1 = 5.286\lg10.95 + \lg0.067 = 4.32$$

则

$$\left(\frac{D}{W}\right)_1 = 20910$$

其他各组分的$(D/W)_i$值列于本例附表 3 中。

产品中各组分流量 D_i 和 W_i 可根据分配比和物料衡算求得,计算结果也列于本例附表 3 中。下面以丙烷为例,计算如下

$$\left(\frac{D}{W}\right)_{丙烷} = 0.0349$$

$$D_{丙烷} + W_{丙烷} = F_{丙烷} = 100 \times 0.2 = 20$$

联立上二式解得

$$D_{丙烷} = 0.67 \text{kmol/h}, \quad W_{丙烷} = 19.33 \text{kmol/h}$$

组分	1	2	3	4	5	6	Σ
$F_i/(kmol/h)$	5	35	15	20	10	15	100
α_{ih}	10.95	2.59	1	0.884	0.422	0.296	
$(D/W)_j$	20910	10.25	0.067	0.0349	0.0007	0.0001	
$D_i/(kmol/h)$	5	31.89	0.94	0.67	0.0007	0.0015	38.5
x_{Di}	0.130	0.828	0.024	0.017	0.0003	0	0.999
$W_i/(kmol/h)$	0	3.11	14.06	19.33	9.993	15	61.5
x_{Wi}	0	0.051	0.229	0.314	0.162	0.244	1.0

 从本例附表 2 和附表 3 的数据可看出，清晰和非清晰分割方法计算结果相差不大。

3.8.4　简捷法确定理论板层数

用简捷法求理论板层数时，基本原则是将多组分精馏简化为轻重关键组分的"两组分精馏"，故可采用芬斯克方程及吉利兰图求理论板层数。

1. 最小回流比

在多组分精馏计算中，必须用解析法求最小回流比。在最小回流比下操作时，塔内也会出现恒浓区，但常常有两个恒浓区，一个在进料板以上某一位置，称为上恒浓区；另一个在进料板以下某一位置，称为下恒浓区。具有两个恒浓区的原因是进料中所有组分并非全部出现在塔顶或塔底产品中。例如，比重关键组分还重的某些组分可能不出现在塔顶产品中，这些组分在加料口上部的几层塔板中被分离，其组成便达到无限低，而后其他组分才进入下恒浓区。若所有组分都出现在塔顶产品中，则上恒浓区接近于进料板；若所有组分都出现在塔底产品中，则下恒浓区接近于进料板；若所有组分同时出现在塔顶产品和塔底产品中，则上下恒浓区合二为一，即进料板附近为恒浓区。

计算最小回流比的关键是确定恒浓区的位置。显然，这种位置是不容易定出的，因此严格或精确地计算最小回流比就很困难。一般多采用简化公式估算，常用的是恩德伍德（Underwood）公式，即

$$\sum_{i=1}^{n}\frac{\alpha_{ij}x_{Fi}}{\alpha_{ij}-\theta}=1-q \qquad (3-87)$$

$$R_{min}=\sum_{i=1}^{n}\frac{\alpha_{ij}x_{Di}}{\alpha_{ij}-\theta}-1 \qquad (3-88)$$

式中，α_{ij} 为组分 i 对基准组分 j（一般为重关键组分或重组分）的相对挥发度，可取塔顶和塔底的几何平均值；θ 为式（3-87）的根，其值介于轻重关键组分对基准组分的相对挥发度之间。

若轻重关键组分为相邻组分，θ 仅有一个值；若两关键组分之间有 k 个中间组分，则 θ 将有 $k+1$ 个值。

在求解上述二方程时，需先用试差法由式(3-87)求出 θ 值，然后再由式(3-88)求出 $R_{\min}$。当两关键组分有中间组分时，可求得多个 $R_{\min}$ 值，设计时可取 $R_{\min}$ 的平均值。

恩德伍德公式的应用条件为：①塔内气液相作恒摩尔流动；②各组分的相对挥发度为常量。

2. 确定理论板层数

简捷法求算理论板层数的具体步骤如下：

① 根据分离要求确定关键组分。

② 根据进料组成及分离要求进行物料衡算，初估各组分在塔顶产品和塔底产品中的组成，并计算各组分的相对挥发度。

③ 根据塔顶和塔底产品中轻重关键组分的组成及平均相对挥发度，用芬斯克方程式计算最小理论板层数 $N_{\min}$。

④ 用恩德伍德公式确定最小回流比 $R_{\min}$，再由 $R=(1.1\sim2)R_{\min}$ 的关系选定操作回流比 R。

⑤ 利用吉利兰图求算理论板层数 N。

⑥ 可仿照两组分精馏计算中所采用的方法确定进料板位置。若为泡点进料，也可用下面的经验公式计算，即

$$\lg\frac{n}{m}=0.206\lg\left[\left(\frac{W}{D}\right)\left(\frac{x_{hF}}{x_{lF}}\right)\left(\frac{x_{lW}}{x_{hD}}\right)^2\right] \tag{3-89}$$

式中，n 为精馏段理论板层数；m 为提馏段理论板层数(包括再沸器)。

简捷法求理论板层数虽然简单，但因没有考虑其他组分存在的影响，计算结果误差较大。简捷法一般适用于初步估算或初步设计中。

【例 3-18】 在连续精馏塔中分离例 3-17 的多组分混合液。塔顶全凝器，泡点回流，饱和液体进料，操作回流比为最小回流比的 1.5 倍，试用简捷法确定理论板层数和加料板位置。

解 在例 3-17 中给出了各组分的相对挥发度、原料液的组成并估算了各组分在两产品中的组成。轻重关键组分分别为 2 号(乙烷)和 3 号(丙烯)。

(1)最小回流比 用恩德伍德公式估算最小回流比。因饱和液体进料，故 $q=1$。先用试差法求下式中的 θ 值，即

$$\sum_{i=1}^{6}\frac{\alpha_{ih}x_{Fi}}{\alpha_{ih}-\theta}=1-q=0$$

设 $\theta=1.34$

$$\frac{10.95\times0.05}{10.95-1.34}+\frac{2.59\times0.35}{2.59-1.34}+\frac{1\times0.15}{1-1.34}+\frac{0.884\times0.20}{0.884-1.34}+\frac{0.422\times0.10}{0.422-1.34}+\frac{0.296\times0.15}{0.296-1.34}=-0.1363$$

计算数据表明，初设 θ 值偏小。再设若干个 θ 值，计算结果列于本例附表中。

例 3-18 附表

假设的 θ 值	1.34	1.40	1.395	1.394
$\sum_{i=1}^{6}\dfrac{\alpha_{ih}x_{Fi}}{\alpha_{ih}-\theta}$	-0.1363	0.018	0.0064	0.0004

由附表数据可知，$\theta=1.394$。最小回流比由下式计算，即

$$R_{\min}=\sum_{i=1}^{6}\frac{\alpha_{ih}x_{Di}}{\alpha_{ih}-\theta}-1=\frac{10.95\times0.130}{10.95-1.394}+\frac{2.59\times0.828}{2.59-1.394}+\frac{1\times0.024}{1-1.394}$$

$$+\frac{0.884\times0.017}{0.884-1.394}+\frac{0.422\times0.0003}{0.422-1.394}+\frac{0.296\times0}{0.296-1.394}-1$$

$$=0.8516$$

则
$$R=1.5R_{\min}=1.5\times0.8516=1.277$$

（2）最小理论板层数

由芬斯克方程式计算 $N_{\min}$，即

$$N_{\min}=\frac{\lg\left[\left(\frac{x_l}{x_h}\right)_D\left(\frac{x_h}{x_l}\right)_W\right]}{\lg\alpha_{ih}}-1=\frac{\lg\left[\left(\frac{0.828}{0.024}\right)\left(\frac{0.229}{0.051}\right)\right]}{\lg2.59}-1=4.3$$

（3）理论板层数

$$\frac{R-R_{\min}}{R+1}=\frac{1.277-0.8516}{1.277+1}=0.187$$

由吉利兰图查得

$$\frac{N-N_{\min}}{N+2}=\frac{N-4.3}{N+2}=0.45$$

解得
$$N=9.45（不包括再沸器）$$

（4）加料板位置

加料板位置由式（3-89）估算，即

$$\lg\frac{n}{m}=0.206\lg\left[\left(\frac{W}{D}\right)\left(\frac{x_{hF}}{x_{lF}}\right)\left(\frac{x_{lW}}{x_{hD}}\right)^2\right]=0.206\lg\left[\left(\frac{61.5}{38.5}\right)\left(\frac{0.15}{0.35}\right)\left(\frac{0.051}{0.024}\right)^2\right]=0.101$$

$$\frac{n}{m}=1.262,\quad n+m=10.45$$

解得
$$n=5.83$$

即第 6 层理论板为进料口。

本章符号说明

英文

b——操作线截距；

c——比热容，kJ/(kg·℃)；

c_{pm}——摩尔定压热容，kJ/(kmol·℃)；

C——独立组分数；

D——塔顶产品(馏出液)流量，kmol/h；

E_T——总板效率；

F——自由度数；原料液流量，kmol/h；

$HETP$——理论板当量高度，m；

I——物质的焓，kJ/kg；

K——相平衡常数；

L——塔内下降的液体流量，kmol/h；

m——平衡线斜率；提馏段理论板层数；

M——摩尔质量，kg/kmol；

n——精馏段理论板层数；

N——理论板层数；

p——系统压力或外压，Pa；

p_e——平衡分压，Pa；

p_i——i 组分的分压，Pa；

p°——组分的饱和蒸气压，Pa；

q——进料热状况参数；

Q——传热速率或热负荷，kJ/h 或 kW；

r——加热蒸汽汽化热，kJ/kg；

R——回流比；

t——温度，℃；

T——热力学温度，K；

u——气相空塔速度，m/s；

v——组分的挥发度，Pa；

V ——上升蒸气的流量，kmol/h；

W ——塔底产品（釜残液）流量，kmol/h；瞬间
　　釜液量，kmol；

x ——液相中易挥发组分的摩尔分数；

y ——气相中易挥发组分的摩尔分数；

Z ——塔高，m。

希文

α ——相对挥发度；

γ ——活度系数；

η ——组分回收率；

ϕ ——相数；

θ ——式（3-87）的根；

μ ——黏度，Pa·s；

ρ ——密度，kg/m³；

τ ——时间，h或s。

下标

A——易挥发组分；

B——再沸器；难挥发组分；

c——冷却或冷凝；

C——冷凝器；

D——馏出液；

e——最终；

F——原料液；

h——加热；重关键组分；

i——组分序号；

j——基准组分；

l——轻关键组分；

L——液相；

m——平均；

m——提馏段或塔板序号；

min——最小或最少；

n——精馏段或塔板序号；

p——实际的；

q——q线与平衡线的交点；

T——理论的；

V——气相；

W——釜残液。

上标

°——纯态；

*——平衡状态；

'——提馏段。

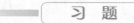

习 题

基础习题

1. 已知含苯 0.5（摩尔分数）的苯-甲苯混合液，若外压为 109kPa，试求溶液的泡点及平衡的气相组成。苯和甲苯的安托尼常数列于本题附表中（饱和蒸气压的单位为 kPa），本物系可视作理想溶液。

习题 1 附表

组分 \ 安托尼常数	A	B	C
苯	6.023	1206.35	220.24
甲苯	6.078	1343.94	219.58

2. 苯和甲苯的饱和蒸气压与温度的关系数据如本题附表所示。试利用拉乌尔定律和平均相对挥发度，分别计算在 101.33kPa 总压下苯-甲苯混合液的汽液平衡数据，并作出 t-x-y 图。该溶液可视为理想溶液。

习题 2 附表

t/℃ \ p_i°/kPa	80.1	85	90	95	100	105	110.6
p_A°	101.33	116.9	135.5	155.7	179.2	204.2	240.0
p_B°	40.0	46.0	54.0	63.3	74.3	86.0	101.33

3. 在 101.33kPa 的总压下，苯和甲苯的混合液中，苯的组成为 0.45(摩尔分数)，试利用习题 2 得出的 t-x-y 图回答问题：(1)溶液的泡点及其瞬间平衡气相组成；(2)将此溶液升温至 97℃，平衡的气液组成及液气量的比；(3)将此溶液加热至什么温度，正好全部汽化为饱和蒸气，并求蒸气的组成。

4. 在常压下将组成为 0.6(易挥发组分的摩尔分数)的两组分溶液分别进行简单蒸馏和平衡蒸馏，若汽化率为 1/3，试求两种情况下气相中易挥发组分的收率。假设在操作范围内汽液平衡关系可表示为

$$y = 0.46x + 0.549$$

5. 在连续精馏塔中分离由二硫化碳和四氯化碳所组成的混合液。已知原料液流量为 14000kg/h，组成 w_F 为 0.3(二硫化碳的质量分数，下同)。若要求釜液组成 w_W 不大于 0.05，馏出液回收率为 90%。试求馏出液的流量和组成，分别以摩尔流量和摩尔分数表示。

6. 在常压操作的连续精馏塔中分离含甲醇 0.4 与水 0.6(均为摩尔分数)的溶液，其流量为 100kmol/h，馏出液组成为 0.95，釜液组成为 0.04，回流比为 2.6。试求：(1)馏出液的流量；(2)饱和液体进料时，精馏段的下降液体流量和提馏段的上升蒸气流量；(3)进料温度为 40℃时，提馏段下降液体流量和上升的蒸气流量。

习题 6 附表

温度 t/℃	液相中甲醇的摩尔分数	气相中甲醇的摩尔分数	温度 t/℃	液相中甲醇的摩尔分数	气相中甲醇的摩尔分数
100	0.0	0.0	75.3	0.40	0.729
96.4	0.02	0.134	73.1	0.50	0.779
93.5	0.04	0.234	71.2	0.60	0.825
91.2	0.06	0.304	69.3	0.70	0.870
89.3	0.08	0.365	67.6	0.80	0.915
87.7	0.10	0.418	66.0	0.90	0.958
84.4	0.15	0.517	65.0	0.95	0.979
81.7	0.20	0.579	64.5	1.0	1.0
78.0	0.30	0.665			

常压下甲醇-水溶液的平衡数据列于本题附表中。

7. 在连续精馏操作中，已知加料量为 100kmol/h，其中气、液各半，精馏段和提馏段的操作线方程分别为 $y = 0.75x + 0.24$，$y = 1.25x - 0.0125$，试求操作回流比、原料液的组成、馏出液的流量及组成。

8. 在连续精馏操作中，已知精馏段操作线方程及 q 线方程分别为 $y = 0.8x + 0.19$，$y = -0.5x + 0.675$，试求：(1)进料热状况参数 q 及原料组成 x_F；(2)精馏段和提馏段两操作线交点坐标 x_q 与 y_q。

9. 用逐板法计算习题 6 中泡点进料时精馏段所需理论板层数。在该组成范围内平衡关系可近似表达为 $y = 0.46x + 0.545$。

10. 在常压连续精馏塔中分离苯-甲苯混合液。若原料为饱和液体，其中含苯 0.5(摩尔分数，下同)。塔顶馏出液组成为 0.95，塔底釜残液组成为 0.06，回流比为 2.6。试求理论板层数和加料板位置。苯-甲苯混合液的平衡数据见例 3-6 附表。

11. 在常压连续精馏塔内分离甲醇-水溶液，料液组成为 0.45(甲醇的摩尔分数，下同)，流量为 100kmol/h，于泡点下加入塔内。要求馏出液组成为 0.95，釜液组成为 0.04，塔釜间接蒸汽加热，回流比 $R = 1.86R_{min}$。试求：(1)所需理论板层数及加料板位置；(2)若改为直接蒸汽加热，其他均保持不变，馏出液中甲醇收率将如何变化。

物系平衡数据见习题 6 附表。

12. 在常压连续精馏塔内分离乙醇-水混合液，原料液为饱和液体，其中含乙醇 0.25（摩尔分数，下同），馏出液组成不低于 0.81，釜液组成为 0.02；操作回流比为 2.5，若于精馏塔某一塔板处侧线取料，其摩尔流量为馏出液摩尔流量的 1/2，侧线产品为饱和液体，组成为 0.6。试求所需的理论板层数、加料板及侧线取料口的位置。物系平衡数据见本题附表。

习题 12 附表

液相中乙醇的摩尔分数	气相中乙醇的摩尔分数	液相中乙醇的摩尔分数	气相中乙醇的摩尔分数
0.0	0.0	0.45	0.635
0.01	0.11	0.50	0.657
0.02	0.175	0.55	0.678
0.04	0.273	0.60	0.698
0.06	0.340	0.65	0.725
0.08	0.392	0.70	0.755
0.10	0.430	0.75	0.785
0.14	0.482	0.80	0.820
0.18	0.513	0.85	0.855
0.20	0.525	0.894	0.894
0.25	0.551	0.90	0.898
0.30	0.575	0.95	0.942
0.35	0.595	1.0	1.0
0.40	0.614		

13. 在连续操作的板式精馏塔中分离苯-甲苯混合液。在全回流条件下测得相邻板上的液相组成分别为 0.28、0.41 和 0.57，试求三层板中较低两层板的单板效率 E_{ML}。

操作条件下苯-甲苯混合液的平均相对挥发度可取作 2.5。

14. 在常压连续精馏塔中分离两组分理想溶液，塔顶全凝器，泡点回流，塔底间接蒸汽加热，原料液处理量为 100kmol/h，组成为 0.35（易挥发组分的摩尔分数，下同），饱和蒸气进料，馏出液流量为 35kmol/h。物系的平均相对挥发度为 2.5。已知精馏段操作线方程式为 $y=0.8x+0.188$。试求：(1)提馏段操作线方程；(2)自塔顶第 1 层板下降的液相组成为 0.90 时的气相单板效率。

15. 试计算习题 11 甲醇-水精馏塔的塔径和有效高度。已知条件：(1)塔釜压力为 114kPa，对应温度为 102℃，塔顶为常压，温度为 66.2℃，塔釜间接蒸汽加热；(2)全塔效率 55%；(3)空塔速度为 0.84m/s；(4)板间距为 0.35m。

16. 试计算习题 15 中冷凝器的热负荷、冷却水消耗量、再沸器的热负荷及加热蒸汽消耗量。已知条件：(1)忽略冷凝器的热损失，冷却水的进出口温度分别为 25℃ 及 35℃；(2)加热蒸汽的压力为 232.2kPa，冷凝液在饱和温度下排出，再沸器的热损失为有效传热量的 12%。

17. 若将含有苯、甲苯和乙苯的三组分混合液进行一次部分汽化，操作压力为常压，温度为 115℃，原料液中含苯为 0.15（摩尔分数），试分别用相平衡常数法和相对挥发度法求平衡的气液相组成。混合液可视为理想溶液。苯、甲苯和乙苯的饱和蒸气压可用安托尼（Antoine）方程求算。乙苯的安托尼常数为 $A=6.079$，$B=1421.91$，$C=212.93$。苯和甲苯的安托尼常数见习题 1 附表。

18. 在连续精馏塔中，分离由 A、B、C、D（挥发度依次下降）所组成的混合液 100kmol/h。若要求在馏出液中回收原料液中 95% 的 B，釜液中回收 95% 的 C，试用亨斯特别克法估算各组分在产品中的组成。假设原料液可视为理想物系。原料液的组成及平均操作条件下各组分的相平衡常数列在本题附表中。

组分	A	B	C	D
组成 x_{Fi}	0.06	0.17	0.32	0.45
相平衡常数 K_i	2.17	1.67	0.84	0.71

19. 在连续精馏塔中,将习题 18 的原料液进行分离。若原料液在泡点温度下进入精馏塔内,回流比为最小回流比的 1.5 倍。试用简捷法求所需的理论板层数及进料口的位置。

综合习题

20. 在连续精馏塔中分离某组成为 0.5(易挥发组分的摩尔分数,下同)的两组分理想溶液。原料液于泡点下进入塔内。塔顶采用分凝器和全凝器。分凝器向塔内提供回流液,其组成为 0.89,全凝器提供组成为 0.96 的合格产品。塔顶馏出液中易挥发组分的回收率为 96%。若测得塔顶第一层板的液相组成为 0.80。(1)求操作回流比和最小回流比;(2)若馏出液量为 100kmol/h,则原料液流量为多少;(3)用简捷法求所需理论板层数。

21. 用有两层理论板的精馏塔提取水溶液中的易挥发组分,其处理量为 50kmol/h,组成为 0.2(易挥发组分的摩尔分数),物料的热状况参数 $q=1.15$。塔底直接蒸汽加热,水蒸气通入量为 30kmol/h,塔顶无回流,试求馏出液的组成及易挥发组分的回收率。

在本题组成范围内平衡关系可近似表达为 $y=3x$。

22. 在全回流操作的板式精馏塔中分离 A、B 两组分理想溶液。在塔顶温度下两组分的饱和蒸气压分别为 $p_A^\circ=107.6\text{kPa}$ 及 $p_B^\circ=44.83\text{kPa}$。塔顶馏出液组成为 $x_D=0.95$。试计算:(1)塔顶的操作压力及离开塔顶第一层理论板的液相组成;(2)若塔内每层塔板的默弗里液相单板效率均为 0.6,进入第一板的气相组成 y_2;(3)塔顶第一层塔板的气相单板效率。

23. 在板式精馏塔中分离某二元理想溶液,塔顶采用全凝器,塔釜间接蒸汽加热,操作条件下物系的相对挥发度为 2.5,已知进料组成为 0.5(易挥发组分摩尔分数,下同),饱和蒸气进料,要求塔顶组成达到 $x_D=0.95$,塔釜组成达到 $x_W=0.05$,取回流比为最小回流比的 1.5 倍。现测得塔内第 n 板默弗里单板效率 $E_{ML}=0.5$,从上一层板流至该板的液相组成为 $x_{n-1}=0.89$。试求:(1)精馏段和提馏段操作线方程;(2)离开第 n 板的气液相组成;(3)在塔釜停止供应蒸汽(即 $V'=0$)、保持塔顶回流比不变且设塔板数无限多的条件下,馏出液中轻组分的收率及釜残液的组成为多少。

24. 在连续操作的板式精馏塔中分离平均相对挥发度为 2.5 的两组分理想溶液。现场测得如下数据:

精馏段的气相与液相流量分别为 60kmol/h 及 40kmol/h;提馏段的气相流量与精馏段相同,液相流量为 80kmol/h;进料组成为 0.5(轻组分摩尔分数,下同);进入第 n 层理论板的气相组成和离开该板的液相组成分别为 0.755 及 0.65。

试求:(1)进料热状况参数;(2)轻组分在馏出液中的收率;(3)操作回流比与最小回流比的比值;(4)若第 n 层塔板的单板效率 $E_{MV}=0.8$,离开第 n 层实际板的气相组成。

思 考 题

1. 压力对汽液平衡有何影响?一般如何确定精馏塔的操作压力?
2. 精馏中理想模型(理想溶液、恒摩尔流及理论板)提出的依据、意义是什么?如何还原为实际过程?
3. 精馏过程连续进行的必要条件是什么?
4. 精馏塔中精馏段与提馏段的作用各是什么?
5. 全回流的特点及意义是什么?
6. 提高板式塔传质速率和塔板效率的措施有哪些?

7. 在精馏塔的设计中，以下因素如何影响理论板层数：

(1)塔顶馏出液组成、回流比及回流液温度；

(2)加料组成、热状况及进料位置。如何选择进料热状况。

(3)进料量对塔板层数有无影响？为什么？

8. 对不正常形状的汽液平衡曲线，是否必须通过曲线的切点来确定最小回流比 $R_{\min}$，为什么？

9. 通常，精馏操作回流比 $R=(1.1\sim2)R_{\min}$，试分析根据哪些因素确定倍数的大小。

10. 在连续精馏塔中分离两组分理想溶液，提出图示的三种方案，并假定塔顶第一层理论板上升的蒸气量为 Vkmol/h，其组成为 $y_1=0.8$，操作回流比为 2，物系的相对挥发度为 2.5。试分析：(1)方案(a)中的 t_1、t_2 如何确定，是否相等；(2)x_{L1}、x_{L2} 及 x_{L3} 的大小；(3)x_{D1}、x_{D2} 及 x_{D3} 的大小。

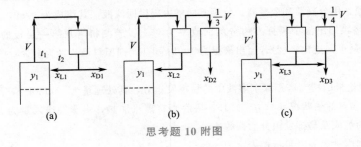

思考题 10 附图

第4章
气液传质设备

学习指导

一、学习目的

通过本章学习，掌握板式塔和填料塔的结构特点、流体力学性能与操作特性；熟悉塔板和塔填料的分类方法与主要类型；了解板式塔和填料塔的设计思路，为板式塔和填料塔的设计奠定基础。

二、学习要点

1. 应重点掌握的内容

板式塔的流体力学性能与操作特性；填料塔的流体力学性能与操作特性。

2. 应掌握的内容

板式塔的结构特点；塔板的分类方法、主要类型及性能评价；填料塔的结构特点；填料的分类方法、主要类型及性能评价。

3. 一般了解的内容

板式塔的设计思路；填料塔的内件和填料塔的设计思路。

三、学习方法

在本章学习中，要紧紧围绕提高传质速率这个中心，理解各类塔板、各类填料的结构特点及对设备的性能进行评价。

流体力学性能是塔设备的重要应用性能，要掌握板式塔、填料塔的流体力学性能的表示方法及流体力学性能对操作过程的影响。

前已述及，蒸馏和吸收是两种典型的传质单元操作过程，它们所基于的原理虽然不同，但均属于气液间的相际传质过程。从对相际传质过程的要求来讲，它们具有共同的特点，即气液两相要密切接触，且接触后的两相又要及时得以分离。为此，蒸馏和吸收可在同样的设备中进行。

严格地讲，实现蒸馏过程的设备称为汽液传质设备，而实现吸收过程的设备称为气液传质设备，习惯统称为气液传质设备。气液传质设备的形式多样，其中用得最多的为塔设备。在塔设备内，液相靠重力作用自上而下流动，气相则靠压差作用自下而上，与液相呈逆流流动。两相之间要有良好的接触界面，这种界面由塔内装填的塔板或填料所提供，前者称为板式塔，后者称为填料塔。本章将对塔设备进行讨论，重点讨论它们的结构特点、流体力学与操作特性，并对塔设备的设计给予一定的介绍。

4.1 板式塔

4.1.1 板式塔的结构

板式塔早在1813年已应用于工业生产，是使用量最大、应用范围最广的气液传质设备。板式塔为逐级接触式的气液传质设备，其结构如图4-1所示。它是由圆柱形壳体、塔板、溢流堰、降液管及受液盘等部件组成的。操作时，塔内液体依靠重力作用，由上层塔板的降液管流到下层塔板的受液盘，然后横向流过塔板，从另一侧的降液管流至下一层塔板。溢流堰的作用是使塔板上保持一定厚度的流动液层。气体则在压力差的推动下，自下而上穿过各层塔板的升气道（泡罩、筛孔或浮阀等），分散成小股气流，鼓泡通过各层塔板的液层。在塔板上，气液两相密切接触，进行热量和质量的交换。在板式塔中，气液两相逐级接触，两相的组成沿塔高呈阶梯式变化，在正常操作下，液相为连续相，气相为分散相。

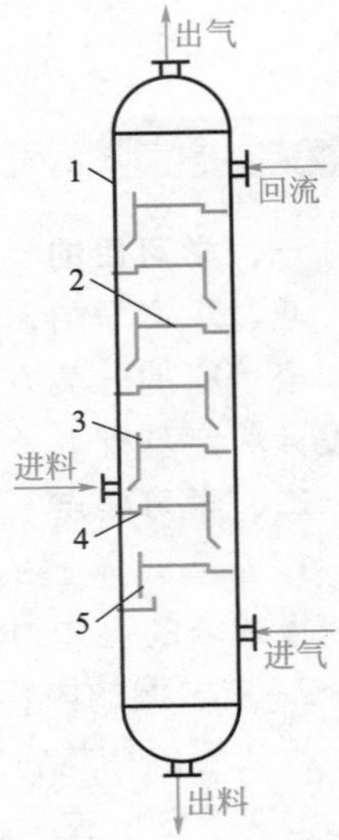

一般而论，板式塔的空塔速度较高，因而生产能力较大，塔板效率稳定，操作弹性大，且造价低，检修、清洗方便，故工业上应用较为广泛。

4.1.2 塔板的类型及性能评价

1. 塔板类型

塔板可分为有降液管式塔板（也称溢流式塔板或错流式塔板）及无降液管式塔板（也称穿流式塔板或逆流式塔板）两类，如图4-2所示。

在有降液管式塔板上，气液两相呈错流方式接触，这种塔板效率较高，且具有较大的操作弹性，使用较为广泛。在无降液管式塔板上，气液两相呈逆流方式接触，这种塔板的板面利用率高，生产能力大，结构简单，但它的效率较低，操作弹性小，工业应用较少。本节只讨论有降液管式塔板。

(1) 泡罩塔板

泡罩塔板是工业上应用最早的塔板，其

结构如图4-3所示。它的主要元件为升气管及泡罩。泡罩安装在升气管的顶部，分圆形和条形两种，其中圆形泡罩使用较广。泡罩尺寸有 $\phi 80mm$、$\phi 100mm$、$\phi 150mm$ 三种，可根据塔径的大小选择。泡罩的下部周边开有很多齿缝，齿缝一般为三角形、矩形或梯形。泡罩在塔板上做等边三角形排列。

操作时，液体横向流过塔板，靠溢流堰保持板上有一定厚度的液层，齿缝浸没于液层之中而形成液封。升气管的顶部应高于泡罩齿缝的上沿，以防止液体从中漏下。上升气体通过齿缝进入液层时，被分散成许多细小的气泡或流股，在板上形成鼓泡层，为气液两相的传热

图 4-1　板式塔结构示意图
1—塔壳体；2—塔板；3—溢流堰；4—受液盘；5—降液管

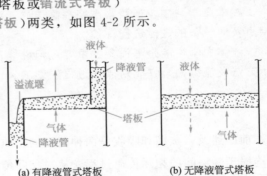

(a) 有降液管式塔板　　(b) 无降液管式塔板

图 4-2　塔板的分类

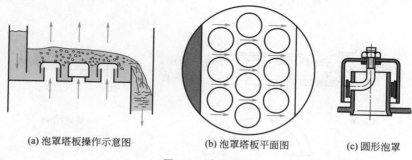

(a) 泡罩塔板操作示意图　　(b) 泡罩塔板平面图　　(c) 圆形泡罩

图 4-3　泡罩塔板

和传质提供大量的界面。

　　泡罩塔板的优点是由于有升气管，即使在很低的气速下操作，也不至于产生严重的漏液现象，当气液负荷有较大波动时，仍能保持稳定操作，塔板效率不变，也即操作弹性较大；塔板不易堵塞，适于处理各种物料。其缺点是结构复杂，造价高；板上液层厚，气体流径曲折，塔板压降大，生产能力及板效率较低。近年来，泡罩塔板已逐渐被筛板、浮阀塔板所取代，在新建塔设备中已很少采用。

（2）筛孔塔板

　　筛孔塔板简称筛板，其结构如图 4-4 所示。塔板上开有许多均匀的小孔，孔径一般为 3～8mm，筛孔直径大于 10mm 的筛板称为大孔径筛板。筛孔在塔板上作正三角形排列。塔板上设置溢流堰，使板上能保持一定厚度的液层。

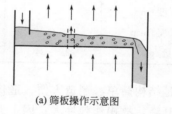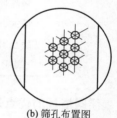

　　操作时，气体经筛孔分散成小股气流，鼓泡通过液层，气液间密切接触而进行传热和传质。在正常的操作条件下，通过筛孔上升的气流，应能阻止液体经筛孔向下泄漏。

(a) 筛板操作示意图　　(b) 筛孔布置图

图 4-4　筛板

　　筛板的优点是结构简单，造价低；板上液面落差小，气体压降低，生产能力较大；气体分散均匀，传质效率较高。其缺点是筛孔易堵塞，不宜处理易结焦、黏度大的物料。

　　应予指出，尽管筛板传质效率高，但若设计和操作不当，易产生漏液，使得操作弹性减小，传质效率下降，故过去工业上应用较为谨慎。近年来，由于设计和控制水平的不断提高，可使筛板的操作非常精确，弥补了上述不足，故应用日趋广泛。

（3）浮阀塔板

　　浮阀塔板是在泡罩塔板和筛孔塔板的基础上发展起来的，它吸收了两种塔板的优点。其结构特点是在塔板上开有若干个阀孔，每个阀孔装有一个可以上下浮动的阀片。阀片本身连有几个阀腿，插入阀孔后将阀腿底脚拨转 90°，用以限制操作时阀片在板上升起的最大高度，并限制阀片不被气体吹走。阀片周边冲出几个略向下弯的定距片，当气速很低时，靠定距片与塔板呈点接触而坐落在阀孔上，阀片与塔板的点接触也可防止停工后阀片与板面黏结。

　　操作时，由阀孔上升的气流经阀片与塔板间隙沿水平方向进入液层，增加了气液接触时间，浮阀开度随气体负荷而变，在低气量时，开度较小，气体仍能以足够的气速通过缝隙，避免过多的漏液；在高气量时，阀片自动浮起，开度增大，使气速不致过大。

浮阀的类型很多，国内常用的有 F1 型、V-4 型及 T 型等，其结构如图4-5所示，基本参数见表 4-1。

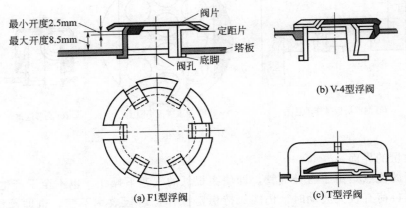

图 4-5   几种浮阀型式

表 4-1   **F1 型、V-4 型及 T 型浮阀的基本参数**

型式	F1 型（重阀）	V-4 型	T 型
阀孔直径/mm	39	39	39
阀片直径/mm	48	48	50
阀片厚度/mm	2	1.5	2
最大开度/mm	8.5	8.5	8
静止开度/mm	2.5	2.5	1.0～2.0
阀质量/g	32～34	25～26	30～32

浮阀塔板的优点是结构简单、制造方便、造价低；塔板开孔率大，生产能力大；由于阀片可随气量变化自由升降，故操作弹性大；因上升气流水平吹入液层，气液接触时间较长，故塔板效率较高。其缺点是处理易结焦、高黏度的物料时，阀片易与塔板黏结；在操作过程中有时会发生阀片脱落或卡死等现象，使塔板效率和操作弹性下降。

应予指出，以上介绍的仅是几种较为典型的浮阀形式。由于浮阀具有生产能力大，操作弹性大及塔板效率高等优点，且加工方便，故有关浮阀塔板的研究开发远较其他型式的塔板广泛，是目前新型塔板研究开发的主要方向。近年来研究开发出的新型浮阀有船形浮阀、管形浮阀、梯形浮阀、双层浮阀、V-V 浮阀、混合浮阀等，其共同的特点是加强了流体的导向作用和气体的分散作用，使气液两相的流动更趋于合理，塔板效率得到进一步的提高。

（4）喷射型塔板

上述几种塔板，气体是以鼓泡或泡沫状态和液体接触，当气体垂直向上穿过液层时，使分散形成的液滴或泡沫具有一定向上的初速度。若气速过高，会造成较为严重的液沫夹带现象，使得塔板效率下降，因而这些塔板的生产能力受到一定的限制。为克服这一缺点，近年来研究开发出了喷射型塔板。在喷射型塔板上，气体沿水平方向喷出，不再通过较厚的液层而鼓泡，因而塔板压降降低，液沫夹带量减少，可采用较大的操作气速，提高了生产能力。

① **舌型塔板**　舌型塔板是喷射型塔板的一种，其结构如图 4-6 所示。在塔板上冲出许多舌型孔，向塔板液流出口侧张开。舌片与板面成一定的角度，有 18°、20°、25°三种，常用的为 20°，舌片尺寸有 50mm×50mm 和 25mm×25mm 两种。舌孔按正三角形排列，塔板的液流出口侧不设溢流堰，只保留降液管，降液管截面积要比一般塔板设计得大些。

操作时，上升的气流沿舌片喷出，其喷出速度可达 20～30m/s。从上层塔板降液管流出的液体，流过每排舌孔时，即被喷出的气流强烈扰动而形成液沫，被斜向喷射到液层上方，喷射的液流冲至降液管上方的塔壁后流入降液管中，流到下一层塔板。

舌型塔板的优点是，因开孔率较大，且可采用较高的空塔气速，故生产能力大；因气体通过舌孔斜向喷出，气液两相并流，可促进液体的流动，使液面落差减小，板上液层较薄，故塔板压降低；又因液沫夹带减少，板间无返混现象，故传质效率较高。舌型塔板的缺点是气流截面积是固定的，操作弹性较小；被气体喷射的液流在通过降液管时，会夹带气泡到下层塔板，这种气相夹带现象使塔板效率明显下降。

② **浮舌塔板**　为提高舌型塔板的操作弹性，可吸取浮阀塔板的优点，将固定舌片用可上下浮动的舌片来代替，这种塔板称为浮舌塔板，其结构如图 4-7 所示。浮舌塔板兼有浮阀塔板和固定舌型塔板的特点，具有处理能力大、压降低、操作弹性大等优点，特别适宜于热敏性物系的减压分离过程。

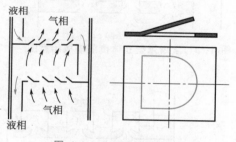

图 4-6　舌型塔板示意图

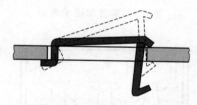

图 4-7　浮舌塔板示意图

③ **斜孔塔板**　斜孔塔板是在分析了筛孔塔板、浮阀塔板和舌型塔板上气液流动和液沫夹带产生机理之后提出的一种新型塔板，其结构如图4-8 所示。

筛孔塔板的气流垂直向上喷射及浮阀塔板的阀与阀之间喷出气流的相互冲击，都易造成较大的液沫夹带，影响传质效果。而舌型塔板的气液并流，虽减少了液沫夹带量，但气流对液体有加速作用，往往不能保证气液的良好接触，使传质效率下降。斜孔塔板克服了上述的缺点，在板上开有斜孔，孔口与板面成一定角度。斜孔的开口方向与液流方向垂直，同一排孔的孔口方向一致，相邻两排开孔方向相反，使相邻两排孔的气体反方向喷出。这样，气流不会对喷，既可得到水平方向较大的气速，又阻止了液沫夹带，使板面上液层低而均

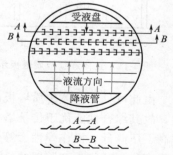

图 4-8　斜孔塔板示意图

匀，气体和液体不断分散和聚集，其表面不断更新，气液接触良好，传质效率提高。

斜孔塔板的生产能力比浮阀塔板大 30%左右，效率与之相当，且结构简单，加工制造方便，是一种性能优良的塔板。

④ **立体传质塔板**　立体传质塔板是近年来开发出的一类新型喷射型塔板，主要包括如图 4-9 所示的垂直筛板、图 4-10 所示的宝塔罩型立体传质塔板（BTC tray）和图 4-11 所示的立体连续传质塔板（LLC tray）等。立体传质塔板的气液流动接触状况如图 4-12 所示。来自上一层塔板的液体从降液管流出，横向穿过各排帽罩，经帽罩底隙流入罩内；来自下一层塔板的气体从板上升气道进入帽罩内，气体在上升过程中将液体拉成膜状，气流与液膜在罩内进行动量交换，液膜被分裂成液滴和雾沫。在帽罩内气液两相呈湍流状态进行剧烈的热质交换，而后两相流从罩壁的开孔喷射而出。气相和液滴在板上空间翻腾并分离后，气相升至上一层塔板，而各帽罩喷射出的液滴由于相互碰撞，一些小液滴撞合变大，与原来的大液滴一起落在塔板上，其中的一部分又被吸进帽罩，再次被拉膜和破碎，其余部分随板上液流进入降液管流到下一层塔板。

图 4-9　垂直筛板示意图

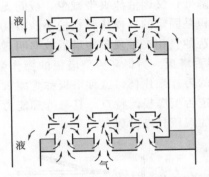

图 4-10　宝塔罩型立体传质塔板示意图

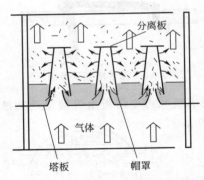

图 4-11　立体连续传质塔板示意图

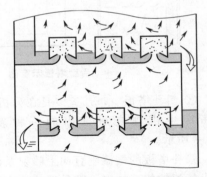

图 4-12　立体传质塔板的气液流动接触状况

　　由此可见，立体传质塔板的气液接触状况明显优于传统塔板，并有效地利用了塔内的空间，故其综合性能优于传统塔板。与传统塔板相比，立体传质塔板具有负荷性能大、传质效率高、压降低、操作弹性大等优点，在聚氯乙烯生产装置的高沸物精馏、化肥生产装置的合成气净化、药物生产装置的废溶剂回收等工业过程中得到应用，取得了优良的应用效果。

　　应予指出，以上所介绍的塔板为工业上较为常用的几种塔板。近年来，随着化工技术的迅速发展，一些新型塔板应运而生，如喷射并流塔板、多溢流复合斜孔塔板、十字旋阀塔板以及微分浮阀塔板等，这些塔板的详细介绍可参考有关文献和书籍。

2. 塔板的性能评价

　　对各式塔板进行比较，作出正确的评价，对于了解每种塔板的特点，合理选择板型，具有重要的指导意义。对各种塔板性能进行比较是一个相当复杂的问题，因为塔板的性能不仅与塔型有关，还与塔板的结构尺寸、处理物系的性质及操作状况等因素有关。塔板的性能评价指标有以下几个方面。

① 生产能力大，即单位塔截面上气体和液体的通量大。

② 塔板效率高，即完成一定的分离任务所需的板数少。

③ 压降低，即气体通过单板的压降低，能耗低。对于精馏系统则可降低釜温，这对于热敏性物性的分离尤其重要。

④ 操作弹性大，当操作的气液负荷波动时仍能维持板效率的基本稳定。

⑤ 结构简单，制造维修方便，造价低廉。

应予指出，对于现有的任何一种塔板，都不可能完全满足上述的所有要求，它们大多各具特色，而且各种生产过程对塔板的要求也有所侧重。譬如减压精馏塔对塔板的压力降要求较高，其他方面相对来说可降低要求。上述塔板性能评价指标是塔板研究开发的方向，正是人们对于高效率、大通量、高操作弹性和低压力降的追求，推动着塔板新结构型式的不断出现和发展。

基于上述评价指标，对工业上常用的几种塔板的性能进行比较，比较结果列于表4-2。

表 4-2　常见塔板的性能比较

塔板类型	相对生产能力	相对塔板效率	操作弹性	压力降	结构	成本
泡罩塔板	1.0	1.0	中	高	复杂	1.0
筛板	1.2～1.4	1.1	低	低	简单	0.4～0.5
浮阀塔板	1.2～1.3	1.1～1.2	大	中	一般	0.7～0.8
舌型塔板	1.3～1.5	1.1	小	低	简单	0.5～0.6
斜孔塔板	1.5～1.8	1.1	中	低	简单	0.5～0.6

4.1.3　板式塔的流体力学性能与操作特性

前已述及，塔板为气液两相进行传热和传质的场所。板式塔能否正常操作，与气液两相在塔板上的流动状况有关，塔内气液两相的流动状况即为板式塔的流体力学性能。由此可见，板式塔的操作特性与其流体力学性能是密切相关的。

1. 板式塔的流体力学性能

(1) 塔板上气液两相的接触状态

塔板上气液两相的接触状态是决定板上两相流流体力学及传质和传热规律的重要因素。研究表明，当液体流量一定时，随着气速的增加，可以出现四种不同的接触状态，如图4-13所示。

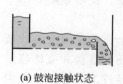 

(a) 鼓泡接触状态　　(b) 蜂窝状接触状态　　(c) 泡沫接触状态　　(d) 喷射接触状态

图 4-13　塔板上的气液接触状态

① **鼓泡接触状态** 当气速较低时，气体以鼓泡形式通过液层。由于气泡的数量不多，形成的气液混合物基本上以液体为主，此时塔板上存在着大量的清液。因气泡占的比例较小，气液两相接触的表面积不大，传质效率很低。

② **蜂窝状接触状态** 随着气速的增加，气泡的数量不断增加。当气泡的形成速度大于气泡的浮升速度时，气泡在液层中累积。气泡之间相互碰撞，形成各种多面体的大气泡，这就是蜂窝发泡状态的特征。在这种接触状态下，板上清液层基本消失而形成以气体为主的气液混合物。由于气泡不易破裂，表面得不到更新，所以此种状态不利于传热和传质。

③ **泡沫接触状态** 当气速继续增加，气泡数量急剧增加，气泡不断发生碰撞和破裂，此时板上液体大部分以液膜的形式存在于气泡之间，形成一些直径较小、扰动十分剧烈的动态泡沫，在板上只能看到较薄的一层液体。由于泡沫接触状态的表面积大，并不断更新，为两相传热与传质提供了良好的条件，是一种较好的塔板工作状态。

④ **喷射接触状态** 当气速继续增加，由于气体动能很大，把板上的液体向上喷成大小不等的液滴，直径较大的液滴受重力作用又落回到板上，直径较小的液滴被气体带走，形成液沫夹带。前述的三种状态都是以液体为连续相，气体为分散相，而此状态恰好相反，气体为连续相，液体为分散相。两相传质的面积是液滴的外表面。由于液滴回到塔板上又被分散，这种液滴的反复形成和聚集，使传质面积大大增加，而且表面不断更新，有利于传质与传热进行，也是一种较好的工作状态。

如上所述，泡沫接触状态和喷射接触状态均是优良的塔板工作状态。因喷射接触状态的气速高于泡沫接触状态，故喷射接触状态有较大的生产能力，但喷射状态液沫夹带较多，若控制不好，会破坏传质过程，所以多数塔均控制在泡沫接触状态下工作。

(2)气体通过塔板的压降

上升气流通过塔板时需克服一定的阻力，该阻力形成塔板的压降。它包括：塔板本身的干板阻力（即板上各部件所造成的局部阻力）；板上充气液层的静压力及液体的表面张力，此三项阻力之和即为塔板的总压降。

塔板压降是影响板式塔操作特性的重要因素。塔板压降增大，一方面塔板上气液两相的接触时间随之增长，板效率增大，完成同样的分离任务所需实际塔板数减少，设备费降低；另一方面，塔釜温度随之升高，能耗增加，操作费增大，若分离热敏性物系时易造成物料的分解或结焦。因此，进行塔板设计时，应综合考虑，在保证较高效率的前提下，力求减小塔板压降，以降低能耗和改善塔的操作。

(3)塔板上的液面落差

当液体横向流过塔板时，为克服板上的摩擦阻力和板上部件（如泡罩、浮阀等）的局部阻力，需要一定的液位差。于是在板上形成由液体进入板面到离开板面的液面落差，以 Δ 表示（见图4-14）。液面落差也是影响板式塔操作

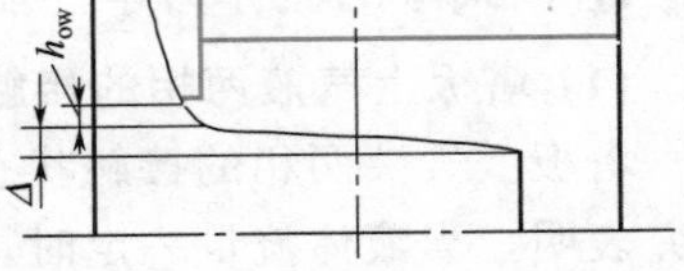

图4-14 液面落差示意图

特性的重要因素，液面落差将导致气流的不均匀分布，从而造成漏液现象，使塔板的效率下降。为此，在塔板设计中应尽量减小液面落差。

液面落差的大小与塔板结构有关。泡罩塔板结构复杂，液体在板面上流动阻力大，故液面落差较大；筛板塔板结构简单，液面落差较小。除此之外，液面落差还与塔径和液体流量有关，当塔径或流量很大时，也会造成较大的液面落差。为此，对于直径较大的塔，设计中常采用双溢流或阶梯溢流等溢流形式来减小液面落差。

2. 板式塔的操作特性

(1)塔板上的异常操作现象

塔板的异常操作现象包括漏液、液泛和液沫夹带等，是使塔板效率降低甚至使操作无法进行的重要因素，因此，应尽量避免这些异常操作现象的出现。

① **漏液** 在正常操作的塔板上，液体横向流过塔板，然后经降液管流下。当气体通过塔板的速度较小时，气体通过升气孔道的动压不足以阻止板上液体经孔道流下，便会出现漏液现象。漏液的发生导致气液两相在塔板上的接触时间减少，使得塔板效率下降，严重的漏液会使塔板不能积液而无法正常操作。通常，为保证塔的正常操作，漏液量应不大于液体流量的 10%，漏液量达到 10%的气体速度称为漏液速度，它是板式塔操作气速的下限。

造成漏液的主要原因是气速太小和板面上液面落差所引起的气流分布不均匀，在塔板液体入口处，液层较厚，往往出现漏液，为此常在塔板液体入口处留出一条不开孔的区域，称为安定区。

② **液沫夹带** 上升气流穿过塔板上液层时，必然将部分液体分散成微小液滴，气体夹带着这些液滴在板间的空间上升，如液滴来不及沉降分离，则将随气体进入上层塔板，这种现象称为液沫夹带。

液滴的生成虽然可增大气液两相的接触面积，有利于传质和传热，但过量的液沫夹带常造成液相在塔板间的返混，进而导致板效率严重下降。为维持正常操作，需将液沫夹带限制在一定范围，一般允许的液沫夹带量为 $e_V < 0.1kg(液)/kg(气)$。

影响液沫夹带量的因素很多，最主要的是空塔气速和塔板间距。空塔气速减小及塔板间距增大，可使液沫夹带量减小。

③ **液泛** 塔板正常操作时，在板上维持一定厚度的液层，以和气体进行接触传质。如果由于某种原因，导致液体充满塔板之间的空间，使塔的正常操作受到破坏，这种现象称为液泛。液泛的产生有以下两种情况：a. 当塔板上液体流量很大，上升气体的速度很快时，液体被气体夹带到上一层塔板上的量剧增，使塔板间充满气液混合物，最终使整个塔内都充满液体，这种由于液沫夹带量过大引起的液泛称为夹带液泛；b. 当降液管内液体不能顺利下流时，管内液体必然积累，当管内液位增高而越过溢流堰顶部时，两板间液体相连，塔板产生积液，并依次上升，最终导致塔内充满液体，这种由于降液管内充满液体而引起的液泛称为降液管液泛。

液泛的形成与气液两相的流量相关。对一定的液体流量，气速过大会形成液泛；反之，对一定的气体流量，液量过大也可能发生液泛。液泛时的气速称为泛点气速，正常操作气速应控制在泛点气速之下。

影响液泛的因素除气液流量外，还与塔板的结构，特别是塔板间距等参数有关，设计中采用较大的板间距，可提高液泛速度。

(2)塔板的负荷性能图

前已述及，影响板式塔操作状况和分离效果的主要因素为物料性质、塔板结构及气液负荷，对一定的分离物系，当设计选定塔板类型后，其操作状况和分离效果便只与气液负荷有关。要维持塔板正常操作和塔板效率的基本稳定，必须将塔内的气液负荷限制在一定的范围内，该范围即为塔板的负荷性能。将此范围在直角坐标系中，以液相负荷 L 为横坐标，气相负荷 V 为纵坐标进行绘制，所得图形称为塔板的负荷性能图，如图 4-15 所示。

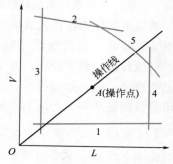

图 4-15　塔板负荷性能图

负荷性能图由以下五条线组成。

① **漏液线**　图中线 1 为漏液线，又称气相负荷下限线。当操作的气相负荷低于此线时，将发生严重的漏液现象。此时的漏液量大于液体流量的 10%。塔板的适宜操作区应在该线以上。

② **液沫夹带线**　图中线 2 为液沫夹带线，又称气相负荷上限线。如操作的气液相负荷超过此线时，表明液沫夹带现象严重，此时液沫夹带量 $e_V > 0.1\text{kg}(液)/\text{kg}(气)$。塔板的适宜操作区应在该线以下。

③ **液相负荷下限线**　图中线 3 为液相负荷下限线。若操作的液相负荷低于此线时，表明液体流量过低，板上液流不能均匀分布，气液接触不良，易产生干吹、偏流等现象，导致塔板效率的下降。塔板的适宜操作区应在该线以右。

④ **液相负荷上限线**　图中线 4 为液相负荷上限线。若操作的液相负荷高于此线时，表明液体流量过大，此时液体在降液管内停留时间过短，进入降液管内的气泡来不及与液相分离而被带入下层塔板，造成气相返混，使塔板效率下降。塔板的适宜操作区应在该线以左。

⑤ **液泛线**　图中线 5 为液泛线。若操作的气液负荷超过此线时，塔内将发生液泛现象，使塔不能正常操作。塔板的适宜操作区应在该线以下。

(3) 板式塔的操作分析

在塔板的负荷性能图中，由五条线所包围的区域称为塔板的适宜操作区。操作时的气相负荷 V 与液相负荷 L 在负荷性能图上的坐标点称为操作点。在连续精馏塔中，回流比为定值，故操作的气液比 V/L 也为定值。因此，每层塔板上的操作点沿通过原点、斜率为 V/L 的直线而变化，该直线称为操作线。操作线与负荷性能图上曲线的两个交点分别表示塔的上下操作极限，两极限的气体流量之比称为塔板的操作弹性。设计时，应使操作点尽可能位于适宜操作区的中央，若操作点紧靠某一条边界线，则负荷稍有波动时，塔的正常操作即被破坏。

应予指出，当分离物系和分离任务确定后，操作点的位置即固定，但负荷性能图中各条线的相应位置随着塔板的结构尺寸而变。因此，在设计塔板时，根据操作点在负荷性能图中的位置，适当调整塔板结构参数，可改进负荷性能图，以满足所需的操作弹性。例如：加大板间距可使液泛线上移，减小塔板开孔率可使漏液线下移，增加降液管面积可使液相负荷上限线右移等。

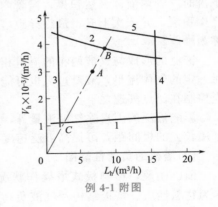

例 4-1 附图

还应指出，图 4-15 所示为塔板负荷性能图的一般形式。实际上，塔板的负荷性能图与塔板的类型密切相关，如筛板塔与浮阀塔的负荷性能图的形状有一定的差异，对于同一个塔，各层塔板的负荷性能图也不尽相同。

塔板负荷性能图在板式塔的设计及操作中具有重要的意义。通常，当塔板设计后均要作出塔板负荷性能图，以检验设计的合理性。对于操作中的板式塔，也需作出负荷性能图，以分析操作状况是否合理。当板式塔操作出现问题时，通过塔板负荷性能图可分析问题所在，为问题的解决提供依据。

【例 4-1】　如图所示为某筛板的负荷性能图，已知操作的气体负荷为 3100m^3/h，液体负荷为 7.2m^3/h。试在负荷性能图上标出操作点，并判断此筛板的操作上、下限各为什么控制，计算其操作弹性。

解 根据气、液负荷，在负荷性能图上标出操作点 A ，连接 OA ，即作出操作线。由操作线与负荷性能图上曲线的交点 B 、C 可知，该筛板的操作上限为液沫夹带控制，操作下限为漏液控制。

由图查得：$V_{h,max}=3760m^3/h$ ，$V_{h,min}=1060m^3/h$ ，故操作弹性为

$$\frac{V_{h,max}}{V_{h,min}}=\frac{3760}{1060}=3.55$$

4.1.4 板式塔的设计

板式塔的类型很多，但其设计原则与步骤却大同小异。一般来说，板式塔的设计步骤如下。

① 根据生产任务和分离要求，确定塔径、塔高等工艺尺寸。

② 进行塔板的设计，包括溢流装置的设计、塔板的布置、升气道（泡罩、筛孔或浮阀等）的设计及排列。

③ 进行流体力学验算。

④ 绘制塔板的负荷性能图。

⑤ 根据负荷性能图，对设计进行分析，若设计不够理想，可对某些参数进行调整，重复上述设计过程，直至满意。

现以筛板塔的设计为例，介绍板式塔的设计过程。

1. 筛板塔工艺尺寸的计算

(1)塔的有效高度计算

板式塔的有效高度是指安装塔板部分的高度。根据给定的分离任务，求出理论板层数后，可按下式计算塔的有效高度，即

$$Z=\left(\frac{N_T}{E_T}-1\right)H_T \tag{4-1}$$

式中，Z 为板式塔的有效高度，m；N_T 为塔内所需的理论板层数；E_T 为总板效率；H_T 为塔板间距，m。

由式(4-1)可见，塔板间距 H_T 直接影响塔的有效高度。在一定的生产任务下，采用较大的板间距，可使塔的操作气速提高，塔径减小，但塔高要增加。反之，采用较小的板间距，塔的操作气速降低，塔径变大，但塔高可降低。因此，应依据实际情况，并结合经济权衡，选择板间距。表 4-3 列出板间距的经验数值，可供设计时参考。板间距的数值应按系列标准选取，常用的塔板间距有 300mm、350mm、450mm、500mm、600mm、800mm 等几种系列标准。应予指出，板间距的确定除考虑上述因素外，还应考虑安装、检修的需要。例如在塔体的人孔处，应采用较大的板间距，一般不低于 600mm。

表 4-3　板式塔的塔板间距参考数值

塔径 D/m	0.3~0.5	0.5~0.8	0.8~1.6	1.6~2.0	2.0~2.4	≥2.4
板间距 H_T/mm	200~300	300~350	350~450	450~600	500~800	≥800

(2) 塔径

板式塔的塔径依据流量公式计算，即

$$D = \sqrt{\frac{4V_s}{\pi u}} \qquad (4\text{-}2)$$

式中，D 为塔径，m；V_s 为气体体积流量，m^3/s；u 为空塔气速，m/s。

由式(4-2)可见，计算塔径的关键在于确定适宜的空塔气速 u。

前已述及，空塔气速的上限由严重的液沫夹带或液泛决定，下限由漏液决定，适宜的空塔气速应介于二者之间。设计时，一般依据产生严重液沫夹带时的气速来确定，该气速称为极限空塔气速，以 u_{max} 表示。

极限空塔气速 u_{max} 可依据悬浮液滴沉降原理导出，其结果为

$$u_{max} = C \sqrt{\frac{\rho_L - \rho_V}{\rho_V}} \qquad (4\text{-}3)$$

式中，ρ_L 为液相密度，kg/m^3；ρ_V 为气相密度，kg/m^3；u_{max} 为极限空塔气速，m/s；C 为负荷因子，m/s。

负荷因子 C 值与气液负荷、物性及塔板结构有关，一般由实验确定。史密斯(Smith)等人汇集了若干泡罩、筛板和浮阀塔的数据，整理成负荷因子与诸影响因素间的关系曲线，如图 4-16 所示。

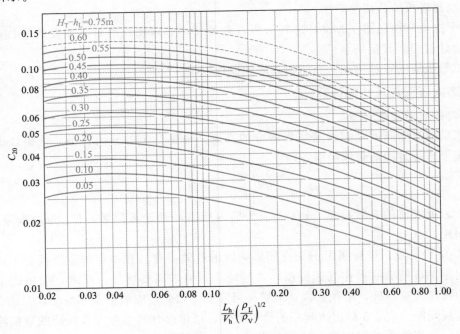

图 4-16 史密斯关联图

C_{20}—物系表面张力为 20mN/m 的负荷系数；V_h、L_h—塔内气、液两相的体积流量，m^3/h；

ρ_V、ρ_L—塔内气、液两相的密度，kg/m^3；H_T—塔板间距，m；h_L—塔上液层高度，m

图中参数 $H_T - h_L$ 反映液滴沉降空间高度对负荷因子的影响。横坐标 $\frac{L_h}{V_h}\left(\frac{\rho_L}{\rho_V}\right)^{1/2}$ 为量纲为 1 的比值，称为液气动能参数，它反映液、气两相的负荷与密度对负荷因子的影响。

从图中可看出，对一定的分离物系和液气负荷，$H_T - h_L$ 越大，C 值越大，极限空塔气速 u_{max} 也越大，这是因为随着分离空间增大，液沫夹带减少，允许的最大气速就可以增高。

设计中，板上液层高度 h_L 由设计者选定。对常压塔一般取为 $0.05 \sim 0.1m$（通常取 $0.05 \sim 0.08m$）；对减压塔一般取为 $0.025 \sim 0.03m$。

图 4-16 是按液体表面张力 $\sigma_L = 20\text{mN/m}$ 的物系绘制的，当所处理的物系表面张力为其他值，应按下式进行校正，即

$$C = C_{20}\left(\frac{\sigma_L}{20}\right)^{0.2} \tag{4-4}$$

式中，C 为操作物系的负荷因子，m/s；σ_L 为操作物系的液体表面张力，mN/m。

求得极限空塔气速 u_{max} 后，考虑到降液管要占去部分塔截面积，因此实际的操作空塔气速应再乘上安全系数。根据设计经验，操作空塔气速为

$$u = (0.6 \sim 0.8)u_{max}$$

安全系数的选取与分离物系的发泡程度密切相关。对不易发泡的物系，可取较高的安全系数，对易发泡的物系，应取较低的安全系数。

选定空塔气速后，由式(4-2)即可计算出塔径 D。按设计要求，估算出塔径 D 后还应按塔径系列标准进行圆整。常用的标准塔径（单位为 mm）为：400、500、600、700、800、1000、1200、1400、1600、2000、2200…

应予指出，以上算出的塔径只是初估值，还要根据流体力学原则进行验算。另外，对精馏过程，精馏段和提馏段的气液负荷及物性是不同的，故设计时两段的塔径应分别计算，若二者相差不大，应取较大者作为塔径；若二者相差较大，应采用变径塔。

2. 溢流装置设计

板式塔的溢流装置包括降液管、溢流堰和受液盘等几部分，其结构和尺寸对塔的性能有着重要的影响。

(1)降液管的布置与溢流方式

降液管是塔板间流体流动的通道，也是使溢流液中所夹带气体得以分离的场所。降液管有圆形和弓形之分。圆形降液管一般只用于小直径塔，对于直径较大的塔，常用弓形降液管。

降液管的布置规定了板上液体流动的途径。常用的降液管布置方式有 U 形流、单溢流、双溢流及阶梯式双溢流等，如图 4-17 所示。

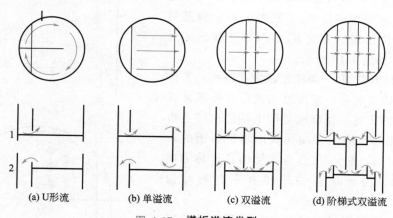

| (a) U形流 | (b) 单溢流 | (c) 双溢流 | (d) 阶梯式双溢流 |

图 4-17　塔板溢流类型

① U 形流也称回转流。其结构是将弓形降液管用挡板隔成两半，一半作受液盘，另一半作降液管，降液和受液装置安排在同一侧。此种溢流方式液体流径长，可以提高板效率，其板面利用率也高，但它的液面落差大，只适用于小塔及液体流量小的场合。

② 单溢流又称直径流。液体自受液盘横向流过塔板至溢流堰。此种溢流方式液体流径较长，塔板效率较高，塔板结构简单，加工方便，在直径小于 2.2m 的塔中被广泛使用。

③ 双溢流又称半径流。其结构是降液管交替设在塔截面的中部和两侧，来自上层塔板的液体分别从两侧的降液管进入塔板，横过半块塔板而进入中部降液管，到下层塔板则液体由中央向两侧流动。此种溢流方式的优点是液体流动的路程短，可降低液面落差，但塔板结构复杂，板面利用率低，一般用于直径大于 2m 的塔中。

④ 阶梯式双溢流的塔板做成阶梯形式，每一阶梯均有溢流。此种溢流方式可在不缩短液体流径的情况下减小液面落差。这种塔板结构最为复杂，只适用于塔径很大、液流量很大的特殊场合。

由上述分析可看出，液体在塔板上流径越长，气液接触时间越长，有利于提高传质效率；但液面落差也随之加大，造成气体分布不均，导致漏液现象，使塔板效率下降。因此，选择何种降液装置要根据液体流量、塔径大小等条件综合考虑。表 4-4 列出溢流类型与液体流量及塔径的关系，可供设计时参考。

表 4-4　溢流类型与液体流量及塔径的关系

塔径 D/mm	液体流量 L_h/(m³/h)			
	U 形流	单溢流	双溢流	阶梯式双溢流
1000	<7	<45		
1400	<9	<70		
2000	<11	<90	90～160	
3000	<11	<110	110～200	200～300
4000	<11	<110	110～230	230～350
5000	<11	<110	110～250	250～400
6000	<11	<110	110～250	250～450

(2)溢流装置的设计计算

现以弓形降液管为例，介绍溢流装置的设计方法。溢流装置的设计参数包括溢流堰的堰长 l_w、堰高 h_w；弓形降液管的宽度 W_d、截面积 A_f；降液管底隙高度 h_o；进口堰的高度 h'_w，与降液管间的水平距离 h_1 等，如图 4-18 所示。

① **溢流堰（出口堰）** 溢流堰设置在塔板的液体出口处，是维持板上有一定高度的液层并使液体在板上均匀流动的装置。使降液管的上端高出塔板板面，即形成溢流堰。降液管端面高出塔板板面的距离，称为堰高，以 h_w 表示，弓形溢流管的弦长称为堰长，以 l_w 表示。溢流堰板的形状有平直形与齿形两种。

堰长 l_w 一般根据经验确定。对常用的弓形降液管：

单溢流　$l_w = (0.6 \sim 0.8)D$
双溢流　$l_w = (0.5 \sim 0.6)D$

式中，D 为塔内径，m。

堰高 h_w 需根据工艺条件与操作要求确定。设

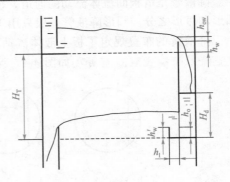
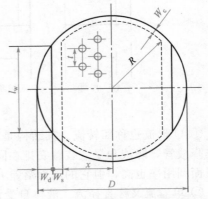

图 4-18　塔板的结构参数

计时，一般应保持塔板上清液层高度在50～100mm。板上清液层高度为堰高与堰上液层高度之和，即

$$h_L = h_w + h_{ow}$$

(4-5)

式中，h_L 为板上清液层高度，m；h_{ow} 为堰上液层高度，m。

于是，堰高 h_w 可由板上清液层高度及堰上液层高度而定。堰上液层高度对塔板的操作性能有很大的影响。堰上液层高度太小，会造成液体在堰上分布不均，影响传质效果，设计时应使堰上液层高度大于 6mm，若小于此值须采用齿形堰；堰上液层高度太大，会增大塔板压降及液沫夹带量。一般设计时 h_{ow} 不宜大于 60～70mm，超过此值时可改用双溢流型式。

对于平直堰，堰上液层高度 h_{ow} 可用佛兰西斯(Francis)公式计算，即

$$h_{ow} = \frac{2.84}{1000} E \left(\frac{L_h}{l_w} \right)^{2/3}$$

(4-6)

式中，L_h 为塔内液体流量，m³/h；E 为液流收缩系数，由图 4-19 查得。

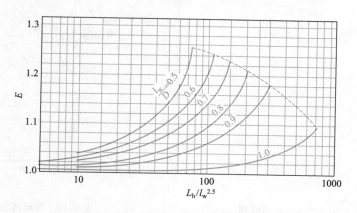

图 4-19　液流收缩系数计算图

根据设计经验，取 $E=1$ 时所引起的误差能满足工程设计要求。当 $E=1$ 时，由式(4-6)可看出，h_{ow} 仅与 L_h 及 l_w 有关，于是可用图 4-20 所示的列线图求出 h_{ow}。

对于齿形堰，堰上液层高度 h_{ow} 的计算公式可参考有关设计手册。

前已述及，板上清液层高度变化可在 50～100mm 范围内选取。因此，在求出 h_{ow} 后，即可按下式范围确定 h_w

$$0.1 - h_{ow} \geqslant h_w \geqslant 0.05 - h_{ow}$$

(4-7)

堰高 h_w 一般在 0.03～0.05m 范围内，减压塔的 h_w 值应当较低，以降低塔板的压降。

② 弓形降液管　弓形降液管的设计参数有降液管的宽度 W_d 及截面积 A_f。W_d 及 A_f 可根据堰长与塔径之比 l_w/D 由图 4-21 查得。

前已述及，液体在降液管内应有足够的停留时间，使液体中夹带的气泡得以分离。由实践经验可知，液体在降液管内的停留时间不应小于 3～5s，对于高压下操作的塔及易起泡的物系，停留时间应更长一些。为此，在确定降液管尺寸后，应按下式验算降液管内液体的停留时间 θ，即

$$\theta = \frac{3600 A_f H_T}{L_h} \geqslant 3 \sim 5$$

(4-8)

若不能满足式(4-8)要求，应调整降液管尺寸或板间距，直至满足要求为止。

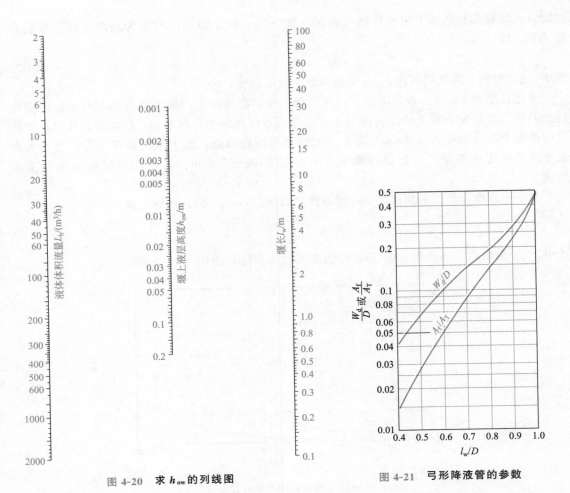

图 4-20　求 h_{ow} 的列线图　　　　　图 4-21　弓形降液管的参数

③ **降液管底隙高度**　降液管底隙高度 h_o 是指降液管底边与塔板间的距离。确定 h_o 的原则是：保证液体夹带的悬浮固体在通过底隙时不致沉降下来堵塞通道；同时又要有良好的液封，防止气体通过降液管造成短路。一般按下式计算 h_o，即

$$h_o = \frac{L_h}{3600 l_w u'_o} \tag{4-9}$$

式中，u'_o 为液体通过底隙时的流速，m/s。根据经验，一般取 $u'_o = 0.07 \sim 0.25 m/s$。

降液管底隙高度 h_o 应低于出口堰高度 h_w，才能保证降液管底端有良好的液封，一般应低于 6mm，即

$$h_o = h_w - 0.006 \tag{4-10}$$

降液管底隙高度一般不宜小于 $20 \sim 25 mm$，否则易于堵塞，或因安装偏差而使液流不畅，造成液泛。在设计中，对直径较小的塔，$h_o = 25 \sim 30 mm$，对直径大的塔，$h_o \geqslant 40 mm$。

④ **受液盘**　塔板上接受上一层流下的液体的部位称为受液盘，受液盘有两种形式：平受液盘和凹形受液盘，如图 4-22 所示。

平受液盘一般需在塔板上设置进口堰，以保证降液管的液封，并使液体在板上分布均匀。进口堰高度 h'_w 可按下述原则考虑：当出口堰高度 h_w 大于降液管底隙高度 h_o（一般都是这样）时，取 $h'_w = h_w$，在个别情况下 $h_w < h_o$，则应取 $h'_w > h_o$，以保证液体由降液管流出时不致受到很大阻力，进口堰与降液管间的水平距离 h_1 不应小于 h_o。

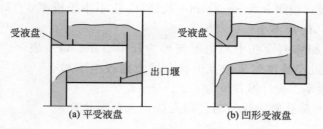

受液盘 受液盘

出口堰

(a) 平受液盘 (b) 凹形受液盘

图 4-22 受液盘示意图

设置进口堰既占用板面，又易使沉淀物淤积此处造成阻塞。采用凹形受液盘不需设置进口堰。凹形受液盘可在低液量时形成良好的液封，且有改变液体流向的缓冲作用，并便于液体从侧线的抽出。对于 $\phi 600\text{mm}$ 以上的塔，多采用凹形受液盘。凹形受液盘的深度一般在50mm 以上，有侧线采出时宜取深些。凹形受液盘不适于易聚合及有悬浮固体的情况，因易造成死角而堵塞。

3. 塔板布置

塔板有整块式与分块式两种。直径较小（$D \leqslant 800\text{mm}$）的塔宜采用整块式，直径较大（$D \geqslant 1200\text{mm}$）的塔宜采用分块式，以便于通过人孔装、拆塔板。塔径为 $800 \sim 1200\text{mm}$ 的塔，可根据制造与安装的具体情况，任意选取一种结构。

塔板板面根据所起作用不同，分为四个区域，如图 4-18 所示。

① **鼓泡区**　鼓泡区为图 4-18 中虚线以内的区域，是板面上开孔区域，为塔板上气液接触的有效区域。

② **溢流区**　溢流区为降液管及受液盘所占的区域。

③ **安定区**　鼓泡区与溢流区之间的区域称为安定区，也称为破沫区。此区域不开气道，其作用有两方面：一是在液体进入降液管之前，有一段不鼓泡的安定地带，以免液体大量夹带气泡进入降液管；二是在液体入口处，由于板上液面落差，液层较厚，有一段不开孔的安全地带，可减少漏液量。安定区的宽度以 W_s 表示，可按下述范围选取，即

当 $D < 1.5\text{m}$，$W_s = 60 \sim 75\text{mm}$

当 $D \geqslant 1.5\text{m}$，$W_s = 80 \sim 110\text{mm}$

对小直径的塔（$D < 1\text{m}$），因塔板面积小，安定区要相应减少。

④ **无效区**　无效区即靠近塔壁的一圈边缘区域，这个区域供支持塔板的边梁之用，也称边缘区。其宽度 W_c 视塔板的支承需要而定，小塔一般为 $30 \sim 50\text{mm}$，大塔一般为 $50 \sim 70\text{mm}$。为防止液体经无效区流过而产生短路现象，可在塔板上沿塔壁设置挡板。

应予指出，为便于设计及加工，塔板的结构参数已逐渐系列化。附录五中列出了塔板结构参数的系列化标准，可供设计时参考。

4. 筛孔的计算及其排列

① **筛孔直径**　筛孔的直径是影响气相分散和气液接触的重要工艺尺寸。工业筛板的筛孔直径为 $3 \sim 8\text{mm}$，一般推荐用 $4 \sim 5\text{mm}$。筛孔直径太小，加工制造困难，且易堵塞。近年来随着设计水平的提高和操作经验的积累，有采用大孔径（$10 \sim 25\text{mm}$）筛板的趋势，因大孔径筛板加工简单、造价低，且不易堵塞，只要设计合理，操作得当，仍可获得满意的分离效果。

筛孔的加工一般采用冲压法，故确定筛孔直径时应根据塔板材料及厚度 δ 考虑加工的可

能性。对于碳钢塔板，板厚 δ 为 3～4mm，孔径 d_o 应不小于板厚 δ；对于不锈钢塔板，板厚 δ 为 2～2.5mm，d_o 应不小于 $(1.5～2)\delta$。

② **孔中心距**　相邻两筛孔中心的距离称为孔中心距，以 t 表示。孔中心距 t 一般为 $(2.5～5)d_o$，t/d_o 过小易使气流相互干扰，过大则鼓泡不均匀，都会影响传质效率。设计推荐值为 $t/d_o=3～4$。

③ **筛孔的排列与筛孔数**　设计时，筛孔按正三角形排列，如图 4-23 所示。

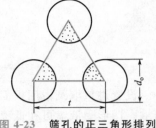

当采用正三角形排列时，筛孔的数目 n 可按下式计算，即

$$n=\frac{1.155A_a}{t^2} \tag{4-11}$$

图 4-23　筛孔的正三角形排列

式中，A_a 为鼓泡区面积，m^2。

对单溢流型塔板，鼓泡区面积可用下式计算，即

$$A_a=2\left(x\sqrt{r^2-x^2}+\frac{\pi r^2}{180}\sin^{-1}\frac{x}{r}\right) \tag{4-12}$$

式中，$x=\dfrac{D}{2}-(W_d+W_s)$，m；$r=\dfrac{D}{2}-W_c$，m；$\sin^{-1}\dfrac{x}{r}$ 为以角度表示的反正弦函数。

④ **开孔率** ϕ　塔板上筛孔总面积 A_o 与鼓泡区面积 A_a 的比值称为开孔率，即

$$\phi=\frac{A_o}{A_a}\times100\% \tag{4-13}$$

筛孔按正三角形排列时，可以导出

$$\phi=\frac{A_o}{A_a}=0.907\left(\frac{d_o}{t}\right)^2 \tag{4-14}$$

应予指出，按上述方法求出筛孔的直径 d_o、筛孔数目 n 后，还需通过流体力学验算，检验是否合理，若不合理需进行调整。

5. 筛板的流体力学验算

塔板流体力学验算的目的在于检验初步设计的塔板能否在较高的效率下正常操作，验算中若发现有不合适的地方，应对有关工艺尺寸进行调整，直到符合要求为止。流体力学验算内容有以下几项：塔板压力降、液泛、液沫夹带、漏液、液相负荷上限及下限、液面落差等。

(1) 塔板压降

气体通过筛板的压降为

$$\Delta p_p=\Delta p_c+\Delta p_1+\Delta p_\sigma \tag{4-15}$$

式中，Δp_p 为气体通过每层筛板的压力降，Pa；Δp_c 为气体克服干板阻力所产生的压力降，Pa；Δp_1 为气体克服板上充气液层的静压力所产生的压力降，Pa；Δp_σ 为气体克服液体表面张力所产生的压力降，Pa。

习惯上，常把上述压力降用塔内液体的液柱高度来表示，故上式又可写成

$$h_p=h_c+h_1+h_\sigma \tag{4-16}$$

式中，h_p 为与 Δp_p 相当的液柱高度 $\left(h_p=\dfrac{\Delta p_p}{\rho_L g}\right)$，m；$h_c$ 为与 Δp_c 相当的液柱高度 $\left(h_c=\dfrac{\Delta p_c}{\rho_L g}\right)$，m；$h_1$ 为与 Δp_1 相当的液柱高度 $\left(h_1=\dfrac{\Delta p_1}{\rho_L g}\right)$，m；$h_\sigma$ 为与 Δp_σ 相当的液柱高

度 $\left(h_\sigma = \dfrac{\Delta p_\sigma}{\rho_L g}\right)$，m。

① **干板压降**　干板压降与孔径 d_o、筛板厚度 δ、开孔率 ϕ 以及气体通过筛孔的 Re 数有关。设计时用以下经验公式估算干板压降

$$h_c = 0.051 \left(\frac{u_o}{c_o}\right)^2 \left(\frac{\rho_V}{\rho_L}\right) \left[1 - \left(\frac{A_o}{A_a}\right)^2\right] \tag{4-17}$$

式中，u_o 为气体通过筛孔的速度，m/s；c_o 为流量系数，当 $d_o < 10\text{mm}$，其值由图 4-24 查出；当 $d_o \geqslant 10\text{mm}$ 时，其值由图 4-24 查出后再乘以 1.15 的校正系数。

通常，筛板的开孔率 ϕ 约为 $5\% \sim 15\%$，故式(4-17)中的 $\left[1 - \left(\frac{A_o}{A_a}\right)^2\right]$ 值接近于 1，于是式(4-17)简化为

$$h_c = 0.051 \left(\frac{u_o}{c_o}\right)^2 \left(\frac{\rho_V}{\rho_L}\right) \tag{4-18}$$

② **气体通过充气液层的压降**　气体通过充气液层的压降与板上清液层的高度 h_L 及气泡的状况等许多因素有关，其计算方法很多，设计中常采用下式估算

$$h_1 = \beta h_L = \beta(h_w + h_{ow}) \tag{4-19}$$

式中，β 为充气系数，为反映板上液层充气程度的因素，其值从图 4-25 查取，通常可取 $\beta = 0.5 \sim 0.6$。

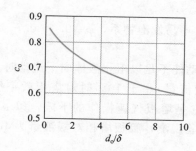

图 4-24　干筛孔的流量系数

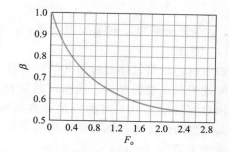

图 4-25　充气系数关联图

图 4-25 中 F_o 为气相动能因子，其定义式为

$$F_o = u_a \sqrt{\rho_V} \tag{4-20}$$

$$u_a = \frac{V_s}{A_T - A_f} \text{（单溢流板）} \tag{4-21}$$

式中，F_o 为气相动能因子，$\text{kg}^{1/2}/(\text{s}\cdot\text{m}^{1/2})$；$u_a$ 为通过有效传质区的气速，m/s；A_T 为塔截面积，m^2。

③ **液体表面张力所产生的压降**　气体克服液体表面张力所产生的压降由下式估算

$$h_\sigma = \frac{4\sigma_L}{\rho_L g d_o} \tag{4-22}$$

式中，σ_L 为液体的表面张力，N/m。

一般 h_σ 的值很小，计算时可忽略不计。

(2)液面落差

筛板上没有突起的气液接触元件，液体流动的阻力小，故液面落差小，通常可忽略不计。只有当液体流量很大及液体流程很长时，才需要考虑液面落差的影响。

(3) 液泛

前已述及，液泛分为降液管液泛和液沫夹带液泛两种情况。在筛板的流体力学验算中通常对降液管液泛进行验算。为使液体能由上层塔板稳定地流入下层塔板，降液管内须维持一定的液层高度 H_d。降液管内液层高度用来克服相邻两层塔板间的压降、板上清液层阻力和液体流过降液管的阻力，因此，可用下式计算 H_d，即

$$H_d = h_p + h_L + h_d \tag{4-23}$$

式中，H_d 为降液管中清液层高度，m；h_p 为与上升气体通过一层塔板的压降所相当的液柱高度，m；h_L 为板上液层高度(此处忽略了板上液面落差，并认为降液管中不含气泡)，m；h_d 为与液体流过降液管的压降相当的液柱高度，m。

式(4-23)中的 h_p 可由式(4-16)计算，h_L 为已知，而 h_d 主要由降液管底隙处的局部阻力造成，可按下面经验公式估算

塔板上不设置进口堰
$$h_d = 0.153\left(\frac{L_s}{l_w h_o}\right)^2 = 0.153(u'_o)^2 \tag{4-24}$$

塔板上设置进口堰
$$h_d = 0.2\left(\frac{L_s}{l_w h_o}\right)^2 = 0.2(u'_o)^2 \tag{4-25}$$

式中，u'_o 为流体流过降液管底隙时的流速，m/s。

按式(4-23)可算出降液管中清液层高度 H_d，而降液管中液体和泡沫的实际高度大于此值。为了防止液泛，应保证降液管中泡沫液体总高度不能超过上层塔板的出口堰，即

$$H_d \leqslant \varphi(H_T + h_w) \tag{4-26}$$

式中，φ 为安全系数。对易发泡物系，$\varphi = 0.3 \sim 0.5$；不易发泡物系，$\varphi = 0.6 \sim 0.7$。

(4) 漏液

如前所述，当气体通过筛孔的流速较小，气体的动能不足以阻止液体向下流动时，便会发生漏液现象。根据经验，当相对漏液量(漏液量/液流量)小于 10％时对塔板效率影响不大。相对漏液量为 10％时的气速称为漏液点气速，它是塔板气速操作的下限，以 $u_{o,min}$ 表示。漏液量与气体通过筛孔的动能因子有关，根据实验观测，筛板塔相对漏液量为 10％时，其动能因子 $F_o = 8 \sim 10$。

应予指出，计算筛板塔漏液点气速有不同的方法，但用动能因子计算漏液点气速，方法简单，有足够的准确性。

气体通过筛孔的实际速度 u_o 与漏液点气速 $u_{o,min}$ 之比，称为稳定系数，即

$$K = \frac{u_o}{u_{o,min}} \tag{4-27}$$

式中，K 为稳定系数，量纲为 1。K 值的适宜范围为 $1.5 \sim 2$。

(5) 液沫夹带

液沫夹带造成液相在塔板间的返混，为保证板效率的基本稳定，通常将液沫夹带量限制在一定范围内，设计中规定液沫夹带量 $e_V < 0.1$ kg 液体/kg 气体。

计算液沫夹带量有不同的方法，设计中常采用亨特关联图，如图 4-26 所示。图中直线部分可回归成下式

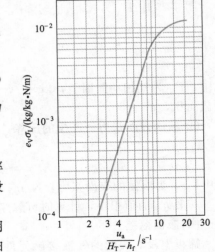

图 4-26　亨特的液沫夹带关联图

$$e_V = \frac{5.7 \times 10^{-6}}{\sigma_L} \left(\frac{u_a}{H_T - h_f} \right)^{3.2} \tag{4-28}$$

式中，e_V 为液沫夹带量，kg 液体/kg 气体；h_f 为塔板上鼓泡层高度，m。

根据设计经验，一般取 $h_f = 2.5 h_L$。

按上述方法进行流体力学验算后，还应绘出负荷性能图，具体作法见例 4-2。

【例 4-2】 在一常压操作的连续精馏塔内分离苯-甲苯混合物。经过工艺计算，已得出精馏段的有关工艺参数如下：气相流量 $V_s = 1.15 \, \text{m}^3/\text{s}$，液相流量 $L_s = 0.005 \, \text{m}^3/\text{s}$，气相密度 $\rho_V = 2.76 \, \text{kg/m}^3$，液相密度 $\rho_L = 876 \, \text{kg/m}^3$，液相表面张力 $\sigma_L = 20.5 \, \text{mN/m}$。

试根据上述工艺条件作出筛板塔的设计计算。

解 （1）设计计算

① 塔径计算

由

$$u_{max} = C \sqrt{\frac{\rho_L - \rho_V}{\rho_V}}$$

式中，C 由式（4-4）计算，其中的 C_{20} 由图 4-16 查取，图的横坐标为

$$\frac{L_h}{V_h} \left(\frac{\rho_L}{\rho_V} \right)^{1/2} = \frac{0.005 \times 3600}{1.15 \times 3600} \left(\frac{876}{2.76} \right)^{1/2} = 0.077$$

取板间距 $H_T = 0.45 \, \text{m}$，板上液层高度 $h_L = 0.07 \, \text{m}$，则

$$H_T - h_L = 0.45 - 0.07 = 0.38 \, \text{m}$$

查图 4-16 得

$$C_{20} = 0.078 \, \text{m/s}$$

$$C = C_{20} \left(\frac{\sigma_L}{20} \right)^{0.2} = 0.078 \left(\frac{20.5}{20} \right)^{0.2} = 0.078$$

故

$$u_{max} = 0.078 \sqrt{\frac{876 - 2.76}{2.76}} = 1.387 \, \text{m/s}$$

取安全系数为 0.6，则空塔气速为

$$u = 0.6 u_{max} = 0.6 \times 1.387 = 0.832 \, \text{m/s}$$

$$D = \sqrt{\frac{4 V_s}{\pi u}} = \sqrt{\frac{4 \times 1.15}{\pi \times 0.832}} = 1.327 \, \text{m}$$

按标准塔径圆整后为

$$D = 1.4 \, \text{m}$$

塔截面积

$$A_T = \frac{\pi}{4} D^2 = \frac{\pi}{4} \times 1.4^2 = 1.539 \, \text{m}^2$$

空塔气速

$$u = \frac{1.15}{1.539} = 0.747 \, \text{m/s}$$

② 溢流装置计算 因塔径 $D = 1.4 \, \text{m}$，可选用单溢流弓形降液管，采用凹形受液盘。各项计算如下。

ⓐ 堰长 l_w

$$l_w = 0.7 D = 0.7 \times 1.4 = 0.98 \, \text{m}$$

ⓑ 溢流堰高度 h_w 由 $h_w = h_L - h_{ow}$，选用平直堰，堰上液层高度 h_{ow} 由式（4-6）计算，即

$$h_{ow} = \frac{2.84}{1000} E \left(\frac{L_h}{l_w} \right)^{2/3}$$

近似取 $E = 1$，则

$$h_{ow} = \frac{2.84}{1000} \times 1 \times \left(\frac{0.005 \times 3600}{0.98}\right)^{2/3} = 0.02m$$

故
$$h_w = 0.07 - 0.02 = 0.05m$$

ⓒ 弓形降液管宽度 W_d 和截面积 A_f 由 $\frac{l_w}{D} = 0.7$，查图 4-21，得

$$\frac{A_f}{A_T} = 0.09 \ \text{及} \ \frac{W_d}{D} = 0.15$$

故
$$A_f = 0.09A_T = 0.09 \times 1.539 = 0.139m^2$$
$$W_d = 0.15D = 0.15 \times 1.4 = 0.21m$$

依式(4-8)验算液体在降液管中的停留时间，即

$$\theta = \frac{3600A_f H_T}{L_h} = \frac{3600 \times 0.139 \times 0.45}{0.005 \times 3600} = 12.51s > 5s$$

故降液管设计合理。

ⓓ 降液管底隙高度 h_o。

$$h_o = \frac{L_h}{3600l_w u_o'}$$

取 $u_o' = 0.12m/s$，则
$$h_o = \frac{0.005 \times 3600}{3600 \times 0.98 \times 0.12} = 0.043m$$
$$h_w - h_o = 0.05 - 0.043 = 0.007m > 0.006m$$

故降液管底隙高度设计合理。选用凹形受液盘，深度 $h_w' = 50mm$。

③ 塔板布置   因 $D < 1.5m$，取 $W_s = 0.07m$，$W_c = 0.05m$。

④ 筛孔计算及其排列   本例所处理的物系无腐蚀性，可选用 $\delta = 4mm$ 碳钢板，筛孔直径 $d_o = \delta = 4mm$。筛孔按正三角形排列。

取孔中心距 $t = 3d_o = 3 \times 4 = 12mm$，则筛孔数目 n 为

$$n = \frac{1.155A_a}{t^2}$$

其中，$A_a = 2\left(x\sqrt{r^2 - x^2} + \frac{\pi r^2}{180}\sin^{-1}\frac{x}{r}\right)$；$x = \frac{D}{2} - (W_d + W_s) = \frac{1.4}{2} - (0.21 + 0.07) = 0.42m$；$r = \frac{D}{2} - W_c = \frac{1.4}{2} - 0.05 = 0.65m$，则

$$A_a = 2\left(0.42\sqrt{0.65^2 - 0.42^2} + \frac{\pi \times 0.65^2}{180}\sin^{-1}\frac{0.42}{0.65}\right) = 1.01m^2$$

$$n = \frac{1.155 \times 1.01}{0.012^2} = 8101 \ \text{个}$$

开孔率
$$\phi = 0.907\left(\frac{d_o}{t}\right)^2 = 0.907\left(\frac{0.004}{0.012}\right)^2 = 0.1 = 10\%$$

(2)流体力学验算

① 塔板压降   气体通过一层塔板的压降为

$$h_p = h_c + h_1 + h_\sigma$$

干板压降由式(4-18)计算，即

$$h_c = 0.051\left(\frac{u_o}{c_o}\right)^2\left(\frac{\rho_V}{\rho_L}\right)$$

气体通过筛孔的速度为

$$u_o = \frac{V_s}{\frac{\pi}{4}d_o^2 n} = \frac{1.15}{\frac{\pi}{4} \times 0.004^2 \times 8101} = 11.30 \text{m/s}$$

由 $d_o/\delta = 1$，查图 4-24 得，$c_o = 0.8$，故

$$h_c = 0.051\left(\frac{11.30}{0.8}\right)^2\left(\frac{2.76}{876}\right) = 0.032 \text{m（液柱）}$$

气体通过充气液层的压降由式(4-19)计算，即

$$h_1 = \beta h_L$$

$$u_a = \frac{V_s}{A_T - A_f} = \frac{1.15}{1.539 - 0.139} = 0.821 \text{m/s}$$

$$F_o = 0.821\sqrt{2.76} = 1.364 \text{kg}^{1/2}/(\text{s} \cdot \text{m}^{1/2})$$

查图 4-25，得 $\beta = 0.62$，故

$$h_1 = 0.62 \times 0.07 = 0.043 \text{m（液柱）}$$

液体表面张力所产生的压降由式(4-22)计算，即

$$h_\sigma = \frac{4\sigma_L}{\rho_L g d_o} = \frac{4 \times 20.5 \times 10^{-3}}{876 \times 9.81 \times 0.004} = 0.002 \text{m（液柱）}$$

计算表明，液体表面张力所产生的压降很小，可忽略不计。

$$h_p = 0.032 + 0.043 = 0.075 \text{m（液柱）}$$

每层塔板的 $\quad \Delta p_p = h_p \rho_L g = 0.075 \times 876 \times 9.81 = 644.5 \text{Pa}$

② 液面落差　对于筛板塔，液面落差很小，且本例的塔径和液流量均不大，故可忽略液面落差的影响。

③ 液泛　为防止塔内发生液泛，降液管内液层高 H_d 应服从式(4-26)的关系，即

$$H_d \leqslant \varphi(H_T + h_w)$$

苯-甲苯物系属一般物系，取 $\varphi = 0.5$，则

$$\varphi(H_T + h_w) = 0.5(0.45 + 0.05) = 0.25 \text{m}$$

而

$$H_d = h_p + h_L + h_d$$

板上不设进口堰，h_d 可由式(4-24)计算，即

$$h_d = 0.153 \times (u'_o)^2 = 0.153 \times 0.12^2 = 0.002 \text{m（液柱）}$$

$$H_d = 0.075 + 0.07 + 0.002 = 0.147 \text{m（液柱）}$$

$$H_d \leqslant \varphi(H_T + h_w) = 0.25 \text{m（液柱）}$$

故不会发生液泛现象。

④ 漏液　对筛板塔，取漏液量 10% 时的气相动能因子为 $F_o = 10$，则

$$u_{o,\min} = \frac{F_o}{\sqrt{\rho_V}} = \frac{10}{\sqrt{2.76}} = 6.02 \text{m/s}$$

实际孔速　　　　　　　$u_o = 11.30 \text{m/s}$

稳定系数　　　　　　$K = \frac{u_o}{u_{o,\min}} = \frac{11.30}{6.02} = 1.88$

因 $1.5 < K < 2$，故无明显漏液。

⑤ 液沫夹带　由式(4-28)计算液沫夹带量。由 $u_a = 0.821 \text{m/s}$，$h_f = 2.5 h_L = 2.5 \times 0.07 = 0.175 \text{m}$，得

$$e_V = \frac{5.7 \times 10^{-6}}{20.5 \times 10^{-3}} \left(\frac{0.821}{0.45 - 0.175} \right)^{3.2} = 0.009 \text{kg 液/kg 气} \quad (<0.1 \text{kg 液/kg 气})$$

故在本设计中液沫夹带量 e_V 在允许范围内。

(3)塔板负荷性能图

① 漏液线　前已求得 $u_{o,min} = 6.02 \text{m/s}$，故

$$V_{s,min} = \frac{\pi}{4} d_o^2 n u_{o,min} = 0.785 \times 0.004^2 \times 8101 \times 6.02 = 0.613 \text{m}^3/\text{s}$$

据此可作出与液体流量无关的水平漏液线1。

② 液沫夹带线　以 $e_V = 0.1 \text{kg 液/kg 气}$ 为限，求 V_s-L_s 关系如下。由

$$e_V = \frac{5.7 \times 10^{-6}}{\sigma_L} \left(\frac{u_a}{H_T - h_f} \right)^{3.2}$$

$$u_a = \frac{V_s}{A_T - A_f} = \frac{V_s}{1.539 - 0.139} = \frac{V_s}{1.4}$$

$$h_f = 2.5 h_L = 2.5(h_w + h_{ow})$$

$$h_w = 0.05, \quad h_{ow} = \frac{2.84}{1000} \times 1 \times \left(\frac{3600 L_s}{0.98} \right)^{2/3} = 0.676 L_s^{2/3}$$

故

$$h_f = 0.125 + 1.69 L_s^{2/3}$$

$$H_T - h_f = 0.325 - 1.69 L_s^{2/3}$$

$$e_V = \frac{5.7 \times 10^{-6}}{20.5 \times 10^{-3}} \left[\frac{V_s}{1.4(0.325 - 1.69 L_s^{2/3})} \right]^{3.2} = 0.1$$

整理得

$$V_s = 2.862 - 14.88 L_s^{2/3}$$

列表计算如下。

例 4-2 附表 1

L_s/(m³/s)	0.002	0.004	0.006	0.008
V_s/(m³/s)	2.626	2.487	2.371	2.267

由上表数据即可作出液沫夹带线2。

③ 液相负荷下限线　对于平直堰，取堰上液层高度 $h_{ow} = 0.006 \text{m}$ 作为最小液体负荷标准。由式(4-6)得

$$h_{ow} = \frac{2.84}{1000} E \left(\frac{3600 L_s}{l_w} \right)^{2/3} = 0.006$$

取 $E = 1$，则

$$L_{s,min} = \left(\frac{0.006 \times 1000}{2.84} \right)^{3/2} \frac{0.98}{3600} = 0.00084 \text{m}^3/\text{s}$$

据此可作出与气体流量无关的垂直液相负荷下限线3。

④ 液相负荷上限线　以 $\theta = 5 \text{s}$ 作为液体在降液管中停留时间的下限，由式(4-8)得

$$\theta = \frac{A_f H_T}{L_s} = 5$$

故

$$L_{s,max} = \frac{A_f H_T}{5} = \frac{0.139 \times 0.45}{5} = 0.0125 \text{m}^3/\text{s}$$

据此可作出与气体流量无关的垂直液相负荷上限线4。

⑤ 液泛线　令 $H_d = \varphi(H_T + h_w)$，由 $H_d = h_p + h_L + h_d$；$h_p = h_c + h_1 + h_\sigma$；$h_1 = \beta h_L$；$h_L = h_w + h_{ow}$，联立得

$$\varphi H_T + (\varphi - \beta - 1)h_w = (\beta + 1)h_{ow} + h_c + h_d + h_\sigma$$

忽略 h_σ，将 h_{ow} 与 L_s、h_d 与 L_s、h_c 与 V_s 的关系式代入上式，并整理得

$$a'V_s^2 = b' - c'L_s^2 - d'L_s^{2/3}$$

式中，$a' = \dfrac{0.051}{(A_o c_o)^2}\left(\dfrac{\rho_V}{\rho_L}\right)$（其中 $A_o = \dfrac{\pi}{4}d_o^2 n$）；$b' = \varphi H_T + (\varphi - \beta - 1)h_w$；$c' = 0.153/$ $(l_w h_o)^2$；$d' = 2.84 \times 10^{-3} E(1+\beta)\left(\dfrac{3600}{l_w}\right)^{2/3}$。

将有关的数据代入，得

$$a' = \frac{0.051}{(\pi/4 \times 0.004^2 \times 8101 \times 0.8)^2}\left(\frac{2.76}{876}\right) = 0.0243$$

$$b' = 0.5 \times 0.45 + (0.5 - 0.62 - 1) \times 0.05 = 0.169$$

$$c' = \frac{0.153}{(0.98 \times 0.043)^2} = 86.16$$

$$d' = 2.84 \times 10^{-3} \times 1 \times (1 + 0.62)\left(\frac{3600}{0.98}\right)^{2/3} = 1.095$$

故

$$0.0243V_s^2 = 0.169 - 86.16L_s^2 - 1.095L_s^{2/3}$$

列表计算如下。

例 4-2 附表 2

$L_s/(\text{m}^3/\text{s})$	0.004	0.006	0.008	0.010
$V_s/(\text{m}^3/\text{s})$	2.401	2.311	2.219	2.123

由上表数据即可作出液泛线 5。

根据以上各线方程，可作出筛板塔的负荷性能图，如例 4-2 附图所示。

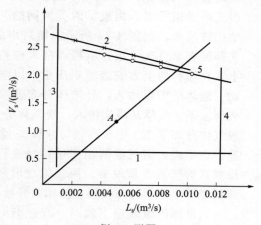

例 4-2 附图

在负荷性能图上，作出操作点 A，连接 $0A$，即作出操作线。由图可看出，该筛板的操作上限为液泛控制，下限为漏液控制。由图查得 $V_{s,max} = 2.145 \text{m}^3/\text{s}$，$V_{s,min} = 0.625 \text{m}^3/\text{s}$，故操作弹性为

$$\frac{V_{s,max}}{V_{s,min}} = \frac{2.145}{0.625} = 3.432$$

所设计筛板塔的主要结果汇总于例 4-2 附表 3。

例 4-2 附表 3　筛板塔设计计算结果

序号	项目	数值	序号	项目	数值
1	塔径 D/m	1.4	13	安定区宽度 W_s/m	0.07
2	板间距 H_T/m	0.45	14	边缘区宽度 W_c/m	0.05
3	溢流型式	单溢流	15	鼓泡区面积 A_a/m²	1.01
4	降液管型式	弓形	16	开孔率 ϕ	10%
5	堰长 l_w/m	0.98	17	空塔气速 u/(m/s)	0.747
6	堰高 h_w/m	0.05	18	筛孔气速 u_o/(m/s)	11.30
7	板上液层高度 h_L/m	0.07	19	稳定系数 K	1.88
8	堰上液层高度 h_{ow}/m	0.02	20	每层塔板压降 Δp_p/Pa	644.5
9	降液管底隙高度 h_o/m	0.043	21	气相负荷上限 $V_{s,max}$/(m³/s)	2.145
10	筛孔直径 d_o/m	0.004	22	气相负荷下限 $V_{s,min}$/(m³/s)	0.625
11	筛孔数目	8101	23	操作弹性	3.432
12	孔心距 t/m	0.012			

4.2　填料塔

4.2.1　填料塔的结构与特点

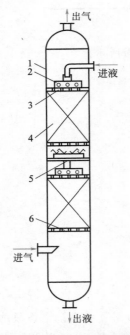

图 4-27　填料塔的结构示意图

1—塔壳体；2—液体分布器；3—填料压板；4—填料；5—液体再分布装置；6—填料支承板

1. 填料塔的结构

填料塔是以塔内装有的大量填料为相间接触构件的气液传质设备。填料塔于 19 世纪中期已应用于工业生产，此后，它与板式塔竞相发展，构成了两类不同的气液传质设备。填料塔的结构较简单，如图 4-27 所示。填料塔的塔身是一直立式圆筒，底部装有填料支承板，填料以乱堆或整砌的方式放置在支承板上。在填料的上方安装填料压板，以限制填料随上升气流的运动。液体从塔顶加入，经液体分布器喷淋到填料上，并沿填料表面流下。气体从塔底送入，经气体分布装置（小直径塔一般不设气体分布装置）分布后，与液体呈逆流连续通过填料层的空隙。在填料表面气液两相密切接触进行传质。填料塔属于连续接触式的气液传质设备，两相组成沿塔高连续变化，在正常操作状态下，气相为连续相，液相为分散相。

当液体沿填料层下流时，有逐渐向塔壁集中的趋势，使得塔壁附近的液流量逐渐增大，这种现象称为壁流。壁流效应造成气液两相在填料层分布不均匀，从而使传质效率下降。为此，当填料层较高时，需要进行分段，中间设置再分布装置。液体再分布装置包括液体收集器和液体再分布器两部分，上层填料流下的液体经液体收集器收集后，送到液体再分布器，经重新分布后喷淋到下层填料的上方。

2. 填料塔的特点

与板式塔相比，填料塔具有如下特点。

① **生产能力大** 板式塔与填料塔的液体流动和传质机理不同，如图 4-28 所示。板式塔的传质是通过上升气体穿过板上的液层来实现的，塔板的开孔率一般占塔截面积的 7%～10%。而填料塔的传质是通过上升气体和靠重力沿填料表面下降的液流接触实现。填料塔内件的开孔率均在 50% 以上，而填料层的空隙率则超过 90%，一般液泛点较高。故单位塔截面积上，填料塔的生产能力一般高于板式塔。

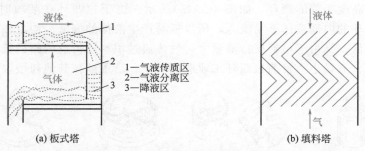

1—气液传质区
2—气液分离区
3—降液区

(a) 板式塔   (b) 填料塔

图 4-28 板式塔与填料塔传质机理的比较

② **分离效率高** 一般情况下，填料塔具有较高的分离效率。工业填料塔每米理论级大多在 2 级以上，最多可达 10 级以上。而常用的板式塔，每米理论板最多不超过 2 级。研究表明，在减压和常压操作下，填料塔的分离效率明显优于板式塔，在高压下操作，板式塔的分离效率略优于填料塔。但大多数分离操作是处于减压及常压的状态下。

③ **压力降小** 填料塔由于空隙率高，故其压降远远小于板式塔。一般情况下，板式塔的每个理论级压降约为 0.4～1.1kPa，填料塔约为 0.01～0.27kPa，通常，板式塔的压降高于填料塔 5 倍左右。压降低不仅能降低操作费用，节约能耗，对于精馏过程，可使塔釜温度降低，有利于热敏性物系的分离。

④ **持液量小** 持液量是指塔在正常操作时填料表面、内件或塔板上所持有的液量。对于填料塔，持液量一般小于 6%，而板式塔则高达 8%～12%。持液量大，可使塔的操作平稳，不易引起产品的迅速变化，但大的持液量使开工时间增长，增加操作周期及操作费用，对于热敏性物系分离及间歇精馏过程是不利的。

⑤ **操作弹性大** 操作弹性是指塔对负荷的适应性。由于填料本身对负荷变化的适应性很大，故填料塔的操作弹性决定于塔内件的设计，特别是液体分布器的设计，因而可根据实际需要确定填料塔的操作弹性。而板式塔的操作弹性则受到塔板液泛、液沫夹带及降液管能力的限制，一般操作弹性较小。

填料塔也有一些不足之处，如填料造价高；当液体负荷较小时不能有效地润湿填料表面，使传质效率降低；不能直接用于有悬浮物或容易聚合的物料；对侧线进料和出料等复杂精馏不太适合等。因此，在选择塔的类型时，应根据分离物系的具体情况和操作所追求的目标综合考虑上述各因素。

4.2.2 填料的类型及性能评价

填料是填料塔的核心构件，它提供了气液两相接触传质的相界面，是决定填料塔性能的主要因素。

1. 填料的类型

填料的种类很多，根据装填方式的不同，可分为散装填料和规整填料两大类。

(1)散装填料

是一粒粒具有一定几何形状和尺寸的颗粒体，一般以散装方式堆积在塔内，又称为乱堆填料或颗粒填料。散装填料根据结构特点不同，又可分为环形填料、鞍形填料、环鞍形填料及球形填料等。现介绍几种较为典型的散装填料。

① **拉西环填料** 拉西环填料于1914年由拉西(F. Rashching)发明，是使用最早的一种填料，为外径与高度相等的圆环，如图4-29(a)所示。由于拉西环在装填时容易产生架桥、空穴等现象，圆环的内部液体不易流入，所以以极易产生液体的偏流、沟流和壁流，气液分布较差，传质效率低。又由于填料层持液量大，气体通过填料层折返的路径长，所以气体通过填料层的阻力大、通量小。目前拉西环工业应用较少，已逐渐被其他新型填料所取代。

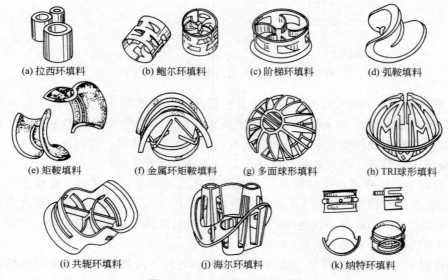

(a) 拉西环填料　　(b) 鲍尔环填料　　(c) 阶梯环填料　　(d) 弧鞍填料

(e) 矩鞍填料　　(f) 金属环矩鞍填料　　(g) 多面球形填料　　(h) TRI球形填料

(i) 共轭环填料　　(j) 海尔环填料　　(k) 纳特环填料

图 4-29　几种典型的散装填料

② **鲍尔环填料** 鲍尔环填料是在拉西环填料的基础上改进而得的。在拉西环的侧壁上开出两排长方形的窗孔，被切开的环壁的一侧仍与壁面相连，另一侧向环内弯曲，形成内伸的舌叶，诸舌叶的侧边在环中心相搭，如图4-29(b)所示。鲍尔环填料的比表面积和空隙率与拉西环基本相当，但由于环壁开孔，大大提高了环内空间及环内表面的利用率，气体流动阻力降低，液体分布比较均匀。同种材质、同种规格的两种填料相比，鲍尔环的气体通量较拉西环增大50%以上，传质效率增加30%左右。鲍尔环填料以其优良的性能得到了广泛的应用。

③ **阶梯环填料** 阶梯环填料是在鲍尔环基础上加以改造而得出的一种高性能的填料，如图4-29(c)所示。阶梯环与鲍尔环相似之处是环壁上也开有窗孔，但其高度减小了一半。由于高径比减小，使得气体绕填料外壁的平均路径大为缩短，减少了气体通过填料层的阻力。阶梯环填料的一端增加了一个锥形翻边，不仅增加了填料的机械强度，而且使填料之间由线接触为主，变成以点接触为主，这样不但增加了填料间的空隙，同时成为液体沿填料表面流动的汇集分散点，可以促进液膜的表面更新，有利于传质效率的提高。阶梯环的综合性能优于鲍尔环，成为目前所使用的环形填料中最为优良的一种。

④ **弧鞍填料** 弧鞍填料属鞍形填料的一种，其形状如同马鞍，一般采用瓷质材料制成，如图 4-29(d)所示。弧鞍填料的特点是表面全部敞开，不分内外，液体在表面两侧均匀流动，表面利用率高，流道呈弧形，流动阻力小。其缺点是易发生套叠，致使一部分填料表面重合，不能被液体润湿，使传质效率降低。弧鞍填料强度较差，容易破碎，工业生产中应用不多。

⑤ **矩鞍填料** 为克服弧鞍填料容易套叠的缺点，将弧鞍填料两端的弧形面改为矩形面，且两面大小不等，即成为矩鞍填料，如图 4-29(e)所示。矩鞍填料堆积时不会套叠，液体分布较均匀，矩鞍填料一般采用瓷质材料制成，其性能优于拉西环，目前国内绝大多数应用瓷拉西环的场合已被瓷矩鞍填料所取代。

⑥ **金属环矩鞍填料** 将环形填料和鞍形填料的优点集中，而设计出的一种兼有环形和鞍形结构特点的新型填料称为环矩鞍填料（国外称为 Intalox），该填料一般以金属材质制成，故又称之为金属环矩鞍填料，如图 4-29(f)所示。这种填料既有类似开孔环形填料的圆孔、开孔和内伸的舌叶，也有类似矩鞍形填料的侧面。敞开的侧壁有利于气体和液体通过，减少了填料层内滞液死区。填料层内流通孔道增多，使气液分布更加均匀，传质效率得以提高。金属环矩鞍的综合性能优于鲍尔环和阶梯环。因其结构特点，可采用极薄的金属板轧制，仍能保持良好的机械强度，故该填料在散装填料中应用较多。

⑦ **球形填料** 球形填料是散装填料的另一种形式，一般采用塑料材质注塑而成，其结构有多种，如图 4-29(g)所示的由许多板片构成的多面球形填料；图 4-29(h)所示的由许多枝条的格栅组成的 TRI 球形填料等。所有这些填料的特点是球体为空心，可以允许气体、液体从其内部通过。由于球体结构的对称性，填料装填密度均匀，不易产生空穴和架桥，所以气液分散性能好。球形填料一般只适用于某些特定的场合，工程上应用较少。

以上介绍了几种较典型的散装填料。近年来，随着化工技术的迅速发展，一些新型填料应运而生，这些填料构型独特，均有各自的特点。如图 4-29(i)所示的共轭环填料；图 4-29(j)所示的海尔环填料；图 4-29(k)所示的纳特环填料以及扁环填料、内弧环填料、异型矩鞍填料等，这些填料的详细介绍可参考有关文献和填料手册。

工业上常用的散装填料的特性数据列于附录六中。

(2)规整填料

是一种在塔内按均匀几何图形排列，整齐堆砌的填料。该填料的特点是规定了气液流径，改善了填料层内气液分布状况，在很低的压降下，可以提供更多的比表面积，使得处理能力和传质性能均得到较大程度的提高。

规整填料种类很多，根据其几何结构可以分为格栅填料、波纹填料、脉冲填料等，现介绍几种较为典型的规整填料。

① **格栅填料** 格栅填料是以条状单元体经一定规则组合而成的，其结构随条状单元体的形式和组合规则而变，因而具有多种结构形式。工业上应用最早的格栅填料为木格栅填料，如图 4-30(a)所示。目前应用较为普遍的有格里奇格栅填料、网孔格栅填料、蜂窝格栅填料等，其中以格里奇格栅填料最具代表性，如图 4-30(b)所示。

格栅填料的比表面积较低，因此主要用于要求低压降、大负荷及防堵等场合。

② **波纹填料** 波纹填料是一种通用型规整填料，目前工业上应用的规整填料绝大部分属于此类。波纹填料是由许多波纹薄板组成的圆盘状填料，波纹与塔轴的倾角有 30°和 45°两种，组装时相邻两波纹板反向靠叠。各盘填料垂直装于塔内，相邻的两盘填料间交错 90°排列。

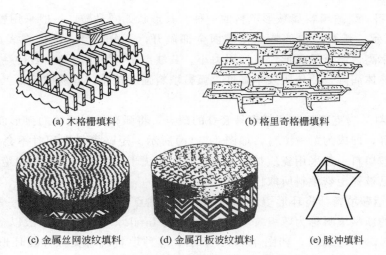

(a) 木格栅填料   (b) 格里奇格栅填料

(c) 金属丝网波纹填料   (d) 金属孔板波纹填料   (e) 脉冲填料

图 4-30   几种典型的规整填料

波纹填料的优点是结构紧凑，具有很大的比表面积，其比表面积可由波纹结构形状而调整，常用的有 125、150、250、350、500、700 等几种。相邻两盘填料相互垂直，使上升气流不断改变方向，下降的液体也不断重新分布，故传质效率高。填料的规则排列，使流动阻力减小，从而处理能力得以提高。波纹填料的缺点是不适于处理黏度大、易聚合或有悬浮物的物料，此外，填料装卸、清理较困难，造价也较高。

波纹填料按板片结构可分为网波纹填料和板波纹填料两大类，其材质又有金属、塑料和陶瓷等之分。

金属丝网波纹填料是网波纹填料的主要形式，它是由金属丝网制成的，如图 4-30(c)所示。因丝网细密，故其空隙率较高，填料层压降低。由于丝网独具的毛细作用，使表面具有很好的润湿性能，故分离效率很高。该填料特别适用于精密精馏及真空精馏装置，为难分离物系、热敏性物系的精馏提供了有效的手段。尽管其造价高，但因其性能优良仍得到了广泛的应用。

金属孔板波纹填料是板波纹填料的一种主要形式，如图 4-30(d)所示。该填料的波纹板片上钻有许多 5mm 左右的小孔，可起到粗分配板片上的液体、加强横向混合的作用。波纹板片上轧成细小沟纹，可起到细分配板片上的液体、增强表面润湿性能的作用。金属孔板波纹填料强度高，耐腐蚀性强，特别适用于大直径塔及气液负荷较大的场合。

另一种有代表性的板波纹填料为金属压延孔板波纹填料。它与金属孔板波纹填料的主要区别在于板片表面不是钻孔，而是刺孔，用碾轧方式在板片上碾出密度很大的孔径为 0.4～0.5mm 的小刺孔。其分离能力类似于网波纹填料，但抗堵能力比网波纹填料强，并且价格便宜，应用较为广泛。

③ **脉冲填料**   脉冲填料是由带缩颈的中空棱柱形单体，按一定方式拼装而成的一种规整填料，如图 4-30(e)所示。脉冲填料组装后，会形成带缩颈的多孔棱形通道，其纵面流道交替收缩和扩大，气液两相通过时产生强烈的湍动。在缩颈段，气速最高，湍动剧烈，从而强化传质。在扩大段，气速减到最小，实现两相的分离。流道收缩、扩大的交替重复，实现了"脉冲"传质过程。

脉冲填料的特点是处理量大，压力降小，是真空精馏的理想填料。因其优良的液体分布性能使放大效应减小，故特别适用于大塔径的场合。

工业上常用的规整填料的特性参数列于附录七中。

应予指出，上述的散装填料和规整填料均为工业用填料。近年来，随着精细化工的发展，对于精馏分离提出了更高的要求，有些混合物系的分离要求近百层理论板，有的甚至多达数百层理论板。在大多数情况下这类物系的处理量不大，对填料的要求主要是追求高的分离效率，即低的等板高度。为此，一些高效填料应运而生，如 θ 环填料、弹簧填料、埃农填料、多角螺旋填料、麦克马洪填料和英特帕克填料等。这些填料从物理特性来看，主要要求有大的比表面积和自由空间，由金属丝网、细金属丝或金属薄板片加工制成。上述高效填料多被用于特殊物系精密精馏的小试、中试和小规模生产中，取得了良好的应用效果。

2. 填料的性能评价

（1）填料的几何特性

是评价填料性能的基本参数，填料的几何特性数据主要包括比表面积、空隙率、填料因子等。

① 比表面积　单位体积填料层的填料表面积称为比表面积，以 a 表示，其单位为 m^2/m^3。填料的比表面积愈大，所提供的气液传质面积愈大，因此，比表面积是评价填料性能优劣的一个重要指标。

② 空隙率　单位体积填料层的空隙体积称为空隙率，以 ε 表示，其单位为 m^3/m^3，或以百分数表示。填料的空隙率越大，气体通过的能力大且压降低。因此，空隙率是评价填料性能优劣的又一个重要指标。

③ 填料因子　填料的比表面积与空隙率三次方的比值，即 a/ε^3，称为填料因子，以 ϕ 表示，其单位为 m^{-1}。填料因子有干填料因子与湿填料因子之分，填料未被液体润湿时的 a/ε^3 称为干填料因子，它反映填料的几何特性；填料被液体润湿时，填料表面覆盖了一层液膜，a 和 ε 均发生相应的变化，此时的 a/ε^3 称为湿填料因子，它表示填料的流体力学性能，ϕ 值越小，表明流动阻力越小。

（2）填料的性能评价

填料性能的优劣通常根据效率、通量及压降三要素衡量。在相同的操作条件下，填料的比表面积越大，气液分布越均匀，表面的润湿性能越优良，则传质效率越高；填料的空隙率越大，结构越开敞，则通量越大，压降亦越低。国内学者对九种常用填料的性能进行了评价，用模糊数学方法得出了各种填料的评估值，得出如表 4-5 所示的结论。从表 4-5 可看出，丝网波纹填料综合性能最好，拉西环最差。

表 4-5　9 种填料综合性能评价

填料名称	评估值	评价	排序
丝网波纹填料	0.86	很好	1
孔板波纹填料	0.61	相当好	2
金属 Intalox	0.59	相当好	3
金属鞍形环	0.57	相当好	4
金属阶梯环	0.53	一般好	5
金属鲍尔环	0.51	一般好	6
瓷 Intalox	0.41	较好	7
瓷鞍形环	0.38	略好	8
瓷拉西环	0.36	略好	9

4.2.3 填料塔的流体力学性能与操作特性

1. 填料塔的流体力学性能

填料塔的流体力学性能主要包括填料层的持液量、填料层的压降等。

(1)填料层的持液量

是指在一定操作条件下，单位体积填料层内，在填料表面和填料空隙中所积存的液体的体积量，一般以 m^3 液体/m^3 填料表示。

持液量可分为静持液量 H_s、动持液量 H_o 和总持液量 H_t。总持液量为静持液量和动持液量之和，即

$$H_t = H_o + H_s \tag{4-29}$$

总持液量是指在一定操作条件下存留于填料层中的液体总量。静持液量是指当填料被充分润湿后，停止气液两相进料，并经适当时间的排液，直至无滴液时存留于填料层的液量。静持液量只取决于填料和流体的特性，与气液负荷无关。动持液量是指填料塔停止气液两相进料时流出的液量，它与填料、液体特性及气液负荷有关。

填料层的持液量可由实验测出，也可由经验公式计算。一般来说，适当的持液量对填料塔的操作稳定性和传质是有益的，但持液量过大，将减少填料层的空隙和气相流通截面，使压降增大，处理能力下降。

(2)填料层的压降

在逆流操作的填料塔内，液体从塔顶喷淋下来，依靠重力作用在填料表面成膜状下流，液膜与填料表面的摩擦及液膜与上升气体的摩擦构成了液膜流动阻力，形成了填料层的压降。很显然，填料层压降与液体喷淋量及气速有关，在一定的气速下，液体喷淋量越大，压降越大；在一定的液体喷淋量下，气速越大，压降也越大。将不同液体喷淋量下的单位填料层的压降 $\Delta p/Z$ 与空塔气速 u 的关系标绘在对数坐标纸上，可得到如图 4-31 所示的曲线簇。

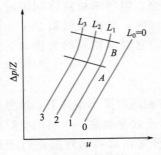

图 4-31 填料层的 $\Delta p/Z$-u 关系

图中，直线 0 表示无液体喷淋（$L=0$）时，干填料的 $\Delta p/Z$-u 关系，称为干填料压降线。曲线 1、2、3 表示不同液体喷淋量下，填料层的 $\Delta p/Z$-u 关系，称为填料操作压降线。

从图中可看出，在一定的喷淋量下，压降随空塔气速的变化曲线大致可分为三段：当气速低于 A 点时，气体流动对液膜的曳力很小，液体流动不受气流的影响，填料表面上覆盖的液膜厚度基本不变，因而填料层的持液量不变，该区域称为恒持液量区。此时 $\Delta p/Z$-u 为一直线，位于干填料压降线的左侧，且基本上与干填料压降线平行。当气速超过 A 点时，气体对液膜的曳力较大，对液膜流动产生阻滞作用，使液膜增厚，填料层的持液量随气速的增加而增大，此现象称拦液。开始发生拦液现象时的空塔气速称为载点气速，曲线上的转折点 A，称为载点。若气速继续增大，到达图中 B 点时，由于液体不能顺利下流，使填料层的持液量不断增大，填料层内几乎充满液体。气速增加很小便会引起压降的剧增，此现象称为液泛，开始发生液泛现象时的气速称为泛点气速，以 u_F 表示，曲线上的点 B，称为泛点。从载点到泛点的区域称为载液区，泛点以上的区域称为液泛区。

应予指出，在同样的气液负荷下，不同填料的 $\Delta p/Z$ 关系曲线有所差异，但其基本形状相近。对于某些填料，载点与泛点并不明显，故上述三个区域间无截然的界限。

填料层压降是填料塔设计中的重要参数，它决定了填料塔的动力消耗。填料层压降可通过实验测得，亦可由经验公式计算，详细内容可见有关书籍。

2. 填料塔的操作特性

(1)填料塔内的气液分布

在填料塔内，气液两相的传质是依靠在填料表面展开的液膜与气体的充分接触而实现的。若气液两相分布不均，将使传质的平均推动力减小，传质效率下降。因此，气液两相的均匀分布是填料塔设计与操作中十分重要的问题。

气液两相的分布通常分为初始分布和动态分布。初始分布是指进塔的气液两相通过分布装置所进行的强制分布；动态分布是指在一定的操作条件下，气液两相在填料层内，依靠自身性质与流动状态所进行的随机分布。通常，初始分布主要取决于分布装置的设计；而动态分布则与操作条件、填料的类型与规格、填料充填的均匀程度、塔安装的垂直度、塔的直径等密切相关。研究表明，气液两相的初始分布较动态分布更为重要，往往是决定填料塔分离效果的关键。

(2)液体喷淋密度和填料表面的润湿

填料塔中气液两相间的传质主要是在填料表面流动的液膜上进行的。要形成液膜，填料表面必须被液体充分润湿，而填料表面的润湿状况取决于塔内的液体喷淋密度及填料材质的表面润湿性能。

液体喷淋密度是指单位塔截面积上，单位时间内喷淋的液体体积量，以 U 表示，单位为 $m^3/(m^2 \cdot h)$。为保证填料层的充分润湿，必须保证液体喷淋密度大于某一极限值，该极限值称为最小喷淋密度，以 U_{min} 表示。最小喷淋密度通常采用下式计算，即

$$U_{min} = (L_W)_{min} a \tag{4-30}$$

式中，U_{min} 为最小喷淋密度，$m^3/(m^2 \cdot h)$；$(L_W)_{min}$ 为最小润湿速率，$m^3/(m \cdot h)$；a 为填料的比表面积，m^2/m^3。

最小润湿速率是指在塔的截面上，单位长度的填料周边的最小液体体积流量。其值可由经验公式计算(见有关填料手册)，也可采用一些经验值。对于直径不超过 75mm 的散装填料，可取最小润湿速率$(L_W)_{min}$ 为 $0.08m^3/(m \cdot h)$；对于直径大于 75mm 的散装填料，取$(L_W)_{min} = 0.12m^3/(m \cdot h)$。

填料表面的润湿性能与填料的材质有关，就常用的陶瓷、金属、塑料三种材质而言，以陶瓷填料的润湿性能最好，塑料填料的润湿性能最差。

实际操作时采用的液体喷淋密度应大于最小喷淋密度。若喷淋密度过小，可采用增大回流比或采用液体再循环的方法加大液体流量，以保证填料表面的充分润湿；也可采用减小塔径予以补偿；对于金属、塑料材质的填料，可采用表面处理方法，改善其表面的润湿性能。

(3)液泛

在泛点气速下，持液量的增多使液相由分散相变为连续相，而气相则由连续相变为分散相，此时气体呈气泡形式通过液层，气流出现脉动，液体被大量带出塔顶，塔的操作极不稳定，甚至会被破坏，此种情况称为淹塔或液泛。影响液泛的因素很多，如填料的特性、流体的物性及操作的液气比等。

填料特性的影响集中体现在填料因子上。填料因子 ϕ 值在某种程度上能反映填料流体力学性能的优劣。实践表明，ϕ 值越小，液泛速度越高，也即越不易发生液泛现象。

流体物性的影响体现在气体密度 ρ_V、液体密度 ρ_L 和黏度 μ_L 上。液体密度越大，因液

体靠重力下流，则泛点气速越大；气体密度越大，相同气速下对液体的阻力也越大，液体黏度越大，流动阻力增大，故均使泛点气速下降。

操作的液气比愈大，则在一定气速下液体喷淋量愈大，填料层的持液量增加而空隙率减小，故泛点气速愈小。

(4)返混

在填料塔内，气液两相的逆流并不呈理想的活塞流状态，而是存在着不同程度的返混。造成返混现象的原因很多，如：填料层内的气液分布不均；气体和液体在填料层内的沟流；液体喷淋密度过大时所造成的气体局部向下运动；塔内气液的湍流脉动使气液微团停留时间不一致等。填料塔内流体的返混使得传质平均推动力变小，传质效率降低。因此，按理想的活塞流设计的填料层高度，因返混的影响需适当加高，以保证预期的分离效果。

【例4-3】　某制药厂有一直径为 0.8m 的废丙酮溶剂[1]回收塔，内装 D_N38 的金属阶梯环填料。已知该填料塔的液相负荷为 $8.2\mathrm{m^3/h}$，操作液气比(质量比)为 3.15，操作条件下液相和气相的平均密度分别为 $815.6\mathrm{kg/m^3}$ 和 $1.465\mathrm{kg/m^3}$。试计算：(1)操作空塔气速；(2)液体喷淋密度，并判断是否满足最小喷淋密度的要求。

解　(1)操作空塔气速

填料塔的气相负荷为

$$V=\frac{8.2\times815.6}{3.15\times1.465}=1449.25\mathrm{m^3/h}$$

操作空塔气速为

$$u=\frac{1449.25/3600}{0.785\times0.8^2}=0.801\mathrm{m/s}$$

(2)液体喷淋密度

液体喷淋密度为

$$U=\frac{8.2}{0.785\times0.8^2}=16.32\mathrm{m^3/(m^2\cdot h)}$$

查附录六，D_N38 金属阶梯环填料的比表面积为 $153\mathrm{m^2/m^3}$。

最小液体喷淋密度为

$$U_{\min}=(L_W)_{\min}a=0.08\times153=12.24\mathrm{m^3/(m^2\cdot h)}$$

$U>U_{\min}$，满足最小喷淋密度的要求。

4.2.4　填料塔的内件

填料塔的内件主要有填料支承装置、填料压紧装置、液体分布装置、液体收集再分布装置等。合理地选择和设计塔内件，对保证填料塔的正常操作及优良的传质性能十分重要。

(1)填料支承装置

其作用是支承塔内填料床层。对填料支承装置的要求是：第一应具有足够的强度和刚度，能承受填料的质量、填料层的持液量以及操作中附加的压力等；第二应具有大于填料层空隙率的开孔率，防止在此首先发生液泛，进而导致整个填料层的液泛；第三结构要合理，利于气液两相均匀分布，阻力小，便于拆装。

---

[1] 溶剂在制药行业中也称"溶媒"。

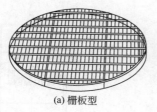
(a) 栅板型

(b) 孔管型

(c) 驼峰型

图 4-32　填料支承装置

常用的填料支承装置有栅板型、孔管型、驼峰型等，如图 4-32 所示。选择哪种支承装置，主要根据塔径、使用的填料种类及型号、塔体及填料的材质、气液流率等而定。

(2)填料压紧装置

为保持操作中填料床层为一高度恒定的固定床，从而保持均匀一致的空隙结构，使操作正常、稳定，在填料装填后于其上方要安装填料压紧装置。这样，可以防止在高压降、瞬时负荷波动等情况下填料床层发生松动和跳动。

填料压紧装置分为填料压板和床层限制板两大类，每类又有不同的型式，图 4-33 中列出了几种常用的填料压紧装置。填料压板自由放置于填料层上端，靠自身重量将填料压紧，它适用于陶瓷、石墨制的散装填料。因其易碎，当填料层发生破碎时，填料层空隙率下降，此时填料压板可随填料层一起下落，紧紧压住填料而不会形成填料的松动。床层限制板用于金属散装填料、塑料散装填料及所有规整填料。因金属及塑料填料不易破碎，且有弹性，在装填正确时不会使填料下沉。床层限制板要固定在塔壁上，为不影响液体分布器的安装和使用，不能采用连续的塔圈固定，对于小塔可用螺钉固定于塔壁，而大塔则用支耳固定。

(a) 填料压紧栅板

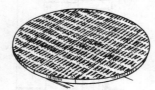
(b) 填料压紧网板

(c) 905型金属压板

图 4-33　填料压紧装置

(3)液体分布装置

填料塔的传质过程要求塔内任一截面上气液两相流体能均匀分布，从而实现密切接触、高效传质，其中液体的初始分布至关重要。理想的液体分布器应具备以下条件。

① 与填料相匹配的分液点密度和均匀的分布质量。填料比表面积越大，分离要求越精密，则液体分布器分布点密度应越大。

② 操作弹性较大，适应性好。

③ 为气体提供尽可能大的自由截面率，实现气体的均匀分布，且阻力小。

④ 结构合理，便于制造、安装、调整和检修。

液体分布装置的种类多样，有喷头式、盘式、管式、槽式及槽盘式等。

喷头式分布器如图 4-34(a)所示。液体由半球形喷头的小孔喷出，小孔直径为 3～10mm，作同心圈排列，喷洒角≤80°，直径为(1/3～1/5)D。这种分布器结构简单，只适用于直径小于 600mm 的塔中。因小孔容易堵塞，一般应用较少。

盘式分布器有盘式筛孔型分布器、盘式溢流管式分布器等形式。如图 4-34(b)、(c)所示。液体加至分布盘上，经筛孔或溢流管流下。分布盘直径为塔径的 0.6～0.8 倍，此种分布器用于 $D<800$mm 的塔中。

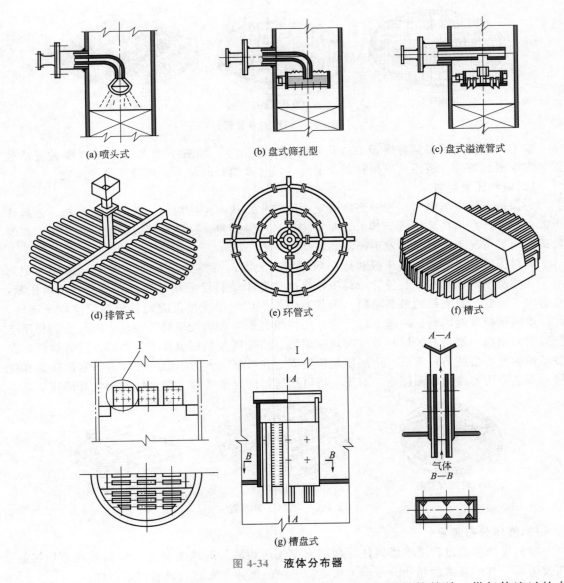

(a) 喷头式　　　　　　(b) 盘式筛孔型　　　　　(c) 盘式溢流管式

(d) 排管式　　　　　　(e) 环管式　　　　　　(f) 槽式

(g) 槽盘式

图 4-34　　液体分布器

　　管式分布器 由不同结构形式的开孔管制成。其突出的特点是结构简单，供气体流过的自由截面大，阻力小。但小孔易堵塞，弹性一般较小。管式液体分布器使用十分广泛，多用于中等以下液体负荷的填料塔中。在减压精馏及丝网波纹填料塔中，由于液体负荷较小故常用之。管式分布器有排管式、环管式等不同形状，如图 4-34(d)、(e)所示。根据液体负荷情况，可做成单排或双排。

　　槽式分布器 通常是由分流槽(又称主槽或一级槽)、分布槽(又称副槽或二级槽)构成的。一级槽通过槽底开孔将液体初分成若干流股，分别加入其下方的液体分布槽。分布槽的槽底(或槽壁)上设有孔道(或导管)，将液体均匀分布于填料层上。如图 4-34(f)所示。

　　槽式液体分布器具有较大的操作弹性和极好的抗污堵性，特别适合于大气液负荷及含有固体悬浮物、黏度大的液体的分离场合。由于槽式分布器具有优良的分布性能和抗污堵性能，应用范围非常广泛。

　　槽盘式分布器 是近年来开发的新型液体分布器，它将槽式及盘式分布器的优点有机地结合在一起，兼有集液、分液及分气三种作用，结构紧凑，操作弹性高达 10：1。气液分布均匀，阻力较小，特别适用于易发生夹带、易堵塞的场合。槽盘式液体分布器的结构如图4-34 (g)所示。

(4)液体收集及再分布装置

液体沿填料层向下流动时，有偏向塔壁流动的现象，这种现象称为壁流。壁流将导致填料层内气液分布不均，使传质效率下降。为减小壁流现象，可间隔一定高度在填料层内设置液体再分布装置。

最简单的液体再分布装置为截锥式再分布器，如图 4-35(a)所示。截锥式再分布器结构简单，安装方便，但它只起到将壁流向中心汇集的作用，无液体再分布的功能，一般用于直径小于 0.6m 的塔中。

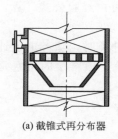 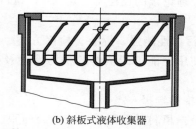

(a) 截锥式再分布器   (b) 斜板式液体收集器

图 4-35　液体收集再分布装置

一般情况下，液体收集器与液体分布器同时使用，构成液体收集及再分布装置。液体收集器的作用是将上层填料流下的液体收集，然后送至液体分布器进行液体再分布。常用的液体收集器为斜板式液体收集器，如图 4-35(b)所示。

前已述及，槽盘式液体分布器兼有集液和分液的功能，故槽盘式液体分布器是优良的液体收集及再分布装置。

4.2.5　填料塔的设计

填料塔的种类繁多，其设计的原则大体相同，一般来说，填料塔的设计程序如下：
① 根据给定的设计条件，合理地选择填料；
② 根据给定的设计任务，计算塔径、填料层高度等工艺尺寸；
③ 计算填料层的压降；
④ 进行填料塔的结构设计，结构设计包括塔体设计及塔内件设计两部分。

1. 填料的选择

前已述及，填料是填料塔的核心，其性能优劣是影响填料塔能否正常操作的主要因素。填料应根据分离工艺要求进行选择，对填料的种类、规格和材质进行综合考虑。应尽量选用技术资料齐备，适用性能成熟的新型填料。对性能相近的填料，应根据它的特点进行技术经济评价，使所选用的填料既能满足生产要求，又能使设备的投资和操作费最低。

填料的选择包括填料种类的选择、填料规格的选择及填料材质的选择等内容。

(1)填料种类的选择

填料种类的选择要考虑分离工艺的要求，通常从以下几个方面进行考虑。

① **填料的传质效率要高**　传质效率即分离效率，它有两种表示方法：一是以理论级进行计算的表示方法，以每个理论级当量填料层高度表示，即 *HETP* 值；二是以传质速率进

第 4 章　气液传质设备　　**221**

行计算的表示方法，以每个传质单元相当的填料层高度表示，即 HTU 值。对于大多数填料，其 $HETP$ 值或 HTU 值可由有关手册中查到，也可通过一些经验公式来估算。

一般而言，规整填料的传质效率高于散装填料。

② **填料的通量要大**　在同样的液体负荷下，填料的泛点气速越高或气相动能因子越大，则通量越大，塔的处理能力也越大。因此，选择填料种类时，在保证具有较高传质效率的前提下，应选择具有较高泛点气速或气相动能因子的填料。填料的泛点气速或气相动能因子可由经验公式计算，也可由图表中查出。

③ **填料层的压降要低**　填料层压降越低，塔的动力消耗越低，操作费用越小。选择低压降的填料对热敏性物系的分离尤为重要，填料层压降低，可以降低塔釜温度，防止物料的分解或结焦。比较填料层压降的方法有两种：一是比较填料层单位高度的压降 $\Delta p / Z$；二是比较填料层单位理论级的比压降 $\Delta p / N_T$。填料层的压降可由经验公式计算，也可从有关图表中查出。

④ **填料抗污堵性能强，拆装、检修方便**　选择填料种类时，除考虑上述各因素外，还应考虑填料的使用性能，即填料的抗污堵性及拆装与检修，填料层的堵塞是个值得注意的问题。

(2)填料规格的选择

填料规格是指填料的公称尺寸或比表面积。

① **散装填料规格的选择**　工业塔常用的散装填料主要有 $D_N 16$、$D_N 25$、$D_N 38$、$D_N 50$、$D_N 76$ 等几种规格。同类填料，尺寸越小，分离效率越高，但阻力增加，通量减少，填料费用也增加很多。而大尺寸的填料应用于小直径塔中，又会产生液体分布不良及严重的壁流，使塔的分离效率降低。因此，对塔径与填料尺寸的比值要有一规定，一般塔径与填料公称直径的比值 D / d 应大于 8。

② **规整填料规格的选择**　工业上常用规整填料的型号和规格的表示方法很多，有用峰高值或波距值表示的，也有用比表面积值表示的。国内习惯用比表面积值表示，主要有 125、150、250、350、500、700 等几种规格，同种类型的规整填料，其比表面积越大，传质效率越高，但阻力增加，通量减少，填料费用也明显增加。选用时应从分离要求、通量要求、场地条件、物料性质及设备投资、操作费用等方面综合考虑，使所选填料既能满足技术要求，又具有经济合理性。

应予指出，一座填料塔可以选用同种类型、同一规格的填料，也可选用同种类型不同规格的填料；可以选用同种类型的填料，也可以选用不同类型的填料；有的塔段可选用规整填料，而有的塔段可选用散装填料。设计时应灵活掌握，根据技术经济统一的原则来选择填料的规格。

(3)填料材质的选择

填料的材质分为陶瓷、金属和塑料三大类。

① **陶瓷填料**　陶瓷填料具有很好的耐腐蚀性，一般能耐除氢氟酸以外的常见的无机酸、有机酸及各种有机溶剂的腐蚀。陶瓷填料可在低温、高温下工作，具有一定的抗冲击性，但不宜在高冲击强度下使用，质脆、易碎是陶瓷填料的最大缺点。陶瓷填料价格便宜，具有很好的表面润湿性能，在气体吸收、气体洗涤、液体萃取等过程中应用较为普遍。

② **金属填料**　金属填料可用多种材质制成，金属材质的选择主要根据物系的腐蚀性及金属材质耐腐蚀性来综合考虑。碳钢填料造价低，且具有良好的表面润湿性能，对于无腐蚀或低腐蚀性物系应优先考虑使用；不锈钢填料耐腐蚀性强，一般能耐除 Cl^- 以外常见物系的

腐蚀，但其造价较高，且表面润湿性能较差，在某些特殊场合（如极低喷淋密度下的减压精馏过程），需对其表面进行处理，才能取得良好的使用效果；钛材、特种合金钢等材质制成的填料造价很高，一般只在某些腐蚀性极强的物系下使用。

一般来说，金属填料可制成薄壁结构，它的通量大、气体阻力小，且具有很高的抗冲击性能，能在高温、高压、高冲击强度下使用，应用范围最为广泛。

③ **塑料填料** 塑料填料的材质主要包括聚丙烯（PP）、聚乙烯（PE）及聚氯乙烯（PVC）等，国内一般多采用聚丙烯材质。塑料填料的耐腐蚀性能较好，可耐一般的无机酸、碱和有机溶剂的腐蚀。其耐温性良好，可长期在100℃以下使用。

塑料填料质轻、价廉，具有良好的韧性，耐冲击、不易碎，可以制成薄壁结构。它的通量大、压降低，多用于吸收、解吸、萃取、除尘等装置中。塑料填料的缺点是表面润湿性差，为改善塑料表面润湿性能，可进行表面处理，一般能取得明显的效果。

2. 填料塔工艺尺寸的计算

(1)塔径的计算

填料塔直径仍采用式(4-2)计算，即

$$D = \sqrt{\frac{4V_s}{\pi u}}$$

式中的气体体积流量 V_s 由设计任务给定。由上式可见，计算塔径的核心问题是确定空塔气速 u，下面介绍几种确定 u 值的方法。

① **泛点气速法** 泛点气速是填料塔操作气速的上限，填料塔的操作空塔气速必须小于泛点气速，操作空塔气速与泛点气速之比称为泛点率。对于散装填料：$u/u_F = 0.5 \sim 0.85$；对于规整填料：$u/u_F = 0.6 \sim 0.95$。

泛点率的选择主要考虑以下两方面的因素，一是物系的发泡情况，对易起泡沫的物系，泛点率应取低限值，而无泡沫的物系，可取较高的泛点率；二是填料塔的操作压力，对于加压操作的塔，应取较高的泛点率，对于减压操作的塔，应取较低的泛点率。

泛点气速可用经验方程计算，亦可用关联图求取。

a. 贝恩（Bain）-霍根（Hougen）关联式 填料的泛点气速可由贝恩-霍根关联式计算，即

$$\lg\left[\frac{u_F^2}{g}\left(\frac{a}{\varepsilon^3}\right)\left(\frac{\rho_V}{\rho_L}\right)\mu_L^{0.2}\right] = A - K\left(\frac{W_L}{W_V}\right)^{1/4}\left(\frac{\rho_V}{\rho_L}\right)^{1/8} \tag{4-31}$$

式中，u_F 为泛点气速，m/s；g 为重力加速度，$9.81m/s^2$；a 为填料比表面积，m^2/m^3；ε 为填料层空隙率，m^3/m^3；ρ_V、ρ_L 为气相、液相密度，kg/m^3；μ_L 为液体黏度，$mPa \cdot s$；W_L、W_V 为液相、气相的质量流量，kg/h；A、K 为关联常数。

式(4-31)中，常数 A 和 K 与填料的形状及材质有关，不同类型填料的 A、K 值列于表4-6中。由式(4-31)计算泛点气速，误差在15%以内。

表4-6 式(4-31)中的 A、K 值

填料类型	A	K	填料类型	A	K
塑料鲍尔环	0.0942	1.75	金属丝网波纹填料	0.30	1.75
金属鲍尔环	0.1	1.75	塑料丝网波纹填料	0.4201	1.75
塑料阶梯环	0.204	1.75	金属网孔波纹填料	0.155	1.47
金属阶梯环	0.106	1.75	金属孔板波纹填料	0.291	1.75
瓷矩鞍	0.176	1.75	塑料孔板波纹填料	0.291	1.563
金属环矩鞍	0.06225	1.75			

b. 埃克特(Eckert)通用关联图　散装填料的泛点气速还可用埃克特关联图计算，如图4-36所示。

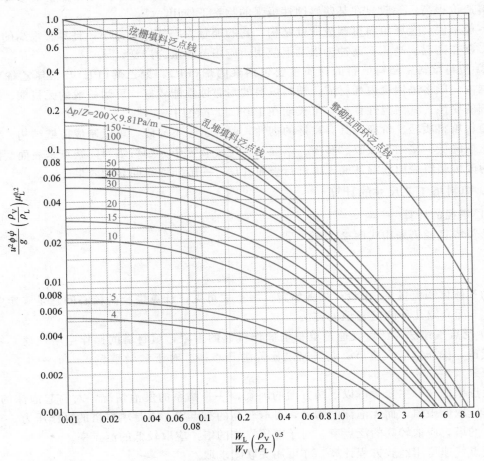

图 4-36　埃克特通用关联图

u—空塔气速，m/s；g—重力加速度，9.81m/s²；ϕ—填料因子，m⁻¹；ψ—液体密度校正系数，
$\psi = \rho_{水}/\rho_L$；ρ_L、ρ_V—液体、气体的密度，kg/m³；μ_L—液体黏度，mPa·s；W_L、W_V—液体、气体的质量流量，kg/s

图 4-36 中，最上方的三条线分别为弦栅、整砌拉西环及散装填料的泛点线，泛点线下方的线簇为散装填料的等压线。计算泛点气速时，先由气液相负荷及有关物性数据，求出横坐标 $\dfrac{W_L}{W_V}\left(\dfrac{\rho_V}{\rho_L}\right)^{0.5}$ 的值，然后作垂线与相应的泛点线相交，再通过交点作水平线与纵坐标相交，求出纵坐标 $\dfrac{u^2 \phi \psi}{g}\left(\dfrac{\rho_V}{\rho_L}\right)\mu_L^{0.2}$ 值。此时所对应的 u 即为泛点气速 u_F。该计算方法方便、实用，而且物理概念清晰，计算精度能够满足工程设计要求。

应予指出，用埃克特通用关联图计算泛点气速时，所需的填料因子为液泛时的湿填料因子，称为泛点填料因子，以 ϕ_F 表示。泛点填料因子 ϕ_F 可由以下关联式计算，即

$$\lg \phi_F = a + b \lg U \tag{4-32}$$

式中，ϕ_F 为泛点填料因子，m⁻¹；U 为液体喷淋密度，m³/(m²·h)；a、b 为关联式常数。

常用散装填料的关联式常数值可由填料手册中查得。利用上式计算泛点填料因子虽较精

确，但因需要试差，计算较烦。为了工程计算的方便，将散装填料的泛点填料因子进行归纳整理，得到与液体喷淋密度无关的泛点填料因子平均值。部分散装填料的泛点填料因子平均值列于表 4-7 中。使用表中数值计算得到的泛点气速的平均误差在 15% 以内。

表 4-7　散装填料泛点填料因子平均值

填料类型	填料规格				
	D_N16	D_N25	D_N38	D_N50	D_N76
金属鲍尔环	410	—	117	160	—
金属环矩鞍		170	150	135	120
金属阶梯环	—	—	160	140	
塑料鲍尔环	550	280	184	140	92
塑料阶梯环	—	260	170	127	
瓷矩鞍	1100	550	200	226	
瓷拉西环	1300	832	600	410	—

② **气相动能因子（F 因子）法**　气相动能因子简称 F 因子，其定义式为

$$F = u \sqrt{\rho_V} \tag{4-33}$$

计算时，先从手册或图表中查出填料在操作条件下的 F 因子，然后依据式(4-33)即可计算出操作空塔气速 u。

③ **气相负荷因子（C_s 因子）法**　气相负荷因子简称 C_s 因子，其定义式为

$$C_s = u \sqrt{\frac{\rho_V}{\rho_L - \rho_V}} \tag{4-34}$$

采用气相负荷因子计算操作空塔气速，先计算出最大气相负荷因子 $C_{s,max}$，然后依据以下关系

$$C_s = 0.8 C_{s,max} \tag{4-35}$$

计算出 C_s，再依据式(4-34)求出操作空塔气速 u。$C_{s,max}$ 的计算见有关填料手册。

应予指出，气相动能因子法和气相负荷因子法一般只适用于规整填料，且液体黏度不大于 $2 \times 10^{-3} Pa \cdot s$，操作压力不大于 0.2MPa 的场合。

根据上述方法计算出塔径，还应按塔径公称标准进行圆整，圆整后再对空塔气速及液体喷淋密度等进行校核。

(2)填料层高度计算

填料层高度的计算可分为传质单元数法和等板高度法两种方法。在工程上，传质单元数法多用于吸收、解吸、萃取等填料塔的设计计算，而对于精馏填料塔，则习惯用等板高度法计算填料层高度。

① **传质单元数法**　采用传质单元数法计算填料层高度的基本公式为

$$Z = H_{OG} N_{OG}$$

此方法在吸收一章中已经介绍。

② **等板高度法**　采用等板高度法计算填料层高度的基本公式为

$$Z = HETP \cdot N_T$$

由上式可看出，采用等板高度法计算填料层高度时，当工艺计算出完成规定分离任务所需的理论板层数 N_T 后，关键是确定填料层的等板高度 $HETP$。

等板高度与许多因素有关，不仅取决于填料的类型和尺寸，而且受系统物性、操作条件

及设备尺寸的影响。目前尚无准确可靠的方法计算填料的 $HETP$ 值。一般的方法是通过实验测定，或从工业应用的实际经验中选取 $HETP$ 值，某些填料在一定条件下的 $HETP$ 值可从有关填料手册中查得。近年来研究者通过大量数据回归得到了常压蒸馏时的 $HETP$ 关联式如下

$$\ln(HETP) = h - 1.292\ln\sigma_L + 1.47\ln\mu_L \tag{4-36}$$

式中，$HETP$ 为等板高度，mm；σ_L 为液体表面张力，N/m；μ_L 为液体黏度，Pa·s；h 为常数，其值见表 4-8。

表 4-8　$HETP$ 关联式中的常数值

填料类型	h	填料类型	h
D_N25 金属环矩鞍填料	6.8505	D_N50 金属鲍尔环	7.3781
D_N40 金属环矩鞍填料	7.0382	D_N25 瓷环矩鞍填料	6.8505
D_N50 金属环矩鞍填料	7.2883	D_N38 瓷环矩鞍填料	7.1079
D_N25 金属鲍尔环	6.8505	D_N50 瓷环矩鞍填料	7.4430
D_N38 金属鲍尔环	7.0779		

式(4-36)考虑了液体黏度及表面张力的影响，其适用范围如下：

$$10^{-3} < \sigma_L < 36 \times 10^{-3}\,\text{N/m}; \quad 0.08 \times 10^{-3} < \mu_L < 0.83 \times 10^{-3}\,\text{Pa·s}$$

应予指出，采用上述方法计算出填料层高度后，还应留出一定的安全系数。根据设计经验，填料层的设计高度一般为

$$Z' = (1.3 \sim 1.5)Z \tag{4-37}$$

式中，Z' 为设计时的填料高度，m；Z 为工艺计算得到的填料层高度，m。

还应指出，设计得出填料层高度后，应视塔径大小及填料层高度情况考虑是否进行分段。对于散装填料，一般推荐的分段高度值见表 4-9，表中 h/D 为分段高度与塔径之比，h_{max} 为允许的最大填料层高度。

表 4-9　散装填料分段高度推荐值

填料类型	h/D	h_{max}/m	填料类型	h/D	h_{max}/m
拉西环	2.5	$\leqslant 4$	阶梯环	$8 \sim 15$	$\leqslant 6$
矩鞍	$5 \sim 8$	$\leqslant 6$	环矩鞍	$8 \sim 15$	$\leqslant 6$
鲍尔环	$5 \sim 10$	$\leqslant 6$			

对于规整填料，填料层分段高度可按下式确定

$$h = (15 \sim 20)HETP \tag{4-38}$$

式中，h 为规整填料分段高度，m；$HETP$ 为规整填料的等板高度，m。

3. 填料层压降的计算

填料层压力降是填料塔压力降的主要组成部分。通常，根据设计(或操作)参数，由通用关联图(或压降曲线)先求得每米填料层的压降值，然后再乘以填料层高度，即得出填料层的压力降。

(1)散装填料的压降计算

散装填料的压降值可从有关填料手册中查得，也可由埃克特通用关联图来计算。计算时，先根据气液负荷及有关物性数据，求出横坐标 $\dfrac{W_L}{W_V}\left(\dfrac{\rho_V}{\rho_L}\right)^{1/2}$ 值，再根据操作空塔气速 u、

压降填料因子(操作状态下的湿填料因子称为压降填料因子)ϕ_p 及有关物性数据，求出纵坐标 $\dfrac{u^2 \phi_p \psi}{g}\left(\dfrac{\rho_V}{\rho_L}\right)\mu_L^{0.2}$ 值。通过作图得出交点，读出过交点的等压线数值，即得出每米填料层压降值。

用埃克特通用关联图计算填料层压降时，所需压降填料因子 ϕ_p 可由以下公式计算

$$\lg \phi_p = A + B \lg U \tag{4-39}$$

式中，ϕ_p 为压降填料因子，m^{-1}；U 为液体喷淋密度，$m^3/(m^2 \cdot h)$；A、B 为关联式常数。

常用散装填料的关联式常数值可由有关填料手册中查得。将散装填料的压降填料因子进行归纳整理，得到与液体喷淋密度无关的压降填料因子平均值，列于表 4-10 中。在 $10 m^3/(m^2 \cdot h) < U < 80 m^3/(m^2 \cdot h)$ 范围内，用此平均值计算填料层压降，误差在 20% 以内。

表 4-10　散装填料压降填料因子平均值

填料类型	填料规格				
	$D_N 16$	$D_N 25$	$D_N 38$	$D_N 50$	$D_N 76$
金属鲍尔环	306	—	114	98	
金属环矩鞍	—	138	93.4	71	36
金属阶梯环	—	—	118	82	
塑料鲍尔环	343	232	114	125	62
塑料阶梯环	—	176	116	89	
瓷矩鞍环	700	215	140	160	
瓷拉西环	1050	576	450	288	—

(2)规整填料压降计算

规整填料压降计算有以下两种方法。

① 通过填料的压降关联式计算，规整填料的压降通常关联成以下形式

$$\frac{\Delta p}{Z} = \alpha \left(u \sqrt{\rho_V}\right)^{\beta} \tag{4-40}$$

式中，$\Delta p / Z$ 为每米填料层高度的压力降，Pa/m；u 为空塔气速，m/s；ρ_V 为气体密度，kg/m^3；α、β 为关联式常数。可从有关填料手册中查得。

② 由实测的填料压降曲线查得。压降曲线的横坐标以 F 因子表示，纵坐标以单位高度填料层压降 $\Delta p / Z$ 表示，常见规整填料的 $F\text{-}\Delta p/Z$ 曲线见有关填料手册。

4. 填料塔的结构设计

填料塔的结构设计包括塔体设计及塔内件设计两部分。有关填料塔结构设计的方法可参考有关书籍。

应予指出，填料塔可广泛地应用于吸收、萃取、蒸馏、传热等单元操作过程中，各种单元操作过程中填料塔的设计方法有所不同，上述的设计过程只是一般的原则。

【例 4-4】　矿石焙烧炉送出的气体冷却后送入填料塔中，用清水洗涤以除去其中的 SO_2。已知入塔的炉气流量为 $2400 m^3/h$，其中 SO_2 的摩尔分数为 0.05，要求 SO_2 的吸收率为 98%。洗涤水的消耗量为 70000 kg/h。吸收塔为常压操作，吸收温度为 20℃。采用比表面积为 $110 \sim 130 m^2/m^3$ 的填料时的平均总体积吸收系数为 138.72 kmol/$(m^3 \cdot h)$，操作条件下的平衡关系近似为 $Y = 26.4X$，试计算该填料吸收塔的工艺尺寸。

基础物性数据：气相密度 $\rho_V = 1.315 \text{kg/m}^3$，液相密度 $\rho_L = 998.2 \text{kg/m}^3$，液相黏度 $\mu_L = 1 \text{mPa·s}$，液相表面张力 $\sigma_L = 73 \text{mN/m}$。

解 (1)填料的选择

根据前述的填料选择原则，该系统不属于难分离系统，可采用散装填料；系统中含有 SO_2，有一定的腐蚀性，故考虑选用塑料阶梯环填料；由于系统对压降无特殊要求，考虑到不同规格阶梯环的传质性能，选用 D_N50 塑料阶梯环填料。该填料的有关参数如下：比表面积 $a = 114.2 \text{m}^2/\text{m}^3$；泛点填料因子 $\phi_F = 127 \text{m}^{-1}$；压降填料因子 $\phi_P = 89 \text{m}^{-1}$。

(2)填料塔工艺尺寸的计算

① 塔径的计算 采用埃克特通用关联图计算泛点气速。横坐标

$$\frac{W_L}{W_V}\left(\frac{\rho_V}{\rho_L}\right)^{0.5} = \frac{70000}{2400 \times 1.315}\left(\frac{1.315}{998.2}\right)^{0.5} = 0.805$$

查图 4-36，得纵坐标 $\dfrac{u^2 \phi_F \psi}{g}\left(\dfrac{\rho_V}{\rho_L}\right)\mu_L^{0.2} = 0.026$，$\psi = \dfrac{\rho_{水}}{\rho_L} = 1$

故

$$\frac{u_F^2 \times 127 \times 1}{9.81} \times \frac{1.315}{998.2} \times 1^{0.2} = 0.026$$

解得 $$u_F = 1.235 \text{m/s}$$

取安全系数为 70%，即 $u = 0.70 u_F = 0.70 \times 1.235 = 0.865 \text{m/s}$

由 $$D = \sqrt{\frac{4V_s}{\pi u}} = \sqrt{\frac{4 \times 2400/3600}{\pi \times 0.865}} = 0.991 \text{m}$$

圆整塔径，取 $D = 1.0\text{m}$。校核 $\dfrac{D}{d} = \dfrac{1000}{50} = 20 > 8$，所选填料规格适宜。

取 $(L_W)_{min} = 0.08 \text{m}^3/(\text{m·h})$，故最小喷淋密度

$$U_{min} = (L_W)_{min} a = 0.08 \times 114.2 = 9.136 \text{m}^3/(\text{m}^2 \cdot \text{h})$$

操作喷淋密度 $$U = \frac{70000/998.2}{\frac{\pi}{4} \times 1.0^2} = 89.33 \text{m}^3/(\text{m}^2 \cdot \text{h}) > U_{min}$$

操作空塔气速 $$u = \frac{2400/3600}{\frac{\pi}{4} \times 1.0^2} = 0.849 \text{m/s}$$

安全系数 $$\frac{u}{u_F} \times 100\% = \frac{0.849}{1.235} \times 100\% = 68.74\%$$

经校核，选用 $D = 1.0\text{m}$ 合理。

② 填料层高度计算 本例属吸收过程，填料层高度用传质单元数法计算，即

$$Z = H_{OG} N_{OG}$$

$$Y_1 = \frac{y_1}{1 - y_1} = \frac{0.05}{1 - 0.05} = 0.0526$$

$$Y_2 = Y_1(1 - \varphi_A) = 0.0526(1 - 0.98) = 0.0011$$

$$V = \frac{2400}{22.4} \times \frac{273}{273 + 20} \times (1 - 0.05) = 94.84 \text{kmol/h}$$

$$H_{OG} = \frac{V}{K_Y a \Omega} = \frac{94.84}{138.72 \times \frac{\pi}{4} \times 1.0^2} = 0.871 \text{m}$$

脱吸因数 $S = \dfrac{mV}{L} = \dfrac{26.4 \times 94.84}{70000/18} = 0.644$

由 $N_{\mathrm{OG}} = \dfrac{1}{1-S} \ln \left[(1-S) \dfrac{Y_1 - Y_2^*}{Y_2 - Y_2^*} + S \right] = \dfrac{1}{1-0.644} \ln \left[(1-0.644) \dfrac{0.0526-0}{0.0011-0} + 0.644 \right] = 8.067$

填料层高度 $Z = H_{\mathrm{OG}} N_{\mathrm{OG}} = 0.871 \times 8.067 = 7.026\mathrm{m}$

设计取填料层高度 $Z' = 1.4Z = 1.4 \times 7.026 = 9.836\mathrm{m} \approx 10\mathrm{m}$

因为 $Z' \geqslant h_{\max} = 6\mathrm{m}$，所以填料层应分为两段，每段5m。

（3）填料层压降计算 采用埃克特通用关联图计算填料层压降。

横坐标 $\dfrac{W_{\mathrm{L}}}{W_{\mathrm{V}}} \left(\dfrac{\rho_{\mathrm{V}}}{\rho_{\mathrm{L}}} \right)^{0.5} = 0.805$

纵坐标 $\dfrac{u^2 \phi_{\mathrm{p}} \psi}{g} \left(\dfrac{\rho_{\mathrm{V}}}{\rho_{\mathrm{L}}} \right) \mu_{\mathrm{L}}^{0.2} = \dfrac{0.849^2 \times 89 \times 1}{9.81} \times \dfrac{1.315}{998.2} \times 1^{0.2} = 0.0086$

查图 4-36，得 $\Delta p / Z = 151\mathrm{Pa/m}$

填料层压降 $\Delta p = 151 \times 10 = 1510\mathrm{Pa}$

本章符号说明

英文

a ——填料的比表面积，$\mathrm{m^2/m^3}$

A_{a} ——塔板鼓泡区面积，$\mathrm{m^2}$；

A_{f} ——降液管截面积，$\mathrm{m^2}$；

A_{o} ——筛孔总面积，$\mathrm{m^2}$；

A_{T} ——塔截面积，$\mathrm{m^2}$；

c_{o} ——流量系数，量纲为1；

C ——计算 $u_{\max}$ 时的负荷系数，$\mathrm{m/s}$；

d_{o} ——筛孔直径，m；

D ——塔径，m；

e_{V} ——液沫夹带量，$\mathrm{kg(液)/kg(气)}$；

E ——液流收缩系数，量纲为1；

E_{T} ——总板效率，量纲为1；

F ——气相动能因子，$\mathrm{kg^{1/2}/(s \cdot m^{1/2})}$；

F_{o} ——筛孔气相动能因子，$\mathrm{kg^{1/2}/(s \cdot m^{1/2})}$；

g ——重力加速度，$9.81\mathrm{m/s^2}$；

h ——填料层分段高度，m；

h_{c} ——与干板压降相当的液柱高度，m；

h_{d} ——与液体流过降液管的压降相当的液柱高度，m；

h_{f} ——塔板上鼓泡层高度，m；

h_{l} ——与板上液层阻力相当的液柱高度，m；进口堰与降液管间的水平距离，m；

h_{L} ——板上清液层高度，m；

h_{o} ——降液管的底隙高度，m；

h_{ow} ——堰上液层高度，m；

h_{w} ——出口堰高度，m；

h_{w}' ——进口堰高度，m；

h_{σ} ——与克服表面张力的压降相当的液柱高度，m；

H_{d} ——降液管内清液层高度，m；

H_{T} ——塔板间距，m；

$HETP$ ——等板高度，m；

K ——稳定系数，量纲为1；

l_{w} ——堰长，m；

L_{h} ——液体体积流量，$\mathrm{m^3/h}$；

L_{s} ——液体体积流量，$\mathrm{m^3/s}$；

L_{w} ——润湿速率，$\mathrm{m^3/(m \cdot s)}$；

m ——相平衡常数，量纲为1；

n ——筛孔数目；

N_{T} ——理论板层数；

p ——操作压力，Pa；

Δp ——压力降，Pa；

Δp_{c} ——气体克服干板阻力所产生的压降，Pa；

Δp_{l} ——气体克服板上充气液层的静压力所产生的压降，Pa；

Δp_{p} ——气体通过每层筛板的压降，Pa；

Δp_{σ} ——气体克服液体表面张力所产生的压降，Pa；

r ——鼓泡区半径，m；

t ——筛孔的中心距，m；

u——空塔气速，m/s；

u_F——泛点气速，m/s；

u_o——气体通过筛孔的速度，m/s；

$u_{o,min}$——漏液点气速，m/s；

u_o'——液体通过降液管底隙的速度，m/s；

U——液体喷淋密度，$m^3/(m^2 \cdot h)$；

V_h——气体体积流量，m^3/h；

V_s——气体体积流量，m^3/s；

W_c——边缘无效区宽度，m；

W_d——弓形降液管宽度，m；

W_L——液体质量流量，kg/s；

W_s——破沫区宽度，m；

W_V——气体质量流量，kg/s；

X——液相摩尔比；

Y——气相摩尔比；

Z——板式塔的有效高度，m；填料层高度，m。

希文

β——充气系数，量纲为1；

δ——筛板厚度，m；

Δ——液面落差，m；

ε——空隙率；

θ——液体在降液管内停留时间，s；

μ——黏度，$mPa \cdot s$；

ρ——密度，kg/m^3；

σ_L——液体的表面张力，N/m；

ϕ——开孔率；填料因子，m^{-1}；

ψ——液体密度校正系数，量纲为1。

下标

max——最大的；

min——最小的；

L——液相的；

V——气相的。

习　题

基础习题

1. 如图所示为某塔板的负荷性能图，A 点为操作点。试根据该图(1)确定塔板的气、液负荷；(2)计算塔板的操作弹性；(3)判断塔板的操作上、下限各为什么控制。

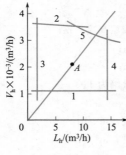

习题 1 附图

2. 某制药厂拟设计一座板式精馏塔用于废丙酮溶剂的回收。经模拟计算得出进料板的有关参数如下：气相和液相的流量分别为 64.25kmol/h 和 51.31kmol/h；气相和液相的平均摩尔质量分别为 57.39kg/kmol 和 57.32kg/kmol；气相和液相的密度分别为 2.215kg/m³ 和 750.23kg/m³；液相的表面张力为 28.5mN/m。设计中取板间距为 0.45m，板上液层高度为 0.07m，试根据进料板的有关参数，计算提馏段的塔径。

3. 某填料厂加工出一种新型散装填料，需要测定该填料的几何特性。测定采用注水法，先将待测定填料加入到直径为 1.0m 的圆筒中，将填料层充实并使其上端面平整，测得填料层上端面距离筒底的高度为 1.2m。然后加入自来水至水面刚好没过填料层上端面，将水全部排放到容器中，计量得出排放的水量为 0.868m³。将填料从圆筒中取出，经计数得出填料的数量为 5456 个，并测定出单个填料的表面积为 0.0216m²，试计算该填料的空隙率、比表面积和填料因子。

4. 在一填料塔中用洗油吸收尾气中的芳烃。已知操作温度为 27℃，压力为 106.7kPa；尾气流量为 850m³/h，其平均摩尔质量为 45.6kg/kmol；洗油用量为 6000kg/h；其密度为 950kg/m³、黏度为 $2.5 \times 10^{-3}Pa \cdot s$。填料采用 D_N25 瓷矩鞍，其比表面积为 258m²/m³，最小润湿速率为 0.06m³/(m² · h)，填料层高度 4.5m。若取安全系数为 72%，试计算塔径和填料层的压降。

综合习题

5. 在一常压操作的连续精馏塔中分离环己醇-苯酚混合物。经工艺计算，已得出精馏段的有关工艺参数：气相流量 $V_s = 0.772m^3/s$，液相流量 $L_s = 0.00173m^3/s$，气相密度 $\rho_V = 2.81kg/m^3$，液相密度 $\rho_L = 940kg/m^3$，液相表面张力 $\sigma_L = 32mN/m$，该物系清洁且不易起泡，设计对塔板压降无具体要求。

试根据上述条件作出筛板塔的设计计算。

6. 拟在常压填料塔中用 20℃的清水洗涤某种气体中的有害组分，要将气体中的有害组分由 0.05 降至 0.0005(均为摩尔比)，已知数据：混合气质量流量 $W_V=1800kg/h$；清水质量流量 $W_L=5200kg/h$；混合气体的平均摩尔质量 $M=27.8kg/kmol$。操作条件下的平衡关系为 $Y=1.25X$；采用 D_N38 瓷矩鞍填料时的总体积传质系数为 $K_Ya=250kmol/(m^3 \cdot h)$。

试根据上述条件，设计该填料塔。

思 考 题

1. 评价塔板性能的指标有哪些方面，开发新的塔板应考虑哪些问题？

2. 塔板上有哪些异常操作现象，它们是如何形成的，如何避免这些异常操作现象的发生？

3. 塔板负荷性能图的意义是什么？

4. 塔板有哪些主要类型，各有什么特点，如何选择塔板类型？

5. 综合比较板式塔与填料塔的特点，说明板式塔和填料塔各适用于何种场合？

6. 评价填料性能的指标有哪些方面，开发新型填料应注意哪些问题？

7. 填料有哪些主要类型，各有什么特点，如何选择填料？

8. 填料塔的流体力学性能包括哪些方面，对填料塔的传质过程有何影响？

第5章
液-液萃取

一、学习目的

液-液萃取是一种应用广泛、发展迅速的单元操作。通过学习要求掌握萃取操作的基本原理、过程计算、设备特性，最终能合理地选择适宜的萃取剂、萃取操作条件及设备。

二、学习要点

1. 应重点掌握的内容

萃取分离的原理和流程；萃取过程的相平衡关系(包括萃取剂及操作条件的选择)；单级萃取过程的计算。

2. 应掌握的内容

多级错流和多级逆流萃取的计算；微分接触逆流萃取的计算。

3. 一般了解的内容

萃取分离技术的进展；萃取设备的类型、流体力学和传质特性。

三、学习方法

液-液萃取属传质过程，但和蒸馏吸收相比又有其特殊性，如相平衡关系的表述方法(重点是三角形平衡相图)、萃取设备的结构特点和外加能量等。

5.1 概述

对于液体混合物的分离，除采用蒸馏的方法外，还可以仿照吸收的方法，即在液体混合物(原料液)中加入一个与其基本不相混溶的液体作为溶剂，造成第二相；利用原料液中各组分在两个液相之间的不同分配关系来分离液体混合物，此即液-液萃取，亦称溶剂萃取，简称萃取或抽提。选用的溶剂称为萃取剂，以 S 表示；原料液中易溶于 S 的组分称为溶质，以 A 表示；难溶于 S 的组分称为原溶剂，以 B 表示。

如果萃取过程中，萃取剂与原料液中的有关组分不发生化学反应而仅为物理传递过程，则称为物理萃取，反之则称为化学萃取。本章主要讨论物理萃取，至于化学萃取则仅做简要介绍。

萃取操作的基本过程如图 5-1 所示。将一定量溶剂加入原料液中，然后加以搅拌使原料液与溶剂充分混合，溶质通过相界面由原料液向萃取剂中扩散，所以萃取操作与精馏、吸收

等过程一样，也属于两相间的传质过
程。搅拌停止后，两液相因密度差而
分为两层：一层以溶剂 S 为主，并溶
有较多的溶质，称为萃取相，以 E 表
示；另一层以原溶剂 B 为主，且含有
未被萃取完的溶质，称为萃余相，以
R 表示。若溶剂 S 和 B 为部分互溶，则
萃取相中还含有 B，萃余相中亦含
有 S。

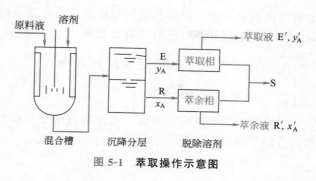

图 5-1　萃取操作示意图

　　由上可知，萃取操作并未直接将原料液完全分离为 A 和 B，而是将原来的液体混合物
代之为具有不同溶质组成的新的混合液：萃取相 E 和萃余相 R。为了得到产品 A，并回收溶
剂以供循环使用，尚需对这两相分别进行分离。通常采用蒸馏或蒸发的方法，有时也可采用
结晶或其他化学方法。脱除溶剂后的萃取相和萃余相分别称为萃取液和萃余液，以 E′ 和 R′
表示。

　　在物理萃取过程中，若组分 B 与溶剂 S 完全不互溶，则萃取过程与吸收过程十分类似，
所不同的是吸收中处理的是气液两相而萃取中则是液液两相，这一差别将使萃取设备的结构
有别于吸收。但就过程的数学描述和计算而言，两者并无区别，完全可按吸收所述的方法
处理。

　　在工业生产中所处理的原料液有可能含有多个组分，且一般被分离组分大都或多或少地
溶解于溶剂，溶剂也少量地溶解于被分离的原料液，这样，两相中将同时出现多个组分，致
使过程的数学描述和计算较为复杂。为简化计，本章仅讨论两组分混合物的萃取分离。

　　对于一种液体混合物，究竟采用何种方法加以分离，主要取决于技术上的可行性和经济
上的合理性。一般而言，在下列情况下采用萃取方法更为有利。

　　① 原料液中各组分间的沸点非常接近，也即组分间的相对挥发度接近于 1，若采用蒸馏
方法很不经济；

　　② 原料液在蒸馏时形成共沸物，用普通蒸馏方法不能达到所需的纯度；

　　③ 原料液中需分离的组分含量很低且为难挥发组分，若采用蒸馏方法须将大量原溶剂
汽化，能耗很大；

　　④ 原料液中需分离的组分是热敏性物质，蒸馏时易于分解、聚合或发生其他变化。

　　液-液萃取作为分离和提纯物质的重要单元操作之一，在石油化工、生物化工、精细化
工和湿法冶金中得到了广泛的应用。例如从芳烃和非芳烃混合物中分离芳烃、从煤焦油中分
离苯酚及同系物、由稀醋酸水溶液制备无水醋酸、从青霉素发酵液中提取青霉素以及多种金
属物质的分离和核材料的提取等都是萃取法的典型应用实例。

　　随着科学技术的发展，各种新型萃取分离技术，如双溶剂萃取、超临界萃取及液膜分离
技术等相继问世，萃取应用的领域日益扩大，萃取过程将会得到进一步的开发和应用。

5.2　液-液萃取相平衡

　　萃取过程的传质是在两液相之间进行的，其极限即为相际平衡。故讨论萃取操作必需首
先了解混合物的相平衡关系。由于液-液萃取的两相通常为三元混合物，故其组成和相平衡

关系的图解表示法与双组分蒸馏和单组分吸收颇不相同，本节首先介绍三元混合物的组成表示法及有关问题，然后介绍三角形相图。

5.2.1　三角形坐标图及杠杆规则

1. 三角形坐标图

三角形坐标图通常有等边三角形和直角三角形两种，后者又可分为等腰直角三角形和非等腰直角三角形，如图 5-2 所示。

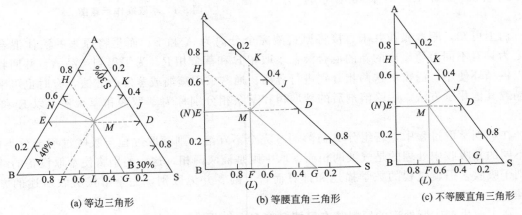

(a) 等边三角形　　　(b) 等腰直角三角形　　　(c) 不等腰直角三角形

图 5-2　组成在三角形坐标图上的表示方法

一般而言，在萃取过程中很少遇到恒摩尔流的简化情况，故在三角形坐标图中混合物的组成常用质量分数表示而较少采用摩尔或摩尔分数表示。

在图 5-2 中，三角形的三个顶点分别代表一个纯组分：顶点 A 表示纯溶质，顶点 B 表示纯原溶剂，顶点 S 表示纯萃取剂。

三角形三条边上的任一点代表一个二元混合物，第三组分的组成为零。例如 AB 边上的 E 点，表示 A、B 二元混合物，其中 A 的组成为 40%，B 的组成为 60%，S 的组成为 0。

三角形内任一点代表一个三元混合物，例如 M 点即表示由 A、B、S 三个组分组成的混合物。其组成可按以下方法确定：过 M 点分别作三个边的平行线 ED、HG、KF，则线段长度 $\overline{BE}$（或 $\overline{SD}$）代表 A 的组成，线段长度 $\overline{AK}$（或 $\overline{BF}$）代表 S 的组成，线段长度 $\overline{AH}$（或 $\overline{SG}$）代表 B 的组成。由图可读得该三元混合物的组成为

$$x_A = \overline{BE} = 0.40, \quad x_B = \overline{AH} = 0.30, \quad x_S = \overline{AK} = 0.30$$

三个组分的质量分数之和等于 1，即

$$x_A + x_B + x_S = 0.4 + 0.3 + 0.3 = 1.0$$

此外，也可过 M 点分别作三个边的垂线 MN、ML 及 MJ，则垂直线段长度 $\overline{ML}$、$\overline{MJ}$ 及 $\overline{MN}$ 分别代表 A、B 及 S 的组成。

事实上，当由图中读得 x_A 及 x_S 之后，即可由归一条件求得 x_B，即

$$x_B = 1 - x_A - x_S$$

由图 5-2(a)、(b) 可以看出，等边三角形坐标图不如等腰直角三角形坐标图方便，故目前多采用等腰直角三角形坐标图。至于图 5-2(c) 所示的不等腰直角三角形坐标，仅当萃取操作中溶质 A 的含量较低或当各线太密集不便于绘制时，为提高图示的准确度才使用。

2. 杠杆规则

在萃取操作计算时，经常需要确定平衡各相之间的相对数量，这就需要利用杠杆规则。

如图 5-3 所示，将质量为 m_R、组成为 x_A、x_B、x_S 的混合液 R 与质量为 m_E、组成为 y_A、y_B、y_S 的混合液 E 相混合，得到一个质量为 m_M、组成为 z_A、z_B、z_S 的新混合液 M，其在三角形坐标图中分别以点 R、E 和 M 表示。M 点称为 R 点与 E 点的和点，R 点与 E 点称为差点。

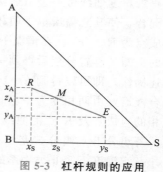

图 5-3 杠杆规则的应用

新混合液 M 与两混合液 E、R 之间的关系可用杠杆规则描述，即

① 代表新混合液总组成的 M 点和代表两混合液组成的 E 点与 R 点在同一直线上；

② E 混合液与 R 混合液质量之比等于线段长度 $\overline{MR}$ 与 $\overline{ME}$ 之比，即

$$\frac{m_E}{m_R} = \frac{\overline{MR}}{\overline{ME}} \tag{5-1}$$

式中，m_E、m_R 为混合液 E 和混合液 R 的质量，kg；$\overline{MR}$、$\overline{ME}$ 为线段 MR 和 ME 的长度，m。

显然，若向 A、B 二元混合液 F 中加入纯溶剂 S，则三元混合液的总组成点 M 必位于 SF 联线上，具体位置由杠杆规则确定，即

$$\frac{\overline{MF}}{\overline{MS}} = \frac{S}{F} \tag{5-2}$$

5.2.2 三角形相图

根据萃取操作中各组分的互溶性，可将三元物系分为以下三种情况。

① 溶质 A 可完全溶于 B 及 S，但 B 与 S 不互溶；

② 溶质 A 可完全溶于 B 及 S，但 B 与 S 为部分互溶；

③ 溶质 A 可完全溶于 B，但 A 与 S 及 B 与 S 为部分互溶。

习惯上，将溶质 A 可完全溶于 B 及 S，但 B 与 S 为部分互溶或完全不互溶的三元混合物系即①、②称为第 I 类物系，而将具有两对部分互溶组分的三元混合物系即③称为第 II 类物系，工业上常见的第 I 类物系有丙酮(A)-水(B)-甲基异丁基酮(S)、醋酸(A)-水(B)-苯(S) 及丙酮(A)-氯仿(B)-水(S) 等，第 II 类物系有甲基环己烷(A)-正庚烷(B)-苯胺(S)、苯乙烯(A)-乙苯(B)-二甘醇(S) 等，第 I 类物系在萃取操作中较为常见，以下主要讨论这类物系的相平衡关系。

1. 溶解度曲线及联结线

设溶质 A 可完全溶于 B 及 S，但 B 与 S 为部分互溶，其平衡相图如图5-4 所示。此图是在一定温度下测定绘制的，图中曲线 $R_0R_1R_2R_iR_nKE_nE_iE_2E_1E_0$ 称为溶解度曲线，该曲线将三角形相图分为两个区域：曲线以内的区域为两相区，以外的区域为均相区。位于两相区内的混合物分成两个互相平衡的液相，称为共轭相，联结两共轭液相组成坐标的直线称为联结线，如图 5-4 中的 $R_iE_i(i=0,1,2,\cdots n)$。显然萃取操作只能在两相区内进行。

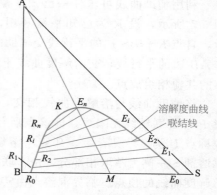

图 5-4 溶解度曲线

溶解度曲线可通过下述实验方法得到：在一定温度下，将组分 B 与组分 S 以适当比例相混合，使其总组成位于两相区，设为 M，则达平衡后必然得到两个互不相溶的液层，其组成点为 R_0、E_0。在恒温下，向此二元混合液中加入适量的溶质 A 并充分混合，使之达到新的平衡，静置分层后得到一对共轭相，其组成点为 R_1、E_1，然后继续加入溶质 A，重复上述操作，即可以得到 $n+1$ 对共轭相的组成点 R_i、E_i $(i=0,1,2,\cdots n)$，当加入 A 的量使混合液恰好由两相变为一相时，其组成点用 K 表示，K 点称为混溶点或分层点。联结各共轭相的组成点及 K 点的曲线即为实验温度下该三元物系的溶解度曲线。

若组分 B 与组分 S 完全不互溶，则点 R_0 与 E_0 分别与三角形顶点 B 及顶点 S 相重合。

一定温度下第 II 类物系的溶解度曲线和联结线见图 5-5。

通常联结线的斜率随混合液的组成而变，但同一物系其联结线的倾斜方向一般是一致的，有少数物系，例如吡啶-氯苯-水，当混合液组成变化时，其联结线的斜率会有较大的改变，如图 5-6 所示。

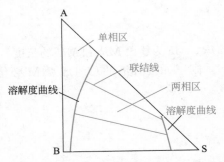

图 5-5　第 II 类物系的溶解度曲线和联结线

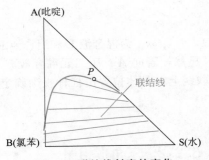

图 5-6　联结线斜率的变化

2. 辅助曲线和临界混溶点

在一定温度下测定体系的溶解度曲线时，实验测出的联结线的条数（即共轭相的对数）总是有限的，此时为了得到任一已知平衡液相的共轭相的数据，常借助辅助曲线（亦称共轭曲线）。

辅助曲线的作法如图 5-7 所示，通过已知点 R_1、R_2 等分别作 BS 边的平行线，再通过相应联结线的另一端点 E_1、E_2 等分别作 AB 边的平行线，各线分别相交于点 F、G 等，连接这些交点所得平滑曲线即为辅助曲线。

利用辅助曲线可求任一已知平衡液相的共轭相，如图 5-7 所示，设 R 为已知平衡液相，其组成以点 R 表示，自点 R 作 BS 边的平行线交辅助曲线于点 J，自点 J 作 AB 边的平行线，交溶解度曲线于点 E，则点 E 即为 R 的共轭相组成点。

将辅助曲线与溶解度曲线相交，得交点 P，显然通过 P 点的联结线无限短，即该点所代表的平衡液相无共轭相，相当于该系统的临界状态，故称点 P 为临界混溶点。P 点将溶解度曲线分为两部分：靠原溶剂 B 一侧为萃余相部分，靠溶剂 S 一侧为萃取相部分。由于联结线通常都有一定的斜率，因而临界混溶点一般并不在溶解度曲线的顶点。临界混溶点由实验测得，但仅当已知的联结线很短即共轭相接近临界混溶点时，才可用外延辅助曲线的方法确定临界混溶点。

通常，一定温度下的三元物系溶解度曲线、联结线、辅助曲线及临界混溶点的数据均由实验测得，有的也可从手册或有关专著中查得。

3. 分配系数和分配曲线

（1）分配系数

一定温度下，某组分在互相平衡的 E 相与 R 相中的组成之比称为该组分的 **分配系数**，以 k 表示，即

溶质 A
$$k_A = \frac{y_A}{x_A}$$
(5-3a)

原溶剂 B
$$k_B = \frac{y_B}{x_B}$$
(5-3b)

式中，y_A、y_B 为萃取相 E 中组分 A、B 的质量分数；x_A、x_B 为萃余相 R 中组分 A、B 的质量分数。

分配系数 k_A 表达了溶质在两个平衡液相中的分配关系。显然，k_A 值愈大，萃取分离的效果愈好。k_A 值与联结线的斜率有关。同一物系，其 k_A 值随温度和组成而变。如第 I 类物系，一般 k_A 值随温度的升高或溶质组成的增大而降低。一定温度下，仅当溶质组成范围变化不大时，k_A 值才为常数。

对于萃取剂 S 与原溶剂 B 互不相溶的物系，溶质在两液相中的分配关系与吸收中的类似，即

$$Y = KX$$
(5-4)

式中，Y 为萃取相 E 中溶质 A 的质量比组成；X 为萃余相 R 中溶质 A 的质量比组成；K 为相组成以质量比表示时的分配系数。

（2）分配曲线

由相律可知，温度、压力一定时，三组分体系两液相呈平衡时，自由度为 1。故只要已知任一平衡液相中的任一组分的组成，则其他组分的组成及其共轭相的组成就为确定值。换言之，温度、压力一定时，溶质在两平衡液相间的平衡关系可表示为

$$y_A = f(x_A)$$
(5-5)

式中，y_A 为萃取相 E 中组分 A 的质量分数；x_A 为萃余相 R 中组分 A 的质量分数。式（5-5）即分配曲线的数学表达式。

如图 5-8 所示，若以 x_A 为横坐标，以 y_A 为纵坐标，则可以在 x-y 直角坐标图上得到表示这一对共轭相组成的点 N。每一对共轭相可得一个点，将这些点相联结即可得到曲线 ONP，称为 **分配曲线**。曲线上的 P 点即为临界混溶点。

分配曲线表达了溶质 A 在互成平衡的 E 相与 R 相中的分配关系。若已知某液相组成，则可由分配曲线求出其共轭相的组成。

若在分层区组成范围内 y 均大于 x，即分配系数 $k_A > 1$，则分配曲线位于 $y = x$ 线上侧，反之则位于 $y = x$ 线下侧。若随溶质 A 组成的变化，联结线发生倾斜，方向改变，则分配曲线将与对角线出现交点，这种物系称为等溶度体系。

同样方法可作出有两对组分部分互溶时的分配曲线，如图 5-9 所示。

4. 温度对相平衡关系的影响

通常物系的温度升高，溶质在溶剂中的溶解度增大，反之减小。因而，温度明显地影响

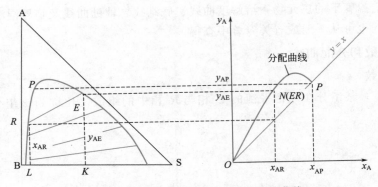

图 5-8　有一对组分部分互溶时的分配曲线

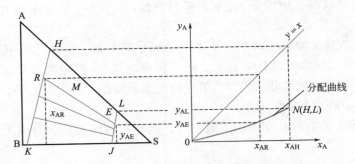

图 5-9　有两对组分部分互溶时的分配曲线

溶解度曲线的形状、联结线的斜率和两相区面积，从而也影响分配曲线的形状。图 5-10 示出了温度对第 I 类物系溶解度曲线和联结线的影响。显而易见，温度升高，分层区面积减小。

对于某些物系，温度的改变不仅可引起分层区面积和联结线斜率的变化，甚至可导致物系类型的转变，如图 5-11 所示，当温度为 T_1 时为第 II 类物系，而当温度升至 T_2 时则变为第 I 类物系。

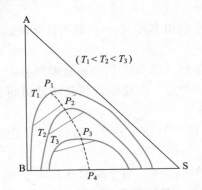

图 5-10　温度对互溶度的影响（I 类物系）

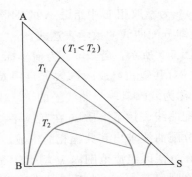

图 5-11　温度对互溶度的影响（II 类物系）

5.2.3　萃取剂的选择

选择合适的萃取剂是保证萃取操作能够正常进行且经济合理的关键。萃取剂的选择主要考虑以下方面。

(1)萃取剂的选择性及选择性系数

萃取剂的选择性是指萃取剂 S 对原料液中两个组分溶解能力的差异。若 S 对溶质 A 的溶解能力比对原溶剂 B 的溶解能力大得多，即萃取相中 y_A 比 y_B 大得多，萃余相中 x_B 比 x_A 大得多，那么这种萃取剂的选择性就好。

萃取剂的选择性可用选择性系数 β 表示，其定义式为

$$\beta=\frac{\text{萃取相中 A 的质量分数}}{\text{萃取相中 B 的质量分数}}\bigg/\frac{\text{萃余相中 A 的质量分数}}{\text{萃余相中 B 的质量分数}}=\frac{y_A}{y_B}\bigg/\frac{x_A}{x_B}=\frac{y_A}{x_A}\bigg/\frac{y_B}{x_B} \qquad (5\text{-}6)$$

将式(5-3)代入上式得

$$\beta=\frac{k_A}{k_B} \qquad (5\text{-}7)$$

式中，β 为选择性系数，量纲为 1；y_A、y_B 为萃取相 E 中组分 A、B 的质量分数；x_A、x_B 为萃余相 R 中组分 A、B 的质量分数；k_A、k_B 为组分 A、B 的分配系数。

由 β 的定义可知，选择性系数 β 为组分 A、B 的分配系数之比，其物理意义颇似蒸馏中的相对挥发度，若 $\beta>1$，说明组分 A 在萃取相中的相对含量比萃余相中的高，即组分 A、B 得到了一定程度的分离，显然 k_A 值越大，k_B 值越小，选择性系数 β 就越大，组分 A、B 的分离也就越容易，相应的萃取剂的选择性也就越高；若 $\beta=1$，则由式(5-6)可知，$\dfrac{y_A}{x_A}=\dfrac{y_B}{x_B}$ 或 $k_A=k_B$，即萃取相和萃余相在脱除溶剂 S 后将具有相同的组成，并且等于原料液的组成，说明 A、B 两组分不能用此萃取剂分离，换言之所选择的萃取剂是不适宜的。

萃取剂的选择性越高，则完成一定的分离任务，所需的萃取剂用量也就越少，相应的用于回收溶剂操作的能耗也就越低。

由式(5-6)可知，当组分 B、S 完全不互溶时，$y_B=0$，则选择性系数趋于无穷大，显然这是选择性的最理想情况。

(2)原溶剂 B 与萃取剂 S 的互溶度

图 5-12 示出了在相同温度下，同一种二元原料液与不同萃取剂 S_1、S_2 所构成的相平衡关系图。由图可见，萃取剂 S_1 与组分 B 的互溶度较小。

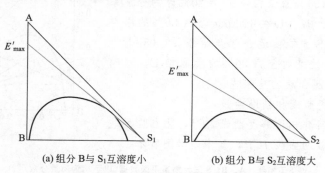

（a）组分 B 与 S_1 互溶度小　　　　　（b）组分 B 与 S_2 互溶度大

图 5-12　互溶度对萃取操作的影响

为便于说明组分 B 与 S 的互溶度对萃取分离的影响，首先介绍所谓的萃取液最高组成的概念。

如前所述，萃取操作都是在两相区内进行的，达平衡后均分成两个平衡的 E 相和 R 相。若将 E 相脱除溶剂，则得到萃取液，根据杠杆规则，萃取液组成点必为 SE 延长线与 AB 边的交点，显然溶解度曲线的切线 SE'_{max} 与 AB 边的交点 E'_{max} 即为萃取相脱除溶剂后可能得

到的具有最高溶质组成的萃取液，以 E'_{max} 表示，其溶质组成设为 y'_{max}。y'_{max} 与组分 B、S 的互溶度密切相关，互溶度越小，可能得到的 y'_{max} 便越高，也就越有利于萃取分离，此结论与对选择性的分析相一致。由图 5-12 可知，选择与组分 B 具有较小互溶度的萃取剂 S_1 比 S_2 更利于溶质 A 的分离。

(3)萃取剂回收的难易与经济性

萃取后的 E 相和 R 相，通常以蒸馏的方法进行分离。萃取剂回收的难易直接影响萃取操作的费用，从而在很大程度上决定萃取过程的经济性。因此，要求萃取剂 S 与原料液中的组分的相对挥发度要大，不应形成共沸物，并且最好是组成低的组分为易挥发组分。若被萃取的溶质不挥发或挥发度很低时，则要求 S 的汽化热要小，以节省能耗。

(4)萃取剂的其他物性

为使两相在萃取器中能较快地分层，要求萃取剂与被分离混合物有较大的密度差，特别是对没有外加能量的设备，较大的密度差可加速分层，提高设备的生产能力。

两液相间的界面张力对萃取操作具有重要影响。萃取物系的界面张力较大时，分散相液滴易聚结，有利于分层，但界面张力过大，则液体不易分散，难以使两相充分混合，反而使萃取效果降低。界面张力过小，虽然液体容易分散，但易产生乳化现象，使两相较难分离，因此，界面张力要适中。常用物系的界面张力数值可从有关文献查取。

溶剂的黏度对分离效果也有重要影响。溶剂的黏度低，有利于两相的混合与分层，也有利于流动与传质，故当萃取剂的黏度较大时，往往加入其他溶剂以降低其黏度。

此外，选择萃取剂时，还应考虑其他因素，如萃取剂应具有化学稳定性和热稳定性，对设备的腐蚀性要小，来源充分，价格较低廉，不易燃易爆等。

通常，很难找到能同时满足上述所有要求的萃取剂，这就需要根据实际情况加以权衡，以保证满足主要要求。

【例 5-1】 一定温度下测得 A、B、S 三组元物系两液相的平衡数据如本题附表所示。表中的数据均为质量分数。试求：(1)溶解度曲线和辅助曲线；(2)临界混溶点的组成；(3)当萃余相中 $x_A = 20\%$ 时的分配系数 k_A 和选择性系数 β；(4)在 1000kg 含 A 30% 的原料液中加入多少千克 S 才能使混合液开始分层？(5)对于第(4)项的原料液，欲得到含 A 36% 的萃取相 E，试确定萃余相的组成及混合液的总组成。

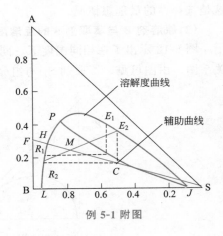

例 5-1 附图

解 (1)溶解度曲线和辅助曲线

由题给数据，可作出溶解度曲线 LPJ，由相应的联结线数据，可作出辅助曲线 JCP，如本题附图所示。

例 5-1 附表　A、B、S 三元物系平衡数据(以下均为质量分数/%)

序号		1	2	3	4	5	6	7	8	9	10	11	12	13	14
E 相	y_A	0	7.9	15	21	26.2	30	33.8	36.5	39	42.5	44.5	45	43	41.6
	y_S	90	82	74.2	67.5	61.1	55.8	50.3	45.7	41.4	33.9	27.5	21.7	16.5	15
R 相	x_A	0	2.5	5	7.5	10	12.5	15.0	17.5	20	25	30	35	40	41.6
	x_S	5	5.05	5.1	5.2	5.4	5.6	5.9	6.2	6.6	7.5	8.9	10.5	13.5	15

（2）临界混溶点的组成

辅助曲线与溶解度曲线的交点 P 即为临界混溶点，由附图可读出该点处的组成为
$$x_A = 41.6\%, \quad x_B = 43.4\%, \quad x_S = 15.0\%$$

（3）分配系数 k_A 和选择性系数 β

根据萃余相中 $x_A = 20\%$，在图中定出 R_1 点，利用辅助曲线定出与之平衡的萃取相 E_1 点，由附图读出两相的组成为：E 相，$y_A = 39.0\%$，$y_B = 19.6\%$；R 相，$x_A = 20.0\%$，$x_B = 73.4\%$。

由式（5-3）计算分配系数，即
$$k_A = \frac{y_A}{x_A} = \frac{39.0}{20.0} = 1.95, \quad k_B = \frac{y_B}{x_B} = \frac{19.6}{73.4} = 0.267$$

由式（5-6）计算选择性系数，即
$$\beta = \frac{k_A}{k_B} = \frac{1.95}{0.267} = 7.303$$

（4）使混合液开始分层的溶剂用量

根据原料液的组成在 AB 边上确定点 F，连接点 F、S，则当向原料液加入 S 时，混合液的组成点必位于直线 FS 上。当 S 的加入量恰好使混合液的组成落于溶解度曲线的 H 点时，混合液即开始分层。分层时溶剂的用量可由杠杆规则求得，即
$$\frac{S}{F} = \frac{\overline{HF}}{\overline{HS}} = \frac{8}{96} = 0.0833$$

所以 $\qquad\qquad S = 0.0833 \quad F = 0.0833 \times 1000 = 83.3\text{kg}$

（5）两相的组成及混合液的总组成

根据萃取相中 $y_A = 36\%$，在图中定出 E_2 点，由辅助曲线定出与之呈平衡的 R_2 点。由图读得
$$x_A = 17.0\%, \quad x_B = 77.0\%, \quad x_S = 6.0\%$$
R_2E_2 线与 FS 线的交点 M 即为混合液的总组成点，由图读得
$$x_A = 23.5\%, \quad x_B = 55.5\%, \quad x_S = 21.0\%$$

 解题要点：精准绘制三角形相图并准确读取有关数据。

5.3 液-液萃取过程的计算

液-液萃取操作设备可分为逐级接触式和微分接触式两类。本节主要讨论逐级接触式萃取过程的计算，对微分接触式萃取过程的计算仅做简要介绍。

在逐级接触式萃取过程计算中，无论是单级还是多级操作，均假设各级为理论级，即离开每一级萃取器的萃取相与萃余相互成平衡。萃取操作的理论级概念类似于蒸馏中的理论板，是设备操作效率的比较基准。实际需要的级数等于理论级数除以级效率。级效率目前尚无准确的理论计算方法，一般通过实验测定。

在萃取过程计算中，通常操作条件下的平衡关系、原料液的处理量及组成均为已知，常见的计算可分为两类，其一是规定了各级的溶剂用量及组成，要求计算达到一定分离程度所

需的理论级数 n；其二是已知某多级萃取设备的理论级数 n，要求估算经该设备萃取后所能达到的分离程度。前者称为设计型计算，后者称为操作型计算。本章主要讨论设计型计算。

5.3.1 单级萃取的计算

单级萃取是液-液萃取中最简单、最基本的操作方式，其流程如图 5-1 所示，操作可以间歇也可以连续。为简便计，假定所有流股的组成均以溶质 A 的含量表示，故书写两相的组成时均只标注相应流股的符号，而不再标注组分的符号。

如前所述，在单级萃取过程的设计型计算中，一般已知的条件是：操作条件下的相平衡数据，所需处理的原料液量 F 及组成 x_F，溶剂的组成 y_S 和萃余相的组成 x_R。要求计算溶剂用量、萃取相 E 及萃余相 R 的量和萃取相的组成。

1. 原溶剂 B 与萃取剂 S 部分互溶的物系

由于此类物系的平衡关系一般难以用简单的函数关系式表达，故其萃取计算很难用解析法或数值法进行，目前还主要采用基于杠杆规则的图解法，其计算步骤如下。

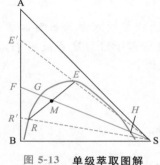

图 5-13　单级萃取图解

① 由已知的相平衡数据在等腰直角三角形坐标图中作出溶解度曲线及辅助曲线，如图 5-13 所示。

② 在三角形坐标的 AB 边上根据原料液的组成确定点 F，根据萃取剂的组成确定点 S（若为纯溶剂，则为顶点 S），连接点 F、S，则原料液与萃取剂混合液的组成点 M 必落在 FS 连线上。

③ 由已知的萃余相组成 x_R，在图上确定点 R，再由点 R 利用辅助曲线求出点 E，作 R 与 E 的联结线，显然 RE 线与 FS 线的交点即为混合液的组成点 M。

④ 由质量衡算和杠杆规则求出各流股的量，即

$$S = F \times \frac{\overline{MF}}{\overline{MS}} \tag{5-8}$$

$$M = F + S = R + E \tag{5-9}$$

$$E = M \times \frac{\overline{RM}}{\overline{RE}} \tag{5-10}$$

$$R = M - E \tag{5-11}$$

萃取相的组成可由三角形相图直接读出。

若从 E 相和 R 相中脱除全部溶剂，则得到萃取液 E′ 和萃余液 R′。因 E′ 和 R′ 中已不含萃取剂，只含组分 A 和 B，所以它们的组成点必落于 AB 边上，具体位置应为 SE 和 SR 的延长线与 AB 边的交点 E′ 和 R′。由图可以看出，E′ 中溶质 A 的含量比原料液 F 中的高，R′ 中溶质 A 的含量比原料液 F 中的低，即原料液经过萃取并脱除溶剂后，其所含的 A、B 组分得到了一定程度的分离。E′ 和 R′ 的数量关系可由杠杆规则来确定，即

$$E' = F \times \frac{\overline{R'F}}{\overline{R'E'}} \tag{5-12}$$

$$R' = F - E' \tag{5-13}$$

以上诸式中各线段的长度可从三角形相图直接量出。

上述各量亦可由质量衡算求出，组分 A 的质量衡算为

$$F x_F + S y_S = R x_R + E y_E = M x_M \tag{5-14}$$

联立求解式(5-9)和式(5-14)得

$$S = F \frac{x_F - x_M}{x_M - y_S} \tag{5-15}$$

$$E = M \frac{x_M - x_R}{y_E - x_R} \tag{5-16}$$

$$R = M - E$$

同理，可得萃取液和萃余液的量 E'、R'，即

$$E' = F \frac{x_F - x_R'}{y_E' - x_R'} \tag{5-17}$$

$$R' = F - E' \tag{5-18}$$

上述诸式中各股物流的组成可由三角形相图直接读出。

在单级萃取操作中，对应一定的原料液量，存在两个极限萃取剂用量，在此二极限用量下，原料液与萃取剂的混合液组成点恰好落在溶解度曲线上，如图 5-13 中的点 G 和点 H 所示，由于此时混合液只有一个相，故不能起分离作用。此二极限萃取剂用量分别表示能进行萃取分离的最小溶剂用量 S_{min}（和点 G 对应的萃取剂用量）和最大溶剂用量 S_{max}（和点 H 对应的萃取剂用量），其值可由杠杆规则分别计算如下，即

$$S_{min} = F \left(\frac{\overline{FG}}{\overline{GS}} \right) \tag{5-19}$$

及

$$S_{max} = F \left(\frac{\overline{FH}}{\overline{HS}} \right) \tag{5-20}$$

显然，适宜的萃取剂用量应介于二者之间，即

$$S_{min} < S < S_{max}$$

2. 原溶剂 B 与萃取剂 S 不互溶的物系

对于此类物系的萃取，因溶剂只能溶解组分 A，而与组分 B 完全不互溶，故在萃取过程中，仅有溶质 A 的相际传递，原溶剂 B 及溶剂 S 均只出现在萃余相及萃取相中，故用质量比表示两相中的组成较为方便。此时溶质在两液相间的平衡关系可以用与吸收中的气液平衡类似的方法表示，即

$$Y = f(X) \tag{5-21}$$

若在操作范围内，以质量比表示的相组成分配系数 K 为常数，则平衡关系可表示为

$$Y = KX \tag{5-22}$$

溶质 A 的质量衡算式为

$$B(X_F - X_1) = S(Y_1 - Y_S) \tag{5-23}$$

式中，B 为原料液中原溶剂的量，kg 或 kg/h；S 为萃取剂中纯萃取剂的量，kg 或 kg/h；X_F、Y_S 为原料液和萃取剂中组分 A 的质量比组成；X_1、Y_1 为单级萃取后萃余相和萃取相中组分 A 的质量比组成。

联立求解式(5-22)与式(5-23)，即可求得 Y_1 与 S。

【例 5-2】　25℃下以水为萃取剂从醋酸质量分数为 35％的醋酸（A）与氯仿（B）混合液中提取醋酸。已知原料液处理量为 2000kg/h，用水量为 1600kg/h。操作温度下，E 相和 R 相

以质量分数表示的平衡数据如本例附表所示。试求：（1）单级萃取后 E 相和 R 相的组成及流量；（2）将 E 相和 R 相中的溶剂完全脱除后的萃取液和萃余液的组成和流量；（3）操作条件下的选择性系数 β；（4）若组分 B、S 可视为完全不互溶，且操作条件下以质量比表示相组成的分配系数 $K=3.4$，要求原料液中的溶质 A 有 80% 进入萃取相，则每千克原溶剂 B 需要消耗多少千克的萃取剂 S？

解 根据题给数据，在等腰直角三角形坐标图中作出溶解度曲线和辅助曲线，如本例附图所示。

例 5-2 附表（以下均为质量分数/%）

氯仿层（R 相）		水层（E 相）		氯仿层（R 相）		水层（E 相）	
醋酸	水	醋酸	水	醋酸	水	醋酸	水
0.00	0.99	0.00	99.16	27.65	5.20	50.56	31.11
6.77	1.38	25.10	73.69	32.08	7.93	49.41	25.39
17.72	2.28	44.12	48.58	34.16	10.03	47.87	23.28
25.72	4.15	50.18	34.71	42.5	16.5	42.50	16.50

（1）单级萃取后 E 相和 R 相的组成及流量

根据醋酸在原料液中的质量分数为 35%，在 AB 边上确定点 F，连接点 F、S，按 F、S 的流量依杠杆规则在 FS 线上确定和点 M。

因 E 相和 R 相的组成均未给出，故需借助辅助曲线用试差作图法确定通过 M 点的联结线 ER。由图读得两相的组成为：

E 相 $y_A=27\%$，$y_B=1.5\%$，$y_S=71.5\%$

R 相 $x_A=7.2\%$，$x_B=91.4\%$，$x_S=1.4\%$

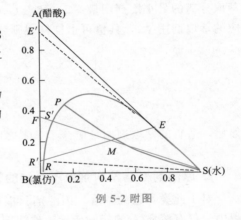

例 5-2 附图

由总质量衡算得

$$M=F+S=2000+1600=3600\text{kg/h}$$

由图量得 $\overline{RM}=26\text{mm}$ 及 $\overline{RE}=42\text{mm}$，则由式（5-10）和式（5-11）可求出 E 相和 R 相的量，即

$$E=M\frac{\overline{RM}}{\overline{RE}}=3600\times\frac{26}{42}=2228\text{kg/h}$$

$$R=M-E=3600-2228=1372\text{kg/h}$$

（2）萃取液和萃余液的组成和流量

连接点 S、E 并延长 SE 与 AB 边交于 E'，由图读得 $y_E'=92\%$；连接点 S、R 并延长 SR 与 AB 边交于 R'，由图读得 $x_R'=7.3\%$。

萃取液 E' 和萃余液 R' 的量由式（5-17）及式（5-18）求得，即

$$E'=F\frac{x_F-x_R'}{y_E'-x_R'}=2000\times\frac{35-7.3}{92-7.3}=654\text{kg/h}$$

$$R'=F-E'=2000-654=1346\text{kg/h}$$

（3）选择性系数 β

由式(5-6)可得

$$\beta = \frac{y_A}{x_A} \Big/ \frac{y_B}{x_B} = \frac{27}{7.2} \Big/ \frac{1.5}{91.4} = 228.5$$

由于该物系的氯仿(B)、水(S)的互溶度很小,所以 β 值较高,得到的萃取液组成很高。

(4)每千克 B 需要 S 的量

由于组分 B、S 可视为完全不互溶,则用式(5-23)计算较为方便。有关参数计算如下

$$X_F = \frac{x_F}{1 - x_F} = \frac{0.35}{1 - 0.35} = 0.5385$$

$$X_1 = (1 - \varphi_A)X_F = (1 - 0.8) \times 0.5385 = 0.1077$$

$$Y_S = 0$$

$$Y_1 = KX_1 = 3.4 \times 0.1077 = 0.3662$$

将有关参数代入式(5-23),并整理得

$$S/B = (X_F - X_1)/Y_1 = (0.5385 - 0.1077)/0.3662 = 1.176$$

即每千克原溶剂 B 需消耗 1.176kg 萃取剂 S。

> 应予指出,在实际生产中,由于萃取剂都是循环使用的,故其中会含有少量的组分 A 与 B。同样,萃取液和萃余液中也会含有少量的 S。此时,图解计算的原则和方法仍然适用,但点 S 及 E'、R' 的位置均在三角形坐标图的均相区内。

5.3.2 多级错流萃取的计算

除了选择性系数极高的物系之外,一般单级萃取所得的萃余相中往往还含有较多的溶质,为进一步降低萃余相中的溶质含量,可采用多级错流萃取。其流程如图 5-14 所示。

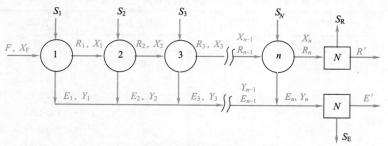

图 5-14 **多级错流萃取流程示意图**

在多级错流萃取操作中,每一级均加入新鲜萃取剂。原料液首先进入第一级,被萃取剂萃取后,所得萃余相进入第二级作为第二级的原料液,并用新鲜萃取剂再次进行萃取,第二级萃取所得的萃余相又进入第三级作为第三级的原料液……如此萃余相经多次萃取,只要级数足够多,最终可以得到溶质组成低于指定值的萃余相。

多级错流萃取的总溶剂用量为各级溶剂用量之和,原则上,各级溶剂用量可以相等也可以不相等。但可以证明,当各级溶剂用量相等时,达到一定的分离程度所需的总溶剂用量最少,故在多级错流萃取操作中,一般各级溶剂用量均相等。

同样,在多级错流萃取过程的设计型计算中,操作条件下的相平衡数据,所需处理的原料液量 F 及组成 x_F,溶剂的组成 y_S 和萃余相的组成 x_R 均为已知,要求计算溶剂用量、萃

取相 E 及萃余相 R 的量和萃取相的组成。

1. 原溶剂 B 与萃取剂 S 部分互溶时理论级数的求算

对于此类物系，通常也根据三角形相图用图解法进行计算，其计算步骤如下。

① 由已知的平衡数据在等腰直角三角形坐标图中作出溶解度曲线及辅助曲线，并在此相图上标出 F 点，如图 5-15 所示。

② 连接点 F、S 得 FS 线，根据 F、S 的量依杠杆规则在 FS 线上确定混合液的总组成点 M_1。利用辅助曲线用试差法作过点 M_1 的联结线 E_1R_1，相应的萃取相 E_1 和萃余相 R_1 即为第一个理论级分离的结果。

③ 以 R_1 为原料液，加入新鲜萃取剂 S（此处假定 $S_1 = S_2 = S_3 = S$ 且 $y_S = 0$），二者混合得点 M_2，按与②类似的方法可以得到 E_2 和 R_2，此即第二个理论级分离的结果。

④ 依此类推，直至某级萃余相中溶质的组成等于或小于要求的组成 x_R 为止，重复作出的联结线数目即为所需的理论级数。上述图解法表明，多级错流萃取的图解法是单级萃取图解的多次重复。

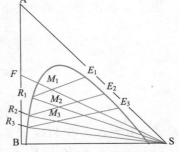

图 5-15　三级错流萃取图解计算

【例 5-3】　25℃下以三氯乙烷为萃取剂在三级错流萃取装置中从丙酮质量分数为 40％的丙酮水溶液中提取丙酮。已知原料液处理量为 1000kg/h，第一级溶剂用量与原料液流量之比为 0.5，各级溶剂用量相等。操作温度下，丙酮(A)-水(B)-三氯乙烷(S)系统以质量分数表示的溶解度和联结线数据如本例附表所示。试求丙酮的总萃取率。

解　丙酮的总萃取率可由下式计算，即

$$\varphi_A = \frac{Fx_F - R_3 x_3}{Fx_F}$$

例 5-3 附表 1　溶解度数据（以下均为质量分数/%）

三氯乙烷(S)	水(B)	丙酮(A)	三氯乙烷(S)	水(B)	丙酮(A)
99.89	0.11	0	38.31	6.84	54.85
94.73	0.26	5.01	31.67	9.78	58.55
90.11	0.36	9.53	24.04	15.37	60.59
79.58	0.76	19.66	15.89	26.28	58.33
70.36	1.43	28.21	9.63	35.38	54.99
64.17	1.87	33.96	4.35	48.47	47.18
60.06	2.11	37.83	2.18	55.97	41.85
54.88	2.98	42.14	1.02	71.80	27.18
48.78	4.01	47.21	0.44	99.56	0

例 5-3 附表 2　联结线数据（以下均为质量分数/%）

水相中丙酮 x_A	5.96	10.0	14.0	19.1	21.0	27.0	35.0
三氯乙烷相中丙酮 y_A	8.75	15.0	21.0	27.7	32	40.5	48.0

显然计算的关键是求算 R_3 及 x_3。由题给数据在等腰直角三角形相图中作出溶解度曲线和辅助曲线，如本题附图所示。

第一级的溶剂用量也即每级的溶剂用量为

$$S=0.5F=0.5\times1000=500\text{kg/h}$$

根据第一级的总质量衡算得

$$M_1=F+S=1000+500=1500\text{kg/h}$$

由 F 和 S 的量按杠杆规则确定第一级混合液的组成点 M_1，用试差法作过点 M_1 的联结线 E_1R_1。根据杠杆规则得

$$R_1=M_1\times\frac{\overline{E_1M_1}}{\overline{E_1R_1}}=1500\times\frac{19.2}{39}=739.0\text{kg/h}$$

再用 500kg/h 的溶剂对第一级的 R_1 进行萃取。重复上述步骤计算第二级的有关参数，即

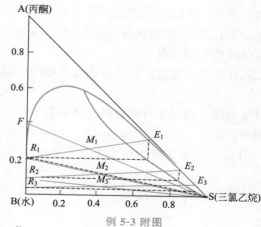

例 5-3 附图

$$M_2=R_1+S=739+500=1239\text{kg/h}$$

$$R_2=M_2\times\frac{\overline{E_2M_2}}{\overline{E_2R_2}}=1239\times\frac{25}{49}=632.1\text{kg/h}$$

同理，第三级的有关参数为

$$M_3=632.1+500=1132.1\text{kg/h}$$

$$R_3=1132.1\times\frac{28}{64}=495.3\text{kg/h}$$

由图读得 $x_3=0.035$，于是丙酮的总萃取率为

$$\varphi_A=\frac{Fx_F-R_3x_3}{Fx_F}=\frac{1000\times0.4-495.3\times0.035}{1000\times0.4}=95.7\%$$

 由上述计算过程可看出，多级错流萃取的图解计算，是单级萃取图解计算的多次重复。

2. 原溶剂 B 与萃取剂 S 不互溶时理论级数的求算

设每一级的溶剂加入量相等，由于原溶剂 B 与萃取剂 S 不互溶，则各级萃取相中溶剂 S 的量和萃余相中原溶剂 B 的量均可视为常数，萃取相中只有 A、S 两组分，萃余相中只有 B、A 两组分。此时可仿照吸收中组成的表示法，即以质量比 Y 和 X 表示溶质在萃取相和萃余相中的组成，过程的计算可用直角坐标图解法或解析法进行，此处介绍解析法。

对图 5-14 中的第一级萃取作溶质 A 的质量衡算得

$$BX_F+SY_S=BX_1+SY_1 \tag{5-24}$$

上式经整理得

$$Y_1-Y_S=-\frac{B}{S}(X_1-X_F) \tag{5-24a}$$

对第二级萃取作溶质 A 的质量衡算得

$$Y_2-Y_S=-\frac{B}{S}(X_2-X_1) \tag{5-25}$$

同理，对第 n 级萃取作溶质 A 的质量衡算得

$$Y_n-Y_S=-\frac{B}{S}(X_n-X_{n-1}) \tag{5-26}$$

式(5-26)表示了 Y_n-Y_S 和 X_n-X_{n-1} 间的关系，称为操作线方程。在 X-Y 直角坐标图

上为一条通过点(X_{n-1}, Y_S)、斜率为$-B/S$的直线。根据理论级的假设，离开任意级萃取的Y_n与X_n处于平衡状态，故点(X_n, Y_n)必位于分配曲线上，换言之，点(X_n, Y_n)为操作线与分配曲线的交点。

若在操作范围内，以质量比表示相组成时的分配系数K为常数，则平衡关系可表示为

$$Y = KX \tag{5-22}$$

即分配曲线为通过原点的直线。在此情况下，理论级数的求算除可采用前述的图解法外也可采用解析法。

图5-14中第一级的相平衡关系为

$$Y_1 = KX_1$$

将上式代入式(5-24a)可得

$$X_1 = \frac{X_F + \dfrac{S}{B}Y_S}{1 + \dfrac{KS}{B}} \tag{5-27}$$

令$KS/B = A_m$，则上式变为

$$X_1 = \frac{X_F + \dfrac{S}{B}Y_S}{1 + A_m} \tag{5-27a}$$

式中，A_m为萃取因子，对应于吸收中的脱吸因子。

同理，将式(5-22)、式(5-27a)代入式(5-25)并整理得

$$X_2 = \frac{\left(X_F + \dfrac{S}{B}Y_S\right)}{(1 + A_m)^2} + \frac{\dfrac{S}{B}Y_S}{1 + A_m} \tag{5-28}$$

依此类推，对第n级则有

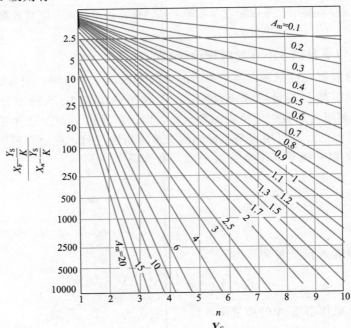

图5-16　多级错流萃取n与$\dfrac{X_F - \dfrac{Y_S}{K}}{X_n - \dfrac{Y_S}{K}}$关系（$A_m$为参数）

$$X_n = \frac{\left(X_F + \frac{S}{B}Y_S\right)}{(1+A_m)^n} + \frac{\frac{S}{B}Y_S}{(1+A_m)^{n-1}} + \frac{\frac{S}{B}Y_S}{(1+A_m)^{n-2}} + \cdots + \frac{\frac{S}{B}Y_S}{1+A_m} \tag{5-29}$$

或

$$X_n = \left(X_F - \frac{Y_S}{K}\right)\left(\frac{1}{1+A_m}\right)^n + \frac{Y_S}{K} \tag{5-29a}$$

整理式(5-29)得

$$n = \frac{\ln\left[\dfrac{X_F - (Y_S/K)}{X_n - (Y_S/K)}\right]}{\ln(1+A_m)} \tag{5-30}$$

为方便计算，上式亦可表示成列线图的形式，如图 5-16 所示。

【例 5-4】 在五级错流萃取装置中，以三氯乙烷为萃取剂从丙酮质量分数为 25％的丙酮水溶液中提取丙酮。已知原料液处理量为 2400kg/h，要求最终萃余相中丙酮的质量分数不高于 1％，试求萃取剂的用量及萃取相中丙酮的平均组成。假定：(1)在操作条件下，水(B)和三氯乙烷(S)可视为完全不互溶，丙酮的分配系数近似为常数，$K = 1.71$；(2)各级萃取剂用量相等，萃取剂中丙酮的质量分数为 1％，其余为三氯乙烷。

解 由题意知，组分 B、S 完全不互溶，且分配系数 K 近似为常数，故可采用解析法，即式(5-30)解得 A_m，进而求算萃取剂用量，式中的有关参数为

$$X_F = \frac{25}{75} = 0.3333, \quad X_n = \frac{1}{99} = 0.0101, \quad Y_S = \frac{1}{99} = 0.0101$$

$$B = F(1 - x_F) = 2400(1 - 0.25) = 1800\text{kg/h}$$

$$\frac{X_F - \dfrac{Y_S}{K}}{X_n - \dfrac{Y_S}{K}} = \frac{0.3333 - \dfrac{0.0101}{1.71}}{0.0101 - \dfrac{0.0101}{1.71}} = 78.1$$

将上述有关参数值及 $n = 5$ 代入式(5-30)可解得 $A_m = 1.391$，则有

每级的纯溶剂用量为 $\quad S = \dfrac{A_m B}{K} = \dfrac{1.391 \times 1800}{1.71} = 1464.2\text{kg/h}$

五级的纯萃取剂总用量为 $\quad \sum S = 5S = 1464.2 \times 5 = 7321\text{kg/h}$

实际的萃取剂总用量为 $\quad \sum S' = \sum \dfrac{S}{1 - 0.01} = 7395\text{kg/h}$

设萃取相中溶质的平均组成为 $\overline{Y}$，对全系统作溶质 A 的质量衡算得

$$BX_F + \sum SY_S = BX_n + \sum S\,\overline{Y}$$

于是

$$\overline{Y} = \frac{B(X_F - X_n)}{\sum S} + Y_S$$

即

$$\overline{Y} = \frac{1800 \times (0.3333 - 0.0101)}{7321} + 0.0101 = 0.08956$$

$$\overline{y} = \frac{\overline{Y}}{1 + \overline{Y}} = \frac{0.08956}{1 + 0.08956} = 0.08220$$

5.3.3 多级逆流萃取的计算

在生产中，为了用较少的萃取剂达到较高的萃取率，常采用多级逆流萃取操作，其流程

如图 5-17(a)所示。原料液从第 1 级进入系统，依次经过各级萃取，成为各级的萃余相，其溶质组成逐级下降，最后从第 n 级流出；萃取剂则从第 n 级进入系统，依次通过各级与萃余相逆向接触，进行多次萃取，其溶质组成逐级提高，最后从第 1 级流出。最终的萃取相与萃余相可在溶剂回收装置中脱除萃取剂得到萃取液与萃余液，脱除的溶剂返回系统循环使用。

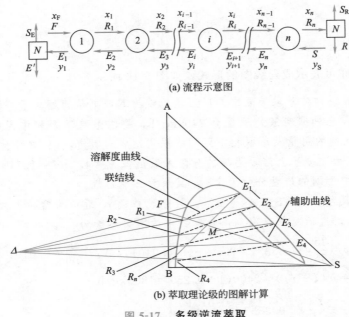

(a) 流程示意图

(b) 萃取理论级的图解计算

图 5-17　多级逆流萃取

与单级萃取的计算一样，多级逆流萃取的计算亦有设计型问题与操作型问题之分。本节主要讨论前者，即已知原料液的流量 F 和组成 x_F、萃取剂的用量 S 和组成 y_S，求最终萃余相中溶质组成降至一定值所需的理论级数 n。

理论级数 n 的计算方法原则上与精馏、吸收中理论塔板数的计算类似，即应用相平衡与质量衡算两个基本关系，通过逐级计算，直至萃余相组成等于或小于要求的值为止，从而求得所需的理论级数 n。

1. 原溶剂 B 与萃取剂 S 部分互溶时理论级数的求算

对于此类物系，由于其相平衡关系难以用数学方程式表达，通常应用逐级图解法求解理论级数 n，具体方法有三角形坐标图解法和直角坐标图解法两种。

(1) 三角形坐标图解法

其步骤与原理如下[参见图 5-17(b)]。

① 根据操作条件下的平衡数据在三角形坐标图上绘出溶解度曲线和辅助曲线。

② 根据原料液和萃取剂的组成，在图上定出点 F、S（图中是采用纯溶剂），再由溶剂比 S/F 按杠杆规则在 FS 连线上定出和点 M 的位置。

③ 由规定的最终萃余相组成在图上定出点 R_n，连接点 R_n、M 并延长 $R_n M$ 与溶解度曲线交于点 E_1，此点即为最终萃取相组成点。

根据杠杆规则，计算最终萃取相和萃余相的流量，即

$$E_1 = M \times \frac{\overline{MR_n}}{\overline{R_n E_1}} \qquad R_n = M - E_1$$

④ 应用相平衡关系与质量衡算，用图解法求理论级数。

在图 5-17(a)所示的第一级与第 n 级之间作总质量衡算得

$$F+S=R_n+E_1$$

对第一级作总质量衡算得

$$F+E_2=R_1+E_1 \quad 或 \quad F-E_1=R_1-E_2$$

对第二级作总质量衡算得

$$R_1+E_3=R_2+E_2 \quad 或 \quad R_1-E_2=R_2-E_3$$

依此类推，对第 n 级作总质量衡算得

$$R_{n-1}+S=R_n+E_n \quad 或 \quad R_{n-1}-E_n=R_n-S$$

由以上各式可得

$$F-E_1=R_1-E_2=R_2-E_3=\cdots R_i-E_{i+1}=\cdots=R_{n-1}-E_n=R_n-S=\Delta \tag{5-31}$$

式(5-31)表明离开每一级的萃余相流量 R_i 与进入该级的萃取相流量 E_{i+1} 之差为常数，以 Δ 表示。Δ 为一虚拟量，可视为通过每一级的"净流量"，其组成也可在三角形相图上用某点（Δ 点）表示。显然，Δ 点分别为 F 与 E_1、R_1 与 E_2、R_2 与 E_3、$\cdots$、R_{n-1} 与 E_n、R_n 与 S 诸流股的差点，故在三角形相图上，连接 R_i 与 E_{i+1} 两点的直线均通过 Δ 点，通常称 $R_iE_{i+1}\Delta$ 的连线为多级逆流萃取的操作线，Δ 点称为操作点。根据理论级的假设，离开每一级的萃取相 E_i 与萃余相 R_i 互呈平衡，故点 E_i 和 R_i 应位于联结线的两端。据此，就可以根据联结线与操作线的关系，方便地进行逐级计算以确定理论级数。作法如下：首先作 F 与 E_1、R_n 与 S 的连线，并延长使其相交，交点即为点 Δ；然后由点 E_1 作联结线交溶解度曲线于点 R_1，作 R_1 与 Δ 的连线并延长使之与溶解度曲线交于点 E_2；再由点 E_2 作联结线得点 R_2，连接 $R_2\Delta$ 并延长使之与溶解度曲线交于点 E_3，这样交替地应用操作线和平衡线（溶解度曲线）直至萃余相的组成小于或等于所要求的值为止。重复作出的联结线数目即为所求的理论级数。

应予指出，点 Δ 的位置与物系联结线的斜率、原料液的流量及组成、萃取剂用量及组成、最终萃余相组成等有关，可能位于三角形相图的左侧，也可能位于三角形相图的右侧。若其他条件一定，则点 Δ 的位置由溶剂比决定。当 S/F 较小时，点 Δ 在三角形相图的左侧，R 为和点；当 S/F 较大时，点 Δ 在三角形相图的右侧，E 为和点；当 S/F 为某数值时，点 Δ 在无穷远处，此时可视各操作线是平行的。

【例 5-5】 在多级逆流萃取装置中，用纯溶剂 S 处理溶质 A 质量分数为 30% 的 A、B 两组分原料液。已知原料液处理量为 2000kg/h，溶剂用量为 700kg/h，要求最终萃余相中溶质 A 的质量分数不超过 7%。试求：(1)所需的理论级数；(2)若将最终萃取相中的溶剂全部脱除，求最终萃取液的流量和组成。

操作条件下的溶解度曲线和辅助曲线如本题附图所示。

解 (1)所需的理论级数

由 $x_F=30\%$ 在 AB 边上定出 F 点，连接 FS。操作溶剂比为

$$\frac{S}{F}=\frac{700}{2000}=0.35$$

由溶剂比在 FS 线上定出和点 M。

由 $x_n=7\%$ 在相图上定出 R_n 点，连接 R_nM 并延长交溶解度曲线于 E_1 点，此点即为最终萃取相组成点。

作点 E_1 与 F、点 S 与 R_n 的连线，并延长两连线交于点 Δ，此点即为操作点。

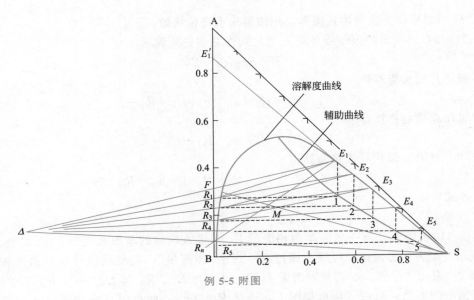

例 5-5 附图

过点 E_1 作联结线 E_1R_1，R_1 点即为与 E_1 呈平衡的萃余相组成点。

连接点 Δ、R_1 并延长交溶解度曲线于 E_2 点，此点即为进入第一级的萃取相组成点。

重复上述步骤，过 E_2 点作联结线 E_2R_2，得点 R_2，连接点 R_2、Δ 并延长交溶解度曲线于 E_3 点……由图可知，当作至联结线 E_5R_5 时，$x_5 = 5\% < 7\%$，即用五个理论级即可满足萃取分离要求。

（2）最终萃取液的流量和组成

连接点 S、E_1 并延长交 AB 边于点 E_1'，此点即代表最终萃取液的组成点。由图读得 $y_1' = 0.87$。应用杠杆规则求 E_1 的流量，即

$$E_1 = M \times \frac{\overline{MR_n}}{\overline{E_1R_n}} = (2000 + 700) \times \frac{19.5}{43} = 1224 \text{kg/h}$$

萃取液由 E_1 完全脱除溶剂 S 而得到，故可应用杠杆规则求得 E_1'，即

$$E_1' = E_1 \times \frac{\overline{E_1S}}{\overline{SE_1'}} = 1224 \times \frac{43.5}{91.5} = 582 \text{kg/h}$$

 解题要点：准确做出操作线与联结线，并熟练运用杠杆规则。

（2）直角坐标图解法

当萃取过程所需的理论级数较多时，若仍在三角形坐标图上进行图解，由于各种关系线挤在一起，很难得到准确的结果。此时可在直角坐标上绘出分配曲线和操作线，然后利用阶梯法求解理论级数。其步骤如下。

① 根据已知的相平衡数据，分别在三角形坐标图和 x-y 直角坐标图上绘出溶解度曲线和分配曲线（如图 5-18）。

② 根据原料液组成 x_F、溶剂组成 y_S、规定的最终萃余相组成 x_n 及溶剂比 S/F，按前述方法在三角形相图上定出操作点 Δ。

③ 自操作点 Δ 分别引出若干条 ΔRE 操作线，分别与溶解度曲线交于点 R_{m-1} 和 E_m，其组成分别为 x_{m-1} 和 y_m（$m = 2, 3 \cdots n$），相应的可在直角坐标图上定出一个操作点，将若干个操作点相连接，即可得到操作线。

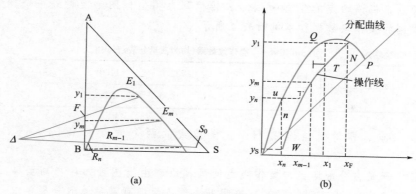

图 5-18　在 x-y 直角坐标图上图解理论级数

④ 从点$(x_F，y_1)$出发，在平衡线（即分配曲线）与操作线之间画梯级，直至某一梯级所对应的萃余相组成等于或小于规定的萃余相组成为止，此时重复作出的梯级数即为所需的理论级数。

【例 5-6】　在多级逆流萃取装置中，以纯二异丙醚为溶剂从醋酸质量分数为 40% 的醋酸水溶液中提取醋酸。已知原料液处理量为 1000kg/h，二异丙醚用量为 1500kg/h。要求最终萃余相中醋酸的质量分数不高于 7%。试在 x-y 直角坐标图上求解所需的理论级数。

操作条件下的平衡数据如本例附表 1 和附表 2 所示。

例 5-6 附表 1　溶解度数据（均为质量分数/%）

二异丙醚(S)	0.7	1.0	1.4	2.2	3.7	7.3	13.2	21.5	24.7	35.5	45.2	59.0	78.0	96.0
醋酸(A)	0	9.0	18.6	27.8	36.3	42.7	46.8	48.5	48.3	45.3	39.8	31.0	17.0	0

例 5-6 附表 2　辅助曲线数据（均为质量分数/%）

二异丙醚(S)	0.7	5.0	10.0	15.0	20.0	21.0	22.0	23.0	24.0	24.5	24.7
醋酸(A)	0	2.2	5.5	11.0	19.0	21.5	24.5	30.0	35.0	41.0	48.3

解　（1）由题给数据在三角形坐标上绘出溶解度曲线和辅助曲线（如本题附图所示），定出 F、R_n、S 及 E_1 四个点，连接点 R_n、S 及点 F、E_1，并将连线延长交于点 Δ，点 Δ 即为操作点。

（2）在 x-y 直角坐标图上绘出分配曲线

在三角形相图上借助辅助曲线确定若干对共轭相中溶质的平衡组成，如本题附表 3 所示。

例 5-6 附表 3　平衡数据（均为质量分数/%）

x_A	6.0	13.0	22.0	29.0	35.0	41.0	44.0	48.0
y_A	2.0	5.0	10.0	15.0	20.0	25.0	30.0	41.0

由附表 3 的数据在直角坐标图上绘出分配曲线 OGQ。

（3）在 x-y 直角坐标图上绘出操作线

在三角形相图中于 $R_nS\Delta$ 及 $FE_1\Delta$ 两直线之间作若干条操作线，每条操作线分别与溶解度曲线交于两点，将该两点的坐标 y_A、x_A 转移到直角坐标图上便得到一个操作点。自三角形相图上得到的操作点数据如本例附表 4 所示。

例 5-6 附表 4　操作线数据（均为质量分数/%）

x_A	40.0	30.0	22.0	14.0	7.0
y_A	18.0	12.0	10.0	4.0	0

连接上述诸点，即得到操作线 HW。操作线的两个端点为 $W(x_F, y_1)$ 和 $H(x_n, y_S)$。

（4）自 W 点开始在分配曲线与操作线之间画梯级，由附图可知，当画至第五个梯级时，其对应的萃余相组成 $x_5 = 6.5\% < 7\%$，表明五个理论级即可满足萃取分离要求。

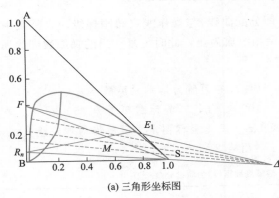

(a) 三角形坐标图　　　(b) 在 x-y 直角坐标上图解理论级

例 5-6 附图

　解题要点：在直角坐标图上准确作出分配曲线和操作线。

2. 原溶剂 B 与萃取剂 S 不互溶时理论级数的求算

当组分 B 和 S 不互溶时，萃取相中只有 A、S 两个组分，萃余相中只有 B、A 两个组分，故各级萃取相中溶剂 S 的量和萃余相中原溶剂 B 的量均保持不变。此时的多级逆流萃取操作过程与脱吸过程十分相似，其理论级数的求算通常亦有两种方法，即 X-Y 直角坐标图解法和解析法。

若操作条件下的分配曲线不是直线，一般采用 X-Y 直角坐标图解法求取理论级数。具体做法是：首先由平衡数据在 X-Y 直角坐标图上绘出分配曲线，如图 5-19(b) 所示，然后在图 5-19(a) 中的第一级至第 i 级之间进行质量衡算得

$$BX_F + SY_{i+1} = BX_i + SY_1 \tag{5-32a}$$

或

$$Y_{i+1} = \frac{B}{S}X_i + \left(Y_1 - \frac{B}{S}X_F\right) \tag{5-32b}$$

式中，X_i 为离开第 i 级萃余相中溶质的质量比组成，kgA/kgB；Y_{i+1} 为离开第 $i+1$ 级萃取相中溶质的质量比组成，kgA/kgS。

式(5-32b)即为操作线方程，其在直角坐标图上为一条经过点 $J(X_F, Y_1)$ 和点 $D(X_n, Y_S)$ 的直线，最后从 J 点开始，在分配曲线与操作线之间画梯级，梯级数即为所求的理论级数。

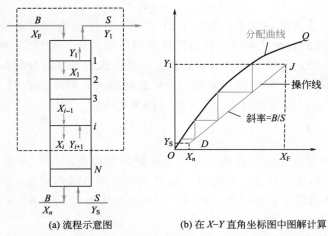

(a) 流程示意图　　　　　(b) 在 X–Y 直角坐标图中图解计算

图 5-19　组分 B 和组分 S 完全不互溶时多级逆流萃取的图解计算

若操作条件下的分配曲线为通过原点的直线，由于操作线也为直线，萃取因子 A_m（$=KS/B$）为常数，则可仿照脱吸过程的计算方法，用下式求算理论级数，即

$$n=\ln\left[\left(1-\frac{1}{A_m}\right)\frac{X_F-\dfrac{Y_S}{K}}{X_n-\dfrac{Y_S}{K}}+\frac{1}{A_m}\right]\Bigg/\ln A_m \tag{5-33}$$

3. 最小溶剂比 $(S/F)_{\min}$ 和最小溶剂用量 $S_{\min}$

与吸收操作中的最小液气比和最小吸收溶剂用量类似，在萃取操作中也有最小溶剂比和最小溶剂用量的概念。如图 5-20 所示，在萃取过程中，当溶剂比减少时，操作线逐渐向分配曲线（平衡线）靠拢，达到同样分离要求所需的理论级数逐渐增加。当溶剂比减少至一定值时，操作线和分配曲线相切（或相交），此时类似于精馏中的夹紧区，所需的理论级数无限多，此溶剂比称为最小溶剂比 $(S/F)_{\min}$，相应的萃取剂用量称为最小溶剂用量，以 $S_{\min}$ 表示。显然 $S_{\min}$ 为萃取操作中溶剂用量的最低极限值，实际操作时的萃取剂用量必须大于此极限值。

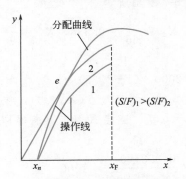

图 5-20　溶剂比与操作线的位置

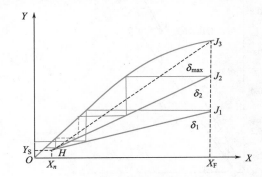

图 5-21　最小溶剂用量

溶剂用量的大小是影响设备费和操作费的主要因素。当分离任务一定时，若减少溶剂用量，则所需的理论级数增加，设备费随之增加，而回收溶剂所消耗的能量减少；反之，若加大溶剂用量，则所需的理论级数可以减少，但回收溶剂所消耗的能量增加。适宜的溶剂用量应根据设备费与操作费之和最小的原则确定，一般取为最小溶剂用量的 1.1～2.0 倍，即

$$S = (1.1 \sim 2.0)S_{\min} \tag{5-34}$$

对于组分 B 和 S 不互溶的物系，如图 5-21 所示，其操作线为一条经过点 $H(X_n, Y_S)$ 且与直线 $X = X_F$ 相交的直线。若以 δ 代表操作线的斜率，即 $\delta = B/S$，则当 B 值一定时，δ 将随萃取剂用量 S 而变，显然 S 愈小，δ 值愈大，操作线也愈靠近分配曲线，所需的理论级数也就愈多；当操作线与分配曲线相交时，δ 值达到最大，即 $\delta_{\max}$，对应的 S 即为最小值 $S_{\min}$，此时所需的理论级数为无穷多。$S_{\min}$ 值可按下式确定，即

$$S_{\min} = \frac{B}{\delta_{\max}} \tag{5-35}$$

对于组分 B 和 S 部分互溶的物系，由三角形相图可以看出，S/F 值愈小，操作线和联结线的斜率愈接近，所需的理论级数愈多，当萃取剂的用量减小至某一极限值，即 $S_{\min}$ 时，就会出现操作线与联结线重合的情况，此时所需的理论级数为无穷多。$S_{\min}$ 的值可由杠杆规则确定。

【例 5-7】 在多级逆流萃取装置中，以纯三氯乙烷为溶剂从丙酮质量分数为 35% 的丙酮水溶液中提取丙酮。已知原料液处理量为 2000kg/h，要求最终萃余相中丙酮的质量分数不高于 5%。萃取剂的用量为最小用量的 1.3 倍。水和三氯乙烷可视为完全不互溶，试在 X-Y 直角坐标图上求解所需的理论级数。

操作条件下的平衡数据见例 5-3 附表 2。

若操作条件下该物系的分配系数 K 取为 1.71，试用解析法求解所需的理论级数。

解 (1) 图解法求理论级数

将例 5-3 的平衡数据换算成质量比组成，结果如本题附表所示。

例 5-7 附表

X	0.0634	0.111	0.163	0.236	0.266	0.370	0.538
Y	0.0959	0.176	0.266	0.383	0.471	0.681	0.923

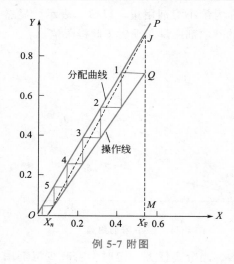

例 5-7 附图

将附表中的数据在 X-Y 直角坐标图上标绘，得分配曲线 OP，如例 5-7 附图所示。

由题给数据得 $X_F = \dfrac{35}{65} = 0.538$，$X_n = \dfrac{5}{95} = 0.0526$，则

$$B = F(1 - X_F) = 2000 \times (1 - 0.35) = 1300 \text{kg/h}$$

由于 $Y_S = 0$，故操作线的一端经过点 $(X_n, 0)$，作 $X = X_F$ 与分配曲线交于点 J，连接 $X_n J$，其斜率即为 $\delta_{\max}$，即

$$\delta_{\max} = \frac{0.923 - 0}{0.538 - 0.0526} = 1.90$$

由式(5-35)计算最小溶剂用量，即

$$S_{\min} = \frac{B}{\delta_{\max}} = \frac{1300}{1.90} = 684 \text{kg/h}$$

$$S = 1.3 S_{\min} = 1.3 \times 684 = 889 \text{kg/h}$$

实际操作线的斜率为

$$\delta = \frac{B}{S} = \frac{1300}{889} = 1.46$$

于是，可作出实际操作线 QX_n。在分配曲线与实际操作线之间画梯级，可求得所需理论级数为 5.5。

(2) 解析法求理论级数

由题给数据，计算有关参数，即

$$A_m = \frac{KS}{B} = \frac{1.71 \times 889}{1300} = 1.169, \qquad \frac{X_F - \dfrac{Y_S}{K}}{X_n - \dfrac{Y_S}{K}} = \frac{0.538 - 0}{0.0526 - 0} = 10.23$$

由式 (5-33)，得

$$n = \ln \left[\left(1 - \frac{1}{A_m}\right) \frac{X_F - \dfrac{Y_S}{K}}{X_n - \dfrac{Y_S}{K}} + \frac{1}{A_m} \right] \bigg/ \ln A_m$$

$$= \ln \left[\left(1 - \frac{1}{1.169}\right) \times 10.23 + \frac{1}{1.169} \right] \bigg/ \ln 1.169 = 5.43$$

可以看出，两种方法所得结果非常吻合。

【例 5-8】 现有由 10kg 溶质 A 和 120kg 原溶剂 B 组成的溶液，用 150kg 纯溶剂 S 进行萃取分离。组分 B、S 可视为完全不互溶，操作条件下，以质量比表示相组成的分配系数可取为常数，$K = 2.6$。试比较如下三种萃取操作的最终萃余相组成 X_n。(1) 一次平衡萃取；(2) 将 150kg 溶剂分作三等份进行三级错流萃取；(3) 三级逆流萃取。

解 由于在操作条件下，组分 B、S 可视为完全不互溶，且分配系数 $K = 2.6$，故可用解析法计算。

(1) 一次平衡萃取

$X_F = \dfrac{10}{120} = 0.0833$，$Y_S = 0$，$B = 120\text{kg}$，$S = 150\text{kg}$，由组分 A 的质量衡算得

$$B(X_F - X_1) = SY_1$$

将 $Y_1 = 2.6X_1$ 代入上式解得

$$X_1 = 0.0196$$

(2) 三级错流萃取

$$S_i = \frac{1}{3}S = \frac{1}{3} \times 150 = 50\text{kg}, \qquad A_m = \frac{KS_i}{B} = \frac{2.6 \times 50}{120} = 1.083$$

将有关数据代入式 (5-30) 便可求得 X_3，即

$$3 = \ln \left[\frac{0.0833}{X_3} \right] \bigg/ \ln(1 + 1.083)$$

解之得

$$X_3 = 0.0092$$

(3) 三级逆流萃取

$$A'_m = \frac{KS}{B} = \frac{2.6 \times 150}{120} = 3.25$$

将有关数据代入式 (5-33) 便可求得 X'_3，即

$$3 = \ln \left[\left(1 - \frac{1}{3.25}\right) \frac{0.0833}{X'_3} + \frac{1}{3.25} \right] \bigg/ \ln 3.25$$

解之得

$$X'_3 = 0.00169$$

由计算结果可知，在总溶剂用量相同的条件下，三级逆流萃取最终萃余相组成最低，即萃取效果最佳，三级错流萃取次之，单级萃取最差。

5.3.4 微分接触逆流萃取的计算

微分接触逆流萃取过程通常在塔式设备(如填料塔、喷洒塔、脉冲筛板塔等)中进行，其流程如图 5-22 所示，重液(如原料液)自塔顶进入，从上向下流动，轻液(如溶剂)自塔底进入，从下向上流动，二者微分逆流接触，进行传质，萃取结束后，两相分别在塔顶、塔底分离，最终的萃取相从塔顶流出，最终的萃余相从塔底流出。

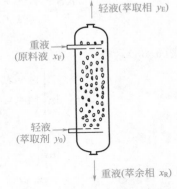

图 5-22　喷洒塔中微分
接触逆流萃取

塔式微分接触逆流萃取设备的计算和气液传质设备一样，主要是确定塔径和塔高。塔径的尺寸取决于两液相的流量及适宜的操作速度；而塔高的计算通常有两种方法，即理论级当量高度法和传质单元数法。

1. 萃取塔塔高的确定

(1) 理论级当量高度法

与精馏和吸收类似，理论级当量高度是指相当于一个理论级萃取效果的塔段高度，以 $HETS$ 表示。于是，在求得逆流萃取所需的理论级数后，即可由下式计算塔的萃取段有效高度

$$H = n(HETS) \tag{5-36}$$

式中，H 为萃取段的有效高度，m；n 为逆流萃取所需的理论级数；$HETS$ 为理论级当量高度，m。

$HETS$ 是衡量萃取塔传质特性的一个参数，其值与设备型式、物系性质和操作条件有关，一般需通过实验确定。

(2) 传质单元数法

与吸收操作中填料层高度计算方法类似，萃取段有效高度亦可用传质单元数法计算，即

$$H = \int_{X_n}^{X_F} \frac{B}{K_X a \Omega} \frac{dX}{X - X^*} \tag{5-37}$$

当组分 B 和 S 完全不互溶，且溶质组成较低时，在整个萃取段内体积传质系数 $K_X a$ 和纯原溶剂 B 的流量均可视为常数，于是式(5-37)变为

$$H = \frac{B}{K_X a \Omega} \int_{X_n}^{X_F} \frac{dX}{X - X^*} \tag{5-38}$$

或

$$H = H_{OR} N_{OR} \tag{5-38a}$$

式中，H_{OR} 为萃余相的总传质单元高度，m，即 $H_{OR} = \dfrac{B}{K_X a \Omega}$；$K_X a$ 为以萃余相中溶质的质量比组成为推动力的总体积传质系数，kg/(m³·h)；N_{OR} 为萃余相的总传质单元数，$N_{OR} = \int_{X_n}^{X_F} \dfrac{dX}{X - X^*}$；$X$ 为萃余相中溶质的质量比组成；X^* 为与萃取相呈平衡的萃余相中溶质的质量比组成；Ω 为塔的横截面积，m²。

萃余相的总传质单元高度 H_{OR} 或总体积传质系数 $K_X a$ 一般需结合具体的设备及操作条件由实验测定；萃余相的总传质单元数 N_{OR} 可由图解积分或数值积分法求得。当分配曲线为直线时，亦可由对数平均推动力或萃取因数法求得。萃取因数法计算式为

$$N_{OR} = \ln\left[\left(1 - \frac{1}{A_m}\right)\frac{X_F - \dfrac{Y_S}{K}}{X_n - \dfrac{Y_S}{K}} + \frac{1}{A_m}\right] \bigg/ \left(1 - \frac{1}{A_m}\right) \tag{5-39}$$

以上为对萃余相讨论的结果，类似的，也可对萃取相写出相应的计算式。

【例 5-9】 在塔径为 0.05m，有效高度为 1m 的填料萃取实验塔内，用纯溶剂 S 从溶质 A 质量分数为 0.15 的水溶液中提取溶质 A。水与溶剂可视为完全不互溶，要求最终萃余相中溶质 A 的质量分数不大于 0.004。操作溶剂比 (S/B) 为 2，溶剂用量为 130kg/h。操作条件下平衡关系为 $Y = 1.6X$。试求萃余相的总传质单元数和总体积传质系数。

解 由于组分 B、S 可视为完全不互溶且分配系数为常数，故可用平均推动力法或式 (5-39) 求总传质单元数 N_{OR}，而总体积传质系数 $K_X a$ 则由总传质单元高度 H_{OR} 求算。

(1)总传质单元数 N_{OR}

① 对数平均推动力法 由题给数据可得

$$X_F = \frac{0.15}{0.85} = 0.1765, \quad X_n = \frac{0.004}{0.996} = 0.004$$

$$Y_S = 0, \quad Y_1 = \frac{B(X_F - X_n)}{S} = \frac{0.1765 - 0.004}{2} = 0.08625$$

$$X_1^* = \frac{Y_1}{K} = \frac{0.08625}{1.6} = 0.05391$$

$$\Delta X_1 = X_F - X_1^* = 0.1765 - 0.05391 = 0.1226, \quad \Delta X_2 = X_n - X_2^* = 0.004 - 0 = 0.004$$

$$\Delta X_m = \frac{\Delta X_1 - \Delta X_2}{\ln\dfrac{\Delta X_1}{\Delta X_2}} = \frac{0.1226 - 0.004}{\ln\dfrac{0.1226}{0.004}} = 0.03465$$

$$N_{OR} = \int_{X_n}^{X_F} \frac{dX}{X - X^*} = \frac{X_F - X_n}{\Delta X_m} = \frac{0.1765 - 0.004}{0.03465} = 4.98$$

② 萃取因数法

$$A_m = \frac{KS}{B} = 1.6 \times 2 = 3.2$$

$$N_{OR} = \ln\left[\left(1 - \frac{1}{A_m}\right)\frac{X_F - \dfrac{Y_S}{K}}{X_n - \dfrac{Y_S}{K}} + \frac{1}{A_m}\right] \bigg/ \left(1 - \frac{1}{A_m}\right) = \ln\left[\left(1 - \frac{1}{3.2}\right)\frac{0.1765}{0.004} + \frac{1}{3.2}\right] \bigg/ \left(1 - \frac{1}{3.2}\right) = 4.98$$

两种方法求得的结果完全一致。

(2)总体积传质系数 $K_X a$

$$H_{OR} = \frac{H}{N_{OR}} = \frac{1}{4.98} = 0.2008\text{m}, \quad B = \frac{S}{2} = \frac{130}{2} = 65\text{kg/h}$$

$$K_X a = \frac{B}{H_{OR}\Omega} = \frac{65}{0.2008 \times \dfrac{\pi}{4} \times 0.05^2} = 1.649 \times 10^5\,\text{kg/(m}^3 \cdot \text{h)}$$

2. 萃取塔塔径的确定

如前所述，在塔式萃取设备的操作中，分散相和连续相是依靠两相的密度差，在重力或其他外力的作用下，产生相对运动并密切接触而进行传质的。两相之间的传质速率与两相接触和流动状况密切相关，而流动状况和传质速率又决定了其设备的尺寸，如萃取塔的直径和高度。

在逆流操作的萃取塔中，分散相和连续相的流量不能任意增大。流量过大，一方面会引起两相接触时间减少，降低萃取效率；另一方面，两相速度增大还将引起流动阻力的增加，当速度增大至某一极限值时，一相会因流动阻力的增加而被另一相夹带由其自身入口处流出塔外。这种两液体互相夹带的现象称为液泛，此时的速度称为液泛速度。液泛时塔内的正常萃取操作被破坏，因此萃取塔中的实际操作速度必须低于液泛速度。

在萃取塔的设计中，为了确定塔径，必须首先确定两液相适宜的操作速度，操作速度需根据液泛速度确定，因此确定液泛速度是萃取塔设计计算中的主要步骤。

关于液泛速度，许多研究者针对不同类型的萃取设备提出了经验关联式或半经验关联式，还有的绘成关联图。图 5-23 为计算填料萃取塔的液泛速度 U_{cf} 关联图。

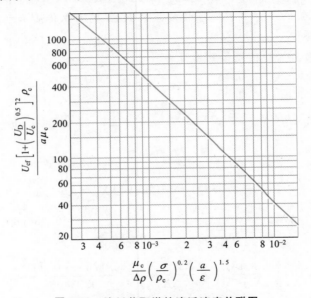

图 5-23　填料萃取塔的液泛速度关联图

U_{cf}—连续相泛点表观速度(空塔速度)，m/s；U_D、U_c—分散相和连续相的表观速度，m/s；

ρ_c—连续相的密度，kg/m³；$\Delta\rho$—两相密度差，kg/m³；σ—界面张力，N/m；a—填料的

比表面积，m²/m³；μ_c—连续相的黏度，Pa·s；ε—填料层的空隙率

根据所用填料的空隙率 ε、比表面积 a 及两液相的有关物性数据，算出图5-23中横坐标 $\dfrac{\mu_c}{\Delta\rho}\left(\dfrac{\sigma}{\rho_c}\right)^{0.2}\left(\dfrac{a}{\varepsilon}\right)^{1.5}$ 的数值，根据此值可从图上查得纵坐标 $U_{cf}\left[1+\left(\dfrac{U_D}{U_c}\right)^{0.5}\right]^2\rho_c/(a\mu_c)$ 的数值，从而可求出填料萃取塔的液泛速度 U_{cf}。实际设计中，空塔速度可取液泛速度的50%～80%。根据此空塔速度便可计算塔径，即

$$D=\sqrt{\frac{4V_c}{\pi U_c}}=\sqrt{\frac{4V_D}{\pi U_D}} \qquad (5-40)$$

式中，D 为塔径，m；V_c、V_D 为连续相和分散相的体积流量，m³/s；U_c、U_D 为连续相和分散相的表观速度，m/s。

5.4 液-液萃取设备

5.4.1 萃取设备的基本要求与分类

(1)萃取设备的基本要求

在萃取设备中，实现液-液萃取的基本要求是液体分散和两液相的相对流动与分层。首先为了使溶质更快地从原料液进入萃取剂，必须要求两相充分的接触并伴有较高程度的湍动。通常萃取过程中一个液相为连续相，另一个液相以液滴的形式分散在连续的液相中，称为分散相，液滴表面积即为两相接触的传质面积。显然液滴越小，两相的接触面积就越大，传质也就越快。其次，分散的两相必须进行相对流动以实现液滴聚集与两相分层。同样分散相液滴越小，两相的相对流动越慢，聚合分层越困难。因此，上述两个基本要求是互相矛盾的，在进行萃取设备的结构设计和操作参数的选择时，必须统筹兼顾以找出最适宜的方案。

(2)萃取设备的分类

目前，工业上使用的各种类型的萃取设备已超过 30 种，而且还在不断开发出更新的设备。

根据两相的接触方式，萃取设备可分为逐级接触式和微分接触式两类。在逐级接触式设备中，每一级均进行两相的混合与分离，故级间两液相的组成发生阶跃式变化。而在微分接触式设备中，两相逆流，连续接触，连续传质，从而两液相的组成也发生连续变化。

根据外界是否输入机械能，萃取设备又可分为有外加能量和无外加能量两类。若两相密度差较大，则液-液萃取操作时，仅依靠液体进入设备时的压力及两相的密度差即可使液体分散和流动；反之，若两相密度差较小，界面张力较大，液滴易聚合不易分散，则液-液萃取操作时，常采用从外界输入能量的方法，如施加搅拌、振动、离心等以提高两相的相对流速，改善液体分散状况。

工业上常用萃取设备的分类情况见表 5-1。

表 5-1　萃取设备分类

液体分散的动力		逐级接触式	微分接触式
重力差		筛板塔	喷洒塔
			填料塔
外加能量	脉冲	脉冲混合澄清器	脉冲填料塔
			液体脉冲筛板塔
	旋转搅拌	混合澄清器	转盘塔（RDC）
			偏心转盘塔（ARDC）
		夏贝尔（Scheibel）塔	库尼（Kühni）塔
	往复搅拌		往复筛板塔
	离心力	卢威离心萃取机	POD 离心萃取机

5.4.2 萃取设备的主要类型

1. 混合澄清器

混合澄清器是最早使用，而且目前仍广泛应用的一种萃取设备，它由混合器与澄清器两部分组成。典型的混合澄清器如图 5-24 所示。

在混合器中，原料液与萃取剂借助搅拌装置的作用使其中一相破碎成液滴而分散于另一相中，以加大相际接触面积并提高传质速率。两相分散体系在混合器内停留一定时间后，流入澄清器。在澄清器中，轻、重两相依靠密度差进行重力沉降（或升浮），并在界面张力的作用下凝聚分层，形成萃取相和萃余相。

混合澄清器可以单级使用，也可以多级串联使用。图 5-25 为水平排列的三级逆流混合-澄清萃取装置示意图。

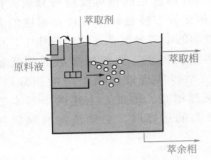

图 5-24　混合澄清器示意图

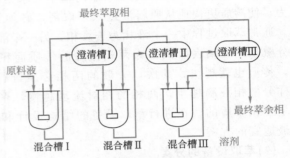

图 5-25　三级逆流混合-澄清萃取装置

混合澄清器具有如下优点：

① 处理量大，传质效率高，一般单级效率在 80% 以上；

② 两相流量比范围大，流量比大到 1/10 仍能正常操作；

③ 结构简单，易于放大，操作方便，运转稳定可靠，适应性强，可适用于多种物系，甚至是含少量悬浮固体物系的处理；

④ 易实现多级连续操作，便于调节级数。

混合澄清器的缺点是水平排列的设备占地面积大，溶剂储量大，每级内都设有搅拌装置，液体在级间流动需用泵输送，设备费和操作费都较高。

2. 萃取塔

通常将高径比很大的萃取装置统称为塔式萃取设备，简称萃取塔。为了获得满意的萃取效果，萃取塔应具有分散装置，以提供两相间较好的混合条件；同时，塔顶、塔底均应有足够的分离空间，以使两相很好的分层。由于使两相混合和分散所采用的措施不同，因此出现了不同结构型式的萃取塔。下面介绍几种工业上常用的萃取塔。

(1) 喷洒塔

又称喷淋塔，是最简单的萃取塔，如图 5-26 所示，轻、重两相分别从塔的底部和顶部进入。若以重相为分散相，则重相经塔顶的分布装置分散为液滴进入连续相，沿轴向下沉，在下沉中与轻相接触进行传质，降至塔底分离段处凝聚形成重液层排出装置。连续相即轻相，由下部进入，沿轴向上升至塔顶，与重相分离后由塔顶排出[图 5-26(a)]；若以轻相为分散相，则轻相经塔底的分布装置分散为液滴进入连续相，沿轴向上升，在上升中与重相接触进行传质，轻相升至塔顶分离段处凝聚形成轻液层排出装置。而连续相即重相，由上部进入，沿轴向下流动与轻相液滴接触，至塔底后与轻相分离后排出[图 5-26(b)]。

喷洒塔结构简单，塔体内除各流股物料进出的连接管和分散装置外，无其他内部构件。缺点是轴向返混严重，传质效率极低，因而适用于仅需一、二个理论级的场合，如水洗、中和或处理含有固体的悬浮物系。

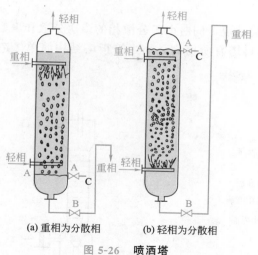

(a) 重相为分散相　　　(b) 轻相为分散相

图 5-26　喷洒塔

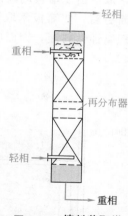

图 5-27　填料萃取塔

（2）填料萃取塔

其结构与精馏和吸收所用的填料塔基本相同，如图 5-27 所示。塔内装有适宜的填料，轻相由底部进入，顶部排出，重相由顶部进入，底部排出。萃取操作时，连续相充满整个塔中，分散相由分布器分散成液滴进入填料层，在与连续相逆流接触中进行传质。

填料层的作用除可以使液滴不断发生凝聚与再分散，以促进液滴的表面更新外，还可以减少轴向返混。选择填料材质时，除考虑料液的腐蚀性外，还应使填料优先被连续相润湿而不被分散相润湿，以利于液滴的生成和稳定。一般陶瓷易被水相润湿，塑料和石墨易被有机相润湿，金属材料则需通过实验确定。填料支承器的截面积应尽可能的大，以减小压力降和防止沟流。当填料层高度较大时，每隔 3～5m 高度应设置再分布器，以减小轴向返混。为降低壁效应的影响，散装填料尺寸应小于塔径的1/8～1/10。

填料萃取塔结构简单，操作方便，适合于处理腐蚀性料液，缺点是传质效率低。一般用于所需理论级数较少（如 3 个萃取理论级）的场合。

（3）筛板萃取塔

筛板萃取塔如图 5-28 所示，塔内装有若干层筛板，筛板的孔径一般为3～9mm，孔距为孔径的 3～4 倍，板间距为150～600mm。

筛板萃取塔是逐级接触式萃取设备，两相依靠密度差，在重力的作用下，进行分散和逆向流动。若以轻相为分散相，则其通过塔板上的筛孔而被分散成细小的液滴，与塔板上的连续相充分接触进行传质。穿过连续相的轻相液滴逐渐凝聚，并聚集于上层筛板的下侧，待两相分层后，轻相借助压力差的推动，再经筛孔分散，液滴表面得到更新。如此分散、凝聚交替进行，直至塔顶澄清、分层、排出。而连续相则横向流过塔板，在筛板上与分散相液滴接触传质后，由降液管流至下一层塔板。若以重相为分散相，则重相穿过板上的筛孔，分散成液滴落入连续的轻相中进行传质，穿过轻液层的重相液滴逐渐凝聚，并聚集于下层筛板的上侧，轻相则连续地从筛板下侧横向流过，从升液管进入上层塔

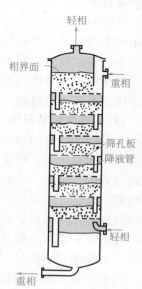

图 5-28　筛板萃取塔

（轻相为分散相）

板，如图 5-29 所示。

筛板萃取塔由于塔板的限制，减小了轴向返混，同时由于分散相的多次分散和聚集，液滴表面不断更新，使筛板萃取塔的效率比填料塔有所提高，加之筛板塔结构简单，造价低廉，可处理腐蚀性料液，因而应用较广。

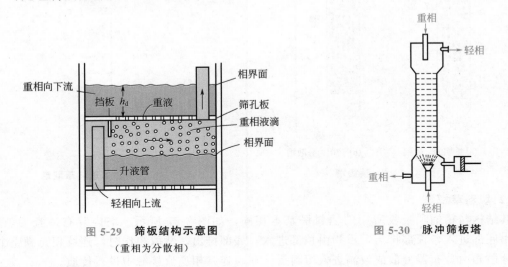

图 5-29　筛板结构示意图
（重相为分散相）

图 5-30　脉冲筛板塔

（4）脉冲筛板塔

亦称液体脉动筛板塔，是指由于外力作用使液体在塔内产生脉冲运动的筛板塔，其结构与气-液传质过程中无降液管的筛板塔类似，如图 5-30 所示。塔两端直径较大部分为上澄清段和下澄清段，中间为两相传质段，其中装有若干层具有小孔的筛板，板间距较小，一般为50mm。在塔的下澄清段装有脉冲管，萃取操作时，由脉冲发生器提供的脉冲使塔内液体做上下往复运动，迫使液体经过筛板上的小孔，使分散相破碎成较小的液滴分散在连续相中，并形成强烈的湍动，从而促进传质过程的进行。脉冲发生器的类型有多种，如活塞型、膜片形、风箱形等。

在脉冲萃取塔内，一般脉冲振幅的范围为 9～50mm，频率为 30～200min^{-1}。实验研究和生产实践表明，萃取效率受脉冲频率影响较大，受振幅影响较小。一般认为频率较高、振幅较小时萃取效果较好。如脉冲过于激烈，将导致严重的轴向返回，传质效率反而下降。

脉冲萃取塔的优点是结构简单，传质效率高，但其生产能力一般有所下降，在化工生产中的应用受到一定限制。

（5）往复筛板萃取塔

其结构如图 5-31 所示，将若干层筛板按一定间距固定在中心轴上，由塔顶的传动机构驱动而作往复运动。往复振幅一般为 3～50mm，频率可达 100min^{-1}。往复筛板的孔径要比脉动筛板的孔径大，一般为 7～16mm。当筛板向上运动时，迫使筛板上侧的液体经筛孔向下喷射；反之，当筛板向下运动时，又迫使筛板下侧的液体向上喷射。为防止液体沿筛板与塔壁间的缝隙走短路，应每隔若干块筛板，在塔内壁设置一块环形挡板。

往复筛板萃取塔的效率与塔板的往复频率密切相关。当振幅一定时，在不发生液泛的前提下，效率随频率的增大而提高。

往复筛板萃取塔可较大幅度地增加相际接触面积和提高液体的湍动程度，传质效率高，流动阻力小，操作方便，生产能力大，在石油化工、食品、制药和湿法冶金工业中应用日益广泛。

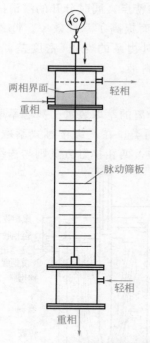

图 5-31　往复筛板萃取塔

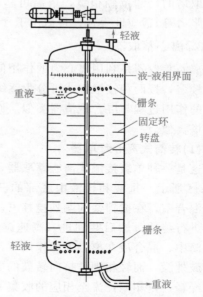

图 5-32　转盘萃取塔(RDC)

(6)转盘萃取塔(RDC塔)

基本结构如图 5-32 所示,在塔体内壁面上按一定间距装有若干个环形挡板,称为固定环,固定环将塔内分割成若干个小空间。两固定环之间均装一转盘。转盘固定在中心轴上,转轴由塔顶的电机驱动。转盘的直径小于固定环的内径,以便于装卸。

萃取操作时,转盘随中心轴高速旋转,其在液体中产生的剪应力将分散相破裂成许多细小的液滴,在液相中产生强烈的涡旋运动,从而增大了相际接触面积和传质系数。同时固定环的存在一定程度上抑制了轴向返混,因而转盘萃取塔的传质效率较高。

转盘萃取塔结构简单,传质效率高,生产能力大,因而在石油化工中应用比较广泛。

为进一步提高转盘塔的效率,近年来又开发了不对称转盘塔(偏心转盘萃取塔),其基本结构如图 5-33 所示。带有搅拌液片的转轴安装在塔体的偏心位置,塔内不对称的设置垂直挡板,将其分成混合区 3 和澄清区 4。混合区由横向水平挡板分割成许多小室,每个小室内的转盘起混合搅拌器的作用。澄清区又由环形水平挡板分割成许多小室。

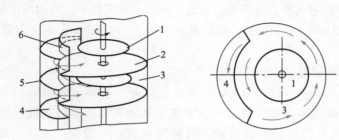

图 5-33　偏心转盘萃取塔内部结构
1— 转盘;2—横向水平挡板;3—混合区;
4—澄清区;5—环形分割板;6—垂直挡板

偏心转盘萃取塔既保持原有转盘萃取塔用转盘进行分散的特点，同时分开的澄清区又可以使分散相液滴反复进行凝聚-再分散，减小了轴向混合，从而提高了萃取效率。此外该类型萃取塔的尺寸范围很宽，塔高可达30m，塔径可达4m，对物系的性质（密度差、黏度、界面张力等）适应性很强，且适用于含有悬浮固体或易乳化的料液。

3. 离心萃取器

离心萃取器是利用离心力的作用使两相快速混合、快速分离的萃取装置。离心萃取器的类型较多，按两相接触方式可分为逐级接触式和微分接触式两类。在逐级接触式萃取器中，两相的作用过程与混合澄清器类似。而在微分接触式萃取器中，两相接触方式则与连续逆流萃取塔类似。

(1)转筒式离心萃取器

这是一种单级接触式离心萃取器，其结构如图 5-34 所示。重液和轻液由底部的三通管并流进入混合室，在搅拌桨的剧烈搅拌下，两相充分混合进行传质，然后共同进入高速旋转的转筒。在转筒中，混合液在离心力的作用下，重相被甩向转鼓外缘，而轻相则被挤向转鼓的中心。两相分别经轻、重相堰，流至相应的收集室，并经各自的排出口排出。

转筒式离心萃取器结构简单，效率高，易于控制，运行可靠。

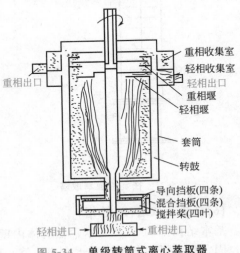

图 5-34　单级转筒式离心萃取器

(2)芦威式离心萃取器(Luwesta)

简称 LUWE 离心萃取器，它是立式逐级接触式离心萃取器的一种。图 5-35 所示为三级离心萃取器，其主体是固定在壳体上并随之作高速旋转的环形盘。壳体中央有固定不动的垂直空心轴，轴上也装有圆形盘，盘上开有若干个喷出孔。

萃取操作时，原料液与萃取剂均由空心轴的顶部加入。重液沿空心轴的通道下流至萃取器的底部而进入第三级的外壳内，轻液由空心轴的通道流入第一级。在空心轴内，轻液与来自下一级的重液相混合，再经空心轴上的喷嘴沿转盘与上方固定盘之间的通道被甩至外壳的四周。重液由外部沿转盘与下方固定盘之间的通道而进入轴的中心，并由顶部排出，其流向为由第三级经第二级再到第一级，然后进入空心轴的排出通道，如图中实线所示；轻液则由第一级经第二级再到第三级，然后进入空心轴的排出通道，如图中虚线所示。两相均由萃取器顶部排出。

该类萃取器主要用于制药工业，其处理能力为 $7\sim49\mathrm{m}^3/\mathrm{h}$，在一定条件下，级效率可接近100%。

(3)波德式离心萃取器(Podbielniak)

亦称离心薄膜萃取器，简称 POD 离心萃取器，是一种微分接触式的萃取设备，其结构如图 5-36 所示。波德式离心萃取器由一水平转轴和随其高速旋转的圆形转鼓以及固定的外壳组成。转鼓由一多孔的长带卷绕而成，其转速很高，一般为 2000～5000r/min，操作时轻、重液体分别由转鼓外缘和转鼓中心引入。由于转鼓旋转时产生的离心力作用，重液从中心向外流动，轻液则从外缘向中心流动，同时液体通过螺旋带上的小孔被分散，两相在逆向流动过程中，于螺旋形通道内密切接触进行传质。最后重液和轻液分别由位于转鼓外缘和转

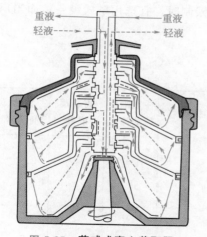

图 5-35　芦威式离心萃取器

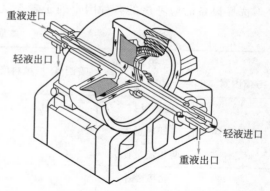

图 5-36　波德式离心萃取器

鼓中心的出口通道流出。它适合于处理两相密度差很小或易乳化的物系。波德式离心萃取器的传质效率很高，其理论级数可达 3～12。

离心萃取器的优点是结构紧凑，生产强度高，物料停留时间短，分离效果好，特别适用于两相密度差小、易乳化、难分相及要求接触时间短，处理量小的场合。缺点是结构复杂、制造困难、操作费高。

5.4.3　萃取设备的选择

萃取设备的类型很多，特点各异，物系性质对操作的影响错综复杂。对于具体的萃取过程，选择萃取设备的原则是：在满足工艺条件和要求的前提下，使设备费和操作费综合趋于最低。通常选择萃取设备时应考虑以下因素。

① **需要的理论级数**　当需要的理论级数不超过 2～3 级时，各种萃取设备均可满足要求；当需要的理论级数较多（如超过 4～5 级）时，可选用筛板塔；当需要的理论级数再多（如 10～20 级）时，可选用有外加能量的设备，如混合澄清器、脉冲塔、往复筛板塔、转盘塔等。

② **生产能力**　处理量较小时，可选用填料塔、脉冲塔；处理量较大时，可选用混合澄清器、筛板塔及转盘塔。离心萃取器的处理能力也相当大。

③ **物系的物性**　对密度差较大、界面张力较小的物系，可选用无外加能量的设备；对密度差较小、界面张力较大的物系，宜选用有外加能量的设备；对密度差甚小、界面张力小、易乳化的物系，应选用离心萃取器。

对有较强腐蚀性的物系，宜选用结构简单的填料塔或脉冲填料塔。对于放射性元素的提取，脉冲塔和混合澄清器用得较多。

物系中有固体悬浮物或在操作过程中产生沉淀物时，需定期清洗，此时一般选用混合澄清器或转盘塔。另外，往复筛板塔和脉冲筛板塔本身具有一定的自清洗能力，在某些场合也可考虑使用。

④ **物系的稳定性和液体在设备内的停留时间**　对生产中要考虑物料的稳定性、要求在设备内停留时间短的物系，如抗生素的生产，宜选用离心萃取器；反之，若萃取物系中伴有缓慢的化学反应，要求有足够长的反应时间，则宜选用混合澄清器。

⑤ **其他**　在选用萃取设备时，还应考虑一些其他因素，如能源供应情况，在电力紧张

地区应尽可能选用依靠重力流动的设备；当厂房面积受到限制时，宜选用塔式设备，而当厂房高度受到限制时，则宜选用混合澄清器。

选择设备时应考虑的各种因素列于表 5-2。

表 5-2　萃取设备的选择

考虑因素	设备类型	喷洒塔	填料塔	筛板塔	转盘塔	往复筛板脉动筛板	离心萃取器	混合澄清器
工艺条件	理论级数多	×	△	△	○	○	△	△
	处理量大	×	×	△	○	×	△	○
	两相流量比大	×	×	×	△	△	○	○
物系性质	密度差小	×	×	×	△	△	○	△
	黏度高	×	×	△	○	△	○	△
	界面张力大	×	×	△	△	△	○	△
	腐蚀性强	○	○	△	△	△	×	×
	有固体悬浮物	○	×	△	○	△	×	△
设备费用	制造成本	○	○	△	△	△	×	△
	操作费用	○	○	○	△	△	×	△
	维修费用	○	○	○	△	△	×	△
安装场地	面积有限	○	○	○	○	○	○	×
	高度有限	×		×	×	×	○	○

注：○—适用；△—可以；×—不适用。

5.5　萃取分离技术的进展

随着现代化学工业的发展，尤其是各类产品的深度加工、生物制品的精细分离、资源的综合利用、环境污染的深度治理等都对分离提纯技术提出了更高的要求。为适应各类工艺过程的需要，相继出现了一些萃取分离技术，诸如超临界流体萃取、回流萃取、液膜萃取、反向胶团萃取、双溶剂萃取、双水相萃取、凝胶萃取、膜萃取和化学萃取等，这些萃取分离技术都有其各自的优点。本节将对超临界流体萃取、回流萃取和化学萃取做简要介绍，至于其他萃取技术，可查阅有关专著。

5.5.1　超临界流体萃取

超临界流体萃取，又称超临界萃取、压力流体萃取、超临界气体萃取。它是以高压、高密度的超临界状态流体为溶剂，从液体或固体中萃取所需的组分，然后采用升温、降压或二者兼用和吸收（吸附）等手段将溶剂与所萃取的组分分离。

早在 1897 年，人们就已认识了超临界萃取这一概念。当时发现超临界状态的压缩气体对于固体具有特殊的溶解作用。例如在高于临界点的条件下，金属卤化物可以溶解在乙醇或四氯化碳中,而当压力降低后又可析出。
但直到 20 世纪 60 年代,才开始了其工业
应用的研究。目前,超临界萃取已成为一
种新型萃取分离技术,被应用于食品、医
药、化工、能源、香精香料等工业部门。

1. 超临界萃取的基本原理

(1) 超临界流体的 *p-V-T* 性质

超临界流体是指超过临界温度与临界
压力状态的流体。如果某种气体处于临界
温度之上,则无论压力多高,也不能液
化,仍然是气体,这时称此气体为超临界
流体。常用的超临界流体有二氧化碳、乙
烯、乙烷、丙烯、丙烷和氨等。二氧化碳
的临界温度比较接近于常温,加之安全易
得,价廉且能分离多种物质,故二氧化碳
是最常用的超临界流体。

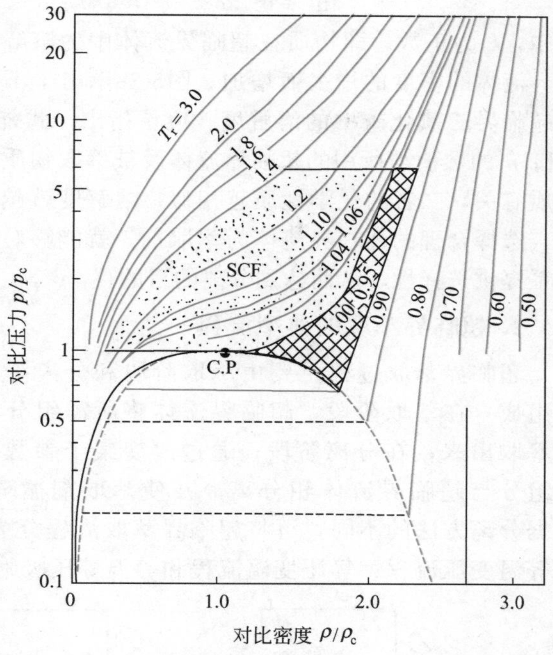

图 5-37　纯二氧化碳的对比压力-对比密度关系曲线

图 5-37 绘出了二氧化碳的对比压力
与对比密度的关系曲线图。图中阴影部分是超临界萃取的实际操作区域。可以看出,在
稍高于临界点温度的区域内,压力的微小变化将引起密度的很大变化。利用这一特性,
可在高密度条件下,萃取分离所需组分,然后稍微升温或降压将溶剂与所萃取的组分
分离。

(2) 超临界流体的基本性质

密度、黏度和自扩散系数是超临界流体的三个基本性质。表 5-3 比较了超临界流体和常
温常压下的气体、液体的这三个基本性质。从中可以看出,超临界流体的密度接近于液体,
黏度接近于气体,而自扩散系数介于气体和液体之间,比液体大 100 倍左右,这意味着超临
界流体具有与液体溶剂相近的溶解能力,同时超临界萃取时的传质速率将远大于其处于液态
下的溶剂萃取速率且能够很快地达到萃取平衡。

表 5-3　超临界流体与气体、液体传递性能的比较

性能 ＼ 介质	气体 (常温,常压)	超临界流体		液体 (常温,常压)
		(T_c, p_c)	$(T_c, 4p_c)$	
密度/(kg/m³)	2～6	200～500	400～900	600～1600
黏度×10⁵/Pa·s	1～3	1～3	3～9	20～300
自扩散系数×10⁴/(m²/s)	0.1～0.4	0.7×10⁻³	0.2×10⁻³	(0.2～2×10⁻⁵)

(3) 超临界流体的溶解性能

超临界流体的溶解性能与其密度密切相关。通常物质在超临界流体中的溶解度 *C* 与超
临界流体的密度 *ρ* 之间具有如下关系,即

$$\ln C = k\ln\rho + m \qquad (5\text{-}41)$$

式中，k 为正数，即物质在超临界流体中的溶解度随超临界流体的密度的增大而增加。图5-38示出了不同物质在超临界二氧化碳中的溶解度。应予指出，式(5-41)中 k 和 m 的数值与所用的超临界流体及被萃取物质的化学性质有关，二者的化学性质越相似，溶解度就越大。这样，选择合理的超临界流体为萃取剂，就能够对多组分物系提供选择性，从而达到分离的目的。

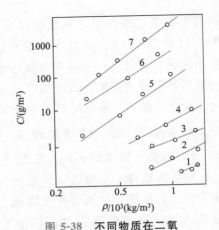

图 5-38　不同物质在二氧化碳中的溶解度

1—甘氨酸；2—弗朗鼠李甙；3—大黄素；4—对羟基苯甲酸；5—1,8-二羟基蒽醌；6—水杨酸；7—苯甲酸

2. 超临界萃取的典型流程

超临界萃取过程主要由萃取阶段和分离阶段两部分组成。在萃取阶段，超临界流体将所需组分从原料中萃取出来；在分离阶段，通过改变某个参数，使萃取组分与超临界流体相分离，并使萃取剂循环使用。根据分离方法的不同，可将超临界萃取流程分为三类，即等温变压流程、等压变温流程和等温等压吸附流程，如图 5-39 所示。

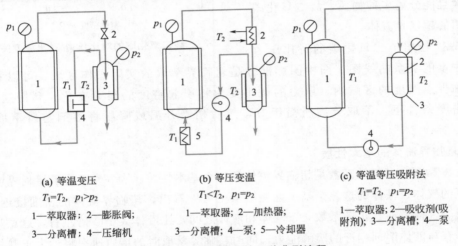

(a) 等温变压	(b) 等压变温	(c) 等温等压吸附法
$T_1=T_2$，$p_1>p_2$	$T_1<T_2$，$p_1=p_2$	$T_1=T_2$，$p_1=p_2$
1—萃取器；2—膨胀阀； 3—分离槽；4—压缩机	1—萃取器；2—加热器； 3—分离槽；4—泵；5—冷却器	1—萃取器；2—吸收剂(吸附剂)；3—分离槽；4—泵

图 5-39　超临界萃取的三种典型流程

(1)等温变压流程

是利用不同压力下超临界流体萃取能力的不同，通过改变压力使溶质与超临界流体分离。所谓等温是指在萃取器和分离器中流体的温度基本相同。这是最方便的一种流程，如图5-39(a)所示。首先使萃取剂通过压缩机达到超临界状态，而后超临界流体进入萃取器与原料混合进行超临界萃取，萃取了溶质的超临界流体经减压阀后压力下降，密度降低，溶解能力下降，从而使溶质与溶剂在分离器中得到分离。然后再通过压缩使萃取剂达到超临界状态并重复上述萃取-分离步骤，直至达到预定的萃取率为止。

(2)等压变温流程

是利用不同温度下物质在超临界流体中的溶解度差异，通过改变温度使溶质与超临界流体相分离。所谓等压是指在萃取器和分离器中流体的压力基本相同。如图 5-39(b)所示，萃取了溶质的超临界流体经加热升温使溶质与溶剂分离，溶质由分离器下方取出，萃取剂经压缩和调温后循环使用。

(3)等温等压吸附流程

是在分离器内放置仅吸附溶质而不吸附萃取剂的吸附剂，溶质在分离器内因被吸附而与萃取剂分离，萃取剂经压缩后循环使用，如图 5-39(c)所示。

3. 超临界萃取的特点

如前所述，超临界萃取在溶解能力、传递性能及溶剂回收等方面具有突出的优点，主要表现在以下几方面。

① 由于超临界流体的密度接近于液体，因此超临界流体具有与液体溶剂相同的溶解能力，同时它又保持了气体所具有的传递特性，从而比液体溶剂萃取具有更高的传质速率，能更快地达到萃取平衡。

② 由于在接近临界点处，压力和温度的微小变化都将引起超临界流体密度的改变，从而引起其溶解能力的变化，因此萃取后溶质和溶剂易于分离且能节省能源。

③ 超临界萃取过程具有萃取和精馏的双重特性，有可能分离一些难分离的物质。

④ 由于超临界萃取一般选用化学性质稳定、无毒无腐蚀性、临界温度不过高或过低的物质(如二氧化碳)作萃取剂，不会引起被萃取物的污染，可以用于医药、食品等工业，特别适合于热敏性、易氧化物质的分离或提纯。

超临界萃取的缺点主要是设备和操作都在高压下进行，设备的一次性投资比较高。另外，超临界流体萃取的研究起步较晚，目前对超临界萃取热力学及传质过程的研究还远不如传统的分离技术成熟，有待于进一步研究。

4. 超临界萃取的应用示例

超临界萃取是具有特殊优势的分离技术。多年来，众多的研究者以炼油、食品、医药等工业中的许多分离体系为对象开展了深入的应用研究。其中，石油残渣中油品的回收、咖啡豆中脱除咖啡因、啤酒花中有效成分的提取等超临界萃取技术已成功地在大规模生产装置中应用，下面简要介绍几例应用研究情况。

(1)利用超临界 CO_2 分离提取天然产物中的有效成分

由于用超临界 CO_2 萃取的操作温度较低，能避免分离过程中有效成分的分解，故其在天然产物有效成分的分离提取中极具应用价值。例如从咖啡豆中脱除咖啡因、从名贵香花中提取精油、从酒花及胡椒等物料中提取香味成分和香精、从大豆中提取豆油等都是应用超临界 CO_2 从天然产物中分离提取有效成分的示例，其中以从咖啡豆中脱除咖啡因最为典型。

咖啡因存在于咖啡、茶等天然产物中，医药上用作利尿剂和强心剂。传统的脱除工艺是用二氯乙烷萃取咖啡因，但选择性较差且残存的溶剂不易除尽。

利用超临界 CO_2 从咖啡豆中脱除咖啡因可以很好地解决上述问题，图 5-40 为其操作流程示意图，将浸泡过的生咖啡豆置于压力容器中，然后通入 90℃、$16\sim22MPa$ 的 CO_2 进行萃取，溶有咖啡因的 CO_2 进入水洗塔用水洗涤，咖啡因转入水相，CO_2 循环使用。水相经脱气后进入蒸馏塔以回收咖啡因。

CO_2 是一种理想的萃取剂，对咖啡因具有极好的选择性，经 CO_2 处理后的咖啡豆除咖啡因外，其他芳香成分并不损失，CO_2 也不会残留于咖啡豆中。

(2)稀水溶液中有机物的分离

许多化工产品，如酒精、醋酸等常用发酵法生产，所得发酵液往往组成很低，通常需用

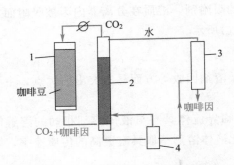

图 5-40 用超临界 CO_2 从咖啡豆
中萃取咖啡因的流程

1—萃取塔；2—水洗塔；3—蒸馏塔；4—脱气罐

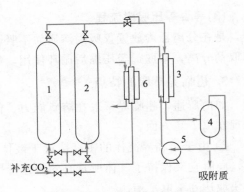

图 5-41 活性炭超临界再生流程

1,2—再生器；3—换热器；4—分离器；
5—压缩机；6—冷却器

精馏或蒸发的方法进行浓缩分离，能耗很大。超临界萃取工艺为获得这些有机产品提供了一条节能的有效途径。利用在超临界条件下 CO_2 对许多有机物都具有相当选择性的溶解能力这一特性，可将有机物从水相转入 CO_2，将有机物-水系统的分离转变为有机物-CO_2 系统的分离，从而达到节能的目的。目前此类工艺尚处于研究开发阶段。

(3) 超临界萃取在生化工程中的应用

由于超临界萃取具有毒性低、温度低、溶解性好等优点，因此特别适合于生化产品的分离提取。利用超临界 CO_2 萃取氨基酸、在生产链霉素时利用超临界 CO_2 萃取去除甲醇等有机溶剂以及从单细胞蛋白游离物中提取脂类等研究均显示了超临界萃取技术的优势。

(4) 活性炭的再生

活性炭吸附是回收溶剂和处理废水的一种有效方法，其困难主要在于活性炭的再生。目前多采用高温或化学方法再生，很不经济，不仅会造成吸附剂的严重损失，有时还会产生二次污染。利用超临界 CO_2 萃取法可以解决这一难题，图 5-41 为其流程示意图。

超临界萃取是一种正在研究开发的新型分离技术，尽管目前处于工业规模的应用还不是很多，但这一领域的基础研究、应用基础研究和中间规模的试验却异常活跃，可以预期，随着研究的深入，超临界萃取技术将获得更大的发展，并得到更多的应用。

5.5.2 回流萃取

在多级逆流或微分接触逆流操作中，若采用纯溶剂，选择适宜的溶剂比，则只要理论级数足够多，就可使最终萃余相中的溶质组成降至很低，从而在萃余相脱除所含的溶剂后得到较纯的原溶剂。而萃取相则不然，由于受到系统的平衡关系限制，最终萃取相中的溶质组成不会超过与进料组成相平衡的组成，因而萃取相脱除溶剂后得到的萃取液中仍含有较多的原溶剂。为了得到具有更高溶质组成的萃取相，可仿照精馏中采用回流的方法，使最终萃取相脱除溶剂后的萃取液部分返回塔内作为回流，这种操作称为回流萃取。回流萃取操作可在逐级接触式或微分接触式设备中进行。

回流萃取操作流程如图 5-42 所示。原料液和新鲜溶剂分别自塔的中部和底部进入塔内，最终萃余相自塔底排出，塔顶最终萃取相脱除溶剂后，一部分作为塔顶产品采出，另一部分作为回流，返回塔顶。

进料口以下的塔段即为常规的逆流萃取塔，类似于精馏塔中的提馏段，称为**提浓段**。在提浓段，萃取相逐级上升，萃余相逐级下降，在两相逆流接触过程中，溶质不断的由萃余相进入萃取相，使萃余相中原溶剂的组成逐渐提高，溶质组成逐渐下降，故只要提浓段高度足够，就可以使萃余相中的原溶剂组成足够高，从而在脱除溶剂后得到原溶剂组成很高的萃余液。

进料口以上的塔段，类似于精馏塔中的精馏段，称为**增浓段**。在增浓段，由于萃取剂对溶质具有较高的选择性（$\beta > 1$），故两相在逆流接触过程中，溶质将自回流液进入萃取相，而萃取相中的原溶剂则转入回流液中。如此相际传质的结果，将使得萃取相在向上流动的过程中溶质的组成逐渐提高，原溶剂的组成逐渐下降，故只要增浓段高度足够，且组分 B、S 互溶度很小（如Ⅱ类物系），就可以使萃取相中的溶质组成足够高，从而在脱除溶剂后得到溶质组成很高的产品。显然，选择性系数 β 愈大，溶质与原溶剂的分离愈容易，回流萃取达到规定的分离要求所需的理论级数就愈少，相应的提浓段和增浓段高度也就愈小。

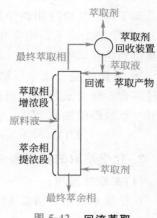

图 5-42　回流萃取

5.5.3　化学萃取

若在萃取过程中伴有化学反应，即在溶质与萃取剂之间存在化学作用，则称此类传质过程为伴有化学反应的萃取，简称**化学萃取**。化学萃取主要应用于金属的提取与分离。

在化学萃取中，由于溶质与萃取剂之间存在化学作用，因而使它们在两相中往往以多种化学态存在，其相平衡关系要较物理萃取复杂得多。化学萃取的相平衡实质上是溶质在两相中的不同化学态之间的平衡，它遵从于相律和一般化学反应的平衡规律。

化学萃取的相平衡决定着萃取过程的传质方向与过程可能达到的分离要求。除此之外，由于萃取过程经常在非平衡条件下进行，因而萃取动力学的研究显得十分重要。本节首先介绍化学萃取中的典型化学反应及化学萃取的相平衡，然后介绍化学萃取过程的控制步骤，最后介绍化学萃取的典型应用实例。

1. 溶质与萃取剂之间的化学反应

化学萃取的典型特征在于溶质与萃取剂之间存在化学作用。以下介绍化学萃取中典型的化学反应。

① **阳离子交换反应**　在阳离子交换反应中，萃取剂一般为弱酸性有机物 HA 或 H_2A，金属离子在水相中以阳离子 M^{n+} 或能离解为阳离子的络离子存在。萃取过程中水相中的金属离子取代萃取剂中的 H^+，被结合转移到萃取相中。

羟肟类螯合萃取剂（LIX65N）萃取铜，即属此类反应，其反应方程式为

$$Cu_{(W)}^{2+} + 2HR_{(O)} \Longleftrightarrow (CuR_2)_{(O)} + 2H_{(W)}^+ \qquad (5\text{-}42)$$

式中，R 代表 LIX65N；各物质的下标（W）代表水相；（O）代表有机相。

② **离子缔合反应**　金属萃取中常见的离子缔合反应主要为阴离子萃取，此时金属离子在水相形成络阴离子，萃取剂则与 H^+ 结合成阳离子，二者形成缔合物进入有机相。

叔胺从硫酸介质中萃取铀，即为阴离子萃取，其反应式为

$$UO_{2(W)}^{2+} + 2SO_{4(W)}^{2-} \Longleftrightarrow UO_2(SO_4)_{2(W)}^{2-} \qquad (5\text{-}43a)$$

$$2R_3N_{(O)} + H_2SO_{4(W)} \Longleftrightarrow (R_3NH)_2SO_{4(O)} \qquad (5\text{-}43b)$$

$$(R_3NH)_2SO_{4(O)} + UO_2(SO_4)_{2(W)}^{2-} \Longrightarrow (R_3NH)_2UO_2(SO_4)_{2(O)} + SO_{4(W)}^{2-} \quad (5\text{-}43c)$$

离子缔合反应除阴离子萃取外，还有阳离子萃取。例如 Fe^{2+} 与邻偶氮（Phen）形成 $Fe(Rhen)_3^{2+}$ 络阳离子，当存在有较大的阴离子如 ClO_4^-、SCN^-、I^- 时，二者形成缔合物进入氯仿和硝基苯中。

③ **络合反应** 化学萃取中的络合反应是指同时以中性分子形式存在的被萃物和萃取剂通过络合，结合成为中性溶剂络合物，并进入有机相。典型的络合反应萃取为磷酸三丁酯（TBP）萃取硝酸铀酰，其反应方程式为

$$UO_2(NO_3)_{2(W)} + 2TBP_{(O)} \Longrightarrow UO_2(NO_3)_2 \cdot 2TBP_{(O)} \quad (5\text{-}44)$$

2. 化学萃取的相平衡

(1) 萃取等温线

在化学萃取中，溶质 M 在两相间的平衡关系，经常用分配系数或分配比 D 表示，即

$$D = \frac{\text{平衡时溶质 M 在有机相的总浓度}}{\text{平衡时溶质 M 在水相的总浓度}} = \frac{c_{(O)}}{c_{(W)}} \quad (5\text{-}45)$$

对于一定的化学萃取体系，相平衡关系常常表示成萃取等温线的形式，即在某一温度下，不同溶液介质中两相溶质的平衡浓度曲线。图 5-43 是较为典型的示例。一些金属体系的化学萃取过程往往受到水相 pH 值的影响，因此这类体系的相平衡关系亦采用不同水相 pH 值下的单级平衡萃取率的形式来表达。图 5-44 为 2-乙基己基磷酸酯（P507）萃取各种金属离子的 E-pH 图。由图可见，pH 值的变化对金属离子的单级平衡萃取率的影响非常显著，据此可以确定其萃取及反萃取过程的适当的 pH 值范围。

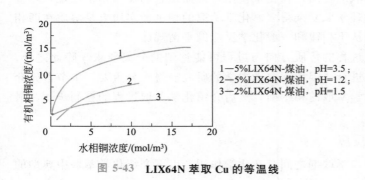

图 5-43 **LIX64N 萃取 Cu 的等温线**   图 5-44 **P507 的萃取率-pH 图**

1—5%LIX64N-煤油，pH=3.5；
2—5%LIX64N-煤油，pH=1.2；
3—2%LIX64N-煤油，pH=1.5

(2) 化学萃取相平衡关系式

在化学萃取中，针对溶质与溶剂之间的不同反应类型，根据质量作用定律可以写出其相平衡关系式。以中性络合萃取剂与金属离子进行络合反应为例，其反应通式为

$$M^{n+} + nA^- + sP \Longrightarrow MA_n \cdot sP \quad (5\text{-}46)$$

萃取反应的平衡常数为

$$K_e = \frac{a_{MA_n \cdot sP(O)}}{a_{M^{n+}_{(W)}} a_{A^-_{(W)}}^n a_{P(O)}^s} = \frac{c_{MA_n \cdot sP(O)}}{c_{M^{n+}_{(W)}} c_{A^-_{(W)}}^n c_{P(O)}^s} \cdot \frac{\gamma_{MA_n \cdot sP}}{\gamma_{M^{n+}} \gamma_{A^-}^n \gamma_P^s} \quad (5\text{-}47)$$

式中，A^- 为金属离子 M^{n+} 的阴离子配位体；P 为中性络合萃取剂分子；c 为各组分在水相或有机相中的平衡浓度，$kmol/m^3$；a 为各组分在水相或有机相中的活度，$kmol/m^3$；γ 为各组分在水相或有机相中的活度系数。

与物理萃取相比，化学萃取的相平衡关系式要复杂得多，主要原因有如下几方面。

① 溶质往往不是以一种化学状态存在于水相之中的，萃合物在有机相也可能存在不容忽视的其他化学状态，这就要求相平衡关系式必须表达各化学状态的平衡情况；

② 化学萃取的相平衡关系式中总要涉及各组分在两相中的活度系数，而活度系数的影响因素往往是比较复杂的；

③ 同一萃取体系在不同的萃取条件下可能有不同的萃取机理，同时水相中离子的水解、络合、歧化，有机相中萃合物的聚合、缔合等其他反应平衡都将影响萃取体系的平衡，使其机理复杂化。

3. 化学萃取过程的控制步骤

原则上，萃取反应可以在两相中发生，要列出精确的化学萃取速率方程，不仅要研究化学反应速率，还要考虑扩散速率、相界面积以及界面两侧的膜厚等，因而是一项十分复杂而困难的工作。一般的作法是首先判别过程的控制步骤，然后再对化学萃取过程进行适当的简化。

判别化学萃取过程的控制步骤大致分为如下三种方法。

① 搅拌强度判别法　对于一定的萃取体系，在外加搅拌的条件下进行液液萃取。当搅拌强度逐渐提高时，若萃取速率出现有规律的上升，则为扩散控制过程；反之，若萃取速率只是在开始阶段出现某种上升趋势，而当搅拌强度达到一定程度后萃取速率与搅拌强度无关，则为化学反应控制过程。

② 温度判别法　对于一定的萃取体系，若已知其化学反应的活化能较大，且温度的变化对这类过程的萃取速率又有显著的影响，则必为化学反应控制过程。反之，则为扩散控制过程。

③ 界面判别法　利用固定表面积的 Lewis 池或显微照相测定液滴表面积，得到萃取速率与界面积之间的关系。对于扩散控制过程，萃取速率与搅拌强度及传质界面积均有关。对于化学反应控制过程，如为一级反应，且除溶质外的其他组分大大过量，化学反应速率常数与比表面积呈线性关系（如图 5-45 所示）；若该过程为界面化学反应控制过程，直线则通过原点，如图中直线 3；若为相内反应控制过程，则直线为一条水平线，如图中直线 2；图 5-45 中的直线 1 为混合控制过程。

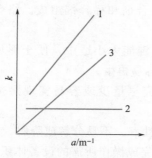

图 5-45　在化学反应中
k 与 a 的关系

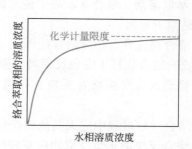

图 5-46　络合萃取的典型
相平衡关系

上述方法中，以第 3 种较为严格、可靠。有时一个过程的判别需要综合分析几种方法，才能得出结论。

有关化学反应控制的萃取速率方程式的建立，已经进行了大量的研究工作。一些典型的萃取体系的速率方程式可查阅有关手册和文献。

4. 络合萃取法分离极性有机稀溶液

在分离极性有机稀溶液时，可采用络合萃取法，其基本原理是可逆络合反应。具体方法是选择一种能与稀溶液中待分离溶质发生络合反应的物质（络合剂），将此络合剂与其他溶剂（稀释剂）按一定比例混合形成萃取剂，则当萃取剂与稀溶液接触时，络合剂与待分离溶质形成络合物，并转移至萃取相内。选择适宜的条件使萃取相发生逆向反应进行反萃，以回收溶质，萃取剂则循环使用。

(1)过程特征

络合萃取法分离极性有机稀溶液的过程特征是它的高效性和高选择性。这类过程中，相间发生的络合反应可简单描述如下：

$$溶质 + n \, 络合剂 \Longleftrightarrow 络合物$$

其平衡常数为

$$K = \frac{c_{络合物}}{c_{溶质} c_{络合剂}^{n}}$$

如果式中的 $n=1$，且假设未络合的溶质在两相之间为线性分配，则可以获得如图 5-46 所示的典型的相平衡关系曲线。由图可见，对于有机稀溶液络合萃取法可以提供非常高的分配系数值。此外，由于络合反应是在溶质与络合剂之间发生的，并不涉及溶液中的其他组分，故络合萃取法具有很高的选择性。

(2)萃取体系的选择

如何判别待分离物系是否能用络合萃取法分离，如何选择络合剂、稀释剂，以及如何选择溶质回收和溶剂再生方法，是络合萃取法能否顺利实施的关键。

① 分离对象　采用络合萃取法，待分离的有机溶液一般应具有如下特性。

a. 待分离溶质一般带有酸或碱官能团，以便能与络合剂发生络合反应。

b. 待分离溶液应为稀溶液，即待分离溶质的质量分数小于 5%，此时采用络合萃取法具有更大的优势。

c. 待分离溶质多为亲水物质，在水中有较小的活度系数。此时，若采用一般的物理萃取方法很难奏效。络合萃取法则能提供一个非常低的有机相活度系数，使两相平衡分配系数达到相当大的数值，使分离过程得以完成。

② 萃取溶剂　络合萃取法中使用的萃取溶剂一般由络合剂和稀释剂组成。络合剂的选择应遵循如下原则。

a. 络合剂应具有相应的官能团，与待分离溶质的络合键能大小适中，便于形成络合物且所形成的络合物易于完成反萃时的逆向反应，使络合剂容易再生。

b. 络合剂在发生络合反应、分相的同时，其萃水量应尽量少或容易实现溶剂中水的去除。

c. 络合萃取过程中应无其他副反应，络合剂的热稳定性好、不易分解或降解。

d. 络合反应的正负反应均应有较快的反应速率，以免完成操作所需的设备体积过大。

在络合萃取过程中，稀释剂起着十分重要的作用，它不仅是络合剂的良好溶剂，而且可以调节萃取溶剂的黏度、密度及界面张力，使液液萃取过程易于实施。

除上述外，稀释剂的选择还应注意以下两点。

① 络合剂本身可能是络合物的不良溶解介质，此时应选择那些对络合物具有优良溶解性能的溶剂作稀释剂，以促进络合物的形成和相间转移。

② 若络合剂的萃水问题成为络合萃取法的主要障碍时，加入的稀释剂应起到降低萃取

溶剂萃水量的作用。

(3)再生方法

络合萃取过程需根据不同的工艺要求，采用不同的络合剂再生方法。

① 利用待分离溶质与络合萃取剂挥发度的差别，采用蒸馏的方法分离溶质、再生络合萃取剂；

② 如果络合反应平衡常数对温度十分敏感，则可通过改变温度的方法，使溶质从有机相转移至新鲜水相，达到萃取剂再生的目的；

③ 改变溶液的 pH 值，或加入强酸或强碱进行反萃。

5. 典型示例——苯酚水溶液的分离

工业生产中常有大量含酚废水需要处理，这类分离体系的溶质带有 Lewis 酸官能团，溶质组成低，非常适合使用络合萃取法。

对于苯酚溶液的络合萃取研究已进行了许多工作。King 等近年来研究了氧化三辛基膦（TOPO）质量分数为 25% 的二异丁基酮（DIBK）溶液对苯酚稀溶液的萃取性能。研究结果表明，该络合萃取剂对苯酚稀溶液的 D 值高达 460。且对于一般萃取剂无能为力的二元酚、三元酚也能提供较大的 D 值。以二异丙醚（DIPE）为比较基准，对于二元酚，该络合萃取剂的 D 值较 DIPE 所提供的 D 值高 35～40 倍；对于三元酚，仍然高 15 倍左右。除此之外，用于处理苯酚稀溶液的络合萃取剂还有三辛胺（TOA）的煤油溶液、N,N-二(1-甲基庚基)乙酰胺（N503）的煤油溶液等，目前已成功地用于工业含酚废水的处理。

络合萃取法分离极性有机稀溶液具有突出的优点，其高效性和高选择性可能导致一些颇有前途的工艺过程的开发。

本章符号说明

英文

a ——组分在水相或有机相中的活度，kmol/m^3；单位体积混合液所具有的相际接触面积，m^2/m^3；填料的比表面积，m^2/m^3；

A_m ——萃取因子，对应于吸收中的脱吸因子；

B ——原溶剂中组分 B 的量，kg 或 kg/h；

c ——组分在水相或有机相中的平衡浓度，kmol/m^3；

C ——物质在超临界流体中的溶解度，g/m^3；

D ——化学萃取体系的分配系数；萃取塔塔径，m；

E ——萃取相的量，kg 或 kg/h；

E' ——萃取液的量，kg 或 kg/h；

E'_{max} ——具有最高溶质组成的萃取液的量，kg 或 kg/h；

F ——原料液的量，kg 或 kg/h；

H ——萃取段有效高度，m；

$HETS$ ——理论级当量高度，m；

H_{OR} ——萃余相的总传质单元高度，m；

k ——以质量分数表示组成的分配系数；

K ——以质量比表示相组成的分配系数；以体积浓度表示的萃取反应平衡常数；

K_e ——以活度表示的萃取反应平衡常数；

$K_{X}a$ ——以萃余相中溶质的质量比组成为推动力的总体积传质系数，kg/($m^3 \cdot$ h)；

m_E ——混合液 E 的量，kg 或 kg/h；

m_M ——混合液 M 的量，kg 或 kg/h；

m_R ——混合液 R 的量，kg 或 kg/h；

M ——混合液的量，kg 或 kg/h；

n ——萃取理论级数；

N_{OR} ——萃余相的总传质单元数；

p ——压力，Pa 或 MPa；

p_c ——临界压力，Pa 或 MPa；

R ——萃余相的量，kg 或 kg/h；

R' ——萃余液的量，kg 或 kg/h；			δ_{max} ——最小溶剂用量时操作线斜率；		

R' ——萃余液的量，kg 或 kg/h；

S ——萃取剂的量，kg 或 kg/h；萃取剂中纯组分 S 的量，kg 或 kg/h；

T_c ——临界温度，K；

T_r ——对比温度；

U ——连续相或分散相在塔内的流速，m/s 或 m/h；

V ——连续相或分散相在塔内的体积流量，m^3/s 或 m^3/h；

x ——萃余相中组分的质量分数；

X ——萃余相中组分的质量比组成；

y ——萃取相中组分的质量分数；

Y ——萃取相中组分的质量比组成；

z ——混合液中组分的质量分数。

希文

β ——溶剂的选择性系数；

γ ——组分在水相或有机相中的活度系数；

Δ ——净流量，kg/h；

ε ——填料层的空隙率；

δ ——以质量比表示组成的操作线斜率；

δ_{max} ——最小溶剂用量时操作线斜率；

μ ——液体的黏度，Pa·s；

μ_c ——临界流体的黏度，Pa·s；

ρ ——液体的密度，kg/m^3；

ρ_c ——临界流体的密度，kg/m^3；

$\Delta\rho$ ——两液相的密度差，kg/m^3；

σ ——界面张力，N/m；

Ω ——塔截面积，m^2；

φ ——萃取率。

下标

A、B、S ——代表组分 A、B、S；

c ——连续相；

D ——分散相；

E ——萃取相；

f ——液泛；

R ——萃余相；

i ——级数（$=1, 2, \cdots, n$）；

min ——最小；

max ——最大。

习　题

基础习题

1. 25℃时醋酸(A)-3-庚醇(B)-水(S)的平衡数据如本题附表所示。试求：(1)在直角三角形相图上绘出溶解度曲线及辅助曲线，在直角坐标图上绘出分配曲线。(2)由 100kg 醋酸、100kg 3-庚醇和 200kg 水组成的混合液的坐标点位置。混合液经充分混合并静置分层后，确定两共轭相的质量和组成。(3)上述两液层的分配系数 k_A 及选择性系数 β。(4)从上述混合液中蒸出多少千克水才能成为均相溶液。

习题 1 附表 1　　　　　　　　　　　　　　单位：%

醋酸(A)	3-庚醇(B)	水(S)	醋酸(A)	3-庚醇(B)	水(S)
0	96.4	3.6	24.4	67.5	7.9
3.5	93.0	3.5	30.7	58.6	10.7
8.6	87.2	4.2	41.4	39.3	19.3
19.3	74.3	6.4	45.8	26.7	27.5
46.5	24.1	29.4	29.3	1.1	69.6
47.5	20.4	32.1	24.5	0.9	74.6
48.5	12.8	38.7	19.6	0.7	79.7
47.5	7.5	45.0	14.9	0.6	84.5
42.7	3.7	53.6	7.1	0.5	92.4
36.7	1.9	61.4	0.0	0.4	99.6

水层	3-庚醇层	水层	3-庚醇层
6.4	5.3	38.2	26.8
13.7	10.6	42.1	30.5
19.8	14.8	44.1	32.6
26.7	19.2	48.1	37.9
33.6	23.7	47.6	44.9

2. 在单级萃取装置中，以纯水为溶剂从含醋酸质量分数为 0.3 的醋酸-3-庚醇混合液中提取醋酸。已知原料液的处理量为 2000kg/h，要求萃余相中醋酸的质量分数不大于 0.1。试求：(1)水的用量；(2)萃余相的量及醋酸的萃取率。操作条件下的平衡数据见习题 1。

3. 在三级错流萃取装置中，以纯异丙醚为溶剂从含醋酸质量分数为 30% 的醋酸水溶液中提取醋酸。已知原料液的处理量为 200kg，每级的异丙醚用量为 80kg，操作温度为 20℃，试求：(1)各级排出的萃取相和萃余相的量和组成；(2)若用一级萃取达到同样的残液组成，则需多少千克萃取剂。

20℃ 时醋酸(A)-水(B)-异丙醚(S)的平衡数据如下：

水相			有机相		
醋酸(A)	水(B)	异丙醚(S)	醋酸(A)	水(B)	异丙醚(S)
0.69	98.1	1.2	0.18	0.5	99.3
1.41	97.1	1.5	0.37	0.7	98.9
2.89	95.5	1.6	0.79	0.8	98.4
6.42	91.7	1.9	1.9	1.0	97.1
13.34	84.4	2.3	4.8	1.9	93.3
25.50	71.7	3.4	11.4	3.9	84.7
36.7	58.9	4.4	21.6	6.9	71.5
44.3	45.1	10.6	31.1	10.8	58.1
46.40	37.1	16.5	36.2	15.1	48.7

4. 在多级错流萃取装置中，以水为溶剂从含乙醛质量分数为 0.06 的乙醛-甲苯混合液中提取乙醛。已知原料液的处理量为 600kg/h，要求最终萃余相中乙醛的质量分数不大于 0.005。每级中水的用量均为 125kg/h。操作条件下，水和甲苯可视为完全不互溶，以乙醛质量比表示的平衡关系为 $Y=2.2X$。试在 X-Y 直角坐标图上用作图法和解析法分别求所需的理论级数。

5. 在多级逆流萃取装置中，以水为溶剂从含丙酮质量分数为 40% 的丙酮-醋酸乙酯混合液中提取丙酮。已知原料液的处理量为 1000kg/h，操作溶剂比(S/F)为 0.9，要求最终萃余相中丙酮质量分数不大于 0.06，试求：(1)所需的理论级数；(2)萃取液的流量和组成。操作条件下的平衡数据列于本题附表。

萃取相			萃余相		
丙酮（A）	醋酸乙酯（B）	水（S）	丙酮（A）	醋酸乙酯（B）	水（S）
0	7.4	92.6	0	96.3	3.5
3.2	8.3	88.5	4.8	91.0	4.2
6.0	8.0	86.0	9.4	85.6	5.0
9.5	8.3	82.2	13.5	80.5	6.0
12.8	9.2	78.0	16.6	77.2	6.2
14.8	9.8	75.4	20.0	73.0	7.0
17.5	10.2	72.3	22.4	70.0	7.6
21.2	11.8	67.0	27.8	62.0	10.2
26.4	15.0	58.6	32.6	51.0	13.2

6. 在多级逆流萃取装置中，以纯氯苯为溶剂从含吡啶质量分数为 35% 的吡啶水溶液中提取吡啶。操作溶剂比（S/F）为 0.8，要求最终萃余相中吡啶质量分数不大于 5%。操作条件下，水和氯苯可视为完全不互溶。试在 $X\text{-}Y$ 直角坐标图上求解所需的理论级数，并求操作溶剂用量为最小用量的倍数。操作条件下的平衡数据列于本题附表。

萃取相			萃余相		
吡啶（A）	水（B）	氯苯（S）	吡啶（A）	水（B）	氯苯（S）
0	0.05	99.95	0	99.92	0.08
11.05	0.67	88.28	5.02	94.82	0.16
18.95	1.15	79.90	11.05	88.71	0.24
24.10	1.62	74.48	18.9	80.72	0.38
28.60	2.25	69.15	25.50	73.92	0.58
31.55	2.87	65.58	36.10	62.05	1.85
35.05	3.59	61.0	44.95	50.87	4.18
40.60	6.40	53.0	53.20	37.90	8.90
49.0	13.20	37.80	49.0	13.20	37.80

7. 在多级逆流萃取装置中，用三氯乙烷为溶剂从含丙酮质量分数为 35% 的丙酮水溶液中提取丙酮。已知原料液的处理量为 3000kg/h，三氯乙烷的用量为 1000kg/h，要求最终萃余相中丙酮质量分数不大于 5%，（1）分别用三角形相图和 $x\text{-}y$ 直角坐标图求解所需的理论级数；（2）若从萃取相中脱除的三氯乙烷循环使用（假设其中不含水和丙酮），每小时需补充多少千克新鲜的三氯乙烷。操作条件下的平衡数据见例 5-3。

综合习题

8. 在填料层高度为 3m 的填料塔内，以纯溶剂 S 从组分 A 质量比组成为 0.018 的 A、B 两组分混合液中提取 A。已知原料液的处理量为 1000kg/h，要求组分 A 的萃取率不低于 90%，溶剂用量为最小用量的 1.2 倍，试求：（1）溶剂的实际用量，kg/h；（2）填料层的等板高度 $HETS$，m；（3）填料层的总传质单元数 N_{OE}。操作条件下，组分 B、S 可视为完全不互溶，其分配曲线数据列于本题附表。

X/(kgA/kgB)	0.002	0.006	0.01	0.014	0.018	0.020
Y/(kgA/kgS)	0.0018	0.0052	0.0085	0.012	0.0154	0.0171

9. 现有1kg溶质A和10kg稀释剂B组成的溶液，用纯溶剂进行萃取分离。组分B、S可视作完全不互溶，要求最终萃余相的组成为0.05(质量比组成)。在操作条件下，以质量比表示相组成的分配系数为2.0。拟采用如下不同的萃取操作，试确定每种萃取操作所需萃取剂的用量。

(1)单级萃取；(2)两级错流萃取；(3)两级逆流萃取；(4)在传质单元数 $N_{OR} = 2$ 的填料塔中进行逆流萃取。

思 考 题

1. 对于一种液体混合物，根据哪些因素决定是采用蒸馏方法还是萃取方法进行分离？

2. 分配系数 $k_A < 1$，是否说明所选择的萃取剂不适宜？如何判断用某种溶剂进行萃取分离的难易与可能性？

3. 温度对萃取分离效果有何影响？如何选择萃取操作的温度？

4. 如何确定单级萃取操作中可能获得的最大萃取液组成？对于 $k_A > 1$ 和 $k_A < 1$ 两种情况确定方法是否相同？

5. 如何选择萃取剂用量或溶剂比？

6. 对于组分 B、S 部分互溶的物系如何确定最小溶剂用量？

7. 简述超临界流体萃取的特点，为什么说超临界流体萃取具有精馏和萃取的双重特性？

8. 简述化学萃取的特点，对于一个确定的分离问题，根据哪些因素决定是采用化学萃取还是采用物理萃取方法进行分离？

9. 何谓液泛和轴向混合？它们对萃取操作有何影响？

10. 根据哪些因素来决定是采用错流还是逆流操作流程？

第6章
固体物料的干燥

📝 **学习指导**

一、学习目的

干燥是利用热能从固体物料中去湿的单元操作。通过本章学习，要求掌握对流干燥操作的原理、干燥过程的计算(包括干燥介质性能参数的计算、物料衡算及热量衡算)，掌握干燥中的相平衡关系、速率关系及干燥时间计算。了解工业常用干燥器的主要类型、适用场合，提高干燥系统热效率的措施。

二、学习要点

1. 应重点掌握的内容

对流干燥的原理及特点；湿空气的性质，固体物料含水的性质；干燥过程的物料衡算和热量衡算。

2. 应掌握的内容

干燥过程的相平衡关系、速率关系及干燥时间的计算；提高干燥系统热效率及强化干燥过程的措施。

3. 一般了解的内容

工业常用干燥器的类型及选择；增湿与减湿。

三、学习方法

对流干燥是热质同时反方向传递的过程，影响因素颇为复杂，为定量精准计算带来一定难度。为了便于进行数学描述，本章中不少地方提出简化假设，建立理想模型，计算结果基本上满足工程要求。要理解简化假设的理论根据和还原实际的措施。对复杂的工程问题进行合理的简化而不失真，是工程科技人员应具备的基本功之一。

6.1 干燥过程概述

6.1.1 固体物料的去湿方法

为了满足贮存、运输、加工和使用等方面的不同需要，对化工生产中涉及的固体物料，一般对其湿分(水分或化学溶剂)含量都有一定的要求。例如一级尿素成品含水量不能超过 0.005，聚氯乙烯含水量不能超过 0.003。所以，湿含量是固体产品的一项重要指标。除湿的方法很多，化工中常用的除湿方法主要有：①机械除湿，如沉降、过滤、离心分离等利用重力或离心力除湿。这种方法除湿不完全，但能量消耗较少；②吸附除湿，用干燥剂(如无水氯化钙、硅胶等)来吸附湿物料中的水分，该法只能用于除去少量湿分，因此只适合于实验室使用；③干燥，即利用热能来除去湿物料中湿分的方法。该法能除去湿物料中的大部分湿分，但能耗较多。为节省能源，工业上往往将两种方法联合起来操作，即先用比较经济的机械方法尽可能除去湿物料中大部分湿分，然后再利用干燥方法继续除湿，以获得湿分符合规定的产品。

6.1.2　干燥操作的分类

干燥操作可有如下不同的分类方法。

① 按操作压力分为常压干燥和真空干燥。真空干燥适于处理热敏性及易氧化的物料，或要求成品中含湿量低的场合。

② 按操作方式分为连续干燥和间歇干燥。连续干燥具有生产能力大、产品质量均匀、热效率高以及劳动条件好等优点。间歇干燥适用于处理小批量、多品种或要求干燥时间较长的物料。

③ 按传热方式可分为传导干燥、对流干燥、辐射干燥、介电加热干燥以及由上述两种或多种方式组合成的联合干燥。

干燥操作的必要条件是物料表面的水汽分压必须大于干燥介质中的水汽分压，两者差别越大，干燥操作进行得越快。所以干燥介质应及时将汽化的水汽带走，以维持一定的传质推动力。若干燥介质为水汽所饱和，则推动力为零，这时干燥操作即停止进行。

干燥操作在化工、石油化工、医药、食品、原子能、纺织、建材、采矿、电工与机械制品以及农产品等行业中广泛应用，在国民经济中占有很重要的地位。

6.1.3　对流干燥的操作原理与特点

化工中以连续操作的对流干燥应用最为普遍，干燥介质可以是不饱和热空气、惰性气体及烟道气，需要除去的湿分为水分或其他化学溶剂。本章主要讨论以不饱和热空气为干燥介质、湿分为水的干燥过程。其他系统的干燥原理与空气-水系统完全相同。

在对流干燥过程中，热空气将热量传给湿物料，使物料表面水分汽化，汽化的水分由空气带走，干燥介质既是载热体又是载湿体，它将热量传给物料的同时又把由物料中汽化出来的水分带走。因此，干燥是传热和传质同时进行的过程，传热的方向是由气相到固相，热空气与湿物料的温差是传热的推动力；传质的方向是由固相到气相，传质的推动力是物料表面的水汽分压与热空气中水汽分压之差。显然，传热、传质的方向相反，但密切相关，干燥速率由传热速率和传质速率共同控制。

6.1.4　干燥过程研究的重点及发展趋势

① 加强干燥过程中传热机理、传质机理与模型，特别是流体在多孔性固体中扩散规律的研究，提高过程速率，降低能耗。

② 新型、高效、节能干燥器的研发，在传统干燥器的基础上，发展微波、红外线、分子筛吸附和冷冻干燥等新型干燥过程和设备。

③ 防止生物活性物质失活。

④ 严格控制环境污染，提高干燥操作控制水平，发展固体和干燥介质湿含量在线测量，确保安全、绿色环保。

⑤ 干燥装置大型化、智能化，开发组合式多功能干燥工艺，大力发展传导式干燥设备。

6.2　湿空气的性质及湿焓图

6.2.1　湿空气的性质

如前所述，在干燥操作中，不饱和湿空气既是载热体又是载湿体，因而可通过空气的状态变化来了解干燥过程的传热、传质，为此，应先了解湿空气的性质。

干燥过程中湿空气中的水分含量是不断变化的，但绝干空气量没有变化，故湿空气的各种有关性质都是以 1kg 绝干空气为基准的。

1. 湿度 H

湿度 又称湿含量，为湿空气中水汽的质量与绝干空气的质量之比，即

$$H = \frac{\text{湿空气中水汽的质量}}{\text{湿空气中绝干气的质量}} = \frac{n_v M_v}{n_g M_g} = \frac{18.015 n_v}{28.966 n_g} \tag{6-1}$$

式中，H 为湿空气的湿度，kg 水汽/kg 绝干气（以后的讨论中，略去单位中"水汽"两字）；M 为摩尔质量，kg/kmol；n 为物质的量，kmol；下标 v 表示水蒸气，g 表示绝干空气。

常压下湿空气可视为理想混合气体，根据道尔顿分压定律

$$\frac{n_v}{n_g} = \frac{p_v}{p - p_v}$$

故式(6-1)可以改写为

$$H = \frac{0.622 p_v}{p - p_v} \tag{6-2}$$

式中，p_v 为水汽的分压，Pa 或 kPa；p 为总压，Pa 或 kPa。

由式(6-2)看出，湿空气的湿度是总压 p 和水汽分压 p_v 的函数。

当湿空气中的水汽分压等于该空气温度下纯水的饱和蒸气压时，空气达到饱和，相应的湿度称为饱和湿度，以 H_s 表示，式(6-2)变为

$$H_s = \frac{0.622 p_s}{p - p_s} \tag{6-3}$$

式中，H_s 为湿空气的饱和湿度，kg/kg 绝干气；p_s 为空气温度下纯水的饱和蒸气压，Pa 或 kPa。

显然，湿空气的饱和湿度是温度与总压的函数。

2. 相对湿度 φ

在一定总压下，湿空气中水汽分压 p_v 与同温度下水的饱和蒸气压 p_s 之比称为相对湿度，通常以百分数表示，符号为 φ，即

$$\varphi = \frac{p_v}{p_s} \times 100\% \tag{6-4}$$

相对湿度代表空气的不饱和程度，当 $p_v = p_s$ 时，$\varphi = 1$，表示湿空气被水汽所饱和，称为饱和空气，这种湿空气不能再吸收水分，因此不能用作干燥介质；湿空气的 φ 值越小，吸湿能力越大，当 $p_v = 0$ 时，$\varphi = 0$，表示湿空气中不含水分，为绝干空气，这时的空气具有最大的吸湿能力。故由相对湿度可以判断该湿空气能否作为干燥介质，而湿度是湿空气中含水量的绝对值，由湿度不能判别湿空气是否能作为干燥介质。

将式(6-4)代入式(6-2)，得

$$H=\frac{0.622\varphi p_s}{p-\varphi p_s}$$ (6-5)

在一定的总压和温度下，式(6-5)表示湿空气 H 与 φ 之间的关系。

3. 比体积(湿容积)v_H

在湿空气中，1kg 绝干空气体积和相应 H kg 水汽体积之和称为湿空气的**比体积**，又称为**湿容积**，以 v_H 表示。根据定义可以写出

$$v_H=\frac{绝干气(m^3)+水汽(m^3)}{绝干气(kg)}$$

或

$$v_H=\left(\frac{1}{29}+\frac{H}{18}\right)\times 22.4\times\frac{273+t}{273}\times\frac{1.013\times10^5}{p}$$

$$=(0.772+1.244H)\times\frac{273+t}{273}\times\frac{1.013\times10^5}{p}$$ (6-6)

式中，v_H 为湿空气的比体积，m^3 湿空气/kg 绝干气；t 为温度，℃。

一定总压下，湿容积是湿空气的 t、H 的函数。

4. 比热容 c_H

常压下，将湿空气中 1kg 绝干空气及相应 H kg 水汽的温度升高(或降低)1℃所要吸收(或放出)的热量，称为**比热容**，又称**湿热**，以 c_H 表示。根据定义可写出

$$c_H=c_g+Hc_v$$ (6-7)

式中，c_H 为湿空气的比热容，kJ/(kg 绝干气·℃)；c_g 为绝干空气的比热容，kJ/(kg 绝干气·℃)；c_v 为水汽的比热容，kJ/(kg 水汽·℃)。

在常用的温度范围内，c_g、c_v 可按常数处理，$c_g=1.01$kJ/(kg 绝干气·℃)及 $c_v=1.88$kJ/(kg 水汽·℃)。将这些数值代入式(6-7)，得

$$c_H=1.01+1.88H$$ (6-7a)

上式说明湿空气的比热容只是湿度的函数。

5. 焓 I

湿空气中 1kg 绝干空气的焓与相应 H kg 水汽的焓之和称为湿空气的**焓**，以 I 表示，单位为 kJ/kg 绝干气。根据定义可以写为

$$I=I_g+HI_v$$ (6-8)

式中，I 为湿空气的焓，kJ/kg 绝干气；I_g 为绝干空气的焓，kJ/kg 绝干气；I_v 为水汽的焓，kJ/kg 水汽。

由于焓是相对值，计算时必须规定基准状态，为了简化计算，一般以 0℃ 为基温，且规定 0℃ 的绝干空气及 0℃ 的液态水的焓值均为零。本章焓的计算都采用这种规定，以后不再一一说明。因此，对温度 t、湿度 H 的湿空气可写出焓的计算式为

$$I=c_g(t-0)+Hc_v(t-0)+Hr_0$$

或

$$I=(c_g+Hc_v)t+Hr_0$$ (6-8a)

式中，r_0 为 0℃时水的汽化热，其值为 2490kJ/kg。

式(6-8a)又可以改为

$$I=(1.01+1.88H)t+2490H$$ (6-8b)

【例 6-1】 常压下某湿空气的温度为 30℃、湿度为 0.025kg/kg 绝干气，试求：(1)湿空气的相对湿度；(2)水汽分压；(3)湿空气的比体积；(4)湿空气的比热容；(5)湿空气的焓。若将上述空气加热到 50℃，再分别求上述各项。

解 (1)30℃ 时的物性

① 相对湿度 查 30℃ 时水的饱和蒸气压 $p_s = 4.2474\text{kPa}$。由式(6-5)$H = \dfrac{0.622\varphi p_s}{p - \varphi p_s}$，代入数据

得

$$0.025 = \frac{0.622 \times 4.2474\varphi}{101.3 - 4.2474\varphi}$$

解得

$$\varphi = 92.16\%$$

② 水汽分压

$$p_v = \varphi p_s = 0.9216 \times 4.2474 = 3.914\text{kPa}$$

③ 比体积 v_H 由式(6-6)得

$$v_H = (0.772 + 1.244H) \times \frac{273 + t}{273} \times \frac{1.013 \times 10^5}{p}$$

$$= (0.772 + 1.244 \times 0.025) \times \frac{273 + 30}{273} = 0.8913\text{m}^3 \text{ 湿空气/kg 绝干气}$$

④ 比热容 c_H 由式(6-7a)得

$$c_H = 1.01 + 1.88H = 1.01 + 1.88 \times 0.025 = 1.057\text{kJ/(kg 绝干气 · ℃)}$$

⑤ 焓 I 由式(6-8b)得

$$I = (1.01 + 1.88H)t + 2490H$$

$$= (1.01 + 1.88 \times 0.025) \times 30 + 2490 \times 0.025 = 93.96\text{kJ/kg 绝干气}$$

(2)50℃ 时的物性

① 相对湿度 φ 查 50℃ 时水汽的饱和蒸气压为 12.340kPa。当空气从 30℃ 加热到 50℃ 时，湿度没有变化，仍为 0.025kg/kg 绝干气，故

$$0.025 = \frac{0.622 \times 12.340\varphi}{101.3 - 12.340\varphi}$$

解得

$$\varphi = 31.72\%$$

② 因空气湿度没变，故水汽分压仍为 3.914kPa。由计算结果看出，湿空气被加热后虽然湿度没有变化，但相对湿度降低了。所以在干燥操作中，总是先将空气加热后再送入干燥器内，目的是降低相对湿度以提高吸湿能力。

③ 比体积 v_H

$$v_H = (0.772 + 1.244 \times 0.025) \times \frac{273 + 50}{273} = 0.950\text{m}^3 \text{ 湿空气/kg 绝干气}$$

湿空气被加热后虽然湿度没有变化，但受热后体积膨胀，所以比体积加大。因常压下湿空气可视为理想混合气体，故 50℃ 时的比体积也可依下式计算

$$v_H = 0.8913 \times \frac{273 + 50}{273 + 30} = 0.950\text{m}^3 \text{ 湿空气/kg 绝干气}$$

④ 比热容 c_H 由式(6-7)知湿空气的比热容只是湿度的函数，因此 30℃ 与 50℃ 时的湿空气比热容相同，均为 1.057kJ/(kg 绝干气 · ℃)。

⑤ 焓 I

$$I = (1.01 + 1.88 \times 0.025) \times 50 + 2490 \times 0.025 = 115.1\text{kJ/kg 绝干气}$$

湿空气被加热后虽然湿度没有变化，但相对湿度减小，焓值加大。

6. 干球温度 t 和湿球温度 t_w

干球温度是空气的真实温度，即用普通温度计测出的湿空气的
温度，为了与后面要讨论的湿球温度加以区分，称这种真实的温度
为干球温度，简称温度，用 t 表示。

用湿纱布包裹温度计的感温部分（水银球），纱布下端浸在水
中，以保证纱布一直处于充分润湿状态，这种温度计称为湿球温度
计，如图 6-1 所示。将湿球温度计置于温度为 t、湿度为 H 的流动
不饱和空气中，假设开始时纱布中水分（以下简称水分）的温度与空
气的温度相同，但因空气是不饱和的，湿纱布中的水分必然要汽

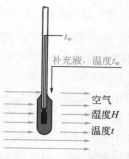

图 6-1　湿球温度的测量

化，由湿纱布表面向空气主流中扩散，汽化所需的汽化热只能由水分本身温度下降放出显热
来供给。水温下降后，与空气间出现温度差，此温差又引起空气向水分传热，水分温度会继
续下降放出显热，以弥补汽化水分不足的热量，直至空气传给水分的显热恰好等于水分汽化
所需的潜热时，湿球温度计上的温度维持恒定，此时的温度称为该湿空气的湿球温度，以
t_w 表示。前面假设初始水温与湿空气温度相同，但实际上，不论初始温度如何，最终必然
达到这种平衡的温度，只是到达平衡状态所需的时间不同。

水分由湿纱布表面向空气主流扩散，与此同时空气又将显热传给湿纱布，虽然传热和传
质在水分与空气间同时进行，但因空气流量大，可以认为湿空气的温度与湿度一直恒定，保
持在初始温度 t 和湿度 H 的状态下。

当湿球温度计上温度达到稳定时，空气向湿纱布表面的传热速率为

$$Q = \alpha S(t - t_w) \tag{6-9}$$

式中，Q 为空气向湿纱布的传热速率，W；α 为空气向湿纱布的对流传热系数，
$W/(m^2 \cdot ℃)$；S 为空气与湿纱布间的接触表面积；m^2；t 为空气的温度，℃；t_w 为空气的
湿球温度，℃。

传质速率为

$$N = k_H(H_s' - H)S \tag{6-10}$$

式中，N 为水汽由气膜向空气主流的扩散速率，kg/s；k_H 为以湿度差为推动力的传质系
数，$kg/(m^2 \cdot s \cdot \Delta H)$；$H_s'$ 为湿球温度 t_w 下空气的饱和湿度，kg/kg 绝干气。

在稳定状态下，传热速率与传质速率之间有如下关系

$$Q = Nr' \tag{6-11}$$

式中，r' 为湿球温度 t_w 下水汽的汽化热，kJ/kg。

联立式(6-9)～式(6-11)，并整理得

$$t_w = t - \frac{k_H r'}{\alpha}(H_s' - H) \tag{6-12}$$

实验表明，一般情况下，上式中的 k_H 与 α 都与空气速度的 0.8 次幂成正比，故可认为
二者比值与气流速度无关，对空气-水蒸气系统而言，$\alpha/k_H = 1.09$。

由式(6-12)看出，湿球温度 t_w 是湿空气温度 t 和湿度 H 的函数。当湿空气的温度一定
时，不饱和湿空气的湿球温度总低于干球温度，空气的湿度越高，湿球温度越接近干球温
度，当空气被水汽所饱和时，湿球温度就等于干球温度。在一定的总压下，只要测出湿空气
的干、湿球温度，就可以用式(6-12)算出空气的湿度。应指出，测湿球温度时，空气的流速
应大于 5m/s，以减少辐射与传导传热的影响，使测量结果较为精确。

7. 绝热饱和冷却温度 t_{as}

绝热饱和冷却温度可在如图 6-2 所示的绝热饱和冷却塔中测得。设塔与外界绝热，初始温度为 t、湿度为 H 的不饱和空气从塔底进入塔内，大量的温度为 t_{as} 的水由塔顶喷下，气液两相在填料层中充分接触后，空气由塔顶排出，水由塔底排出后经循环泵返回塔顶，因此塔内水温完全均匀。空气与水接触后，由于空气不饱和，水分会不断汽化进入空气中，汽化所需的热量只能由空气温度下降放出显热而供给，水汽又将这部分热量以汽化潜热的形式带回至空气中，随着过程的进行，空气的温度沿塔高逐渐下降、湿度逐渐升高，若两相有足够长的接触时间，最终空气为水汽所饱和，而温度降到与循环水温相同，空气在塔内的状态变化是在绝热条件下降温、增湿直至饱和的过

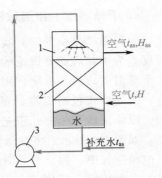

图 6-2　绝热饱和
冷却塔示意图
1—塔身；2—填料；3—循环泵

程，因此，达到稳定状态下的温度称为初始湿空气的绝热饱和冷却温度，简称绝热饱和温度，以 t_{as} 表示，与之相应的湿度称为绝热饱和湿度，以 H_{as} 表示。水与空气接触过程中，循环水不断汽化而被空气携至塔外，故需向塔内不断补充温度为 t_{as} 的水。

对图 6-2 的塔作热量衡算，即可求出绝热饱和温度与湿空气其他性质间的关系。

设湿空气入塔的温度为 t、湿度为 H，经足够长的接触时间后，达到稳定状态，湿空气离开塔顶的温度为 t_{as}、湿度为 H_{as}。

塔内气液两相间的传热过程为：空气传给水分的显热恰好等于水分汽化所需的潜热。因此，以单位质量绝干气为基准的热衡算式为

$$c_H(t-t_{as})=(H_{as}-H)r_{as} \tag{6-13}$$

式中，r_{as} 为温度 t_{as} 时水的汽化潜热，kJ/kg；

将上式整理得

$$t_{as}=t-\frac{r_{as}}{c_H}(H_{as}-H) \tag{6-14}$$

式中 r_{as}、H_{as} 是 t_{as} 的函数，c_H 是 H 的函数。由此，绝热饱和温度 t_{as} 是湿空气初始温度 t 和湿度 H 的函数，它是湿空气在绝热、冷却、增湿过程中达到的极限冷却温度。在一定的总压下，只要测出湿空气的初始温度和绝热饱和温度 t_{as} 就可用式(6-14)算出湿空气的湿度 H。

实验证明，对于湍流状态下的水蒸气-空气系统，常用温度范围内 α/k_H 与湿空气比热容 c_H 值很接近，同时 $r_{as} \approx r'$，故在一定温度 t 与湿度 H 下，比较式(6-12)和式(6-14)可以看出，湿球温度近似地等于绝热饱和冷却温度，即

$$t_w \approx t_{as} \tag{6-15}$$

但对于水蒸气-空气以外的系统，式(6-15)就不成立了。例如甲苯蒸气-空气系统，$\alpha/k_H=1.8c_H$，此时，t_{as} 与 t_w 就不相等了。

必须强调，绝热饱和温度 t_{as} 和湿球温度 t_w 是两个完全不同的概念，两者均为初始湿空气温度和湿度的函数，特别对水蒸气-空气系统，两者在数值上近似相等，这样可以简化水蒸气-空气系统的干燥计算。

8. 露点 t_d

将不饱和空气等湿冷却到饱和状态时的温度称为**露点**，用 t_d 表示，即空气的湿度为 t_d

温度下的饱和湿度，以 H_s'' 表示。根据式(6-3)

$$H_s'' = \frac{0.622 p_s''}{p - p_s''}$$

(6-16)

式中，H_s'' 为湿空气在露点下的饱和湿度，kg/kg 绝干气；p_s'' 为露点下水的饱和蒸气压，Pa。

式(6-16)也可改为

$$p_s'' = \frac{H_s'' p}{0.622 + H_s''}$$

(6-17)

在一定的总压下，若已知空气的露点，可以用式(6-16)算出空气的湿度；反之，若已知空气的湿度，可用式(6-17)算出露点下的饱和蒸气压，再从水蒸气表中查出相应的温度，即为露点。

根据以上分析，对水蒸气-空气系统，干球温度 t、绝热饱和温度 t_{as}（即湿球温度 t_w）及露点 t_d 三者之间的关系为：不饱和空气 $t > t_{as}$（或 t_w）$> t_d$；饱和空气 $t = t_{as}$（或 t_w）$= t_d$。

【例 6-2】 常压下湿空气的温度为 30℃、湿度为 0.0256kg/kg 绝干气，试计算湿空气的(1)露点 t_d；(2)绝热饱和温度 t_{as}；(3)湿球温度 t_w。

解 (1)露点 t_d

将湿空气等湿冷却到饱和状态时的温度为露点，由式(6-16)可求出露点温度下的饱和蒸气压

$$H_s'' = \frac{0.622 p_s''}{p - p_s''}$$

$$0.0256 = \frac{0.622 p_s''}{101.3 - p_s''}$$

得

$$p_s'' = 4.004 \text{kPa}$$

查出该饱和蒸气所对应的温度为 28.7 ℃，此温度即为露点。

(2)绝热饱和温度 t_{as}

由式(6-14)计算绝热饱和温度，即

$$t_{as} = t - \frac{r_{as}}{c_H}(H_{as} - H)$$

由于 H_{as} 是 t_{as} 的函数，故用上式计算 t_{as} 时需试差，计算步骤如下。

① 设 $t_{as} = 29.15℃$。

② 用式(6-3)求 t_{as} 温度下的饱和湿度 H_{as}，即

$$H_{as} = \frac{0.622 p_{as}}{p - p_{as}}$$

查出 29.15℃时水的饱和蒸气压为 4064Pa，汽化热为 2425.6kJ/kg，故

$$H_{as} = \frac{0.622 \times 4064}{1.013 \times 10^5 - 4064} = 0.02600 \text{kg/kg 绝干气}$$

③ 用式(6-7a)求 c_H，即

$$c_H = 1.01 + 1.88H = 1.01 + 1.88 \times 0.0256 = 1.058 \text{kJ/(kg · ℃)}$$

④ 用式(6-14)核算 t_{as}

$$t_{as} = 30 - \frac{2425.6}{1.058}(0.02600 - 0.0256) = 29.08℃$$

故假设 $t_{as} = 29.15℃$ 可以接受。

（3）湿球温度 t_w

用式（6-12）计算湿球温度，即

$$t_w = t - \frac{k_H r'}{\alpha}(H_s' - H)$$

与计算 t_{as} 一样，用试差法计算 t_w，计算步骤如下。

① 假设 $t_w = 29.15℃$。

② 对空气-水系统，$\alpha/k_H = 1.09$。

③ 查出 29.15℃ 水的汽化热 r' 为 2425.6kJ/kg。

④ 前面已算出 29.15℃ 时湿空气的饱和湿度为 0.02600kg/kg 绝干气。

⑤ 用式（6-12）核算 t_w，即

$$t_w = 30 - \frac{2425.6}{1.09}(0.02600 - 0.0256) = 29.11℃$$

t_w 与假设的 29.15℃ 很接近，故假设正确。计算结果证明对水蒸气-空气系统，$t_{as} = t_w$。

> 从以上的计算可以看出，只要知道湿空气的两个相互独立的参数，湿空气的其他参数均可求出。

6.2.2 湿空气的 H-I 图

由例 6-2 的计算过程看出，计算湿空气的某些状态参数时，需要试差，工程上为了避免烦琐的试差计算，将湿空气各参数间的关系标绘在坐标图上，只要知道湿空气任意两个独立参数，即可从图上查出其他参数，常用的图有湿度-焓（H-I）图、温度-湿度（t-H）图等，其中 H-I 图应用较广，因此，本章介绍 H-I 图。

1. 湿空气的 H-I 图

湿空气的 **H-I** 图如图 6-3 所示，该图是按总压为常压（即 $1.013 \times 10^5 Pa$）的数据制得的，若系统总压偏离常压较远，则不能应用此图。为了使图中各曲线分散开，提高读数的准确性，采用两个坐标轴夹角为 135°，同时为了便于读数及节省图的幅面，将斜轴（图中没有将斜轴全部画出）上的数值投影在辅助水平轴上。

湿空气的 H-I 图由以下诸线群组成。

① **等湿度线（等 H 线）群** 等湿度线是一系列平行于纵轴的直线。图 6-3 中 H 的读数范围为 0～0.2kg/kg 绝干气。

② **等焓线（等 I 线）群** 等焓线是一系列平行于斜轴的直线，图 6-3 中 I 的读数范围为 0～680kJ/kg 绝干气。

③ **等干球温度线（等 t 线）群** 将式（6-8b）改写成

$$I = (1.88t + 2490)H + 1.01t \tag{6-18}$$

式（6-18）表明，在一定温度 t 下，H 与 I 成线性关系。任意规定 t 值，按此式计算出若干组 I 与 H 的对应关系，并标绘于 H-I 坐标图中，即为一条等 t 线。如此规定一系列的温度值，可得到一系列等温线。

由于等温线斜率（$1.88t + 2490$）是温度的函数，因此等温线是不平行的，温度越高，等温线斜率越大。图 6-3 中 t 的读数范围为 0～250℃。

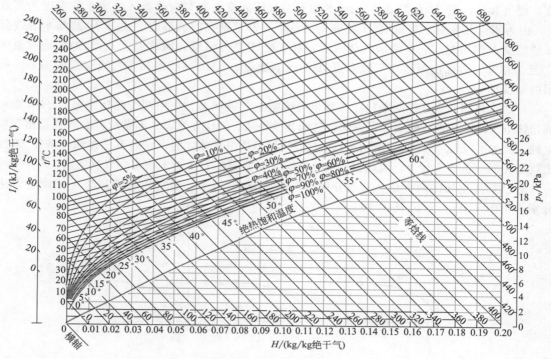

图 6-3　湿空气的 H-I 图

④ **等相对湿度线（等 φ 线）群**　根据式(6-5)可标绘等相对湿度线，即

$$H = \frac{0.622\varphi p_s}{p - \varphi p_s}$$

当总压一定时，任意规定相对湿度 φ 值，上式变为 H 与 p_s 的关系式，而 p_s 又是温度的函数。依此算出若干组 H 与 t 的对应关系，并标绘于 H-I 坐标图中，即为一条等 φ 线，取一系列的 φ 值，可得一系列等 φ 线。

图 6-3 中共有 11 条等相对湿度线，由 5%～100%。φ＝100% 时称为饱和空气线，此时空气被水汽所饱和。

⑤ **水蒸气分压线**　将式(6-2)改为

$$p_v = \frac{Hp}{0.622 + H} \tag{6-19}$$

总压一定时，上式表示水汽分压 p_v 与湿度 H 间的关系。因 $H \ll 0.622$，故上式可近似地视为线性方程。按式(6-19)算出若干组 p_v 与 H 的对应关系，并标绘于 H-I 图上，得到水蒸气分压线。为了保持图面清晰，水蒸气分压线标绘在 φ＝100% 曲线的下方，分压坐标轴在图的右边。

在有些湿空气的性质图上，还给出比热容 c_H 与湿度 H、绝干空气比体积 v_g 与温度 t、饱和空气比体积 v_{Hs} 与温度 t 之间的关系曲线。

2. H-I 图的说明与应用

根据 H-I 图上空气的状态点，可查出空气的其他性能参数。具体方法示于图 6-4 中。已知空气的状态点为 A，由通过 A 点的等 t、等 H、等 I 线可确定 A 点的温

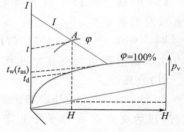

图 6-4　H-I 图的应用

度、湿度和焓。等 H 线与 $\varphi=100\%$ 的饱和空气线的交点所对应的等 t 线所示的温度为露点 t_d，因为露点是在湿空气湿度 H 不变的条件下冷却至饱和时的温度。由等 H 线与水蒸气分压线的交点读出湿空气中的水汽分压值。对水蒸气-空气系统，湿球温度 t_w 与绝热饱和温度 t_{as} 近似相等，因此由通过空气状态点 A 的等 I 线与 $\varphi=100\%$ 的饱和空气线交点的等 t 线所示的温度即为 t_w 或 t_{as}。

反之，根据湿空气任两个独立参数也可确定空气的状态。先用两个已知参数在 H-I 图上确定该空气的状态点，然后即可查出空气的其他性质。但应注意，并不是所有参数都是相互独立的，例如 t_d-H、p-H、t_d-p、t_w-I、t_{as}-I 等都不是相互独立的，它们不是在同一条等 H 线上就是在同一条等 I 线上，因此根据上述各组数据不能在 H-I 图上确定空气状态点。

若已知湿空气的两个独立参数分别为：t-t_w、t-t_d、t-φ，湿空气的状态点 A 的确定方法分别示于图 6-5(a)、(b)及(c)中。

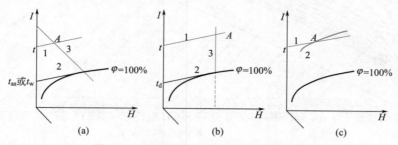

图 6-5　在 H-I 图中确定湿空气的状态点

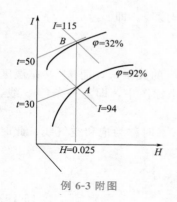

例 6-3 附图

应指出，杠杆规则也适用于 H-I 图中。

【例 6-3】　在 H-I 图中确定例 6-1 中 30℃ 及 50℃ 时的相对湿度和焓。

解　(1)相对湿度 φ

当 $t=30℃$、$H=0.025$kg/kg 绝干气时，湿空气的状态点如本例附图中点 A 所示。过点 A 的等 φ 线确定 $\varphi=92\%$。

将 30℃ 的湿空气加热到 50℃，空气的湿度没有变化，故从点 A 沿等 H 线向上，与 $t=50℃$ 线相交于点 B，点 B 即为加热到 50℃ 时的状态点，过点 B 的等 φ 线数值为 32\%。

(2)焓 I

在本题附图中过点 A 的 $I=94$kJ/kg 绝干气，过点 B 的 $I=115$ kJ/kg 绝干气。

由于读图的误差，使查图的结果与计算结果略有差异。

【例 6-4】　在 H-I 图上确定例 6-2 的湿空气状态点以及有关参数。

解　首先根据 $t=30℃$、$H=0.0256$kg/kg 绝干气在本题附图上确定湿空气状态点 A。

(1)分压 p_v

由 $H=0.0256$kg/kg 绝干气的等湿线与 $p_v=f(H)$ 线的交点向右作水平线与右侧纵轴相交，由交点读出 $p_v=3800$Pa。

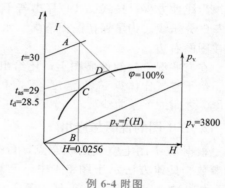

例 6-4 附图

（2）露点 t_d

$H = 0.0256 \mathrm{kg/kg}$ 绝干气的等湿线与 $\varphi = 100\%$ 线交于点 C，过点 C 的等温线所示的温度即为露点，故 $t_d = 28.5\mathrm{℃}$。

（3）绝热饱和温度 t_{as}

过点 A 的等 I 线与 $\varphi = 100\%$ 线交于点 D，点 D 所示的温度为绝热饱和温度，即 $t_{as} = 29\mathrm{℃}$。

查图结果与计算结果略有差异是由于读图的误差所致。

6.3　干燥过程的物料衡算与热量衡算

6.3.1　湿物料的性质

1. 湿物料的含水量

湿物料中的含水量通常用下面的两种方法来表示。

① **湿基含水量**　水分在湿物料中的质量分数为湿基含水量，以 w 表示，即

$$w = \frac{\text{湿物料中水分质量}}{\text{湿物料的总质量}} \tag{6-20}$$

工业上通常用这种方法表示湿物料的含水量。

② **干基含水量**　湿物料中的水分与绝干物料的质量比为干基含水量。以 X 表示，单位为 kg 水分/kg 绝干料。即

$$X = \frac{\text{湿物料中水分量}}{\text{湿物料中绝干物料量}} \tag{6-21}$$

由于在干燥过程中，绝干物料量不发生变化，因此，在干燥计算中采用干基含水量更为方便。

两种含水量之间的关系为

$$w = \frac{X}{1+X} \tag{6-22}$$

$$X = \frac{w}{1-w} \tag{6-23}$$

2. 湿物料的比热容 c_m

仿照湿空气比热容的定义，湿物料的比热容定义为将 1kg 绝干物料和其中所含 X kg 水的温度升高（或降低）1℃所吸收（或放出）的热量，即

$$c_m = c_s + c_w X = c_s + 4.187X \tag{6-24}$$

式中，c_m 为湿物料的比热容，kJ/(kg 绝干料·℃)；c_s 为绝干物料的比热容，kJ/(kg 绝干料·℃)；c_w 为物料中所含水分的比热容，取为 4.187kJ/(kg 水·℃)。

3. 湿物料的焓 I'

湿物料的焓 I' 包括绝干物料的焓（以 0℃的绝干料为基准）和物料中所含水分的焓（以 0℃的液态水为基准），即

$$I' = (c_s + 4.187X)\theta = c_m\theta \tag{6-25}$$

式中，I' 为湿物料的焓，kJ/kg 绝干料；θ 为湿物料的温度，℃。

6.3.2 干燥系统的物料衡算

图 6-6 所示是连续逆流干燥器的流程，气、固两相在进出口处的流量及含水量均标注于图中。通过对此干燥器作物料衡算，可以算出：①从物料中除去水分的量，即水分蒸发量；②空气消耗量；③干燥产品的流量。

图 6-6　各流股进出逆流干燥器的示意图

L—绝干空气的消耗量，kg 绝干气/s；H_1、H_2—空气进、出干燥器时的湿度，kg/kg 绝干气；X_1、X_2—湿物料进、出干燥器时的干基含水量，kg 水分/kg 绝干料；G_1、G_2—湿物料进、出干燥器时的流量，kg 物料/s

① 水分蒸发量 W　对图 6-6 作水分的物料衡算，以 1s 为基准，假设干燥器内无物料损失，则

$$LH_1 + GX_1 = LH_2 + GX_2$$

或

$$W = L(H_2 - H_1) = G(X_1 - X_2) \tag{6-26}$$

式中，W 为单位时间内水分的蒸发量，kg/s；G 为单位时间内绝干物料的流量，kg 绝干料/s。

② 空气消耗量 L　由式(6-26)得

$$L = \frac{G(X_1 - X_2)}{H_2 - H_1} = \frac{W}{H_2 - H_1} \tag{6-27}$$

式中，L 为单位时间内消耗的绝干空气量，kg 绝干气/s。

式(6-27)的等号两侧均除以 W，得

$$l = \frac{L}{W} = \frac{1}{H_2 - H_1} \tag{6-28}$$

式中，l 为单位空气消耗量，kg 绝干气/kg 水分，即每蒸发 1kg 水分时，消耗的绝干空气量。

③ 干燥产品流量 G_2　由于假设干燥器内无物料损失，因此，进出干燥器的绝干物料量不变，即

$$G_2(1 - w_2) = G_1(1 - w_1) \tag{6-29}$$

解得

$$G_2 = \frac{G_1(1 - w_1)}{1 - w_2} = \frac{G_1(1 + X_2)}{1 + X_1} \tag{6-30}$$

式中，w_1 为物料进干燥器时的湿基含水质量分数；w_2 为物料离开干燥器时的湿基含水质量分数。

应予指出，干燥产品 G_2 是指离开干燥器的物料的流量，其中包括绝干物料及仍含有的少量水分，与绝干物料 G 不同，实际是含水分较少的湿物料。

6.3.3 干燥系统的热量衡算

通过干燥系统的热量衡算，可以得到：①预热器消耗的热量；②向干燥器补充的热量；

③干燥过程消耗的总热量。这些内容可作为计算预热器传热面积、加热介质用量、干燥器尺寸以及干燥系统热效率等的依据。

图 6-7 为连续干燥过程的热量衡算示意图。

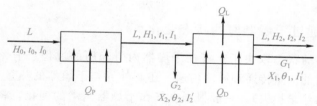

图 6-7　连续干燥过程的热量衡算示意图

H_0、H_1、H_2——湿空气进入预热器、离开预热器（即进入干燥器）及离开干燥器时的湿度，kg/kg 绝干气；

I_0、I_1、I_2——湿空气进入预热器、离开预热器（即进入干燥器）及离开干燥器时的焓，kJ/kg 绝干气；

t_0、t_1、t_2——湿空气进入预热器、离开预热器（即进入干燥器）及离开干燥器时的温度，℃；

L——绝干空气流量，kg 绝干气/s；

Q_P——单位时间内预热器消耗的热量，kW；

G_1、G_2——湿物料进入和离开干燥器时的

流量，kg 湿物料/s；

θ_1、θ_2——湿物料进入和离开干燥器时的温度，℃；

X_1、X_2——湿物料进入和离开干燥器时的干基含水量，kg/kg 绝干料；

I_1'、I_2'——湿物料进入和离开干燥器时的焓，kJ/kg；

Q_D——单位时间内向干燥器补充的热量，kW；

Q_L——干燥器的热损失速率（若干燥器中采用输送装置输送物料，则装置带出的热量也应计入热损失中），kW。

若忽略预热器的热损失，以 1s 为基准，作热量衡算得

对预热器
$$LI_0 + Q_P = LI_1 \tag{6-31}$$

故单位时间内预热器消耗的热量为

$$Q_P = L(I_1 - I_0) = L(1.01 + 1.88H_0)(t_1 - t_0) \tag{6-32}$$

对干燥器

$$Q_D = L(I_2 - I_1) + G(I_2' - I_1') + Q_L \tag{6-33}$$

联立式(6-32)及式(6-33)，整理得单位时间内干燥系统消耗的总热量为

$$Q = Q_P + Q_D = L(I_2 - I_0) + G(I_2' - I_1') + Q_L \tag{6-34}$$

式(6-32)、式(6-33)及式(6-34)为连续干燥系统热量衡算的基本方程式。为了便于应用，可通过以下分析得到更为简明的形式。

加热干燥系统的热量 Q 被用于：

① 将新鲜空气 L（湿度为 H_0）由 t_0 加热至 t_2，所需热量为 $L(1.01 + 1.88H_0)(t_2 - t_0)$；

② 原湿物料 $G_1 = G_2 + W$，其中干燥产品 G_2 从 θ_1 被加热至 θ_2 后离开干燥器，所耗热量为 $Gc_{m2}(\theta_2 - \theta_1)$；水分 W 由液态温度 θ_1 被加热并汽化，至气态温度 t_2 后随气相离开干燥系统，所需热量为 $W(2490 + 1.88t_2 - 4.187\theta_1)$；

③ 干燥系统损失的热量 Q_L。

因此

$$Q = Q_P + Q_D = L(1.01 + 1.88H_0)(t_2 - t_0) + Gc_{m2}(\theta_2 - \theta_1) + W(2490 + 1.88t_2 - 4.187\theta_1) + Q_L$$

若忽略空气中水汽进出干燥系统的焓的变化和湿物料中水分带入干燥系统的焓，则上式

可简化为

$$Q = Q_P + Q_D = 1.01L(t_2 - t_0) + Gc_{m2}(\theta_2 - \theta_1) + W(2490 + 1.88t_2) + Q_L \qquad (6-35)$$

分析上式看出，加入干燥系统的热量 Q 用于：①加热空气；②加热物料；③蒸发水分；④热损失四个方面。

6.3.4 空气通过干燥器时的状态变化

空气离开干燥器的状态取决于空气在干燥器内所经历的过程。干燥器内的情况比较复杂，有空气与物料间的热量传递和质量传递，还有外界与干燥器的热量交换（外界给干燥器补充热量及干燥器的热量损失）。一般根据空气在干燥器内焓的变化，将干燥过程分为等焓过程与非等焓过程两大类。

以干燥器热量衡算式(6-33)，即

$$Q_D = L(I_2 - I_1) + G(I_2' - I_1') + Q_L$$

作为分析干燥器内焓变化的基本方程。

1. 等焓干燥过程（理想干燥过程）

等焓干燥过程又称为绝热干燥过程或理想干燥过程。如果在一个干燥过程中：①不向干燥器补充热量，即 $Q_D = 0$；②干燥器没有热损失，即 $Q_L = 0$；③物料进出干燥器的焓相等，即 $I_1' = I_2'$。则由式(6-33)可得

$$I_1 = I_2$$

上式说明空气进出干燥器的焓相等，即干燥器内空气传给湿物料的热量基本全部用于汽化水分，汽化的水分又将这部分热量以潜热的形式带回气相，以使空气的焓值不变。空气在等焓干燥过程的状态变化如图6-8所示。根据新鲜空气两个独立状态参数，如 t_0 及 H_0，在图上确定状态点 A 为进入预热器前空气状态点。空气在预热器内被加热到 t_1，而湿度没有变化，故从点 A 沿等 H 线上升与等温线 t_1 相交于 B 点，该点为离开预热器（即进入干燥器）的状态点。由于空气在干燥器内经历等焓过程，即沿着过 B 点的等 I 线变化，故只要知道空气离开干燥器时的任一参数，比如温度 t_2，则过 B 点的等焓线与温度为 t_2 的等温线的交点 C 即为空气出干燥器的状态点。当然，实际操作中很难保证等焓过程，故等焓干燥过程又称为理想干燥过程，过点 B 的等焓线是理想干燥过程的操作线。

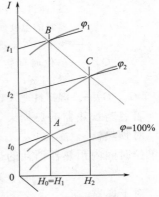

图 6-8 等焓干燥过程中湿空气的状态变化示意图

2. 非等焓干燥过程（实际干燥过程）

相对于理想干燥过程而言，非等焓干燥过程又称为实际干燥过程。非等焓干燥过程根据空气焓的变化可能有以下几种情况。

① 干燥过程中空气焓值降低 若对干燥器补充的热量小于物料带出干燥器的热量与干燥器的热损失之和，则由式(6-33)可得

$$I_1 > I_2$$

上式说明空气离开干燥器时的焓小于进干燥器时的焓，这种过程的操作线 BC_1 在等焓线 BC 的下方，如图6-9所示。BC_1 线上任意点所对应的空气的焓值小于同温度下 BC 线上相应的焓值。

② **干燥过程中空气焓值增大** 若向干燥器补充的热量大于损失的热量与加热物料消耗的热量之和，则

$$I_1 < I_2$$

这时操作线在等 I 线 BC 的上方，如图 6-9 中 BC_2 线所示。

③ **干燥过程中空气经历等温过程** 若向干燥器补充的热量足够多，恰好使干燥过程在等温下进行，即空气在干燥过程中维持恒定的温度 t_1，这种过程的操作线为过点 B 的等温线，如图 6-9 中 BC_3 线所示。

根据上述不同的过程，非等焓干燥过程中空气离开干燥器时的状态点可用计算法或图解法确定，具体方法见例 6-5。

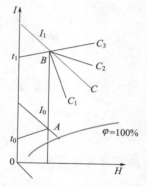

图 6-9 非等焓干燥过程中湿空气的状态变化示意图

【**例 6-5**】 在常压连续逆流干燥器中将某种物料自湿基含水量 0.5 干燥至 0.03。采用废气循环操作，即由干燥器出来的一部分废气和新鲜空气相混合，混合气经预热器加热到必要的温度后再送入干燥器。废气中绝干空气质量和混合气中绝干空气质量之比（称为循环比）为 0.8。设空气在干燥器中经历等焓过程。

已知新鲜空气的状态为 $t_0 = 25℃$、$H_0 = 0.005$kg 水/kg 绝干气。废气的状况为：$t_2 = 40℃$，$H_2 = 0.034$kg 水/kg 绝干气。试求每小时干燥 1000kg 湿物料所需的新鲜空气量及预热器的传热量。设预热器的热损失可忽略。

解 本例附图 1 为干燥流程示意图。

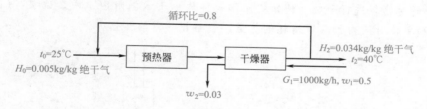

例 6-5 附图 1

依杠杆规则可确定混合气的状态点 M，如本例附图 2 所示。新鲜空气的状态点 A 由 $t_0 = 25℃$、$H_0 = 0.005$kg/kg 绝干气确定，由 $t_2 = 40℃$、$H_2 = 0.034$kg/kg 绝干气确定废气状态点 B。连接点 A 及点 B，在 AB 线上确定点 M。取混合气中 1kg 绝干气为计算基准，则

$$\frac{BM}{MA} = \frac{新鲜空气中绝干气的质量}{废气中绝干气的质量} = \frac{0.2}{0.8} = \frac{1}{4}$$

据此在图上确定混合气的状态点 M，由点 M 读出混合气的参数为

$$t_m = 37℃，\quad H_m = 0.0282\text{kg/kg 绝干气}$$

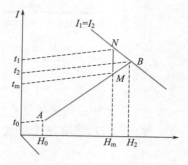

例 6-5 附图 2

过点 M 的等 H 线（$H = 0.0282$kg/kg 绝干气）与过点 B 的等 I 线相交于点 N，点 N 为空气离开预热器即进入干燥器的状态点，由此读出空气的参数为：$t_1 = 54℃$，$H_1 = H_m = 0.0282$kg/kg 绝干气。

水分蒸发量

$$W = G(X_1 - X_2)$$

其中 $G = G_1(1 - w_1) = 1000(1 - 0.5) = 500$kg 绝干料/h

$$X_1 = \frac{w_1}{1-w_1} = \frac{0.5}{0.5} = 1, \quad X_2 = \frac{3}{97}$$

所以

$$W = 500\left(1 - \frac{3}{97}\right) = 484.5 \text{kg/h}$$

绝干空气消耗量可由整个干燥系统的物料衡算求得,即

$$L(H_2 - H_0) = W$$

或

$$L = \frac{W}{H_2 - H_0} = \frac{484.5}{0.034 - 0.005} = 1.67 \times 10^4 \text{kg 绝干气/h}$$

故新鲜空气用量为

$$L_0 = L(1 + H_0) = 1.67 \times 10^4(1 + 0.005) = 1.68 \times 10^4 \text{kg/h}$$

预热器的传热速率为

$$Q_P = L_m c_{Hm}(t_1 - t_m)$$

其中混合气体的比热容 c_{Hm} 的计算式为

$$c_{Hm} = 1.01 + 1.88 H_m$$

或

$$c_{Hm} = 1.01 + 1.88 \times 0.0282 = 1.063 \text{kJ/(kg 绝干气} \cdot \text{℃})$$

$$L_m = \frac{L}{0.2} = \frac{1.67 \times 10^4}{0.2} = 8.35 \times 10^4 \text{kg/h}$$

$$Q_P = 8.35 \times 10^4 \times 1.063(54 - 37) = 1.51 \times 10^6 \text{kJ/h}$$

【例 6-6】 采用常压气流干燥器干燥某种湿物料。在干燥器内,湿空气以一定的速度吹送物料的同时对物料进行干燥。已知的操作条件均标于本例附图 1 中。试求:(1)新鲜空气消耗量;(2)单位时间内预热器消耗的热量,忽略预热器的热损失。

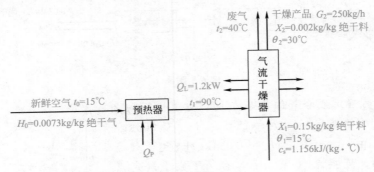

例 6-6 附图 1

解 (1)新鲜空气消耗量

先按式(6-27)计算绝干空气消耗量,即

$$L = \frac{W}{H_2 - H_1}$$

绝干物料 $G = \dfrac{G_2}{1 + X_2} = \dfrac{250}{1 + 0.002} = 249.5 \text{kg 绝干料/h}$,所以

$$W = G(X_1 - X_2) = 249.5(0.15 - 0.002) = 36.93 \text{kg/h}$$

因 $Q_L \neq 0$,故干燥操作为非等焓过程,空气离开干燥器的状态参数不能用等焓线求取,下面分别用解析法和图解法求解。

① 解析法 由 $t_0 = 15$℃,$H_0 = 0.0073 \text{kg/kg 绝干气}$,可求出

$$I_0=(1.01+1.88H_0)t_0+2490H_0=(1.01+1.88\times0.0073)\times15+2490\times0.0073$$
$$=33.53\text{kJ/kg 绝干气}$$

同理，由 $t_1=90℃$，$H_1=H_0=0.0073\text{kg/kg 绝干气}$，可求出 $I_1=110.3\text{kJ/kg 绝干气}$。

$$I_1'=(c_s+X_1c_w)\theta_1=1.156\times15+0.15\times4.187\times15=26.76\text{kJ/kg 绝干料}$$

同理　$I_2'=(1.156+0.002\times4.187)\times30=34.93\text{kJ/kg 绝干料}$

围绕本例附图1的干燥器作热量衡算，得

$$L(I_1-I_2)=G(I_2'-I_1')+Q_L$$

将已知值代入上式，得

$$L(110.3-I_2)=249.5(34.93-26.76)+1.2\times3600=6358 \tag{1}$$

空气离开干燥器时的焓为

$$I_2=(1.01+1.88H_2)t_2+2490H_2$$

或　　　　　　$I_2=(1.01+1.88H_2)\times40+2490H_2=40.40+2565.2H_2 \tag{2}$

将式(2)代入式(1)，得

$$L(69.90-2565.2H_2)=6358 \tag{3}$$

绝干空气消耗量　　　$L=\dfrac{W}{H_2-H_1}=\dfrac{36.93}{H_2-0.0073} \tag{4}$

联立式(3)、式(4)解得　　$H_2=0.0260\text{kg/kg 绝干气}$

$$I_2=107\text{kJ/kg 绝干气}$$

$$L=1975\text{kg 绝干气/h}$$

② 作图法　按题给条件求出操作线方程式，并标绘在 H-I 图上，从而求出空气离开干燥器的状态点。

将式(4)代入式(1)，略去 H 及 I 的下标，经整理得

$$I=111.56-172.17H \tag{5}$$

式(5)为干燥器内湿空气的焓 I 与湿度 H 间关系的线性方程，称为操作线方程。

参阅本例附图2，该操作线必经过空气进干燥器的状态点 $B(H_1,t_1)$。若任意假设一个 H 值，据式(5)求出相应的 I 值，根据这两点就可画出操作线。例如设 $H=0.025\text{kg/kg 绝干气}$，算得 $I=$

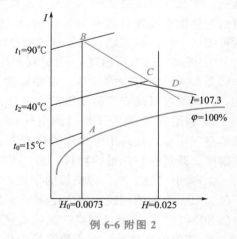

例 6-6 附图 2

107.3kJ/kg 绝干气，据此在图上确定点 D，连接 BD 即为该过程的操作线，BD 线与 $t_2=$ 40℃的等 t 线的交点 C 即为空气离开干燥器的状态点，由 C 点读出

$$H_2=0.025\text{kg/kg 绝干气}$$

$$I_2=105\text{kJ/kg 绝干气}$$

图解结果与解析法的结果略有出入，这是由于作图与读图有一定的误差。

新鲜空气消耗量为

$$L_0=L(1+H_0)=1975(1+0.0073)=1989\text{kg/h}$$

(2)预热器的加热量 Q_P，用式(6-32)计算 Q_P，即

$$Q_P=L(I_1-I_0)=1975(110.3-33.53)=151621\text{kJ/h}=42.12\text{kW}$$

6.3.5 干燥系统的热效率

干燥系统的热效率定义为

$$\eta = \frac{\text{蒸发水分所需的热量}}{\text{向干燥系统输入的总热量}} \times 100\% \qquad (6\text{-}36)$$

蒸发水分所需的热量为

$$Q_v = W(2490 + 1.88t_2 - 4.187\theta_1)$$

若忽略湿物料中水分带入系统中的焓，上式简化为

$$Q_v \approx W(2490 + 1.88t_2)$$

上式代入式(6-36)得

$$\eta = \frac{W(2490 + 1.88t_2)}{Q} \times 100\% \qquad (6\text{-}37)$$

对于等焓干燥过程，热效率可用下式计算

$$\eta = \frac{t_1 - t_2}{t_1 - t_0} \times 100\% \qquad (6\text{-}37a)$$

热效率愈高表明干燥系统的热利用率愈好。可通过以下措施降低干燥操作的能耗，提高干燥器的热效率。

① 提高 H_2 而降低 t_2 可提高干燥操作的热效率。但这样会降低干燥过程的传质、传热推动力，降低干燥速率。特别是对于吸水性物料的干燥，空气出口温度应高些，而湿度则应低些，即相对湿度要低些。在实际干燥操作中，一般空气离开干燥器的温度需比进入干燥器时的绝热饱和温度高 20~50℃，这样才能保证在干燥系统后面的设备内不致析出水滴，否则可能使干燥产品返潮，且易造成管路的堵塞和设备材料的腐蚀。

② 提高空气入口温度 t_1 可提高干燥器的热效率。但对热敏性物料和易产生局部过热的干燥器，入口温度不能过高。在并流的悬浮颗粒干燥中，颗粒表面的蒸发温度比较低，因此，入口温度可高于产品变质温度。

③ 利用废气(离开干燥器的空气)来预热空气或物料，回收被废气带走的热量，可减少新鲜空气用量，提高干燥操作的热效率。采用废气循环干燥操作流程可降低空气进入干燥器的温度，既可保护热敏性物料，而且可利用低品位热源。

④ 采用二级干燥。如奶粉的干燥，第一级为喷雾干燥，获得湿含量0.06~0.07的粉状产品；第二级为体积较小的流化床干燥器，获得湿含量为 0.03 的产品。这样，可节省总能量的80%。二级干燥可提高产品的质量和节能，尤其适用于热敏性物料。

⑤ 利用内换热器。在干燥系统内设置换热器称为内换热器，它可减少所需供给的能量，且可降低空气的使用量。

此外还应注意干燥设备和管路的保温隔热，减少干燥系统的热损失。避免空气漏入干燥器。

【例 6-7】 常压下以温度为 20℃、相对湿度为 50% 的新鲜空气为介质，干燥某种湿物料。空气在预热器中被加热到 90℃ 后送入干燥器，离开时的温度为 45℃、湿度为 0.06kg/kg 绝干气。每小时有 1100kg 温度为 20℃、湿基含水量为 0.03 的湿物料送入干燥器，物料离开干燥器时温度升到 40℃、湿基含水量降到 0.001。湿物料的平均比热容为 3.28 kJ/(kg 绝干料·℃)。忽略预热器向周围的热损失，干燥器的热损失为 1.2 kW。试求：(1)水分蒸发量 W；(2)新鲜空气消耗量 L_0；(3)若风机装在预热器的新鲜空气入口处，求风机的风量；

（4）预热器消耗的热量 Q_P；（5）干燥系统消耗的总热量 Q；（6）向干燥器补充的热量 Q_D；（7）干燥系统的热效率 η。

解 根据题意画的流程图如本例附图所示

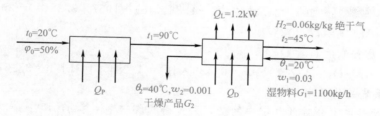

例 6-7 附图

（1）水分蒸发量 W

用式(6-26)计算水分蒸发量 W，即

$$W=G(X_1-X_2)$$

$$X_1=\frac{w_1}{1-w_1}=\frac{0.03}{1-0.03}=0.0309\text{kg/kg 绝干料}$$

$$X_2=\frac{w_2}{1-w_1}=\frac{0.001}{1-0.001}=0.001\text{kg/kg 绝干料}$$

$$G=G_1(1-w_1)=1100(1-0.03)=1067\text{kg 绝干料/h}$$

$$W=G(X_1-X_2)=1067(0.0309-0.001)=31.90\text{kg 水分/h}$$

（2）新鲜空气消耗量 L_0

先用式(6-27)计算绝干空气消耗量，即

$$L=\frac{W}{H_2-H_1}$$

20℃水的饱和蒸气压 $p_s=2.3346\text{kPa}$，则由式(6-5)

$$H_0=\frac{0.622\varphi_0 p_s}{p-\varphi_0 p_s}=\frac{0.622\times0.5\times2.3346}{101.3-0.5\times2.3346}=0.007251\text{kg 水/kg 绝干气}$$

$$L=\frac{31.9}{0.06-0.007251}=604.75\text{kg 绝干气/h}$$

新鲜空气消耗量为

$$L_0=L(1+H_0)=604.75(1+0.007251)=609.14\text{kg/h}$$

（3）风机的风量 V''

由式 $V''=Lv_H$ 计算，其中湿空气的比体积用式(6-6)计算，即

$$v_H=(0.772+1.244H_0)\times\frac{273+t}{273}$$

湿新鲜空气 $=(0.772+1.244\times0.007251)\times\frac{20+273}{273}=0.8382\text{m}^3\text{/kg 绝干气}$

$$V''=Lv_H=604.75\times0.8382=506.9\text{m}^3\text{/h}$$

（4）预热器中消耗的热量 Q_P

若忽略预热器的热损失，用式(6-32)计算 Q_P，即

$$Q_P=L(I_1-I_0)=L(1.01+1.88H_0)(t_1-t_0)$$

$$=604.75(1.01+1.88\times0.007251)(90-20)=4.33\times10^4\text{kJ/h}=12.04\text{kW}$$

(5)干燥系统消耗的总热量 Q

用式(6-35)计算 Q，即

$$Q=1.01L(t_2-t_0)+W(2490+1.88t_2)+Gc_m(\theta_2-\theta_1)+Q_L$$
$$=1.01\times604.75(45-20)+31.90(2490+1.88\times45)+1067\times3.28(40-20)+1.2\times3600$$
$$=1.717\times10^5kJ/h=47.70kW$$

(6)向干燥器补充的热量 Q_D

$$Q_D=Q-Q_P=1.717\times10^5-0.433\times10^5=1.284\times10^5kJ/h=35.67kW$$

(7)干燥系统的热效率 η

若忽略湿物料中水分带入系统中的焓，则可用式(6-37)计算 η，即

$$\eta=\frac{W(2490+1.88t_2)}{Q}\times100\%=\frac{31.90(2490+1.88\times45)}{1.717\times10^5}\times100\%=47.83\%$$

6.4 固体物料在干燥过程中的平衡关系与速率关系

前一节讨论了干燥过程的物料衡算与热量衡算。本节将要讨论干燥过程中的平衡关系和速率关系。干燥器的设计计算即是以物料衡算关系、热量衡算关系、平衡关系和速率关系为基础进行的。

6.4.1 物料中水分的性质

干燥过程中物料脱水的快慢不仅与干燥介质的状态有关，而且还与物料本身的特性有关。干燥过程中水分由湿物料表面向空气主流中扩散的同时，物料内部的水分也源源不断地向表面扩散，水分在物料内部的扩散速率与物料结构以及物料中的水分性质有关。除去物料中水分的难易程度取决于物料与水分的结合方式，因此，首先研究物料中水分的性质。

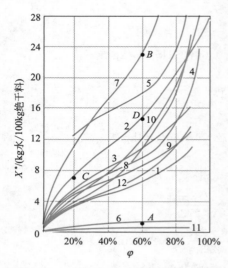

图 6-10 25℃ 时某些物料的平衡含水量
X^* 与空气相对湿度 φ 的关系

1—新闻纸；2—羊毛；毛织物；3—硝化纤维；
4—丝；5—皮革；6—陶土；7—烟叶；8—肥皂；
9—牛皮胶；10—木材；11—玻璃绒；12—棉花

1. 平衡水分及自由水分

当物料与一定状态的空气接触后，物料将释出或吸入水分，直到物料表面的水汽分压与空气中的水汽分压相等为止，此时物料中的水分与空气中的水分处于动态平衡。只要空气状态恒定，物料含水量不会因与空气接触时间的延长而改变，这种恒定的含水量称为该物料在固定空气状态下的平衡水分，又称平衡湿含量或平衡含水量，用 X^* 表示，单位为 kg 水分/kg 绝干料。平衡含水量是一定干燥条件下不能被干燥除去的那部分水分，是物料在该条件下被干燥的极限。图 6-10 给出某些固体物料在 25℃时的平衡含水量 X^* 与空气相对湿度 φ 的关系，称为平衡曲线。由图看出，相同的空气状态，不同物料的平衡含水量相差很大，比如空气 $t=25℃$、

$\varphi=60\%$ 时，陶土的 X^* 约为 1kg 水分/100kg 绝干料（6 号线上 A 点），而烟叶的 X^* 约为 23kg 水分/100kg 绝干料（7 号线上的 B 点）。对同一种物料，X^* 随空气状态而变，比如羊毛，当空气的 $t=25℃$、$\varphi=20\%$ 时，X^* 约为 7.3kg 水分/100kg 绝干料（2 号线上 C 点），而当 $\varphi=60\%$ 时，X^* 约为 14.5kg 水分/100kg 绝干料（2 号线上 D 点）。空气的相对湿度越小，X^* 越低，能够被干燥除去的水分越多。当 $\varphi=0$ 时，各种物料的 X^* 均为零，即湿物料只有与绝干空气相接触才能被干燥成绝干物料。

各种物料的平衡含水量由实验测得。物料的平衡含水量随空气温度升高而略有减少，例如棉花与相对湿度为 50% 的空气相接触，当空气温度由 37.8℃ 升高到 93.3℃ 时，平衡含水量 X^* 由 0.073 降至 0.057，约减少 25%，但由于缺乏各种温度下平衡含水量的实验数据，因此只要在不太宽的温度变化范围内，一般可忽略温度对物料的平衡含水量的影响。

物料中超过 X^* 的那部分水分称为自由水分，这种水分可以用干燥方法除去。物料中平衡含水量与自由含水量的划分不仅与物料的性质有关，还与空气的状态有关。

2. 结合水分与非结合水分

物料中的水分还可据其被脱除的难易，分为结合水和非结合水。图 6-11 为在恒定温度下由实验测得的某种物料（如丝）的平衡含水量 X^* 与空气相对湿度 φ 的关系曲线。若将该线延长，与 $\varphi=100\%$ 线相交于点 B，相应的 $X_B^*=0.24\text{kg/kg}$ 绝干料，此时物料与空气达到平衡，即物料表面水汽的分压等于空气中的水汽分压，因为空气的相对湿度是 100%，因此也等于同温度下纯水的饱和蒸气压 p_s。当湿物料中的含水量大于 X_B^* 时，物料表面水汽的分压不会再增大，仍为 p_s。高出 X_B^* 的水分称为非结合水，物料中的吸附水分和孔隙中的水分，都属于非结合水，它与物料为机械力结合，一般结合力较弱，物料中非结合水的汽化与纯水表面的汽化相同，故极易用

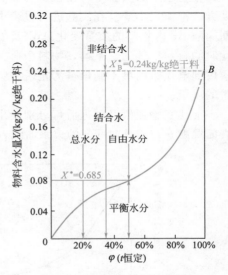

图 6-11 固体物料（丝）中所含水分的性质

干燥方法除去。物料中小于 X_B^* 的水分称为结合水，通常细胞壁内的水分及小毛细管内的水分，都属于结合水，它与物料以化学力或物理化学力结合，其蒸气压低于同温度下纯水的饱和蒸气压，故较非结合水难于用干燥方法除去。应指出，在恒定的温度下，物料的结合水与非结合水的划分，只取决于物料本身的特性，而与空气状态无关。结合水与非结合水都难以用实验方法直接测得，但根据它们的特点，可将平衡曲线外延与 $\varphi=100\%$ 线相交而获得。

物料的总水分，平衡水分与自由水分，非结合水分与结合水分之间的关系示于图 6-11 中。

6.4.2 干燥过程中的速率关系与恒定干燥条件下干燥时间的计算

1. 恒定干燥与变动干燥

干燥过程是复杂的传热、传质过程，通常按空气状态的变化情况，将干燥过程分为：恒定干燥操作和非恒定（或变动）干燥操作两大类。恒定状态下的干燥操作（简称恒定干燥）是指干燥操作过程中空气的温度、湿度、流速及与物料的接触方式不发生变化。如用大量空气对

少量物料进行间歇干燥，因空气是大量的，且物料中汽化出的水分很少，故干燥过程中可以认为空气湿度不变，而温度取干燥器进出口的平均值。变动状态下的干燥操作（简称变动干燥）是指干燥操作过程中空气的状态是不断变化的。如在连续操作的干燥器内，沿干燥器的长度或高度空气的温度逐渐下降而湿度逐渐增高，就属于变动干燥。

2. 恒定干燥条件下的干燥过程

（1）干燥实验和干燥曲线

在干燥设备的设计中，需要知道达到一定的干燥要求，物料应在干燥器内停留的时间，然后据此计算干燥器的工艺尺寸。而干燥时间的确定取决于干燥速率。由于干燥过程既涉及传热过程又涉及传质过程，机理比较复杂，目前只能通过间歇干燥实验来测定干燥速率曲线。

在间歇干燥实验中，用大量的热空气干燥少量的湿物料，空气的温度、湿度、气速及流动方式都恒定不变。在实验进行过程中，每隔一段时间测定物料的质量变化，并记录每一时间间隔 $\Delta\tau$ 内物料的质量变化 $\Delta W'$ 及物料的表面温度 θ，直到物料的质量不再随时间变化，此时物料与空气达到平衡，物料中所含水分即为该干燥条件下物料的平衡水分。然后再将物料放到电烘箱内烘干到恒重为止（控制烘箱内的温度低于物料的分解温度），称量即得绝干物料的质量。

上述实验数据经整理后可分别绘出如图 6-12 所示的物料含水量 X 与干燥时间 τ，物料表面温度 θ 与干燥时间 τ 的关系曲线，这两条曲线均称为干燥曲线。

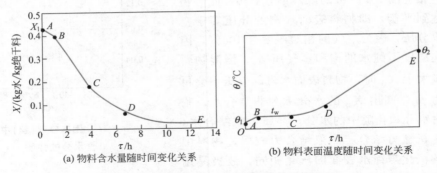

(a) 物料含水量随时间变化关系　　(b) 物料表面温度随时间变化关系

图 6-12　恒定干燥条件下某物料的干燥曲线

图 6-12 表明，干燥开始时，物料的含水量为 X_1，温度为 θ_1，对应于图中 A 点。干燥开始后，物料含水量及其表面温度开始随时间而变化。在 AB 段内，物料含水量下降，表面温度升高，但变化都不大，即斜率 $dX/d\tau$ 较小，AB 段称为预热段。预热段一般较短，到达 B 点时，物料表面温度升至 t_w，即空气的湿球温度。在其后的 BC 段中，X 与 τ 基本呈直线关系，即斜率 $dX/d\tau$ 为常数，此阶段内空气传给物料的显热恰等于水分从物料中汽化所需的潜热，而物料表面的温度维持 t_w 不变。进入 CD 段后，物料开始升温，热空气传给物料的热量一部分用于加热物料使其由 t_w 升高到 θ_2，另一部分用于汽化水分，因此该段斜率 $dX/d\tau$ 逐渐变小，直到物料中所含水分降至平衡含水量 X^*，干燥过程结束。

应予注意，干燥实验的操作条件应与生产要求的条件相近，使实验结果可以用于干燥器的设计与放大之中。

（2）干燥速率曲线

干燥速率是单位时间内、单位干燥面积上汽化的水分质量，即

$$U = \frac{\mathrm{d}W'}{S\mathrm{d}\tau} \tag{6-38}$$

式中，U 为干燥速率，又称干燥通量，$\mathrm{kg/(m^2 \cdot s)}$；$S$ 为干燥面积，$\mathrm{m^2}$；W' 为一批操作中汽化的水分量，kg；τ 为干燥时间，s。

又因

$$\mathrm{d}W' = -G'\mathrm{d}X \tag{6-39}$$

式中，G' 为一批操作中绝干物料的质量，kg。式(6-39)中的负号表示 X 随干燥时间的增加而减小。将式(6-39)代入式(6-38)中，得

$$U = -\frac{G'\mathrm{d}X}{S\mathrm{d}\tau} \tag{6-40}$$

式(6-40)即为干燥速率的微分表达式。其中绝干物料的质量 G' 及干燥面积 S 可由实验测得，根据图6-12的干燥曲线可得 $\mathrm{d}X/\mathrm{d}\tau$ 与 X 的关系，即图 6-13 的干燥速率曲线。从图中看出，干燥过程可明显地划分为两个阶段。ABC 段表示干燥第一阶段，其中 AB 段为预热段，此段内干燥速率提高，物料温度升高，但变化都很小，预热段一般很短，通常并入 BC 段内一起考虑；当物料的表面温度升至空气状态的湿球温度时，进入 BC 段，BC 段内干燥速率保持恒定，基本上不随物料含水量而变，故称为恒速干燥阶段。干燥的第二阶段如图中 CDE 所示，称为降速干燥阶段。在此阶段内干燥速率随物料含水量的减少而降低，直至 E 点，物料的含水量等于平衡含水量 X^*，干燥速率降为零，干燥过程停止。两个干燥阶段之间的交点 C 称为临界点，与点 C 对应的物料含水量称为临界含水量，以 X_c 表示，点 C 为恒速段的终点，降速段的起点，其干燥速率仍等于恒速阶段的干燥速率，以 U_c 表示。

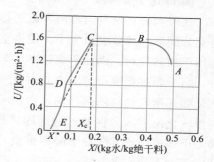

图 6-13　恒定干燥条件下干燥速率曲线

由于恒速干燥阶段与降速干燥阶段中的干燥机理及影响因素各不相同，故下面分别讨论。

① 恒速干燥阶段　在恒定干燥条件下，恒速干燥阶段固体物料的表面充分润湿，其状况与湿球温度计的湿纱布表面的状况类似。物料表面的温度 θ 等于空气的湿球温度 t_w（假设湿物料受辐射传热的影响可忽略不计），物料表面的空气湿含量等于 t_w 下的饱和湿度 H'_s，且空气传给湿物料的显热恰等于水分汽化所需的汽化热，即

$$\mathrm{d}Q' = r'\mathrm{d}W' \tag{6-41}$$

其中空气与物料表面的对流传热速率为

$$\frac{\mathrm{d}Q'}{S\mathrm{d}\tau} = \alpha(t - t_w) \tag{6-42}$$

湿物料与空气的传质速率（即干燥速率）为

$$U = \frac{\mathrm{d}W'}{S\mathrm{d}\tau} = k_H(H'_s - H) \tag{6-43}$$

式中，Q' 为一批操作中空气传给物料的总热量，kJ。

由于干燥是在恒定的空气条件下进行的，故随空气条件而变的 α 和 k_H 值均保持恒定不变，而且 $(t - t_w)$ 及 $(H'_s - H)$ 也为恒定值，因此由式(6-42)及式(6-43)可知，湿物料和空气间的传热速率及传质速率均保持不变，即湿物料以恒定的速率 U 向空气中汽化水分。

将式(6-42)、式(6-43)代入式(6-41)中，并整理得

$$U = \frac{\mathrm{d}W'}{S\mathrm{d}\tau} = \frac{\mathrm{d}Q'}{r'S\mathrm{d}\tau}$$

$$U = k_{\mathrm{H}}(H'_s - H) = \frac{\alpha}{r}(t - t_{\mathrm{w}}) \tag{6-44}$$

在整个恒速干燥阶段中要维持干燥速率恒定，必须要求湿物料内部的水分向其表面传递的速率与水分自物料表面汽化的速率相适应，以使物料表面始终维持恒定状态。恒速干燥阶段的干燥速率的大小取决于物料表面水分的汽化速率，亦即决定于物料外部的干燥条件，与物料内部水分的状态无关，所以恒速干燥阶段又称为表面汽化控制阶段。一般来说此阶段汽化的水分为非结合水，与从自由液面的汽化情况相同。

② **降速干燥阶段**　当湿物料中的含水量降到临界含水量 X_c 以后，便转入降速干燥阶段。此时水分自物料内部向表面迁移的速率小于物料表面水分的汽化速率，物料表面不能维持充分润湿，部分表面变干，使得空气传给物料的热量无法全部用于汽化水分，有一部分热量用于加热物料，因此干燥速率逐渐减小，物料温度升高，在部分表面上汽化出的是结合水分，当干燥过程进行到图 6-13 中的 D 点时，全部物料表面都不含非结合水，从点 D 开始，汽化面逐渐向物料内部移动，汽化所需的热量通过已被干燥的固体层而传递到汽化面，从物料中汽化出的水分也通过这层固体传递到空气主流中，这时干燥过程的传热、传质阻力增加，干燥速率比 CD 段下降得更快，到达点 E 时速率降至零，物料中所含水分即为该空气状态下的平衡水分。

降速阶段的干燥速率曲线的形状随物料内部的结构而异。对某些多孔性物料，降速阶段曲线只有 CD 段；对某些无孔吸水性物料，干燥曲线没有等速段，而降速段只有类似 DE 段的曲线；也有些物料 DE 段的弯曲情况与图6-13中相反。

根据以上分析，降速阶段的干燥速率取决于物料本身结构、形状和尺寸，而与干燥介质的状态参数关系不大。故降速阶段又称为物料内部迁移控制阶段。

③ **临界含水量**　临界含水量与物料性质(结构、厚度等)、干燥介质的状态(温度、湿度和流速)及干燥器的结构有关。例如，无孔吸水性物料的临界含水量比多孔物料的大；在一定的干燥条件下，物料层越厚，X_c 值越大；干燥介质温度高，湿度低，则恒速干燥段干燥速率大，这可能使物料表面板结，较早地进入降速干燥段，X_c 较大。

临界点是恒速干燥段和降速干燥段的分界点，临界含水量 X_c 值越大，转入降速干燥段越早，对于相同的干燥任务所需的干燥时间越长，对干燥过程来说是很不利的。因此，了解影响 X_c 的因素，就可以控制干燥操作。减低物料层的厚度、加强对物料的搅拌都可减小 X_c，同时又可增大干燥面积。如采用气流干燥器或流化床干燥器时，X_c 值一般较低。

湿物料的临界含水量通常由实验测定，或查有关手册。表 6-1 列出不同物料的 X_c 值。

(3)恒定干燥条件下干燥时间的计算

① **恒速阶段**　恒速阶段的干燥时间可直接从图 6-12(a)查得。对于没有干燥曲线的物系，可采用如下方法计算。

因恒速干燥段的干燥速率等于临界干燥速率，故式(6-40)可以改写为

$$\mathrm{d}\tau = -\frac{G'\mathrm{d}X}{U_c S} \tag{6-40a}$$

表 6-1 不同物料的临界含水量

| 有机物料 | | 无机物料 | | 临界含水量 /(kg 水/kg 绝干料) |
特征	例子	特征	例子	
很粗的纤维	未染过的羊毛	粗核无孔的物料,粒度约 50 目	石英	0.03~0.05
		晶体的、粒状的、孔隙较少的物料,粒度为 60~325 目	食盐、海沙、矿石	0.05~0.15
晶体的、粒状的、孔隙较少的物料	麸酸结晶	有孔的结晶物料	硝石、细沙、黏土、细泥	0.15~0.25
粗纤维的细粉	粗毛线、醋酸纤维、印刷纸、碳素颜料	细沉淀物、无定形和胶体状物料、粗无机颜料	碳酸钙、细陶土、普鲁士蓝	0.25~0.5
细纤维、无定形的和均匀状态的压紧物料	淀粉、纸浆、厚皮革	浆状、有机物的无机盐	碳酸钙、碳酸镁、二氧化钛、硬脂酸钙	0.5~1.0
分散的压紧物料、胶体状态和凝胶状态的物料	鞣制皮革、糊墙纸、动物胶	有机物的无机盐、催化剂、吸附剂	硬脂酸锌、四氯化锡、硅胶、氢氧化铝	1.0~30.0

从 $\tau=0$,$X=X_1$ 到 $\tau=\tau_1$,$X=X_c$ 积分上式

$$\int_0^{\tau_1} \mathrm{d}\tau = -\frac{G'}{U_c S}\int_{X_1}^{X_c} \mathrm{d}X$$

$$\tau_1 = \frac{G'}{U_c S}(X_1 - X_c) \tag{6-45}$$

式中,τ_1 为恒速阶段的干燥时间,s;U_c 为临界干燥速率,kg/(m²·s);X_1 为物料的初始含水量,kg/kg 绝干料;X_c 为物料的临界含水量,即恒速阶段终了时的含水量,kg/kg 绝干料;G'/S 为单位干燥面积上的绝干物料量,kg 绝干料/m²。

若缺乏 U_c 的数据,可将式(6-44)应用于临界点处,计算出 U_c,即

$$U_c = \frac{\alpha}{r'}(t - t_w) \tag{6-44a}$$

式中,t 为恒定干燥条件下空气的平均温度,℃;t_w 为初始状态空气的湿球温度,℃。

对流传热系数 α 同物料与干燥介质的接触方式有关,可用下面几种经验公式估算。

空气平行流过静止物料层的表面

$$\alpha = 0.0204(L')^{0.8} \tag{6-46}$$

式中,α 为对流传热系数,W/(m²·K);L' 为湿空气的质量速度,kg/(m²·h)。

式(6-46)的应用条件为 $L'=2450\sim29300$kg/(m²·h)、空气的平均温度为 45~150℃。

空气垂直流过静止的物料层表面

$$\alpha = 1.17(L')^{0.37} \tag{6-47}$$

式(6-47)的应用条件为 $L'=3900\sim19500$kg/(m²·h)。

气体与运动着的颗粒间的传热

$$\alpha = \frac{\lambda_g}{d_p}\left[2+0.54\left(\frac{d_p u_t}{\nu_g}\right)^{0.5}\right] \tag{6-48}$$

式中，d_p 为颗粒的平均直径，m；u_t 为颗粒的沉降速度，m/s；λ_g 为空气的热导率，W/(m·K)；ν_g 为空气的运动黏度，m^2/s。

由上述经验公式计算出的对流传热系数是近似的。但通过以上关联式可以分析影响干燥速率的因素。例如空气的流速越高、温度越高、湿度越低，干燥速率越快，但温度过高、湿度过低，可能会因干燥速率太快而引起物料变形、开裂或表面硬化。此外，空气速度太大，还会产生气流夹带现象。所以，应视具体情况选择适宜的操作条件。

【例 6-8】 在恒定干燥条件下干燥某物料，干燥曲线如图 6-13 所示。若需将该物料由含水量 $X_1 = 0.40\mathrm{kg/kg}$ 绝干料干燥至 $X_2 = 0.20\mathrm{kg/kg}$ 绝干料。已知单位干燥面积的绝干物料量为 $G'/S = 21.5\mathrm{kg/m^2}$。试估算干燥所需的时间。

解 由图 6-13 可见，物料的临界含水量 $X_c \approx 0.19\mathrm{kg/kg}$ 绝干料，故本题的干燥过程只有恒速干燥过程，并查得临界干燥速率为

$$U_c \approx 1.5\mathrm{kg/(m^2 \cdot h)} = 0.000417\mathrm{kg/(m^2 \cdot s)}$$

由式(6-45)知

$$\tau_1 = \frac{G'(X_1-X_2)}{SU_c} = \frac{21.5(0.4-0.2)}{0.000417} = 10312\mathrm{s} = 2.86\mathrm{h}$$

τ_1 也可由干燥速率曲线求得。因图 6-13 的干燥曲线是由图 6-12 的干燥曲线变换而来的，故由图 6-12 查得：$X_1 = 0.40\mathrm{kg/kg}$ 绝干料时对应的干燥时间为 $\tau_1 \approx 1.0\mathrm{h}$，$X_2 = 0.20\mathrm{kg/kg}$ 绝干料时对应的干燥时间为 $\tau_2 \approx 3.9\mathrm{h}$。所以

$$\tau_1 = 3.9 - 1.0 = 2.9\mathrm{h}$$

【例 6-9】 将某颗粒物料放在长宽各为 0.5m 的浅盘里进行干燥。干燥介质为常压空气，空气平均温度为 55℃，湿度为 0.01kg/kg 绝干气，空气以 5m/s 的速度平行地吹过湿物料表面，假设干燥盘的底部及四周绝热良好。试求恒速干燥阶段中每小时汽化的水分量。

解 温度为 55℃，湿度为 0.01kg/kg 绝干气的湿空气的比体积可按式(6-6)计算，即

$$v_H = (0.772 + 1.244H) \times \frac{273+t}{273} \times \frac{1.013 \times 10^5}{p}$$

$$= (0.772 + 1.244 \times 0.01) \times \frac{273+55}{273} = 0.9425\mathrm{m^3/kg} \text{ 绝干气}$$

湿空气的密度

$$\rho = \frac{1+H}{v_H} = \frac{1+0.01}{0.9425} = 1.072\mathrm{kg/m^3}$$

湿空气的质量流速 $\quad L' = u\rho = 5 \times 1.072 \times 3600 = 19296\mathrm{kg/(m^2 \cdot h)}$

所以 $\quad \alpha = 0.0204(L')^{0.8} = 0.0204 \times 19296^{0.8} = 54.71\mathrm{W/(m^2 \cdot ℃)}$

湿物料表面温度近似地等于湿空气的湿球温度 t_w，根据 $t = 55℃$、$H = 0.01\mathrm{kg/kg}$ 绝干气，由图 6-3 查得 $t_w = 26℃$，26℃ 时水的汽化热 $r' = 2433.6\mathrm{kJ/kg}$。则恒速干燥阶段的干燥速率

$$U_c = \frac{\alpha}{r}(t - t_w) = \frac{54.71}{2433.6 \times 10^3}(55-26) = 6.52 \times 10^{-4}\mathrm{kg/(m^2 \cdot s)} = 2.35\mathrm{kg/(m^2 \cdot h)}$$

故每小时的汽化量为 $\quad W = 2.35(0.5 \times 0.5) = 0.5875\mathrm{kg/h}$

② 降速干燥段 降速干燥段的干燥时间仍可采用式(6-40)计算，先将该式改为

$$\mathrm{d}\tau = -\frac{G'\mathrm{d}X}{US} \tag{6-40b}$$

从 $\tau=0$，$X=X_c$ 到 $\tau=\tau_2$，$X=X_2$ 积分上式

$$\tau_2=\int_0^{\tau_2}\mathrm{d}\tau=-\frac{G'}{S}\int_{X_c}^{X_2}\frac{\mathrm{d}X}{U} \tag{6-49}$$

式中，τ_2 为降速阶段的干燥时间，s；U 为降速阶段的瞬时干燥速率，$kg/(m^2\cdot s)$；X_2 为降速阶段终了时物料的含水量，kg/kg 绝干料。

计算式(6-49)中的积分项需要 U 与 X 的关系。若 U 与 X 呈非线性关系，则应采用图解积分或数值积分法计算。

若 U 随 X 呈线性变化，如图 6-14 所示，则可根据降速阶段干燥速率曲线过 (X_c,U_c)，$(X^*,0)$ 两点，确定其方程为

$$U=k_X(X-X^*) \tag{6-50}$$

式中，k_X 为降速阶段干燥速率线的斜率，$k_X=\dfrac{U_c}{X_c-X^*}$，kg 绝干料/$(m^2\cdot s)$。

将式(6-50)代入式(6-49)，得

$$\tau_2=\int_0^{\tau_2}\mathrm{d}\tau=\frac{G'}{S}\int_{X_2}^{X_c}\frac{\mathrm{d}X}{k_X(X-X^*)}$$

积分上式，得

$$\tau_2=\frac{G'}{Sk_X}\ln\frac{X_c-X^*}{X_2-X^*} \tag{6-51}$$

或

$$\tau_2=\frac{G'}{S}\frac{X_c-X^*}{U_c}\ln\frac{X_c-X^*}{X_2-X^*} \tag{6-51a}$$

当平衡含水量 X^* 非常低，或缺乏 X^* 的数据时，可忽略 X^*，假设降速阶段速率线为通过原点的直线，如图 6-14 中的虚线所示。$X^*=0$ 时，式(6-50)及式(6-51)变为

$$U=k_X X \tag{6-50a}$$

$$\tau_2=\frac{G'}{S}\frac{X_c}{U_c}\ln\frac{X_c}{X_2} \tag{6-51b}$$

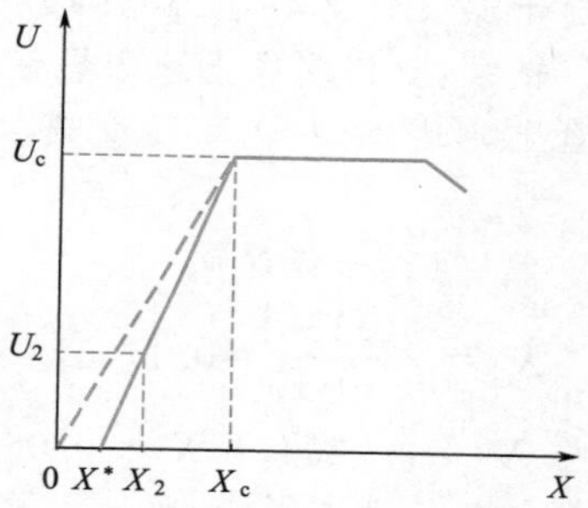

图 6-14　干燥速率曲线示意图

【例 6-10】　试计算将例 6-8 的湿物料干燥至 $X_2=0.01kg/kg$ 绝干料所需的干燥时间。

解　由图 6-13 可知，该物料的临界含水量为 $X_c\approx0.19kg/kg$ 绝干料，因此，本题的干燥过程包括恒速干燥和降速干燥两个阶段。

恒速段干燥时间可由式(6-45)计算

$$\tau_1=\frac{G'}{U_c S}(X_1-X_c)$$

由图 6-13 查得 $U_c\approx1.5kg$ 水/$(m^2\cdot h)$，在例 6-8 中已知 $G'/S=21.5kg$ 绝干料/m^2，所以

$$\tau_1=\frac{G'}{U_c S}(X_1-X_c)=\frac{21.5(0.4-0.19)}{1.5}=3.01h$$

降速段干燥时间可用数值积分法计算，采用辛普森公式，取 $n=6$，即将 $X_c\approx0.19kg$ 水/kg 绝干料至 $X_2=0.01kg$ 水/kg 绝干料 6 等分，每一 X 值所对应的 U 列于本题附表中。

例 6-10 附表

X/(kg 水/kg 绝干料)	0.19	0.16	0.13	0.10	0.07	0.04	0.01
U/[kg 水/($m^2\cdot h$)]	1.5	1.35	1.15	0.98	0.78	0.32	0.07

根据式(6-49)，降速段的干燥速率为

$$\tau_2 = \int_0^{\tau_2} d\tau = -\frac{G'}{S}\int_{X_c}^{X_2}\frac{dX}{U} = \frac{G'}{S}\frac{(X_c - X_2)}{3n}\left[\frac{1}{U_0} + \frac{1}{U_6} + 2\left(\frac{1}{U_2} + \frac{1}{U_4}\right) + 4\left(\frac{1}{U_1} + \frac{1}{U_3} + \frac{1}{U_5}\right)\right]$$

$$= 21.5 \times \frac{(0.19 - 0.01)}{3 \times 6}\left[\frac{1}{1.5} + \frac{1}{0.07} + 2\left(\frac{1}{1.15} + \frac{1}{0.78}\right) + 4\left(\frac{1}{1.35} + \frac{1}{0.98} + \frac{1}{0.32}\right)\right]$$

$$= 8.34h$$

所以，总干燥时间为 $\qquad \tau = \tau_1 + \tau_2 = 3.01 + 8.34 = 11.35h$

若假设图 6-13 中降速阶段干燥速率线为通过原点的直线，如图中虚线所示，故干燥时间可用式(6-51b)计算，即

$$\tau_2 = \frac{G'}{S}\frac{X_c}{U_c}\ln\frac{X_c}{X_2} = \frac{21.5 \times 0.19}{1.5}\ln\frac{0.19}{0.01} = 8.02h$$

与数值积分法的结果相比，误差为

$$\frac{8.34 - 8.02}{8.34} \times 100\% = 3.84\%$$

【例 6-11】 将 10kg 湿物料均匀摊在 0.5m² 的浅盘内进行恒定干燥。物料的初始含水量为 0.15，干燥至 0.02，物料的临界含水量为 0.06，平衡含水量为 0.01(以上均为湿基)。恒速干燥段的速率为 0.349kg/(m²·h)，降速段的干燥速率与物料的干基自由含水量成正比。试求：(1)完成上述干燥任务所需干燥时间；(2)若将上述物料平均摊在两个 0.5m² 的浅盘上，达到原干燥程度需 4.4h，再求临界含水量 X'_c，恒速段及降速段的干燥时间 τ'_1、τ'_2。

解 (1)干燥时间

$$X_1 = \frac{0.15}{1 - 0.15} = 0.1765, \quad G' = 10 \times (1 - 0.15) = 8.5kg$$

同样 $X_2 = 0.0204$，$X_c = 0.06383$，$X^* = 0.0101$

由题给条件可求得 τ_1 及 τ_2，即

$$\tau_1 = \frac{G'}{SU_c}(X_1 - X_c) = \frac{8.5}{0.5 \times 0.349}(0.1765 - 0.06383) = 5.49h$$

$$\tau_2 = \frac{8.5}{0.5 \times 0.349}(0.06383 - 0.0101)\ln\frac{0.06383 - 0.0101}{0.0204 - 0.0101} = 4.32h$$

则 $\qquad\qquad \tau = \tau_1 + \tau_2 = 5.49 + 4.32 = 9.81h$

(2)物料平摊在两个浅盘上的计算

$$\frac{G'}{S'U_c} = \frac{8.5}{1.0 \times 0.349} = 24.36h$$

$$\tau' = 24.36\left[(0.1765 - X'_c) + (X'_c - 0.0101)\ln\frac{X'_c - 0.0101}{0.0204 - 0.0101}\right] = 4.4h$$

解得 $\qquad\qquad X'_c = 0.0501 kg/kg$ 绝干料

$$\tau'_1 = 24.36 \times (0.1765 - 0.0501) = 3.08h$$

$$\tau'_2 = 24.36(0.0501 - 0.0101)\ln\frac{0.0501 - 0.0101}{0.0204 - 0.0101} = 1.32h$$

从以上数据看出，干燥面积加倍，物料变薄，临界含水量降低，总的干燥时间减半。

3. 变动干燥条件下的干燥过程

对实际生产中连续操作的干燥器，空气进入干燥器后，其状态参数沿干燥器的长度或高

度而变，并不是恒定的，对这种变动干燥条件下的操作，若假设操作时湿空气状态参数沿等焓线变化，在逆流干燥器中空气或湿物料的温度分布情况见图 6-15。

物料进入干燥器先被预热，预热段很短。当物料温度被提高到空气初始状态的湿球温度 t_w 时，进入干燥第一阶段，此段内若干燥操作是等焓过程，空气状态将沿等焓线变化，空气绝热降温增湿，而物料表面温度几乎恒定，维持空气初始状态的湿球温度，在此阶段中，干燥速率由物

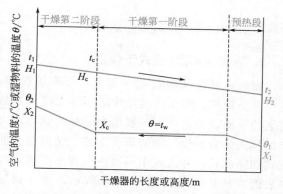

图 6-15　连续逆流干燥器中典型的温度分布情况

料表面水分汽化速率控制，汽化出的为非结合水，但由于空气状态是变化的，所以，干燥速率并不恒定。到达临界点后转入干燥第二阶段。临界点处物料含水量为 X_c，相应的空气温度为 t_c、湿度为 H_c。干燥第二阶段中，干燥速率为水分在物料内部迁移速度控制，到达干燥器出口处，物料温度上升到 θ_2，含水量下降到 X_2。

必须指出，不同类型的干燥器中，湿物料与干燥介质的相对运动方式不同，因此实际计算时，对某些干燥器需采用经验方法计算干燥时间，可参阅本章 6.5.2 节。

6.5　干燥器

干燥器在化工、食品、造纸和医药等许多工业领域都有应用，由于被干燥物料的形状（块状、粒状、溶液、浆状及膏糊状等）和性质（如耐热性、含水量、分散性、黏性、耐酸碱性、防爆性及湿度等）不同；生产规模或生产能力也相差很大；对于干燥后的产品要求（如含水量、形状、强度及粒度等）也不尽相同，因此，所采用的干燥方法和干燥器的型式也是多种多样的。通常，对干燥器的主要要求如下。

① 能保证干燥产品的质量要求，如含水量、强度、形状等。

② 要求干燥速率快、干燥时间短，以减小干燥器的尺寸、降低能耗，提高热效率。同时还应考虑干燥器的辅助设备的规格和成本，即经济性要好。

③ 操作控制方便，劳动条件好。

干燥器通常可按加热的方式来分类，如表 6-2 所示。

表 6-2　常用干燥器的分类

类型	干燥器
对流干燥器	厢式干燥器，气流干燥器，沸腾干燥器，转筒干燥器，喷雾干燥器
传导干燥器	滚筒干燥器，真空盘架式干燥器
辐射干燥器	红外线干燥器
介电加热干燥器	微波干燥器

6.5.1 干燥器的主要类型

1. 厢式干燥器（盘式干燥器）

厢式干燥器又称盘式干燥器，可常压操作，也可真空操作。常压间歇操作的厢式干燥器是最古老的干燥设备之一。一般小型的称为烘箱，大型的称为烘房。按气流的流动方式，又可分为并流式和穿流式。并流式干燥器内气流水平掠过物料表面，其基本结构如图 6-16 所示，被干燥物料放在盘架 7 上的浅盘内，物料的堆积厚度约为 10～100mm。新鲜空气由风机 3 吸入，由加热器 5 预热后沿挡板 6 均匀地在各浅盘内的物料上方掠过，对物料进行干燥，部分废气经空气出口 2

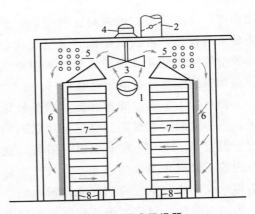

图 6-16　厢式干燥器
1—空气入口；2—空气出口；3—风机；4—电动机；
5—加热器；6—挡板；7—盘架；8—移动轮

排出，余下的循环使用，以提高热效率。废气循环量由吸入口或排出口的挡板进行调节。空气的流速由物料的粒度而定，应使物料不被气流夹带出干燥器为原则，一般为 1～10m/s。这种干燥器的浅盘可放在能移动的小车盘架上，以方便物料的装卸，减轻劳动强度。

若被干燥的物料是热敏性的物料；或高温下易燃、易爆的危险性物料；或物料中的湿分在大气压下难以汽化；或物料中的湿分产生的蒸汽需要回收（有价值或会污染环境），厢式干燥器可在真空下操作，称为厢式真空干燥器。干燥厢是密封的，干燥时以传导方式加热物料，将浅盘架制成空心的，加热蒸汽从中通过，使盘中物料所含水分或溶剂汽化，汽化出的水汽或溶剂蒸气用真空泵抽出，以维持厢内的真空度。

厢式干燥器还可用烟道气作为干燥介质。

厢式干燥器的优点是结构简单，设备投资少，适应性强。缺点是劳动强度大；装卸物料热损失大；产品质量不易均匀。厢式干燥器一般应用于少量、多品种物料的干燥，尤其适合作为实验室的干燥装置。

2. 转筒干燥器

图 6-17 所示的为用热空气直接加热的逆流操作转筒干燥器，其主体为一略微倾斜的旋转圆筒。湿物料从转筒较高的一端送入，热空气由另一端进入，气固在转筒内逆流接触，随着转筒的旋转，物料在重力作用下流向较低的一端。通常转筒内壁上装有若干块抄板，其作用是将物料抄起后再洒下，以增大干燥表面积，提高干燥速率，同时还促使物料向前运行，当转筒旋转一周时，物料被抄起和洒下一次，物料前进的距离等于其落下的高度乘以转筒的倾斜率。抄板的型式多种多样，如图 6-18 所示，有的回转筒前半部分用结构较简单的抄板，后半部分用结构较复杂的抄板。

干燥器内空气与物料间的流向除逆流外，还可采用并流或并逆流相结合的操作。并流时，入口处湿物料与高温、低湿的热气体相遇，干燥速率最大，沿着物料的移动方向，热气体温度降低，湿度增大，干燥速率逐渐减小，至出口时为最小，因此，并流操作适用于处理含水量较高时允许快速干燥而不致发生裂纹或焦化，干燥产品不能耐高温，并且吸水性又较低的物料；而逆流时干燥器内各段干燥速率相差不大，它适用于不允许快速干燥而产品能耐高温的物料。

为了减少粉尘的飞扬，气体在干燥器内的速度不宜过高，对粒径为 1mm 左右的物料，

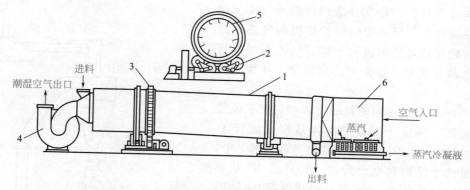

图 6-17　热空气直接加热的逆流操作转筒干燥器

1—圆筒；2—支架；3—驱动齿轮；4—风机；5—抄板；6—蒸汽加热器

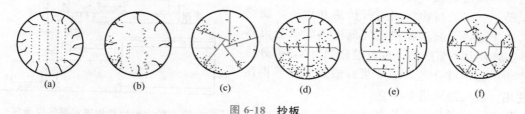

图 6-18　抄板

(a)最普遍使用的形式，利用抄板将颗粒状物料扬起，而后自由落下；(b)弧形抄板没有死角，适于容易黏附的物料；(c)将回转圆筒的截面分割成几个部分，每回转一次可形成几个下泻物料流，物料约占回转筒容积的15%；(d)物料与热风之间的接触比图(c)更好；(e)适用于易破碎的脆性物料，物料占回转筒容积的25%；(f)图(c)、图(d)结构的进一步改进，适用于大型装置

气体速度为 0.3～1.0m/s；对粒径为 5mm 左右的物料，气速在 3m/s 以下，有时为防止转筒中粉尘外流，可采用真空操作。转筒干燥器的体积传热系数较低，约为 0.2～0.5W/(m³·℃)。

对于能耐高温且不怕污染的物料，还可用烟道气作为干燥介质，以获得较高的干燥速率和热效率。对于不能受污染或极易引起大量粉尘的物料，可采用间接加热的转筒干燥器。这种干燥器的传热壁面为装在转筒轴心处的一个固定的同心圆筒，筒内通以烟道气，也可以沿转筒内壁装一圈或几圈固定的轴向加热蒸汽管。由于间接加热式的转筒干燥器的效率低，目前较少采用。

转筒干燥器的优点是机械化程度高，生产能力大，流动阻力小，容易控制，产品质量均匀。此外，转筒干燥器对物料的适应性较强，不仅适用于处理散粒状物料，当处理黏性膏状物料或含水量较高的物料时，可于其中掺入部分干料以降低黏性，或在转筒外壁安装敲打器械以防止物料粘壁。转筒干燥器的缺点是设备笨重，金属材料耗量多，热效率低，约为 30%～50%，结构复杂，占地面积大，传动部件需经常维修等。目前国内采用的转筒干燥器直径为 0.6～2.5m，长度为 2～27m；处理物料的含水量为 3%～50%，产品含水量可降到0.5%，甚至低到 0.1%(均为湿基)。物料在转筒内的停留时间为 5min～2h，转筒转速 1～8r/min，倾角 8°以内。

3. 气流干燥器

气流干燥器是一种连续操作的干燥器。它将湿物料在热气流中分散成粉粒状，并在随热气流并流运动的过程中被干燥。气流干燥器可处理泥状、粉粒状或块状的湿物料，对于泥状物料需装设分散器，使其分散后再进入气流干燥器；对块状物料，可采用附设粉碎机的气流干燥器，将浆物料粉碎后再进行干燥。气流干燥器有直管型、脉冲管型、倒锥型、套管型、环型和旋风型等。

图 6-19 即为装有粉碎机的直管型气流干燥装置的流程图。气流干燥器的主体是直立圆管 4，湿物料由加料斗 9 加入螺旋桨式输送混合器 1 中，与一定量的干燥物料混合后进入粉碎机 3。从燃烧炉 2 来的加热介质（热空气、烟道气等）也同时进入。粉碎后的固体被吹入气流干燥器中。由于热气体作高速运动，使物料颗粒分散并随气流一起运动。热气流与物料间进行传热和传质，使物料得以干燥，干燥后物料随气流进入旋风分离器 5 经分离后由底部排出，再通过分配器 8，部分排出作为产品，部分送入螺旋桨式输送混合器供循环使用。废气经风机 6 放空。

气流干燥器具有以下特点。

① 处理量大，干燥强度大。由于气流的速度可高达20～40m/s，物料又悬浮于气流中，因此气固间的接触面积大，强化了传热和传质过程。对粒径 $50\mu m$ 以下的颗粒，可均匀干燥至含水量相当低。

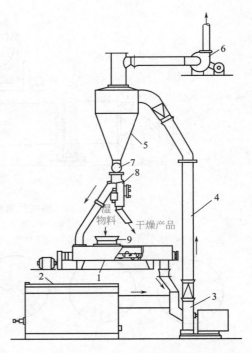

图 6-19　装有粉碎机的直管型气流干燥装置流程图

1—螺旋桨式输送混合器；2—燃烧炉；3—粉碎机；4—直立圆管；5—旋风分离器；6—风机；7—星式加料器；8—流动固体物料的分配器；9—加料斗

② 干燥时间短。物料在干燥器内只停留 0.5～2s，最多也不会超过 5s，故即使干燥介质温度较高，物料温度也不会升的太高，因此，适用于热敏性、易氧化物料的干燥。

③ 产品磨损较大。由于干燥管内气速较高，使物料在运动过程中相互摩擦并与壁面碰撞，对物料有破碎作用，因此气流干燥器不适于干燥易粉碎的物料。

④ 对除尘设备要求严，系统的流动阻力较大。

⑤ 设备结构简单，占地面积小。这种含固体物料的气流的性质类似于"液体"，所以运输方便、操作稳定、成品质量均匀，但对所处理物料的粒度有一定的限制。

由气流干燥的实验得知，在加料口以上 1m 左右的干燥管内，干燥速率最快，而且由气体传给物料的热量约占整个干燥管中传热量的 1/2～3/4。这是因为一方面干燥管底部气固间的温度差较大，另一方面，干燥管底部气固间相对运动速度较大，有利于传热和传质。当湿物料进入干燥管的瞬间，物料上升速度 u_m 为零，气速为 u_g，气流和颗粒间的相对速度 $u_o(u_o=u_g-u_m)$ 为最大；当物料被气流吹动后即不断地被加速，上升速度由零升到某个值 u_m，而气固相对速度逐渐降低，直到气体与颗粒间的相对速度 u_o 等于颗粒在气流中的沉降速度 u_t 时，即 $u_t=u_o=u_g-u_m$，颗粒将不再被加速而维持恒速上升。因此，颗粒在干燥器中的运动情况可分为加速运动段和恒速运动段。通常加速段在加料口之上1～3m内完成。由于加速段内气体与颗粒间相对速度大，因而对流传热系数也大；同时在干燥管底部颗粒最密集，即单位体积干燥器中具有的传热面积也大，所以加速段中的体积传热系数较恒速段中的要大。在高为 14m 的气流干燥器中用 30～40m/s 的气速对粒径在 $100\mu m$ 以下的聚氯乙烯颗粒进行干燥实验，测得的体积传热系数 α_a 随干燥管高度 Z 而变的关系，如图 6-20 所示。由图可见，α_a 随 Z 增高而降低，在干燥管底部 α_a 最大。

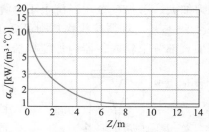

图 6-20　气流干燥器 α_a 与 Z 的关系

根据以上分析，欲提高气流干燥器的干燥速率和降低干燥管的高度，应发挥干燥管底部加速段的作用以及增加气体和颗粒间的相对速度。根据这种论点已提出许多改进的措施，最常用的方法是采用脉冲管，即将等径干燥管底部接上一段或几段变径管，使气流和颗粒速度处于不断改变的状态，从而产生与加速段相似的作用。

4. 流化床干燥器（沸腾床干燥器）

流化床干燥器又称沸腾床干燥器，是流态化技术在干燥操作中的应用。流化床干燥器种类很多，大致可分为以下几种：单层流化床干燥器、多层流化床干燥器、卧式多室流化床干燥器、喷动床干燥器、旋转快速干燥器、振动流化床干燥器、离心流化床干燥器和内热式流化床干燥器等。

图 6-21 为单层圆筒流化床干燥器。待干燥的颗粒物料放置在分布板上，热空气由多孔板的底部送入，使其均匀地分布并与物料接触。气速控制在临界流化速度和带出速度之间，使颗粒在流化床中上下翻动，彼此碰撞混合，气固间进行传热和传质，气体温度下降，湿度增大，物料含水量减少，被干燥。最终在干燥器底部得到干燥产品，热气体则由干燥器顶部排出，经旋风分离器分出细小颗粒后放空。当静止物料层的高度为 $0.05\sim0.15m$ 时，对于粒径大于 $0.5mm$ 的物料，适宜的气速可取为 $(0.4\sim0.8)u_t$；对于较小的粒径，因颗粒床内可能结块，采用上述的速度范围稍小，一般对于这种情况的操作气速需由实验确定。

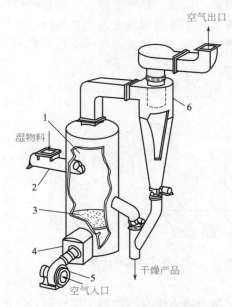

图 6-21　单层圆筒流化床干燥器

1—流化室；2—进料器；3—分布板；
4—加热器；5—风机；6—旋风分离器

流化床干燥器的特点如下。

① 流化干燥与气流干燥一样，具有较高的传热和传质速率。因为在流化床中，颗粒浓度很高，单位体积干燥器的传热面积很大，所以体积传热系数可高达 $2300\sim7000W/(m^3\cdot℃)$。

② 物料在干燥器中的停留时间可自由调节，由出料口控制，因此可以得到含水量很低的产品。当物料干燥过程存在降速阶段时，采用流化床干燥较为有利。另外，当干燥大颗粒物料，不适于采用气流干燥器时，若采用流化床干燥器，则可通过调节风速来完成干燥操作。

③ 流化床干燥器结构简单，造价低，活动部件少，操作维修方便。与气流干燥器相比，流化床干燥器的流动阻力较小，对物料的磨损较轻，气固分离较易，热效率较高（对非结合水的干燥为 $60\%\sim80\%$，对结合水的干燥为 $30\%\sim50\%$）。

④ 流化床干燥器适用于处理粒径为 $30\mu m\sim6mm$ 的粉粒状物料，粒径过小使气体通过分布板后易产生局部沟流，且颗粒易被夹带；粒径过大则流化需要较高的气速，从而使流动

阻力加大、磨损严重，经济上不合算。流化床干燥器处理粉粒状物料时，要求物料中含水量为 2%～5%，对颗粒状物料则可低于 10%～15%，否则物料的流动性就差。但若在湿物料中加入部分干料或在器内加搅拌器，有利于物料的流化并防止结块。

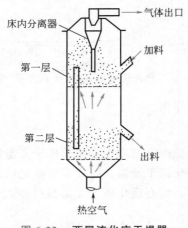

图 6-22　两层流化床干燥器

由于流化床中存在返混或短路，可能有一部分物料未经充分干燥就离开干燥器，而另一部分物料又会因停留时间过长而产生过度干燥现象。因此单层沸腾床干燥器仅适用于易干燥、处理量较大而对干燥产品的要求不太高的场合。

对于干燥要求较高或所需干燥时间较长的物料，一般可采用多层（或多室）流化床干燥器。图 6-22 所示的为两层流化床干燥器。物料从上部加入，由第一层经溢流管流到第二层，然后由出料口排出。热气体由干燥器的底部送入，向上依次通过第二层及第一层的分布板，与物料接触后的废气由器顶排出。物料与热气流逆流接触，物料在每层中相互混合，但层与层间不混合。国内采用五层流化床干燥器干燥涤纶切片，效果良好。多层流化床干燥器中物料与热空气多次接触，尾气湿度大，温度低，因此，热效率较高；但它结构复杂，流动阻力较大，需要高压风机，另外，多层流化沸腾床干燥器的主要问题是如何定量地控制物料使其转入下一层，以及不使热气流沿溢流管短路流动。因此常因操作不当而破坏了流化床层。

为了保证物料能均匀地被干燥，而流动阻力又较小，可采用如图 6-23 所示的卧式多室流化床干燥器。该流化床干燥器的主体为长方形，器内用垂直挡板分隔成多室，一般为 4～8 室。挡板下端与多孔板之间留有几十毫米的间隙（一般取为床层中静止物料层高度的 1/4～1/2），使物料能逐室通过，最后越过堰板而卸出。热空气分别通过各室，各室的温度、湿度和流量均可调节，例如第一室中的物料较湿，

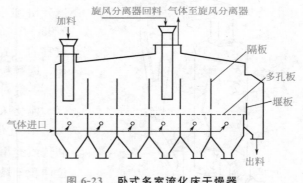

图 6-23　卧式多室流化床干燥器

热空气流量可大些，还可加搅拌器使物料分散，最后一室可通入冷空气冷却干燥产品，以便于贮存。这种形式的干燥器与多层流化床干燥器相比，操作稳定可靠，流动阻力较低，但热效率较低，耗气量大。

5. 喷雾干燥器

喷雾干燥器是将溶液、浆液或悬浮液通过喷雾器而分散成雾状细滴分散于热气流中，使水分迅速汽化而达到干燥的目的。热气流与物料以并流、逆流或混合流的方式相互接触而使物料得到干燥，根据对产品的要求，最终可获得 30～50μm 微粒的干燥产品。这种干燥方法不需要将原料预先进行机械分离，且干燥时间很短，仅为 5～30s，因此适用于热敏性物料的干燥，如食品、药品、生物制品、染料、塑料及化肥等。

常用的喷雾干燥流程如图 6-24 所示。浆液用送料泵压至喷雾器(喷嘴),经喷嘴喷成雾滴而分散在热气流中,雾滴在干燥器内与热气流接触,使其中的水分迅速汽化,成为微粒或细粉落到器底。产品由风机吸至旋风分离器中而被回收,废气经风机排出。喷雾干燥的干燥介质多为热空气,也可用烟道气,对含有机溶剂的物料,可使用氮气等惰性气体。

喷雾器是喷雾干燥的关键部分。液体通过喷雾器分散成为 $10\sim60\mu m$ 的雾滴,提供了很大的蒸发表面积,每立方米溶液

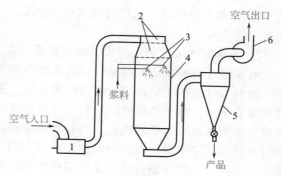

图 6-24 **喷雾干燥设备流程**
1— 燃烧炉;2—空气分布器;3—压力式喷嘴;
4—干燥塔;5—旋风分离器;6—风机

具有的表面积为 $100\sim600m^2$,以利于达到快速干燥的目的。对喷雾器的一般要求为:雾粒应均匀,结构简单,生产能力大,能量消耗低及操作容易等。常用的喷雾器有三种基本型式。

① 离心式喷雾器 离心式喷雾器如图 6-25(a)所示,料液被送到一高速旋转圆盘的中部,圆盘上有放射形叶片,一般圆盘转速为 $4000\sim20000r/min$,圆周速度为 $100\sim160m/s$。液体受离心力的作用而被加速,到达周边时呈雾状被甩出。

② 压力式喷雾器 压力式喷雾器如图 6-25(b)所示。用高压泵使液浆获得高压($3\sim20MPa$),液浆进入喷嘴的螺旋室,液体在其中高速旋速,然后从出口的小孔处呈雾状喷出。

③ 气流式喷雾器 气流式喷雾器如图 6-25(c)所示。用高速气流使料液经过喷嘴呈雾滴而喷出。一般所用压缩空气的压力在 $0.3\sim0.7MPa$。

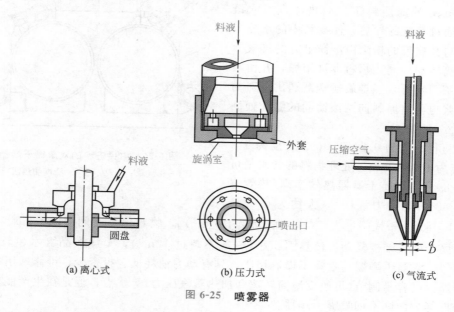

图 6-25 **喷雾器**

选用喷雾器的型式时,一般可按下列原则考虑。

① 压力式喷雾器的优点较多,主要是结构简单、操作简便、耗能低、生产能力大,但需要使用高压液系,目前以压力式的应用最为广泛。

② 处理量较低时，采用气流式喷雾器最为方便，且所喷的雾滴也最细，可处理含有少量固体的溶液。

③ 处理固体浓度较大的物料时，宜采用离心式喷雾器。

喷雾室有塔式和箱式两种，以塔式应用最为广泛。

物料与气流在干燥器中的流向分为并流、逆流和混合流三种。每种流向又可分为直线流动和螺旋流动。对于易粘壁的物料，宜采用直线流的并流，液滴随高速气流直行下降，这样可减少雾滴黏附于器壁的机会。但相对来说雾滴在干燥器中的停留时间较短。螺旋形流动时物料在器内的停留时间较长，但由于离心力的作用将粒子甩向器壁，因而使物料粘壁的机会增多。逆流时物料在器内的停留时间也较长，宜于干燥颗粒较大或较难干燥的物料，但不适用于热敏性物料，且逆流时废气是由器顶排出，为了减少未干燥的雾滴被气流带走，气体速度不能太高，因此对一定的生产能力而言，干燥器直径较大。

喷雾干燥的优点是干燥速率快，干燥时间短；尤其适用于热敏物料的干燥；能处理用其他干燥方法难以进行干燥的低浓度溶液，且可由料液直接获得干燥产品，之前不需蒸发、结晶、机械分离及粉碎等操作；可连续操作；产品质量稳定；干燥过程中无粉尘飞扬，劳动条件较好。其缺点是对不耐高温的物料体积传热系数低，使干燥器的容积大；单位产品耗热量大及动力消耗大。另外，对细粉粒产品需高效分离装置，使分离系统的费用较高。

6. 滚筒干燥器

滚筒干燥器是以导热方式加热的连续干燥器，它适用于溶液、悬浮液、胶体溶液等流动性物料的干燥。

图 6-26 所示的为双滚筒干燥器，主体为两个旋转方向相反的滚筒，部分表面浸在料槽中，从料槽中转出来的那部分表面沾上了厚度为 0.3～5mm 的薄层料浆。加热蒸汽通入滚筒内部，通过筒壁的导热，使物料中的水分蒸发，水汽与其挟带的粉尘由滚筒上方的排气罩排出。滚筒转动一周，物料即被干燥，并由滚筒壁上的刮刀刮下，经螺旋输送器送出。对易沉淀的料浆也可将原料向两滚筒间的缝隙处洒下，如图 6-26 所示。

滚筒直径一般为 0.5～1.0m、长度为 1～3m、转速为 1～3r/min。处理物料的含水量可为 10%～80%。滚筒干燥器热效率高（热效率为 70%～80%），动力消耗小（大约为 0.02～

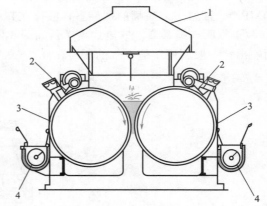

图 6-26 中央进料的双滚筒干燥器
1—排气罩；2—刮刀；3—蒸汽加热滚筒；
4—螺旋输送器

0.05kW/kg 水），干燥强度大[30～70kg 水/(h·m²)]，物料停留时间短（5～30s），操作简单。但滚筒干燥器结构复杂，传热面积小（一般不超过 12m²），干燥产品含水量较高（一般 3%～10%）。滚筒干燥器与喷雾干燥器相比，具有动力消耗低、投资少，维修费用省，干燥时间和干燥温度容易调节（可改变滚筒转速和加热蒸汽压力）等优点，但是在生产能力、劳动强度和条件等方面则不如喷雾干燥器。

7. 干燥器选型时应考虑的因素

在选择干燥器时，首先应根据湿物料的形状、特性、处理量、处理方式及可选用的热源等选择出适宜的干燥器类型。通常，干燥器选型应考虑以下各项因素。

① **被干燥物料的性质** 如热敏性、黏附性、颗粒的大小形状、磨损性以及腐蚀性、毒性、可燃性等物理化学性质。

② **对干燥产品的要求** 干燥产品的含水量、形状、粒度分布、粉碎程度等。如干燥食品时，产品的几何形状、粉碎程度均对成品的质量及价格有直接的影响。干燥脆性物料时应特别注意成品的粉碎与粉化。

③ **物料的干燥速率曲线与临界含水量** 确定干燥时间时，应先由实验作出干燥速率曲线，确定临界含水量 X_c。物料与介质的接触状态、物料尺寸与几何形状对干燥速率曲线的影响很大。例如，物料粉碎后再进行干燥时，除了干燥面积增大外，一般临界含水量 X_c 值也降低，有利于干燥。因此，在不可能用与设计类型相同的干燥器进行实验时，应尽可能用其他干燥器模拟设计时的湿物料状态，进行干燥速率曲线的实验，并确定临界含水量 X_c 值。

④ **回收问题** 固体粉粒的回收及溶剂的回收。

⑤ **干燥热源** 可利用的热源的选择及能量的综合利用。

⑥ 干燥器的占地面积、排放物及噪声是否满足环保要求。

表 6-3 列出主要干燥器的选择表，可供选型时参考。

表 6-3　主要干燥器的选择

湿物料的状态	物料的实例	处理量	适用的干燥器
液体或泥浆状	洗涤剂、树脂溶液、盐溶液、牛奶等	大批量	喷雾干燥器
		小批量	滚筒干燥器
泥糊状	染料、颜料、硅胶、淀粉、黏土、碳酸钙等的滤饼或沉淀物	大批量	气流干燥器、带式干燥器
		小批量	真空转筒干燥器
粉粒状 (0.01～20μm)	聚氯乙烯等合成树脂、合成肥料、磷肥、活性炭、石膏、钛铁矿、谷物	大批量	气流干燥器、转筒干燥器流化床干燥器
		小批量	转筒干燥器厢式干燥器
块状 (20～100μm)	煤、焦炭、矿石等	大批量	转筒干燥器
		小批量	厢式干燥器
片状	烟叶、薯片	大批量	带式干燥器转筒干燥器
		小批量	穿流厢式干燥器
短纤维	醋酸纤维、硝酸纤维	大批量	带式干燥器
		小批量	穿流厢式干燥器
一定大小的物料或制品	陶瓷器、胶合板、皮革等	大批量	隧道干燥器
		小批量	高频干燥器

6.5.2 干燥器的设计

干燥器的设计依据是物料衡算、热量衡算、速率关系和平衡关系四个基本方程。但干燥过程的机理比较复杂，是传热和传质并存的操作，不同干燥器的设计方法差别很大，但设计的基本原则是物料在干燥器内的停留时间必须等于或稍大于所需的干燥时间。

1. 干燥操作条件的确定

干燥操作条件的确定与许多因素（如干燥器的型式、物料的特性及干燥过程的工艺要求等）有关。并且各种操作条件之间又是相互关联的，应予以综合考虑。有利于强化干燥过程的最佳操作条件，通常由实验测定。下面介绍干燥操作条件的一般选择原则。

(1)干燥介质的选择

决定于干燥过程的工艺及可利用的热源，此外还应考虑介质的经济性及来源。基本的热源有热气体、液态或气态的燃料以及电能。在对流干燥中，干燥介质可采用空气、惰性气体、烟道气和过热蒸汽。

热空气是最廉价易得的热源，但对某些易氧化的物料，或从物料中蒸发出的气体易燃、易爆时，则需用惰性气体作为干燥介质。烟道气适用于高温干燥，但要求被干燥的物料不怕污染、且不与烟气中的 SO_2 和 CO_2 等气体发生作用。由于烟道气温度高，故可强化干燥过程，缩短干燥时间。

(2)流动方式的选择

气体和物料在干燥器中的流动方式，一般可分为并流、逆流和错流。

在并流操作中，物料的移动方向与介质的流动方向相同。湿物料一进入干燥器就与高温、低湿的热气体接触，传热、传质推动力都较大，干燥速率也较大，但沿着干燥器管长干燥推动力下降，干燥速率降低，因此，并流操作时前期干燥速率较大，而后期干燥速率较小，难以获得含水量很低的产品。但与逆流操作相比，若气体初始温度相同，并流时物料的出口温度可较逆流时为低，被物料带走的热量就少，就干燥经济性而论，并流优于逆流，并流操作适用于：①当物料含水量较高时，允许进行快速干燥而不产生龟裂或焦化的物料；②干燥后期不耐高温，即干燥产品易变色、氧化或分解等的物料。

在逆流操作中，物料移动方向和介质的流动方向相反，整个干燥过程中的干燥推动力变化不大，它适用于：①在物料含水量高时，不允许采用快速干燥的场合；②在干燥后期，可耐高温的物料；③要求干燥产品的含水量很低时。

在错流操作中，干燥介质与物料间运动方向相互垂直。各个位置上的物料都与高温、低湿的介质相接触，因此干燥推动力比较大，又可采用较高的气体速度，所以干燥速率很高，它适用于：①无论在高或低的含水量时，都可以进行快速干燥，且可耐高温的物料；②因阻力大或干燥器构造的要求不适宜采用并流或逆流操作的场合。

(3)干燥介质进入干燥器时的温度

提高干燥介质进入干燥器的温度可提高传热、传质的推动力，因此，在避免物料发生变色、分解等理化变化的前提下，干燥介质的进口温度可尽可能高一些。对于同一种物料，允许的介质进口温度随干燥器型式不同而异。例如，在厢式干燥器中，由于物料是静止的，因此应选用较低的介质进口温度，以避免物料局部过热；在转筒、流化床、气流等干燥器中，由于物料不断地翻动，致使物料温度较均匀、速率快、时间短，因此介质进口温度可高些。

(4)干燥介质离开干燥器时的相对湿度 φ_2 和温度 t_2

增加干燥介质离开干燥器的相对湿度，可以减少空气消耗量及传热量，即可降低操作费用；但 φ_2 增大，介质中水汽的分压增高，使干燥过程的平均推动力下降，为了保持相同的干燥能力，需增大干燥器的尺寸，即加大了投资费用。所以，最适宜的 φ_2 值应通过经济衡算来决定。

不同的干燥器，适宜的 φ_2 值也不相同。例如，对气流干燥器，由于物料在器内的停留时间很短，就要求有较大的推动力以提高干燥速率，因此一般离开干燥器的气体中水蒸气分压需低于出口物料表面水蒸气分压的 50%；对转筒干燥器，出口气体中水蒸气分压一般为物料表面水蒸气分压的 50%～80%。对于某些干燥器，要求保证一定的空气速度，因此应考虑气量和 φ_2 的关系，即为了满足较大气速的要求，可使用较多的空气量而减小 φ_2 值。

干燥介质离开干燥器的温度 t_2 与 φ_2 应综合考虑。若 t_2 增高，则热损失大，干燥热效率就低；若 t_2 降低，而 φ_2 又较高，此时湿空气可能会在干燥器后面的设备和管路中析出水滴，破坏了干燥的正常操作。对气流干燥器，一般要求 t_2 较物料出口温度高 10～30℃，或 t_2 较入口气体的绝热饱和温度高 20～50℃。

（5）物料离开干燥器时的温度

在连续逆流的干燥设备中，若干燥为绝热过程，则在干燥第一阶段中，物料表面的温度等于与它相接触的气体湿球温度。在干燥第二阶段中，物料温度不断升高，此时气体传给物料的热量一部分用于蒸发物料中的水分，一部分则用于加热物料使其升温。因此，物料出口温度 θ_2 与物料在干燥器内经历的过程有关，主要取决于物料的临界含水量 X_c 值及干燥第二阶段的传质系数。若物料出口含水量高于临界含水量 X_c，则物料出口温度 θ_2 等于与它相接触的气体湿球温度；若物料出口含水量低于临界含水量 X_c，则 X_c 值愈低，物料出口温度 θ_2 也愈低；传质系数愈高，θ_2 愈低。目前还没有计算 θ_2 的理论公式。有时按物料允许的最高温度估计，即

$$\theta_2 = \theta_{\max} - (5\sim10) \tag{6-52}$$

式中，θ_2 为物料离开干燥器时的温度，℃；$\theta_{\max}$ 为物料允许的最高温度，℃。

显然这种估算是很粗略的。因为它仅考虑物料的允许温度，并未考虑降速阶段中干燥的特点。

对气流干燥器，若 $X_c<0.05$kg/kg 绝干料时，可按下式计算物料出口温度，即

$$\frac{t_2-\theta_2}{t_2-t_{w2}} = \frac{r_2'(X_2-X^*)-c_s(t_2-t_{w2})\left(\dfrac{X_2-X^*}{X_c-X^*}\right)^{\frac{r_2'(X_c-X^*)}{c_s(t_2-t_{w2})}}}{r_2'(X_c-X^*)-c_s(t_2-t_{w2})} \tag{6-53}$$

式中，t_{w2} 为空气在出口状态下的湿球温度，℃；r_2' 为在 t_{w2} 温度下水的汽化热，kJ/kg；X_c-X^* 为临界点处物料的自由水分，kg/kg 绝干料；X_2-X^* 为物料离开干燥器时的自由水分，kg/kg 绝干料。

利用式（6-53）求物料出口温度时需要试差。

必须指出，上述各操作参数互相间是有联系的，不能任意确定。通常物料进、出口的含水量 X_1、X_2 及进口温度 θ_1 是由工艺条件规定的，空气进口湿度 H_1 由大气状态决定，若物料的出口温度 θ_2 确定后，剩下的绝干空气流量 L，空气进出干燥器的温度 t_1、t_2 和出口湿度 H_2（或相对湿度 φ_2），这四个变量只能规定两个，其余两个由物料衡算及热量衡算确定。至于选择哪两个为自变量需视具体情况而定。在计算过程中，可以调整有关的变量，使其满足前述各种要求。

从前面的介绍可以看出，不同物料、不同操作条件、不同型式的干燥器中气固两相的接触方式差别很大，对流传热系数 α 及传质系数 k 不相同，目前还没有通用的求算 α 和 k 的关

联式，干燥器的设计仍然大多采用经验或半经验方法进行。另外，各类干燥器的设计方法也不相同，本章只以气流干燥器为例介绍干燥器的简化设计方法，其他干燥器的设计方法可参阅有关设计手册。

2. 气流干燥器的简化设计

气流干燥器的主要设计项目为干燥管的直径和高度。

(1) 干燥管的直径

干燥管的直径用流量公式计算，即

$$\frac{\pi}{4}D^2 u_g = V_s = L v_H$$

或

$$D = \sqrt{\frac{4L v_H}{\pi u_g}} \tag{6-54}$$

式中，D 为干燥管的直径，m；V_s 为湿空气的体积流量，m^3/s；v_H 为湿空气的比体积，m^3/kg 绝干气；u_g 为干燥管中湿空气的速度，m/s。

空气在干燥管内的速度应大于颗粒在管内的沉降速度。前已述及，颗粒在气流干燥器内的运动分为加速和等速两个阶段。在加速段中，气体与颗粒间的相对速度较大，传热系数高。在等速段中，对流传热系数基本与气流的速度无关，此时只要气体能将颗粒带走即可，若采用过高的气速，不利于传热反而使干燥管加长。一般用下述方法估算 u_g。

① 当物料的临界含水量 X_c 不高或最终含水量 X_2 不太低，即物料易于干燥时，取 $u_g = 10 \sim 25 m/s$。

② 选出口气速为最大颗粒沉降速度 u_t 的两倍，或比 u_t 大 3m/s 左右。

③ 当物料临界含水量 X_c 较高且最终含水量 X_2 很低，即物料难以干燥时，取加速段的气速为 $20 \sim 40 m/s$、等速段的仍比 u_t 大 3m/s 左右。

颗粒沉降速度 u_t 的求算可参见有关书籍。

(2) 干燥管的高度

干燥管的高度按下式计算，即

$$Z = \tau(u_g - u_t) \tag{6-55}$$

式中，Z 为气流干燥器的干燥管高度，m；τ 为颗粒在气流干燥器内的停留时间，即干燥时间，s。

若缺乏数据无法计算干燥时间 τ 值时，可采用简化计算方法计算，即按气体和物料间的传热要求进行计算。

由传热速率公式知

$$Q = \alpha S \Delta t_m = \alpha (S_p \tau) \Delta t_m$$

或

$$\tau = \frac{Q}{\alpha S_p \Delta t_m} \tag{6-56}$$

式中，Q 为传热速率，kW；α 为对流传热系数，$kW/(m^2 \cdot ℃)$；S 为干燥表面积，m^2；S_p 为每秒内颗粒提供的干燥面积，m^2/s；Δt_m 为平均温度差，℃；τ 为干燥时间，s。

式(6-56)中各项的计算如下。

① S_p。若颗粒为球形，则 S_p 的计算式为

$$S_p = n'' \pi d_p^2 \tag{6-57}$$

式中，n'' 为每秒通过干燥器的颗粒数。

若绝干物料的流量为 G，则对球形颗粒

$$n'' = \frac{G}{\frac{\pi}{6} d_p^3 \rho_s} \qquad (6-58)$$

所以，对球形颗粒式(6-57)简化为

$$S_p = \frac{6G}{d_p \rho_s} \qquad (6-59)$$

② Q。若将预热段并入干燥第一阶段，且干燥操作为等焓过程，则该段的传热速率为

$$Q_I = G[(X_1 - X_c)r_1' + (c_s + c_w X_1)(t_{w1} - \theta_1)] \qquad (6-60)$$

式中，t_{w1} 为空气初始状态下的湿球温度，℃；r_1' 为温度为 t_{w1} 时的水的汽化热，kJ/kg。

干燥第二阶段的传热速率为

$$Q_{II} = G[(X_c - X_2)r_{t_m} + (c_s + c_w X_2)(\theta_2 - t_{w1})] \qquad (6-61)$$

式中，r_{t_m} 为干燥第二阶段中物料平均温度 $(t_{w1} + \theta_2)/2$ 下水的汽化热，kJ/kg。

总传热速率为

$$Q = Q_I + Q_{II} \qquad (6-62)$$

③ Δt_m。Δt_m 的计算式为

$$\Delta t_m = \frac{(t_1 - \theta_1) - (t_2 - \theta_2)}{\ln \dfrac{t_1 - \theta_1}{t_2 - \theta_2}} \qquad (6-63)$$

当 $X_2 > X_c$（即干燥只有第一阶段），物料出口温度 θ_2 等于出口气体状态的湿球温度 t_{w2}，则

$$\Delta t_m = \frac{(t_1 - \theta_1) - (t_2 - t_{w2})}{\ln \dfrac{t_1 - \theta_1}{t_2 - t_{w2}}} \qquad (6-63a)$$

当 $X_2 > X_c$（即干燥只有第一阶段），且干燥操作为等焓过程时，物料出口温度 θ_2 等于气体初始状态的湿球温度 t_{w1}，则

$$\Delta t_m = \frac{(t_1 - \theta_1) - (t_2 - t_{w1})}{\ln \dfrac{t_1 - \theta_1}{t_2 - t_{w1}}} \qquad (6-63b)$$

当 $X_2 < X_c$，即干燥过程存在两个干燥阶段，这时 Δt_m 应按式(6-63)计算。

④ α。对水蒸气-空气系统，α 可用前述的式(6-48)计算。

【例 6-12】 现需要设计一气流干燥器，以干燥某种颗粒状物料，设计工艺参数为：①干燥器的生产能力为每小时得到干燥产品 250kg。②空气进干燥器的温度 $t_1 = 110$℃、湿度 $H_1 = 0.0075$kg/kg 绝干气；离开干燥器时的温度 $t_2 = 65$℃。③物料的初始含水量 $X_1 = 0.2$kg/kg 绝干料，最终含水量 $X_2 = 0.002$kg/kg 绝干料。物料进干燥器时的温度 $\theta_1 = 15$℃，颗粒密度 $\rho_s = 1544$kg/m³，绝干物料比热容 $c_s = 1.26$kJ/(kg 绝干料·℃)，临界湿含量 $X_c = 0.01455$kg/kg 绝干料，平衡湿含量 $X^* = 0$。颗粒可视为表面光滑的球体，平均粒径 $d_p = 0.3 \times 10^{-3}$m。④不向干燥器补充热量，且热损失可以忽略不计。

试求：(1)物料离开干燥器的温度 θ_2；(2)干燥管的直径 D；(3)干燥管的高度 Z。

解 (1)物料离开干燥器时的温度 θ_2

由题给数据知 $X_c < 0.05$kg/kg 绝干料，故可用式(6-53)求 θ_2，即

$$\frac{t_2-\theta_2}{t_2-t_{w2}}=\frac{r_2'(X_2-X^*)-c_s(t_2-t_{w2})\left(\dfrac{X_2-X^*}{X_c-X^*}\right)^{\frac{r_2'(X_c-X^*)}{c_s(t_2-t_{w2})}}}{r_2'(X_c-X^*)-c_s(t_2-t_{w2})}$$

应用上式求 θ_2 时要试差。

　　绝干物料流量　$G=\dfrac{G_2}{1+X_2}=\dfrac{250}{1+0.002}=249.5\text{kg/h}=0.0693\text{kg/s}$

　　水分蒸发量　$W=G(X_1-X_2)=0.0693(0.2-0.002)=0.01372\text{kg/s}$

先利用物料衡算及热量衡算方程求空气离开干燥器时的湿度 H_2。

　　围绕干燥器作物料衡算，得
$$L(H_2-H_1)=G(X_1-X_2)=W=0.01372$$

或
$$L=\frac{0.01372}{H_2-0.0075} \tag{1}$$

　　对干燥器作热量衡算，得
$$L(I_1-I_2)=G(I_2'-I_1')$$

其中
$$I_1=(1.01+1.88H_1)t_1+2490H_1$$
$$=(1.01+1.88\times0.0075)\times110+2490\times0.0075=131.3\text{kJ/kg 绝干气}$$
$$I_2=(1.01+1.88H_2)\times65+2490H_2=65.65+2612.2H_2$$
$$I_1'=(c_s+c_wX_1)\theta_1=(1.26+4.187\times0.2)\times15=31.46\text{kJ/kg 绝干料}$$
$$I_2'=(1.26+4.187\times0.002)\theta_2=1.2684\theta_2$$

所以
$$L(131.3-65.65-2612.2H_2)=0.0693(1.2684\theta_2-31.46)$$

将式(1)代入上式，并整理得
$$H_2=\frac{0.0006592\theta_2+0.8843}{0.0879\theta_2+33.66} \tag{2}$$

由式(6-53)得
$$\frac{65-\theta_2}{65-t_{w2}}=\frac{0.002r_2'-1.26(65-t_{w2})\left(\dfrac{0.002}{0.01455}\right)^{\frac{0.01455r_2'}{1.26(65-t_{w2})}}}{0.01455r_2'-1.26(65-t_{w2})} \tag{3}$$

　　设 $\theta_2=51℃$，由式(2)求得 $H_2=0.02406\text{kg/kg 绝干气}$，由式(1)求得 $L=0.8285$ 绝干气/s。

　　据 $t_2=65℃$，$H_2=0.02406\text{kg/kg 绝干气}$，查图 6-3 得，$t_{w2}=33℃$，由手册得 $r_2'=2417\text{kJ/kg}$，代入式(3)中，解出
$$\theta_2=50.7℃$$

故假设的 $\theta_2=51℃$ 正确。

　　(2)干燥管的直径 D

　　用式(6-54)计算干燥管直径 D，即
$$D=\sqrt{\frac{Lv_H}{\dfrac{\pi}{4}u_g}}$$

其中
$$v_H=(0.772+1.244H_1)\frac{273+t_1}{273}$$
$$=(0.772+1.244\times0.0075)\frac{273+110}{273}=1.096\text{m}^3/\text{kg 绝干气}$$

取空气进入干燥管的速度 $u_g=10\text{m/s}$，故

$$D=\sqrt{\dfrac{0.8285\times1.096}{\dfrac{\pi}{4}\times10}}=0.340\text{m}$$

（3）干燥管高度

用式(6-55)计算干燥管高度，即

$$Z=\tau(u_g-u_t)$$

① 计算 u_t　空气的物性粗略地按进出干燥器平均温度下的绝干空气计算，空气进出干燥器的平均温度为

$$t_m=\dfrac{1}{2}(65+110)=87.5\text{℃}$$

查得87.5℃时绝干空气的物性为：$\lambda_d=3.11\times10^{-5}\text{kW/(m·℃)}$；$\mu=2.14\times10^{-5}\text{Pa·s}$；$\rho=0.979\text{kg/m}^3$

直径为 $0.3\times10^{-3}\text{m}$ 的球形颗粒的沉降速度 u_t 计算如下。

$$K=d\sqrt[3]{\dfrac{\rho(\rho_s-\rho)g}{\mu^2}}=0.3\times10^{-3}\sqrt[3]{\dfrac{0.979\times(1544-0.979)\times9.81}{(2.14\times10^{-5})^2}}=9.555$$

故颗粒沉降在过渡区，u_t 可用下式计算

$$u_t=0.154\left[\dfrac{gd^{1.6}(\rho_s-\rho)}{\rho^{0.4}\mu^{0.6}}\right]^{1/1.4}=0.154\left[\dfrac{9.81\times(0.3\times10^{-3})^{1.6}(1544-0.979)}{0.979^{0.4}(2.14\times10^{-5})^{0.6}}\right]^{1/1.4}=1.416\text{m/s}$$

② 计算 u_g　前面取空气进干燥器的速度为10m/s，相应温度为 $t_1=110\text{℃}$，现校核为平均温度(87.5℃)下的速度，即

$$u_g=\dfrac{10(273+87.5)}{273+110}=9.41\text{m/s}$$

③ 计算 τ　用式(6-56)计算 τ，即

$$\tau=\dfrac{Q}{\alpha S_p\Delta t_m}$$

其中

$$S_p=\dfrac{6G}{d_p\rho_s}=\dfrac{6\times0.0693}{0.3\times10^{-3}\times1544}=0.8976\text{m}^2/\text{s}$$

$$Q=Q_{\text{I}}+Q_{\text{II}}$$

按式(6-60)求 Q_{I}，即

$$Q_{\text{I}}=G[(X_1-X_c)r_1'+(c_s+c_wX_1)(t_{w1}-\theta_1)]$$

根据 $t_1=110\text{℃}$，$H_1=0.0075\text{kg/kg}$ 绝干气，由图6-3查出湿球温度 $t_{w1}=34\text{℃}$，相应的水的汽化热 $r_1'=2414.7\text{kJ/kg}$，故

$$Q_{\text{I}}=0.0693[(0.2-0.01455)2414.7+(1.26+4.187\times0.2)(34-15)]=33.79\text{kW}$$

按式(6-61)求 Q_{II}，即

$$Q_{\text{II}}=G[(X_c-X_2)r_{t_m}+(c_s+c_wX_2)(\theta_2-t_{w1})]$$

第二阶段物料平均温度 $t_m=(51+34)/2=42.5\text{℃}$，相应水的汽化热 $r_{t_m}=2395.3\text{kJ/kg}$，有

$$Q_{\text{II}}=0.0693[(0.01455-0.002)\times2395.3+(1.26+4.187\times0.002)(51-34)]=3.58\text{kW}$$

所以

$$Q=33.79+3.58=37.37\text{kW}$$

本题干燥操作包括两个阶段，故 Δt_m 按式(6-63)计算

$$\Delta t_m = \frac{(t_1 - \theta_1) - (t_2 - \theta_2)}{\ln \dfrac{t_1 - \theta_1}{t_2 - \theta_2}} = \frac{(110-15) - (65-51)}{\ln \dfrac{110-15}{65-51}} = 42.3\,^\circ\!C$$

α 可由式(6-48)计算,即

$$\alpha = \frac{\lambda_g}{d_p}\left[2 + 0.54\left(\frac{d_p u_t}{\nu_g}\right)^{0.5}\right] = \frac{3.11 \times 10^{-5}}{0.3 \times 10^{-3}}\left[2 + 0.54\left(\frac{0.979 \times 1.416 \times 0.3 \times 10^{-3}}{2.14 \times 10^{-5}}\right)^{0.5}\right]$$

$$= 0.4541\,kW/(m^2 \cdot {}^\circ\!C)$$

所以
$$\tau = \frac{37.37}{0.4541 \times 0.8976 \times 42.3} = 2.17\,s$$

$$Z = \tau(u_g - u_t) = 2.17 \times (9.41 - 1.416) = 17.35\,m$$

6.6 增湿与减湿

增湿减湿是指可凝性气体(湿分)在另一物质中含量的增加和减少。化工生产中最常见的是空气中水蒸气的增加和减少,因此,本节主要讨论湿空气与水直接接触的增湿减湿过程,如用大量水对空气进行增湿减湿(即空气调节)和水与空气直接接触冷却(即水冷却)的过程,这两个过程的操作原理和计算方法基本相同,只不过前者是调节空气的湿度,产物是指定湿度的空气,后者是调节水(或空气)的温度,产物是规定温度的水(或空气)。显然,空气调温和水冷却过程的基本原理,同样适用于其他气液系统。

6.6.1 空气与水之间的传热、传质关系

当不饱和湿空气与水接触时,通常气、液两相间有温度差存在,同时气相主体与气液界面间又存在湿度差,因此,气、液两相间既有热量传递,又有质量传递。

空气与水直接接触时,气、液界面上存在一层与液相平衡的饱和空气层,其温度与界面水温相同。若饱和空气层的湿度大于气相主体的湿度,则饱和空气层中的水汽分子就会向气相主体中传递,同时水面的水分子继续传递进入饱和空气层,这种现象即水的蒸发。如果界面水温低于气相主体的露点,饱和空气层的湿度(或水汽分压)就低于气相主体的湿度(或水汽分压),则空气中的水汽会部分凝结进入水中,此即凝结现象。只要气相主体与饱和空气层之间存在湿度(或水汽分压)差,就会有水分子的传递,即进行水的蒸发或水汽的凝结。湿度(或水汽分压)差是质量传递的推动力。在水的蒸发或冷凝过程中同时伴随着潜热传递。同样,空气与水的温度不同时,从高温区向低温区存在显热传递,温度差是显热传递的推动力。传递的总热量应同时考虑潜热传递量和显热传递量。

设空气与水之间的质量传递速率为 N_A,单位为 $kg/(m^2 \cdot s)$;潜热传递速率为 Q_L,单位为 kW/m^2;显热传递速率为 Q_s,单位为 kW/m^2,则质量传递速率式为

$$N_A = k_H(H - H_i) \tag{6-64}$$

或
$$N_A = k_p(p_v - p_{ri}) \tag{6-65}$$

式中,N_A 为空气与水之间的传质速率,$kg/(m^2 \cdot s)$;H、H_i 分别为气相主体的湿度和饱和空气层的湿度(即界面水温下的饱和湿度),kg 水/kg 绝干气;p_v、p_{ri} 分别为气相主体的水汽分压和饱和空气层的水蒸气分压(即界面水温下的饱和蒸气压),Pa;k_H 为以湿度差为推动力的传质系数,$kg/(m^2 \cdot s)$;k_p 为以水汽分压差为推动力的传质系数,$kg/(m^2 \cdot s \cdot Pa)$。

与质量传递同时进行的潜热传递速率为

$$Q_L = r_i k_H (H - H_i) \tag{6-66}$$

式中，Q_L 为空气与水之间的潜热传递速率，kW/m²；r_i 为界面水温下水的汽化热，kJ/kg。

空气与水之间由于温度差而产生的显热传递速率为

$$Q_s = \alpha (t - t_i) \tag{6-67}$$

式中，Q_s 为空气与水之间的显热传递速率，kW/m²；α 为空气向水面的对流传热系数，简称气相传热系数，kW/(m²·℃)；t、t_i 分别为空气与界面水温，℃。

因此，这种气、液直接接触的增湿减湿过程的传递关系及推动力与单纯的传热或传质关系不同。下面分两种情况来讨论。

1. 增湿过程的传热、传质关系

在逆流水冷却塔内，将热水喷洒成水滴或分散成水膜自上而下流动，空气由下而上与水作逆流流动，空气在塔内被加热增湿，水则在塔内被冷却，如图 6-27 所示。

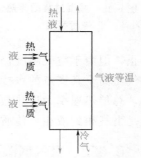

图 6-27　增湿过程的传热、传质关系

在塔顶，空气被增湿的极限是空气的湿度等于进塔热水表面的饱和湿度，但是，由于存在传质阻力，实际出塔空气的温度、湿度要低于入塔热水的温度与其表面的饱和湿度，因此，空气的湿度 H 自下而上始终低于水面饱和空气层中的平衡湿度 H_i，传质的方向始终由液相到气相，沿塔高不断有水分蒸发，水汽向空气中传递的同时带走潜热，致使水得到冷却，空气不断增湿，因此，水温沿塔高自上而下不断下降。至塔中某截面处，气、液两相温度达到相等，此时，显热传递速率为零。但由于空气是不饱和的，水面饱和空气层内的湿度仍高于气相主体的湿度，所以，传质过程仍在进行，水继续蒸发进入空气中，并携带潜热向空气传递，使水温继续降低，空气继续被增湿。在塔的下部，温度已降至空气温度以下的水与自塔底进入的湿度较低的湿空气接触。由于气液两相湿度差别较大，水剧烈汽化，水汽携带潜热向空气传递，使空气增湿。此时，尽管气温高于水温，但由气相向液相传递的显热不足以补偿水分汽化带回的潜热，水仍然降温。水在冷却塔底部可能被冷却的极限温度(理论最低温度)是入塔空气状态的湿球温度，由冷却塔排出的水不可能被冷却到进塔空气的湿球温度以下。实际上，水冷却后的温度比空气湿球温度要高 3～5℃。一般将此差值称为"逼近"。而水的进出塔的温差称为"冷却范围"。

通过以上分析可知，在全塔内，传质方向都是从液相传给气相，因此，空气在塔内是增湿过程，与之相伴的潜热传递过程也是由液相到气相，但是，显热传递方向在全塔内是不同的，在塔的上部，水温高于空气的温度，显热由水向空气传递，此时，总传热速率为显热与潜热传递速率的总和，即 $Q = Q_L + Q_s$，因此在塔的上部，热量、质量均由液相向气相传递，使水被冷却，而空气升温、增湿。在塔的下部，水温低于空气的温度，显热由空气向水传递，但显热传递量低于潜热传递量，此时，总传热速率为潜热与显热传递速率之差，即 $Q = Q_L - Q_s$，因此在塔的下部，总热量、质量仍由液相向气相传递，使水被冷却，而空气降温、增湿。

2. 减湿过程的传热、传质关系

化工厂中的热水塔或气体冷却洗涤塔属此例。热气体从塔底进入，冷水从塔顶流下，二者在塔内进行热量、质量的传递。从塔顶得到被冷却(或净化)的气体，塔底得到热水。如

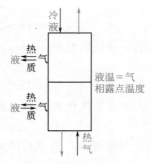

图 6-28　减湿过程的传热、
传质关系

图 6-28 所示。

当进塔的空气为不饱和湿空气，水温低于进塔气体的露点时，沿着塔高，空气温度逐渐降低，而冷水逐渐被加热。气体冷却塔内气体温度始终高于水温，传热方向都是由气相到液相；而水的出塔温度有可能高于入塔空气的露点，使质量传递的方向在塔中某截面处发生转变。在塔的上部，热空气与低于其露点的冷水接触，空气中的水汽凝结进入液相，同时将潜热带入液相，另外，由于空气温度高于水温，显热也由空气向水传递，总传热速率为显热与潜热传递速率的总和，即 $Q=Q_L+Q_s$，因此在塔的上部，热量、质量均由气相向液相传递，使水被加热，而空气降温、减湿。当水温升至入塔气相的露点时，传质过程停止，但由于空气温度仍高于水温，传热过程仍在进行，使水温继续升高，在塔的下部，热空气与高于其露点的水接触，由于空气是不饱和的，水会汽化进入气相，同时将潜热带入气相，总传热速率为显热与潜热传递速率之差，即 $Q=Q_s-Q_L$，因此在塔的下部，传热方向仍是由气相到液相，传质方向则相反，由液相到气相，使水被加热，而空气降温、增湿。

6.6.2　空气调湿设备与水冷却塔

1. 空气调湿器

工业上利用空气与水直接接触来调节空气湿度的设备称为空气调湿器。依照空气被增湿或减湿，又可称为增湿器或减湿器。

增湿器由换热器和空气与水接触装置组成。换热器一般为蛇管式或翅片式换热器。空气与水的接触可在各式各样的气液接触设备中进行，总的要求是将水充分分散成细雾或水膜以扩大空气与水的接触表面，并提高热量、质量传递速率。较常用的方法是在喷水室内用喷嘴将水喷洒到空气中。喷水室有卧式与立式、单级与双级之分，按水与空气的相对运动方式不同，又有顺流、逆流、错流之分。

图 6-29 是采用卧式、单级、顺流式喷水室的增湿器。用右侧的风扇 5 将空气以 2.5～4m/s 的速度从左边吸入，经过滤器 6 进入空气预热器 1 被蒸汽加热，加热后的空气与从

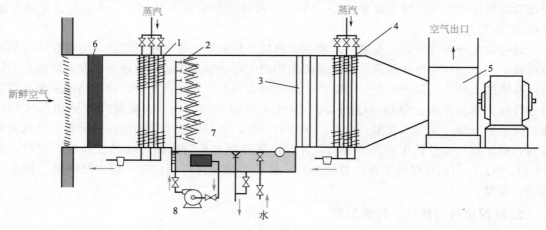

图 6-29　空气增湿器

1,4—加热器；2—喷嘴；3—除沫板；5—风扇；6—过滤器；7—滤网；8—循环水泵

喷嘴 2 喷出的水直接接触进行绝热冷却并增湿到指定的湿度，然后经除沫板 3 除去所挟带的水滴，再在第二组加热器 4 中加热到指定的温度。空气的湿度由喷水室的水温控制调节，空气的最终温度则由第二组加热器的加热蒸汽量调节（也可用支路风门调节，图中未画出）。

工程上也有采用带填料层的喷水室，即用喷嘴将水均匀地喷洒在填料上，水沿填料的表面成膜流下而与空气接触。

空气需减湿时可将空气与低于空气露点的水接触，减湿器的结构与图 6-29 相似，只是不需预热器。喷嘴尺寸可较大，气速也可低些，但水量较大。

2. 水冷却塔

从冷凝器或其他设备中排出的热水，可冷却后循环使用，以减少水的消耗和排放废水对环境的影响。工业上使用的循环水冷却方法主要有干式法和湿式法。干式法是将使用过的热水在换热器内间接换热冷却，其原理已在《化工流体流动与传热》中介绍，故在此不予讨论。湿式法是让热水在塔设备(称为水冷却塔或凉水塔)内与空气直接接触，热水从塔顶喷洒成水滴或水膜，空气则以自然通风或机械通风的方式送入，空气的流动方式可以是由塔底向上流动，也可是水平方向流动。在流动过程中，水与空气进行热量、质量传递，空气增湿升温，水被降温后可循环使用。

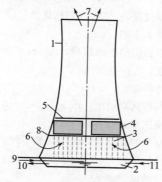

图 6-30　自然通风式逆流冷却塔

1—风筒；2—集水池；3—空气分布；
4—填料；5—配水装置；6—空气；
7—热空气；8—进气孔；9—热水进入；
10—冷水返回；11—补充水进水管

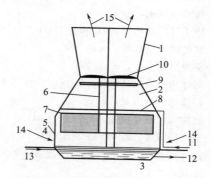

图 6-31　机械通风式逆流冷却塔

1—扩散器；2—风筒；3—集水池；4—进气孔；
5—传动装置沟道；6—传动装置竖井；7—填料；
8—配水装置；9—除水器；10—抽风机；
11—热水进入；12—冷水返回；13—补
充水管；14—空气；15—热空气

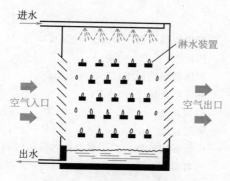

图 6-32　开放点滴式冷却塔

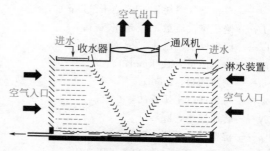

图 6-33　机械通风式横流冷却塔

水冷却塔的设备类型很多。可按照空气送入方式的不同，分为机械通风式、风筒式和开放式三类；也可按照填料的结构以及增加气液接触面积的手段，分为水膜式、点滴式和喷射式。几种冷却塔的塔型及结构简图分别示于图 6-30～图 6-34。

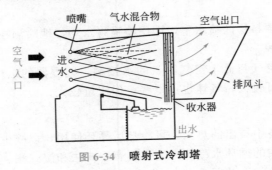

图 6-34　喷射式冷却塔

本章符号说明

英文

a——单位体积物料提供的传热（干燥）面积，m^2/m^3；

A——转筒截面积，m^2；

c_s——绝干气的比热容，$kJ/(kg·℃)$；

d_p——颗粒的平均直径，m；

D——干燥器的直径，m；

G——固体物料的质量流量，kg/s；

G'——固体物料的质量，kg；

G''——湿物料的质量流速，$kg/(m^2·s)$；

H——空气的湿度，kg 水/kg 绝干气；

H'_s——湿球温度 t_w 下空气的饱和湿度，kg/kg 绝干气；

H''_s——露点 t_d 下空气的饱和湿度，kg/kg 绝干气；

I——空气的焓，kJ/kg 绝干气；

I'——固体物料的焓，kJ/kg 绝干料；

k_H——传质系数，$kg/(m^2·s)$；

k_p——传质系数，$kg/(m^2·s·Pa)$；

k_X——降速阶段干燥速率曲线的斜率，kg 绝干料/$(m^2·s)$；

l——单位空气消耗量，kg 绝干气/kg 水；

L——绝干空气流量，kg 绝干气/s；

L'——湿空气质量流速，$kg/(m^2·s)$；

M——摩尔质量，kg/kmol；

n——物质的量，kmol；

n''——每秒通过干燥管的颗粒数；

N——传质速率，kg/s；

p——湿空气的总压，Pa；

p''_s——露点 t_d 下水的饱和蒸气压，Pa；

p_v——水汽分压，Pa；

Q——传热速率，W；

r——汽化热，kJ/kg；

r'——湿球温度 t_w 下水汽的汽化热，kJ/kg；

S——干燥表面积，m^2；

S_p——颗粒提供的干燥面积，m^2/s；

t——温度，℃；

u_g——气体的速度，m/s；

u_t——颗粒的沉降速度，m/s；

U——干燥速率，$kg/(m^2·s)$；

v_H——湿空气的比体积，m^3/kg 绝干气；

V''——风机的风量，m^3/h；

V_s——空气的流量，m^3/s；

w——物料的湿基含水量；

W——水分的蒸发量，kg/s 或 kg/h；

W'——水分的蒸发量，kg；

X——物料的干基含水量，kg 水/kg 绝干料；

X^*——物料的干基平衡含水量，kg 水/kg 绝干料；

Z——干燥管的高度，m。

希文

α——对流传热系数，$W/(m^2·℃)$；

η——热效率；

θ——固体物料的温度，℃；

λ——热导率，$W/(m·℃)$；

ν——运动黏度，m^2/s；

ρ——密度，kg/m^3；

τ——干燥时间或物料在干燥器内的停留时间，s；

φ——相对湿度。

下标

0——进预热器、新鲜的或沉降的；

1——进干燥器或出预热器；　　　　　　　H——湿的；
2——出干燥器；　　　　　　　　　　　　L——热损失；
Ⅰ——干燥第一阶段；　　　　　　　　　　m——湿物料或平均；
Ⅱ——干燥第二阶段；　　　　　　　　　　P——预热器；
as——绝热饱和；　　　　　　　　　　　　s——饱和或绝干料；
c——临界；　　　　　　　　　　　　　　t——相对的；
d——露点；　　　　　　　　　　　　　　v——水汽；
D——干燥器；　　　　　　　　　　　　　w——湿球。
g——气体，或绝干气；

习　题

基础习题

1. 已知湿空气的总压力为 100kPa，温度为 60℃，相对湿度为 40%，试求：(1)湿空气中的水汽分压；(2)湿度；(3)湿空气的密度。

2. 在总压 101.3kPa 下，已知湿空气的某些参数。利用湿空气的 H-I 图查出附表中空格项的数值，并绘出分题 4 的求解过程示意图。

习题 2 附表

序号	干球温度 /℃	湿球温度 /℃	湿度 /(kg/kg 绝干气)	相对湿度	焓 /(kJ/kg 绝干气)	水汽分压 /kPa	露点/℃
1	60	35					
2	40						25
3	20			75%			
4	30					4	

3. 干球温度为 20℃、湿度为 0.009kg/kg 绝干气的湿空气通过预热器加热到 50℃后，再送至常压干燥器中，离开干燥器时空气的相对湿度为 80%，若空气在干燥器中经历等焓干燥过程，试求：(1)1m³ 原湿空气在预热过程中焓的变化；(2)1m³ 原湿空气在干燥器中获得的水分量。

4. 将 t_0＝25℃、φ_0＝50% 的常压新鲜空气，与干燥器排出的 t_2＝50℃、φ_2＝80% 的常压废气混合，两者中绝干气的质量比为 1:3。试求：(1)混合气体的湿度与焓；(2)将此混合气加热至 90℃，再求混合气的湿度、相对湿度和焓。

5. 将第 4 题(1)的混合湿空气加热升温后用于干燥某湿物料，将湿物料自湿基含水量 0.2 降至 0.05，湿物料流量为 1000kg/h，假设系统热损失可忽略，干燥操作为等焓干燥过程。试求：(1)新鲜空气耗量；(2)进入干燥器的湿空气的温度和焓；(3)预热器的加热量。

6. 用通风机将干球温度 t_0＝26℃、焓 I_0＝66kJ/kg 绝干气的新鲜空气送入预热器，预热到 t_1＝95℃后进入连续逆流干燥器内，空气离开干燥器时温度 t_2＝65℃。湿物料初始状态为：温度 θ_1＝25℃、含水量 w_1＝0.015；终了时状态为：θ_2＝34.5℃、含水量 w_2＝0.002。每小时有 9200kg 湿物料加入干燥器内。绝干物料比热容 c_s＝1.84kJ/(kg 绝干料·℃)。干燥器内无输送装置，热损失为 180kJ/kg 汽化的水分。试求：(1)单位时间内获得的产品质量；(2)作出干燥过程的操作线；(3)单位时间内消耗的新鲜空气质量；(4)干燥系统的热效率。

7. 在一常压逆流的转筒干燥器中，干燥某种晶状物料。温度 t_0＝25℃、相对湿度 φ_0＝55% 的新鲜空气经过预热器加热升温至 t_1＝85℃后送入干燥器中，离开干燥器时的温度 t_2＝30℃。预热器中采用 180kPa

的饱和蒸汽加热空气，预热器的总传热系数为 $50W/(m^2 \cdot K)$，热损失可忽略。湿物料初始温度 $\theta_1 = 24℃$、湿基含水质量分数 $w_1 = 0.037$；干燥完毕后温度升到 $\theta_2 = 60℃$、湿基含水质量分数降为 $w_2 = 0.002$。干燥产品流量 $G_2 = 1000kg/h$。绝干料比热容 $c_s = 1.507kJ/(kg 绝干料 \cdot ℃)$。转筒干燥器的直径 $D = 1.3m$、长度 $Z = 7m$。干燥器外壁向空气的对流-辐射传热系数为 $35kJ/(m^3 \cdot h \cdot ℃)$。试求：(1)绝干空气流量；(2)预热器中加热蒸汽消耗量；(3)预热器的传热面积。

8. 在恒定干燥条件下进行间歇干燥实验。已知物料的干燥面积为 $0.2m^2$，绝干物料质量为 $15kg$。测得实验数据列于本题附表中。试标绘干燥速率曲线，并求临界含水量 X_c 及平衡含水量 X^*。

习题 8 附表

时间 τ/h	0	0.2	0.4	0.6	0.8	1.0	1.2	1.4
物料质量/kg	44.1	37.0	30.0	24.0	19.0	17.5	17.0	17.0

9. 某湿物料经过 $5.5h$ 恒定条件下的干燥后，含水量由 $X_1 = 0.35kg/kg$ 绝干料降至 $X_2 = 0.10kg/kg$ 绝干料，若物料的临界含水量 $X_c = 0.15kg/kg$ 绝干料、平衡含水量 $X^* = 0.04kg/kg$ 绝干料。假设在降速阶段中干燥速率与物料的自由含水量 $(X - X^*)$ 成正比。若在相同的干燥条件下，要求将物料含水量由 $X_1 = 0.35kg/kg$ 绝干料降至 $X_2' = 0.05kg/kg$ 绝干料，试求所需的干燥时间。

综合习题

10. 在干燥器内将湿物料自含水量 0.5 干燥到 0.06(均为湿基)。设干燥器为理想干燥器。空气在预热器内加热到必要的温度后送入干燥器，在干燥器中冷却到 $38℃$ 时，再用中间加热器加热到 $74℃$，已知新鲜湿空气的状况为：温度 $25℃$，湿度 $0.005kg/kg$ 绝干气；废湿空气的状况为：温度 $38℃$，湿度 $0.034kg/kg$ 绝干气。试求干燥 $1000kg$ 湿物料所需的新鲜湿空气量及加热量。

11. 在一连续操作的绝热干燥器中用湿空气干燥某种晶体产品。物料的处理量为 $0.8kg/s$，含水量从 5% 干燥到 1%(均为湿基)。现提出三种流程，即：

(1)温度为 $20℃$、湿度 $H_0 = 0.005kg$ 水$/kg$ 绝干气的新鲜空气经预热器升温到 $90℃$ 后进入干燥器，离开干燥器时为 $45℃$。

(2)为提高热效率，采用废气循环的操作流程，循环比为 2/3(即循环废气中的绝干气质量/混合气中的绝干气质量=2/3)，混合气仍升温至 $90℃$ 后进入干燥器，离开干燥器时为 $45℃$，如本题附图所示。

(3)为采取低温位的能源加热空气，仍沿用循环比为 2/3 的流程，离开预热器的混合气与流程 1 具有相同的焓，混合气离开干燥器时仍为 $45℃$。

试比较上述三种流程的绝干空气消耗量、预热器热负荷及热效率。

假设废气与新鲜空气混合时，混合气的温度和湿度具有加和性。

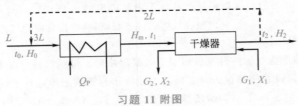

习题 11 附图

12. 在常压绝热干燥器内干燥某湿物料。每批将 $500kg$ 的湿物料从最初含水量 20% 降至 2%(均为湿基)，$t_0 = 20℃$、$H_0 = 0.01kg$ 水$/kg$ 绝干气的空气经预热器升温至 $100℃$ 后进入干燥器，废气温度为 $60℃$。试求：(1)完成上述干燥任务所需的新鲜空气量；(2)空气经预热器获得的热量；(3)在恒定干燥条件下测得该物料的干燥速率曲线如附图所示。已知恒速干燥段所用时间为 $1h$，计算降速段所需时间。

13. 对 $10kg$ 某湿物料在恒定干燥条件下进行间歇干燥，物料平铺在 $0.8m \times 1.0m$ 的浅盘中，常压空气以 $2m/s$ 的速度垂直穿过物料层。空气 $t = 75℃$，$H = 0.018kg/kg$ 绝干气，物料的初始含水量为 $X_1 = 0.25kg/kg$ 绝干料。此干燥条件下物料的 $X_c = 0.1kg/kg$ 绝干料，$X^* = 0$。假设降速段干燥速率与物料含水量呈线性关系。试求：(1)将物料干燥至含水量为 $0.02kg/kg$ 绝干料所需的总干燥时间。(2)空气的 t、

H 不变而流速加倍，此时将物料由含水量 0.25kg/kg 绝干料干燥至 0.02kg/kg 绝干料需 1.4h，求此干燥条件下的 X_c。

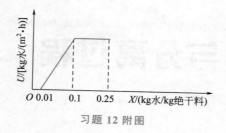

习题 12 附图

思 考 题

1. 当湿空气的总压变化时，湿空气 H-I 图上的各线将如何变化？在 t、H 相同的条件下，提高压力对干燥操作是否有利？为什么？

2. 测定湿球温度 t_w 和绝热饱和温度 t_{as} 时，若水的初温不同，对测定的结果是否有影响？为什么？

3. 对一定的水分蒸发量及空气离开干燥器时的湿度，试问应按夏季还是按冬季的大气条件来选择干燥系统的风机？

4. 如何区别结合水分和非结合水分？

5. 当空气的 t、H 一定时，某物料的平衡湿含量为 X^*，若空气的 H 下降，试问该物料的 X^* 有何变化？

6. 用一定相对湿度 φ 的热空气干燥湿物料中的水分，被除去的水分是结合水还是非结合水？为什么？

第7章
其他传质与分离过程

7.1 膜分离

7.1.1 概述

1. 定义与分类

膜分离是利用固体半透膜或液膜对流体混合物中各组分的渗透性差异从而分离混合物的过程。当原料混合物(气体或液体)在特定的半透膜中运动时,由于混合物中各组分在膜内的迁移速度不同,经半透膜的选择性渗透作用,改变混合物的组成,实现组分间的分离。膜分离技术广泛应用于化工、冶金、能源、环保、生物医药、轻工食品、海水淡化等各个领域,已成为当今分离科学中最重要的手段之一。

膜分离过程的推动力是待分离组分在膜两侧的化学位,具体表现为压力差、浓度差或电位差等。其中以压力差为推动力的膜分离过程是目前应用最广、历史最悠久的膜过程,包括微滤、超滤、纳滤和反渗透等;利用浓度差为推动力的膜过程包括渗析、气体分离和渗透蒸发等;以电位差为推动力的过程称为电渗析,它用于溶液中带电粒子的分离。若干常见的膜分离过程详见表7-1。

2. 膜分离的特点

与传统的分离方法相比,膜分离技术具有如下特点:

① 通常在常温下进行,特别适合于热敏性物料的分离,如食品、生物制品的分离、浓缩及纯化等;

② 多数膜分离过程不发生相的变化,因而能耗较低;

表 7-1　若干常见的膜分离过程

过程	概念示意图	膜类型	推动力	传递机理	透过物	截留物
微滤 MF	料液 → □ → 透过液	微孔膜（0.02～10μm）	压差约0.1MPa	筛分	水,溶剂溶解成分	悬浮物质,微粒
超滤 UF	料液 → □ → 浓缩液 / 透过液	非对称膜（1～20nm）	压差0.05～1.0MPa	筛分	水,溶剂,小分子溶解物	胶体,细菌等大分子物质
纳滤 NF	料液 → □ → 浓缩液 / 透过液	非对称荷电膜（<20nm）	压差0.3～0.6MPa	筛分	溶剂,一价离子	<200Å的中性分子或高价离子
反渗透 RO	料液 → □ → 浓缩液 / 溶剂	非对称膜或复合膜（0.1～1nm）	压差1.0～10MPa	溶剂和溶质的选择性渗透	水,溶剂	溶质,悬浮物,离子
渗析 D	料液 → □ → 大分子截留液 / 小分子+渗析液 ← □ ← 渗析液	非对称膜或离子交换膜（1～10nm）	浓度差	筛分和微孔膜内的受阻扩散	离子,小分子量有机物	分子量大于1000的溶解物和悬浮物
电渗析 ED	阳极 / 阴膜 / 原料液 → □ → 浓电解质 / 非离子溶剂 / 浓电解质 / 阳膜 / 阴极	离子交换膜（1～10nm）	电位差	反离子经离子交换膜的迁移	离子	非离子和中性分子
气体分离 GP	混合气 → □ → 渗余气 / 渗过气	均质膜（<50nm）或复合膜	压差1.0～10MPa浓度差	气体的选择性扩散渗透	气体或蒸气	不透过膜的气体或蒸气
渗透汽化 PV	原料液 → □ → 非汽化组分 / 汽化透过组分	均质膜（<1nm）或非对称膜（0.3～0.5μm）	浓度差,分压差	气体的选择性扩散渗透	蒸气	液体

③ 由于膜分离过程主要以压差或电位差等为推动力，因此装置简单，操作方便，易于工业放大；

④ 膜分离的应用范围广泛，不仅适合于无机和有机物的分离，而且适用于病毒、细菌等微粒的分离；

⑤ 膜分离技术不消耗化学试剂，不外加任何添加剂，因而不会污染产品。

7.1.2　膜材料及膜性能

1. 膜材料及分类

膜分离过程所用膜的种类和功能繁多，分类方法也有多种。按照膜材质的不同，可分为聚合物膜和无机膜两大类。

(1) 聚合物膜

聚合物膜是由天然的或合成的聚合物制成，目前在分离用膜中占主导地位。天然聚合物包括橡胶、纤维素等；合成聚合物可由相同单体经缩合或加合反应制得，亦可由两种不同单体的共聚制得。按照聚合物膜的结构与作用特点，可将其分为均质膜、微孔膜、非对称膜、复合膜与离子交换膜 5 类。

① **均质膜**　它是一种截面均质的致密薄膜，物质通过这类膜的传递机理主要是分子扩散。

② **微孔膜**　微孔膜内含有相互交联的微孔道，这些孔道曲曲折折，孔径大小分布范围宽，一般为 $0.01 \sim 20 \mu m$，膜厚 $50 \sim 250 \mu m$。对于小分子物质，微孔膜的透过率高，但选择性低。当原料混合物中一些物质的分子尺寸大于膜的平均孔径，而另一些分子小于膜的平均孔径时，用微孔膜可以实现这两类分子的分离。

③ **非对称膜**　这种膜的特点是膜的断面不对称，故称非对称膜。它是由同种材料制成的表面活性层与支撑层两层组成。膜的分离作用主要取决于表面活性层。由于表面活性层很薄（通常仅 $0.1 \sim 1.5 \mu m$），故对分离小分子物质而言，该膜层不但渗透性高，而且分离的选择性好。大孔支撑层呈多孔状，仅起支撑作用，其厚度一般为 $50 \sim 250 \mu m$。

④ **复合膜**　它是由在非对称膜表面加一层 $0.2 \sim 15 \mu m$ 的均质活性层构成。膜的分离作用亦取决于这层均质活性层。与非对称膜相比，复合膜的均质活性层可根据不同需要选择多种材料。

⑤ **离子交换膜**　它是一种膜状的离子交换树脂，由基膜和活性基团构成。按膜中所含活性基团的种类可分为阳离子交换膜、阴离子交换膜和特殊离子交换膜。这类膜大多为均质膜，厚度在 $200 \mu m$ 左右。

(2) 无机膜

聚合物膜通常应在较低的温度下使用（最高不超过 200℃），并要求待分离的原料流体不与膜发生化学作用。当在较高温度下或原料流体为化学活性混合物时，可以采用由无机材料制成的分离膜。无机膜是以金属及其氧化物、陶瓷、多孔玻璃等为原料，制成相应的金属膜、陶瓷膜、玻璃膜等。这类膜的特点是热、机械和化学稳定性好，使用寿命长，污染小且易于清洗，孔径分布均匀等。其主要缺点是易破损、成型性差、造价高。

此外，无机材料还可以和聚合物制成杂合膜，该类膜有时能综合无机膜与聚合物膜的优点而具有良好的性能。目前无机膜的开发速度远快于聚合物膜。

2. 膜的性能参数

膜分离的效果主要取决于膜本身的性能，膜材料的结构及其化学性质对分离膜的性能起着决定性的影响。膜的性能包括膜的物化稳定性和分离性能两个方面。

膜的物理稳定性主要指其机械强度、允许使用的压力、温度范围等；化学稳定性是指其耐酸、碱和有机溶剂的性能以及对各种化学品的抵抗性能等。膜分离过程中，对所用膜的要求是：具有良好的机械强度、热稳定性和化学稳定性。

膜的分离性能包括膜的透过性能和膜的分离能力。膜的透过性能通常用透过通量（或速率）表示；膜的分离能力是指对被分离混合物中各组分选择性透过的能力。对于不同的膜过程，其表示方法不同，如截留率、截留分子量等。

(1)截留率 R

膜的截留率定义为

$$R = \frac{c_F - c_P}{c_F} \tag{7-1}$$

式中，c_F 为原料液中被分离组分的浓度，kg/m^3 或 $kmol/m^3$；c_P 为透过液中被分离组分的浓度，kg/m^3 或 $kmol/m^3$。

R 反映膜对被分离组分的截留程度。若 $R=100\%$ 表示被分离组分全部截留，此为理想的半透膜；$R=0$ 表示被分离组分全部透过膜，无分离作用。

(2)透过通量

透过通量是指单位时间、单位面积上透过的溶质（或溶剂）的量，其单位为 $kmol/(m^2 \cdot s)$ 或 $kg/(m^2 \cdot s)$。

透过通量的大小与膜材料的化学特性和膜的形体结构有关，该参数直接决定了分离设备的大小。

(3)截留分子量

截留分子量是指分离时不允许透过膜的大分子物质的分子量。截留分子量在一定程度上反映膜孔径的大小。由于多孔膜的孔径大小不一，所以截留物的分子量将在膜孔径范围内分布。一般取截留率为 90% 的物质的分子量作为膜的截留分子量。

7.1.3 典型膜过程简介

1. 反渗透

(1)反渗透的原理

反渗透是利用某些半透膜只允许溶剂（通常为水）通过而截留溶质（通常为离子）的特性，以膜两侧压差为推动力，克服溶剂的渗透压，使溶剂透过膜而实现液体混合物分离的膜过程。

渗透现象是由于化学位差引起的自发扩散现象，其原理可由图 7-1 的实例说明。用半透膜将一个容器隔成两部分，一侧放入 $25℃$ 的海水（约含质量分数为 3.5% 的溶解盐），另一侧放入相同温度的纯水，所用半透膜只允许水分子通过而不允许溶质（盐离子）通过，如图 7-1(a)所示。由于纯水的化学位高于盐溶液中水的化学位，水将通过半透膜进入海水中从而将其稀释。当两侧的化学位相等时，渗透达到平衡状态，将出现如图 7-1(b)所示的情况。此时膜两侧的压力差（即两液面之间的液柱静压差）$p_1 - p_2 = \pi$ 为盐溶液的渗透压。

若在溶液（海水）的上方施加压力，溶液中水的化学位将升高，溶液中的水分子将经半透膜进入纯水侧，这种现象是渗透的逆过程，称为反渗透，如图 7-1(c)所示。因此，利用反渗透操作可以从溶液中获得纯溶剂，截留离子（溶质），从而达到混合物分离的目的。

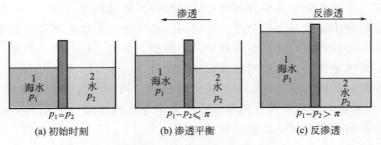

<table>
<tr><td></td><td>← 渗透</td><td></td><td></td><td></td><td>反渗透 →</td></tr>
</table>

(a) 初始时刻	(b) 渗透平衡	(c) 反渗透
$p_1 = p_2$	$p_1 - p_2 \leqslant \pi$	$p_1 - p_2 > \pi$

图 7-1　渗透和反渗透现象

渗透压的大小是溶液的物性，且与溶质的浓度有关，表 7-2 列出了 25℃下不同浓度的 NaCl 水溶液的渗透压。

表 7-2　不同浓度 NaCl 水溶液在 25℃下的渗透压

浓度/(molNaCl/kgH₂O)	0	0.01	0.10	0.50	1.0	2.0
渗透压/MPa	0	0.04762	0.4620	2.2849	4.6407	9.7475
密度/(kg/m³)	997.0	997.4	1001.1	1017.2	1036.2	1072.3

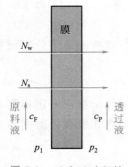

图 7-2　反渗透过程的通量和浓度

在实际反渗透过程中，反渗透膜的两侧是不同浓度的溶液，因此反渗透过程所需的外压 Δp 应大于膜两侧溶液的渗透压差 $\pi_1 - \pi_2 = \Delta\pi$。通常情况下，反渗透的操作压差为 1~10MPa。

反渗透膜常用对称膜与复合膜，由醋酸纤维素、聚酰胺等材料制成，其致密表层几乎无孔，因此可截留大多数溶质（包括离子）而使溶剂通过。反渗透膜必须有良好的亲水性能和透水性能。此外，反渗透膜还必须有良好的耐压性能。

（2）通量方程

描述反渗透膜内溶质传递的机理有两种：第 1 种认为半透膜为微孔膜，能够截留大于约 1nm 的溶质，而溶剂和溶解在其中的更小的溶质以黏性流动方式通过微孔到达膜的另一侧。第 2 种认为半透膜是无孔的致密膜，能截留约 1nm 大小的溶质。溶剂（水）和更小的溶质在膜内通过分子扩散的方式透过膜，其推动力是膜中的浓度梯度及膜两侧压力差。

根据膜内传递的溶解-扩散机理（第 2 种机理），溶剂（水）和溶质透过膜的过程为：①原料液中的溶剂（水）或溶质首先吸附在膜的表面并溶解于膜中；②在膜内浓度梯度和膜两侧压差的推动下以分子扩散方式透过膜；③在膜的另一侧解吸并进入透过液中，如图 7-2 所示。

溶剂（水）透过膜的通量可表示为

$$N_w = A_w(\Delta p - \Delta\pi) \tag{7-2}$$

式中，N_w 为溶剂（水）的透过通量，kg 溶剂/(m²·s)；A_w 为溶剂的渗透常数，kg 溶剂/(m²·s·Pa)；Δp 为膜两侧的压力差(= $p_1 - p_2$，p_1 为原料液的压力，p_2 为透过液的压力)，Pa；$\Delta\pi$ 为膜两侧的渗透压差(= $\pi_1 - \pi_2$，π_1 为原料液的渗透压，π_2 为透过液的渗透压)，Pa。

类似地，溶质的透过通量方程为

$$N_s = A_s(c_F - c_P) \tag{7-3}$$

式中，N_s 为溶质（盐）的透过通量，kg 溶质/（$m^2 \cdot s$）；A_s 为溶质的渗透常数，m/s；c_F 为原料液中溶质的浓度，kg 溶质/m^3；c_P 为渗透液中溶质的浓度，kg 溶质/m^3。

总透过通量为溶剂透过通量与溶质透过通量之和，即

$$N = N_w + N_s \tag{7-4}$$

其单位为 kg 溶液/（$m^2 \cdot s$）。

式(7-2)及式(7-3)中的膜渗透常数 A_w 和 A_s 是表征膜性能的重要参数，其值与膜的性质和结构有关，需根据所用膜的类型由实验来确定。对于常用的醋酸纤维素膜，水渗透常数 A_w 的范围约为 $(1 \sim 5) \times 10^{-6}$ kg 溶剂/（$m^2 \cdot s \cdot kPa$）；溶质的渗透常数 A_s：NaCl 为 4.0×10^{-7} m/s，KCl 为 6.0×10^{-7} m/s，$MgCl_2$ 为 2.4×10^{-7} m/s 等。

稳态下对溶质作质量衡算，可得溶质扩散通过膜的量应等于离开的透过液中的溶质量，即

$$N_s = \frac{N_w c_P}{c_{wP}} \tag{7-5}$$

式中，c_{wP} 是透过液中溶剂的浓度，kg 溶剂/m^3。如果透过液是稀溶液，则 c_{wP} 近似为溶剂的密度。

将式(7-2)、式(7-3)代入式(7-5)中，解得

$$\frac{c_P}{c_F} = \frac{1}{1 + B(\Delta p - \Delta \pi)} \tag{7-6}$$

式中，$B = \dfrac{A_w}{A_s c_{wP}}$，单位为 Pa。

将式(7-6)代入式(7-1)中，可得反渗透过程的截留率为

$$R = 1 - \frac{c_P}{c_F} = \frac{B(\Delta p - \Delta \pi)}{1 + B(\Delta p - \Delta \pi)} \tag{7-7}$$

【例 7-1】 25℃下用反渗透膜分离 NaCl 水溶液。已知料液浓度为 2.5kg NaCl/m^3，密度为 999kg/m^3。水的渗透常数为 $A_w = 4.747 \times 10^{-6}$ kg/（$m^2 \cdot s \cdot kPa$），NaCl 的渗透常数为 $A_s = 4.42 \times 10^{-7}$ m/s。操作压差 $\Delta p = 2.76$MPa。试求水的透过通量 N_w、溶质的透过通量 N_s、溶质的截留率 R 及产物溶液的 c_P。

解 已知原料液 $c_F = 2.5$kg NaCl/m^3，其密度 $\rho_F = 999$kg 溶液/m^3，因此 1m^3 原料液中含水 $999 - 2.5 = 996.5$kg，1kg 水中含 NaCl 的物质的量为 $(2.5 \times 1000)/(996.5 \times 58.5) = 0.04289$mol。由表 7-2 查得 $\pi_1 = 0.200$MPa。

由于透过液浓度 c_P 是未知的，故先初设 $c_P = 0.1$kg NaCl/m^3。由于所设 c_P 值很低，可认为该透过液的密度近似等于同温度下(25℃)水的密度 $\rho = 999$kg/$m^3 \approx 997.0$kg 溶液/m^3。同理，透过液中水的浓度为水的密度 $c_{wP} = 997.0$kg 水/m^3。这样，对于透过液，1kg 水中含 NaCl 的物质的量为 $(0.1 \times 1000)/(996.5 \times 58.5) = 0.00171$mol。由表 7-2 查得 $\pi_2 = 0.00811$MPa。

由式(7-2)，水的通量为

$$N_w = A_w(\Delta p - \Delta \pi) = 4.747 \times 10^{-6} \times 1000 \times (2.76 - 0.200 + 0.00811) = 1.220 \times 10^{-2} \text{kg H}_2\text{O}/(m^2 \cdot s)$$

$$B = \frac{A_w}{A_s c_{wP}} = \frac{4.747 \times 10^{-6}}{4.42 \times 10^{-7} \times 997} = 0.01077 \text{kPa}^{-1} = 10.77 \text{MPa}^{-1}$$

由式(7-7)，截留率为

$$R = \frac{B(\Delta p - \Delta \pi)}{1 + B(\Delta p - \Delta \pi)} = \frac{10.77 \times (2.76 - 0.200 + 0.00811)}{1 + 10.77 \times (2.76 - 0.200 + 0.00811)} = 0.965$$

再由式(7-1)可得
$$0.965 = 1 - \frac{c_P}{c_F} = 1 - \frac{c_P}{2.5}$$
$$c_P = 0.0875 \text{kg NaCl/m}^3$$

该值与假定值略有偏差,故将该值作为初值,重复以上计算。结果表明c_P值没有明显变化。因此将$c_P = 0.0875 \text{kg NaCl/m}^3$作为计算的最终值。

由式(7-3)得溶质的通量
$$N_s = A_s(c_F - c_P) = 4.42 \times 10^{-7} \times (2.5 - 0.0875) = 1.066 \times 10^{-6} \text{kg NaCl/(m}^2 \cdot \text{s)}$$

(3)浓差极化及其对膜通量的影响

在反渗透过程中,由于半透膜只允许溶剂透过,溶质不能或只有极少量透过,因此溶质在膜的高压侧的表面上逐渐积累,致使膜表面处的浓度c_m高于主体溶液浓度c_F,从而在膜表面到溶液主体之间形成一个厚度为δ的浓度边界层,引起溶质从膜表面向溶液主体的扩散,这一现象称为浓差极化,如图7-3所示。

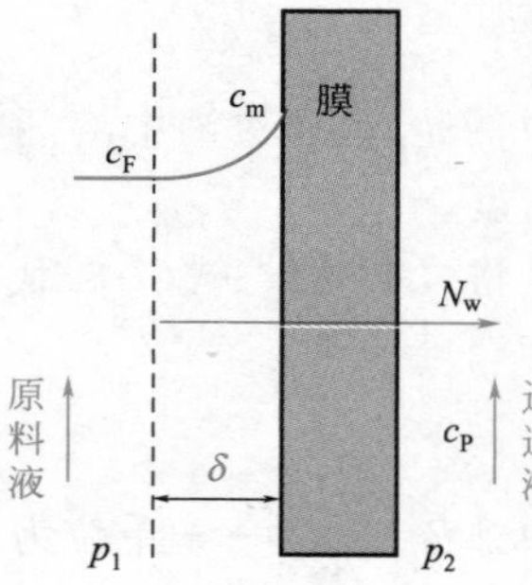

发生浓差极化时,引起水的通量下降。这是因为渗透压π_1随着边界层浓度的增加而上升,总推动力$(\Delta p - \Delta \pi)$下降。同样,溶质通量增加,因为边界层内的溶质浓度增加。因此,通常需要增加Δp以补偿推动力的下降,这样就会增加过程的能耗。

浓差极化的影响可以用浓差极化比β来表示,其定义为
$$\beta = \frac{c_m}{c_F}$$

据此,可将水透过膜的通量方程近似表示为
$$N_w = A_w(\Delta p - \Delta \pi') \tag{7-8}$$

式中,$\Delta \pi' = \beta \pi_1 - \pi_2$。

由于渗透压近似正比于浓度,因此亦可将溶质的通量方程式(7-3)修正为
$$N_s = A_s(\beta c_F - c_P) \tag{7-9}$$

浓差极化比β的计算往往是困难的,其值通常为$1.2 \sim 2.0$,即边界层中的浓度是料液主体浓度的$1.2 \sim 2.0$倍。

反渗透主要应用于海水和苦咸水的脱盐淡化、纯水制备以及低分子量水溶液的浓缩和回收等。

2. 超滤

(1)超滤的原理及应用

超滤的原理与反渗透类似,也是以压力差为推动力的膜分离过程。原料液(通常为水溶液)中的水和小分子溶质透过膜,进入膜的另一侧作为透过液;大分子溶质被截留作为浓缩液回收。

超滤所用膜一般为非对称多孔膜,由芳香聚酰胺、醋酸纤维素、聚酰亚胺、聚砜等材料制造,其表面活性层有孔径为$12 \sim 200 \text{nm}$的微孔,能够截留相对分子质量为$500 \sim 1000000$或更大的大分子溶质,例如蛋白质、聚合物、淀粉、胶体微粒,等等。

超滤是目前应用最为广泛的膜分离技术,例如食品加工中果汁的澄清、牛奶的浓缩及其他乳制品的加工;生物制药中蛋白质的分离或分级、生物酶的浓缩精制;从工业废水中除去大分子有机物及微粒、细菌、热源等有害物等。

图 7-3　反渗透的浓差极化现象

（2）超滤的通量方程与浓差极化

溶剂的透过通量仍可用反渗透的通量方程式（7-2）描述，即

$$N_w = A_w(\Delta p - \Delta \pi) \tag{7-2}$$

与反渗透不同的是，超滤膜仅截留大分子及各种胶体微粒。由于大分子溶质的渗透压通常是很低的，可以忽略不计。因此式（7-2）变为

$$N_w = A_w \Delta p \tag{7-10}$$

或写成

$$N_w = \Delta p / R_m \tag{7-11}$$

式中，$R_m = 1/A_w$ 是膜阻力，简称膜阻，是膜渗透性能的重要参数，其单位为 $m^2 \cdot s \cdot Pa/kg$ 溶剂。

与反渗透的操作压差（$1.0 \sim 10\text{MPa}$）相比，超滤的操作压差通常为 $0.05 \sim 1.0\text{MPa}$。对于低压差（例如 $\Delta p < 0.1\text{MPa}$）或低料液浓度（如大分子溶质的质量浓度低于 1%）的超滤，式（7-11）的计算值与实验值非常接近。但当料液浓度较高或采用较大的操作压差时，透过通量的计算需考虑浓差极化的影响。

与反渗透类似，在超滤过程中，由于溶质被膜截留并在膜表面处积聚，当操作压差及溶质浓度增加时，产生浓差极化，而且比反渗透过程的浓差极化严重得多，如图 7-4（a）所示。图中 c_m 是膜表面处溶质的浓度，c_F 是溶液主体中溶质的浓度，c_P 是透过液中溶质的浓度。

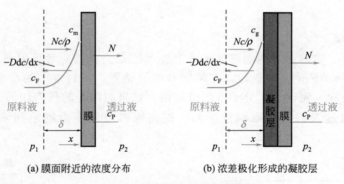

(a) 膜面附近的浓度分布　　　　　(b) 浓差极化形成的凝胶层

图 7-4　超滤的浓差极化现象

稳态下，对膜两侧的溶质作质量衡算可知，溶质透过膜的净通量 N_s 应等于溶质从溶液主体以对流方式传递到膜面处的通量 Nc/ρ 与溶质从膜表面扩散到溶液主体的通量 $D\,dc/dx$ 之差，即

$$N_s = -D\frac{dc}{dx} + \frac{N}{\rho}c \tag{7-12}$$

式中，N 为溶液的透过通量，kg 溶液/（$m^2 \cdot s$）；ρ 为溶液的总浓度（密度），kg 溶液/m^3；D 为溶质的扩散系数，m^2/s；c 为料液中溶质的浓度，kg 溶质/m^3；N_s 为溶质透过膜的通量，kg 溶质/（$m^2 \cdot s$）。

由于

$$N_s = Nc_P/\rho \tag{7-13}$$

将式（7-13）代入式（7-12）中，并在 $x=0$，$c=c_F$ 至 $x=\delta$，$c=c_m$ 积分，可得

$$\frac{N}{\rho}=\frac{D}{\delta}\ln\frac{c_{\mathrm{m}}-c_{\mathrm{P}}}{c_{\mathrm{F}}-c_{\mathrm{P}}}=k_{\mathrm{c}}\ln\frac{c_{\mathrm{m}}-c_{\mathrm{P}}}{c_{\mathrm{F}}-c_{\mathrm{P}}} \tag{7-14}$$

式中，$k=D/\delta$ 是浓差极化层内的传质系数，m/s。

当操作压差进一步增加时，膜表面处的浓度 c_{m} 将达到极限值 c_{g}。在此极限浓度下，膜面上的溶质积聚形成一个半固体状的凝胶层，其中 $c_{\mathrm{m}}=c_{\mathrm{g}}$，如图 7-4(b)所示。凝胶层形成后，几乎所有的大分子溶质全部被凝胶层截留，此时 $c_{\mathrm{P}}=0$，$N_{\mathrm{s}}=0$。

由于凝胶层的形成，溶剂的透过通量达到某一极限值 N_{lim}。由式(7-14)可得

$$\frac{N_{\mathrm{lim}}}{\rho}=\frac{N_{\mathrm{w}}}{\rho}=k_{\mathrm{c}}\ln\frac{c_{\mathrm{g}}}{c_{\mathrm{F}}} \tag{7-15}$$

有凝胶层存在时，溶剂的透过通量可写为

$$N_{\mathrm{w}}=\Delta p/(R_{\mathrm{m}}+R_{\mathrm{g}}) \tag{7-16}$$

式中，R_{g} 是凝胶层的附加阻力，$\mathrm{m^2 \cdot s \cdot Pa/kg}$ 溶剂。

超滤的操作压差与透过通量之间的关系如图 7-5 所示。由图可见，对于纯溶剂或极低浓度溶液的超滤，N_{w} 与 Δp 成正比，可由式(7-10)表示。随着原料液溶质浓度的提高，由于浓差极化等的影响，透过通量随压差的增加为一曲线，即式(7-14)。

当凝胶层形成后，透过通量达到极限通量 N_{lim}，即式(7-15)。此时 N_{lim} 仅与料液浓度 c_{F} 有关，而与膜本身的阻力无关。料液浓度越高，极限通量越小。因此，对于一定浓度的料液，操作压差过高并不能有效地提高透过通量。工业应用中，实际的操作压差应根据料液浓度和膜的性质由实验确定。

3. 渗析

(1)渗析的原理

渗析又称透析，它是以膜两侧流体的浓度差为推动力的膜过程。原料液与溶剂(称为渗析液)分别在半透膜的两侧逆流流过，在浓度差的推动下，原料液中的小分子溶质以扩散方式通过膜进入渗析液一侧，而大分子溶质被截留。如果膜两侧的压力相等，则在渗透压的作用下，溶剂也会通过膜渗透至原料液一侧。提高原料液侧压力则溶剂渗透可以减少乃至消除。

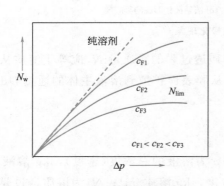

图 7-5　压差对溶剂通量的影响

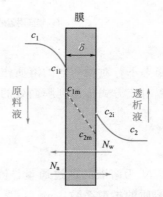

图 7-6　渗析膜传质过程

渗析用膜多为微孔或均质膜，典型的渗析膜材料是亲水性纤维素、醋酸纤维素、聚砜和聚甲基丙烯酸甲酯。典型渗析膜厚为 $50\mu\mathrm{m}$，膜孔径 $1.5\sim10\mu\mathrm{m}$。由于渗析膜两侧的压力基本相等，故渗析膜可以做得很薄。

（2）透过通量方程

以均质膜的渗析过程为例，其传质过程如图 7-6 所示。溶质分子先从原料液传递至膜表面处并溶解于膜内，然后在浓度梯度的作用下扩散通过膜，在膜的另一侧解吸进入渗析液中。

定态条件下，溶质的通量方程可表示为

$$N_s = k_{c1}(c_1 - c_{1i}) = \frac{D}{\delta}(c_{1m} - c_{2m}) = k_{c2}(c_{2i} - c_2) \tag{7-17}$$

式中，c_1 为原料液中扩散溶质的浓度，kmol 溶质/m³；c_{1i} 为原料液侧膜表面处溶质的浓度，kmol 溶质/m³；c_{1m} 为原料液侧膜表面处膜相中溶质的浓度，kmol 溶质/m³；c_2 为渗析液中扩散溶质的浓度，kmol 溶质/m³；c_{2i} 为渗析液侧膜表面处溶质的浓度，kmol 溶质/m³；c_{2m} 为渗析液侧膜表面处膜相中溶质的浓度，kmol 溶质/m³；k_{c1} 为原料液侧的对流传质系数，m/s；k_{c2} 为渗析液侧的对流传质系数，m/s；D 为溶质 S 在膜相中的扩散系数，m²/s；δ 为膜厚，m。

在液-膜界面处，液相浓度 c_i 与膜相浓度 c_m 可通过平衡系数相关联，即

$$K' = \frac{c_m}{c_i} = \frac{c_{1m}}{c_{1i}} = \frac{c_{2m}}{c_{2i}} \tag{7-18}$$

将式（7-18）代入式（7-17），可得

$$N_s = k_{c1}(c_1 - c_{1i}) = p_M(c_{1i} - c_{2i}) = k_{c2}(c_{2i} - c_2) \tag{7-19}$$

$$p_M = \frac{DK'}{\delta} \tag{7-20}$$

式中，p_M 为溶质在膜内的渗透系数，m/s。

将式（7-19）写为

$$\frac{N_s}{k_{c1}} = c_1 - c_{1i}, \quad \frac{N_s}{p_M} = c_{1i} - c_{2i}, \quad \frac{N_s}{k_{c2}} = c_{2i} - c_2$$

三式相加可得

$$N_s = \frac{c_1 - c_2}{1/k_{c1} + 1/p_M + 1/k_{c2}} \tag{7-21}$$

式中，$1/k_{c1}$、$1/p_M$ 和 $1/k_{c2}$ 分别为原料液侧、膜和渗析液侧的传质阻力。在某些情况下，两液侧的阻力远小于膜阻力，即渗析通量由膜阻力控制。

（3）渗析的应用

渗析膜过程可用于许多液体混合物的分离。例如，从含 17%～20% NaOH 的半纤维素废液中回收 9%～10% 的纯液态 NaOH；从含金属离子的废酸液中回收铬酸、盐酸、氢氟酸；从含硫酸镍的废酸中回收硫酸；回收啤酒液中的乙醇并生产低酒精度的啤酒；从有机物中回收矿物酸；去除聚合物液体中的小分子量杂质；药物的纯化等等。渗析膜分离的另一个重要应用是血液透析，清除血液中的尿素、肌酐、尿酸等小分子代谢物，但保留血液中的大分子有用物质和血细胞。血液透析装置又称人工肾。

【例 7-2】 37℃下用醋酸纤维素膜渗析器去除血液中的毒性物质尿素，膜的厚度为 0.025mm，膜面积为 2.0m²。血液侧的传质系数 $k_{c1} = 1.25 \times 10^{-5}$ m/s，生理盐水溶液（渗析液）侧的传质系数 $k_{c2} = 3.33 \times 10^{-5}$ m/s，膜的渗透系数为 8.73×10^{-6} m/s。血液中尿素的浓度为 0.02g/100mL，而在渗析液中的浓度可假定为零。试求尿素的去除通量和速率。

解 尿素的浓度 $c_1 = 0.02/100 = 200$g/m³，$c_2 = 0$。代入式（7-21），可得

$$N_s = \frac{c_1 - c_2}{1/k_{c1} + 1/p_M + 1/k_{c2}} = \frac{200 - 0}{1/(1.25 \times 10^{-5}) + 1/(8.73 \times 10^{-6}) + 1/(3.33 \times 10^{-5})} = 8.91 \times 10^{-4} \text{g/(m}^2 \cdot \text{s)}$$

$$\text{去除速率} = N_s A = 8.91 \times 10^{-4} \times 2.0 \times 3600 = 6.42 \text{g/h}$$

4. 电渗析

电渗析是利用离子交换膜的选择性透过能力，在直流电场作用下使电解质溶液中形成电位差，从而产生阴、阳离子的定向迁移，达到溶液分离、提纯和浓缩的目的。

典型的电渗析过程如图 7-7 所示。图中的 4 片选择性离子交换膜按照阴、阳膜交替排列。阳离子交换膜（C）带负电荷，它吸引正电荷（阳离子），排斥负电荷，只允许阳离子通过；而阴离子交换膜（A）带正电荷，它吸引负电荷（阴离子）而排斥正电荷，只允许阴离子通过。两类离子交换膜均不透水。当在阴阳两电极上施加一定的电压时，则在直流电场作用下阴、阳离子分别透过相应的膜进行渗析迁移，其结果是使阴、阳离子在室 2 和 4 被浓缩，从而获得一个浓缩的电解质溶液；而室 3 的离子浓度下降从而获得一个相对稀的电解质溶液。一般各室的压力保持平衡。

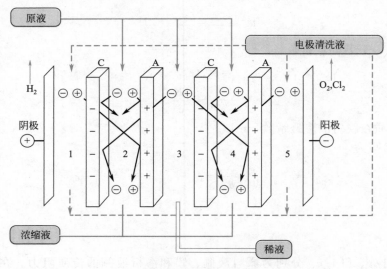

图 7-7　电渗析过程示意图

C—阳离子交换膜；A—阴离子交换膜

离子交换膜是一种具有交联结构的立体多孔状高分子聚合物，是一种聚电解质，在高分子骨架上带有若干可交换的活性基团，这些活性基团在水中可电离成电荷不同的两部分，即电离的活性基团和可交换的离子，前者留在固相膜上，而后者便进到溶液中去。

目前电渗析技术已发展成为大规模的化工单元过程，广泛应用于苦咸水脱盐，在某些地区已成为饮用水的主要生产方法。随着性能更为优良的新型离子交换膜的出现，电渗析在食品、医药和化工领域将具有广阔的应用前景。

5. 气体膜分离

气体膜分离是气体混合物在膜两侧分压差的作用下，各组分以不同的渗透速率透过膜，使混合气体得以分离的过程。

气体膜分离可分为两种情况：一种是气体通过多孔膜的分离，另一种是气体通过均质膜或具有致密活性层的非多孔性膜的分离。前者一般称为气体的扩散分离，其分离原理是气体通过微孔时组分的扩散速度与相对分子质量的平方成反比，经膜的渗透作用实现轻重两种组分的分离。典型的工业应用包括^{235}U 与 ^{238}U 的分离，氢、碳同位素的分离等。

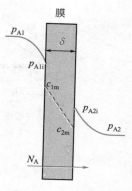

图 7-8　气体膜分离
传质过程

与膜渗析分离液体混合物类似，气体混合物通过均质膜的分离也可用溶解-扩散理论描述：在膜的高压侧，气体混合物中的渗透组分溶解在膜表面；溶解于膜内的组分以分子扩散方式从膜的高压侧传递至低压侧；在低压侧组分解吸至气相中，如图 7-8 所示。

稳态条件下，渗透组分 A 的通量方程可表示为

$$N_A = k_{G1}(p_{A1} - p_{A1i}) = \frac{D}{\delta}(c_{1m} - c_{2m}) = k_{G2}(p_{A2i} - p_{A2})$$

$$(7-22)$$

式中，p_{A1} 为高压侧气体混合物中扩散组分的分压，kPa；p_{A1i} 为高压侧气-膜界面处气相中扩散组分的分压，kPa；c_{1m} 为高压侧气-膜界面处膜相中扩散组分的浓度，kmol/m^3；p_{A2} 为低压侧气相中扩散组分的分压，kPa；p_{A2i} 为低压侧气-膜界面处气相中扩散组分的分压，kPa；c_{2m} 为低压侧气-膜界面处膜相中扩散组分的浓度，kmol/m^3；k_{G1} 为高压侧的对流传质系数，kmol/(m^2 · s · kPa)；k_{G2} 为低压侧的对流传质系数，kmol/(m^2 · s · kPa)；D 为组分 A 在膜相中的扩散系数，m^2/s；δ 为膜厚，m。

在气-膜界面处，固体相与气相之间的平衡关系可用亨利定律表示

$$H = \frac{c_m}{p_{Ai}} = \frac{c_{1m}}{p_{A1i}} = \frac{c_{2m}}{p_{A2i}}$$

$$(7-23)$$

式中，H 为气体的溶解度系数。将式(7-23)代入式(7-22)，可得

$$N_A = k_{G1}(p_{A1} - p_{A1i}) = \frac{DH}{\delta}(p_{A1i} - p_{A2i}) = k_{G2}(p_{A2i} - p_{A2})$$

$$(7-24)$$

从上式中消去界面浓度，可得扩散的通量方程为

$$N_A = \frac{p_{A1} - p_{A2}}{1/k_{G1} + \delta/(DH) + 1/k_{G2}}$$

$$(7-25)$$

式中，$1/k_{G1}$、$\delta/(DH)$ 和 $1/k_{G2}$ 分别是高压侧、膜和低压侧的对流传质的阻力。

工业上用膜分离气体混合物的应用主要有：从合成氨尾气中回收氢气，从空气中富集 O_2 和 N_2，天然气和空气的干燥，从空气中除去 CO_2 和氨等。

7.1.4　膜分离设备(膜组件)

在 7.1.2 中所论述的各种聚合物膜材料，可以根据实际应用的需要加工成如图 7-9 所示的 3 种形状。平板膜片的典型尺寸为 1m×1m，厚为 200μm，其中活性致密层厚为 50～500nm，如图 7-9(a)所示。管式膜的典型尺寸为直径约 0.5～5.0cm，长度可达 6m，其中致密活性层可以在管外侧面，亦可在管内侧面，并用玻璃纤维、多孔金属或其他适宜的多孔材料作为膜的支撑体，如图 7-9(b)所示。中空纤维膜的典型尺寸为：内径约 100～200μm，纤维长约 1m，活性层厚约 0.1～1.0μm，如图 7-9(c)所示。

图 7-10 是由以上各种形状的膜组装成的结构紧凑的膜组件。其中图 7-10(a)为典型的板框式膜组件。板框式膜组件的膜片可以做成圆形的、方形的或是矩形的。另外，平板膜片也可以做成如图 7-10(b)所示的螺旋卷式组件，其结构类似于螺旋板式换热器。螺旋卷式膜组

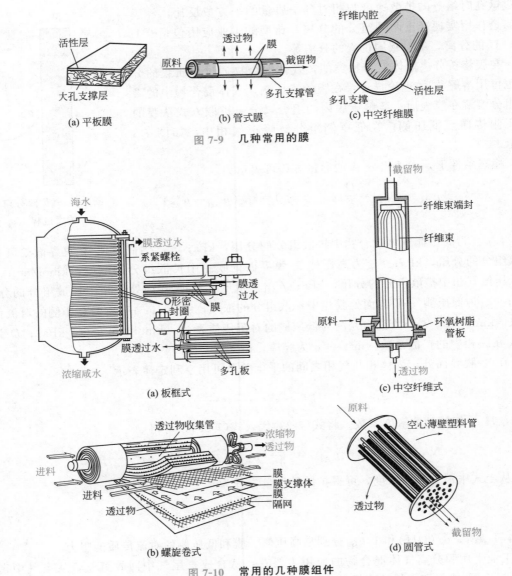

图 7-9　几种常用的膜

(a) 平板膜　　(b) 管式膜　　(c) 中空纤维膜

图 7-10　常用的几种膜组件

(a) 板框式　　(c) 中空纤维式

(b) 螺旋卷式　　(d) 圆管式

件的典型结构是由中间为多孔支撑材料和两边是膜的"双层结构"装配而成的。其中三个边沿被密封而粘接成膜袋，另一个开放的边沿与一根多孔的产品收集管相连接，在膜袋外部的进料侧再垫一层网眼型间隔材料(隔网)，即膜-多孔支撑体-进料侧隔网依次叠合，绕中心管紧密地卷在一起，形成一个膜卷，再装进圆柱形压力容器内，构成一个螺旋卷式膜组件。图7-10(c)是用于气体混合物分离的中空纤维膜组件，其结构类似于管壳式换热器。加压的原料气体由膜件的一端进入壳侧，在气体由进口端向另一端流动的同时，渗透组分经纤维管渗透至另一侧。圆管式膜组件的结构如图7-10(d)所示，其结构与管壳式换热器类似，但原料多进入管内，而透过物在壳侧流动。管式膜组件通常装填的膜管数可达30以上。

　　上述各种膜组件的特性参见表7-3。表中填充密度是指单位体积膜组件具有的膜表面积。显然，中空纤维膜组件的填充密度最大。尽管板框式组件造价高，其填充密度也不很大，但在所有的工业膜分离中普遍使用(气体分离除外)。螺旋卷式膜组件由于低造价和良好

表 7-3　膜组件的特性比较

项目	板框式	螺旋卷式	圆管式	中空纤维式
填充密度/(m²/m³)	30～500	200～800	30～200	500～9000
抗污染性能	好	中等	很好	差
膜清洗	易	可	简单	难
相对造价	高	低	高	低
主要应用	D,RO,PV,UF,MF	D,RO,GP,UF,MF	RO,UF	D,RO,GP,UF

的抗污染性能亦被广泛采用。中空纤维膜组件由于具有很高的填充密度和低造价，在膜污染小和不需要进行膜清洗的场合应用普遍。

7.2　结晶

　　固体物质以晶体形态从溶液、熔融混合物或蒸气中析出的过程称为结晶。在化工、冶金、制药、材料、生化等工业中，许多产品及中间产品都是以晶体形态出现的，都包含结晶这一单元操作。例如，海水制盐就是一个经典的结晶过程；一些重要抗生素如青霉素、红霉素等的生产，一般都包含有结晶操作；此外，在许多其他生物技术领域中结晶的重要性也在与日俱增，如蛋白质的纯化和生产都离不开结晶技术。

　　与其他分离方法相比，结晶操作有如下特点：

　　① 能从杂质含量较多的溶液或熔融混合物中分离出高纯度的晶体产品；

　　② 过程能耗较低，因为结晶热仅为汽化潜热的 $1/3\sim1/7$；

　　③ 可用于高熔点混合物、同分异构体混合物、共沸物以及热敏性物质等许多难以分离物系的分离。

7.2.1　结晶的基本原理

1. 基本概念

　　晶体是其内部结构中的质点元素(原子、离子或分子)作三维有序排列的固态物质，晶体中任一宏观质点的物理性质和化学组成以及晶格结构都相同，这种特征称为晶体的均匀性。当物质在不同的条件下结晶时，形成晶体的大小、形状、颜色等可能不同。例如，因结晶温度的不同，碘化汞的晶体可以是黄色或红色；NaCl 从纯水溶液中结晶时，为立方晶体，但若水溶液中含有少许尿素，则 NaCl 形成八面体的结晶。

　　晶体的外形称为晶习。同一种物质的不同晶习，仅能在一定的温度和外界压力范围内保持稳定。当条件变化时，将发生晶形的转变，并同时伴随着热效应发生。此外，每一种晶形都具有特定的溶解度和蒸气压。

　　在结晶过程中，利用物质的溶解度和晶形不同，创造相应的结晶条件，可使固体物质极其纯净地从原溶液中结晶出来。

　　溶质从溶液中结晶出来，要经历两个步骤：首先要产生微观的晶粒作为结晶的核心，这个核心称为晶核。然后晶核长大成为宏观的晶体，这个过程称为晶体成长。无论是成核过程还是晶体成长过程，都必须以浓度差即溶液的过饱和度作为推动力。溶液的过饱和度的大小直接影响成核和晶体成长过程的快慢，而这两个过程的快慢又影响着晶体产品的粒度分布。因此，过饱和度是结晶过程中一个极其重要的参数。

溶液在结晶器中结晶出来的晶体和剩余的溶液所构成的悬混物称为晶浆，去除晶体后所剩的溶液称为母液。结晶过程中，含有杂质的母液会以表面黏附或晶间包藏的方式夹带在固体产品中。工业上，通常在对晶浆进行固液分离以后，再用适当的溶剂对固体进行洗涤，以尽量除去由于黏附和包藏母液所带来的杂质。

此外，若物质结晶时有水合作用，则所得晶体中含有一定数量的溶剂（水）分子，称为结晶水。结晶水的含量不仅影响晶体的形状，也影响晶体的性质。例如，无水硫酸铜（$CuSO_4$）在240℃以上结晶时，是白色的三棱形针状晶体；但在常温下结晶时，则是含5个结晶水的大颗粒蓝色晶体水合物（$CuSO_4 \cdot 5H_2O$）。晶体水合物具有一定的蒸气压。

2. 结晶过程的相平衡

（1）相平衡与溶解度

任何固体物质与其溶液相接触时，如溶液尚未饱和，则固体溶解；如溶液已过饱和，则该物质在溶液中的逾量部分迟早将会析出。但如溶液恰好达到饱和，则固体的溶解与析出的速率相等，净结果是既无溶解也无析出。此时固体与其溶液已达相平衡。

固体与其溶液间的这种相平衡关系，通常可用固体在溶剂中的溶解度来表示。物质的溶解度与其化学性质、溶剂的性质及温度有关。一定物质在一定溶剂中的溶解度主要随温度变化，而随压力的变化很小，常可忽略不计。因此溶解度的数据通常用溶解度对温度所标绘的曲线来表示。

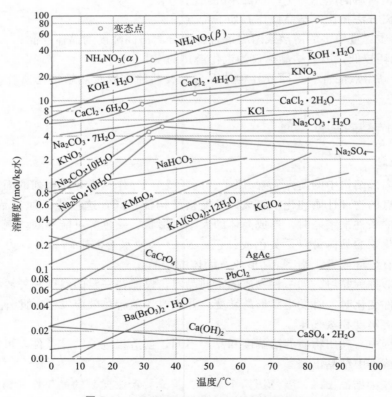

图 7-11　某些无机物在水中的溶解度曲线

溶解度的大小通常采用单位质量的溶剂中所含溶质的量来表示。图 7-11 示出了若干无机物在水中的溶解度曲线。

由图 7-11 可见，许多物质的溶解度曲线是连续的，中间无断折，而且这些物质的溶解度随温度升高而明显增大，如 $NaNO_3$、KNO_3 等。但也有一些形成晶体水合物的物质，其溶解度曲线有折点（变态点），它表示其组成有所改变，例如 $Na_2SO_4 \cdot 10H_2O$ 转变为 Na_2SO_4（变态点温度为 32.4℃）。这类物质的溶解度随温度的升高反而减小，例如 Na_2SO_4。至于 NaCl，温度对其溶解度的影响很小。

物质的溶解度曲线的特征对于结晶方法的选择起决定性作用。对于溶解度随温度变化敏感的物质，可选用变温方法结晶分离；对于溶解度随温度变化缓慢的物质，可用蒸发结晶的方法（移除一部分溶剂）分离。不仅如此，通过物质在不同温度下的溶解度数据还可计算结晶过程的理论产量。

（2）溶液的过饱和与介稳区

前曾指出，含有超过饱和量溶质的溶液为过饱和溶液。将一个完全纯净的溶液在不受任何外界扰动（如无搅拌，无振荡）及任何刺激（如无超声波等作用）的条件下缓慢降温，就可以得到过饱和溶液。过饱和溶液与相同温度下的饱和溶液的浓度之差称为过饱和度。各种物系的结晶都不同程度地存在过饱和度。例如，硫酸镁溶液可以维持到饱和温度以下 17℃ 而不结晶。

溶液的过饱和度与结晶的关系可用图 7-12 来说明。图中 AB 线为普通溶解度曲线，CD 线则表示溶液过饱和且能自发产生结晶的浓度曲线，称为超溶解度曲线，它与溶解度曲线大致平行。超溶解度曲线与溶解度曲线有所不同：一个特定物系只有一条明确的

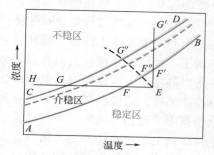

图 7-12　溶液的过饱和度与超溶解度曲线

溶解度曲线，但超溶解度曲线的位置却要受到许多因素的影响，例如有无搅拌、搅拌强度的大小、有无晶种、晶种的大小与多寡、冷却速率快慢等。换言之，一个特定物系可以有多个超溶解度曲线。

图 7-12 中，AB 线以下的区域为稳定区，在此区域溶液尚未达到饱和，因此没有结晶的可能。AB 线以上是过饱和区，此区又分为两部分：AB 线和 CD 线之间的区域称为介稳区。在此区域内，不会自发地产生晶核，但如果溶液中加入晶种，所加晶种就会长大；CD 线以上是不稳区，在此区域中，能自发地产生晶核。

参见图 7-12，将初始状态为 E 的洁净溶液冷却至 F 点，溶液刚好达到饱和，但没有结晶析出；当由 F 点继续冷却至 G 点，溶液经过介稳区，虽已处于过饱和状态，但仍不能自发地产生晶核（不加晶种的条件下）。当冷却超过 G 点进入不稳定区后，溶液中才能自发地产生晶核。另外，也可利用在恒温下蒸发溶剂的方法，使溶液达到过饱和，如图中 $EF'G'$ 线所示，或者利用冷却与蒸发相结合的方法，如图中 $EF''G''$ 所示，都可以完成溶液的结晶过程。

过饱和度和介稳区的概念，对工业结晶操作具有重要的意义。例如，在结晶过程中，若将溶液的状态控制在介稳区且在较低的过饱和度内，则在较长时间内只能有少量的晶核产生，主要是加入晶种的长大，于是可得到粒度大而均匀的结晶产品。反之，将溶液状态控制在不稳区且在较高的过饱和度内，则将有大量晶核产生，于是所得产品中晶粒必然很小。

3. 结晶动力学简介

(1) 晶核的形成

晶核是过饱和溶液中初始生成的微小晶粒，是晶体成长过程必不可少的核心。晶核形成的机理可能是，在成核之初，溶液中快速运动的溶质元素（原子、离子或分子）相互碰撞结合成线体单元。当线体单元增长到一定限度后成为晶胚。晶胚极不稳定，有可能继续长大，亦可能重新分解为线体单元或单一元素。当晶胚进一步长大即成为稳定的晶核。晶核的大小估计在数十纳米至几微米的范围。

在没有晶体存在的过饱和溶液中自发产生晶核的过程称为初级成核。前曾指出，在介稳区内，洁净的过饱和溶液还不能自发地产生晶核。只有进入不稳区后，晶核才能自发地产生。这种在均相过饱和溶液中自发产生晶核的过程称为均相初级成核。如果溶液中混入外来固体杂质粒子，如空气中的灰尘或其他人为引入的固体粒子，则这些杂质粒子对初级成核有诱导作用。这种在非均相过饱和溶液（在此非均相指溶液中混入了固体杂质颗粒）中自发产生晶核的过程称为非均相初级成核。

另外一种成核过程是在有晶体存在的过饱和溶液中进行的，称为二级成核或次级成核。在过饱和溶液成核之前加入晶种诱导晶核生成，或者在已有晶体析出的溶液中再进一步成核均属于二级成核。目前人们普遍认为二级成核的机理是接触成核和流体剪切成核。接触成核系指当晶体之间或晶体与其他固体物接触时，晶体表面破碎形成新的晶核。在结晶器中晶体与搅拌桨叶、器壁或挡板之间的碰撞、晶体与晶体之间的碰撞都有可能产生接触成核。剪切成核指由于过饱和液体与正在成长的晶体之间的相对运动，在晶体表面产生的剪切力将附着于晶体之上的微粒子扫落，而成为新的晶核。

应予指出，初级成核的速率要比二级成核速率大得多，而且对过饱和度变化非常敏感，故其成核速率很难控制。因此，除了超细粒子制造外，一般结晶过程都要尽量避免发生初级成核，而应以二级成核作为晶核的主要来源。

(2) 晶体的成长

晶体成长系指过饱和溶液中的溶质质点在过饱和度推动力作用下，向晶核或加入晶种运动并在其表面上层有序排列，使晶核或晶种微粒不断长大的过程。晶体的成长可用液相扩散理论描述。按此理论，晶体的成长过程有如下三个步骤。

① 扩散过程　溶质质点以扩散方式由液相主体穿过靠近晶体表面的静止液层（边界层）转移至晶体表面。

② 表面反应过程　到达晶体表面的溶质质点按一定排列方式嵌入晶面，使晶体长大并放出结晶热。

③ 传热过程　放出的结晶热传导至液相主体中。

上述过程可用图 7-13 示意。其中第 1 步扩散过程以浓度差作为推动力；第 2 步是溶质质点在晶体空间的晶格上按一定规则排列的过程。这好比是筑墙，不仅要向工地运砖，而且要把运到的砖按照规定图样一一垒砌，才能把墙筑成。至于第 3 步，由于大多数结晶物系的结晶放热量不大，对整个结晶过程的影响一般可忽略不计。因此，晶体的成长速率或是扩散控制，或是表面反应控制。如果扩散阻力与表面反应的阻力

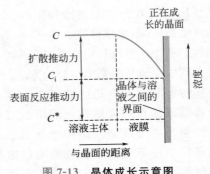

图 7-13　晶体成长示意图

相当，则成长速率为双方控制。对于多数结晶物系，其扩散阻力小于表面反应阻力，因此晶体成长过程多为表面反应控制。

影响晶体成长速率的因素较多，主要包括晶粒的大小、结晶温度及杂质等。对于大多数物系，悬浮于过饱和溶液中的几何相似的同种晶粒都以相同的速率增长，即晶体的成长速率与原晶粒的初始粒度无关。但也有一些物系，晶体的成长速率与晶体的大小有关。晶粒越大，其成长速率越快。这可能是由于较大颗粒的晶体与其周围溶液的相对运动较快，从而使晶面附近的静液层减薄。

温度对晶体成长速率亦有较大的影响，一般低温结晶时是表面反应控制；高温时则为扩散控制；中等温度是二者控制。例如，NaCl 在水溶液中结晶时的成长速率在约 50℃ 以上为扩散控制，而在 50℃ 以下则为表面反应控制。

(3) 杂质对结晶过程的影响

如果存在某些微量杂质(包括人为加入某些添加剂)，其含量仅为 10^{-6} mg/L 量级或者更低，即可显著地影响结晶行为，其中包括对溶解度、介稳区宽度、晶体成核及成长速率、晶习及粒度分布的影响等。杂质对结晶行为的影响是复杂的，目前尚没有公认的普遍规律。在此，仅定性讨论其对晶核形成、晶体成长及对晶习的影响。

溶液中杂质的存在一般对晶核的形成有抑制作用。例如少量胶体物质、某些表面活性剂、痕量的杂质离子都不同程度地有这种作用。胶体和表面活性剂等高分子物质抑制晶核生成的机理可能是，它被吸附于晶胚表面上，从而抑制了晶胚成长为晶核；而离子的作用是破坏溶液中的液体结构，从而抑制成核过程。溶液中杂质对晶体成长速率的影响颇为复杂，有的杂质能抑制晶体的成长，有的能促进成长，有的杂质能在含量极低下(10^{-6} mg/L 的量级)发生影响，有的却需要相当大的量才起作用。杂质影响晶体成长速率的途径也各不相同。有的是通过改变溶液的结构或溶液的平衡饱和浓度；有的是通过改变晶体与溶液界面处液层的特性而影响溶质质点嵌入晶面；有的是通过本身吸附在晶面上而发生阻挡作用；如果晶格类似，则杂质能嵌入晶体内部而产生影响等。

杂质对晶体形状的影响，对于工业结晶操作有重要意义。在结晶溶液中，杂质的存在或有意识地加入某些物质，有时即使是痕量($< 1.0 \times 10^{-6}$ mg/L)就会有惊人的改变晶习的效果。这种物质称为晶习改变剂，常用的有无机离子、表面活性剂以及某些有机物等。

7.2.2 工业结晶方法与设备

1. 结晶方法的分类

本节仅介绍溶液结晶的工业方法及其典型设备。溶液结晶是指晶体从溶液中析出的过程。按照结晶过程中过饱和度形成的方式，可将溶液结晶分为移除部分溶剂的结晶和不移除溶剂的结晶两类。

① **不移除溶剂的结晶法** 此法亦称冷却结晶法，它基本上不移除溶剂，溶液的过饱和度系借助冷却获得，故适用于溶解度随温度降低而显著下降的物系，例如 KNO_3、$NaNO_3$、$MgSO_4$ 等。

② **移除部分溶剂的结晶法** 按照具体操作的情况，此法又可分为蒸发结晶法和真空冷却结晶法。蒸发结晶是使溶液在常压(沸点温度下)或减压(低于正常沸点)下蒸发，部分溶剂汽化，从而获得过饱和溶液。此法适用于溶解度随温度变化不大的物系，例如 NaCl 及无水硫酸钠等；真空冷却结晶是使溶液在较高真空度下绝热闪蒸的方法。在这种

方法中,溶液经历的是绝热等焓过程,在部分溶剂被蒸发的同时,溶液亦被冷却。因此,此法实质上兼有蒸发结晶和冷却结晶共有的特点,适用于具有中等溶解度物系的结晶,如KCl、MgBr$_2$等。

此外,也可按照操作连续与否,将结晶操作分为间歇式和连续式,或按有无搅拌分为搅拌式和无搅拌式等。

2. 常用结晶器简介

在工业生产中,由于被结晶溶液的性质各有不同,对结晶产品的粒度、晶形以及生产能力大小的要求也有所不同,因此使用的结晶设备也多种多样。本节仅重点介绍几种常用的结晶器的结构和性能。

(1)不移除溶剂的结晶器(冷却结晶器)

冷却结晶器的类型很多,目前应用较广的是图 7-14 和图 7-15 所示的间接换热釜式结晶器。其中图 7-14 为内循环釜式,图 7-15 为外循环釜式。冷却结晶过程所需冷量由夹套或外部换热器提供。内循环式结晶器由于受换热面积的限制,换热量不能太大。而外循环式结晶器通过外部换热器传热,由于溶液的强制循环,传热系数较大,还可根据需要加大换热面积。但必须选用合适的循环泵,以避免悬浮晶体的磨损破碎。这两种结晶器可连续操作,亦可间歇操作。

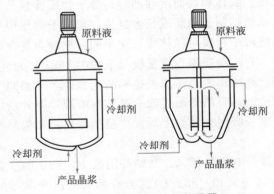

图 7-14　内循环式冷却结晶器

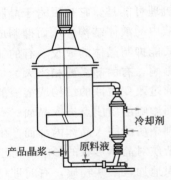

图 7-15　外循环式冷却结晶器

间接换热冷却的缺点在于冷却表面结垢及结垢导致的换热器效率下降。为克服这一缺点,有时可采用直接接触式冷却结晶,它是直接将冷却介质与结晶溶液混合。常用的冷却介质是惰性的液态烃类,如乙烯、氟利昂等。但应注意,采用这种操作时,冷却介质必须对结晶产品没有污染,不能与结晶溶液中的溶剂互溶或者虽不互溶但难以分离。这类结晶器有釜式、回转式及湿壁塔式等多种类型。

此外,还有许多其他类型的冷却结晶器,如摇篮式结晶器、长槽搅拌式连续结晶器以及克里斯托(Krystal)冷却结晶器等,在此不再一一介绍。

(2)移除部分溶剂的结晶器

这类结晶器亦有多种,由于篇幅所限,只介绍最常用的几种形式。

① **蒸发结晶器**　蒸发结晶器与用于溶液浓缩的普通蒸发器在设备结构及操作上完全相同。在此种类型的设备(如结晶蒸发器、有晶体析出所用的强制循环蒸发器等)中,溶液被加热至沸点,蒸发浓缩达到过饱和而结晶。但应指出,用蒸发器浓缩溶液使其结晶时,由于是在减压下操作,故可维持较低的温度,使溶液产生较大的过饱和度。但对晶体的粒度难以控

制。因此，遇到必须严格控制晶体粒度的场合，可先将溶液在蒸发器中浓缩至略低于饱和浓度，然后移送至另外的结晶器中完成结晶过程。

② **真空冷却结晶器** 真空冷却结晶器是将热的饱和溶液加入与外界绝热的结晶器中，由于器内维持高真空，故其内部滞留的溶液的沸点低于加入溶液的温度。这样，当溶液进入结晶器后，经绝热闪蒸过程冷却到与器内压力相对应的平衡温度。

真空冷却结晶器可以间歇或连续操作。图 7-16 所示为一种连续式真空冷却结晶器。热的原料液自进料口连续加入，晶浆（晶体与母液的悬混物）用泵连续排出，结晶器底部管路上的循环泵使溶液作强制循环流动，以促进溶液均匀混合，维持有利的结晶条件。蒸出的溶剂（气体）由结晶器顶部逸出，至高位混合冷凝器中冷凝。双级式蒸汽喷射泵用于产生和维持结晶器内的真空。通常，真空结晶器内的操作温度都很低，所产生的溶剂蒸气不能在冷凝器中被水冷凝，此时可在冷凝器的前部装一蒸汽喷射泵，将溶剂蒸气压缩，以提高其冷凝温度。

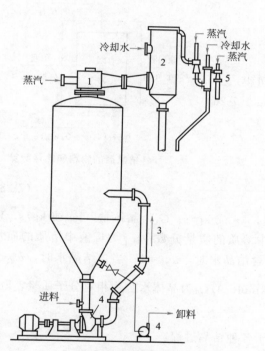

图 7-16 连续式真空冷却结晶器

1—蒸汽喷射泵；2—冷凝器；3—循环管；
4—泵；5—双级式蒸汽喷射泵

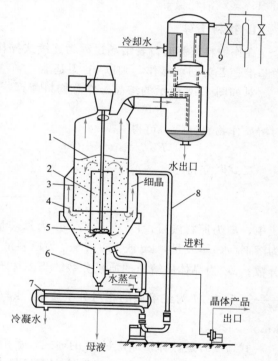

图 7-17 DTB 型真空结晶器

1—沸腾液面；2—导流桶；3—挡板；
4—澄清区；5—螺旋浆；6—淘洗腿；
7—加热器；8—循环管；9—喷射真空泵

真空结晶器结构简单，生产能力大，当处理腐蚀性溶液时，器内可加衬里或用耐腐蚀材料制造。由于溶液系绝热蒸发而冷却，无需传热面，因此可避免传热面上的腐蚀及结垢现象。其缺点是：必须使用蒸汽，冷凝耗水量较大，溶液的冷却极限受沸点升高的限制等。

③ **DTB 型结晶器** DTB 型结晶器是具有导流筒及挡板的结晶器的简称。DTB 型结晶器性能优良，生产强度大，能产生粒度达 $600\sim1200\mu m$ 的大粒结晶产品，器内不易结晶疤，已成为连续结晶器的最主要形式之一。

图 7-17 是 DTB 型结晶器的结构简图。结晶器内有一圆筒形挡板，中央有一导流筒。在

其下端安装的螺旋桨式搅拌器的推动下，悬浮液在导流筒及导流筒与挡板之间的环形通道内循环流动，形成良好的混合条件。圆筒形挡板将结晶器分为晶体成长区与澄清区。挡板与器壁间的环隙为澄清区，此区内搅拌的作用已基本上消除，使晶体得以从母液中沉降分离，只有过量的细晶才会随母液从澄清区的顶部排出器外加以消除，从而实现对晶核数量的控制。为了使产品粒度分布更均匀，有时在结晶器下部设有淘洗腿。

DTB 型结晶器属于典型的晶浆内循环结晶器。其特点是器内溶液的过饱和度较低，并且循环流动所需的压头很低，螺旋桨只需在低速下运转。此外，桨叶与晶体间的接触成核速率也很低，这也是该结晶器能够生产较大粒度晶体的原因之一。

7.2.3 溶液结晶过程的计算

结晶过程计算的基础是物料和热量衡算，计算的目的是求取晶体的产量、结晶器的换热面积、蒸汽消耗量等。

1. 物料衡算

在作物料衡算时，若结晶过程为连续式操作，以 kg/s 为基准；若为间歇操作，则以 kg 为基准。

对如图 7-18 所示的结晶器作总物料衡算，可得

$$F = L + G + W \tag{7-26}$$

对溶质作物料衡算，可得

$$Fw_F = Lw_L + Gw_G \tag{7-27}$$

二式联立得

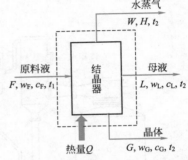

图 7-18　结晶器的物料和热量衡算

$$G = \frac{F(w_F - w_L) + Ww_L}{w_G - w_L} \tag{7-28}$$

式中，F 为原料液量，kg 或 kg/s；L 为母液量，kg 或 kg/s；G 为晶体量，kg 或 kg/s；W 为溶剂（水）蒸发量，kg 或 kg/s；w_F 为原料液中溶质的质量分数；w_L 为母液中溶质的质量分数；w_G 为晶体中溶质的质量分数。当晶体不含结晶水时，$w_G = 1$；当含结晶水时，$w_G = \frac{M}{M_{hyd}}$，其中 M 为纯溶质的相对分子质量，kg/kmol，M_{hyd} 为晶体水合物相对分子质量，kg/kmol。

式(7-28)是计算结晶产量 G 的通式，适用于各种结晶过程：

① 对于蒸发结晶，如果预先给定蒸发量 W，可按式(7-28)计算结晶产量 G；反之，若给定结晶量，则可求得溶剂的蒸发量 W。

② 对于不移除溶剂的冷却结晶，$W = 0$，式(7-28)简化为

$$G = \frac{F(w_F - w_L)}{w_G - w_L} \tag{7-29}$$

③ 对于溶剂自蒸发的真空结晶，需要将式(7-28)与热量衡算联立求解，方可求得结晶产量。

2. 热量衡算

对图 7-18 所示的结晶器作热量衡算，可得

$$Fc_F t_1 + Q = Lc_L t_2 + Gc_G t_2 + WH \tag{7-30}$$

式中，Q 为外界向结晶器加入的热量，kJ 或 kJ/s，当从结晶器移除热量时，Q 为负值；t_1

为原料液的温度，℃；t_2 为母液及晶体的温度，℃；c_F 为原料液的比热容，kJ/(kg·℃)；c_L 为母液的比热容，kJ/(kg·℃)；c_G 为晶体的比热容，kJ/(kg·℃)；H 为蒸汽的焓，kJ/kg。

应当指出，式(7-30)中的 Gc_Gt_2 为溶质在晶体状态(晶态)下的焓，其值等于该溶质在溶解状态(溶态)下的焓 $Gc_L't_2$ 与溶质结晶放热值之差，即

$$Gc_Gt_2 = Gc_L't_2 - Gr_{cs} \qquad\qquad (7\text{-}31)$$
$$\underset{\text{晶态}}{\quad} \quad \underset{\text{溶态}}{\quad} \quad \underset{\text{结晶热}}{\quad}$$

式中，r_{cs} 为单位质量晶体的结晶热，kJ/kg；c_L' 为溶质在溶态下的比热容，kJ/(kg·℃)。

将式(7-31)代入式(7-30)得

$$Fc_Ft_1 + Q = Lc_Lt_2 + Gc_L't_2 - Gr_{cs} + WH$$

令 $Sc_st_2 = Lc_Lt_2 + Gc_L't_2$，则

$$Fc_Ft_1 + Q = Sc_st_2 - Gr_{cs} + WH \qquad\qquad (7\text{-}32)$$

式中，$S = L + G = F - W$ 为溶态母液的量(即尚未结晶的过饱和溶液)，c_s 为溶态母液的比热容。

通常在结晶过程中，溶液稀释热效应可忽略不计，故溶液的比热容可近似按线性加合计算，即

$$c_F = c_w(1 - w_F) + c_G w_F \qquad\qquad (7\text{-}33a)$$
$$c_s = c_w(1 - w_s) + c_G w_s \qquad\qquad (7\text{-}33b)$$

式中，c_w 为水的比热容，kJ/(kg·℃)；w_s 为溶态母液中溶质的质量分数。

将式(7-33a)与式(7-33b)联立消去 c_G，并代入如下物料衡算方程(7-34)

$$w_s = \frac{Fw_F}{S} = \frac{Fw_F}{F - W} \qquad\qquad (7\text{-}34)$$

整理可得

$$(F - W)c_F = Fc_F - Wc_w \qquad\qquad (7\text{-}35)$$

将式(7-35)代入式(7-32)，可得

$$Wr_w = Fc_F(t_1 - t_2) + Gr_{cs} + Q \qquad\qquad (7\text{-}36)$$

式中，$r_w = H - c_w t_2$ 溶剂(水)在温度为 t_2 下的汽化热，kJ/kg。

式(7-36)表明，结晶过程中溶剂(水)汽化所需的热量等于溶液降温放出的显热、溶液结晶放出的结晶热以及外界加入热量之和。

对于溶剂自蒸发的真空结晶过程，$Q = 0$，式(7-36)简化为

$$Wr_w = Fc_F(t_1 - t_2) + Gr_{cs} \qquad\qquad (7\text{-}36a)$$

【例 7-3】 用一连续操作的真空冷却结晶器使醋酸钠溶液结晶，制取水合 $NaC_2H_3O_2 \cdot 3H_2O$。原料液为 80℃ 的 40%(质量分数)醋酸钠水溶液，进料量为 2000kg/h。结晶器内操作压力(绝压)为 2064Pa。溶液的沸点升高可取为 11.5℃。计算每小时结晶产量。

已知数据：结晶热 $r_{cs} = 144$kJ/kg 水合物，溶液比热容 $c_F = 3.50$kJ/(kg·℃)。

解 查 2064Pa 下水的汽化热 $r_w = 2451.8$kJ/kg，水的沸点为 17.5℃。溶液的平衡温度为 $t_2 = 17.5 + 11.5 = 29℃$，从有关手册中查得 29℃ 时母液中溶质的溶解度为 0.54kg/kg(水)，故

$$w_L = \frac{0.54}{1 + 0.54} = 0.351$$

晶体中溶质的质量分数为 $w_G = 82/136 = 0.603$，由于是真空冷却结晶，$Q=0$。将以上数据代入物料衡算方程式(7-28)和热量衡算方程式(7-36a)，得

$$G = \frac{2000 \times (0.4 - 0.351) + W \times 0.351}{0.603 - 0.351}$$

及

$$W \times 2451.8 \times 10^3 = G \times 144 \times 10^3 + 2000 \times 3.5 \times 10^3 \times (80 - 29)$$

解得

$$W = 183.6 \text{kg/h}, \quad G = 646.8 \text{kg/h}$$

7.2.4 其他结晶方法简介

工业上除了前面讨论的溶液结晶方法之外，有时还采用许多其他的结晶方法，如熔融结晶、升华结晶、沉淀结晶、喷射结晶、冰析结晶等。

熔融结晶是根据待分离物质之间的凝固点不同而实现物质结晶分离的过程。与溶液结晶过程比较，熔融结晶过程的特点参见表7-4。

表 7-4 溶液结晶与熔融结晶过程的比较

项目	溶液结晶	熔融结晶
1. 原理	冷却或移除部分溶剂，使溶质从溶液中结晶出来	利用待分离组分凝固点的不同，使它们得以结晶分离
2. 推动力	过饱和度，过冷度	过冷度
3. 操作温度	取决于物系的溶解度特性	在结晶组分的熔点附近
4. 过程的主要控制因素	传质及结晶速率	传热、传质及结晶速率
5. 产品形态	呈一定分布的晶体颗粒	液体或固体
6. 目的	分离、纯化、产品晶粒化	分离纯化
7. 结晶器类型	釜式为主	塔式或釜式

熔融结晶过程多用于有机物的分离提纯，而专门用于冶金材料精制或高分子材料加工的区域熔炼过程也属于熔融结晶。

沉淀结晶包括反应结晶和盐析结晶两个过程。反应结晶过程产生过饱和度的方法是通过气体(或液体)与液体之间的化学反应，生成溶解度很小的产物。工业上通过反应结晶制取固体产品的例子很多，例如由硫酸及含氨焦炉气生产 $(NH_4)_2SO_4$，由盐水及窑炉气生产 $NaHCO_3$ 等。通常化学反应速度比较快，溶液容易进入不稳区而产生过多晶核，因此反应结晶所生产的固体粒子一般较小。要制取足够大的固体粒子，必须将反应试剂高度稀释，并且反应结晶时间要足够长。

盐析结晶过程是通过往溶液中加入某种物质来降低溶质在溶剂中的溶解度，使溶液达到过饱和。所加入的物质称为稀释剂或沉淀剂，它可以是固体、液体或气体。此法之所以称为盐析法，是因为 NaCl 是一个最常用的沉淀剂。一个典型例子是从硫酸钠盐水中生产 $Na_2SO_4 \cdot 10H_2O$，通过向硫酸钠盐水中加入 NaCl 可降低 $Na_2SO_4 \cdot 10H_2O$ 的溶解度，从而提高 $Na_2SO_4 \cdot 10H_2O$ 的结晶产量。某些液体也常用作沉淀剂，例如醇类和酮类可用于 KCl、NaCl 和其他溶质的盐析。

升华是物质不经过液态直接从固态变成气态的过程。其反过程气体物质直接凝结为固态的过程称为凝华。通过这种方法可以将一个升华组分从含其他不升华组分的混合物中分离出来。例如碘、萘等常采用这种方法进行分离提纯。

喷射结晶类似于喷雾干燥过程，它是将很浓的溶液中的溶质或熔融体进行固化的一种方

式。此法所得固体颗粒的大小和形状，在很大程度上取决于喷射口的大小和形状。

冰析结晶过程一般采用冷却方法，其特点是使溶剂结晶，而不是溶质结晶。冰析结晶的应用实例有海水脱盐制取淡水、果汁的浓缩等。

7.3 吸附与离子交换

7.3.1 吸附

吸附是利用某些固体能够从流体混合物中选择性地凝聚一定组分在其表面上的能力，使混合物中的组分彼此分离的单元操作过程。吸附是分离和纯化气体与液体混合物的重要单元操作之一，在化工、炼油、轻工、食品及环保等领域应用广泛。

1. 吸附现象与吸附剂

（1）吸附现象

当气体或液体与某些固体接触时，在固体的表面上，气体或液体分子会不同程度地变浓变稠，这种固体表面对流体分子的吸着现象称为吸附，其中的固体物质称为吸附剂，而被吸附的物质称为吸附质。

为什么固体具有把气体或液体分子吸附到自己表面上来的能力呢？这是由于固体表面上的质点亦和液体的表面一样，处于力场不平衡状态，表面上具有过剩的能量即表面能。这种不平衡的力场由于吸附质的吸附而得到一定程度的补偿，从而降低了表面能（表面自由焓），故固体表面可以自动地吸附那些能够降低其表面自由焓的物质。吸附过程所放出的热量，称为该物质在此固体表面上的吸附热。

（2）物理吸附与化学吸附

按作用力的性质，可将吸附分为物理吸附与化学吸附两类。

物理吸附是指当气体或液体分子与固体表面分子间的作用力为分子间力时产生的吸附，它是一种可逆过程。当固体表面分子与气体或液体分子间的引力大于气体或液体内部的分子间力时，气体或液体分子则吸着在固体表面上。从分子运动论的观点来看，这些吸附于固体表面上的分子由于分子运动，也会从固体表面上脱离而逸入气体或液体中去，其本身并不发生任何化学变化。当温度升高时，气体（或液体）分子的动能增加，分子将不易滞留在固体表面上，而越来越多地逸入气体（或液体）中去，这就是所谓的脱附。这种吸附-脱附的可逆现象在物理吸附中均存在。工业上利用这种现象，通过改变操作条件，使吸附质脱附，达到吸附剂再生并回收吸附物质或分离的目的。

化学吸附的作用力是吸附质与吸附剂分子间的化学结合力。这种化学结合力比物理吸附的分子间力要大得多，其热效应亦远大于物理吸附热。化学吸附往往是不可逆的。人们发现，同一种物质，在低温时，它在吸附剂上进行的是物理吸附；随着温度升高到一定程度，就开始产生化学变化，转为化学吸附。有时两种吸附会同时发生。化学吸附在催化反应过程中起重要作用。

（3）吸附剂

许多固体都有吸附气体或液体分子的能力，但只有少数有工业应用价值。这是由于工业用吸附剂应具备下列性质：①对吸附质有高的吸附能力和高选择性；②机械强度高、化学稳定性及热稳定性好，使用寿命长；③容易再生；④制备简单，成本低廉，原料来源充足等。

由于吸附是一种在固体表面上发生的过程，故吸附剂最重要的特征是具有很大的比表面积(单位质量吸附剂所具有的内表面积)。工业上常用吸附剂的比表面积约为 $300 \sim 1200 m^2/g$。

目前工业上最常用的吸附剂有活性炭、分子筛、活性氧化铝和硅胶等。现分别介绍如下。

① **活性炭** 活性炭是最常用的吸附剂，由木炭、坚果壳、煤等含碳原料经炭化与活化制得，其吸附性能取决于原始成炭物质以及炭化活化等的操作条件。活性炭可用于溶剂蒸气的回收、各种气体物料的纯化、水的净化等。

② **硅胶** 硅胶是另一种常用吸附剂，它是一种坚硬的由无定形的 SiO_2 构成的多孔结构的固体颗粒，其分子式为 $SiO_2 \cdot nH_2O$。硅胶制备过程是：用硫酸处理硅酸钠水溶液生成凝胶，所得凝胶用水洗去硫酸钠后，进行干燥即得硅胶。依制造过程条件的不同，可以控制微孔尺寸、空隙率和比表面积的大小。

硅胶主要用于气体干燥、气体吸收、液体脱水、色层分析和催化剂等。

③ **活性氧化铝** 活性氧化铝又称活性矾土，为一种无定形的多孔结构物质，通常由氧化铝(以三水合物为主)加热、脱水和活化而得。活性氧化铝对水有很强的吸附能力，主要用于液体与气体的干燥，例如汽油、煤油、芳烃和氯化碳氢化合物的脱水，空气、甲烷、氯气、氯化氢及二氧化硫等的干燥。

④ **分子筛** 分子筛是近几十年发展起来的沸石吸附剂。其组成为$M_{2/n}O \cdot ySiO_2 \cdot wH_2O$(含水硅酸盐)，其中 M 为 ⅠA 或 ⅡA 族金属元素，n 为金属离子的价数，y 与 w 分别为 SiO_2 与 H_2O 的分子数。沸石有天然沸石和合成沸石两类。自 60 多年前发现天然沸石的分子筛作用和它在分离过程中的应用以来，人们已采用人工合成方法，仿制出上百种合成分子筛。

分子筛为结晶型且具有多孔结构，其晶格中有许多大小相同的空穴，可包藏被吸附的分子。空穴之间又有许多直径相同的孔道相连。因此，分子筛能使比其孔道直径小的分子通过孔道，吸附到空穴内部，而比孔径大的物质分子则被排斥在外面，从而使分子大小不同的混合物分离，起了筛分分子的作用。

由于分子筛的突出的吸附性能，使它在吸附分离中的应用十分广泛，如各种气体和液体的干燥，烃类气体或液体混合物的分离。分子筛还可用于从天然气中去除 H_2S 和其他硫化物，从空气和天然气中去除 CO_2。特制的分子筛可用于从石油馏分中分离正烷烃，从混合二甲苯中分离对二甲苯等。与其他吸附剂相比，分子筛的显著优点是吸附质在被处理的混合物中含量很低或在较高的温度时，仍有较好的吸附能力。

⑤ **其他吸附剂** 除了上述常用的四种吸附剂外，还有一些其他吸附剂，如吸附树脂、活性黏土等。吸附树脂是具有巨型网状结构的合成树脂，如苯乙烯和二乙烯苯的共聚物、聚苯乙烯、聚丙烯酸酯等。吸附树脂主要应用于处理水溶液，如废水处理、维生素分离等，吸附树脂的再生比较容易，但造价较高。

一些常用吸附剂的主要特性如表 7-5 所示。

2. 吸附平衡与吸附速率

(1)吸附平衡

前已述及，吸附是一种固体表面现象。在一定条件下，当气体或液体与固体吸附剂接触时，气体或液体中的吸附质将被吸附剂吸附，经过足够长的时间，吸附质在两相中的含量趋

表 7-5　常用吸附剂的特性

吸附剂	孔径 d_p /nm	孔隙率 ε_p	粒子密度 ρ_p /(g/cm³)	比表面积 a_g /(m²/g)
活性氧化铝	1～7.5	0.50	1.25	320
硅胶:				
小孔	2.2～2.6	0.47	1.09	750～850
大孔	10～15	0.71	0.62	300～350
活性炭:				
小孔	1～2.5	0.4～0.6	0.5～0.9	400～1200
大孔	>3	—	0.6～0.8	200～600
分子筛	0.3～1	0.2～0.5	—	600～700
吸附树脂	4～25	0.4～0.55	—	80～700

于稳定，互呈平衡，称为吸附平衡。实际上，当气体或液体与吸附剂接触时，若流体中吸附质浓度高于其平衡浓度，则吸附质被吸附；反之，若气体或液体中吸附质的浓度低于其平衡浓度，则已吸附在吸附剂上的吸附质将解吸。因此，吸附平衡关系决定了吸附过程的方向和限度，是设计吸附操作过程的基本依据。

吸附平衡关系通常用等温条件下吸附剂中吸附质的含量与流体中吸附质含量(或分压)之间的关系来表示，称为吸附等温线。

① 单一气体(或蒸气)的吸附　对于单组元气体在固体上的吸附，Langmuir 提出了著名的吸附理论。其主要假定为：a. 固体表面是均匀的；b. 吸附是单分子层的；c. 吸附分子间无相互作用力。

以 Γ 表示固体表面被吸附分子遮盖的分率，$(1-\Gamma)$ 为未遮盖的表面分率，则净吸附速率应为吸附速率与脱附速率之差，即

$$dq/dt = k_a p(1-\Gamma) - k_d \Gamma \tag{7-37}$$

在吸附平衡时，$dq/dt = 0$，故式(7-37)变为

$$\Gamma = \frac{Kp}{1+Kp} \tag{7-38}$$

式中，K 为吸附平衡常数$(=k_a/k_d)$。定义

$$\Gamma = q/q_m \tag{7-39}$$

式中，q_m 为固体表面满覆盖$(\Gamma=1)$时的最大吸附量。将式(7-39)代入式(7-38)，可得

$$q = \frac{Kq_m p}{1+Kp} \tag{7-40}$$

式(7-40)即 Langmuir 吸附等温线方程。式中 K 和 q_m 为模型的参数，可通过拟合实验数据得到。

对于特定的物系，表达吸附平衡关系的吸附等温线均需由实验测定。对于单组分气体吸附，其由实验测定的吸附等温线可归纳为如图 7-19 所示的 5 种类型。由图可见，Langmuir 公式仅适用于 Ⅰ 型。对于其他类型的等温线，许多人曾试图用模型方程来描述它们，在此仅举两例。

BET 方程(Brauner-Emmett-Teller)　该方程假定：a. 固体表面是均匀的；b. 吸附分子间无相互作用力；c. 可以有多层吸附，但层间分子力为范德华力；d. 第一层的吸附热为物理吸附热，第二层以上的为液化热；e. 总吸附量为多层吸附量之和，根据上述假定导出的BET 吸附等温线方程为

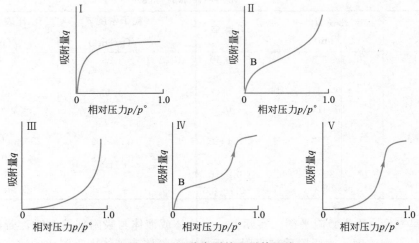

图 7-19 五种类型的吸附等温线

$$q = \frac{q_m b p}{(p^\circ - p)\left[1 + (b-1)\dfrac{p}{p^\circ}\right]} \tag{7-41}$$

式中，p 为平衡压力，kPa；q 为在压力 p 下的吸附量，kg/kg；b 为与吸附热有关的常数；p° 为实验温度下的饱和蒸气压，kPa；q_m 为第一层满覆盖时所吸附的量，kg/kg。

与 Langmuir 式比较，BET 式的适用范围要宽些，它可适用于Ⅰ型、Ⅱ型和Ⅲ型，但仍不能适用于Ⅳ型和Ⅴ型，故仍有不少人继续从事这方面的研究工作。

Freundlich 方程

$$q = k p^{1/n} \tag{7-42}$$

式中，k、n 是与温度有关的常数，一般 n 的范围在 $1 \sim 5$ 之间。

应予指出，有时由吸附得到的吸附等温线与脱附得到的吸附等温线在一定区间内不能重合（如图 7-20），脱附得到的吸附等温线略低，这一现象称为滞留现象。此现象可能是由通向固体微孔道的开口形状或吸附质润湿固体的复杂原因所引起。

② **气体混合物的吸附** 工业上的吸附过程所涉及的都是气体混合物而非纯气体。如果在气体混合物中除 A 之外的所有其

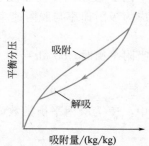

图 7-20 吸附的滞留现象

他组分的吸附均可忽略，则 A 的吸附量可按纯气体的吸附等温线估算，但其中的压力应采用 A 的分压。如果混合气体中有两个或更多的组分被吸附，则此情况是十分复杂的。一些实验数据表明，混合物中的某一组分对另外组分吸附的影响可能是增加、减小或者没有影响，取决于吸附分子间的相互作用。

对于混合物的吸附，Markham 和 Benton 将 Langmuir 方程进行了扩展。他们认为在混合物吸附时，由于其他组分的吸附对 A 吸附产生的唯一影响是空白（未覆盖吸附质）固体表面的减少。以 A 与 B 的二组元气体混合物吸附为例讨论，令 Γ_A 为被分子 A 覆盖的表面分率，Γ_B 为被分子 B 覆盖的表面分率，则 $1 - \Gamma_A - \Gamma_B$ 为空白表面的分率。当达到吸附平衡时

$$(k_A)_a - p_A(1 - \Gamma_A - \Gamma_B) = (k_A)_d \Gamma_A \tag{7-43}$$

$$(k_B)_a - p_A(1 - \Gamma_A - \Gamma_B) = (k_B)_d \Gamma_A \tag{7-44}$$

联立求解以上二式，可得

$$q_A = \frac{(q_A)_m K_A p_A}{1 + K_A p_A + K_B p_B} \tag{7-45}$$

$$q_B = \frac{(q_B)_m K_B p_B}{1 + K_A p_A + K_B p_B} \tag{7-46}$$

式中，$(q_i)_m$ 为固体表面满覆盖时组分 i 的最大吸附量。式(7-45)与式(7-46)可以很容易地扩展到多组元混合物体系，即

$$q_i = \frac{(q_i)_m K_i p_i}{1 + \sum_j K_j p_j} \tag{7-47}$$

像多组元气-液相平衡和液-液相平衡一样，文献发表的多组元气-固吸附平衡的实验数据是很少的，而且也没有相应的纯气体数据准确。

③ **液体的吸附**　液相吸附的机理远比气相吸附复杂，对于给定的吸附剂，溶剂的种类对溶质的吸附亦有影响。这是因为吸附质在不同溶剂中的溶解度不同，以及溶剂本身的吸附均对吸附质的吸附有影响。一般说来，溶质的溶解度越小，吸附量越大；温度越高，吸附量越低。

液体吸附时，溶质与溶剂都将被吸附。由于总吸附量无法测量，故以溶质的相对吸附量或表观吸附量来表示。用已知质量的吸附剂处理已知体积的溶液(以 V 表示单位质量吸附剂所处理的溶液体积)，如溶质优先被吸附，则可测出溶液中溶质含量的初始值 C_0 以及降低到平衡时的含量值 C^*。忽略溶液的体积变化，则吸附质的表观吸附量为 $V(C_0 - C^*)$（kg 吸附质/kg 吸附剂)。

一般说来，在较小的含量范围内，特别是稀溶液，吸附等温线可以用 Freundlich 方程表示，即

$$C^* = k[V(C_0 - C^*)]^n \tag{7-48}$$

式中，k、n 为体系的特性常数。

(2) 吸附速率

吸附速率系指单位时间内被吸附的吸附质的量(kg/s)，它是吸附过程设计与操作的重要参数。通常一个吸附过程应包括以下几个步骤(如图 7-21)，其每一步的速度都将不同程度地影响总吸附速率。①外扩散：吸附质分子从流体主体以对流扩散方式传递到吸附剂固体表面。由于流体与固体接触时，在紧贴固体表面附近有一滞流膜层，因此这一步的传递速率主要取决于吸附质在这一滞流膜层的扩散速率。②内扩散：吸附质分子从吸附剂的外表面进入其微孔道，进而扩散到达孔道的内部表面。③在吸附剂微孔道的内表面上吸附质被吸附剂吸着。

对于物理吸附，通常吸附剂表面上的吸着速率远较外扩散和内扩散为快，因此影响吸附总速率的往往是外扩散与内扩散速率。

① **外扩散速率方程**　吸附质从流体主体到吸附剂固体表面的传质速率方程可表示为

$$\frac{dq}{d\theta} = k_f a_p (C - C_i) \tag{7-49}$$

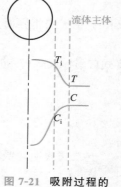

图 7-21　吸附过程的质量浓度与温度分布

式中，q 为吸附剂上吸附质的量，kg 吸附质/kg 吸附剂；θ 为时间，s；$\dfrac{dq}{d\theta}$ 为吸附速率，

kg/(s·kg 吸附剂)；a_p 为吸附剂的外比表面积，m^2/kg；C 为流体相中吸附质的平均质量浓度，kg/m^3；C_i 为吸附剂外表面上流体中吸附质的质量浓度，kg/m^3；k_f 为流体侧的对流传质系数，m/s。k_f 与流体的性质、两相接触的流动状况、颗粒的几何特性以及温度、压力等操作条件有关。

② **内扩散速率方程** 吸附质在微孔道中的扩散有两种形式——在孔道空间的扩散和沿孔道表面的表面扩散。前者根据孔径大小又有三种情况：当孔径远远大于吸附质分子运动的平均自由程时，其扩散机理为 Fick 扩散；当孔道直径远小于分子运动的平均自由程时，吸附质的扩散为 Knudsen 扩散；而介于两种情况之间时，两种扩散均起作用即所谓的过渡扩散。由上述分析可知，欲获得内扩散的机理速率式是很困难的，通常的方法是将内扩散速率方程表示成如下简单形式

$$\frac{dq}{d\theta} = k_s a_p (q_i - q) \tag{7-50}$$

式中，k_s 为吸附剂固体侧的传质系数，$kg/(s·m^2)$；q_i 为吸附剂外表面上的吸附质量，kg/kg；q 为吸附剂上吸附质的平均含量，kg/kg。k_s 与吸附剂的微孔结构特性、吸附剂的物性以及吸附过程的操作条件等多种因素有关，通常 k_s 需由实验测定。

③ **总吸附速率方程** 吸附过程的总传质方程可以表示为

$$\frac{dq}{d\theta} = K_f a_p (C - C^*) \tag{7-51}$$

或

$$\frac{dq}{d\theta} = K_s a_p (q^* - q) \tag{7-52}$$

式中，C^* 为与吸附质含量为 q 的吸附剂成平衡的流体中吸附质的质量浓度，kg/m^3；q^* 为与吸附质量浓度为 C 的流体相成平衡的吸附剂上的吸附质含量，kg/kg；K_f 为以 $\Delta C = C - C^*$ 为推动力的总传质系数，m/s；K_s 为以 $\Delta q = q^* - q$ 为推动力的总传质系数，$kg/(m^2·s)$

若吸附过程为稳态，则

$$\frac{dq}{d\theta} = K_f a_p (C - C^*) = K_s a_p (q^* - q) = k_f a_p (C - C_i) = k_s a_p (q_i - q) \tag{7-53}$$

设在操作的浓度范围内吸附平衡线为直线，即

$$q^* = mC \tag{7-54}$$

又由于在气固相界面上两相互成平衡，则

$$q_i = mC_i \tag{7-55}$$

将式(7-54)及式(7-55)代入式(7-53)，并整理得

$$\frac{1}{K_f} = \frac{1}{k_f} + \frac{1}{mk_s} \tag{7-56}$$

$$\frac{1}{K_s} = \frac{1}{k_s} + \frac{m}{k_f} \tag{7-57}$$

上二式表明，吸附过程的总阻力为外扩散与内扩散阻力之和。若过程为外扩散控制，则

$$K_f \approx k_f \tag{7-58}$$

若过程为内扩散控制，则

$$K_s \approx k_s \tag{7-59}$$

由于吸附过程涉及多种传质步骤，影响因素复杂，因此传质系数多由实验或经验确定。

3. 吸附的工业方法与设备

工业吸附过程多包括两个步骤：先是使流体与吸附剂接触，当吸附剂吸附吸附质后，与

流体混合物中不被吸附的部分进行分离，这一步为吸附操作；然后对吸附了吸附质的吸附剂进行处理，使吸附质脱附出来并使吸附剂重新获得吸附能力，这一步为吸附剂的脱附与再生操作。有时不用回收吸附质与吸附剂，则这一步骤改为更换新的吸附剂。在多数工业吸附装置中，都要考虑吸附剂的多次使用问题，因而吸附操作流程中，除吸附设备外，还须具有脱附与再生设备。

按照原料流体中被吸附组分的含量的不同，可将吸附分类为纯化吸附过程和分离吸附过程。尽管在二者之间没有严格的界定，但通常认为当原料液中被吸附组分的质量分数＞10%，则为分离吸附过程。工业上应用最广的吸附设备型式和操作方法列于表7-6。表中所列设备可大致分类成三种操作模式（如图7-22所示）：①搅拌槽固液接触吸附操作，如图7-22(a)；②固定床周期性间歇操作，如图7-22(b)；③模拟移动床连续操作，如图7-22(c)。

表7-6 吸附设备型式和操作方法

进料相态	吸附装置	吸附剂再生方法	主要应用
液体	搅拌槽	吸附剂不再生	液体纯化
液体	固定床	加热解吸	液体纯化
液体	模拟移动床	置换解吸	液体混合物分离
气体	固定床	变温解吸	气体纯化
气体	流化床-移动床组合装置	变温解吸	气体纯化
气体	固定床	惰性介质解吸	气体纯化
气体	固定床	变压解吸	气体混合物分离
气体	固定床	真空解吸	气体混合物分离
气体	固定床	置换解吸	气体混合物分离

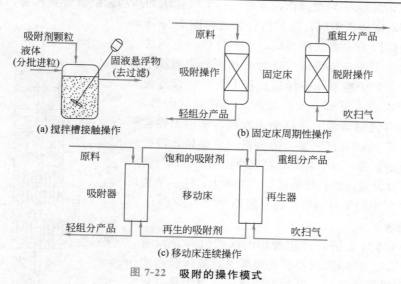

图7-22 吸附的操作模式

(1)搅拌槽接触吸附

搅拌槽是一种最简单的接触吸附装置。将待处理的液体与吸附剂加入搅拌槽中，通过搅拌使固体吸附剂悬浮并与液体均匀接触，液体中的吸附质被吸附。为使固液接触充分，减少内扩散阻力和增大接触面积，要求使用细颗粒的吸附剂(通常粒径应小于1mm)和良好的搅拌。固液在槽中的停留时间(接触时间)取决于物系达到平衡的快慢。这种操作主要应用于移除液体中(特别是水)的少量溶解性的大分子，如带色物质。用过的吸附剂可通过沉降或过滤从液体中分离出来。由于被吸附的吸附质多为大分子物质，其解吸困难，故用过的吸附剂一般不再生而弃去。搅拌槽式接触吸附亦称接触过滤(contact filtration)，多为间歇操作，有时也可连续操作。

(2)固定床周期性间歇操作

固定床周期性间歇操作模式，广泛应用于液体或气体混合物的分离与纯化。所用吸附剂颗粒尺寸为0.05~1.2cm。床层压降随颗粒尺寸的增加而下降，但溶质传递速率随颗粒尺寸下降而增大。最优的颗粒尺寸需综合考虑这两个因素后确定。为了避免吸附过程中吸附剂颗粒床层的流化现象，进料液体或气体在床中应向下流动。对于从水中脱除少量溶解性的烃类

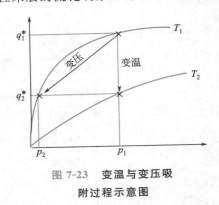

图 7-23　变温与变压吸
附过程示意图

或其他溶解性有机物质，用过的吸附剂从吸附床中取出后，或用高温的方法再生，或者弃之。对于气体混合物的纯化或分离，吸附剂几乎都是在相应的吸附装置内通过表7-6列出的若干解吸方法之一进行再生。

① 变温解吸方法　由吸附平衡的性质可知，降低温度有利于吸附，升高温度则有利于脱附。工业上利用这一原理，通过升高吸附剂的温度使吸附质解吸，如图 7-23 为变温解吸过程的示意。加热的方法有几种：如用内盘管间接加热，更常用的是用非吸附性的惰性热气体(例如热蒸汽)吹扫解吸。解吸了的吸附剂床层，在开始下一个吸附周期之前要进行冷却。由于床层的

加热与冷却需要数小时，故一个典型的变温吸附-解吸操作周期为数小时到数天。因此，即使床内的吸附剂装填量适当，此法也仅仅适用于原料中含有少量吸附质的纯化过程。

上述固定床的吸附-解吸操作，亦可用一个流化床和移动床组合装置代替，其中流化床用于吸附，而移动床用于解吸，这种组合装置如图 7-24 所示。装置的吸附段为一多层筛板塔，原料气体向上通过筛孔与吸附剂粒子逐板进行固气接触，并使吸附剂粒子流化。流化了的粒子像液体一样通过板上的溢流管逐板下流，然后依次进入下部移动床段的加热管和解吸管，使吸附剂粒子升温后解吸。在移动床段内，吸附剂颗粒以整体状向下移动，与自下而上的蒸汽逆流接触，进行再生。在装置的底部，再生后的吸附剂颗粒用携带气气流提升到器的顶部，重新进行吸附操作。工业上，这一装置可用于脱除空气中的少量溶剂，以及脱除气流中的 CO_2、水蒸气、污染物等。

② 惰性气体解吸法　此法所用的吹扫气体是没有吸附性的(即惰性气体)或仅有弱的吸附性，故解吸温度和压力与吸附操作的相同。这种方法仅仅适用于具有弱吸附性、易于解吸和没有多大价值的吸附质的解吸。所用的惰性气体必须是价廉的，否则在重复使用之前还必须对其进行纯化。

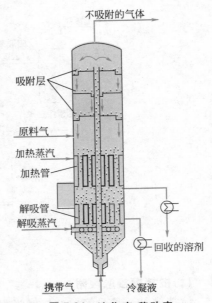

图 7-24　流化床-移动床
联合吸附装置

③ **变压吸附-解吸法** 这种解吸方法如图 7-22(b)所示，吸附是在高压下操作，而脱附是在接近环境压力下操作。由于固定床设备很容易进行加压和减压，故完成一个吸附-解吸循环仅需数分钟甚至更短。如果吸附是在接近环境压力下进行，而解吸是在真空下完成，则这种方法称为真空吸附-解吸法。变压法与真空法广泛用于空气的分离。

④ **置换解吸法** 在这种方法中，所用解吸气体的被吸附的难易程度与吸附质差不多。因此，解吸的原因不仅包括吸附质在流体相中的分压(或浓度)的降低，还包括置换气体的吸附竞争作用。此外，由于在解吸过程中发生置换气体的吸附，因此在吸附阶段置换气体将解吸使之混杂在难吸附的产品之中，这就是说需要在两个产品中回收置换气体。置换解吸方法的应用之一是用 5A 分子筛从含支链和环状烃类混合物中分离直链石蜡($C_{10} \sim C_{18}$)，以氨气作为置换气体，因为氨气可以很容易地通过闪蒸从石蜡中分离出来。

(3)模拟移动床连续逆流操作

固定床吸附-解吸周期性操作方式的特点是：在固定床的任意位置上，组成、温度及压力都是随时间变化的。吸附过程也可以设计成另外一种连续的逆流操作模式，如图 7-22(c)所示。采用这种操作模式的主要困难是需要像移动床那样使固体吸附剂连续循环从而达到稳态操作。

这种操作模式的应用之一是液体混合物的分离，如图 7-25 所示。其中吸附器由许多小段组成，每小段内填充有静止的固体吸附剂，成为一个小固定床。每段均有进出口，以便将小固定床的流体送入和引出。通过一个特制的旋转阀或微机控制的多个阀门，使进出的液体与另外四个主道相连：进料(A+B)管；吸取液(A+D)管；吸余液(B+D)管；脱附剂(D)管。由于旋转阀的连续转动，使得各层流体进出口依次连续地变动流体与四个主管的连接关系，从而改变流体与固体吸附剂间的相互关系。如果此变动是顺序向上的，其结果是形成了流体向上、固体向下的相对运动，而塔顶出口的流体用泵抽出后送入塔底循环。显然，塔段分得越细越多，则越接近于移动床的固液逆流接触模式。但此时固体却是静止的，避免了磨损。对每一个塔段而言，其吸附、脱附等过程是间歇周期地进行，而对整个吸附塔而言，原料与脱附剂的进料、吸附液与吸余液的抽出均为连续过程。

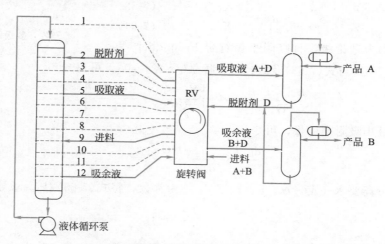

图 7-25 模拟移动床连续逆流操作示意图

4. 搅拌槽吸附过程的计算

吸附过程计算的基础是物料衡算和吸附平衡方程。在此以搅拌槽吸附过程为例讨论吸附过程的计算问题。

(1)单级吸附

单级吸附的操作流程如图 7-26 所示，对吸附质作质量衡算得

$$G_s(Y_0 - Y_1) = L_s(X_1 - X_0) \tag{7-60}$$

式中，G_s 为纯溶剂的量，kg；L_s 为纯吸附剂的量，kg；Y_0、Y_1 分别为吸附质在进、出搅拌槽的溶液中的质量比，kg 吸附质/kg 溶剂；X_0、X_1 分别为吸附质在进、出搅拌槽的吸附剂的质量比，kg 吸附质/kg 吸附剂。

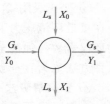

图 7-26　单级吸附

式(7-60)为单级吸附的操作线方程，是端点为 $A(X_0，Y_0)$ 和 $B(X_1，Y_1)$、斜率为 $-L_s/G_s$ 的一条直线。如果离开该级的固、液相之间达到平衡，则出口点 $B(X_1，Y_1)$ 落在平衡线上。因此，操作线与平衡线的交点 B 表示离开搅拌槽的溶液和吸附剂达到平衡时的状态。

若吸附平衡曲线可用 Freundlich 公式表示，且溶液的浓度较低，则吸附平衡曲线可写成

$$Y^* = mX^n \tag{7-61}$$

当 $X_0 = 0$，将式(7-61)代入式(7-60)得

$$L_s/G_s = \frac{Y_0 - Y_1}{(Y_1/m)^{1/n}} \tag{7-62}$$

(2)多级错流吸附

多级错流吸附的操作流程如图 7-27 所示，待处理的料液经过多个搅拌槽，且每个槽中均补充新鲜吸附剂。很显然，欲达到同样的分离要求，级数越多，吸附剂用量越小，但设备及操作费用越大。下面以两级为例讨论。

对吸附质作物料衡算，可得

第 1 级：　$G_s(Y_0 - Y_1) = L_{s1}(X_1 - X_0)$ (7-63)

第 2 级：　$G_s(Y_1 - Y_2) = L_{s2}(X_2 - X_0)$ (7-64)

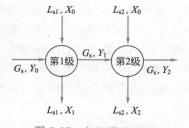

图 7-27　多级错流吸附

设每一级都为理论级，且吸附平衡符合 Freundlich 等温线，则将式(7-61)与式(7-63)及式(7-64)联立(令 $X_0 = 0$)，可得

$$\frac{L_{s1} + L_{s2}}{G_s} = m^{1/n}\left[\frac{Y_0 - Y_1}{Y_1^{1/n}} + \frac{Y_1 - Y_2}{Y_2^{1/n}}\right] \tag{7-65}$$

为了获得最小吸附剂用量，可令

$$\frac{d[(L_{s1} + L_{s2})/G_s]}{dY_1} = 0 \tag{7-66}$$

当分离物系和分离要求一定，m、n、Y_0、Y_2 均为常数，将式(7-65)对 Y_1 求导，可得

$$\left(\frac{Y_1}{Y_2}\right)^{1/n} - \frac{1}{n}\frac{Y_0}{Y_1} = 1 - \frac{1}{n} \tag{7-67}$$

即当满足式(7-67)时，总吸附剂用量为最小。因此，可由式(7-67)求出 Y_1，再根据式(7-63)～式(7-65)求出吸附剂用量。

(3)多级逆流吸附

多级逆流吸附操作可以进一步节省吸附剂，其流程如图 7-28 所示。设逆流操作的级数为 N，以整个流程为控制体对吸附质作物料衡算，可得

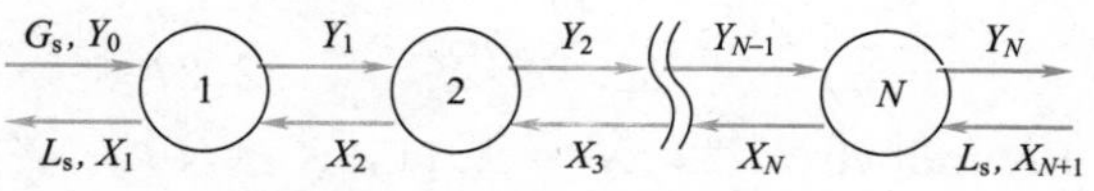

图 7-28　多级逆流吸附

$$G_s(Y_0 - Y_N) = L_s(X_1 - X_{N+1}) \tag{7-68}$$

式(7-68)即为多级逆流吸附操作线方程，是一条通过点$(X_{N+1}，Y_N)$和$(X_1，Y_0)$，斜率为L_s/G_s的直线。

如果物系的平衡关系符合 Freundlich 吸附等温线，且所用吸附剂中不含吸附质$(X_{N+1}=0)$，则对于典型的二级逆流吸附，可由操作线和平衡关系式导出下式

$$\frac{Y_0}{Y_2} - 1 = \left(\frac{Y_1}{Y_2}\right)^{1/n}\left(\frac{Y_1}{Y_2} - 1\right) \tag{7-69}$$

由上式求出离开第一级的液相组成Y_1，再用操作线方程和平衡方程可以求出吸附剂用量等其他参数。

【例 7-4】　蔗糖的水溶液中含有少量色素，在提浓操作之前需要用活性炭进行脱色。实验测得 80℃下的吸附平衡数据如附表 1 所示。

例 7-4 附表 1

活性炭加入量/(kg 活性炭/kg 溶液)	0	0.005	0.01	0.015	0.02	0.03
脱色度/原始色度/%	0	47	70	83	90	95

已知原溶液的色度为 20 单位，现要求将色度降低至 0.5 单位。设该吸附平衡符合 Freundlich 方程，试求：(1)采用单级接触吸附处理 1000kg 蔗糖水溶液，需加入多少新鲜活性炭？(2)若采用两级错流操作，则处理 1000kg 蔗糖水溶液所需的最小总活性炭量为多少？(3)若改用两级逆流操作，则处理 1000kg 蔗糖水溶液需加入多少活性炭？

解　(1)单级操作

首先将题给的实验数据转化为等温吸附平衡数据。令活性炭加入量为A，脱色度为φ，蔗糖水溶液的原始色度为Y_0，则平衡时单位质量溶液中所含色度单位为$Y^* = Y_0(1-\varphi)$，单位质量活性炭所含的色度单位$X = Y_0\varphi/A$。计算结果如附表 2 所示。

例 7-4 附表 2

活性炭加入量/(kg 活性炭/kg 溶液)	0	0.005	0.01	0.015	0.02	0.03
平衡时色度Y^*/(色度单位/kg 溶液)	20	10.6	6.0	3.4	2.0	1.0
X/(色度单位/kg 活性炭)	0	1880	1400	1107	900	633

采用 Freundlich 方程对附表 2 的平衡数据进行拟合，可得

$$Y = 4.421 \times 10^{-7} X^{2.27}$$

当$Y^* = 0.5$，由 Freundlich 方程可求出$X_1 = 467$，代入式(7-60)得

$$L_s = G_s\frac{Y_0 - Y_1}{X_1 - X_0} = 1000 \times \frac{20 - 0.5}{467 - 0} = 41.8\text{kg}$$

(2)两级错流操作

将已知条件$Y_0 = 20$，$Y_2 = 0.5$，$n = 2.27$ 代入式(7-67)得

$$\left(\frac{Y_1}{0.5}\right)^{1/2.27} - \frac{1}{2.27} \times \frac{20}{Y_1} = 1 - \frac{1}{2.27}$$

解得 $Y_1 = 4.33$。由 Freundlich 方程，$X_1 = 1211$，$X_2 = 467$。将以上结果代入式(7-63)与式(7-64)得

第 1 级 $\qquad L_{s1} = G_s \dfrac{Y_0 - Y_1}{X_1} = 1000 \times \dfrac{20 - 4.4}{1211} = 12.9 \text{kg}$

第 2 级 $\qquad L_{s2} = G_s \dfrac{Y_1 - Y_2}{X_2} = 1000 \times \dfrac{4.4 - 0.5}{467} = 8.4 \text{kg}$

$$L = L_{s1} + L_{s2} = 12.9 + 8.4 = 21.3 \text{kg}$$

(3)两级逆流操作

将 $Y_0 = 20$，$Y_2 = 0.5$ 代入式(7-69)，得

$$\frac{20}{0.5} - 1 = \left(\frac{Y_1}{0.5}\right)^{1/2.27} \left(\frac{Y_1}{0.5} - 1\right)$$

解得 $Y_1 = 6.72$，由 Freundlich 方程可求出 $X_1 = 1458$，将此结果代入式(7-68)(式中 $N = 2$)得

$$L_s = \frac{Y_0 - Y_2}{X_1 - X_3} = \frac{20 - 0.5}{1458 - 0} = 13.4 \text{kg}$$

由上面计算数据看出，获得相同的脱色效果，两级逆流吸附操作吸附剂用量最少。

7.3.2 离子交换

离子交换过程是带有可交换离子(阳离子或阴离子)的不溶性固体与溶液中带有同种电荷的离子之间置换离子的过程。这种含有可交换离子的不溶性固体称为离子交换剂，其中带有可交换阳离子的交换剂称为阳离子交换剂，带有可交换阴离子的交换剂称为阴离子交换剂。离子交换实质上是水溶液中的离子与离子交换剂中可交换离子进行离子置换反应的过程，典型的阳离子置换反应可表示为

$$Ca^{2+}_{(aq)} + 2NaR_{(s)} \Longleftrightarrow CaR_{2(s)} + 2Na^+_{(aq)} \qquad (7-70)$$

典型的阴离子置换反应可写成

$$SO^{2-}_{4(aq)} + 2RCl_{(s)} \Longleftrightarrow R_2SO_{4(s)} + 2Cl^-_{(aq)} \qquad (7-71)$$

式中，R 为离子交换剂中不溶性的骨架或固定基团。

离子交换为一可逆过程，除非液体中含有某些有机污染物，离子的交换并不引起离子交换剂固体的结构改变。利用离子交换剂与不同离子结合力的强弱，可以将某些离子从水溶液中分离出来，或使不同的离子之间进行分离。目前，离子交换技术已成为在水溶液中分离金属离子与非金属离子的重要方法，广泛应用于硬水软化、水的脱盐以及制药、废水处理等许多领域。

离子交换过程的机理和实现这种过程的操作技术，与吸附过程相似，以致可以把离子交换看成是吸附的一种特殊情况，因此本节仅介绍离子交换本身的特殊方面。

1. 离子交换剂

可用作离子交换剂的物质有离子交换树脂、无机离子交换剂(如天然与合成沸石)和某些天然有机物质经化学加工制得的交换剂(如磺化煤等)，其中应用最广的是离子交换树脂。

离子交换树脂通常为球状凝胶颗粒，是带有可交换离子的不溶性固体高聚物电解质，实质上是高分子酸、碱或盐，其中可交换离子的电荷与固定在高分子骨架上的离子基团的电荷

相反，故称之为反离子。根据可交换的反离子的电荷性质，离子交换树脂可分为阳离子交换树脂与阴离子交换树脂两类。每一类中又可根据其电离度的强弱分为强型与弱型两种。

强酸性阳离子交换树脂和强碱性阴离子交换树脂的固体骨架多为苯乙烯和二乙烯苯的共聚物，它具有三维交联结构，其中二乙烯苯为交联剂，其交联度取决于共聚时所用的二乙烯苯与苯乙烯的分子比，如图 7-29(a)所示。弱酸性阳离子交换树脂的固体骨架为丙烯酸或与二乙烯苯的共聚物，如图 7-29(b)所示。这两种具有交联结构的共聚物可在有机溶剂存在下溶胀，但无离子交换性能。为将其转变成具有离子交换性能的水溶胀性的凝胶，可通过化学反应的方法，将某些离子功能基团加到聚合物骨架上。例如，将苯乙烯与二乙烯苯共聚物磺化，可将 SO_3^- 基团连接到聚合物的骨架上，从而获得带负电荷的骨架并带可交换的迁移 H^+ 的阳离子交换树脂，如图 7-30(a)、(b)所示。H^+ 可以等当量地与其他阳离子如 Na^+、Ca^{2+}、K^+ 或 Mg^{2+} 等进行交换。如果苯乙烯与二乙烯苯共聚物先进行氯甲基化再进行氨基化反应，则得到一个强碱性阴离子交换树脂，如图 7-30(c)所示，树脂中的 Cl^- 可以交换其他阴离子如 OH^-、HCO_3^-、SO_4^{2-} 和 NO_3^- 等。

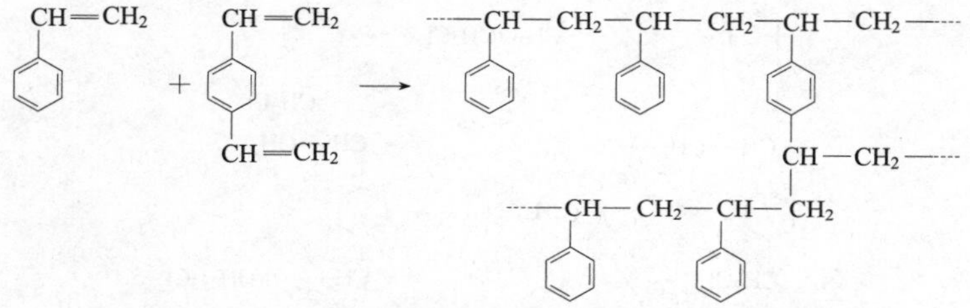

(a) 苯乙烯与二乙烯苯共聚物

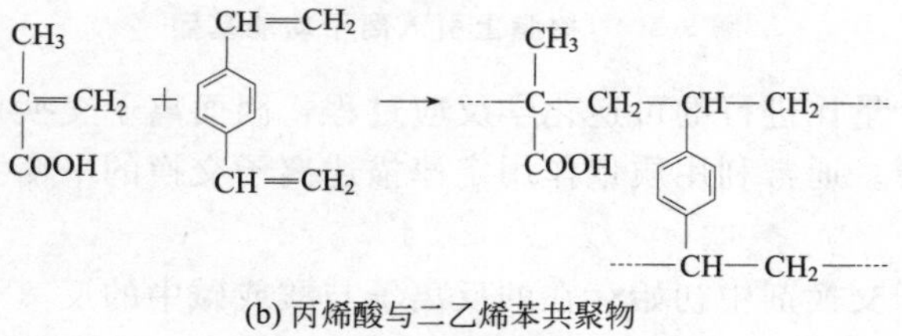

(b) 丙烯酸与二乙烯苯共聚物

图 7-29　离子交换树脂

商品离子交换树脂中可交换的离子多是以 H^+、Na^+ 或 Cl^- 的形式，其典型粒径为 $40\mu m \sim 1.2mm$，含水的质量分数约 $40\% \sim 65\%$。经水溶胀后，其粒子密度为 $1100 \sim 1500kg/m^3$，堆密度约 $560 \sim 960kg/m^3$。

当离子交换树脂用于硬水软化时，需采用适当方法如凝聚、澄清、氯化消毒将原水中的有机污染物除去。

强酸阳离子或强碱阴离子交换树脂的最大交换容量是树脂内可迁移离子的物质的量(摩尔数)与其电荷数之比。例如，$1mol\ H^+$ 可交换 $0.5mol$ 的 Ca^{2+}。通常交换容量以单位质量或体积的树脂所能交换的离子的物质的量(mol)除以该离子的电荷数表示。

离子交换树脂的选择性是树脂对不同反离子亲和力强弱的反映，与树脂亲和力强的离子选择性高，在树脂上的相对含量高，可取代树脂上亲和力弱的离子。

2. 离子交换平衡与交换速率

(1)离子交换平衡

离子交换与吸附的区别是离子交换剂中的反离子与溶液中的溶质离子进行交换，而这种

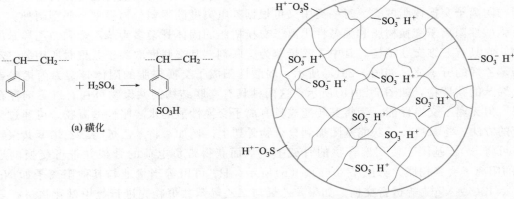

(a) 磺化

(b) 阳离子交换树脂中的固定离子与迁移离子示意

(c) 氯甲基化和氨基化

图 7-30　树脂上引入离子功能基团

离子的交换是按化学计量比进行的可逆化学反应过程，因而离子交换剂对不同离子的选择性与其交换容量同样重要。通常利用质量作用定律描述离子交换的平衡关系，下面按两种情况分别讨论。

第一种情况为离子交换剂中初始存在的反离子与酸或碱中的反离子进行交换。例如

$$Na^+_{(aq)} + OH^-_{(aq)} + HR_{(s)} \Longleftrightarrow NaR_{(s)} + H_2O_{(l)} \tag{7-72}$$

由上式可见，离子交换剂中被交换下来的 H^+ 立即与水合溶液中的 OH^- 结合成水，故反应式的右侧不存在反离子。于是，离子交换过程将持续进行直到水合溶液中 Na^+ 或离子交换剂中的 H^+ 消耗殆尽。

第二种情况是更普遍的情形，从离子交换剂向溶液中传递的反离子保持离子态。例如，反离子 A 与 B 的交换可用下式表示

$$A^{n\pm}_{(aq)} + nBR_{(s)} \Longleftrightarrow AR_{n(s)} + nB^\pm_{(aq)} \tag{7-73}$$

式中，A 与 B 或是阳离子或为阴离子。对于上述情况，当交换达到平衡时，可以根据质量作用定律定义如下化学平衡常数

$$K_{AB} = \frac{q_{AR_n} C_B^n}{q_{BR}^n C_A} \tag{7-74}$$

式中，C_i 和 q_i 分别为溶液相和离子交换剂相的浓度。对于树脂相，离子浓度 q_i 以单位质量或单位体积离子的物质的量（mol）除以该离子的电荷数表示，对于溶液相，浓度 C_i 以单位体积液体的离子的物质的量（mol）除以该离子的电荷数表示。K_{AB} 亦称为 A 置换 B 的选择性系数。对于稀溶液，当交换的反离子以及树脂的交联度一定时，K_{AB} 近似为一常数。

当交换是在两个电荷相等的离子之间进行时，式(7-74)可以简化为以溶液与离子交换树脂间平衡浓度表示的简单形式。由于离子交换过程中，溶液及树脂内反离子的总浓度 C 和 Q 为常数，于是

$$C_i = Cx_i/z_i \tag{7-75}$$
$$q_i = Qy_i/z_i \tag{7-76}$$

式中，x_i 与 y_i 为 A 与 B 离子的物质的量(mol)除以该离子的电荷数分数而非摩尔分数

$$x_A + x_B = 1 \tag{7-77}$$
$$y_A + y_B = 1 \tag{7-78}$$

而 z_i 为反离子 i 的价数。将式(7-75)至式(7-78)代入式(7-74)中，可得

$$K_{AB} = \frac{y_A(1-x_A)}{x_A(1-y_A)} \tag{7-79}$$

于是，平衡时 x_A 和 y_A 与总浓度 C 和 Q 无关。但当交换的两个反离子带有不同电荷时，如 Ca^{2+} 与 Na^+ 的交换，其平衡常数或选择性系数为

$$K_{AB} = \left(\frac{C}{Q}\right)^{n-1} \frac{y_A(1-x_A)^n}{x_A(1-y_A)^n} \tag{7-80}$$

由此可知，带不同电荷的反离子交换时，其 K_{AB} 与比值 C/Q 及电荷数 n 均有关。

影响选择性系数 K_{AB} 大小的因素主要有：树脂本身的性质、反离子特性以及温度、溶液浓度等。一般说来，在室温下的低浓度溶液中高价离子的选择性好，比低价离子更易被树脂吸附。对于等价离子，选择性随原子序数的增加而增大。当溶液浓度提高时，高价离子的选择性系数减小，选择性降低。能与树脂中固定离子形成键合作用的反离子具有较高的选择性。溶液中存在的其他离子与反离子产生缔合或络合反应时，将使该离子的选择性降低，这一性质常用于分离溶液中不同的离子。温度升高，选择性降低。压力对选择性的影响很小。

(2)传质速率

作为液固相间的传质过程，离子交换与液固相间的吸附过程相似。在离子交换过程中，亦存在着两个主要的传质阻力。其一是离子交换剂粒子附近的边界层中产生的外部传质阻力；其二是在粒子内部的扩散传质阻力。传质的控制步骤可以是二者之一，亦可以是二者共同作用。一般在交换离子的浓度很低时，外部传质是控制步骤，在分离因数或选择性系数高时，倾向于外部扩散控制；二价离子在树脂内的扩散明显慢于单价离子。通常在离子交换剂表面进行的离子交换反应很快，因而不是传质的限定步骤。

3. 工艺方法与设备

工业上的离子交换分离过程一般包括三个步骤并循环运行。

① 原料液(含有欲除去的反离子 A)与离子交换剂 RB 进行交换反应，RB 上的反离子 B 被原料液中的反离子 A 取代，至树脂上反离子 A 接近饱和，反应不宜再进行为止。

② 包含了反离子 A 的离子交换树脂用再生液再生，使之还原为原始形态 RB。再生是交换的逆过程，所用再生液的种类取决于树脂的类型。常用的再生液及其浓度范围为：盐酸 5%～7%；硫酸 1%～5%；氢氧化钠 2%～4%；氯化钠 10%～15%；纯碱 2%～4%；硫酸铵 4%～6% 等。

③ 完成再生的树脂床层中含有再生溶液，需用清水洗净，然后供下一个循环使用。

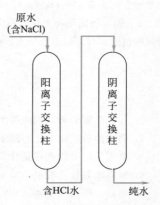

图 7-31 复床脱盐流程

图 7-31 为原水脱盐(NaCl)的典型复床流程。原水先在阳离子交换柱中与含 H⁺ 反离子的强酸性阳离子交换树脂进行中性盐分解反应，Na⁺ 与树脂上的 H⁺ 交换得含 HCl 的水。然后此水进入阴离子交换柱进行中和反应，Cl⁻ 与阴离子交换树脂上的 OH⁻ 交换，从而得到纯水。两个柱中的树脂饱和后，分别用酸和碱进行再生，再经清水洗涤后重新使用。

离子交换过程所用的设备及操作方法等均与吸附过程类似。所用设备有搅拌槽、固定床、移动床等多种形式。操作方法亦有间歇式、半连续与连续式。由于篇幅所限，不再一一介绍。

习 题

基础习题

1. 在温度为 25℃、压差为 10MPa 的操作条件下，用醋酸纤维素膜连续地对盐水作反渗透脱盐处理，处理量为 10m³/h。已知盐水密度为 1022kg/m³，含 NaCl 质量分数为 3.5%，经处理后淡水含盐的质量分数为 0.05%，水的回收率为 60%(以质量计)，膜的纯水透过系数 $A_w = 1.746 \times 10^{-3}$ kg/(m²·s·MPa)。试求：(1)淡水量、浓盐水的质量分数；(2)纯水在进、出膜分离器两端的透过通量。

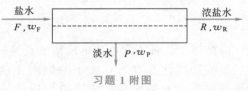

习题 1 附图

2. 采用由数根内径 12.5mm、长 3m 的超滤膜管组装而成的膜件浓缩含摩尔质量为 7000kg/mol 的葡聚糖水溶液。原料液处理量为 300kg/h，含葡聚糖质量分数为 0.5%；浓缩液中葡聚糖含量为 5%。膜对葡聚糖全部截留。操作压差为 200kPa，温度为 25℃。已知纯水的膜透过系数 $A_w = 0.18$ kg/(m²·kPa·h)。试求水的通量、所需的膜面积及超滤膜管的根数。

3. 质量分数为 30% 的 Na_2CO_3 水溶液 4500kg 在结晶器中冷却至 20℃，生成的晶体为 $Na_2CO_3 \cdot 10H_2O$。已知 20℃时 Na_2CO_3 的溶解度为 21.5kg/100kg 水。在结晶过程中，溶液自蒸发的量相当于溶液最初质量的 3%。试求结晶产量。

4. 用一连续操作的真空冷却结晶器制备水合 $MgSO_4 \cdot 7H_2O$ 晶体。原料液为 84℃的含有 35%(质量分数)的 $MgSO_4$ 水溶液，进料量为 45000kg/h。结晶器的操作压力为 0.10kPa。液体的沸点升高为 5℃。试求 $MgSO_4 \cdot 7H_2O$ 晶体的产量和所蒸发的水量。

已知数据：原料液的平均比热容为 3.22kJ/(kg·℃)；$MgSO_4$ 在 17℃ 时的溶解度为 25.3%(质量分数)；结晶热为 53.6kJ/kg；在 0.10kPa 下水的沸点为 12℃，汽化潜热为 2478.1kJ/kg。

5. 用硅藻土吸附某水溶液(S)中的少量有色杂质(A)，处理量为 1000kg/h(不包括杂质 A)。溶液中杂质的初始含量为 0.01kg(A)/kg(S)，要求 A 的脱除率为 90%。吸附剂硅藻土(B)中杂质 A 的初始含量为 0kg(A)/kg(B)，吸附平衡关系近似为 $Y^* = 0.01X$。试求：(1)采用单级吸附且达到平衡时硅藻土的用量；(2)采用两级错流流程，将单级吸附的硅藻土用量等分，分别加到两个串级的吸附搅拌槽中，杂质的脱除率为多少？

思 考 题

1. 什么是膜分离，常用的膜分离过程有哪几种？
2. 简述渗析、反渗透、超滤和气体膜分离的基本原理。
3. 电渗析的分离机理是什么？
4. 解释浓差极化现象，减小浓差极化的方法有哪些？
5. 结晶有哪几类基本方法？溶液结晶操作的基本原理是什么？溶液结晶操作有哪几种方法产生过饱和度？

6. 超溶解度曲线与溶解度曲线有何不同？过饱和度对晶核生长速率与晶体的成长速率有何影响？

7. 冷却结晶器与移除部分溶剂结晶器各自的特点及应用范围是什么？

8. 什么是吸附现象？吸附分离的基本原理是什么？

9. 工业上常用吸附剂有哪几种？各有什么特点？什么是分子筛？

10. 吸附过程有哪几个传质步骤？

11. 工业上常用的吸附方法和设备有哪些？

12. 离子交换的基本原理是什么？

习题答案

第1章

基础习题

1. 1.02×10^{-3}

2. 略

3. (1) $u = 3.91$m/s; (2) $u_m = 4.07$m/s; (3) $j_{CO_2} = -1.21$kg/$(m^2 \cdot s)$; (4) $J_{CO_2} = -0.03$kmol/$(m^2 \cdot s)$

4. 略

5. $\dfrac{\partial \rho_A}{\partial \theta} = D\left(\dfrac{\partial^2 \rho_A}{\partial x^2} + \dfrac{\partial^2 \rho_A}{\partial y^2} + \dfrac{\partial^2 \rho_A}{\partial z^2}\right)$

6. 1.93×10^{-6}kmol/$(m^2 \cdot s)$

7. (1) $N_A = 8.34 \times 10^{-7}$kmol/$(m^2 \cdot s)$, $N_B = 0$; (2) $N_A = 7.23 \times 10^{-7}$kmol/$(m^2 \cdot s)$, $N_B = -7.23 \times 10^{-7}$kmol/$(m^2 \cdot s)$; (3) $N_A = 6.39 \times 10^{-7}$kmol/$(m^2 \cdot s)$, $N_B = -1.28 \times 10^{-6}$kmol/$(m^2 \cdot s)$

8. $N_A = 1.012 \times 10^{-5}$kmol/$(m^2 \cdot s)$, $N_B = -3.306 \times 10^{-5}$kmol/$(m^2 \cdot s)$

9. $G_A = 4.36 \times 10^{-11}$kmol/s

10. 2.24×10^{-6}kmol/$(m^2 \cdot s)$

11. (1)纽特逊扩散; (2) $N_A = 5.403 \times 10^{-6}$kmol/$(m^2 \cdot s)$

12. 3.54×10^4s

13. 吉利兰公式 $D = 5.44 \times 10^{-5}$m^2/s; 福勒公式 $D = 6.90 \times 10^{-5}$m^2/s

14. $D = 1.325 \times 10^{-9}$m^2/s

15. (1) $k_y = k_G^\circ p / y_{BM}$; (2) $k_L^\circ = k_x x_{BM} / c_{av}$

16. 5.251×10^{-7}kmol/$(m \cdot s)$

17. 雷诺类比 $k_c^\circ = 3.815 \times 10^{-3}$m/s; 普朗特-泰勒类比 $k_c^\circ = 5.8 \times 10^{-6}$m/s; 卡门类比 $k_c^\circ = 5.78 \times 10^{-6}$m/s; 柯尔本类比 $k_c^\circ = 2.17 \times 10^{-5}$m/s

18. (1) 0.0138m/s; (2) 0.048m/s

综合习题

19. (1) 8.391×10^{-6}m^2/s; (2) 1.258×10^{-6}kmol/$(m^2 \cdot s)$; (3) 47.1kPa; (4) 1.469×10^{-6}kmol/$(m^2 \cdot s)$

20. $k_c = 4D / r_i$, $Sh = 8$

21. (1) 1.74×10^{-3}m/s; (2) 1.404×10^{-5}kmol/m^3; (3) 74.25h

第2章

基础习题

1. (1) $p_e = 0.984$kPa, $H = 0.5899$kmol/$(m^3 \cdot kPa)$; (2) $m = 0.9269$

2. $c_e = 3.569 \times 10^{-4}$kmol/m^3, $X_e \approx x_e = 6.427 \times 10^{-6}$, $m = 3.267 \times 10^4$, $H = 1.678 \times 10^{-5}$kmol/$(m^3 \cdot kPa)$

3. $\Delta y = 0.02433$, $\Delta x = 6.560 \times 10^{-5}$, $\Delta p_G = 12.33$kPa, $\Delta c_L = 0.003632$kmol/m^3, $\Delta X \approx \Delta x = 6.560 \times 10^{-5}$, $\Delta Y = 0.02801$

4. (1) $k_G = 1.538 \times 10^{-5}$kmol/$(m^2 \cdot s \cdot kPa)$, $k_y = 1.558 \times 10^{-3}$kmol/$(m^2 \cdot s)$, $k_x = 1.153 \times 10^{-3}$kmol/$(m^2 \cdot s)$; (2) $K_L = 5.624 \times 10^{-6}$m/s, $K_X = 3.119 \times 10^{-4}$kmol/$(m^2 \cdot s)$, $K_Y = 1.137 \times 10^{-3}$kmol/$(m^2 \cdot s)$; (3) 72.95%; (4) $N_A = 0.1592$kmol/$(m^2 \cdot h)$

5. (1) $\Delta p_G = 0.738$kPa, $\Delta c_L = 0.01158$kmol/m^3, $\Delta x = 2.084 \times 10^{-4}$, $\Delta y = 7.283 \times 10^{-3}$, $K_G = 1.114 \times 10^{-7}$kmol/$(m^2 \cdot s \cdot kPa)$, $K_L = 7.109 \times 10^{-6}$m/s, $K_x = 3.942 \times 10^{-4}$kmol/$(m^2 \cdot s)$, $K_y = 1.128 \times 10^{-5}$kmol/$(m^2 \cdot s)$; (2) $N_A = 8.221 \times 10^{-8}$kmol/$(m^2 \cdot s)$; (3) $\dfrac{1}{k_G} \Big/ \dfrac{1}{K_G} = 11.14\%$, 该吸收过程为液膜控制; (4) 37.05倍

6. (1) $x_1 = 3.670 \times 10^{-5}$; (2) $x_1' = 3.784 \times 10^{-4}$

7. $(L/\Omega) = 0.9121$kmol/$(m^2 \cdot s)$, $Z = 3.550$m

8. $N_T = 6.10$

9. $N_T = 4.01$

10. $N_{OG} = 3.849$, $N_{OG}' = 3.401$(低)

11. (1) $Y_2 = 0.6433$; (2) $N_{OL} = 2.161$

综合习题

12. (1) $\Delta Z = -1.803$m; (2) $\Delta Z' = 4.942$m; (3) $\Delta Z'' = -0.606$m

13. $\varphi_A = 75.52\%$

14. (1) $\dfrac{L}{\Omega} = 0.01711$kmol/$(m^2 \cdot s)$; (2)需要的填料层高度为 $Z = 3.791$m, 现有填料层高度为 3.5m, 因此, 不能完成分离任务

15. (1) $Z = 2.035$m, $K_Y a = 0.04275$kmol/$(m^3 \cdot s)$; (2) $\varphi_A' = 87.84\%$

第3章

基础习题

1. 泡点 94.5℃, $y = 0.7106$

2. 略

3. (1)泡点 93.8℃，$y=0.66$；(2)$x=0.35$，$y=0.57$，$\dfrac{L}{V}=1.2$；(3)100.2℃，$y=0.45$

4. 简单蒸馏为 44.67%，平衡蒸馏为 43.5%

5. $D=61.72\text{kmol/h}$，$x_D=0.8069$

6. (1)$D=39.56\text{kmol/h}$；(2)$L=102.9\text{kmol/h}$，$V'=142.4\text{kmol/h}$；(3)$L'=210.0\text{kmol/h}$，$V'=149.7\text{kmol/h}$

7. $R=3.0$，$x_F=0.5619$，$D=56.25\text{kmol/h}$，$x_D=0.96$

8. (1)$q=1/3$，$x_F=0.45$；(2)$x_q=0.3731$，$y_q=0.4885$

9. 精馏段 3 层理论板，第 4 层理论板进料

10. $N_T=9.0$(不含再沸器)，第 5 层理论板进料

11. (1)$N_T=7.0$(不含再沸器)，第 5 层理论板进料；(2)收率为 86.73%(下降 8.37%)

12. $N_T=10.0$(不含再沸器)，第 9 层理论板进料，第 6 层理论板侧口出料

13. $E_{ML1}=71.6\%$，$E_{ML2}=67.5\%$

14. (1)$y=1.867x-0.028$；(2)$E_{MV}=64.8\%$

15. 塔径 $D=1.072$(圆整为 1.2m)，塔有效高度为 4.2m

16. $Q_C=969.1\text{kW}$，$W_C=8.36\times10^4\text{kg/h}$；$Q_B=1117\text{kW}$，$W_h=1833\text{kg/h}$

17. $x_1=0.15$，$y_1=0.3935$（苯）；$x_2=0.2414$，$y_2=0.2742$(甲苯)；$x_3=0.6086$，$y_3=0.3323$(乙苯)

18. $x_{DA}=0.2469$，$x_{DB}=0.6646$，$x_{DC}=0.0658$，$x_{DD}=0.0226$

19. $N_T=14.0$，第 5 层理论板进料

综合习题

20. (1)$R=1.167$，$R_{min}=0.8556$；(2)$F=200\text{kmol/h}$；(3)$N_T=10.4$

21. $x_D=0.3336$，$\eta_D=75.1\%$

22. (1)$p=100.6\text{kPa}$，$x_1=0.8885$；(2)$y_2=0.9131$；(3)$E_{MV}=75.61\%$

23. (1)$y=0.759x+0.2289$，$y=1.465x-0.0233$；(2)$y_n=0.9044$，$x_n=0.8405$；(3)$\eta_D'=48.19\%$，$x_W'=0.3412$

24. (1)$q=1.0$；(2)$\eta_D=96.5\%$；(3)$R/R_{min}=1.71$；(4)$y_n=0.8092$

第 4 章

基础习题

1. (1)$V_h=2000\text{m}^3/\text{h}$，$L_h=7.5\text{m}^3/\text{h}$；(2)2.90；(3)上限为液泛控制，下限为漏液控制

2. 塔径 $D=0.8\text{m}$

3. $\varepsilon=92.1\%$，$a=125.1\text{m}^2/\text{m}^3$，$\Phi=160.1\text{m}^{-1}$

4. 塔径 $D=0.6\text{m}$，填料层压降 $\Delta p=1655\text{kPa}$

综合习题

5. 略

6. 略

第 5 章

基础习题

1. (1)略；(2)质量：R 相 130kg，E 相 270kg；组成：R 相 $x_A=0.20$，$x_S=0.06$，$x_B=0.74$；E 相 $y_A=0.28$，$y_S=0.71$，$y_B=0.01$；和点：$x_A=x_B=0.25$，$x_S=0.50$；(3)分配系数 $k_A=1.4$，选择性系数 $\beta=103.6$；(4)需蒸发的水分量为 152.7kg

2. (1)$S=2846\text{kg/h}$；(2)萃余相的量为 1582kg/h，萃取率为 76.2%

3. (1)$R_1=193.2\text{kg}$，$E_1=86.8\text{kg}$，$y_1=0.110$，$x_1=0.255$；$R_2=180.0\text{kg}$，$E_2=93.0\text{kg}$，$y_2=0.10$，$x_2=0.23$；$R_3=189.0\text{kg}$，$E_3=92.0\text{kg}$，$y_3=0.08$，$x_3=0.21$；(2)$S=283.0\text{kg}$

4. 理论级数为 7

5. (1)$n=6$(作图得到)；(2)$E'=578\text{kg/h}$，$y_A'=0.65$

6. 理论级数 $n=3$；操作溶剂用量为最小用量的 1.21 倍

7. (1)三角形坐标图解 $n=15$，直角坐标图解 $n=14$；(2)30kg

综合习题

8. (1)1240kg/h；(2)0.465m；(3)6.4

9. (1)5kg；(2)4.14kg；(3)3.09kg；(4)2.78kg

第 6 章

基础习题

1. (1)$p=7.968\text{kPa}$；(2)$H=0.05385\text{kg/kg}$ 绝干气；(3)$\rho_H=1.016\text{kg/m}^3$

2. 略

3. (1)36.68kJ/m³ 湿空气；(2)0.0107kg/m³ 湿空气

4. (1)$H_m=0.0529\text{kg/kg}$ 绝干气，$I_m=180.7\text{kJ/kg}$ 绝干气；(2)$H=0.0529\text{kg/kg}$ 绝干气，$\varphi=11.32\%$，$I=231.57\text{kJ/kg}$ 绝干气

5. (1)$L_0=2782\text{kg}$ 新鲜空气/h；(2)$t_1=83.26℃$，$I_1=224.1\text{kJ/kg}$ 绝干气；(3)$Q_P=132.8\text{kW}$

6. (1)$G_2=9080\text{kg/h}$；(2)$H_2+7.121\times10^{-4}I_2=0.1138$；(3)$L_0=15714\text{kg}$ 新鲜空气/h；(4)28.2%

7.（1）$L=3105$kg/h；（2）$W_h=86.7$kg/h；

  （3）$S_p=18.91m^2$

8.$X_c=1.24$kg/kg 绝干料，$X^*=0.13$kg/kg 绝干料

9.$\sum\tau=9.57$h

综合习题

10.$L'=16222$kg 湿空气；$Q=1.414\times10^6$kJ

11.（1）$L=1.814$kg/s，$Q_P=129.4$kW，$\eta=64.3\%$；（2）$L'=0.5651$kg/s，$Q'_P=98.62$kW，$\eta'=84.38\%$；（3）$L''=1.814$kg/s，$Q''_P=129.5$kW，$\eta''=64.26\%$（用低品位热源）

12.（1）$L_0=5867$kg 新鲜空气；（2）$Q_P=4.781\times10^6$kJ；（3）$\tau_2=1.296$h

13.（1）总干燥时间 $\sum\tau=1.654$h；（2）$X'_c=0.117$kg/kg 绝干料

第7章

基础习题

1.（1）淡水量 $P=5920.3$kg/h，浓盐水 $w_R=0.0825$；（2）淡水端 $N_w=0.0125$kg/（m²·s），出口端 $N'_w=0.00435$kg/（m²·s）

2.$N_w=36$kg/（m²·s），$S=7.5m^2$，$n=64$

3.$G=2976$kg（$Na_2CO_3\cdot10H_2O$），其中 Na_2CO_3 为 1103kg，结晶水 1873kg

4.$G=23337$kg/h，$W=4423$kg/h

5.（1）90kg（B）/h；（2）$\eta=96.70\%$

附　录

一、扩散系数

1. 气体扩散系数

系统	温度/K	扩散系数×10⁴ /(m²/s)	系统	温度/K	扩散系数×10⁴ /(m²/s)
空气-氨	273	0.198	氢-氩	295.4	0.83
空气-水	273	0.220	氢-氨	298	0.783
	298	0.260	氢-二氧化硫	323	0.61
	315	0.288	氢-乙醇	340	0.586
空气-二氧化碳	276	0.142	氮-氩	298	0.729
	317	0.177	氮-正丁醇	423	0.587
空气-氢	273	0.661	氮-空气	317	0.765
空气-乙醇	298	0.135	氮-甲烷	298	0.675
	315	0.145	氮-氮	298	0.687
空气-乙酸	273	0.106	氮-氧	298	0.729
空气-正己烷	294	0.080	氩-甲烷	298	0.202
空气-苯	298	0.0962	二氧化碳-氮	298	0.167
空气-甲苯	298.9	0.086	二氧化碳-氧	293	0.153
空气-正丁醇	273	0.0703	氧-正丁烷	298	0.0960
	298.9	0.087	水-二氧化碳	307.3	0.202
氢-甲烷	298	0.726	一氧化碳-氮	373	0.318
氢-氮	298	0.784	一氯甲烷-二氧化硫	303	0.0693
	358	1.052	乙醚-氨	299.5	0.1078
氢-苯	311.1	0.404			

2. 液体扩散系数

溶质(A)	溶剂(B)	温度/K	浓度/(kmol/m³)	扩散系数×10⁹/(m²/s)	溶质(A)	溶剂(B)	温度/K	浓度/(kmol/m³)	扩散系数×10⁹/(m²/s)
Cl_2	H_2O	289	0.12	1.26	甲醇	H_2O	288	0	1.28
HCl	H_2O	273	9	2.7	醋酸	H_2O	288.5	1.0	0.82
		273	2	1.8			288.5	0.01	0.91
		283	9	3.3			291	1.0	0.96
		283	2.5	2.5	乙醇	H_2O	283	3.75	0.50
		289	0.5	2.44			283	0.05	0.83
NH_3	H_2O	278	3.5	1.24			289	2.0	0.90
		288	1.0	1.77	正丁醇	H_2O	288	0	0.77
CO_2	H_2O	283	0	1.46	CO_2	乙醇	290	0	3.2
		293	0	1.77	氯仿	乙醇	293	2.0	1.25
NaCl	H_2O	291	0.05	1.26					
		291	0.2	1.21					
		291	1.0	1.24					
		291	3.0	1.36					
		291	5.4	1.54					

3. 固体扩散系数

溶质 (A)	固体 (B)	温度/K	扩散系数/(m²/s)	溶质 (A)	固体 (B)	温度/K	扩散系数/(m²/s)
H_2	硫化橡胶	298	0.85×10^{-9}	H_2	Fe	293	2.59×10^{-13}
O_2	硫化橡胶	298	0.21×10^{-9}	Al	Cu	293	1.30×10^{-34}
N_2	硫化橡胶	298	0.15×10^{-9}	Bi	Pb	293	1.10×10^{-20}
CO_2	硫化橡胶	298	0.11×10^{-9}	Hg	Pb	293	2.50×10^{-19}
H_2	硫化氯丁橡胶	290	0.103×10^{-9}	Sb	Ag	293	3.51×10^{-25}
		300	0.180×10^{-9}	Cd	Cu	293	2.71×10^{-19}
He	SiO_2	293	$(2.4 \sim 5.5) \times 10^{-14}$				

二、分子扩散的碰撞积分 Ω_D 与 kT/ε 的关系

kT/ε	Ω_D	kT/ε	Ω_D	kT/ε	Ω_D
0.30	2.662	1.65	1.153	4.0	0.8886
0.35	2.476	1.70	1.140	4.1	0.8788
0.40	2.318	1.75	1.128	4.2	0.8740
0.50	2.066	1.85	1.105	4.4	0.8652
0.55	1.966	1.90	1.094	4.5	0.8610
0.60	1.877	1.95	1.084	4.6	0.8568
0.65	1.798	2.00	1.075	4.7	0.8530
0.70	1.729	2.1	1.057	4.8	0.8492
0.75	1.667	2.2	1.041	4.9	0.8456
0.80	1.612	2.3	1.026	5.0	0.8422
0.85	1.562	2.4	1.012	6	0.8124
0.90	1.517	2.5	0.9996	7	0.7896
0.95	1.476	2.6	0.9878	8	0.7712
1.00	1.439	2.7	0.9770	9	0.7556
1.05	1.406	2.8	0.9672	10	0.7424
1.10	1.375	2.9	0.9576	20	0.6640
1.15	1.346	3.0	0.9490	30	0.6232
1.20	1.320	3.1	0.9406	40	0.5960
1.25	1.296	3.2	0.9328	50	0.5756
1.30	1.273	3.3	0.9256	60	0.5596
1.35	1.253	3.4	0.9186	70	0.5464
1.40	1.233	3.5	0.9120	80	0.5352
1.45	1.215	3.6	0.9058	90	0.5256
1.50	1.198	3.7	0.8998	100	0.5170
1.55	1.182	3.8	0.8942	200	0.4644
1.60	1.167	3.9	0.8888	400	0.4170

三、纯物质的 σ 和 ε/k 值

物质名称	化学式	σ /nm	(ε/k) /K	物质名称	化学式	σ /nm	(ε/k) /K
氩	Ar	0.3542	93.3	正丁烷	n-C_4H_{10}	0.4687	531.4
氦	He	0.2551	10.22	异丁烷	i-C_4H_{10}	0.5278	330.1
氪	Kr	0.3655	178.9	乙醚	$C_2H_5OC_2H_5$	0.5678	313.8
氖	Ne	0.2820	32.8	醋酸乙酯	$CH_3COOC_2H_5$	0.5205	521.3
氙	Xe	0.4082	206.9	正戊烷	n-C_5H_{12}	0.5784	341.1
空气	空气	0.3711	78.6	苯	C_6H_6	0.5349	412.3
溴	Br_2	0.4296	507.9	正己烷	n-C_6H_{14}	0.5949	399.3
四氯化碳	CCl_4	0.5947	322.7	氯	Cl_2	0.4217	316.0
四氟化碳	CF_4	0.4622	134.0	氟	F_2	0.3357	112.6
三氯甲烷（氯仿）	$CHCl_3$	0.5389	340.2	溴化氢	HBr	0.3353	449.0
二氯甲烷	CH_2Cl_2	0.4898	356.3	氰化氢	HCN	0.3630	569.1
溴代甲烷	CH_3Br	0.4118	449.2	氯化氢	HCl	0.3339	344.7
氯代甲烷	CH_3Cl	0.4182	350.0	氟化氢	HF	0.3148	330.0
甲醇	CH_3OH	0.3626	481.0	碘化氢	HI	0.4211	288.7
甲烷	CH_4	0.3758	148.6	氢	H_2	0.2827	59.7
一氧化碳	CO	0.3690	91.7	水	H_2O	0.2641	809.1
二氧化碳	CO_2	0.3941	195.2	过氧化氢	H_2O_2	0.4196	289.3
二硫化碳	CS_2	0.4483	467.0	硫化氢	H_2S	0.3623	301.1
乙炔	C_2H_2	0.4033	231.8	汞	Hg	0.2969	750.0
乙烯	C_2H_4	0.4163	224.7	碘	I_2	0.5100	474.2
乙烷	C_2H_6	0.4443	215.7	氨	NH_3	0.2900	558.3
氯乙烷	C_2H_5Cl	0.4898	300.0	一氧化氮	NO	0.3492	116.7
乙醇	C_2H_5OH	0.4530	362.6	氮	N_2	0.3748	71.4
甲醚	CH_3OCH_3	0.4307	395.0	氧化氮	N_2O	0.3828	232.4
丙烯	CH_2CHCH_3	0.4678	298.9	氧	O_2	0.3467	106.7
环丙烷	C_3H_6	0.4807	248.9	二氧化硫	SO_2	0.4112	335.5
丙烷	C_3H_8	0.5118	237.1	六氟化铀	UF_6	0.5967	236.8
丙酮	CH_3COCH_3	0.4600	560.2	磷化氢	PH_3	0.3981	251.5
醋酸甲酯	CH_3COOCH_3	0.4936	469.8				

四、部分物质的 $D°$ 和 n 值

物质对(A-B)	$D°$ /(cm²/s)	n	适用温度范围/K	物质对(A-B)	$D°$ /(cm²/s)	n	适用温度范围/K
N_2-N_2	0.178	1.90	77～353	空气-CO_2	0.0783	1.89	273～617
N_2-H_2	0.689	1.72	137～1083	空气-苯	0.0646	1.60	273～575
N_2-He	0.621	1.73	283～3000	空气-己烷	0.0594	1.60	373～573
N_2-CO_2	0.144	1.73	288～1200	空气-庚烷	0.0544	1.60	298～528
Ar-Ar	0.157	1.92	77～353	空气-辛烷	0.0490	1.60	425～525
Ar-H_2	0.715	1.89	273～418	空气-壬烷	0.0461	1.60	454～537
Ar-He	0.638	1.75	250～3000	空气-癸烷	0.0709	1.90	273～332
H_2-H_2O	0.734	1.82	290～370	空气-甲苯	0.105	1.77	273～340
H_2-CO_2	0.575	1.76	250～1083	空气-乙醇	1.62	1.71	142～96
H_2-O_2	0.661	1.89	142～1000	He-He	0.494	1.80	200～404
H_2O-CO_2	0.146	1.84	298～434	H_2-CO_2	0.0965	1.90	273～362
H_2-O_2	0.240	1.73	298～1000	CO_2-CO_2	0.138	1.80	273～1000
H_2O-O_2	0.220	1.80	273～1493	CO_2-O_2	0.186	1.92	77～353
空气-H_2O	0.138	1.70	273～1533	O_2-O_2	0.200	1.69	90～353

五、塔板结构参数系列化标准(单溢流型)

塔径 D/mm	塔截面积 A_T/m²	塔板间距 H_T/mm	弓形降液管		降液管面积 A_f/m²	$\dfrac{A_f}{A_T}/100\%$	l_w/D
			堰长 l_w/mm	管宽 W_d/mm			
600①	0.2610	300	406	77	0.0188	7.2	0.677
		350	428	90	0.0238	9.1	0.714
		400	440	103	0.0289	11.02	0.734
700①	0.3590	300	466	87	0.0248	6.9	0.666
		350	500	105	0.0325	9.06	0.714
		450	525	120	0.0395	11.0	0.750
800	0.5027	350	529	100	0.0363	7.22	0.661
		450	581	125	0.0502	10.0	0.726
		500	640	160	0.0717	14.2	0.800
		600					
1000	0.7854	350	650	120	0.0534	6.8	0.650
		450	714	150	0.0770	9.8	0.714
		500	800	200	0.1120	14.2	0.800
		600					
1200	1.1310	350	794	150	0.0816	7.22	0.661
		450					
		500	876	190	0.1150	10.2	0.730
		600					
		800	960	240	0.1610	14.2	0.800
1400	1.5390	350	903	165	0.1020	6.63	0.645
		450					
		500	1029	225	0.1610	10.45	0.735
		600					
		800	1104	270	0.2065	13.4	0.790
1600	2.0110	450	1056	199	0.1450	7.21	0.660
		500	1171	255	0.2070	10.3	0.732
		600	1286	325	0.2918	14.5	0.805
		800					
1800	2.5450	450	1165	214	0.1710	6.74	0.647
		500	1312	284	0.2570	10.1	0.730
		600	1434	354	0.3540	13.9	0.797
		800					
2000	3.1420	450	1308	244	0.2190	7.0	0.654
		500	1456	314	0.3155	10.0	0.727
		600	1599	399	0.4457	14.2	0.799
		800					
2200	3.8010	450	1598	344	0.3800	10.0	0.726
		500	1686	394	0.4600	12.1	0.766
		600	1750	434	0.5320	14.0	0.795
		800					
2400	4.5240	450	1742	374	0.4524	10.0	0.726
		500	1830	424	0.5430	12.0	0.763
		600	1916	479	0.6430	14.2	0.798
		800					

① 对 $\phi600$ 及 $\phi700$ 两种塔径是整块式塔板,降液管为嵌入式,弓弧部分比塔的内径小一圈,表中的 l_w 及 W_d 为实际值。

六、常用散装填料的特性参数

1. 金属拉西环特性数据

公称直径 D_N/mm	外径×高×厚 $d×h×\delta$/mm	比表面积 a/(m²/m³)	空隙率 ε /%	个数 n/m⁻³	堆积密度 ρ_p/(kg/m³)	干填料因子 Φ/m⁻¹
25	25×25×0.8	220	95	55000	640	257
38	38×38×0.8	150	93	19000	570	186
50	50×50×1.0	110	92	7000	430	141

2. 金属鲍尔环特性数据

公称直径 D_N/mm	外径×高×厚 $d×h×\delta$/mm	比表面积 a/(m²/m³)	空隙率 ε /%	个数 n/m⁻³	堆积密度 ρ_p/(kg/m³)	干填料因子 Φ/m⁻¹
25	25×25×0.5	219	95	51940	393	255
38	38×38×0.6	146	95.9	15180	318	165
50	50×50×0.8	109	96	6500	314	124
76	76×76×1.2	71	96.1	1830	308	80

3. 聚丙烯鲍尔环特性数据

公称直径 D_N/mm	外径×高×厚 $d×h×\delta$/mm	比表面积 a/(m²/m³)	空隙率 ε /%	个数 n/m⁻³	堆积密度 ρ_p/(kg/m³)	干填料因子 Φ/m⁻¹
25	25×25×1.2	213	90.7	48300	85	285
38	38×38×1.44	151	91.0	15800	82	200
50	50×50×1.5	100	91.7	6300	76	130
76	76×76×2.6	72	92.0	1830	73	92

4. 金属阶梯环特性数据

公称直径 D_N/mm	外径×高×厚 $d×h×\delta$/mm	比表面积 a/(m²/m³)	空隙率 ε /%	个数 n/m⁻³	堆积密度 ρ_p/(kg/m³)	干填料因子 Φ/m⁻¹
25	25×12.5×0.5	221	95.1	98120	383	257
38	38×19×0.6	153	95.9	30040	325	173
50	50×25×0.8	109	96.1	12340	308	123
76	76×38×1.2	72	96.1	3540	306	81

5. 塑料阶梯环特性数据

公称直径 D_N/mm	外径×高×厚 $d×h×\delta$/mm	比表面积 a/(m²/m³)	空隙率 ε /%	个数 n/m⁻³	堆积密度 ρ_p/(kg/m³)	干填料因子 Φ/m⁻¹
25	25×12.5×1.4	228	90	81500	97.8	312
38	38×19×1.0	132.5	91	27200	57.5	175
50	50×25×1.5	114.2	92.7	10740	54.8	143
76	76×38×3.0	90	92.9	3420	68.4	112

6. 金属环矩鞍特性数据

公称直径 D_N/mm	外径×高×厚 $d \times h \times \delta$/mm	比表面积 a/(m²/m³)	空隙率 ε /%	个数 n/m⁻³	堆积密度 ρ_p/(kg/m³)	干填料因子 Φ/m⁻¹
25(铝)	25×20×0.6	185	96	101160	119	209
38	38×30×0.8	112	96	24680	365	126
50	50×40×1.0	74.9	96	10400	291	84
76	76×60×1.2	57.6	97	3320	244.7	63

七、常用规整填料的特性参数

1. 金属孔板波纹填料

型号	理论板数 N_T/m⁻¹	比表面积 a/(m²/m³)	空隙率 ε /%	液体负荷 U/[m³/(m²·h)]	F 因子 F_{max}/[m/s·(kg/m³)^{0.5}]	压降 Δp/(MPa/m)
125Y	1~1.2	125	98.5	0.2~100	3	2.0×10^{-4}
250Y	2~3	250	97	0.2~100	2.6	3.0×10^{-4}
350Y	3.5~4	350	95	0.2~100	2.0	3.5×10^{-4}
500Y	4~4.5	500	93	0.2~100	1.8	4.0×10^{-4}
700Y	6~8	700	85	0.2~100	1.6	$(4.6 \sim 6.6) \times 10^{-4}$
125X	0.8~0.9	125	98.5	0.2~100	3.5	1.3×10^{-4}
250X	1.6~2	250	97	0.2~100	2.8	1.4×10^{-4}
350X	2.3~2.8	350	95	0.2~100	2.2	1.8×10^{-4}

2. 金属丝网波纹填料

型号	理论板数 N_T/m⁻¹	比表面积 a/(m²/m³)	空隙率 ε /%	液体负荷 U/[m³/(m²·h)]	F 因子 F_{max}/[m/s·(kg/m³)^{0.5}]	压降 Δp/(MPa/m)
BX	4~5	500	90	0.2~20	2.4	1.97×10^{-4}
BY	4~5	500	90	0.2~20	2.4	1.99×10^{-4}
CY	8~10	700	87	0.2~20	2.0	$(4.6 \sim 6.6) \times 10^{-4}$

3. 塑料孔板波纹填料

型号	理论板数 N_T/m⁻¹	比表面积 a/(m²/m³)	空隙率 ε /%	液体负荷 U/[m³/(m²·h)]	F 因子 F_{max}/[m/s·(kg/m³)^{0.5}]	压降 Δp/(MPa/m)
125Y	1~2	125	98.5	0.2~100	3	2×10^{-4}
250Y	2~2.5	250	97	0.2~100	2.6	3×10^{-4}
350Y	3.5~4	350	95	0.2~100	2.0	3×10^{-4}
500Y	4~4.5	500	93	0.2~100	1.8	3×10^{-4}
125X	0.8~0.9	125	98.5	0.2~100	3.5	1.4×10^{-4}
250X	1.5~2	250	97	0.2~100	2.8	1.8×10^{-4}
350X	2.3~2.8	350	95	0.2~100	2.2	1.3×10^{-4}
500X	2.8~3.2	500	93	0.2~100	2.0	1.8×10^{-4}

参 考 文 献

[1] 陈涛等. 化工传递过程基础. 3 版. 北京：化学工业出版社，2009.

[2] 夏清等. 化工原理·下册. 2 版. 天津：天津大学出版社，2012.

[3] 蒋维钧等. 化工原理·下册. 3 版. 北京：清华大学出版社，2010.

[4] 伍钦等. 传质与分离工程. 广州：华南理工大学出版社，2005.

[5] 李汝辉. 传质学基础. 北京：北京航空学院出版社，1987.

[6] 夏光榕，冯权莉. 传递现象相似. 北京：中国石化出版社，1997.

[7] 陈敏恒等. 化工原理·下册. 4 版. 北京：化学工业出版社，2015.

[8] 谭天恩等. 化工原理·下册. 4 版. 北京：化学工业出版社，2013.

[9] 时钧等. 化学工程手册. 下卷. 2 版. 北京：化学工业出版社，1996.

[10] 张言文. 化工原理 60 讲·下册. 北京：中国轻工业出版社，1997.

[11] 杨光启等. 中国大百科全书（化工）. 北京：中国大百科全书出版社，1987.

[12] 高为辉. 精馏计算的现状与发展. 北京：高等教育出版社，1990.

[13] 赵承朴. 萃取精馏及恒沸精馏. 北京：高等教育出版社，1988.

[14] 蒋维钧. 新型传质分离技术. 2 版. 北京：化学工业出版社，2006.

[15] 王树楹等. 现代填料塔技术指南. 北京：中国石化出版社，1998.

[16] 程斌等. 填料手册. 2 版. 北京：中国石化出版社，2002.

[17] 兰州石油机械研究所. 现代塔器技术. 2 版. 北京：中国石化出版社，2005.

[18] 《化学工程手册》编辑委员会. 化学工程手册：气液传质设备. 北京：化学工业出版社，1989.

[19] 徐崇嗣等. 塔填料产品及技术手册. 北京：化学工业出版社，1995.

[20] 李锡源等. 新型工业塔填料应用手册—散装填料部分. 西安：化学工业部第六设计院，1989.

[21] 刘乃鸿等. 工业塔新型规整填料应用手册. 天津：天津大学出版社，1993.

[22] 魏兆灿等. 塔设备设计. 上海：上海科学技术出版社，1988.

[23] 李鑫钢. 现代蒸馏技术. 北京：化学工业出版社，2009.

[24] 刘茉娥，陈欢林. 新型分离技术基础. 2 版. 杭州：浙江大学出版社，1999.

[25] 高以烜，叶凌碧. 膜分离技术基础. 北京：化学工业出版社，1992.

[26] 叶振华. 吸着分离过程基础. 北京：化学工业出版社，1988.

[27] Sherwood T K，Pigford R L，Wilke C R. Mass Transfer，1975.

[28] Bennett C O，Myers J E. Momentum，Heat and Mass Transfer. 3rd ed. New York：McGraw. Hill Inc. ，1982.

[29] Strigle R F. Random Packings and Packed Tower Design and Applications. Houston：Gulf Publishing Company，1987.

[30] Seader J D，Henley E J. Separation Process Principles. New York：John Wiley ＆ Sons，Inc.，1998.

[31] Scott K，Hughes R. Industrial Membrane Separation Technology. London：Blackie Acadamic ＆ Professional，1996.

[32] McCabe W L，Smith J C. Unit Operations of Chemical Engineering. 6th ed. New York：McGraw Hill Inc. ，2000.

[33] Foust A S，Wenzel L A. Principles of Unit Operations. 2nd ed. New York：John Wiley and Sons，1980.

[34] Perry J H，et al. Chemical Engineerings' Handbook. 7th ed. New York：McGraw Hill Inc. ，2001.

[35] Coulson J M，Richardson J F. Chemical Engineering. Vol Ⅱ. Pergamon，1994.

[36] Slater M J. Principles of Ion Exchange Technology. Oxford：Butterworth-Heinemann Ltd. ，1991.

[37] Jancic S J，Grootscholten P A M. Industrial Crystallization. Delft（Holland）：Delft University Press，1984.

[38] Geankoplis C J. Transport Processes and Separation Principles（Includes Unit Operation）. 4th ed. Prentice Hall，2018.